AGFA AKTIENGESELLSCHAFT

MITTEILUNGEN AUS DEN FORSCHUNGSLABORATORIEN DER AGFA LEVERKUSEN-MÜNCHEN

BAND III

MIT 159 ZUM TEIL MEHRFARBIGEN ABBILDUNGEN
IM TEXT UND AUF 2 TAFELN

SPRINGER-VERLAG BERLIN HEIDELBERG GMBH

1961

Ursprünglich erschienen bei Springer-Verlag, OHG., Berlin · Göttingen · Heidelberg 1961
Softcover reprint of the hardcover 1st edition 1961

ISBN 978-3-662-22173-0 ISBN 978-3-662-22172-3 (eBook)
DOI 10.1007/978-3-662-22172-3

HERRN DIREKTOR

DR. FRITZ ALBERS

DEM LANGJÄHRIGEN LEITER

DER AGFA-PHOTOPAPIERFABRIK

IN LEVERKUSEN

GEWIDMET

Vorwort

Der vorliegende Band ist Herrn Direktor Dr. ALBERS gewidmet, der die Photopapierfabrik in den Jahren 1928 — 1949 aus kleinen Anfängen heraus zu der bedeutenden Fabrikationsstätte weltbekannter Photopapiere einschließlich der Agfacolor-Papiere aufgebaut hat. Nach 1945 hat Herr Dr. ALBERS dafür Sorge getragen, daß die für das gesamte Agfa-Sortiment notwendigen Anlagen zur Herstellung von Filmen, Photochemikalien und Magnetonbändern geplant und in Angriff genommen wurden.

Der Band III enthält wie seine bereits erschienenen Vorgänger eine Auswahl von Arbeiten, die in den Agfa-Laboratorien Leverkusen und München in den letzten Jahren durchgeführt wurden und die zu einem großen Teil auch bereits in wissenschaftlichen Zeitschriften veröffentlicht sind.

Zwei Gesichtspunkte waren für die Auswahl maßgebend: Einerseits sollten zu Arbeitsrichtungen, die in den früheren Bänden bereits vertreten waren, neue Ergebnisse mitgeteilt werden. Hierzu gehören diejenigen Arbeiten, die sich mit Fragen der photographischen Elementarprozesse im weitesten Sinne befassen. Andererseits soll der Band auch einen Eindruck vermitteln, auf wie verschiedenartigen Gebieten die Herstellung photographischer Produkte Forschungsarbeiten verlangt. Eine sicher allgemein sehr interessierende Übersichtsarbeit über Farbkuppler mag als Beispiel zeigen, wie sehr sich die organische Chemie auf dem Photosektor spezialisieren muß. Dem zweiten Gesichtspunkt tragen weiterhin alle Arbeiten Rechnung, die Probleme der Farbenphotographie, Prüfmethoden sowie die magnetische Tonaufzeichnung und die Herstellung photographischer Apparate behandeln.

Herr Prof. FRIESER, unter dessen Leitung in den Jahren 1953 — 1958 das Wissenschaftlich-Photographische Laboratorium aufgebaut wurde, hat die beiden ersten Bände der Agfa Mitteilungen herausgegeben. Eine Reihe der im vorliegenden Band III zusammengestellten Arbeiten geht noch auf seine direkte Mitarbeit oder seine Anregungen zurück; nicht zuletzt sind auch die organisatorischen Arbeiten, die mit der Herausgabe des Bandes verbunden waren, durch die Vorarbeiten von Herrn Prof. FRIESER erleichtert worden. Hierfür möchte ich Herrn Prof. FRIESER herzlichen Dank sagen.

Leverkusen, im Dezember 1961

Eberhard Klein

Inhaltsverzeichnis

Offene Probleme in der Theorie der photographischen Elementarprozesse

Von E. Klein und R. Matejec

Die vielen Ergebnisse, die durch Untersuchungen an photographischen Schichten und auch an großen Halogensilberkristallen gewonnen worden sind, reichen heute noch nicht aus, um eine lückenlose Theorie der photographischen Prozesse aufzustellen. Zwei Gründe sind sicher hierfür maßgebend:

1. Der photographische Prozeß läuft in atomaren Dimensionen ab und wird gemäß der Halbleitertheorie durch äußerst geringe Fehlstellenkonzentrationen maßgeblich gesteuert. Hierdurch gestalten sich die Untersuchungsmethoden äußerst schwierig.

2. Die makroskopischen Erscheinungen (verschiedene photographische Effekte) in photographischen Schichten sind äußerst vielfältig. Eine Theorie sollte sie alle erklären können.

Es ist nicht beabsichtigt, im folgenden den Stand der Theorie des photographischen Elementarprozesses darzustellen, vielmehr werden die heutigen Anschauungen als bekannt vorausgesetzt oder nur kurz gestreift; es soll aber versucht werden, diejenigen offenen Probleme aufzuzeigen, deren Lösung wir zur Abrundung der Theorie über die photographischen Prozesse als besonders notwendig ansehen.

I. Latentes Bild

Die grundlegende Theorie von Gurney und Mott [*1*], nach der die Bildung der latenten Silberkeime durch einen Elektronenprozeß und einen anschließenden Ionenprozeß vor sich geht, scheint experimentell genügend gesichert zu sein [*2—29*]. Für den elektronischen Teilprozeß wird bei Lichtbelichtung im allgemeinen eine Quantenausbeute von eins angenommen (pro absorbiertes Lichtquant ein Photoelektron im Leitungsband). Diese Annahme ist aber nur in erster Näherung richtig (s. auch [*30*]); es ist möglich, daß infolge der Bildung von „Exzitonen" als Nebenprodukt [*31*] die Zahl der im Halogensilber erzeugten Photoelektronen kleiner ist als die Zahl der absorbierten Lichtquanten. Bei Röntgen-, γ- oder Korpuskularstrahlung ist die Energieausbeute des elektronischen Primärprozesses noch nicht bekannt. Sie ist wahrscheinlich hier viel geringer als bei der Lichtbelichtung [*32—39*]: Obgleich nur rund 3 eV zur Erzeugung eines ($\ominus/\oplus$)-Paares im Halogensilber mindestens erforderlich sind, geht bei energiereicher Strahlung ein beachtlicher Energieanteil durch Umwandlung in Wärme, Erzeugung von Kristallfehlstellen usw. verloren [*40*].

Für das Verständnis der Folgeprozesse (Elektronen- und Defektelektronen-Einfang, Ionenwanderung und Rekombination) sind Vorstellungen aus der Halbleiterphysik von großem Nutzen. Elektronen und Defektelektronen dürfen nicht miteinander rekombinieren, sondern müssen im Kristall örtlich voneinander getrennt durch Fallen eingefangen und festgelegt werden. Zur Bildung von latenten Bildkeimen muß sich ein ionischer Teilprozeß an den elektronischen Teilprozeß anschließen: Silberionen müssen zur besetzten Elektronenfalle hinwandern und diese zum wiederholten Elektroneneinfang befähigen; an diskreten Stellen können auf diese Weise Silberkeime wachsen.

Halbleitervorgänge lassen sich am besten anhand des Bändermodells diskutieren. Bei Anwendung dieses Modells auf Emulsionskörner zur anschaulichen Darstellung der Energieniveaus von Gitterbausteinen und Fallen wurde bisher den Oberflächenrandschichten (Verbiegen der Bänder) kaum Rechnung getragen, obgleich solche Randschichten bei Mikrokristallen besonders stark ins Gewicht fallen müßten. Die Beschaffenheit und die Ausdehnung der Randschichten (bis zu einigen μ in den Kristall hinein) hängt stark vom Adsorptionszustand an der Oberfläche ab; unter Umständen werden die Halbleitereigenschaften des ganzen Emulsionskorns durch die Randschichten bestimmt (siehe auch [*41*] und weiter unten, optische Sensibilisierung).

Über die Natur der Elektronen- und der Defektelektronenfallen im Anfangsstadium ist noch wenig bekannt [*3, 9, 11, 14, 17, 20, 21, 25, 27* und *42—60*]. Durch Reduktionsmittel, Goldsalze und Schwefelkörper (Ag-, Au- und Ag_2S-Bildung) lassen sich photographische Emulsionen reifen (Empfindlichkeitssteigerung); hieraus schließt man, daß Silber-, Gold- und Ag_2S-Reifkeime die photographisch wirksamen Fallen liefern [*61—76*]. Diese Keime leiten selbst aber die Entwicklungsreaktion noch nicht ein.

Strukturelle Fehlstellen sind ebenfalls für die photographische Empfindlichkeit von großer Bedeutung [*42, 46* und *77—83*]: Einerseits wirken sie selbst als Fallen [*45, 78, 79, 81*], andererseits ermöglichen sie bei der chemischen Sensibilisierung die Ausbildung der Reifkeime [*45, 49, 51, 53, 54, 78* und *79*] (z. B. bevorzugte Fremdstoffadsorption); ferner wird durch strukturelle Fehlstellen die Bildung von Eigenfehlstellen begünstigt [*20, 40, 83* und *84*]. Es ist noch offen, welcher von diesen Vorgängen der photographisch bedeutsamste ist.

Beim Belichten der Emulsionskörner bilden sich Silberkeime, welche mit fortgesetzter Belichtung wachsen (s. z. B. [*85*]); von einer bestimmten Größe an können sie als latente Bildkeime fungieren (d. h. die Entwicklung einleiten), bei noch stärkerer Belichtung werden sie schließlich mikroskopisch sichtbar. Dieses Wachsen der Silberkeime zeigt, daß sie als Elektronenfänger wirken. Unter bestimmten Bedingungen können sie sicher, falls andere Defektelektronenfänger fehlen, auch Defektelektronen einfangen [*14, 45—47, 49, 51, 53, 54*]. Dann tritt eine Umgruppierung der Silberkeime auf: Der Silberkeim, welcher ein Defektelektron einfängt, wird um ein Silberatom verkleinert, während gleichzeitig ein anderer Keim das Photoelektron einfängt und dadurch um ein Silberatom vergrößert wird. Die Silbermenge bleibt in diesem Fall konstant. Entstehen durch diese Umlagerung wenig große Keime (Entwicklungskeime) auf Kosten kleiner Keime (Reifkeime) (s. z. B. [*27*]), so sind diese kleinen Keime an der Empfindlichkeit maßgeblich beteiligt. Andererseits kann auch die Solarisation durch eine Umlagerung der Silberkeime von außen ins Korninnere über diesen Defektelektroneneinfang gedeutet werden [*14, 45—47, 49, 51, 53* und *54*].

Immer dann, wenn die Silbermenge mit steigender Belichtung zunimmt, muß aber die Elektronenfallenwirkung der Silberkeime über deren Wirkung als Defektelektronenfallen überwiegen. Es bleibt also zu untersuchen, wie groß das Verhältnis von Elektronen- zu Defektelektroneneinfang durch Silberkeime unter den jeweiligen Bedingungen ist. Die analogen Fragestellungen liegen vor bei Goldreifkeimen; infolge des höheren Oxydationspotentials werden Defektelektronen durch Goldkeime wahrscheinlich noch schwieriger eingefangen als durch Silberkeime.

Auch für das Ag_2S wurde experimentell gezeigt, daß es sowohl Elektronen als auch Defektelektronen einfangen kann (siehe besonders [*75*], ferner [*20, 71, 72* und *86*]). Bestimmte Substanzen können in photographischen Emulsionen die Defektelektronen viel besser einfangen als das Ag_2S und liefern trotzdem nicht die durch Schwefelsensibilisierung erzielbare hohe Empfindlichkeit (s. z. B. [*57*] und [*72*]). Demnach muß bei der Schwefelsensibilisierung neben der Defektelektronenfallenwirkung noch ein weiterer Mechanismus für die Empfindlichkeitssteigerung verantwortlich sein. Es bleibt zu diskutieren, ob auch bei der Schwefelsensibilisierung eine Elektronenfallenwirkung von Ag_2S-Keimen oder Ag_2S-Ag- bzw. Ag_2S-Au-Mischkeimen das Wesentliche ist.

Stabilitätsprobleme, die bei der Bildung und beim Wachsen der Entwicklungskeime auftreten, wurden zwar schon diskutiert [*88—91*], sind aber noch keineswegs als gelöst anzusehen. Falls latente Bildkeime durch Vergrößerung von bereits stabilen Reifkeimen entstehen, sind aber solche Stabilitätsprobleme für die Theorie nur von untergeordneter Bedeutung.

Es ist noch nicht klar, ob der Übergang vom Reifkeim oder Vorkeim zum Entwicklungskeim lediglich durch die Größenzunahme bedingt ist, oder ob sich bei diesem Übergang eine physikalische Eigenschaft der Keime sprunghaft ändert; denkbar wäre z. B. eine zunehmende Ag_0^+-Adsorption [*45*] oder ein sprunghaftes Auftreten von metallischen Eigenschaften [*92*] usw.

Es ist außerdem auch noch umstritten, ob die beweglichen, fehlgeordneten Silberionen (Ag_0^+) von vornherein in genügender Zahl im Emulsionskorn vorhanden sind oder aber ob diese erst bei der Belichtung gebildet werden müssen. Für reines AgBr kann man aus den bei höheren Temperaturen gemessenen Daten [*4, 20, 93* bis *102*] für Zimmertemperatur eine thermische Gleichgewichtskonzentration an Zwischengittersilberionen von

$$n^+ = 1{,}4 \cdot 10^{12} \, \frac{Ag_0^+\text{-Ionen}}{\text{cm}^3}$$

und eine thermische Ag_0^+-Bildungsgeschwindigkeit [*103*] von

$$\frac{dn^+}{dt} = 2{,}3 \cdot 10^{11} \, \frac{Ag_0^+\text{-Ionen}}{\text{sek} \cdot \text{cm}^3}$$

extrapolieren. Für ein dreieckiges AgBr-Korn von 1 μ Kantenlänge und 0,3 μ Dicke erhält man folgende Zahlen:

$$n^+ = 1{,}8 \cdot 10^{-1} \, Ag_0^+\text{-Ion pro Korn}$$

$$\frac{dn^+}{dt} = 3 \cdot 10^{-2} \, \frac{Ag_0^+\text{-Ionen}}{\text{sek}} \text{ pro Korn.}$$

Da eine so geringe Zahl an entweder von vornherein im Korn vorhandenen oder aber während der Belichtungszeit im Korn thermisch neugebildeten Ag_0^+-Ionen nicht ausreicht, um mit ziemlicher Sicherheit mit jedem Photoelektron ein Ag-Atom zu bilden (Quantenausbeute ≈ 1), wurde angenommen, daß sich die Ag_0^+-Ionen in nennenswertem Maße erst bei der Belichtung bilden [*45, 46, 49, 51, 53*], und zwar an den Stellen, an denen die Defektelektronen eingefangen werden.

Die oben für n^+ und für dn^+/dt angegebenen Zahlenwerte sind aber nur sehr schlechte Näherungswerte. Aus einer anderen Arbeit dieses Bandes (s. S. 53) geht z. B. hervor, daß die Konzentration der Eigenfehlstellen in Halogensilbermischkristallen, wie sie z. B. bei den Emulsionskörnern vorliegen, um Größenordnungen verändert ist. Ferner ist zu erwarten, daß die Bildungs- und Rekombinationskinetik und damit auch die Konzentration der Eigenfehlstellen an strukturellen Fehlstellen, an Kornoberflächen und in „Oberflächenrandschichten" von den im idealen, homogenen Kristallvolumen vorhandenen Werten abweicht [*20, 40, 83* u. *84*]. Auch der p_{Ag}-Wert der das Korn umgebenden Lösungsphase hat einen Einfluß auf die im Korn vorhandene Ag_0^+-Konzentration (s. in diesem Band S. 45, ferner auch [*104*]). Jedenfalls wird man in den kleinen Halogensilber-Mischkristallen der Emulsionskörner mit anderen Ag_0^+-Konzentrationen rechnen müssen als im reinen und weitgehend ideal gebauten Makrokristall. Aus diesem Grunde bleibt auch die Frage, ob die erforderliche Anzahl an Ag_0^+-Ionen erst bei der Belichtung gebildet wird, noch offen.

Offensichtlich sind die Einzelreaktionen innerhalb des ionischen Teilprozesses sehr verwickelt. Wie beim elektronischen Teilprozeß ist deshalb auch beim ionischen Teilprozeß eine Quantenausbeute von 1 fraglich. Bei der Messung der Gesamtquantenausbeute [*105—110*] (Elektronen- und Ionenprozeß) hat man bisher immer die photographischen Schichten sehr stark bestrahlt, bis man das gebildete Silber analytisch erfassen konnte; man befand sich dann stets bereits im photolytischen Belichtungsbereich. Das primäre, „latente" Bildsilber macht dann nur einen Bruchteil des photolytischen Silbers aus; aus der Quantenausbeute bei der Photolyse kann man deshalb nicht ohne Einschränkungen auf die Quantenausbeute im Belichtungsbereich des latenten Bildes schließen; hier wird ferner ein Einfluß des Schwarzschildeffektes auf die Quantenausbeute auftreten.

Über die kritische Größe, bei der ein Keim zum Entwicklungskeim wird, ist experimentell sehr wenig bekannt (vgl. z. B. [*111*]); lediglich die obere Grenze liegt fest: Im Elektronenmikroskop sind Reifkeime nicht sichtbar, infolgedessen müssen sie aus weniger als ca. 1000 Atomen bestehen. Die analytische Nachweisgrenze von Silber in belichteten und fixierten photographischen Schichten liegt in der gleichen Größenordnung [*112*], da sich Silberkomplexverbindungen nach der Fixage aus der Gelatine nicht unter diesen Betrag auswässern lassen. Es ist zwar zu erwarten, daß die Grenze zwischen Reifkeim und Entwicklungskeim bei wesentlich weniger als 1000 Silberatomen liegt, wahrscheinlich bei wenigen Silberatomen (s. w. u.), eine experimentelle Bestimmung der genauen Grenze steht aber noch aus; sie ist sicher auch von den Entwicklungsbedingungen abhängig [*64*]. Über den Zuwachs, durch den ein Reifkeim zum Entwicklungskeim wird, kann man dagegen genauere Aussagen machen. Aus der Analyse der Schwärzungskurve (siehe in diesem Band S. 15 ferner [*113*]) findet man, daß die Körner der höchstempfindlichen Emulsionen im Mittel höchstens $r^* = 50$ Quanten absorbieren müssen, um entwickelbar zu werden. Diese Zahl r^* ist abhängig von der Intensität, mit der die Belichtung erfolgt (Reziprozitätsfehler). Da an dieser Stelle der kleinste bisher beobachtete Wert für r^* interessiert, muß man die Schwärzungskurve im Intensitätsbereich maximaler Empfindlichkeit untersuchen.

Mit zunehmender chemischer Reifung steigt zunächst die Kornempfindlichkeit und sinkt demgemäß der Wert für r^*. Steigt mit fortschreitender Reifung nicht nur die Größe, sondern auch die Anzahl der Reifkeime, dann müßte allerdings die Kornempfindlichkeit wieder abnehmen (r^* zunehmen), weil ja die im Korn erzeugten Photoelektronen statistisch auf alle anwesenden Reifkeime verteilt werden; es sei denn, es würden nur solche Reifkeime erzeugt, die alle bereits durch Zuwachs um nur *ein* Silberatom zum Entwicklungskeim werden (für diesen Fall wäre auch $r^* = 1$). Die Empfindlichkeit wird also davon abhängen, wie nahe der Reifkeim bereits an der kritischen Größe liegt, vor allem aber auch davon, wie groß das Verhältnis Anzahl der Reifkeime zu Korngröße ist.

Auch von der Korngröße selbst ist r^* abhängig. Eigene Versuche ergaben für spezielle Fälle an höchstempfindlichen Emulsionen eine Abnahme der Quantenempfindlichkeit mit steigender Korngröße [*114*]. Stieg der Korndurchmesser von $0{,}2\ \mu$ auf $0{,}7\ \mu$, dann nahm r^* von 15 auf 40 Quanten zu. Die absoluten r^*-Werte sind zwar mit einem Fehler von $\pm 50\%$ behaftet, der Fehler geht aber bei beiden Zahlen in die gleiche Richtung. Es wurde andererseits gefunden [*115*], daß die Substrukturbereiche der Emulsionskörner mit steigender Korngröße kleiner werden (d. h. die Konzentration der strukturellen Fehlstellen steigt an), man hat also bei großen Körnern mit einer größeren Dispersität der Reifkeime zu rechnen; damit kann die beobachtete Abnahme der Quantenempfindlichkeit (steigendes r^*) bei zunehmender Korngröße zusammenhängen. Die Analyse der Schwärzungskurve zeigt außerdem, daß neben den Körnern mit den obengenannten mittleren r^*-Werten auch noch einzelne Körner in der Emulsion vorhanden sein müssen, welche bereits durch Absorption einiger weniger Lichtquanten (~ 4) entwickelbar werden.

Die durch die absorbierten Lichtquanten erzeugten Photoelektronen werden wahrscheinlich im Korn auf mehrere Reifkeime verteilt. Somit gibt r^* nur eine obere Grenze für den Zuwachs an, der notwendig ist, um einen Reifkeim in einen Entwicklungskeim überzuführen. Ferner muß berücksichtigt werden, daß auch ohne Anlagerung an einen Reifkeim aus den Photoelektronen direkt ein Entwicklungskeim entstehen kann. Könnte dieser Bildungsmechanismus für spezielle Keime nachgewiesen und der zugehörige r^*-Wert ermittelt werden, dann würde bereits dieser r^*-Wert eine obere Grenze für die Größe des Entwicklungskeims liefern.

II. Photographische Effekte

Wichtige Hinweise über das latente Bild erhält man auch aus verschiedenen photographischen Effekten.

Bei tiefer Temperatur und beliebiger Intensität der Belichtung sowie bei höherer Temperatur und höherer Intensität besteht keine Möglichkeit, daß Elektronenfallen nach einmaligem Elektroneneinfang durch Zuwandern von beweglichen Silberionen zu erneutem Elektroneneinfang befähigt werden. Erfolgt dagegen die Belichtung in einem Temperatur- und Intensitätsbereich, in dem eine solche Ag_0^+-Zuwanderung und damit ein mehrfacher Elektroneneinfang möglich wird, dann steigt die Empfindlichkeit [*5*, *7*, *116*—*123*]. Hieraus kann man einwandfrei nur schließen, daß es auch Elektronenfallen gibt, die erst durch einen mehrfachen Elektroneneinfang (Vergrößerung um mehr als ein Silberatom) zu Entwicklungskeimen werden. Es kann aber hieraus nicht geschlossen werden, daß *jeder* latente Bildkeim nur durch einen Zuwachs von *mehr* als einem Silberatom entstehen könnte: Denn die Entwicklungskeime, die bei tiefer Temperatur und beliebiger Intensität bzw. bei höherer Temperatur und hoher Intensität entstehen, könnten entweder aus nur einem Silberatom bestehen, welches unter bestimmten Bedingungen auch die Entwicklung einleitet, oder aber aus einem Reifkeim, der durch Vergrößerung um nur *ein* Silberatom zum Entwicklungskeim wurde. Da man aber andererseits eine Koagulation der Keime nach der Belichtung nicht ausschließen kann, bleibt auch aus diesen Reziprozitätsbetrachtungen noch offen, ob nicht der Entwicklungskeim aus einer größeren Zahl von Silberatomen bestehen muß.

Aus dem Reziprozitätsverhalten (Niedrigintensitätsfehler) werden oft auch Schlüsse über die Stabilität der Entwicklungskeime gezogen; die Bildung von Entwicklungskeimen soll im Bereich niedriger Intensitäten so langsam erfolgen, daß ein Teil bereits während der Belichtung wieder zerfällt [*124*—*128*]. Der Niedrigintensitätsfehler tritt aber andererseits auch bei den sehr stark gereiften höchstempfindlichen Emulsionen auf. In diesen Emulsionen sind offenbar *stabile* Reifkeime vorhanden. Der Weg vom stabilen Reifkeim zum stabilen latenten Bildkeim müßte hier also über instabile Zwischenstadien führen. Wenn die latenten Bildkeime dagegen nur aus denjenigen Silberatomen aufgebaut werden, die durch Belichtung entstanden sind (ohne Silberabscheidung an Reifkeimen), dann kann man leicht den Niedrigintensitätsfehler durch einen Mechanismus über instabile Vorstufen deuten. Der Niedrigintensitätsfehler zeigt also auch, daß einzelne Zentren erst nach Vergrößerung um *mehr* als ein Silberatom zum Entwicklungskeim werden, schließt aber nicht aus, daß einzelne Keime bereits durch *ein* zusätzliches Silberatom latente Bildkeime werden.

Wegen der Reziprozitätsabweichungen in der photographischen Empfindlichkeit müßte man auch für die Gesamtquantenausbeute des photographischen Elementarprozesses im Belichtungsbereich des latenten Bildes Reziprozitätsfehler erwarten.

Die Ergebnisse von Vor- und Nachbelichtungsversuchen [*129*—*132*] sind auch intensitätsabhängig, ihre Deutung stimmt daher mit dem obengenannten überein.

Über die Solarisation gibt es noch verschiedene Vorstellungen [*14* u. *133*—*140*]. Für die Rebromierungstheorie (s. z. B. [*136*]) sprechen folgende Tatsachen: Durch Zusatz von Halogenakzeptoren wird der Beginn der Solarisation zu größeren Belichtungen hin verschoben; Keime, die sich im Gebiet der normalen Schwärzungskurve an den Emulsionskörnern elektronenmikroskopisch durch Anentwicklung nachweisen lassen, verschwinden im Solarisationsbereich [*27*]. Allerdings soll auch im Bereich der Solarisation die Silbermenge zunehmen [*107*], was mit der Rebromierungstheorie nicht gut zu vereinbaren ist. Man hat deshalb angenommen, daß größere Silberteilchen, wie sie sich im Solarisationsbereich bilden könnten, die Entwicklung schlechter einleiten als die Normalkeime. In einem speziellen Beispiel wurde aber gezeigt, daß große Silberteilchen die Entwicklungsreaktion auch einleiten können [*27*]. Gilt das allgemein, dann könnte im Rahmen dieser Anschauung die Solarisation nur eine Frage der Entwicklungszeit sein [*140*]. Allerdings verschwindet die Solarisation auch bei langen Entwicklungszeiten nicht. Tritt eine mehrfache Solarisation ein (mehrfaches Auf- und Absteigen der Schwärzungskurve), erscheint die Deutung sowohl durch die Rebromierungstheorie als auch durch die Teilchengrößentheorie sehr schwierig.

III. Optische Sensibilisierung

Selbstverständlich kann ein Farbstoff nur dann als optischer Sensibilisator verwendet werden, wenn er am Halogensilber genügend stark adsorbiert wird. Außerdem darf er keine Photoelektronen aus dem Halogensilber einfangen und dadurch in Konkurrenz treten mit den photographisch wirksamen Elektronenfallen (Desensibilisatorwirkung [*141, 142*]). Zweifellos genügen diese Merkmale zur Charakterisierung eines guten Sensibilisators aber noch nicht; aus einzelnen Beispielen ist bekannt, daß ein ebener Bau des Farbstoffmoleküls notwendig ist und daß die Sensibilisatorwirkung abnimmt, wenn der ebene Bau durch „Crowding" gestört wird [*143*]. Es ist nicht sicher, welchen Einfluß das Crowding auf den Sensibilisierungsmechanismus hat und ob es in den genannten Fällen die einzige Ursache für den Rückgang der Sensibilisierungswirkung ist. Es läßt sich noch nicht theoretisch voraussagen, welche Farbstoffe sensibilisieren können und welche nicht, da diese offensichtlich noch andere und nicht genau bekannte Bedingungen (wie z. B. spezielle strukturelle Eigenschaften) erfüllen müssen.

Auch über den Mechanismus der optischen Sensibilisierung herrscht noch keine völlige Klarheit. Will man die optische Sensibilisierung unter den Gesichtspunkten der Halbleitertheorie verstehen, dann muß man zunächst nach der Lage der Elektronenniveaus des adsorbierten Farbstoffes relativ zu der des Halogensilbers fragen. Es wurde ein Modell vorgeschlagen [*1* u. *144*], bei dem der erste Anregungszustand des Farbstoffes im Energiediagramm über der unteren Kante des Leitungsbandes des Halogensilbers liegt; durch Experimente (optisch sensibilisierte Photoleitfähigkeit in Halbleitern [*141, 145, 146*], Wasserstoffähnlichkeit der Farbstoff-Absorptionsspektren [*147*]) wurde danach ein solches Modell auch wahrscheinlich gemacht.

Dieses Modell erklärt aber nicht den experimentellen Befund, daß jedes Farbstoffmolekül den Sensibilisierungsakt mehrmals, im Grenzfall sogar beliebig oft, durchführen kann [*148—154*], d. h. auf welchem Weg der Farbstoff nach jedem Sensibilisierungsakt unter der Annahme einer Elektronenübertragung regeneriert wird [*155*]. Es könnten zwar die Farbstoffmoleküle durch einen Elektronenübergang aus Störstellenniveaus des Halogensilbers in das Farbstoffgrundniveau regeneriert werden[1]. Ein sehr großer Regenerierungsfaktor (Größenordnung ca. 50 [*151*]) ist dann aber immer noch schwer zu verstehen, da nur diejenigen Kristallfehlstellen das Regenerieren besorgen können, die mit den Farbstoffmolekülen an der Kristalloberfläche in unmittelbarem Kontakt stehen.

Für den Fall der Energieübertragung [*156, 157*] reicht die vom Farbstoff absorbierte Energie nur aus, um ein Elektron aus einer Störstelle ins Leitungsband zu bringen. Sehr große Übertragungsfaktoren lassen sich mit dem Energieübertragungs-

[1] Detaillierte Vorstellungen hierzu wurden vor kurzem von J. EGGERT (Rdschrb. aus dem Photogr. Institut der E.T.H. Zürich v. 13. 3. 1959) gegeben (s. auch [*45, 53, 87*]).

mechanismus nur erklären, wenn man annimmt, daß bei jedem Sensibilisierungsakt eine andere Störstelle vom Farbstoff angesprochen wird (Exzitonenmechanismus). Weil sich die optische Sensibilisierung an der Kristalloberfläche abspielt, ist zu überlegen, ob hier nicht Oberflächenrandschichten eine sehr große Rolle spielen [*41* u. *87*]. Es ist denkbar, daß in diesen Oberflächenrandschichten der Abstand zwischen Leitungsband und Valenzband geringer ist als im Kristallvolumen, wodurch die Wiederholbarkeit der optischen Sensibilisierung durch das gleiche Farbstoffmolekül leicht gedeutet werden könnte. An der Oberfläche ändert sich die Dielektrizitätskonstante sprunghaft, die Gitterbausteine werden deshalb polarisiert. In den Verbindungshalbleitern liefern die Kationen das Leitungsband und die Anionen das Valenzband, Kationen und Anionen sind im allgemeinen verschieden polisierbar. An der Oberfläche werden daher wahrscheinlich in den Verbindungshalbleitern (im Gegensatz zu Elementhalbleitern) das Valenzband und das Leitungsband verschieden deformiert, ihr Abstand kann sich hier ändern [*41* u. *87*].

Die Entscheidung, ob bei der optischen Sensibilisierung Elektronen oder Energie vom Farbstoff auf das Halogensilber übertragen wird, ist noch offen, scheint aber nur von untergeordneter Bedeutung zu sein.

Die Mechanismen für die Supersensibilisierung [*1*, *141*, *156*, *158* u. *159*] und die Antisensibilisierung [*141*, *159*] sind noch nicht völlig geklärt.

IV. Photographische Entwicklung

Bei der chemischen Entwicklung (keine Silberkomplexbildner im Entwickler anwesend) beobachtet man die Bildung von Silberfäden aus dem kompakten Halogensilberkristall [*160—170*]; der damit verbundene Materietransport muß erklärt werden [*171—182*]. Experimente deuten darauf hin, daß dieser Materietransport über Eigenfehlstellen im Kristall erfolgt [*179*]. Ein solcher Mechanismus läßt sich am besten mit den Halbleiter- und Kristallfehlertheorien vereinbaren; allerdings kann auch eine Wanderung von Silberionen über die Kristalloberfläche bzw. durch eine Lösungsphase in unmittelbarer Nähe der Oberfläche nicht mit Sicherheit ausgeschlossen werden [*183—190*]. Für den Transport von Silberionen über Eigenfehlstellen sind zwei Mechanismen denkbar:

a) Abscheidung von Zwischengittersilberionen (Ag_0^+) am Keim, dadurch Verarmung des Halogensilberkorns in Keimnähe an Ag_0^+-Ionen. Wanderung von Ag_0^+-Ionen zum Keim hin durch Diffusion. Nachlieferung von Ag_0^+-Ionen durch Neubildung an bevorzugten, strukturell gestörten Kristallbereichen; dadurch Abbau des Halogensilberkorns an diesen Bereichen und Ausbildung von Ätzgruben [*166*, *179*] meist in Fadennähe, manchmal auch weiter entfernt. Für diesen Fall ist Voraussetzung, daß die Silberionen schnell genug transportiert werden, und es ist zu diskutieren, ob der Transport durch reine Diffusion erfolgt oder ob er noch durch elektrostatische Kräfte gefördert wird. Ferner muß die Nachlieferung von Ag_0^+-Ionen [*84*, *103*] schnell genug erfolgen. Selbst wenn die thermische Neubildung von Ag_0^+-Ionen zunächst schnell genug abläuft, wird sie durch die stetig zunehmende Silberionenlückenkonzentration während der Entwicklung immer mehr verlangsamt.

b) Transport der Silberionen durch Wegdiffusion von Silberionenlücken ($Ag_\square^-$) aus der Keimnähe in den Kristall hinein; „Kondensation“ dieser Silberionenlücken an den (strukturell gestörten) Stellen, an denen das Halogensilberkorn bevorzugt abgebaut wird. Halogenionen gehen dort in Lösung. Dadurch Entstehung der „Ätzgruben“. Nach diesem Modell könnte bei der Entwicklung auch der Keim in die Kinetik der Fehlstellenbildung eingreifen, indem auch Gittersilberionen am Keim abgeschieden werden. An der Kontaktfläche Silber—Halogensilber könnten auf diese Weise Silberionenlücken gebildet werden, deren Wegdiffusion nicht mehr für die Entwicklung geschwindigkeitsbestimmend sein muß und außerdem noch durch elektrostatische Kräfte gefördert sein kann.

Bei der Photolyse treten ähnliche Materietransporterscheinungen auf [*83*], für die sinngemäß das gleiche wie bei der Entwicklung gilt.

Die chemische Entwicklung setzt erst dann ein, wenn das elektro-chemische Gleichgewichtspotential Ag/Ag^+ (in der Lösungsphase) durch das Redoxpotential des Entwicklers um etwa 80—180 mV unterschritten wird [*191—196*]. Diesen Befund versuchte man z. B. durch die Annahme zu deuten, das Ag/Ag^+-Gleichgewichtspotential hänge von der Größe der Silberkeime ab [*192—194*]. Daneben wurden auch Abweichungen zwischen den Potentialen an den Grenzflächen Silber—Halogensilberkristall und Silber-wäßrige Lösungsphase als Ursache für diese Potentialdifferenz diskutiert [*197*]. Für den Fall, daß die Anlagerung von Gittersilberionen am Keim für die chemische Entwicklung von großer Bedeutung ist, kann man sich auch folgendes vorstellen: Die Anlagerung von Zwischengittersilberionen am Keim setzt zwar ein, sobald das Gleichgewichtspotential erreicht ist, zur Abscheidung von *Gitter*silberionen am Keim könnte dagegen noch eine zusätzliche Potentialdifferenz notwendig sein.

Ob bei der physikalischen Entwicklung die gleiche Anzahl von Keimen angesprochen werden kann wie bei der chemischen, ist auch noch offen. Für Keime, die sich im Kontakt mit dem Halogensilberkristall befinden, könnten günstigere Stabilitätsbedingungen vorliegen [*198*] als für Silberkeime in der Lösungsphase. Inwieweit strukturelle Fehlstellen im Silberkristall für das Silberwachstum bei der Entwicklung von Bedeutung sind, wurde auch noch wenig untersucht.

V. Schlußbemerkung

Zusammenfassend sei festgestellt, daß hier keineswegs eine vollständige Übersicht über alle noch offenen Fragen im Rahmen des photographischen Elementarprozesses gegeben werden konnte. Andererseits kann auch manches der hier als offen dargestellten Probleme bereits exakt gelöst sein; die Literatur über diesen Fragenkomplex ist heute nur noch schwer zu übersehen.

Vielleicht regt aber die vorstehende Zusammenstellung zu weiteren Gedanken und Experimenten an.

Literatur s. S. 10

Literatur

[1] GURNEY, R. W., u. N. F. MOTT: Proc. Roy. Soc. London (A) **164**, 151 (1938). „Electronic Processes in Ionic Crystals", Oxford 1948.
[2] POHL, R. W., u. R. HILSCH: Z. Phys. **64**, 606 (1930).
[3] EGGERT, J., u. F. LUFT: Agfa-Veröff. **3**, 9 (1933).
[4] LEHFELD, W.: Nachr. Ges. Wiss. Göttingen, Phys. Kl. 263 (1933) u. 171 (1935). Z. Physik **85**, 717 (1933).
[5] BERG, W. F., u. K. MENDELSOHN: Proc. Roy. Soc. London (A) **168**, 168 (1938).
[6] MEIDINGER, W.: Bericht über die Tätigkeit der Phys. Techn. Reichsanstalt 240 (1938).
[7] WEBB, J. H., u. C. H. EVANS: JOSA **28**, 249 (1938).
[8] EGGERT, J., u. F. G. KLEINSCHROT: Z. phys. Chem. **189A**, 1 (1941).
[9] STASIW, O., u. J. TELTOW: Nachr. Akad. Wiss. Göttingen, Math-Phys. Kl., 93, 100 u. 110 (1941) u. Ann. Physik **40**, 181 (1941), VI, 151 (1950). Z. wiss. Photogr. **40**, 157 (1941). Z. Physik **134**, 106 (1952).
[10] BILTZ, M.: JOSA **39**, 994 (1949).
[11] STASIW, O.: Ann. Physik VI, 151 (1950). Z. Physik **134**, 106 (1952); **138**, 246 (1954). Z. Elektrochem. **56**, 749 (1952).
[12] HAYNES, J. R.: Cornell Symposium of the Amer. Phys. Soc. Oktober 1946, New York: J. Wiley & Sons, 430 (1948).
[13] HAYNES, J. R., u. W. SHOCKLEY: Phys. Rev. **82**, 935 (1951).
[14] HEDGES, J. M., u. J. W. MITCHELL: Phil. Mag. **44**, 357 (1953).
[15] WEBB, J. H.: J. appl. Phys. **26**, 3109 (1955). Phys. Rev. **98**, 1558 (1955).
[16] HAMILTON, J. F., F. A. HAMM u. J. W. CASTLE: Phys. Rev. **98**, 1557 (1955).
[17] JUNG, L.: Naturwiss. **42**, 1 (1955). Z. Physik **146**, 457 u. 479 (1956).
[18] WEBB, J. H., F. A. HAMM, J. F. HAMILTON u. L. E. BRADY: Wiss. Photographie, Konferenz Köln 1956, Darmstadt: O. Helwich, 1958.
[19] HAMILTON, J. F., F. A. HAMM u. L. E. BRADY: J. appl. Physics **27**, 874 (1956).
[20] MATEJEC, R.: Naturwiss. **43**, 533 (1956). Z. f. Physik **148**, **454** (1957).
[21] SÜPTITZ, P.: Naturwiss. **44**, 629 (1957). Wiss. Photographie, Konferenz Köln 1956, Darmstadt: O. Helwich 1958.
[22] BROWN, F. C., u. N. WAINFAN: Phys. Rev. **105**, 93 (1957).
[23] BROWN, F. C.: Phys. Rev. **108**, 281 (1957); **113**, 507 (1959). J. Phys. Chem. Solids **4**, 206 (1958).
[24] VAN HEYNINGEN, R. S., u. F. C. BROWN: Phys. Rev. **111**, 462 (1958).
[25] YAMADA, K.: Dissertation Göttingen 1958.
[26] JELTSCH, E.: Z. f. Physik **154**, 601 u. 613 (1959). Ann. Physik 7/2, 1 u. 81 (1958). Z. f. Naturf. **13a**, 899 (1958).
[27] KLEIN, E., u. R. MATEJEC: Naturwiss. **46**, 225 (1959). Z. Elektrochem. **63**, 883 (1959). Intern. wiss. photogr. Konferenz Lüttich (1959).
[28] HAMILTON, J. F., u. L. E. BRADY: J. appl. Phys. **30**, 1893 (1959).
[29] CHOLLET, L., u. J. ROSELL: Helv. phys. Acta **32**, 476 (1959).
[30] EGOROVA, M. S., u. P. V. MEIKLJAR: Soviet Phys. **3**, 4 (1956).
[31] OKAMOTO, Y.: Nachr. Akad. Wiss. Göttingen 275 (1956).
[32] EGGERT, J., u. W. NODDACK: Z. Physik **43**, 222 (1927); **51**, 796 (1928).
[33] BELL, G. E.: Brit. J. Radiolog. **9**, 578 (1936).
[34] BROMLEY, D., u. R. H. HERZ: Proc. Phys. Soc. **63B**, 90 (1950).
[35] GREENING, J. R.: Proc. Phys. Soc. **64B**, 977 (1951).
[36] FRIESER, H.: Sci. ind. phot. **28**, 436 (1957).
[37] BOGOMOLOW, K. S., E. P. DOBROSEDOWA u. W. N. JARKOW: Z. wiss. angew. Phot. u. Kinemat. **1**, 19 (1956).
BOGOMOLOW, K. S.: Intern. Konf. f. Korpuskularphotogr. Straßburg 1957 (Centre National de la recherche Scient. Paris 1958).
BOGOMOLOW, K. S., u. J. F. RASORENOWA: Z. wiss. u. angew. Phot. u. Kinemat. 3/5, 321 (1958).
[38] JONES, R. C.: Phot. Sci. Eng. **2**, 57 (1958).
[39] LUKIRSKI, A. P., u. I. A. KARPOVICH: Optics and Spectroskopy **6**, **444** (1959).

[40] MATEJEC, R.: Phot. Korr. **93**, 17 (1957).
[41] KLEIN, E., R. MATEJEC u. F. MOLL: Intern. wiss. Phot. Konf. Lüttich 1959.
[42] STEIGMANN, A.: Kolloid-Zeitschr. **29**, 145 (1921).
[43] STASIW, O.: Z. f. Physik **127**, 522 (1950).
[44] STASIW, O., u. J. TELTOW: Z. Naturforschung **6a**, 363 (1951).
[45] MITCHELL, J. W.: J. Phot. Sci. **1**, 110 (1953); **5**, 49 (1957); **6**, 57 (1958). Z. Elektrochem. **60**, 557 (1956). Phot. J. **92B**, 38 (1952). Sci. ind. phot. **29**, 1 u. 41 (1958). Sonderheft d. Phot. Korr. 1957.
[46] MITCHELL, J. W.: Photogr. Sensitivity (Report on Bristol Conf. 1951) 242.
[47] BURROW, J. H., u. J. W. MITCHELL: Philos. Mag. **45**, 208 (1954).
[48] PUZEIKO, J. K., u. P. W. MEIKLJAR: Abhandlg. aus d. Sowjet. Physik **3**, 183 (1954).
[49] EVANS, T., J. M. HEDGES u. J. W. MITCHELL: J. Phot. Sci. **3**, 73 (1955).
[50] TSCHIBISSOW, K. W.: Z. wiss. Phot. **51**, 59 (1956). J. Phot. Sci. **7**, 41 (1959).
[51] McD CLARK, P. V., u. J. W. MITCHELL: J. Phot. Sci. **4**, 1 (1956).
[52] KOSWIG, H. D., u. O. STASIW: Z. wiss. Phot. **51**, 157 (1956).
[53] MITCHELL, J. W.: Rep. on Progress in Physics **20**, 433 (1957).
[54] MITCHELL, J. W., u. N. F. MOTT: Phil. Mag. **2**, 1149 (1957).
[55] KOSWIG, H. D.: Z. f. Physik **149**, 204 (1957).
[56] KOSWIG, H. D., u. O. STASIW: Z. f. Physik **149**, 210 (1957).
[57] HAUTOT, A.: Inventaire des travaux menés dans le champ de la photographic scientific 1958 (Etablissements Ceuterick, Louvain).
[58] MATEJEC, R.: Agfa Mitt. Lev.-München II, 1 (1958), Berlin: Springer-Verlag.
[59] PARASNIS, A. S., u. J. W. MITCHELL: Philos. Mag. (8) **4**, 175 (1959).
[60] STAUDE, H.: Z. f. Elektrochem. **60**, 563 (1956).
[61] SHEPPARD, S. E.: Phot. J. **65**, 380 (1925); **68**, 397 (1928), Colloid-Symposium Monograph **3**, 75 (1925). J. Soc. Motion Picture Eng. **24**, 500 (1935).
[62] LOWE, JONES u. ROBERTS: Photographic Sensitivity (Report on Bristol Conference 1951) 112.
[63] KOSLOWSKY, R.: Z. wiss. Phot. **46**, 65 (1951). Phot. Korr. **89**, 205 (1953).
[64] BERG, W. F.: Z. wiss. Phot. **46**, 150 (1951). Schweiz. Photo-Rundschau **17**, 38, 57 u. 77 (1952).
[65] JAMES, T. H., u. V. VANSELOW: J. Phys. Chem. **57**, 725 (1953); **58**, 894 (1954). J. Phot. Sci. **1**, 133 (1953).
[66] CHATEAU, H., u. J. POURADIER: Sci. ind. phot. **25**, 304 (1954); **27**, 465 (1956).
[67] STEIGMANN, A.: Sci. ind. phot. **26**, 289 (1955).
[68] YAMADA, K., S. OKA u. T. MUKAIBO: Bull. Soc. Sci. Phot. Japan 4—5, 1 (1955).
[69] FAELENS, P.: Wiss. Photogr. Konferenz Köln 1956, Darmstadt: O. Helwich, 1958.
[70] FAELENS, P.: Sci. ind. phot. **27**, 4 u. 121 (1956).
[71] SUTHERNS, E. A., u. E. E. LOENING: J. Phot. Sci. **4**, 148 (1956).
[72] SUTHERNS, E. A., u. E. E. LOENING: J. Phot. Sci. **4**, 154 (1956).
[73] RATNER, J. M.: Z. wiss. angew. Phot. u. Kinematogr. **3**, 251 (1958).
[74] MICHAILOWA, A. A., J. L. BROUN u. K. W. TSCHIBISSOW: Z. wiss. Phot. **52**, 113 (1958). Z. f. wiss. u. angew. Fotogr. u. Kinematogr. **1**, 342 (1956).
[75] WEST, W., u. V. J. SAUNDERS: J. Phys. Chem. **63**, 45 (1959). J. Phot. Sci. Eng. **3**, 259 (1959).
[76] POURADIER, J.: Sci. ind. phot. **30**, 121 (1959).
[77] HEDGES, J. M., u. J. W. MITCHELL: Philos. Mag. **44**, 223 (1953).
[78] MITCHELL, J. W.: Z. Physik **138**, 381 (1954).
[79] EVANS, T., u. J. W. MITCHELL: Defects in Crystalline Solids, Report on Bristol Conference (1954) S. 409 (Physical Soc.).
[80] HERZ, R. H.: J. Phot. Sci. **8**, 2 (1960).
[81] KANZAKI, H.: Phys. Rev. **99**, 1888 (1955).
[82] SÜPTITZ, P.: Z. Elektrochem. **63**, 400 (1959).
[83] KLEIN, E., u. R. MATEJEC: Intern. wiss. phot. Konf. Lüttich 1959. Z. angew. Physik **12**, 26 (1960).

[84] STASIW, O., u. J. TELTOW: Abh. d. Dtsch. Akad. d. Wiss. Berlin. Kl. f. Math. Phys. u. Techn. **7**, 295 (1960).
[85] LÖHLE, F.: Nachr. Akad. Wiss. Göttingen, math. phys. Kl. 271 (1933).
[86] HICKMAN, K. C. D.: Phot. J. **67**, 34 (1927).
[87] MATEJEC, R.: Phot. Korrespond. **97** (1961) 51.
[88] DEMERS, P.: Canad. J. Phys. **31**, 294 (1953).
[89] EGGERT, J.: Z. Elektrochem. **62**, 48 (1958).
[90] EGGERT, J. u. H. FISCHER: Z. Elektrochem. **62**, 230 u. 393 (1958).
[91] MATEJEC, R.: Physikal. Blätter **14**, 17 (1958).
[92] MATEJEC, R.: Wiss. Photographie, Intern. wiss. photogr. Konf. Köln 1956, Darmstadt: O. Helwich, 1958.
[93] WAGNER, C., u. J. BEYER: Z. phys. Chem. B **32**, 113 (1936).
[94] KOCH, E., u. C. WAGNER: Z. physikal. Chem. **38**, 295 (1938).
[95] STASIW, O., u. J. TELTOW: Ann. Physik (6) **1**, 261 (1947).
[96] TELTOW, J.: Ann. Physik (6) **5**, 63 (1950). Z. Elektrochem. **56**, 767 (1952). Halbleiterprobleme III, 26 (1956). Z. phys. Chem. 195, 197 u. 213 (1950).
[97] KURNICK, S. W.: J. chem. Phys. **20**, 218 (1952).
[98] EBERT, I., u. J. TELTOW: Ann. Physik **15**, 268 (1955).
[99] JOHNSTON, W. G.: Phys. Rev. **98**, 1777 (1955).
[100] LIESER, K. H.: Z. phys. Chem. NF **5**, 125 (1955); **9**, 216 u. 302 (1956).
[101] ZIETEN, W.: Z. Physik **145**, 125 (1956); **146**, 451 (1956).
[102] WAGNER, C.: Z. Elektrochem. **63**, 1027 (1959).
[103] MATEJEC, R.: Z. Physik **151**, 595 (1958).
[104] VENET, A. M., u. J. POURADIER: J. Chim. Phys. **52**, 779 (1955).
[105] EGGERT, J., u. W. NODDACK: Z. Physik **20**, 299 (1923); **31**, 922 (1925).
[106] EGGERT, J., u. W. NODDACK: Z. Physik **31**, 942 (1925).
[107] EGGERT, J., u. W. NODDACK: Naturwiss. **21**, 57 (1927).
[108] HILSCH, R., u. R. W. POHL: Nachricht. Wiss. Ges. Göttingen, math.-phsy. Kl. 173 (1930).
[109] HILSCH, R., u. R. W. POHL: Z. Physik **64**, 606 (1930).
[110] MEIDINGER, W.: Z. wiss. Phot. **44**, 1 (1949).
[111] TOTANI, S., u. Y. NISHINA: Intern. wiss. phot. Konf. Lüttich 1959.
[112] TELLEZ-PLASENCIA, H.: Sci. ind. phot. **30**, 385 (1959); **27**, 337 (1956).
[113] WEBB, J. H.: JOSA **31**, 348 u. 559 (1941); **38**, 27 (1948).
[114] KLEIN, E.: Bisher unveröffentlichte Versuche.
[115] WAIDELICH, W.: Z. angew. Physik **10**,, 525 (1958).
[116] SCHWARZSCHILD, K.: Phot. Korr. **36**, 109 (1899). Astrophys. J. **11**, 89 (1900).
[117] WEBB, J. H.: JOSA **25**, 4 (1935).
[118] WEBB, J. H., u. C. H. EVANS: JOSA **28**, 249 (1938).
[119] NARATH, A.: Z. wiss. Phot. **37**, 162 (1938).
[120] EVANS, C. H., u. E. HIRSCHLAFF: JOSA **29**, 164 (1939).
[121] BILTZ, M.: JOSA **42**, 898 (1952).
[122] FARNELL, G. C.: JOSA **47**, 843 (1957). Phil. Mag. **43**, 289 (1952).
[123] v. WARTBURG, R.: Wiss. Photographie, Intern. wiss. phot. Konf. Köln 1956, Darmstadt: O. Helwich 1958.
[124] WEINLAND, C. E.: JOSA **15**, 337 (1927).
[125] WEBB, J. H., u. C. H. EVANS: Phot. J. **80**, 188 (1940).
[126] BURTON, P. C.: Phot. J. **86B**, 62 (1946); **88B**, 13 (1948).
[127] KATZ, E.: J. Chem. Phys. **17**, 1132 (1949); **18**, 499 (1950).
[128] WEBB, J. H.: JOSA **40**, 1 u. 197 (1950).
[129] ENGLISCH, E.: Archiv. wiss. phot. **1**, 117 (1899).
[130] BURTON, P. C., u. W. F. BERG: Phot. J. **86B**, 2 (1946).
[131] BERG, W. F.: Sci. ind. phot. **20**, 403 (1949).
[132] FRIESER, H., u. J. EGGERS: Agfa Mitt. Lev.-München I, 76 Berlin/Göttingen/Heidelberg: Springer 1955.
[133] SCHAUM, K., u. W. BRAUN: Phot. Mitt. **39**, 223 (1902).
[134] WALTER, B.: Ann. Physik **27** (4), 83 (1908).

[135] ARENS, H.: Agfa Veröff. III, 52.
[136] WEBB, J. H., u. C. H. EVANS: JOSA **30, 445** (1940).
[137] NAFE, J. E., u. G. E. M. JAUNCEY: Phys. Rev. **57,** 1048 (1940).
[138] DEBOT, R.: Bull. soc. roy. sci. Liège **10,** 90 (1941).
[139] OYAMA, Y.: Phot. Sensitivity, Hakone Symposium 1953.
[140] ARENS, H.: Z. wiss. Phot. **33,** 105 (1934); **28,** 91 u. 98 (1930); **29,** 127 u. 341 (1931); **31,** 317 (1933); **52,** 226 (1958).
[141] WEST, W., u. B. H. CARROLL: J. chem. Phys. **15, 439** (1947).
[142] BLAU, M., u. H. WAMBACHER: Nature **134,** 538 (1934). Z. wiss. Phot. **33,** 191 (1934). Phot. Korr. **72,** 108 (1936).
[143] SHEPPARD, S. E., R. H. LAMBERT u. R. D. WALKER: J. chem. Phys. **9,** 107 (1941).
[144] MOTT, N. F.: Phot. J. 88B, 119 (1948).
[145] NELSON, R. C.: JOSA **46,** 10, 13 (1956).
[146] KAMEYAMA, N. u. T. FUKUMOTO: J. Soc. chem. ind. (Japan) **42, 244** (1939).
KAMEYAMA, N. u. K. MIZUTA: J. Soc. Chem. Ind. (Japan) **42,** 426 (1939).
[147] SCHEIBE, G., D. BRÜCK u. F. DÖRR: Chem. Ber. **85,** 867 (1952).
[148] LESZYNSKI, W.: Z. wiss. Phot. **24,** 261 (1926).
[149] TOLLERT, H.: Z. phys. Chem. **140 A, 355** (1929).
[150] EGGERT, J., u. M. BILTZ: Trans. Faraday Soc. **34,** 892 (1938); Agfa Veröff. **6,** 23 (1939).
[151] EGGERT, J., W. MEIDINGER u. H. ARENS: Helv. Chim. Acta **31,** 1163 (1948).
[152] BOKINIK, Y. I. u. A. Z. ILJINA: Acta Physicochim. UdSSR **3,** 383 (1935).
[153] SHEPPARD, S. E., R. H. LAMBERT u. R. D. WALKER: Nature **140,** 1096 (1937); **142,** 478 (1938); J. chem. Phys. **7,** 426 (1935).
[154] BAGDASSARYAN, K. S.: Acta Physicochim. UdSSR. **9,** 205 (1938).
[155] NATANSON, S. V. u. G. L.: J. phys. Chem. UdSSR **14,** 278 (1940).
[156] FRANCK, J., u. E. TELLER: J. chem. Phys. **6,** 861 (1938).
[157] DE BOER, J. H., u. W. C. VAN GEEL: Physica **2,** 286 (1935).
[158] BLOCH, O., u. F. F. RENWICK: Phot. J. **60,** 145 (1920).
[159] WEST, W., u. B. H. CARROLL: J. Chem. Phys. **19, 417** (1951).
[160] KOHLSCHÜTTER, H. W.: Z. f. Elektrochem. **38, 345** (1932).
[161] FRIESER, H.: Attix congr. intern. chim. **5,** 509 (1938). Z. wiss. Phot. **37,** 240 (1938); **39,** 67 (1940).
[162] RABINOWITSCH, A. J., A. N. GOGOYAVLENSKI u. Y. S. ZUCV: Acta Physicochimica UdSSR **16,** 307 (1942).
[163] KÜSTER, A.: Z. wiss. Phot. **43,** 191 (1948).
[164] GORBUNOVA, K. M., u. A. I. ZHUKOVA: J. phys. Chimii **23, 603** (russ.) (1949).
[165] FUJISAWA, S., E. MIZUKI u. K. KOBOTERA: Wiss. Photographie, Intern. wiss. phot. Konf. Köln 1956, Darmstadt: O. Helwich 1958.
[166] KLEIN, E.: Z. Elektrochem. **60,** 998 (1956).
[167] JAMES, T. H.: J. Phot. Sci. **6,** 49 (1958).
JAMES, T. H., u. W. VANSELOW: Phot. Sci. Eng. **1,** 104 (1958).
[168] KLINKE, D.: Naturwiss. **45,** 436 (1958).
[169] KLINKE, D., R. REUTHER u. J. SCHMIDT: Z. wiss. Phot. **53,** 32 (1958).
[170] PONTIUS, R. B., R. M. COLE u. R. J. NEWMILLER: Phot. Sci. Eng. **4,** 23 (1960).
[171] STAUDE, H.: Z. wiss. Phot. **38,** 70 (1939).
[172] JAENICKE, W., A. KRÜGER u. K. HAUFFE: Z. phys. Chem. **197,** 161 (1951).
[173] KEITH, H. D., u. J. W. MITCHELL: Phil. Mag. **44,** 877 (1953).
[174] JAENICKE, W., u. C. SCHOTT: Z. Elektrochem. **59,** 956 (1955).
[175] JAENICKE, W., R. P. TISCHER u. H. GERISCHER: Z. Elektrochem. **59,** 448 (1955).
[176] NAGEL, K.: Z. Elektrochem. **59,** 696 (1955).
[177] STAUDE, H., u. M. TEUPEL: Z. wiss. Phot. **51,** 162 (1956).
[178] JAENICKE, W., u. F. SUTTER: Wiss. Photographie, Intern. wiss. phot. Konf. Köln 1956, Darmstadt: O. Helwich, 1958.
Z. Elektrochem. **63,** 722 (1959).
[179] KLEIN, E., u. R. MATEJEC: Z. Elektrochem. **61,** 1127 (1957). Agfa Mitt. Lev.-München Bd. II, Berlin/Göttingen/Heidelberg: Springer 1958, S. 14

[*180*] SCHWAB, G. M., u. TH. SKULIKIDIS: Z. phys. Chem. NF **17**, 249 (1958).
[*181*] JAMES, T. H.: Phot. Sci. Eng. **1**, 141 (1958).
[*182*] JAMES, T. H.: Phot. Sci. Eng. **3**, 225 (1959).
[*183*] SHEPPARD, S. E.: Coloid-Chem. V 472 (1944).
[*184*] JAMES, T. H.: J. chem. Education **23**, 595 (1946).
[*185*] JAMES, T. H.: Advances in Catalysis II, 105 (1950).
[*186*] SCHMIDT, I.: Z. Elektrochem. **59**, 951 (1955).
[*187*] JAMES, T. H.: Phot. Sci. Techn. II, **2**, 153 (1955).
[*188*] EGGERT, J.: Wiss. Photogr., Intern. wiss. phot. Konferenz Köln 1956, Darmstadt: O. Helwich, 1958, S. 357.
[*189*] DANNEBERG, R., u. H. STAUDE: Phot. Korr. **93**, 179 (1957).
[*190*] EGGENSCHWILLER, H., u. W. JAENICKE: Z. Elektrochem. **64**, 391 (1960).
[*191*] ARENS, H., u. J. EGGERT: Z. Elektrochem. **33**, 728 (1929).
[*192*] REINDERS, W., u. H. HAMBURGER: Z. wiss. Phot. **31**, 265 (1932).
[*193*] REINDERS, W.: J. phys. Chem. **38**, 783 (1934).
[*194*] REINDERS, W., u. M. C. F. BEUKERS: Trans. Faraday Soc. **34**, 912 (1938).
[*195*] ABRIBAT, M., J. POURADIER u. J. DAVID: Sci. ind. phot. **20**, 121 (1949).
[*196*] HILLSON, P. J.: J. Phot. Sci. **6**, 97 (1958).
[*197*] MATEJEC, R.: Z. Elektrochem. **62**, 400 (1958). Agfa Mitt. Leverkusen-München II, Berlin/Göttingen/Heidelberg: Springer 1958, S. 36.
[*198*] MATEJEC, R.: Unveröffentlichte Versuche.

Die Theorie der Schwärzungskurve und die Berechnung der Empfindlichkeitsverteilung

Von H. FRIESER[1] und E. KLEIN

Einleitung

Eine statistische Theorie der Schwärzungskurve wurde von BURTON [1] geliefert; die Theorie berücksichtigt vier Faktoren, die die Schwärzungskurve beeinflussen: Schichtdicke, Korngrößenverteilung, Statistik der Quantenabsorption, Empfindlichkeitsverteilung. Vorausgesetzt ist bei der Theorie, daß alle Körner entwickelt werden, die durch Belichtung entwickelbar geworden sind (Ausentwicklung); dieser Voraussetzung möchten wir uns im folgenden anschließen, da eine Berücksichtigung verschiedener Entwicklungsbedingungen die Theorie in unnötiger Weise erschweren würde.

ZEITLER [2] hat in jüngster Zeit diese statistische Betrachtungsweise nochmals in sehr übersichtlicher Weise zusammengestellt. Die Auswertung der Theorie etwa zur Bestimmung der Empfindlichkeitsverteilung durch Vergleich von Rechnung und Experiment scheiterte unseres Wissens bisher an einer geeigneten Berücksichtigung der Absorption in der streuenden Schicht; andererseits sind aber Messungen an Einkornschichten auch nicht zur Bestimmung der Empfindlichkeitsverteilung ausgewertet worden. In der vorliegenden Arbeit wird versucht, diese Lücke zu schließen; es wird gezeigt, daß man mit der Theorie der Schwärzungskurve eine gute Abschätzung der Empfindlichkeitsverteilung durchführen kann, daß man ferner auch die Bedeutung der Empfindlichkeitsverteilung neben den anderen Faktoren angeben kann. Erst kürzlich ist von HAASE [3] gezeigt worden, daß auch durch Untersuchung von Einkornschichten die Empfindlichkeitsverteilung bestimmt werden kann.

Es wird eine Gleichung für die relativierte Elementarschwärzungskurve abgeleitet, die man unmittelbar auswerten kann; dem theoretischen Inhalt nach ist sie identisch mit der BURTONschen Gleichung. Für den Vergleich von theoretischen Ergebnissen mit experimentellen Daten muß man dann die gemessene Schwärzungskurve einer dicken Schicht auf die Elementarschwärzungskurve reduzieren. Hierzu verwenden wir ein graphisches Verfahren[2], das den theoretischen Ergebnissen einer früheren Arbeit von ZEITLER [4] entspricht. Die größte Schwierigkeit beim Vergleich von Experiment und Theorie liegt allerdings in der richtigen Berücksichtigung der Absorption in der Elementarschicht. Es werden hier frühere Rechnungen von FRIESER und KLEIN [8] verwendet, die näherungsweise die Absorption in streuenden Schichten berücksichtigen. Will man die vorgelegte Theorie zur Berechnung der absoluten

---

[1] Jetzige Anschrift: Institut f. wiss. Photographie d. Technischen Hochschule München.

[2] Herrn Dr. LODE von den Farbenfabriken Bayer AG danken wir für die Angabe dieses Verfahrens.

Empfindlichkeit (zur Entwickelbarkeit notwendige absorbierte Quanten pro Korn) auswerten, so liegt ohne Zweifel die größte Fehlerquelle in der genannten Berücksichtigung der Absorption in der Elementarschicht.

I. Die Größen, die die Schwärzungskurve bestimmen

Die Tatsache, daß nach einer vorgegebenen Belichtung ein bestimmter Teil der Körner einer photographischen Schicht entwickelbar wird, bedeutet, daß ein Korn eine bestimmte Mindestzahl r^* von Quanten absorbieren muß, um entwickelbar zu werden; hierbei ist r^* für festgelegte Entwicklungsbedingungen eine individuelle Eigenschaft des Einzelkorns und kann sowohl von der Größe des Korns als auch von zufällig durch das Wachstum und die chemische Reifung erworbenen Eigenarten abhängig sein (siehe weiter unten). Für die Berechnung der Schwärzungskurve S $(\log Q_0)$ muß man einerseits die Anzahl der Körner kennen, die als Funktion der Belichtung Q_0 [Quanten/cm²] entwickelbar werden, andererseits muß aber auch bekannt sein, welchen Beitrag diese Körner zur Schwärzung liefern. Wie in zahlreichen Arbeiten anderer Autoren [*1*] gezeigt wurde, ist die Lage und Form der Schwärzungskurve von vier Größen bestimmt, die im folgenden beschrieben werden:

1. Die Größe der Halogensilberkörner (Durchmesser d) ist verschieden und unterliegt einer Verteilungsfunktion $\eta\,(d)$, die die Häufigkeit in den verschiedenen Korngrößenklassen angibt. In der Klasse i existieren

$$N\,\eta_i = N_i \text{ Körner} \tag{1}$$

$$\text{mit } \sum_0^\infty \eta_i = 1 \text{ und } \sum_0^\infty N_i = N, \tag{2}$$

wobei N die Gesamtzahl der betrachteten Körner ist.

Die Korngrößenverteilung bestimmt die Form der Schwärzungskurve einerseits durch eine korngrößenabhängige Absorption, andererseits durch den verschiedenen Beitrag, den Körner verschiedener Größe liefern.

2. Innerhalb einer Größenklasse i wird die Absorption von Quanten statistisch erfolgen. Wenn im Mittel q_i Quanten pro Korn der Klasse i absorbiert werden, werden einige Körner r^* *und mehr* Quanten absorbieren, andere werden dafür die Zahl r^* nicht erreichen. Zur Schwärzung können nur diejenigen Körner beitragen, die mindestens r^* Quanten absorbieren. Die Wahrscheinlichkeit dafür, daß ein Korn r^* Quanten absorbiert, ist nach POISSON

$$w\,(q_i, r^*) = e^{-q_i}\,\frac{q_i^{r^*}}{r^*\,!}\,, \tag{3}$$

der Bruchteil der Körner der Klasse i, der *mindestens* r^* Quanten absorbiert, ergibt sich daraus zu

$$p\,(q_i, r^*) = 1 - e^{-q_i} \sum_0^{r^*-1} \frac{q_i^{r^*}}{r^*!}\,. \tag{4}$$

3. Die Größe r^* kann sowohl von der Größenklasse i abhängig sein, sie kann aber ferner auch *innerhalb* einer Größenklasse verschieden sein. Es kann also eine Funktion $\beta\,(i, r^*)$ existieren, die die Häufigkeit angibt, mit der verschiedene r^*-Werte

vertreten sind. Es ist somit $N_i \beta(i, r^*)$ der Bruchteil der Körner der Klasse i, die nach Absorption von r^* Quanten entwickelbar werden ($\sum\limits_0^\infty \beta(i, r^*) = 1$). Man nennt die Funktion $\beta(i, r^*)$ die Empfindlichkeitsverteilung.

4. Auch die Dicke einer photographischen Schicht wird die Form der Schwärzungskurve beeinflussen, da die Absorption der einzelnen Elementarschichten und damit ihr Schwärzungsbeitrag je nach Schichttiefe verschieden ist. Der Einfluß der Schichtdicke wird durch folgende Gleichung beschrieben (s. a. III, 2, a):

$$S(\log Q_0) = \frac{1}{D} \int\limits_{\log Q_0 - D}^{\log Q_0} s(\log Q_0)\, \partial \log Q_0 . \tag{5}$$

Hierbei sind $S(\log Q_0)$ und $s(\log Q_0)$ die Schwärzungen der dicken Schicht bzw. der Elementarschicht, Q_0 die Belichtung und D die optische Dichte der Schicht. Sie berechnet sich aus den Transmissions- und Remissionskoeffizienten τ und ϱ nach

$$D = \log \frac{1 + \varrho}{\tau} \tag{6}$$

II. Die Berechnung der Elementarschwärzungskurve

Mit Hilfe der Betrachtungen in Abschnitt I kann man eine Beziehung für die Schwärzungskurve ableiten, wobei es genügt, die Elementarschicht zu behandeln, da die Umrechnung in die Schwärzungskurve der dicken Schicht nach Gl. (5) ohne Schwierigkeit erfolgen kann [*4*].

Auf einen Quadratzentimeter einer Elementarschicht mit N Körnern mögen Q_0 Quanten treffen, von denen Q Quanten absorbiert werden. Ein Korn der Größenklasse i möge $\alpha_i Q_0$ Quanten absorbieren, dann werden von der Größenklasse i insgesamt $Q_i = N_i \alpha_i Q_0$ Quanten absorbiert. Mit $Q = Q_0 \sum\limits_0^\infty N_i \alpha_i$ folgt somit

$$Q_i = Q \frac{N_i \alpha_i}{\sum\limits_0^\infty N_i \alpha_i} = Q \frac{\eta_i \alpha_i}{\sum\limits_0^\infty \eta_i \alpha_i} . \tag{7}$$

Es werden *pro Korn* der Klasse i *im Mittel* q_i Quanten absorbiert, wobei

$$q_i = \frac{Q_i}{N_i} = \frac{Q_i}{N \eta_i} = \frac{Q \cdot \alpha_i}{N \sum\limits_0^\infty \eta_i \alpha_i} . \tag{8}$$

Der Bruchteil der Körner der Klasse i, der mindestens r^* Quanten absorbiert, ist dann nach Gl. (4) $p(q_i, r^*)$, da aber r^* noch von Korn zu Korn variieren kann (Empfindlichkeitsverteilung $\beta(i, r^*)$, ist der Bruchteil der Körner in einer Größenklasse, die entwickelbar werden, gegeben durch

$$\sum_{r^*} p(q_i, r^*)\, \beta(i, r^*) .$$

Hiermit wird die Anzahl N_i' der *entwickelbaren* Körner der Klasse i

$$N_i' = N \eta_i \sum_{r^*} p(q_i, r^*)\, \beta(i, r^*) . \tag{9}$$

Die Gesamtzahl N' der Körner aller Größenklassen, die zur Schwärzung beitragen, ist somit:

$$N' = \sum_0^\infty \eta_i N \sum_{r^*} p(q_i, r^*) \beta(i, r^*) . \tag{10}$$

Körner verschiedener Größe tragen nun verschieden zur Schwärzung bei. Der relative Schwärzungsbeitrag der N_i' entwickelbaren Körner der Klasse i [Gl. (9)] ist:

$$s_i = \frac{N_i' \mu_i}{\sum_0^\infty N_i \mu_i}, \tag{11}$$

wobei $\sum_0^\infty N_i \mu_i$ die Maximalschwärzung der Schicht bedeutet.

Durch Absorption von Q Quanten sind insgesamt N' Körner [Gl. (10)] entwickelbar geworden, die entsprechende relative Schwärzung beträgt also:

$$s = \frac{\sum_0^\infty N_i' \mu_i}{\sum_0^\infty N_i \mu_i} = \frac{\sum_0^\infty \eta_i \mu_i \sum_{r^*} p(q_i, r^*) \beta(i, r^*)}{\sum_0^\infty \eta_i \mu_i} . \tag{12}$$

Es können nun die Werte μ_i [Gl. (11)] und α_i [Gl. (8)] aus Ergebnissen früherer Arbeiten gewonnen werden. Der Zusammenhang zwischen der Schwärzung S und einer Anzahl von N entwickelten Körnern pro cm², die eine mittlere Projektionsfläche $\bar{f}_e$ besitzen, ist nach Nutting sowie Arens, Eggert und Heisenberg [*5*, *6*, *7*] gegeben durch die Beziehung

$$S = \frac{1}{2{,}3} N \cdot \bar{f}_e . \tag{13}$$

Hierbei muß je nach Entwicklungsbedingungen eine verschiedene Relation zwischen der Größe des entwickelten und des unentwickelten Korns berücksichtigt werden [*7*]. Ein entsprechender Proportionalitätsfaktor tritt in der Rechnung nicht auf, wenn man nur relative Schwärzungen berücksichtigt. Somit ist in Gl. (13) $\bar{f}_e$ proportional zum Quadrat des Korndurchmessers, so daß

$$\mu_i = \varphi d_i^2 . \tag{14}$$

Einen Wert für α_i [Gl. (8)] gewinnt man aus dem Befund, daß die Wahrscheinlichkeit dafür, daß ein Korn eine bestimmte Quantenzahl absorbiert, mit der Größe des Korns zunimmt, und zwar für eine Lichtbelichtung im Gebiet der Eigenabsorption mit dem Volumen des Korns.

Es folgt also

$$\alpha_i = \psi d_i^3 . \tag{15}$$

Mit Gl. (14) folgt also für Gl. (12):

$$s = \frac{\sum_0^\infty \eta_i d_i^2 \sum_{r^*} p(q_i, r^*) \beta(i, r^*)}{\sum_0^\infty \eta_i d_i^2}, \tag{16}$$

wobei sich q_i aus Gl. (8) und (15) berechnet nach:

$$q_i = \frac{Q}{N} \frac{d_i^3}{\sum\limits_0^\infty \eta_i d_i^3}. \tag{17}$$

(Die in den Gl. (15) und (14) auftretenden Proportionalitätsfaktoren φ und ψ kürzen sich also in den Gleichungen (16) und (17) heraus.)

Es sei bemerkt, daß für Röntgen- und Elektronenbelichtung (Teilchenbelichtung) Gl. (16) mit $r^* = 1$ übergeht in

$$s = \frac{\sum\limits_0^\infty \eta_i d_i^2 (1 - e^{-q_i})}{\sum\limits_0^\infty \eta_i d_i^2}. \tag{16a}$$

In einer späteren Arbeit wird diese Gleichung näher diskutiert werden.

III. Auswertung der Theorie

1. Berechnung von Schwärzungskurven für vorgegebene Parameter

Für die Auswertung von Gl. (16) werden die q_i-Werte nach Gl. (17) für vorgegebene, fortlaufende Q/N-Werte berechnet. Man erhält also zunächst Schwärzungen der Elementarschicht als Funktion von der im Mittel pro Korn absorbierten Quantenzahl Q/N.

Um den Einfluß der verschiedenen Verteilungen in Gl. (16) auf die Form der Schwärzungskurve theoretisch untersuchen zu können, werden zunächst drei verschiedene Kornverteilungen η_1, η_2, η_3 vorgegeben. Sie ergeben sich analytisch aus log normalen Gaußfunktionen der Form:

$$\frac{\partial H}{\partial \log d} = \frac{1}{\sigma \cdot \sqrt{2\pi}} e^{-\frac{\left(\log \frac{d}{d_0}\right)^2}{2\sigma^2}}. \tag{18}$$

Hierbei ist H die Häufigkeit, d der Korndurchmesser und σ die Streuung (log=*Zehner*logarithmen). Der Korndurchmesser ist hier definiert als der Durchmesser derjenigen Kugel, die inhaltsgleich ist mit dem Korn.

Nun ist

$$\eta = \frac{\partial H}{\partial d} = \frac{0{,}43}{d \cdot \sigma \sqrt{2\pi}} e^{-\frac{\left(\log \frac{d}{d_0}\right)^2}{2\sigma^2}}. \tag{19}$$

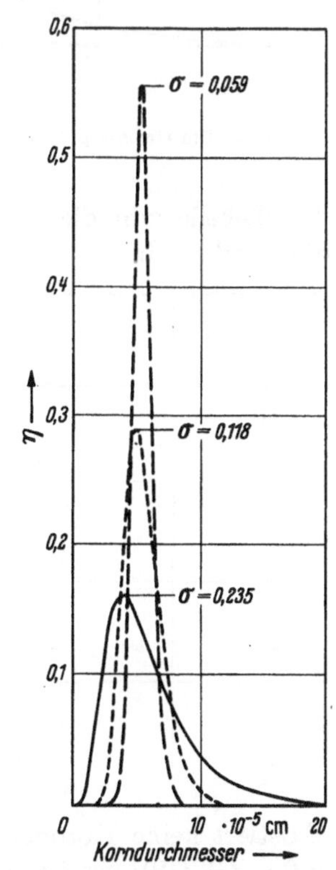

Abb. 1. Die Korngrößenverteilungen η [Gl. (19)], die den theoretischen Berechnungen zugrunde gelegt werden.

und die einzelnen als Beispiel gewählten Verteilungen lauten:

$$\eta_1 \, (\sigma_1 = 0{,}235),$$
$$\eta_2 \, (\sigma_2 = 0{,}118),$$
$$\eta_3 \, (\sigma_3 = 0{,}059),$$

mit d_0 konstant für alle drei Verteilungen $5{,}3 \cdot 10^{-5}$ cm.

Hierbei ist η_1 die Größenverteilung einer handelsüblichen Negativschicht.

Die Abb. 1 zeigt η als Funktion vom Durchmesser.

Es sei bemerkt, daß die häufigsten Durchmesserwerte $d_{\max}$ sich aus d_0 berechnen nach

$$d_{\max} = d_0 \, e^{-5{,}3\,\sigma^2} \tag{20}$$

In Abb. 2 sind für verschiedene r^*-Werte die Größen $p\,(q, r^*)$ nach Gl. (4) angegeben, wie sie auch von WEBB [9] bereits berechnet wurden. Für q sind die jeweils nach Gl. (17) berechneten q_i-Werte einzusetzen.

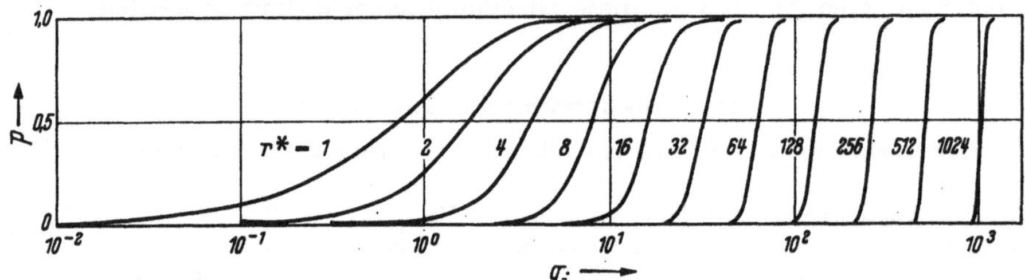

Abb. 2. Die Größen $p\,(q, r^*)$ für verschiedene Werte r^* als Funktion der im Mittel pro Korn absorbierten Quanten.

Die Tabelle gibt die verschiedenen Spezialfälle an, die nach Gl. (16) berechnet wurden und die in den Abb. 3, 4, 5, 7 graphisch dargestellt sind.

η	p	β	Abb.
η_1	1	1	3
η_1	$p\,(q_i, r^*)$	1	
η_2	1	1	4
η_2	$p\,(q_i, r^*)$	1	
η_3	1	1	5
η_3	$p\,(q_i, r^*)$	1	
η_1	$p\,(q_i, r^*)$	$\beta\,(i, r^*)$, $r_0^* = 16$	7
η_3	$p\,(q_i, r^*)$	$\beta\,(i, r^*)$, $r_0^* = 16$	

Existiert keine Kornverteilung, d. h. sind alle Körner der Schicht gleich groß ($\sigma = 0$ in Gl. (19)], ist ferner $\beta\,(i, r^*) = 1$, d. h. sind alle Körner gleich empfindlich, so wird aus Gl. (16):

$$s = p\,(q_i, r^*)\,. \tag{21}$$

Es sind somit die Kurven der Abb. 2 bereits die gesuchten Schwärzungskurven für diesen Spezialfall. Selbst für den Fall also, daß keine Kornverteilung existiert, erhält man für kleine r^*-Werte (große Empfindlichkeit der Körner) relativ flache Schwärzungskurven; die Gradation steigt mit wachsendem r^*.

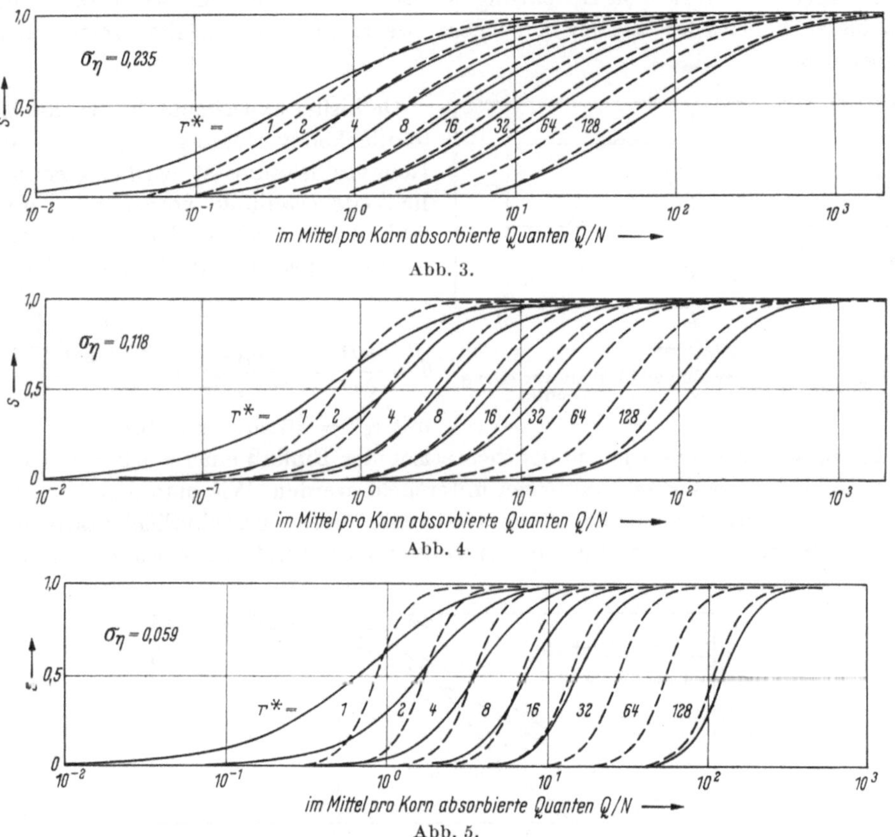

Abb. 3.

Abb. 4.

Abb. 5.

Abb. 3—5. Die theoretisch berechneten Schwärzungskurven s [Gl. (16)] für die in der Tabelle angegebenen Spezialfälle. Q/N = im Mittel pro Korn absorbierte Quanten. Die ausgezogenen Kurven gelten für die Berücksichtigung von Kornverteilung *und* Quantenstatistik. Die gestrichelten Kurven sind nach Gl. (21 a) und (21 b) berechnet.

Berücksichtigt man nur die Korngrößenverteilung ($p = 1$, $\beta \doteq 1$), so ergibt sich

$$s = \frac{\sum_{d_i}^{\infty} \eta_i d_i^2}{\sum_{0}^{\infty} \eta_i d_i^2}. \tag{21a}$$

Die mittlere Quantenabsorption pro Korn $(Q/N)_i$, die alle Kornklassen größer d_i entwickelbar macht, berechnet sich hierbei zu

$$\left(\frac{Q}{N}\right)_i = \frac{r^* d_i^3}{\sum_{0}^{\infty} \eta_i d_i^3}. \tag{21b}$$

Vergleicht man in Abb. 3—5 jeweils die Kurven, die sich nur durch Berücksichtigung der Kornverteilung ergeben, mit denjenigen, die auch die Quantenstatistik (p-Werte) enthalten, so zeigt sich prinzipiell, daß die Kornverteilung im wesentlichen die Form der Schwärzungskurve bestimmt und die Quantenstatistik nur für kleine r^*-Werte von Bedeutung ist. Der Einfluß der Quantenstatistik macht sich bis zu höheren r^*-Werten bemerkbar, wenn die Streuung der Kornverteilung kleiner wird.

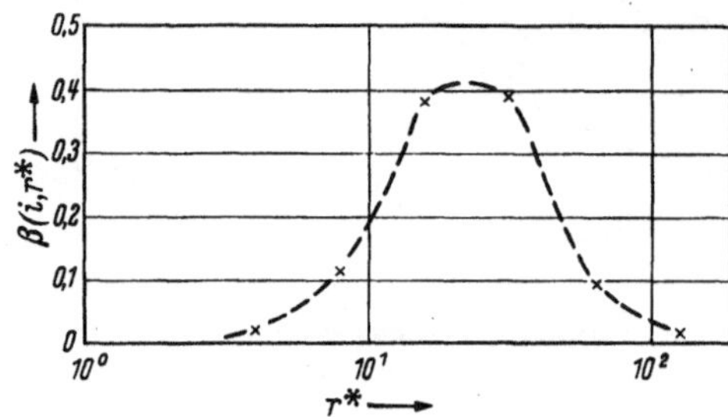

Abb. 6. Beispiel einer Empfindlichkeitsverteilung (für die Berechnung in Abb. 7 benutzt).

Da bisher experimentell über die Empfindlichkeitsverteilung $\beta\ (i,\ r^*)$ nichts Genaues bekannt ist, wird eine Empfindlichkeitsverteilung vorgegeben, die in Abb. 6 graphisch wiedergegeben ist.

Sie entspricht analytisch der Gleichung

$$\beta = \frac{\partial H}{\partial r^*} = \frac{0{,}43}{r^* \sigma \sqrt{2\pi}}\, e^{-\frac{\left(\log \frac{r^*}{r_0^*}\right)^2}{2\sigma^2}}. \tag{22}$$

mit $r_0^* = 16$ und $\sigma = 0{,}25$.

Auf diese Weise kann jedenfalls theoretisch der Einfluß einer solchen Verteilung auf verschiedene Schwärzungskurven untersucht werden. Wie man aus Abb. 7 entnimmt, wird auch die hier angenommene relativ breite Empfindlichkeitsverteilung im Falle breiter Kornverteilungen (η_1) vollkommen durch die Kornverteilung verdeckt, erst im Falle enger Kornverteilungen (η_3) tritt der Einfluß der Empfindlichkeitsverteilung mehr in den Vordergrund. Den Berechnungen in Abb. 7 ist für jede Kornklasse i die gleiche Verteilung $\beta\ (i,\ r^*)$ zugrunde gelegt; ferner wurden die Kurven für $r^* = 16$ berechnet. (Die Abschätzung über den Einfluß der Einzelverteilungen siehe w. u.)

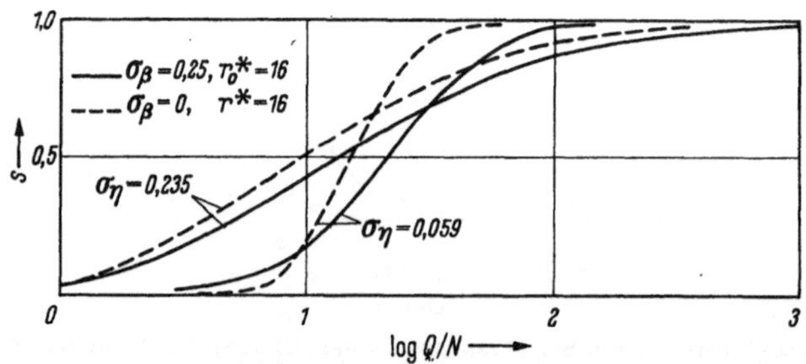

Abb. 7. Der Einfluß der Empfindlichkeitsverteilung auf die Form der Schwärzungskurve bei verschiedenen Korngrößenverteilungen.

2. Der Vergleich von experimentellen mit theoretischen Schwärzungskurven

a) Der Zusammenhang zwischen Q/N und Q_0. Bei experimentellen Schwärzungskurven wird die Schwärzung als Funktion der pro cm² *auffallenden* Quanten Q_0 gewonnen. Da es sich hier stets um „dicke" Schichten handelt, muß zunächst durch Lösung der Integralgleichung (5) die Elementarschicht berechnet werden, was durch ein graphisches Verfahren bei Kenntnis von D [Gl. (6)] möglich ist. Um nun mit theoretisch berechneten Elementarschwärzungskurven [Gl. (16)] vergleichen zu können, müssen den Abszissenwerten Q/N der theoretischen Kurven (im Mittel *pro Korn absorbierte* Quanten) Werte Q_0 zugeordnet werden. Es wurde in einer früheren Arbeit [8] die Quantenabsorption in den Elementarschichten verschiedener Schichttiefe aus experimentell zugänglichen Werten berechnet. Für die Schichtdicke Null ($z = 0$), also die oberste Elementarschicht, folgte:

$$q' = \left(\frac{Q}{N\,Q_0}\right)_{z=0} = \frac{4{,}47\,\overline{d}^3\,(1+\varrho)\,(1-\varrho-\tau)}{A\,(1+\varrho-\tau)} \log\frac{1+\varrho}{\tau}\,. \tag{23}$$

Hierbei ist $\overline{d}$ arithmetischer Mittelwert der Korndurchmesser in cm (berechnet aus d_0 nach $d = \overline{d}_0\, e^{2,65\,\sigma^2}$), ϱ und τ der Remissions- bzw. Transmissionskoeffizient und A der Silberauftrag der Schicht in g Ag/cm². Ein wesentliches Ergebnis der genannten Arbeit ist nun, daß der $q'_{(z=0)}$-Wert für eine Emulsionsart bei nicht zu kleinem Auftrag (kleine τ-Werte) nahezu unabhängig vom Auftrag ist, d. h. die Größen ϱ, τ und A ändern sich mit der Schichtdicke derart, daß $q'_{(z=0)}$ praktisch von ihnen unabhängig wird. Dieses Ergebnis wird durch eine Diskussion der Gl. (23) verständlich: Schon für relativ kleine Werte von A wird ϱ konstant und τ klein gegen 1. Außerdem wird $\log\,(1+\varrho)/\tau$ etwa proportional zum Auftrag. Für diese Bedingungen liefert Gl. (23) einen konstanten Wert, der nur von $\overline{d}^3$ abhängig ist.

Nur diese Konstanz von $q'_{(z=0)}$ bei den in der Praxis bedeutsamen Werten von A und τ macht es möglich, mit Hilfe von Gl. (5) die Schwärzung einer „dicken" Schicht aus der Elementarschicht zu berechnen. Unter Elementarschicht wird dabei die oberste Schicht einer dicken Schicht verstanden und *nicht* eine dünne Schicht außerhalb des Schichtverbandes. Diese letztere Elementarschicht würde nämlich nur durch die auffallenden Quanten belichtet, während die Elementarschicht im Schichtverband auch eine Belichtung durch die Remission aus der Schichttiefe erfährt. Dann folgt aus Gl. (23)

$$Q_0 = \frac{Q}{q'\,N}\,. \tag{24}$$

Mit Hilfe dieser Beziehung können also den Q/N-Werten der theoretischen Kurven für eine bestimmte Schicht Q_0-Werte zugeordnet werden. Dabei müssen die theoretischen Kurven mit Werten η_i, $p\,(q_i, r^*)$ und $\beta\,(i, r^*)$ gerechnet werden, die der Schicht entsprechen, von der die experimentelle Schwärzungskurve vorliegt.

b) Die Bestimmung der Empfindlichkeitsverteilung und des r^*-Wertes. Man bestimmt von einer photographischen Schicht die Elementarschwärzungskurve und die zugehörige Korngrößenverteilung η. Man berechnet nach Gl. (16) die theoretischen Elementarschwärzungskurven für verschiedene r^*-Werte aber mit $\beta\,(i, r^*) = 1$. Nach Gl. (23) und (24) werden in den theoretischen Kurven den Abszissenwerten Q/N die entsprechenden Q_0-Werte zugeordnet. Hierauf kann man also die experimentelle Schwärzungskurve in die Darstellung der theoretischen Kurve mit aufnehmen. Fällt die experimentelle Kurve mit einer theoretischen zusammen, so folgt sofort der entsprechende r^*-Wert, d. h. also die Anzahl von Quanten, die ein Korn absorbieren muß, um entwickelbar zu werden. Ferner bedeutet dieses Ergebnis natürlich auch, daß (im Rahmen der Meßgenauigkeit) die Voraussetzung $\beta\,(i, r^*) = 1$ richtig war, und somit keine das Resultat beeinflussende Empfindlichkeitsverteilung vorliegt. Ist jedoch die experimentelle Kurve mit keiner theoretischen zur Deckung zu bringen, so muß man empirisch β-Verteilungen in der Form von Gl. (22) einführen, wobei man r_0^* schon aus dem Vergleich der experimentellen Kurve mit der zunächst für $\beta = 1$ berechneten Kurve abschätzen kann (siehe III, 3).

Eine dieser empirisch vorgegebenen β-Verteilungen wird eine Übereinstimmung mit dem Experiment liefern, wodurch auf indirektem Wege jedenfalls in guter Näherung die Empfindlichkeitsverteilung gewonnen wird.

Es sei bemerkt, daß prinzipiell die Möglichkeit besteht, daß mehrere β (i, r^*)-Verteilungen eingeführt werden müssen, dann nämlich, wenn β wirklich auch noch von der Kornklasse i abhängig ist [3]. Fragt man nach der für den Elementarprozeß

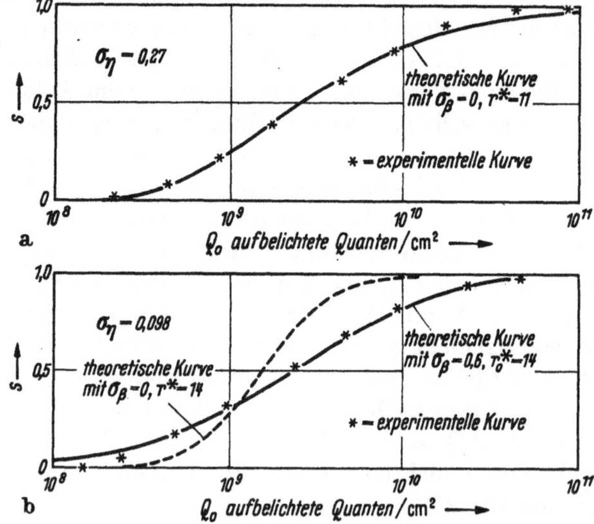

Abb. 8a und b. Der Vergleich von theoretisch berechneten Schwärzungskurven mit experimentellen Schwärzungskurven für höchstempfindliche, aber verschieden steile Schichten (s. Angaben).

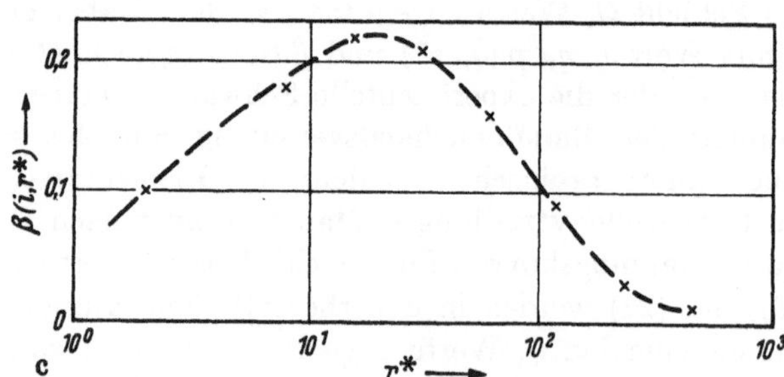

Abb. 8c. Die für die Berechnung der theoretischen Schwärzungskurve in Abb. 8b verwendete Empfindlichkeitsverteilung.

so wichtigen Größe r^*, die *minimal* genügt, um Körner entwickelbar zu machen, so ist ausreichend, die Übereinstimmung von Experiment und Theorie nur im Gebiet kleiner Schwärzungen zu suchen.

Die Abb. 8a, b zeigen den Vergleich von experimentellen Schwärzungskurven für zwei verschiedene höchstempfindliche Negativschichten A und B mit theoretisch berechneten Kurven. Die experimentellen Schwärzungskurven zeigen sehr verschiedene Gradation. Die Daten der Schichten sind:

	A	B
Kornverteilung [Gl. (19)]	$\eta\,(\sigma = 0{,}27;\ d_0 = 0{,}63\ \mu)$	$\eta\,(\sigma = 0{,}098;\ d_0 = 1{,}34\ \mu)$
τ [Gl. (23)]	0,23	0,40
ϱ [Gl. (23)]	0,23	0,19
A [Gl. (23)]	$4{,}2 \cdot 10^{-4}$ g Ag/cm²	$4{,}3 \cdot 10^{-4}$ g Ag/cm²
Empfindlichkeitsverteilung [Gl. (22)]	$\beta \approx 1$	$\beta = \beta\,(\sigma = 0{,}60;\ r^*_0 = 14)$

Während sich für die Schicht A die experimentelle Schwärzungskurve durch eine theoretische für $r^* = 11$ ohne Empfindlichkeitsverteilung beschreiben läßt, muß zur Beschreibung der Schwärzungskurve für die Schicht B eine Empfindlichkeitsverteilung β [Gl. (22)] eingeführt werden (gültig für jede Kornklasse).

Über ihre Abschätzung aus dem Experiment vergl. III, 3.

Abb. 8c gibt die Empfindlichkeitsverteilung wieder. Es sei bemerkt, daß diese Empfindlichkeitsverteilung sehr gut mit Angaben von Meidinger übereinstimmt [*10*]. Es ist prinzipiell zu erwarten, daß auch die Schicht A eine Empfindlichkeitsverteilung besitzt, sie würde sich aber wegen der Ungenauigkeiten der Auswertung erst bemerkbar machen, wenn ihre Streuung etwa $\sigma_\beta \approx 0{,}2$ wäre; man kann also das Ergebnis nur so deuten, daß sicher keine Empfindlichkeitsverteilung vorliegt, die eine größere Streuung als $\sigma_\beta = 0{,}2$ besitzt.

Es folgt aus dem Vergleich der Spezialfälle in Abb. 8a und 8b: Die Empfindlichkeitsverteilung hat bei den flachen Emulsionen eine Streuung, die nahezu ohne Einfluß auf die Form der Schwärzungskurve ist. Bei den steilen Emulsionen macht sich die Empfindlichkeitsverteilung sehr stark bemerkbar. Die Körner werden im Mittel nach Absorption von $r_0^* = 14$ Quanten entwickelbar.

Man kann berechnen, daß im Gebiet sehr kleiner Schwärzungen (Schwelle der Schwärzungskurve) auch Körner nach Absorption von $r^* = 4$ Quanten entwickelbar werden. So ist z. B. im Fall B für $s = 0{,}07$ der Anteil dieser Körner ($r^* = 4$) ca. 60%.

Es wird also der von Silberstein und Trivelli angegebene Wert $r^* = 4$ [*1*] für einzelne Körner erreicht (vergl. auch [*9*, *10*]).

Die gesamten Angaben über die absolute Empfindlichkeit müssen mit Vorbehalt gemacht werden, da eine relativ große Unsicherheit in der Zuordnung von Q_0 und Q/N besteht.

Auf die Größe des latenten Bildkeimes (Anzahl Silberatome pro Keim) kann man erst schließen, wenn man die Dispersität des latenten Bildes kennt. Sicher werden nicht alle Quanten zur Bildung von Silberatomen führen (Instabilität kleinster Keime), und ferner wird auch die Absorption an verschiedenen Stellen des Korns ablaufen, wodurch die Bildung stabiler Keime erschwert wird.

3. Der Einfluß der verschiedenen Verteilungen auf die Form der Schwärzungskurve

Es ist aus den Kapiteln III, 1 und 2 ersichtlich, daß der Einfluß der verschiedenen Verteilungen, charakterisiert durch die Größen η, $p\,(q_i, r^*)$ und $\beta\,(i, r^*)$ von der Streuung der Einzelverteilungen abhängig ist. Im allgemeinen wird die Korngrößenverteilung die vorherrschende Größe sein.

Man kann nun sicher für η, aber auch für $p\,(q_i, r^*)$, in guter Näherung log normale Gaußverteilungen ansetzen, wobei für große r^*-Werte die Näherung von $p\,(q_i, r^*)$ durch eine Gaußverteilung immer genauer wird. β-Funktionen sind nicht bekannt, aber auch sie werden durch Gaußverteilungen beschrieben werden können. Da die genannten Verteilungen voneinander unabhängig sind, gilt für die Gesamtstreuung σ, die sich durch Überlagerung der Einzelverteilungen ergibt, folgende Beziehung, die bis auf eine kleine Abweichung von BURTON [1] erstmalig für die Schwärzungskurve verwendet wurde:

$$\sigma = \sqrt{(3\,\sigma_\eta)^2 + \sigma_p{}^2 + \sigma_\beta{}^2}\,. \tag{25}$$

Die σ_p-Werte müssen natürlich aus Verteilungen entnommen werden, die sich auf das gleiche Argument, hier am besten $\log Q/N$ (absorbierte Quanten) beziehen. Dann muß die Korngrößenstreuung σ_η in die Volumenstreuung umgerechnet werden ($3\,\sigma_\eta$), da die Absorption mit dem Volumen der Körner zunimmt.

BURTON setzte hier die Streuung der Kornfläche ($2\,\sigma_\eta$) ein, womit ein Unterschied von 9/4 in Gl. (25) entsteht.

Es bedarf einer ausführlichen Rechnung, daß die Schwärzungskurve, die nur unter Berücksichtigung der Kornverteilung berechnet ist, durch eine Streuung $\sigma = 3\,\sigma_\eta$ charakterisiert wird.

Für $p = 1$, $\beta = 1$ folgt aus Gl. (16) die Gl. (21a), die unter Berücksichtigung von Gl. (18) auch in der Integralform geschrieben werden kann:

$$s = \frac{\int\limits_{di}^{+\infty} d^2\,\frac{\partial H}{\partial \log d}\,\partial \log d}{\int\limits_{0}^{\infty} d^2\,\frac{\partial H}{\partial \log d}\,\partial \log d}\,. \tag{26}$$

Man kann nun nachweisen, daß die Funktion $d^2\ \partial H/\partial \log d$ auch eine Gaußverteilung ist, wobei gilt

$$d^2\,\frac{\partial H}{\partial \log d} = \frac{1}{\sigma_\eta\sqrt{2\pi}}\,d_0{}^2\cdot e^{2\cdot 2{,}3^2\,\sigma_\eta{}^2}\,.\,e^{-\frac{\left(\log \frac{d}{d_0'}\right)^2}{2\,\sigma_\eta{}^2}} \tag{27}$$

mit
$$d_0' = d_0\cdot 10^{2{,}3\cdot 2\cdot\sigma_\eta{}^2}\,,$$

d. h. die neue Verteilung ist bei gleicher Streuung σ_η nur zu einem anderen Mittelwert d_0' verschoben.

Für die Schwärzungskurve wird also die Streuung $\sigma = 3\,\sigma_\eta$ nicht durch die Rechnung nach Gl. (27), sondern nur durch die Zuordnung von Belichtung zu Korndurchmessern in der Form

$$3 \log d = \log Q_0 \tag{28}$$

bestimmt.

Die Funktion $\partial H/\partial \log Q_0$ ist eine Gaußfunktion mit der Streuung $3\,\sigma_\eta$.

Die σ_p-Werte ergeben sich durch den Versuch, die Funktion durch ein Gaußintegral zu nähern:

$$p\,(q_i, r^*) \approx \frac{1}{\sigma_p \sqrt{2\pi}} \int_{-\infty}^{\log q_i} e^{-\frac{\left(\log \frac{q_i}{r^*}\right)^2}{2\sigma_p^2}}\,. \tag{29}$$

Man erhält die in Abb. 9 angegebenen σ_p-Werte als Funktion von r^*.

Es läßt sich mit σ_η und σ_p bereits der Einfluß der Quantenstatistik σ_p auf die Schwärzungskurve abschätzen, wenn man $\sqrt{(3\sigma_\eta)^2 + \sigma_p^2}$ als Funktion von σ_p berechnet (Abb. 10).

Es zeigt sich, daß für große Korngrößenstreuungen die Quantenstatistik immer mehr vernachlässigt werden kann, daß diese Vernachlässigung auch um so eher zutrifft, je unempfindlicher die Körner sind (je höher r^*).

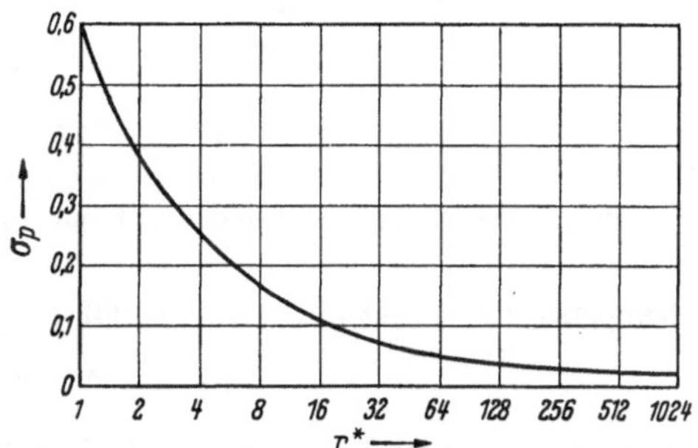

Abb. 9. Die Streuung der Quantenstatistik für verschiedene r^*-Werte.

Der σ_η-Bereich umfaßt alle praktisch vorkommenden Werte.

Der Einfluß der Empfindlichkeitsverteilung $\beta\,(i, r^*)$ und damit von σ_β ist, wie bereits erwähnt, um so größer, je kleiner σ_η ist [Gl. (25)]. Für einen Wert $r^* = 16$ ist der Einfluß von verschiedenen β-Funktionen in Abb. 11 dargestellt.

Wenn man bedenkt, daß einer normalen Negativemulsion ein σ_η von ca. 0,27 entspricht, so erkennt man, daß nur sehr breite Empfindlichkeitsverteilungen überhaupt einen Einfluß auf die Gesamtstreuung und damit auf die Form der Schwär-

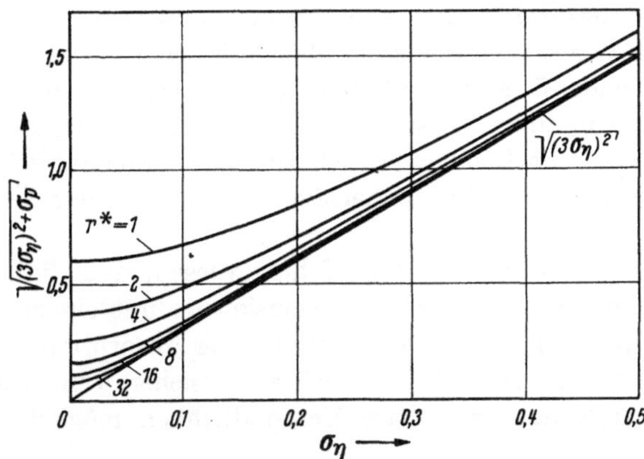

Abb. 10. Der Einfluß der Quantenstatistik auf die Gesamtstreuung für verschiedene r^*-Werte.

zungskurve nehmen. Wie schon BURTON [*1*] zeigte, kann man experimentelle Schwärzungskurven durch Gaußintegrale darstellen. Die Gesamtstreuung σ läßt sich also experimentell bestimmen (an der Elementarschwärzungskurve). Die für $\beta = 1$ berechnete Schwärzungskurve läßt andererseits eine Abschätzung von $r_0{}^*$ zu [Gl. (22)].

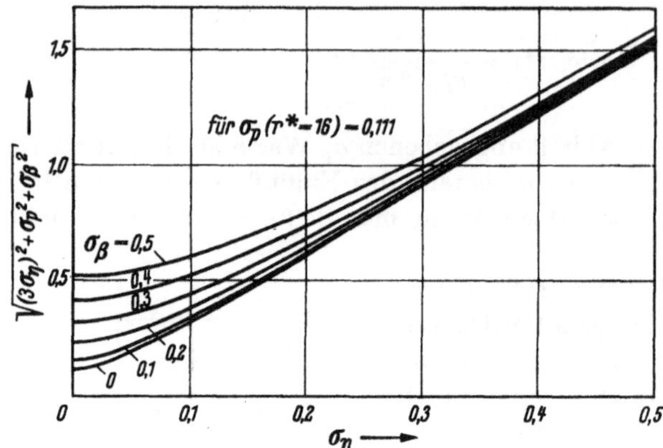

Abb. 11. Der Einfluß der Empfindlichkeitsverteilung auf die Gesamtstreuung für $r^* = 16$.

Näherungsweise ist dann σ_β aus Gl. (25) berechenbar:

$$\sigma_\beta = \sqrt{\sigma^2 - (3\,\sigma_\eta)^2 - \sigma_p{}^2}\,, \tag{30}$$

wobei hier $\sigma_p \approx \sigma_p\,(r_0{}^*)$ gesetzt wird. Auf diese Weise ist die in Abb. 8c angegebene Empfindlichkeitsverteilung gewonnen.

Es erscheint daher in den Abschätzungen von BURTON [1] der Wert für σ_β (Empfindlichkeitsverteilung) zu hoch im Vergleich zu den anderen Streuwerten angesetzt, so daß nur hierdurch der scheinbar große Einfluß der Empfindlichkeitsverteilung auf die Schwärzungskurve zu erklären ist.

Es sei ferner auf eine Arbeit von WEBB [9] hingewiesen, in der für den minimalen r^*-Wert auch die Größenordnung 10 angegeben wird. Auch in dieser Arbeit ist aber der Belichtungsumfang der Schwärzungskurve auf die Quantenstatistik zurückgeführt. Es läßt sich aus der angegebenen Korngrößenverteilungskurve ein σ_η von ca. 0,14 berechnen. Es ergibt sich dann aus Abb. 10, daß die Quantenstatistik für $r^* = 10$ *keinen* Einfluß mehr auf die Schwärzungskurve hat. Vielmehr wird die Schwärzungskurve ausschließlich durch die Korngrößenverteilung bestimmt. Die Streuung der Schwärzungskurve beträgt ca. 0,4 in guter Übereinstimmung mit $\sigma = 3\,\sigma_\eta$.

Es sei zum Abschluß nochmals darauf hingewiesen, daß die Absolutangaben über die Quantenempfindlichkeit der Emulsionskörner mit einem Fehler behaftet sein können (etwa Faktor 2); die Berücksichtigung der Absorption in der Elementarschicht (Zuordnung von Q_0 zu Q/N) ist noch zu unsicher. Immerhin ist eine Abschätzung über die maximal erreichbare Empfindlichkeit möglich.

Literatur

[*1*] BURTON, P. C., in C. E. MEES: The Theory of the Photographic Process, New York 1954.

[*2*] ZEITLER, E.: Phot. Korr. **95**, 99 (1959).

[*3*] HAASE, G.: Naturwiss. **47**, 320 (1960).

[*4*] ZEITLER, E.: Mitt. d. Agfa Leverkusen-München, Bd. II, Berlin/Göttingen/Heidelberg: Springer, 1958, S. 148.

[*5*] NUTTING, P. G.: Phil. Mag. **26**, 423 (1913).

[*6*] ARENS, H., J. EGGERT u. E. HEISENBERG: Z. wiss. Phot. **28**, 356 (1931).

[*7*] KLEIN, E.: Z. Elektrochem. **62**, 993 (1958).

[*8*] FRIESER, H., u. E. KLEIN: Z. Elektrochem. **62**, 874 (1958).

[*9*] WEBB, J. H.: JOSA **38**, 312 (1948).

[*10*] MEIDINGER, W.: Z. phys. Chemie **114**, 89 (1925).

Der Einfluß von Silberkomplexbildern im Entwickler auf die Eigenschaften der Negativ- und Umkehrschwärzungskurve

Von E. Klein

Zusammenfassung

Erfolgt eine Negativentwicklung bei Anwesenheit von Halogensilberlösungsmitteln, so ergeben sich für die Umkehrschwärzungskurve Eigenschaften, die alle durch einen Mechanismus gedeutet werden können, der eine physikalische Entwicklung an bereits chemisch entwickeltem Silber berücksichtigt. Es wird experimentell nachgewiesen, daß eine solche physikalische Entwicklung stattfindet, und daß hierbei die Deckkraft des vorher bereits chemisch entwickelten Silbers praktisch nicht ansteigt. Rhodanidionen beschleunigen die zur physikalischen Entwicklung notwendige komplexe Lösung von Silberhalogenid katalytisch. Ein theoretischer Ansatz über die Kinetik der physikalischen Entwicklung an chemisch entwickeltem Silber führt zu einer Differentialgleichung, deren Lösung mit dem Experiment übereinstimmt. Unter bestimmten Voraussetungen läßt sich aus einer gegebenen Korngrößenverteilung mit Berücksichtigung der physikalischen Entwicklung theoretisch die Negativ- und Umkehrschwärzungskurve berechnen. Die theoretischen Ergebnisse stehen in völliger Übereinstimmung mit den experimentell bekannten Phänomenen. (Summe von Negativ- und Umkehrschwärzung durchläuft ein Minimum.)

I. Problemstellung

Eine photographische Schicht werde in einem Entwickler, der keine Halogensilberlösungsmittel enthält, bis zur Schwärzung S_N entwickelt. Wird anschließend das entwickelte Silber aus der Schicht gelöst und das Resthalogensilber in einem zweiten Entwicklungsgang nach vorheriger genügend hoher Belichtung vollständig entwickelt, so erhält man eine Umkehrschwärzung S_U, die sich berechnet aus:

$$S_U = S_{\max} - S_N , \tag{1}$$

wobei $S_{\max}$ die Maximalschwärzung der Schicht bedeutet. Negativ- und Umkehrschwärzungskurve sind zueinander spiegelbildlich in bezug auf $S = S_{\max}/2$.

Im folgenden werden alle Schwärzungen auf $S_{\max}$ bezogen (relativierte Schwärzungskurve). Im beschriebenen Fall sind also die Eigenschaften der Umkehrschwärzungskurve, so z. B. auch die Empfindlichkeit, einfach aus den Eigenschaften der Negativschwärzungskurve ableitbar.

Wesentlich komplizierter werden die Verhältnisse, wenn im Erstentwickler (Negativentwickler) Halogensilberlösungsmittel (Komplexbildner) anwesend sind. Drei wesentliche, z. T. in der Literatur beschriebene, z. T. aus der Praxis bekannte

Effekte sollen hier genannt werden, die man bei Anwesenheit von Rhodanid- und Sulfitionen im Erstentwickler beobachtet.

Die folgende Arbeit befaßt sich mit der Aufklärung dieser drei Effekte:

1. Bestimmt man von einer photographischen Schicht die Schwärzungskurve für verschiedene Entwicklungszeiten, so erhält man von einer gewissen Entwicklungszeit an keine wesentliche Änderung der Schwärzungskurve mehr, nur die Schleierschwärzung der Schicht steigt, die Schicht ist „ausentwickelt". Enthält der Ent-

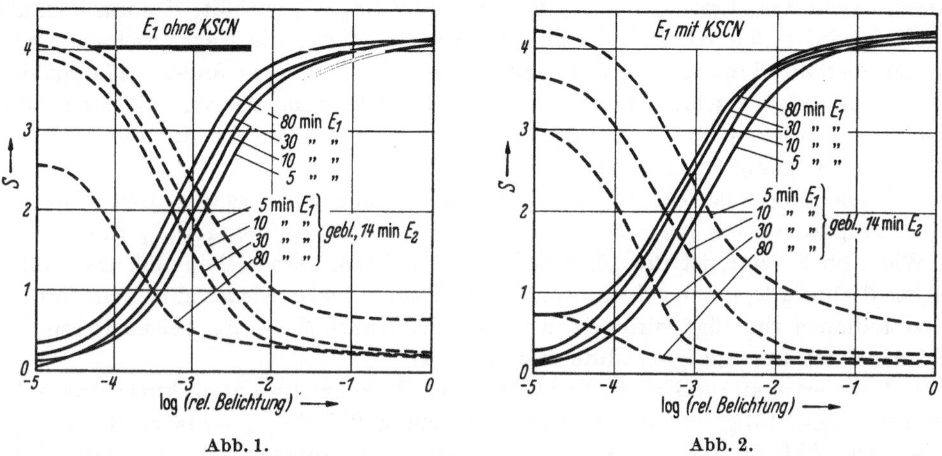

Abb. 1. Abb. 2.

Abb. 1 und 2. Negativ- und Umkehrschwärzungskurven für verschieden lange Entwicklungszeit ohne und mit Rhodanidzusatz im Erstentwickler (Belichtung in relativen Einheiten)

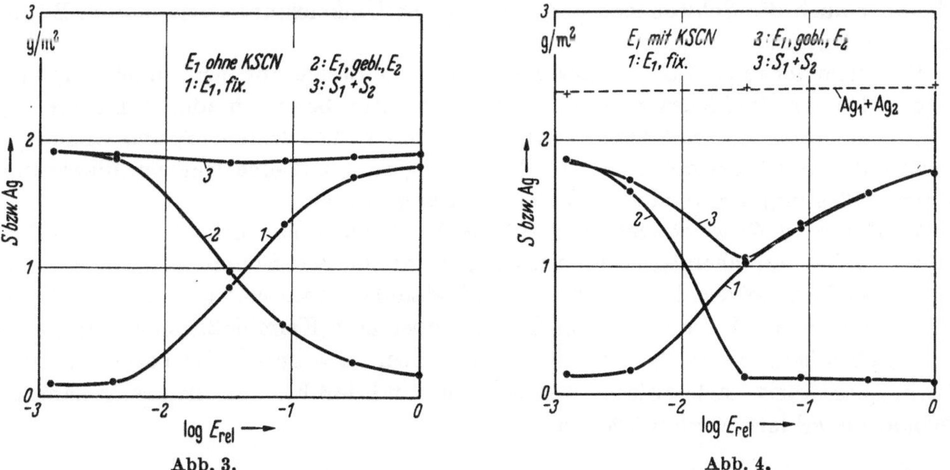

Abb. 3. Abb. 4.

Abb. 3 und 4. Die Summe der Negativ- und Umkehrschwärzungskurve ohne und mit Rhodanidzusatz im Erstentwickler.

wickler kein Halogensilberlösungsmittel, so gilt Gl. (1). Auch die Umkehrschwärzungskurve ändert sich bis auf die erreichbare Umkehrmaximalschwärzung (wird durch steigenden Negativschleier verringert) nicht wesentlich, wenn die Negativentwicklungszeit über der Ausentwicklungszeit liegt und immer vorausgesetzt, daß das gesamte Restsilberhalogenid während der Zweitentwicklung vollständig entwickelt wird.

Wie die Abb. 1 zeigt, bleibt dieses Verhalten auch gültig, wenn man einen gebräuchlichen Metol-Hydrochinon-Erstentwickler (mit E_1 bezeichnet) mit einem Gehalt von 50 g Na_2SO_3 pro Liter anwendet; nur eine extrem lange Erstentwicklungszeit (80 min) führt zu einer abnormen Umkehrschwärzungskurve, die w. u. aber ebenfalls erklärt wird. Völlig anders verhalten sich die Umkehrschwärzungskurven, wenn dem Erstentwickler, der beits 50 g Na_2SO_3 enthält, Kaliumrhodanid zugefügt wird (2,5 g KSCN/ltr): Obwohl sich auch jetzt die Negativschwärzungskurven oberhalb 5 min Entwicklungszeit praktisch nicht mehr ändern (bis auf den Schleieranstieg), verschieben sich die Umkehrschwärzungskurven mit steigender Erstentwicklungszeit zu kleinen Belichtungen, während gleichzeitig die Umkehrmaximalschwärzung stark sinkt (Abb. 2).

2. Nach Gl. (1) ist zu erwarten, daß die Summe der Negativ- und Umkehrschwärzungskurve bei jeder Belichtung zur Maximalschwärzung S_{max} führt.

Wie Abb. 3 zeigt, ist das für eine Erstentwicklung ohne Rhodanidzusatz (50 g Na_2SO_3/ltr) erfüllt, nicht jedoch, wenn dem Erstentwickler wieder eine kleine Menge Rhodanidionen zugefügt wird. Dann besitzt die Kurve $S_N + S_U$ bei mittleren Belichtungen ein ausgeprägtes Minimum (Abb. 4).

3. Definiert man die Empfindlichkeit ε_u der Umkehrschwärzungskurve durch die reziproke Belichtung, die der Umkehrschwärzung 0,5 $S_{U\,max}$ entspricht, so folgt bereits aus Abb. 2, daß mit steigender Erstentwicklungszeit (Rhodanid im Entwickler) die Empfindlichkeit zunimmt.

Entsprechend bestimmten experimentellen Bedingungen steigt jedoch hierbei scheinbar auch die Schwellenempfindlichkeit der Umkehrkurve, wie man z. B. aus Abb. 4 entnimmt.

Vor allem der unter I,3 genannte Punkt über die Steigerung der Umkehrempfindlichkeit bei Rhodanidzusatz wurde in der Literatur bereits häufig diskutiert [*1*]. STAUDE [*2*] setzt sich mit früheren Arbeiten von NEUGEBAUER [*3*] und CLERC [*4*] auseinander und führt die Empfindlichkeitssteigerung auf eine Halogensilberlösung (Keimbloßlegung) während der Erstentwicklung zurück.

W. FALTA [*5, 6*] weist erstmalig auf die Möglichkeit hin, daß eine gleichzeitige physikalische und chemische Entwicklung während der Erstentwicklung für die empfindlichkeitssteigernde Wirkung des Rhodanids verantwortlich zu machen ist. Während man die Vermutung von STAUDE über eine Keimbloßlegung keineswegs ausschließen kann, zeigt aber die vorliegende Arbeit, daß gerade die Vermutung von FALTA quantitativ nachgewiesen werden kann, und daß hiermit alle drei genannten Phänomene erklärt werden können.

II. Die physikalische Entwicklung neben einer chemischen Entwicklung

Bestimmt man für die in Abb. 1 und 2 angegebenen Schwärzungskurven zu jeder Schwärzung die zugehörige Silbermenge, so ergeben sich die Abb. 5 und 6.

Bis auf die extrem lange Entwicklungszeit von 80 min sind in Abb. 5 (ohne Rhodanidzusatz im Erstentwickler) die Silbermengen mit geringen Abweichungen für die Umkehrentwicklung spiegelbildlich zu denjenigen der Negativentwicklung.

Im Gegensatz zu den Schwärzungskurven (Abb. 1 und 2) gilt dieses Verhalten für die Silbermenge nun auch, wenn der Erstentwickler Rhodanid enthält; während also die *Negativschwärzungskurven* mit und ohne Rhodanidzusatz keinen Unterschied zeigten, werden die entsprechenden Silberkurven mit steigender Entwicklungszeit

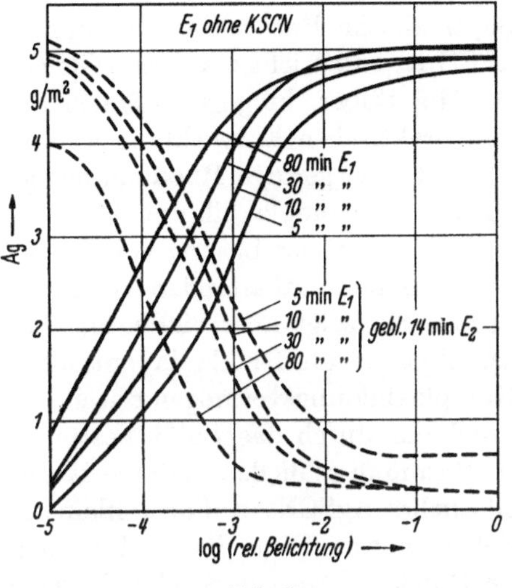

Abb. 5.

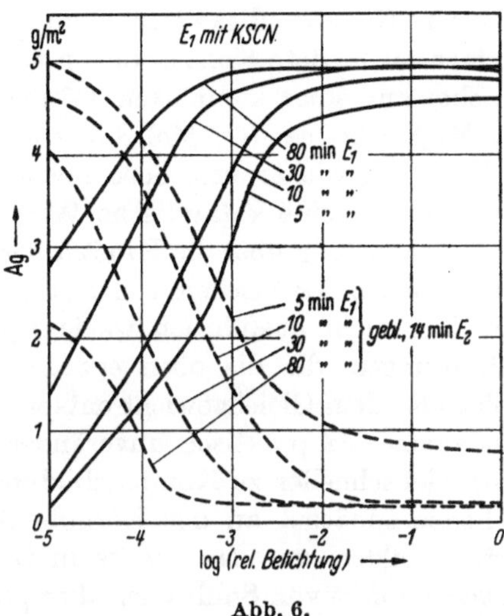

Abb. 6.

Abb. 5 und 6. Entwickelte Silbermenge als Funktion der Belichtung für verschieden lange Negativentwicklung ohne und mit Rhodanid im Erstentwickler (vergl. Abb. 1 und 2). Der Erstentwickler enthält in jedem Fall 50 g Na_2SO_3/ltr.

stark verschoben, wenn SCN^--Ionen im Entwickler vorhanden sind. Es ergibt sich also das interessante Phänomen, daß die gleiche Schwärzung (Negativ) ganz verschiedenen Silbermengen entsprechen kann. Durch den Rhodanidzusatz ist Silber einer sehr geringen Deckkraft abgeschieden worden. Eine Erklärung ist nur auf folgende Weise möglich: Es ist früher [*7*] ausführlich die Form des entwickelten Silbers bei Anwesenheit von Komplexbildnern beschrieben worden. Nachweislich wird nämlich dann das Silber nicht nur chemisch entwickelt (Fadenform), sondern es findet auch eine physikalische Entwicklung an bereits vorhandenem Silber statt. Die hiermit verbundene Verdickung der Silberfäden ist nur gering, einer Volumenänderung um den Faktor a entspricht eine Fadenverdickung um den Faktor $\sqrt{a}$. Diese Fadenverdickung konnte elektronenmikroskopisch auch für den in Abb. 5 und 6 angegebenen Fall nachgewiesen werden.

Das bei der Entwicklung aus einem Halogensilberkorn entstehende Fadenknäuel wird bezüglich seiner Deckkraft kaum verändert, wenn die Fadendicke etwas vergrößert wird (zur Frage der Deckkraft vergl. [*8*]), so daß zwanglos erklärt ist, daß eine größere Silbermenge nicht zu einer höheren Schwärzung führen muß.

Für den Mechanismus einer solchen physikalischen Entwicklung neben einer chemischen muß man im einzelnen folgendes berücksichtigen. Mit guter Näherung kann man den Abb. 1 und 2 bzw. 5 und 6 entnehmen, daß der erste Abschnitt der Erstentwicklung in einer rein chemischen Ausentwicklung der belichteten Körner besteht, daß dann im zweiten Abschnitt die physikalische Entwicklung an bereits vorhandenem chemisch entwickelten Silber stattfindet. (In kleinem Maße findet natürlich auch im ersten Abschnitt bereits eine physikalische Entwicklung statt.)

Für die hierzu notwendige zwischenzeitliche komplexe Lösung von Silberhalogenid mit anschließender Reduktion des Komplexes an chemisch entwickeltem Silber muß noch erklärt werden, auf welche Weise die geringen Rhodanidzusätze die große Geschwindigkeitserhöhung für die physikalische Entwicklung bewirken. Die hier verwendete Konzentration von 2,5 g KSCN/ltr entspricht maximal (Gleichgewicht) nur einer komplexen Lösung von 10^{-5} Mol Silber, hingegen können die 50 g Na_2SO_3/ltr ca. 10^{-2} Mol Silber lösen. Bei der praktischen Entwicklung werden diese Gleichgewichtswerte noch nicht einmal erreicht. Die geringe Rhodanidmenge kann also nur eine katalytische Wirkung bezüglich der Komplexbildung besitzen. Die Untersuchung über die Kinetik der Komplexbildung bei der Lösung von Silberhalogeniden in Gemischen von Sulfit- und Rhodanidionen enthaltenden Lösungen kann hier nicht ausführlich wiedergegeben werden. Sie zeigt aber eindeutig, daß Sulfitlösungen, die die oben erwähnten kleinen Zusätze an Rhodanid enthalten (wobei also dem Gleichgewicht entsprechende Komplexbildungsvermögen durch den Rhodanidzusatz praktisch unverändert bleibt und nur durch das Sulfit bestimmt wird), viel schneller zu Komplexbildung führen. Man muß schließen, daß die Rhodanidionen zunächst an der Kornoberfläche unlösliches AgSCN in Form kleinster Partikel bilden, wie das bereits in [*7*] beschrieben wurde. Diese Partikel werden entweder sofort von Sulfit oder aber primär vom Rhodanid besonders schnell wegen ihrer großen Oberfläche in lösliche Silberkomplexe übergeführt. Auch ein solcher Rhodanidkomplex muß wegen der herrschenden Konzentrationsverhältnisse sofort in den Sulfitkomplex umgewandelt werden, so daß das Rhodanid wieder zur Einleitung der Komplexbildung zur Verfügung steht (katalytischer Effekt). Quantitativ läßt sich dieser letzte Mechanismus ohne Schwierigkeiten aus den Löslichkeitsprodukten und Komplexbildungskonstanten ableiten (vergl. [*9*]—[*11*] und Literaturzitate dort). Im Fall der physikalischen Entwicklung kann der in der Sulfitlösung unbeständige Rhodanidkomplex unmittelbar an chemisch entwickeltem Silber reduziert werden, anzunehmen ist aber wegen der schnellen Gleichgewichtseinstellungen in Lösungen, daß sekundär erst der Sulfitkomplex gebildet wird, der dann der Reduktion unterliegt. Die erhöhte Geschwindigkeit der physikalischen Entwicklung bei Anwesenheit von Rhodanidionen ist dann nur auf das schnelle Angebot an komplex gelöstem Silber zurückzuführen. Es ergibt sich aus dieser Vorstellung zwanglos, daß bei extrem langen Entwicklungszeiten das im Erstentwickler vorhandene Sulfit auch schon eine Verschiebung der Umkehrschwärzungskurven sowie der entsprechenden Negativ- und Umkehrsilberkurven zur Folge hat, qualitativ liegt der gleiche Mechanismus einer physikalischen Entwicklung an chemisch bereits entwickeltem Silber vor, der nur aus kinetischen Gründen langsam abläuft.

Die hier aus den Silberanalysen in Verbindung mit den bekannten Vorstellungen über den Mechanismus der Entwicklung bei Anwesenheit von Silberkomplexbildnern abgeleitete Vorstellung über die Rhodanidwirkung wurde in einer großen Anzahl von Experimenten geprüft, so z. B. an stark verschleierten Schichten sowie solchen Schichten, denen absichtlich bekannte Mengen kolloidalen Silbers zugesetzt wurden. (Vergl. auch [*15*] und [*16*].)

Die im folgenden Kapitel abgeleitete quantitative theoretische Behandlung des „Rhodanideffektes" folgt aus einer qualitativen Aussage, die man bereits an dieser Stelle treffen kann: Für die physikalische Entwicklung an chemisch bereits entwickeltem Silber werden dann optimale Bedingungen vorliegen, wenn einerseits eine möglichst große Oberfläche an unentwickeltem Halogensilber für die Komplexbildung, andererseits eine große Oberfläche an entwickeltem Silber zur Abscheidung von physikalisch entwickeltem Silber vorliegt; das trifft im mittleren Bereich der Schwärzungskurve zu. Daher wird man dort, wie Abb. 4 zeigt, auch ein Minimum der Kurve $(S_N + S_U)$ über log. Belichtung erwarten müssen; hier wird relativ viel Silber ohne Beitrag zur Deckkraft physikalisch abgeschieden. Dieses Silber fehlt dann für die chemische Entwicklung der Umkehrschwärzung. Gesichert werden diese Anschauungen durch die theoretischen Ergebnisse der folgenden Kapitel, die mit entsprechenden Experimenten befriedigende Übereinstimmung liefern.

III. Quantitative Beschreibung der physikalischen Entwicklung, die neben einer chemischen Entwicklung auftritt

1. Die Differentialgleichung für die Bildung von physikalisch entwickeltem Silber

Um zu quantitativen Beziehungen zu gelangen, geht man von der weiter oben bereits genannten Vorstellung aus, daß die Geschwindigkeit, mit der das Volumen v' Halogensilber, das komplex gelöst wird, und dessen äquivalente Ag-Menge dann physikalisch entwickelt wird, *einerseits* um so größer ist, je größer die noch zur Verfügung stehende Oberfläche des Halogensilber O_{AgBr} ist, *andererseits* aber *auch* um so größer ist, je größer die Silberoberfläche O_{Ag} ist, die durch das chemisch entwickelte Silber zur Abscheidung von physikalisch entwickeltem Silber zur Verfügung steht.

Während einer vorgegebenen Entwicklungszeit Δ t ändert sich nun laufend sowohl die Oberfläche O_{AgBr} wie auch O_{Ag}, so daß die Differentialgleichung gilt:

$$-\frac{dv'}{dt} = k \cdot O_{AgBr} \cdot O_{Ag} \tag{2}$$

Hierbei sind also O_{AgBr} und O_{Ag} Zeitfunktionen, und in der Konstanten k ist unter anderem ein Maß für die zu Beginn der physikalischen Entwicklung vorliegende AgBr- bzw. Ag-Menge, ferner auch ein Maß für das Lösungsvermögen des Entwicklers enthalten.

Es interessiert für ein bestimmtes Δ t die Funktion v' über dieser zu Beginn der physikalischen Entwicklung vorliegenden AgBr-Menge bzw. Oberfläche O_{oAgBr}. Ein einfacher Zusammenhang zwischen O_{oAgBr} und O_{oAg} gestattet, v' als Funktion nur von O_{oAgBr} zu berechnen.

Man schätzt bereits qualitativ ab, daß diese Funktion ein Maximum durchläuft: Ist O_{oAgBr} klein, d. h. ist bereits (entsprechend einer relativ hohen Belichtung) viel Silber chemisch entwickelt, so muß die physikalische Entwicklung klein sein, da nur wenig Halogensilber zur Verfügung steht, das komplex gelöst und dann physikalisch entwickelt werden kann. Ist andererseits O_{oAgBr} groß, d. h. ist wenig Silber (entsprechend einer geringen Belichtung) chemisch entwickelt, so ist die Oberfläche, an der eine physikalische Entwicklung stattfinden kann, gering, so daß wiederum eine geringe physikalische Entwicklung zu erwarten ist. In mittleren Belichtungsbereichen tritt eine maximale physikalische Entwicklung auf, worauf im vorhergehenden Abschnitt bereits hingewiesen wurde.

2. Die Lösung der Differentialgleichung (Gl. 2)

Folgende Symbole wurden eingeführt:

Index 1 für AgHal-Größen
Index 2 für Ag-Größen
$v_1(t)$, $v_2(t)$ } zeitlich veränderliche Volumina (alle auf Volumen Ag bezogen)
$v = v_1(t) + v_2(t)$ $(= 1)$ = Gesamtvolumen Ag
$\mu_1 v$, $\mu_2 v$ } Volumina zu Beginn der physikalischen Entwicklung
$r_1(t)$ zeitlich veränderliche Radien der AgHal-Teilchen (Kugelform)
$r_2(t)$ zeitlich veränderliche Radien der Ag-Teilchen (Zylinderform)
l mittlere Länge der Silberfäden (mit $r_2(t) \ll l$)
N_1 Anzahl der AgHal-Teilchen, die dem Gesamtvolumen entsprechen
N_2 Abzahl der Ag-Teilchen, die dem Gesamtvolumen entsprechen
$O_1(t)$, $O_2(t)$ } zeitlich veränderliche Oberflächen

Es gelten dann die Beziehungen:

$$O_1 = \sqrt[3]{v_1^2} \cdot \sqrt[3]{\mu_1} \cdot C_1, \qquad \text{mit } C_1 = \sqrt[3]{\frac{N_1 4\pi}{9}} \tag{3}$$

und

$$O_2 = \sqrt{v_2} \cdot \sqrt{\mu_2} \cdot C_2, \qquad \text{mit } C_2 = \sqrt[2]{N_2 4\pi l} \tag{4}$$

Wegen der Beziehungen $v = 1$, $v_1 + v_2 = 1$, $\mu_1 + \mu_2 = 1$ ergeben sich die beiden Integrale als Lösung der Differentialgleichung:

$$-\int_{\mu_1 v}^{v_1} \frac{d\,v_1}{\sqrt[3]{v_1^2}\,\sqrt{1-v_1}} = k\sqrt[3]{\mu_1} \cdot \sqrt{1-\mu_1} \cdot \Delta\,t\,, \tag{5}$$

oder auch

$$\int_{\mu_2 v}^{v_2} \frac{d\,v_2}{\sqrt[3]{(1-v_2)^2} \cdot \sqrt{v_2}} = k\sqrt[3]{\mu_1} \cdot \sqrt{1-\mu_1} \cdot \Delta\,t\,. \tag{6}$$

Für die numerischen Auswertungen ist es von Vorteil, beide Integrale auszuwerten.

Die den Gl. (5) und (6) entsprechenden unbestimmten Integrale $g(v_1)$ und $f(v_2)$ lassen sich durch Reihenentwicklung lösen. Abb. 7 zeigt die Funktion $f(v_2)$.

Wegen der Beziehung $g(v_1) + f(v_2) =$ konst. kann man zur Berechnung von $f(v_2)$ auch $g(v_1)$ wählen, je nachdem welche Funktion am besten konvergiert. Das gesuchte Integral Gl. (5) oder (6) ergibt sich aus $f(v_2)$ für vorgegebene Werte $k\,\Delta\,t$ und μ_1 bzw. μ_2. Es läßt sich also auch die zu vorgegebenem $k\,\Delta\,t$ und μ_1 bzw. μ_2 gehörige Größe v_1 bzw. v_2 berechnen, wobei v_2 der gesuchten physikalisch entwickelten Silbermenge direkt proportional ist. (v_2 wurde in Gl. (2) mit v' bezeichnet).

Abb. 8 zeigt die auf diese Weise gefundene Lösung der Differentialgleichung (2). Als Parameter treten verschiedene Größen $k \Delta t$ auf. Die Theorie liefert also daß eine Erhöhung dss Lösungsvermögens für Halogensilber im Entwickler, charakterisiert durch die Größe k, bei konstanter Entwicklungszeit völlig äquivalent ist zur Erhöhung der Entwicklungszeit bei konstantem Lösungsvermögen.

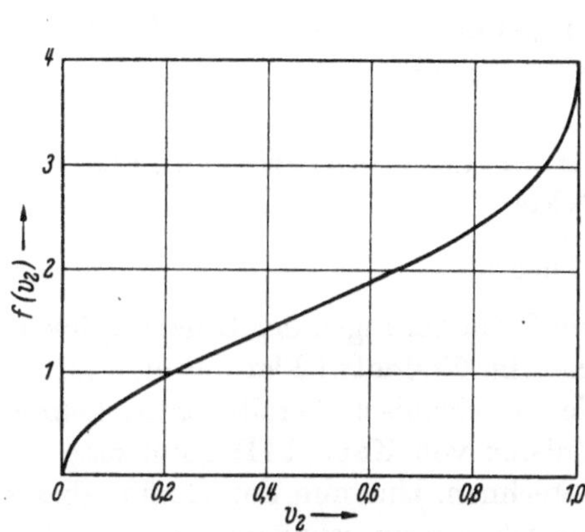

Abb. 7. Die Funktion $f(v_2)$.

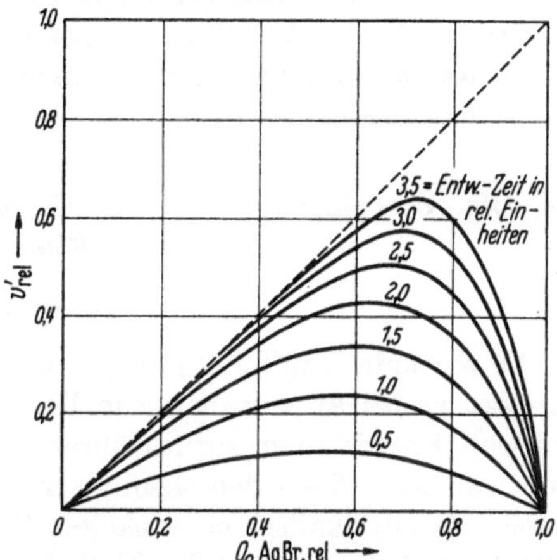

Abb. 8. Das Volumen v' des physikalisch entwickelten Silbers an chemisch entwickeltem Silber als Funktion von der zu Beginn der physikalischen Entwicklung vorhandenen Restoberfläche des Silberhalogenids.

Die in Abb. 8 eingetragene Gerade stellt den Grenzfall dar, daß das gesamte zur Verfügung stehende Resthalogensilber physikalisch entwickelt wird.

3. Experimentelle Prüfung der Theorie

Zur experimentellen Prüfung der Theorie werden Schichten nach entsprechender Belichtung 5 min in einem Entwickler *ohne* Rhodanidzusatz entwickelt. Hierauf erfolgt eine weitere Entwicklung von 10 min im gleichen Entwickler mit Rhodanidzusatz. Auf diese Weise werden die chemische und die physikalische Entwicklung im wesentlichen voneinander getrennt. Die Differenz der Silberbestimmung nach der ersten und der zweiten Entwicklung liefert sofort einen Wert für v', das Volumen des Bromsilbers, das physikalisch entwickelt wird (Wert wird relativiert). Über die Maximalschwärzung und die nach der ersten Entwicklung gemessene Schwärzung S berechnet sich, wie man leicht nach-

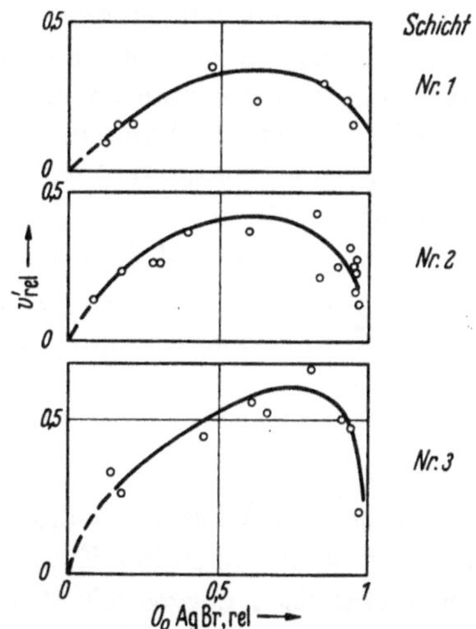

Abb. 9. Messungen über die Menge des physikalisch entwickelten Silbers neben chemisch entwickeltem Silber (entwickelt mit Rhodanid).

weisen kann, die Oberfläche des Bromsilbers, das von der ersten chemischen Entwicklung nicht betroffen ist, zu:

$$O_0AgBr = \frac{S_{max} - S}{S_{max}}.$$

Die auf diese Weise gefundenen experimentellen Kurven sind für einige Filmmaterialien in der Abb. 9 zusammengestellt.

Es ist offensichtlich, daß der experimentell gefundene Kurvenverlauf mit dem theoretisch berechneten (Abb. 8) sehr gut übereinstimmt.

IV. Die Berechnung von Schwärzungskurven unter Berücksichtigung des „Rhodanideffekts“

1. Allgemeine Theorie

Es wurde in Kapitel II gezeigt, daß man die Veränderungen der Umkehrschwärzungskurve bei Anwesenheit von Rhodanidionen im Erstentwickler auf eine physikalische Entwicklung zurückführen muß, die an chemisch bereits entwickeltem Silber auftritt. Nach den theoretischen Ergebnissen von Kapitel III kann man die Menge des physikalisch entwickelten Silbers berechnen. Um nun den Einfluß dieses Effektes auf die Gestalt der Umkehrschwärzungskurve zu studieren, wird im folgenden eine Theorie abgeleitet, die aus einer gegebenen Kornverteilungskurve die Berechnung der Schwärzungskurve gestattet. Diese Theorie muß dann die in Kapitel I beschriebenen Phänomene 1—3 zwanglos deuten.

Die folgenden Voraussetzungen beeinträchtigen die theoretischen Untersuchungen über den Einfluß des Rhodanids auf die Schwärzungskurve nicht, vereinfachen aber die Rechnung in großem Maße:

a) Die vorgegebene Korngrößenverteilung ist eine Gaußverteilung in bezug auf den Logarithmus der Durchmesser.

b) Die Körner sind so unempfindlich, daß die Statistik bezüglich der pro Korn auftreffenden Lichtquanten entfällt.

c) Die Empfindlichkeitsverteilung wird nicht berücksichtigt; im einzelnen wird hierzu in einer späteren Arbeit über die Theorie der Schwärzungskurve Stellung genommen. [*17*]

Die Rechnung wird zunächst für die Elementarschwärzungskurve durchgeführt, aus der auf einfachem Weg die „dicke“ Schicht gewonnen werden kann.

Die Korngrößenverteilung wird beschrieben durch die Funktion

$$\frac{\partial H}{\partial \log d} = \frac{b}{\sqrt{\pi}} \cdot e^{-b^2 \left(\log \frac{d}{d_0}\right)^2} \tag{7}$$

Sie ist für den Fall $d_0 = 5{,}3 \cdot 10^{-5}$ cm, b = 2,98 (entspricht etwa einer normalen praktisch vorkommenden Emulsion) in Abb. 10 in der Form $\partial H/\partial d$ als Funktion von d graphisch dargestellt. Nach EGGERT, ARENS und HEISENBERG ([*12*], vergl. auch [*8*]) läßt sich eine Schwärzung allgemein berechnen nach:

$$S = \frac{1}{2{,}3} N f, \tag{8}$$

wobei N die Anzahl der entwickelten Körner und f ihre mittlere Fläche bedeuten; f ist proportional zu d^2, wobei berücksichtigt werden muß, daß hier d der Durchmesser des entwickelten Korns ist, der nur im Fall einer aktiven chemischen Entwicklung mit dem Durchmesser des unentwickelten Korns übereinstimmt. Ist die letzte Bedingung nicht erfüllt, geht eine Konstante ein, die für das vorliegende Problem ohne Bedeutung ist.

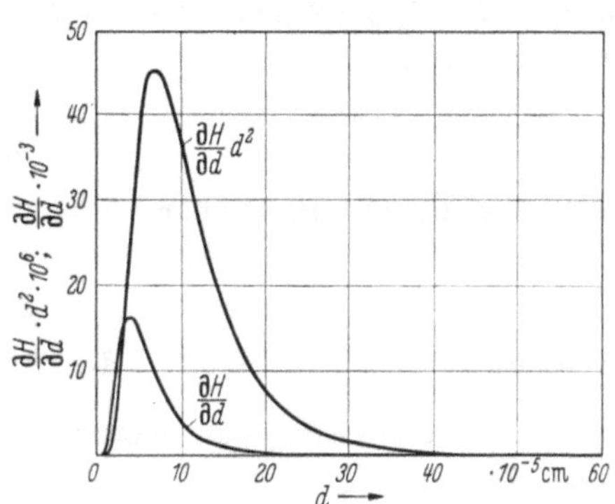

Abb. 10. Die Korngrößenverteilung und die Hilfsfunktion zur Berechnung der Schwärzung.

Werden durch eine Belichtung alle Körner mit größerem Durchmesser als d_i entwickelbar, so ergibt sich also bis auf einen konstanten Faktor für die Schwärzung:

$$S_i = \int_{d_i}^{+\infty} d^2\, \partial H. \tag{9}$$

Für die graphische Integration schreibt man vorteilhaft:

$$S_i = \int_{d_i}^{+\infty} d^2 \frac{\partial H}{\partial d}\, \partial d. \tag{10}$$

Wie in Abb. 10 gezeigt, multipliziert man also die Verteilungsfunktion mit d^2 und kann diese Kurve dann von großem Durchmesser her kommend integrieren. Die relative Schwärzung $S_i/S_{\max}$ ergibt sich zu:

$$\frac{S_i}{S_{\max}} = \frac{\int_{d_i}^{+\infty} d^2 \frac{\partial H}{\partial d}\, \partial d}{\int_{0}^{+\infty} d^2 \frac{\partial H}{\partial d}\, \partial d}. \tag{11}$$

Diese Werte liefern über $\log d$ (kleine Durchmesser nach rechts aufgetragen) die *Negativschwärzungskurve*. Dabei ist die Belichtung E_i, die notwendig ist, alle Körner mit $d > d_i$ entwickelbar zu machen, proportional zu d^n, so daß $\log I \cdot t$ proportional zu $\log d$ wird (s. w. u.). Die *Umkehrschwärzung* (relativ) ergibt sich nach Gl. (1) sofort zu

$$\frac{S_{iu}}{S_{\max}} = 1 - \frac{S_i}{S_{\max}} = \frac{\int_{0}^{d_i} d^2 \frac{\partial H}{\partial d}\, \partial d}{\int_{0}^{+\infty} d^2 \frac{\partial H}{\partial d}\, \partial d}. \tag{12}$$

Findet während der Negativentwicklung neben der chemischen Entwicklung eine physikalische Entwicklung statt (vergl. Kapitel II und III), so steht für die Umkehrentwicklung nur ein geringerer Teil AgHal zur Verfügung. Alle nicht entwickelten AgHal-Körner werden angelöst, manche Körner verschwinden vollständig. Es muß zunächst untersucht werden, wie die Größenverteilung der Körner sich ändert, wenn eine Lösung des Halogensilbers erfolgt, wobei wieder angesetzt wird, daß die Lösungsgeschwindigkeit $\partial v/\partial t$ proportional zur Oberfläche ist (v = aufgelöstes Volumen):

$$\frac{\partial v}{\partial t} = \alpha' \cdot O\,. \tag{13}$$

Es folgt hieraus unmittelbar

$$\frac{\partial d}{\partial t} = \alpha$$

und somit

$$d_{t=0} - d = \Delta d = \alpha\,\Delta t\,, \tag{14}$$

d. h. der Durchmesser jedes Korns ändert sich in der Zeit Δt um den gleichen Betrag Δd.

Es folgt für eine Größenverteilungskurve eine Verschiebung entsprechend Abb. 11. Man führt die neue Größenverteilung $\partial H'/\partial d$ ein und findet also über die Integration entsprechend Gl. (11) und (12) die gewünschten Schwärzungen.

Das Problem liegt darin, die Verschiebung Δd_i zu finden, die bei einem Entwickler mit vorgegebenem Lösungsvermögen (und somit teilweiser physikalischer Entwicklung) in der Verteilungskurve auftritt, wenn eine Belichtung vorgegeben wird, die von $d > d_i$ an alle Körner chemisch entwickelbar macht. Es wird wieder vorausgesetzt, daß die Lösung und die physikalische Entwicklung erst nach erfolgter chemischer Entwicklung eintreten.

Die Abb. 8 gestattet zunächst, die Größe v_i' abzulesen, also das Volumen (relativ) an AgHal, das aufgelöst und physikalisch entwickelt wird, wenn der Bruchteil $O_{oAgBr_{rel}}$ zu Beginn der physikalischen Entwicklung an AgHal (als Oberfläche aus-

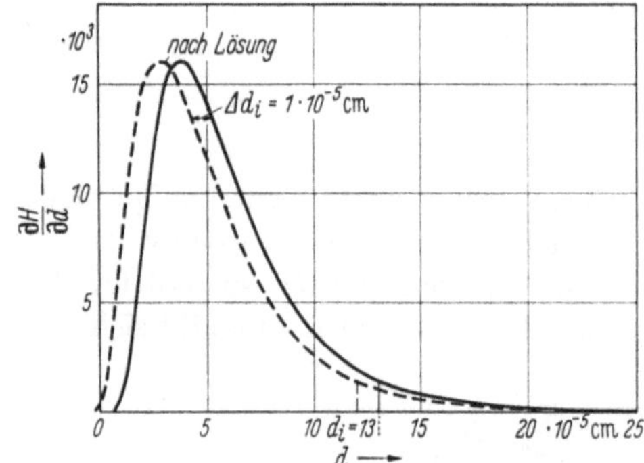

Abb. 11. Die Veränderung der Größenverteilung durch einen Löseprozeß.

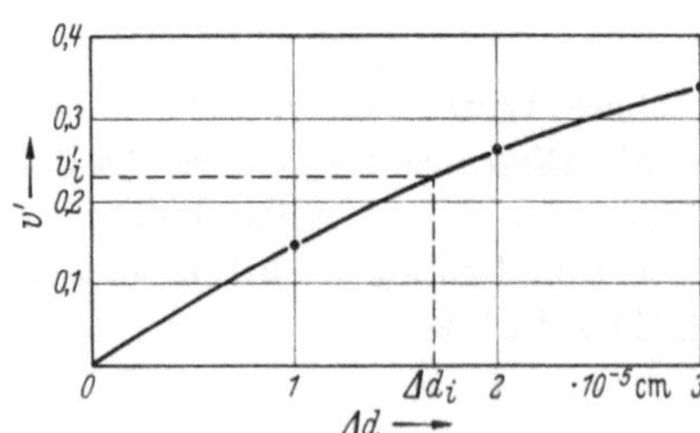

Abb. 12. Hilfsfunktion zur Bestimmung der Verschiebung einer Größenverteilung durch einen Löseprozeß.

gedrückt) vorliegt. $1 - O_{oAgBr}$ ist der chemisch entwickelte Teil des AgHal. Hierbei ergibt sich $O_{oAgBr_{rel}}$ aus der bereits früher erwähnten Beziehung:

$$O_{oAgBr_{rel}} = \frac{S_{max} - S}{S_{max}} = 1 - S_{rel}\,.$$

Offensichtlich muß nun v_i' gleich der Differenz der Volumina des AgHal (relativ) vor und nach der physikalischen Entwicklung sein; es gilt also:

$$\frac{1}{\int\limits_0^{+\infty} d^3 \frac{\partial H}{\partial d}\, \partial d} \int\limits_0^{d_i} d^3 \frac{\partial H}{\partial d}\, \partial d - \int\limits_0^{d_i - \Delta d_i} d^3 \frac{\partial H'}{\partial d}\, \partial d = v_i' . \tag{15}$$

Aus dieser Beziehung kann Δd_i berechnet werden. Die Lösung der Gleichung muß graphisch erfolgen: Man sucht zunächst durch Vorgabe beliebiger Δd-Werte die entsprechenden v'-Werte; aus dieser Funktion kann dann die zu dem bekannten v_i'-Wert gehörende Verschiebung Δd_i abgelesen werden (vergl. Abb. 12).

Durch Verschiebung der Verteilung $\partial H / \partial d$ um Δd_i zu kleinem Durchmesser erhält man die neue Verteilung $\partial H' / \partial d$, die nach der physikalischen Entwicklung noch vorliegt. Wie Abb. 11 zeigt, ist dabei ein Teil der Verteilungskurve ($d > d_i$) nach größerem Durchmesser hin abgeschnitten, entsprechend dem Teil der Körner, die durch Belichtung entwickelbar wurden und für den Löseprozeß daher schon nicht mehr berücksichtigt werden dürfen. Die Umkehrschwärzung folgt also zu

$$S_{i u, rel} = \frac{\int\limits_0^{d_i - \Delta d} d^2 \frac{\partial H'}{\partial d}\, \partial d}{\int\limits_0^{\infty} d^2 \frac{\partial H}{\partial d}\, \partial d} . \tag{16}$$

Für steigende $O_{oAgBr_{rel}}$-Werte muß diese Berechnung durchgeführt werden, sie führt zu der gesamten Umkehrschwärzungskurve.

Soll die *Verschleierung* einer Schicht berücksichtigt werden, so berechnet man die zur Schwärzung $S_{i\,rel}$ gehörende Größe $O_{oAgBr_{rel}} = 1 - S_{i\,rel}$ und das nach Abb. 8 entsprechende v'; die danach berechnete Umkehrschwärzung ordnet man der Belichtung zu, die ohne Verschleierung der Schwärzung S_i entspricht. Ist die relative Schleierschwärzung σ, so hat v' für die Belichtung Null ($O_{oAgBr_{rel}} = 1 - \sigma$) einen endlichen Wert, es tritt bereits physikalische Entwicklung ein.

Werden der Schicht künstlich *Silberkeime* zugesetzt, so kann dieser Fall theoretisch berücksichtigt werden, wenn man eine v'-Kurve zugrunde legt, die auch für $O_{oAgBr_{rel}} = 1$ bereits einen endlichen Wert hat.

Der Zusammenhang zwischen der *Belichtung* E_i und dem *Korndurchmesser* d_i ist nach früheren Arbeiten [*13, 14*] gegeben durch die Beziehung:

$$\frac{1}{E_i} = \text{konst.}\; d_i^3 , \tag{17}$$

wonach man also einer Einheit im log d-Maßstab drei Einheiten im log E-Maßstab zuordnen kann.

Zur Berechnung der „*dicken*“ *Schicht* S' aus der Elementarschwärzungskurve S (log E) führt man als Dichte der unentwickelten Schicht die Größe

$$D = \log \frac{1 + \varrho}{\tau} \tag{18}$$

ein, wobei ϱ der Remissionskoeffizient, τ die Transparenz bedeuten. Zwischen der obersten Elementarschicht und der untersten fällt das Licht exponentiell von $1 + \varrho$ auf τ ab [14]. Hiernach ergibt sich dann für die „dicke“ Schicht mit der Dichte D:

$$S' = \frac{1}{D} \int\limits_{\log E - D}^{\log E} S(\log E)\, \partial \log E\,. \tag{19}$$

Die Integration kann graphisch ohne Schwierigkeit durchgeführt werden.

2. Auswertung der Theorie

Gegeben sei die Korngrößenverteilung nach Gl. (7) mit $d_0 = 5{,}3 \cdot 10^{-5}$ cm, $b = 2{,}98$; die Schleierschwärzung betrage $\sigma = 0{,}05$ (relative Schwärzung). Für steigende Werte $k \cdot \Delta t$, also für steigende Erstentwicklungszeit, werden die Umkehr-

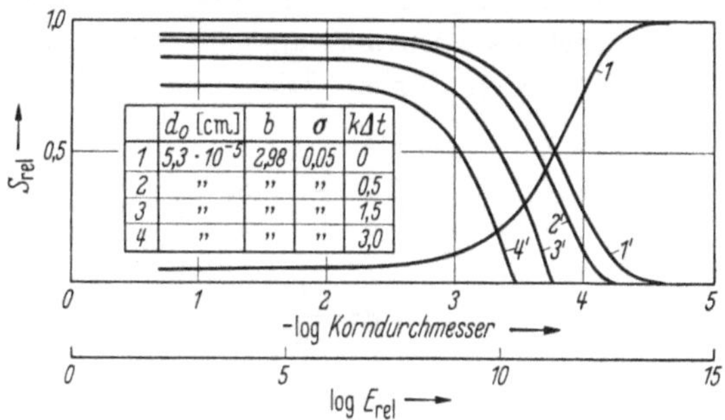

Abb. 13. Theoretisch berechnete Schwärzungskurven (Elementarschwärzungskurven) unter Berücksichtigung des Rhodanideffektes. (Die Umkehrkurven sind mit ′ bezeichnet).

schwärzungen nach der Theorie berechnet. Es ergibt sich die Abb. 13 für die Elementarschwärzungskurven, die Abb. 14 für die dicken Schichten für $D = 0{,}8$.

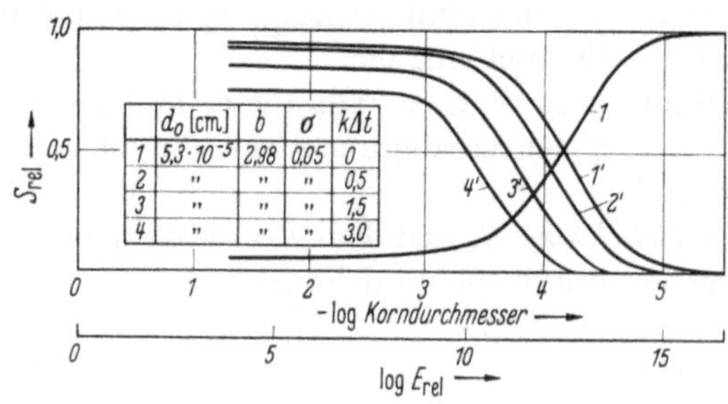

Abb. 14. Die Schwärzungskurven nach Abb. 13 in Schwärzungskurven für die „dicke“ Schicht umgerechnet.

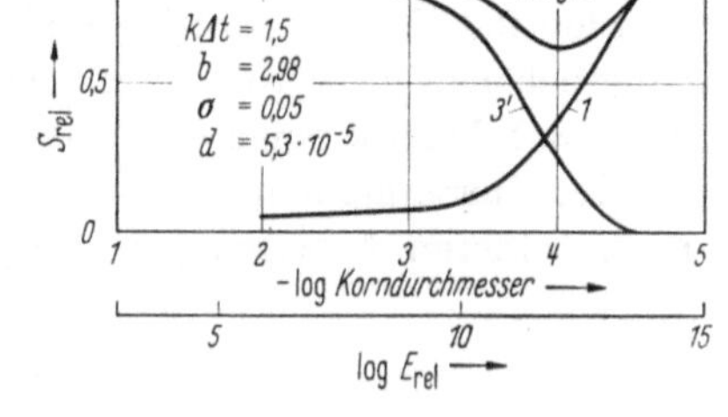

Abb. 15. Die Summe von Negativ- und Umkehrschwärzungskurve bei Anwesenheit von Rhodanid im Erstentwickler (theoretisch berechnet).

Für die unter I, 1—3 genannten Phänomene findet man

1. bei konstanter Negativschwärzungskurve ändert sich mit steigender Erstentwicklungszeit die Umkehrschwärzungskurve durch Verschiebung zu kürzeren

Belichtungszeiten (Kurve 1′ bis 4′) (vgl. dazu die experimentellen Kurven in Abb. 2).

2. Wie Abb. 15 zeigt, ergibt die Summe der Kurven 1 und 3′ in Abb. 14 das experimentell auch gefundene Minimum (vgl. Abb. 4).

3. Die Empfindlichkeitssteigerung durch Umkehrentwicklung folgt für die Definition der Empfindlichkeit ε_u für $S_U = 0{,}5\ S_{U\,\max}$ sofort aus Abb. 14. Eine Steigerung der Schwellenempfindlichkeit ergibt sich ebenfalls aus der Theorie, sie stellt sich jedoch als eine Erhöhung der Gradation im Schwellengebiet heraus.

V. Bemerkung zum Nachbareffekt

Wird ein Spalt aufbelichtet, so tritt bei Entwicklung mit und ohne Rhodanidzusatz für normale Entwicklerkonzentrationen kein Nachbareffekt auf, jedoch zeigt im allgemeinen die Umkehrentwicklung einen ausgeprägten Nachbareffekt für den Fall, daß die Erstentwicklung mit Rhodanidzusatz durchgeführt wird.

Entsprechend der bekannten Deutung des Nachbareffektes durch verschiedene Diffusionsverhältnisse am Rande und in der Mitte eines zu entwickelnden, aufbelichteten Spaltes wird im vorliegenden Fall die physikalische Entwicklung bevorzugt am Rande des Spaltes auftreten, wo der zur physikalischen Entwicklung notwendige Entwickler nicht in dem Maße verbraucht ist, wie das in der Spaltmitte der Fall ist. Allerdings bringt, wie bereits ausführlich erklärt, diese Silberabscheidung keine Erhöhung der Schwärzung mit sich, hingegen fehlt für die Umkehrentwicklung diejenige Halogensilbermenge, die während der Erstentwicklung physikalisch entwickelt wurde. Diese fehlende Silbermenge wiederum ist besonders hoch an der Kante; es erklärt sich also zwanglos, daß der Nachbareffekt nur im umkehrentwickelten Bild auftreten kann.

Herrn Prof. Frieser möchte ich an dieser Stelle besonders für die häufigen Diskussionen über das behandelte Problem danken. Ferner gebührt großer Dank meinen Mitarbeitern Fräulein Ina Lehnert, Herrn Hans Buschmann und Herrn Hans-Jörg Metz, in deren Händen die Durchführung der Experimente und die Auswertung der Theorie lag.

Literatur

[1] Staude, H.: Stenger-Staude, Fortschritte der Photographie, Leipzig 1937, 151.
[2] Staude, H.: Z. wiss. Phot. **38**, 209 (1939).
[3] Neugebauer, H. E. J.: Photogr. Ind. **36**, 83 (1938).
[4] Clerc, L. P.: Sci. ind. phot. **9**, 197 (1938).
[5] Falta, W.: Photogr. Ind. **38**, 174 (1940).
[6] Falta, W.: Photogr. Ind. **38**, 190 (1940).
[7] Klein, E.: Z. Elektrochem. **62**, 505 (1958). Veröff. d. Agfa Leverkusen-München Bd. II. Berlin/Göttingen/Heidelberg: Springer 1958, S. 43.
[8] Klein, E.: Z. Elektrochem. **62**, 993 (1958). Veröff. d. Agfa Leverkusen-München Bd. II. Berlin/Göttingen/Heidelberg: Springer 1958, S. 85.
[9] Klein, E.: Z. Elektrochem. **60**, 1003 (1956).
[10] Klein, E.: Phot. Korr. **92**, 139 (1956).
[11] Klein, E.: Phot. Korr. **94**, 99 (1958).
[12] Arens, H., J. Eggert u. E. Heisenberg: Z. wiss. Phot. **28**, 356 (1931).
[13] Frieser, H., u. E. Klein: Z. Elektrochem. **58**, 655 (1954).

[14] FRIESER, H., u. E. KLEIN: Z. Elektrochem. 62, 874 (1958).
[15] JAMES, T. H.: Advances in Catalysis 2, 105 (1950).
JAMES, T. H.: Phot. Science and Eng. 1, 141 (1958).
JAMES, T. H., u. W. VANSELOW: Phot. Science and Eng. 2, 135 (1955).
JAMES, T. H.: Phot. Science and Eng. 2, 153 (1955).
JAMES, T. H., u. W. VANSELOW: Phys. Chem. 62, 1189 (1958).
JAMES, T. H., u. W. VANSELOW: Phys. Chem. 57, 725 (1953).
[16] KLEIN, E., u. H. J. METZ: Phot. Science and Eng. 5, 5 (1961).
[17] FRIESER, H., u. E. KLEIN: Phot. Science and Eng. 4, 264 (1960).

Überführungs- und Leitfähigkeitsmessungen an Halogensilber-Einkristallen in einer Elektrolysezelle

Von R. Matejec

Zusammenfassung

Die hier mitgeteilten Überführungsmessungen zeigen, daß bei Zimmertemperatur in den reinen Silberbromidkristallen innerhalb der Meßgenauigkeit ($\pm 4\%$) die elektrische Dunkelleitfähigkeit ausschließlich durch die Eigenfehlstellen im Silberionen-Teilgitter (Zwischengittersilberionen $[Ag_0^+]$ und Silberionenlücken $[Ag_\square^-]$) getragen wird. Elektronische Dunkelleitfähigkeitsanteile und Anteile, welche durch Fehlstellen im Anionenteilgitter hervorgerufen werden, müssen bei Zimmertemperatur so klein sein, daß sie durch Überführungsmessungen nicht mehr quantitativ erfaßt werden können; andere Meßmethoden sind erforderlich [*1*, *2*], um diese kleinen Leitfähigkeitsanteile zu bestimmen.

Außerdem wird berichtet über die elektrische Leitfähigkeit von dünnen Silberbromidkristallen in Abhängigkeit von der Ag^+-Konzentration einer wäßrigen Lösung, welche mit den Kristallen in Kontakt steht. Durch diese Versuche wird ein bereits früher vermutetes Verteilungsgleichgewicht [*3*, *4*] zwischen den fehlgeordneten Silberionen (Ag_0^+) im Kristall und den in der Lösungsphase gelösten Silberionen (Ag^+) nachgewiesen und untersucht.

I. Einleitung

In der Literatur der letzten Jahre wurde häufig über Elektronenleitung von Halogensilberkristallen berichtet [*5*—*7*], so daß der Eindruck entsteht, es wären in den reinen Halogensilberkristallen stets a priori neben den beweglichen ionischen Ladungsträgern (Frenkelfehlstellen im Silberionen-Teilgitter) auch noch frei bewegliche Elektronen oder Defektelektronen vorhanden.

Eine solche Ansicht steht jedoch in Widerspruch zu allem, was man heute über die Halbleiter-Eigenschaften des Halogensilbers und über den photographischen Elementarprozeß weiß: Wären nämlich in den reinen Halogensilberkristallen von vornherein bewegliche Leitungselektronen neben den beweglichen Silberionen vorhanden, so müßten sich in diesen Kristallen bereits im Dunkeln Silberkeime bilden; alle Halogensilberkristalle müßten bereits ohne Belichtung durch photographische Entwicklerlösungen entwickelbar sein, d. h. sie müßten „verschleiern". Wenn dagegen in den reinen Kristallen von vornherein bewegliche Defektelektronen in nennenswertem Maße vorhanden wären, dann könnte es an diesen Kristallen keine stabilen Silberkeime geben, da ja bekanntlich Silberkeime durch Defektelektronen zerstört werden (s. auch [*8*]).

Überführungsmessungen wurden bisher nur an Preßkörpern [9, 10] und an durch anodische Oxydation von Silber erzeugten AgBr-Deckschichten [5] durchgeführt. Die Messungen an Preßkörpern ergaben 100% Ionenleitung [9, 10], während die Messungen an den anodischen Deckschichten 20% Ionenleitung und 80% Elektronenleitung (Defektelektronenleitung) ergaben [5]. Keine von diesen beiden Messungen gibt jedoch eine sichere Auskunft über den Mechanismus des Stromtransportes in reinen Halogensilberkristallen: Bei den Überführungsmessungen an Halogensilber-Preßkörpern könnte der überwiegende Teil der Silberionen u. U. über strukturelle Fehlstellen wandern, welche durch die mechanische Verformung beim Pressen entstanden sind. In der anodischen Deckschicht kann noch von der Herstellung her Brom im AgBr enthalten sein (s. z. B. [1]). Aus diesem Grunde wurden frühere qualitative Elektrolyseversuche [11] zur quantitativen Bestimmung der Überführungszahl an Silberbromid-Einkristallen erweitert. Außerdem ist die Meßanordnung gut geeignet, um durch Leitfähigkeitsmessungen das bereits früher [3, 4] vermutete Verteilungsgleichgewicht zwischen den fehlgeordneten Silberionen im AgBr-Kristall und den gelösten Silberionen in der Lösungsphase zu untersuchen. Über die Ergebnisse dieser Überführungs- und Leitfähigkeits-Messungen soll hier berichtet werden.

II. Herstellung der Einkristalle

Silberbromid wurde unter sauberen präparativen Bedingungen im Dunkeln gefällt, indem analysenreines Silbernitrat, in Leitfähigkeitswasser gelöst, im geringen Überschuß zu einer mit HBr angesäuerten, analysenreinen KBr-Lösung bei 65 °C unter Rühren zugetropft wurde. Dann wurde die Fällung mit Leitfähigkeitswasser gewaschen, 24 Stunden in einer wäßrigen Lösung von 1% HBr + 1% Br_2 stehen gelassen, durch Fritten filtriert, danach mit 0,5%iger HBr-Lösung gewaschen und getrocknet.

Das AgBr-Pulver wurde dann in N_2-Atmosphäre in einem Platintiegel geschmolzen und durch Einkristallzüchtung nach der Methode von Kyropoulos [12] hochgereinigt.

Das hochgereinigte Halogensilber wurde anschließend dann nach einem von Mitchell und dessen Mitarbeitern angegebenen Verfahren [13] zwischen Quarzplatten umgeschmolzen und in einem Temperaturgefälle zu plättchenförmigen Einkristallen von 10 bis 100 μ Dicke gezogen. Durch Abschrecken in Wasser wurden die Einkristalle von ihren Quarzplatten befreit; nach Temperung in N_2-Atmosphäre waren die Kristalle gebrauchsfertig.

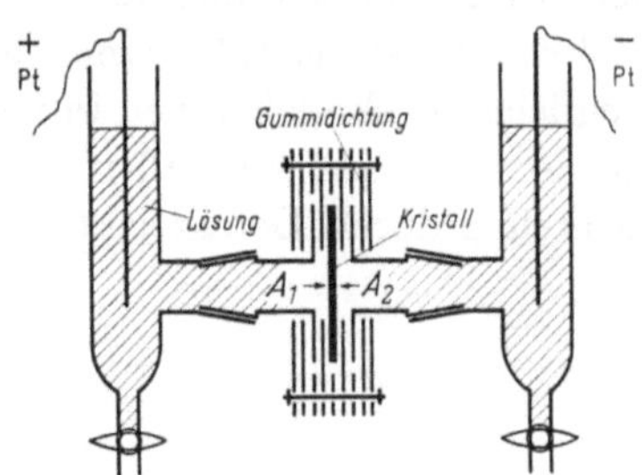

Abb. 1. Elektrolysezelle (schematisch).

III. Überführungsmessungen

In der aus Abb. 1 ersichtlichen Weise wurde ein Silberbromid-Einkristall als „Diaphragma" in eine Elektrolysezelle eingebaut. Der Kathodenraum und der Anodenraum der Zelle wurden mit Wasser gefüllt; das Wasser des Anodenraums wurde mit $NaNO_2$ versetzt, um Halogen, welches während der Elektrolyse an der Anode entsteht, abzufangen. Dann wurde unter Verwendung von Platinelektroden eine bestimmte Strommenge durch die Zelle hindurchgeschickt, welche durch ein in den Stromkreis geschaltetes Silber-Coulometer maßanalytisch bestimmt werden konnte (angelegte Spannung: 4 Volt; Stromstärke ca. 10^{-3} Ampère, Elektrolysedauer ca. 24 Std.). Es wurde bereits früher gefunden [*11*], daß in dieser Versuchsanordnung der AgBr-Kristall während des Stromdurchganges *nur an seiner Anodenseite* (Stelle A_1 in Abb. 1) abgebaut wird und daß sich das abgebaute Silber an der Platinkathode abscheidet. Dieses Ergebnis zeigte, daß im Halogensilberkristall bei Zimmertemperatur nur im Silberionen-Teilgitter bewegliche Ionenfehlstellen vorhanden sind. Wäre auch im Anionenteilgitter eine nennenswerte Menge von beweglichen Fehlstellen vorhanden, so müßte auch die Kathodenseite des Halogensilberkristalls (Stelle A_2 in Abb. 1) abgebaut werden. Der Elektrolyseversuch wurde nun quantitativ ausgewertet und zur Bestimmung der Überführungszahl herangezogen.

Die an der Platinkathode abgeschiedene Silbermenge (M_1) und der durch Wägung des Kristalls vor und nach der Elektrolyse ermittelte, durch den Abbau an seiner Anodenseite eingetretene Gewichtsverlust (M_2, Silberbromid, umgerechnet in Silber) wurden mit der im Silber-Coulometer abgeschiedenen Silbermenge (M_0) verglichen und daraus dann die Überführungszahl ($z = M_1/M_0 = M_2/M_0$) bestimmt (siehe Tab. 1).

Tabelle 1. *Überführungsmessungen ohne Redox-System*

M_1 (Ag)	M_2 (AgBr)	M_2 (Ag)	M_0 (Ag)	$\frac{M_1}{M_0}$	$\frac{M_2}{M_0}$
73,8 mg Ag	125,0 mg AgBr	71,8 mg Ag	119,0 mg Ag	1,002	0,975
44,6 mg Ag	75,2 mg AgBr	43,2 mg Ag	42,8 mg Ag	1,042	1,010
119,0 mg Ag	200,5 mg AgBr	115,2 mg Ag	119,0 mg Ag	1,000	0,967
27,5 mg Ag	49,5 mg AgBr	26,4 mg Ag	27,3 mg Ag	1,004	0,969
			Mittel:	1,012	0,980

Es könnte der Einwand erhoben werden, daß man hier nur deshalb 100% Ionenleitung findet ($z \approx 1{,}00$), weil in der Zelle jede Elektronenleitung durch das Wasser des Anoden- und des Kathodenraumes gesperrt wird.

Aus diesem Grunde wurde in den Anoden- und in den Kathodenraum der Elektrolysezelle an Stelle von reinem Wasser eine Fe^{+2}/Fe^{+3}-Redoxlösung eingebracht (40 g $FeSO_4$ und 40 g $Fe_2(SO_4)_3$ pro Liter H_2O). Auf diese Weise wurde dem Kristall eine Elektronenleitung „angeboten". Das Redoxpotential der Lösung muß dabei unter dem Br^-/Br_2-Oxydationspotential bleiben, weil sonst Defektelektronen in den Kristall einwandern und dann eine zusätzliche Defektelektronenleitung verursachen. Allerdings schied sich bei Verwendung der Redoxlösung kein Silber an der Platinkathode der Elektrolysezelle ab: Das Silber blieb im Kathodenraum gelöst und mußte in der Kathodenlösung maßanalytisch bestimmt werden (M_1). Außerdem wurde der Gewichtsverlust M_2 des Silberbromidkristalls (umgerechnet von Halogensilber auf Silber) und die im Silber-Coulometer abgeschiedene Silbermenge (M_0) bestimmt. Die Quotienten M_1/M_0 und M_2/M_0 ergeben wieder die Überführungszahl z (s. Tab. 2).

Tabelle 2. *Überführungsmessungen mit dem Fe^{+2}/Fe^{+3}*-Redoxsystem

M_1 (Ag)	M_2 (AgBr)	M_2 (Ag)	M_0 (Ag)	$\frac{M_1}{M_0}$	$\frac{M_2}{M_0}$
86,0 mg	148,5 mg	85,2 mg	87,5 mg	0,983	0,974
43,0 mg	73,9 mg	42,5 mg	43,2 mg	0,995	0,984
28,8 mg	50,8 mg	29,1 mg	28,5 mg	1,011	1,020
			Mittel:	0,996	0,993

Man erkennt aus den Tabellen 1 und 2, daß die Überführungszahl innerhalb der Meßgenauigkeit ($\pm$ 4%) gleich eins ist, d. h. daß bei diesem Versuch praktisch die gesamte elektrische Leitfähigkeit im reinen Halogensilberkristall durch die Eigenfehlstellen im Silberionen-Teilgitter getragen wird.

IV. Leitfähigkeitsmessungen (Kristall in Kontakt mit wäßrigen Lösungen von verschiedenem p_{Ag}-Wert)

Die elektrische Leitfähigkeit $\varkappa$ eines Halogensilberkristalls ist gegeben durch die folgende Beziehung[1]:

$$\varkappa = \varkappa^+ + \varkappa^- = (n^+ \cdot u^+ \cdot e) + (n^- \cdot u^- \cdot e) \tag{1}$$

Bei Zimmertemperatur befindet sich die Frenkelfehlordnung des Kristalls:

$$Ag_G \rightleftarrows Ag_0^+ + Ag_\square^- \tag{A}$$

im thermischen Gleichgewicht. Die Gleichgewichtsbedingungen für diese Fehlordnung lautet (für T = const.):

$$n^+ \cdot n^- = K_1, \tag{2}$$

wobei $K_1 = 2 \cdot N_L \cdot \exp[-W_F/kT]$ ist (s. z. B. [*8*] u. [*11*]).

Wenn man den Halogensilberkristall mit einer silberionenhaltigen, wäßrigen Lösungsphase in Kontakt bringt, dann kann sich zwischen der Konzentration n^+ der Zwischengittersilberionen im Kristall und der Konzentration c^+ der in der Lösungsphase gelösten Silberionen ein Verteilungsgleichgewicht einstellen:

$$Ag^+_{\text{in Lösung}} \rightleftarrows Ag^+_{0\ \text{im Kristall}}. \tag{B}$$

Für dieses Verteilungsgleichgewicht kann man formal folgende Gleichgewichtsbedingung ansetzen:

$$\frac{n^+}{c^+} = K_2. \tag{3}$$

Die elektrische Leitfähigkeit des Kristalls muß dann (entsprechend etwa den Gl. (1—3)) auch von der Konzentration c^+ der Silberionen in der Lösung (d. h. vom p_{Ag}-Wert) abhängen.

---

[1] Formelzeichen und Zahlenwerte siehe Anhang.

Durch Kombination der Gl. (1—3) erhält man für die elektrische Leitfähigkeit die Beziehung:

$$\varkappa = (K_2 \cdot c^+ \cdot u^+ \cdot e) + \left(\frac{K_1}{K_2 \cdot c^+} \cdot u^- \cdot e\right). \tag{4}$$

Bei hohen c^+-Werten (niedrigem p_{Ag}) überwiegt der erste, bei niedrigen c^+-Werten (hohem p_{Ag}) der zweite Summand in Gl. (4). Die elektrische Leitfähigkeit $\varkappa$ durchläuft deshalb gemäß Gl. (4) als Funktion von c^+ ein Minimum. Im Minimum (bei $c^+ = c^+_{\text{Min}}$) sind die beiden Summanden der Gl. (4) gleich groß, so daß man aus der Ag^+-Konzentration c^+_{Min} des Leitfähigkeitsminimums über die Beziehung:

$$K_2\, c^+_{\text{Min}} \cdot u^+ \cdot e = \frac{K_1}{K_2 \cdot c^+_{\text{Min}}} \cdot u^- \cdot e \tag{5}$$

die Verteilungskonstante zu

$$K_2 = \frac{\sqrt{K_1 \dfrac{u^-}{u^+}}}{c^+_{\text{Min}}} = \frac{10^{9,79}}{c^+_{\text{Min}}} \tag{6}$$

berechnen kann[1].

Vom Minimum aus sollte dann, wenn der obige Ansatz für das Verteilungsgleichgewicht (B) richtig ist, nach der Theorie mit zunehmendem und mit abnehmendem p_{Ag}-Wert der Lösung ($p_{Ag} = -\log c^+$) die elektrische Leitfähigkeit des Kristalls logarithmisch zunehmen.

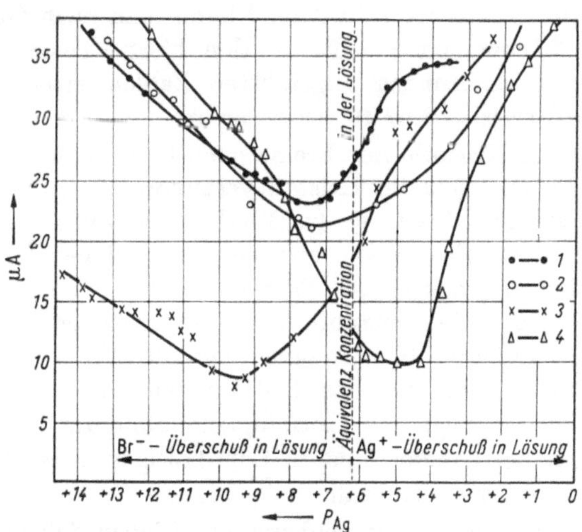

Abb. 2. Stromstärke bei konstanter Widerstandskapazität durch einen dünnen AgBr-Kristall in der Elektrolysezelle bei 20° C als Funktion des p_{Ag}-Wertes der Lösungsphase (wäßrige 10 %ige KNO_3-Lösung; $p_{Ag} = \log c^+$; c^+ in Mol/ltr).

Kurve *1* reiner, zusatzfreier Kristall; Kurve *2* Kristall mit 0,01 % Ag_2S nach Bromierung; Kurve *3* Kristall mit 0,01 % Ag_2S vor Bromierung; Kurve *4* Kristall mit 0,01 % $CdBr_2$.

Zur Messung der elektrischen Leitfähigkeit von reinen und von dotierten AgBr-Kristallen als Funktion des p_{Ag}-Wertes der Lösung wurden in der Elektrolysezelle Ag-*Elektroden* verwendet, die bis an den Kristall herangeführt und dann zu beiden

[1] c^+_{Min} muß in diese Gleichung in: [Ag^+-Ionen pro cm^3] eingesetzt werden.

Seiten mit dem Kristall in direkten Kontakt gebracht worden waren. Um unter Umständen trotzdem noch störende zusätzliche Übergangswiderstände in der Lösung auszuschalten, wurde in der Elektrolysezelle statt Wasser eine 10%ige KNO_3-Lösung verwendet, die mit $AgNO_3$ oder KBr auf den gewünschten p_{Ag}-Wert gebracht und an AgBr gesättigt worden war. Die angelegte Spannung betrug bei diesen Versuchen 1,5 Volt; von 0 bis 4 Volt (mindestens) war das Ohmsche Gesetz sehr gut erfüllt.

Die Abb. 2 gibt für einen zusatzfreien, einen S^{-2} und einen Cd^{+2}-haltigen AgBr-Kristall den gemessenen Verlauf der durch diese Kristalle in der Elektrolysezelle hindurchfließenden Stromstärke (als Maß für die elektrische Leitfähigkeit) in Abhängigkeit vom p_{Ag}-Wert ($= -\log c^+$) wieder. Die in diese Abbildung eingetragenen Stromstärken stellten sich mit einer zeitlichen Trägheit innerhalb 10 bis 20 Minuten als Gleichgewichtswerte bei dem jeweiligen p_{Ag}-Wert in der Elektrolysezelle ein. Qualitativ waren die Ergebnisse der Abb. 2 mit mehreren reinen und dotierten Kristallen gut reproduzierbar. Die Abhängigkeit der elektrischen Leitfähigkeit vom p_{Ag}-Wert der Lösung war um so stärker, je dünner die Kristalle waren.

Man erkennt aus Abb. 2, daß bei den zusatzfreien AgBr-Kristallen in den Kurven tatsächlich ein ausgeprägtes Minimum auftritt. Zu beiden Seiten des Minimums steigt die Kurve allerdings nur viel schwächer an als theoretisch erwartet wurde; vielleicht ist das auf elektrostatische Einflüsse zurückzuführen, welche das Verteilungsgleichgewicht auf eine dünne Oberflächenrandschicht beschränken.

Aus dem Minimum der Kurve 1 in Abb. 2 kann man nach Gl. (6) mit $c^+_{\mathrm{Min}} = 10^{-7,5}$ Mol/ltr $= 10^{13,23}$ Ionen $\cdot$ cm^{-3} z. B. für den hierbei gemessenen zusatzfreien AgBr-Kristall mit den im Anhang angeführten Zahlenwerten eine Verteilungskonstante von $K_2 = 10^{-3.44} = 3{,}6 \cdot 10^{-4}$ berechnen.

Durch Dotierung der Kristalle mit Fremdionen kann man den Gleichgewichtszustand der Frenkelfehlordnung im Kristall verändern ([*14*, *15*] s. a. [*4*] u. [*11*]): Ein Zusatz von zweiwertigen Kationen (z. B. Cd^{+2}) vergrößert z. B. die $Ag^-_\square$-Konzentration n^-, während ein Zusatz von zweiwertigen Anionen (z. B. O^{-2}, S^{-2} usw. die Ag^+_0-Konzentration n^+ vergrößert. Es war deshalb zu erwarten, daß solche Fremdionenzusätze auf das obengenannte Verteilungsgleichgewicht (B) und damit auch auf die in Abb. 2 gezeigten Kurven einen Einfluß haben. Tatsächlich geht aus Abb. 2 hervor, daß solche Zusätze das Leitfähigkeitsminimum verschieben: Im Einklang mit der Theorie liegt das Leitfähigkeitsminimum in O^{-2}-haltigen und S^{-2}-haltigen Kristallen bei höheren und in Cd^{+2}-haltigen Kristallen bei kleineren p_{Ag}-Werten als im zusatzfreien Kristall.

Interessant ist in diesem Zusammenhang auch noch folgendes Experiment: Wird ein O^{-2}-haltiger oder S^{-2}-haltiger AgBr-Kristall mit Br_2 halogeniert, dann stellt sich im ( )(/p_{Ag})-Diagramm etwa die Leitfähigskeitskurve der zusatzfreien Kristalle ein, d. h. die durch die O^{-2}- oder S^{-2}-Dotierung hervorgerufene Veränderung der Frenkel-Fehlordnung verschwindet.

Die Ursache für dieses Verhalten ist wahrscheinlich folgendes: Beim Halogenieren wandern Defektelektronen in den Kristall hinein, überschüssige Halogenionen bleiben dadurch an der Kristalloberfläche zurück:

$$\mathrm{Br}_{\text{(an der Kristalloberfläche)}} \rightleftarrows \oplus_{\text{(im Kristall)}} + \mathrm{Br}^-_{\text{(an der Kristalloberfläche)}}. \qquad \text{(C)}$$

Während die Defektelektronen mit den Ionen des Dotierungszusatzes reagieren, z. B.:

$$\oplus + O^{-2} \longrightarrow O^{-} \qquad \text{(D)}$$

wandern wahrscheinlich auch $Ag_{\square}^{-}$-Lücken in den Kristall hinein oder Ag_{0}^{+}-Ionen aus dem Kristall heraus; die so an die Kristalloberfläche gelangenden Silberionen bilden mit den dort im Überschuß vorhandenen Br^{-}-Ionen neues AgBr. Wahrscheinlich verschwindet auf diesem Wege durch Halogenieren der beim Dotieren mit O^{-2} oder S^{-2} entstandene Ag_{0}^{+}-Überschuß.

Im Abschnitt III wurde bereits erwähnt, daß man aus dem Leitfähigkeitsminimum Auskunft über das Verteilungsgleichgewicht (und damit über die hier rein formal eingeführte Verteilungskonstante K_2) erhalten kann. Weil nun aber die Lage dieses Minimums im $(\varkappa/p_{Ag})$-Diagramm durch Zusätze zum Kristall verändert wird, muß auch die Größe der Verteilungskonstanten K_2 von der jeweiligen Dotierung des Kristalls abhängen.

Die hier beschriebene Meßmethode kann herangezogen werden, um den Fehlordnungszustand und den Verunreinigungsgrad eines Halogensilberkristalls zu charakterisieren.

Herrn Prof. Dr. C. Wagner, Göttingen, Herrn Dr. E. Klein und Herrn Dr. E. Moisar danke ich für wertvolle Diskussionen.

Anhang

Formelzeichen und Zahlenwerte

Ag_G	Symbol für ein Gittersilberion	im Kristall
Ag_0^+	Symbol für ein Zwischengittersilberion	im Kristall
$Ag_{\square}^{-}$	Symbol für eine Silberionenlücke	im Kristall
Ag^+	Symbol für ein Ag^+-Ion in der Lösung	
e	Elementarladung ($1{,}6 \cdot 10^{-19}$ Coulomb)	
c^+	Konzentration der Silberionen in Lösung [Mol pro cm^3]	
K_1	Gleichgewichtskonstante für das Frenkelfehlordnungs-Gleichgewicht (bei $T = 20°$ C ist $K_1 = 10^{22,82}$ [Fehlstellen$^2 \cdot cm^{-6}$] s. z. B. [*8*])	
K_2	Gleichgewichtskonstante für das Ag_0^+/Ag^+-Verteilungsgleichgewicht (Kristall/Lösung)	
n^+	Zwischengittersilberionen-Konzentration [Mol pro cm^3]	
n^-	Silberionenlückenkonzentration [Mol pro cm^3]	
u^+	Ag_0^+-Beweglichkeit im AgBr ($10^{-3,13}$ [$cm^2 \cdot V^{-1} \cdot sek^{-1}$] bei 20° C, s. z. B. [*15*])	
u^-	$Ag_{\square}^{-}$-Beweglichkeit im AgBr ($10^{-6,38}$ [$cm^2 \cdot V^{-1} \cdot sek^{-1}$] bei 20° C, s. z. B. [*15*])	
z	Überführungszahl	
$\varkappa$	Elektrische Leitfähigkeit	
$\varkappa^+$	Ag_0^+-Teilleitfähigkeit	
$\varkappa^-$	$Ag_{\square}^{-}$-Teilleitfähigkeit	

Literatur

[*1*] Wagner, C.: Z. Elektrochem. **60,** 1 (1956); **63,** 1027 (1959). Z. phys. Chem. (B) **32,** 447 (1936).
[*2*] Ilschner, B.: J. Chem. Physics **28,** 1109 (1958).
[*3*] Wagner, C.: Aktenvermerk über Randschichtgleichgewichte in Ionenkristallen v. 21. 4. 1943.
[*4*] Matejec, R.: Z. f. Physik **148,** 454 (1957).
[*5*] Pfeiffer, I., K. Hauffe u. W. Jaenicke: Z. Elektrochem. **56,** 728 (1952).
[*6*] Gladkovsky, V. V., u. P. V. Meikljar: Zhur. Eksper. i. teoret. Fiz. SSSR **30,** 833 (1956); Sov. Physics **3,** *676* (1956).
[*7*] Brauer, E. ,u. H. Staude: Z. Elektrochem. **62,** 355 (1958).
[*8*] Matejec, R.: Phot. Korr. **94,** 187 (1958).
[*9*] Tubandt, C.: Z. f. anorg. Chem. **115,** 105 (1920); **117,** 196 (1920). Z. Elektrochem. **26,** 358 (1920).
[*10*] Tubandt, C., u. H. Reinhold: Z. Elektrochem. **29,** 313 (1923); **31,** 84 (1925).
Tubandt, C., H. Reinhold u. W. Jost: Z. f. anorg. Chem **177,** 253 (1928).
[*11*] Klein, E., u. R. Matejec: Z. Elektrochem. **61,** 1127 (1957).
[*12*] Kyropoulos, S.: Z. anorg. Chem. **154,** 308 (1926).
[*13*] Hedges, J. M., u. J. W. Mitchell: Phil. Mag. **44,** 223 u. 357 (1953).
Clark, P. V. McD., u. J. W. Mitchell: J. phot. Sci. **4,** 1 (1956).
[*14*] Koch, E., u. C. Wagner: Z. phys. Chem. (B) **38,** 295 (1937).
[*15*] Teltow, J.: Ann. Physik (6) **6,** 63 u. 71 (1950).
Ebert, I., u. J. Teltow: Ann. Physik **16,** 268 (1955).

Untersuchungen über die Eigenfehlordnung von Halogensilber-Mischkristallen

Von R. MATEJEC

Zusammenfassung

Anhand von Leitfähigkeitsmessungen werden die Veränderungen der Eigenfehlordnungskonstanten, d. h. der Aktivierungsenergien der Bildung und der Beweglichkeit der Frenkelfehlstellen von Halogensilberkristallen untersucht, die bei Zusatz von kleineren und größeren Fremd-Halogenionen zu AgCl- und zu AgBr-Kristallen (unter Mischkristallbildung) auftreten. Da es sich bei den Emulsionskörnern fast stets um solche Halogensilber-Mischkristalle handelt, kommt der Untersuchung der Fehlordnung solcher Mischkristalle besondere Bedeutung zu.

I. Einleitung

In der Literatur wurden bisher nur Experimente zur Untersuchung der Fehlordnung von reinen Halogensilberkristallen oder von Kristallen mit geringen Zusätzen zweiwertiger Ionen (besonders Cd^{+2} und S^{-2}) beschrieben [*1*—*16*].

Es ist aber zu erwarten, daß auch durch Einbau einer anderen Halogenionensorte in ein Halogensilber-Wirtsgitter nicht nur der Gehalt dieses Kristalls an strukturellen Fehlstellen (Versetzungen, Mosaikgrenzen usw.), sondern auch die Konzentration und die Beweglichkeit der Eigenfehlstellen (Ionenlücken und Zwischengitterionen) in bemerkenswertem Maße verändert wird.

In den photographischen Emulsionen liegen nur selten reine Halogensilberkristalle vor, fast immer handelt es sich bei den Emulsionskörnern um Mischkristalle aus mindestens zwei Silberhalogeniden (AgCl/AgBr, AgCl/AgJ oder AgBr/AgJ). Andererseits werden die photochemischen Eigenschaften der Emulsionskörner ganz wesentlich durch deren Fehlordnungszustand bestimmt. Eine Untersuchung der Fehlordnung von Halogensilbermischkristallen (soweit Untersuchungsmethoden verfügbar sind) erschien deshalb besonders wichtig.

Zwar kann man die Fehlordnungszustände, welche an großen, aus der Schmelze hergestellten, homogenen Mischkristallen festgestellt werden, nicht quantitativ auf die sehr kleinen Mischkristalle der photographischen Emulsionen übertragen: Bei der Herstellung der homogenen Mischkristalle aus der Schmelze werden die artfremden Halogenionen statistisch auf die Gitterplätze verteilt; bei der Bildung der Emulsionskörner fällt dagegen das schwerer lösliche Silberhalogenid zuerst aus: Nach MITCHELL [*17*] scheidet sich dann während der weiteren Fällung das übrige Silberhalogenid an diesen Kristallkeimen derart ab, daß in den Emulsionskörnern für das schwerer lösliche Silberhalogenid ein von innen nach außen gerichteter Konzentrationsgradient entsteht; in den Emulsionskörnern sind die artfremden

Halogenionen demnach nicht statistisch verteilt. Außerdem fällt sicher bei den Emulsionskörnern (im Gegensatz zu den großen Kristallen) die Bildung und Rekombination der Eigenfehlstellen an der Kornoberfläche stark ins Gewicht. Dennoch liefert die Untersuchung der Fehlordnung großer Halogensilber-Mischkristalle ein Bild, welches qualitativ auf die Emulsionskörner übertragen werden kann.

II. Experimentelles

A. Herstellung der Kristalle

Halogensilberpulver wurde unter sauberen präparativen Bedingungen im Dunkeln gefällt, indem analysenreines Silbernitrat, in Leitfähigkeitswasser gelöst, im Überschuß zu einer mit Halogenwasserstoffsäure angesäuerten, analysenreinen Alkalihalogenidlösung bei 65° C unter Rühren zugetropft wurde. Danach wurde die Fällung mit Leitfähigkeitswasser gewaschen, 24 Stunden in einer wäßrigen Lösung von 1% Halogen + 1% Halogenwasserstoff stehengelassen, dann durch Fritten filtriert, mit 0,5%iger Halogenwasserstofflösung gewaschen und getrocknet.

Das Pulver wurde dann in dem jeweils erwünschten Mischungsverhältnis gemischt und geschmolzen. Aus der homogenen Mischschmelze wurden dann zwischen Quarzplättchen die Mischkristalle (ca. 10 × 10 × 1 mm) unter sauberen Bedingungen hergestellt. Die Kristalle wurden mehrere Stunden in N_2 wenig unter ihrem Schmelzpunkt getempert und dann sehr langsam abgekühlt. Zur Leitfähigkeitsmessung wurden Silberdraht-Elektroden in diesen Mischkristallen gleich während des Erstarrens der Schmelze befestigt. Auf die Abwesenheit nennenswerter Verunreinigungen (Ca^{+2}, O^{-2} usw.) mußte geachtet werden.

B. Untersuchungsmethode

1. Leitfähigkeitskurven bei reinen Halogensilberkristallen

Die Temperaturfunktion der elektrischen Leitfähigkeit der Halogensilberkristalle setzt sich — logarithmisch gegen $1/T$ aufgetragen — aus drei fast geradlinigen Teilkurven (A, B und C) zusammen. In *reinen* Halogensilberkristallen werden die drei Teilkurven theoretisch beschrieben durch folgende Gleichungen [*16, 18, 19*][1]

Teilkurve A (*Eigenleitung*)

$$\ln \varkappa_A = -\left(\frac{W_F + 2\,U^+}{2\,k}\right) \cdot \frac{1}{T} + \ln\left(\sqrt{2} \cdot N_L \cdot w^+ \cdot e\right)$$

$$\text{Anstieg der Teilgeraden: } \frac{W_F + 2\,U^+}{2\,k} = \frac{W}{k}$$

Schnittpunkt der Teilgeraden mit der Ordinatenachse

$$\left(\text{bei } \frac{1}{\mathrm{T}} = 0\right) : \ln\left(\sqrt{2} \cdot N_L \cdot w^+ \cdot e\right).$$

Teilkurve B

$$\ln \varkappa_B = -\frac{U^-}{k} \cdot \frac{1}{T} + \ln\left(n^- \cdot w^- \cdot e\right)$$

[1] Formelzeichen siehe Anhang.

Anstieg der Teilgeraden: $\frac{U^-}{k}$

Schnittpunkt der Teilgeraden mit der Ordinatenachse

$$\left(\text{bei } \frac{1}{T} = 0\right) : \ln (n^- \cdot w^- \cdot e).$$

Teilkurve C

$$\ln)(_C = -\frac{U^+}{k} \cdot \frac{1}{T} + \ln (n^+ \cdot w^+ \cdot e)$$

Anstieg der Teilgeraden: $\frac{U^+}{k}$

Schnittpunkt der Teilgeraden mit der Ordinatenachse

$$\left(\text{bei } \frac{1}{T} = 0\right) : \ln (n^+ \cdot w^+ \cdot e) .$$

Aus dem gemessenen Anstieg der drei Teilkurven kann man die Frenkelfehlstellen-Bildungsenergie [nach $W = (W_F/2) + U$] und die Schwellenenergien der Ag_0^+- und der $Ag_{\square}^-$-Beweglichkeit (U^+ und U^-) der reinen Kristalle ermitteln; die Schnittpunkte der Teilkurven mit der Ordinatenachse ($1/T = 0$) liefern die Werte $w^+ \cdot n^+$ und $n^- \cdot w^-$. Wegen verschiedener Vereinfachungen (Vernachlässigung der Störstellenassoziation, Vernachlässigung der im hier untersuchten Temperaturbereich allerdings vernachlässigbar kleinen T-Abhängigkeit von w^+ und w^-) erhält man aus der Kurvenanalyse der elektrischen Leitfähigkeit nur Näherungswerte für diese Fehlordnungsdaten.

2. *Leitfähigkeitskurven bei Mischkristallen*

Unter der Voraussetzung, daß die Veränderung der elektrischen Leitfähigkeit bei Mischkristallbildung (s. z. B. Abb. 1) lediglich auf eine Veränderung der Frenkelfehlordnung zurückzuführen ist und daß die in den Mischkristallen sicher verstärkte strukturelle Fehlordnung sowie auch eine evtl. dort vorhandene Schottkyfehlordnung nur von untergeordnetem Einfluß auf die elektrische Leitfähigkeit sind, kann man aus der Veränderung der Anstiege der Leitfähigkeits-Teilkurven bei Mischkristallbildung die Veränderung der Energiegrößen U^+, U^- und $W = (W_F/2) + U$ und der Werte $(e \cdot n^- \cdot w^-)$ und $(e \cdot n^+ \cdot w^+)$ ablesen. Da sich der Schnittpunkt der Teilkurve A mit der Ordinatenachse bei der Mischkristallbildung nicht nennenswert verschiebt, ist anzunehmen, daß der w^+-Wert (und vermutlich auch der w^--Wert) nicht um Größenordnungen durch die Mischkristallbildung verändert werden, d. h. daß die Veränderung der $(e \cdot n^+ \cdot w^+)$- und $(e \cdot n^- \cdot w^-)$-Werte um Zehnerpotenzen in der Hauptsache auf die Veränderung von n^+ und n^- zurückgeht. Die Zahlenwerte für $(e \cdot n^+ \cdot w^+)$ und für $(e \cdot n^- \cdot w^-)$ sind unter dieser Voraussetzung ein Maß für n^+ und n^-.

III. Meßergebnisse

In Abb. 1a sind als Beispiel drei Leitfähigkeitskurven für reines AgCl (Kurve *1*), für AgCl + 5 Molprozent AgBr (Kurve *2*) und für AgCl + 10 Molprozent AgBr (Kurve *3*) eingetragen. Abb. 1b zeigt analoge Messungen an reinem AgBr (Kurve *1*), AgBr + 2 Molprozent AgJ (Kurve *2*) und AgBr + 5 Molprozent AgJ (Kurve *3*).

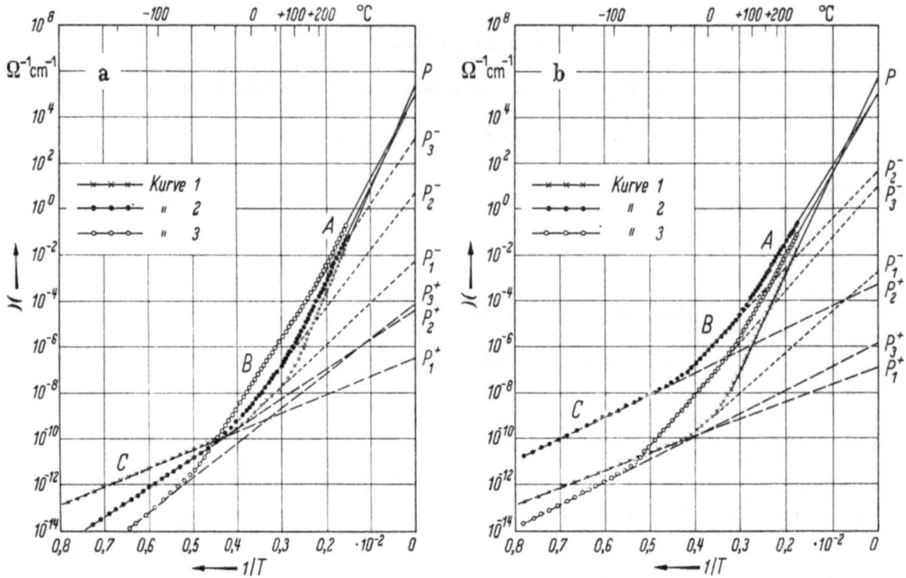

Abb. 1. Veränderung der elektrischen Leitfähigkeit)([Ω^{-1} cm^{-1}] bei Zusatz von größeren Halogenionen zum Wirtsgitter.

a) AgCl; zugesetzt AgBr
Kurve *1*: AgCl ohne Zusatz
Kurve *2*: AgCl + 5% AgBr
Kurve *3*: AgCl + 10% AgBr

b) AgBr; zugesetzt AgJ
Kurve *1*: AgBr ohne Zusatz
Kurve *2*: AgBr + 2% AgJ
Kurve *3*: AgBr + 5% AgJ

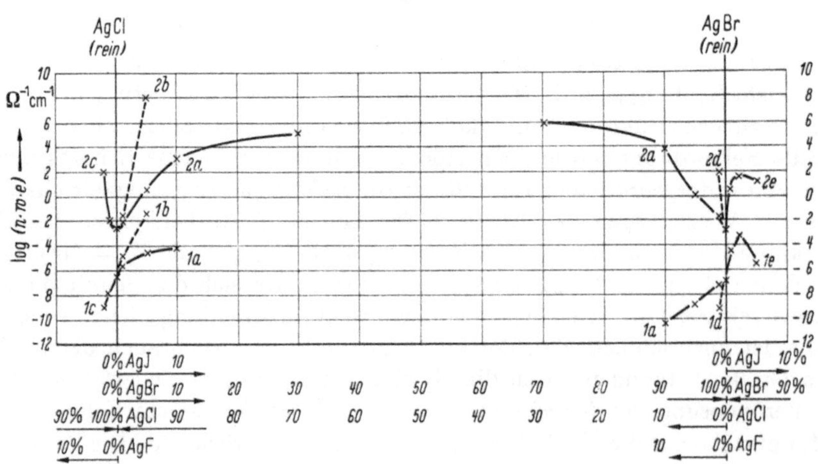

Abb. 2. Logarithmus der Werte $(n \cdot w \cdot e)$ [in Ampere · cm^{-1} · V^{-1}] von Halogensilber-Mischkristallen als qualitatives Maß für die Fehlstellenkonzentration.

Kurven *1*: $(n^+ w^+ \cdot e)$; n^+: Ag_0^+-Konzentration, $w^+ \approx$ const.
Kurven *2*: $(n^- w^- \cdot e)$; n^-: $Ag_{\square}^-$-Konzentration, $w^- \approx$ const.
Kurven *a*: System AgCl/AgBr
Kurven *b*: System AgCl/AgJ
Kurven *c*: System AgCl/AgF
Kurven *d*: System AgBr/AgF
Kurven *e*: System AgBr/AgJ

Der Schnittpunkt P_1^- liefert in Abb. 1a das Produkt $(e \cdot n^- \cdot w^-)$ für reines AgCl, der Schnittpunkt P_2^- liefert den Wert $(e \cdot n^- \cdot w^-)$ für AgCl + 5 Molprozent AgBr usw. In analoger Weise liefert in Abb. 1b P_1^+ das Produkt $(e \cdot n^+ \cdot w^+)$ für reines AgCl, P_2^+ das Produkt $(e \cdot n^+ \cdot w^+)$ bei Zusatz von 5 Molprozent AgBr usw., der Schnittpunkt P_1^- das Produkt $(e \cdot n^- \cdot w^-)$ für reines AgBr, der Schnittpunkt P_2^- liefert $(e \cdot n^- \cdot w^-)$ für AgBr + 2 Molprozent AgJ usw.

Da angenommen werden kann, daß sich die w-Werte bei Mischkristallbildung nicht um Größenordnungen ändern (s. oben), sind die den Kurven auf diese Weise entnommenen $(e \cdot n \cdot w)$-Werte ein Maß für die im Kristall vorhandene Ag_0^+-Konzentration n^+ und $Ag_\square^-$-Konzentration n^-.

In Abb. 2 sind die $(e \cdot n^+ \cdot w^+)$-Werte (Kurven *1*) und die $(e \cdot n^- \cdot w^-)$-Werte (Kurven *2*) für AgCl + AgF, AgCl + AgBr, AgCl + AgJ, AgBr + AgF, AgBr + AgCl und AgBr + AgJ eingetragen. Man erkennt aus der Abbildung, daß in der Regel die $(e \cdot n^+ \cdot w^+)$-Werte (bei $w^+ =$ const.: analog die n^+-Werte) bei Einbau kleinerer Halogenionen in das Wirtsgitter um Zehnerpotenzen abnehmen, bei Einbau größerer Halogenionen dagegen in gleichem Maße zunehmen. Die $(e \cdot n^- \cdot w^-)$-Werte steigen dagegen bei Zusatz kleinerer *und* bei Zusatz größerer Halogenionen an.

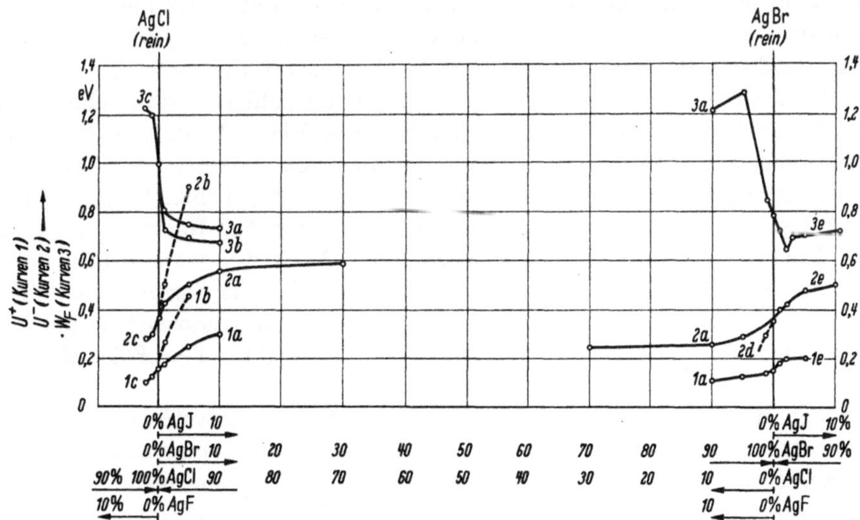

Abb. 3. Energiewerte der Fehlordnung von Halogensilber-Mischkristallen in eVolt.

Kurven *1*: U^+ (Schwellenenergie für die Wanderung eines Zwischengittersilberions Ag_0^+)
Kurven *2*: U^- (Schwellenenergien für die Wanderung einer Silberionenlücke $Ag_\square^-$)
Kurven *3*: W (Aktivierungsenergie der „Eigenleitung")
Kurven *a*: System AgCl/AgBr — Kurven *c*: System AgCl/AgF
Kurven *b*: System AgCl/AgJ — Kurven *d*: System AgBr/AgF
Kurven *e*: System AgBr/AgJ

In Abb. 3 sind für die gleichen Mischungssysteme die Schwellenenergien U^+ (Kurven *1*) und U^- (Kurven *2*) sowie die Aktivierungsenergien der Eigenleitung $W\ [= (W_F/2) + U]$ (Kurven *3*) eingetragen. Man erkennt aus Abb. 3:

Bei Zusatz größerer Halogenionen nehmen die Aktivierungsenergien U^+ und U^- zu, W nimmt dagegen ab. Die Störstellenbeweglichkeit nimmt in diesem Fall offenbar ab; die Störstellenbildung wird erleichtert.

Umgekehrt sinken bei Zusatz kleinerer Halogenionen die Zahlenwerte für U^+ und U^-, W steigt dagegen an. Dies entspricht einer Erschwerung der Störstellenbildung und einer Zunahme der Störstellenbeweglichkeit. Die Effekte sind jeweils um so größer, je größer der Unterschied zwischen den Halogenionenradien des Zusatzes und des Wirtsgitters ist. So wirkt z. B. ein Zusatz von AgJ zu AgCl stärker als ein Zusatz von AgBr zu AgCl. Reproduzierbar war die Veränderung der Leitfähigkeit bei der Mischkristallbildung nur qualitativ; d. h. die $(n \cdot w \cdot e)$-Werte und die Aktivierungsenergien verändern sich stets in der gleichen Richtung, jedoch um wechselnde Absolutbeträge.

IV. Theoretisches

1. Allgemeines

Durch den Einbau von artfremden, größeren oder kleineren Halogenionen wird das Halogensilber-Wirtsgitter deformiert. Infolgedessen ändert sich die Bildungsenergie W_F der Frenkel-Fehlstellenpaare und damit auch die Frenkelfehlstellen-Konzentration.

Außerdem ist es in den Mischkristallen wegen des unterschiedlichen Volumens zwischen den artfremden und den arteigenen Halogenionen möglich, daß einzelne Frenkelfehlstellen (Ag_0^+ oder $Ag_\square^-$) in der Nachbarschaft der artfremden Halogenionen (oder auch von den in Mischkristallen besonders zahlreich vorhandenen strukturellen Fehlstellen) örtlich bevorzugt lokalisiert werden. Wenn dem Frenkelfehlstellen-Gleichgewicht durch eine solche Bildung von „Assoziaten" jeweils eine Fehlstellensorte bevorzugt entzogen wird, muß sich das Fehlstellengleichgewicht neu einstellen: Die Konzentration der nicht assoziierten Ag_0^+-Ionen n^+ kann dann von der Konzentration der nicht assoziierten $Ag_\square^-$-Lücken n^- um Zehnerpotenzen verschieden sein. Das Verhältnis n^+/n^- ist dann stark von der Zusammensetzung des Mischkristalls und wegen der Temperaturabhängigkeit der „Assoziation" der Eigenfehlstellen mit den artfremden Halogenionen oder strukturellen Fehlstellen auch stark von der Temperatur abhängig.

In reinen Halogensilberkristallen konnte man bei Temperaturen unter $+ 300°$ C keine Schottkyfehlordnung beobachten; erst bei höheren Temperaturen tritt hier wahrscheinlich eine Schottky-Fehlordnung auf [*9—13*]. In dem mehr oder weniger stark deformierten Gitter der Halogensilber-Mischkristalle ist aber ein nennenswerter Anteil von Schottkyscher Fehlordnung bereits bei Zimmertemperatur nicht ausgeschlossen.

2. Deutung der Meßergebnisse

Weil die Fehlordnungsverhältnisse in den Mischkristallen (wie im vorigen Abschnitt angedeutet) ziemlich komplex sind, können die aus den Leitfähigkeitskurven nach den in Abschnitt II genannten Methoden entnommenen, in Abb. 2 und 3 eingetragenen Fehlordnungsdaten nur qualitativ gewertet werden. Die Ergebnisse sind aber nicht unvernünftig; sie zeigen folgendes:

a) Die Störstellenkonzentrationen ($e \cdot n^+ \cdot w^+$ und $e \cdot n^- \cdot w^-$, Abb. 2). Durch Zusatz geringer Mengen von *kleineren* Halogenionen in das Halogensilber-Wirtsgitter sinken die $(n^+ \cdot w^+ \cdot e)$-Werte, wogegen die $(n^- \cdot w^- \cdot e)$-Werte ansteigen. Offenbar wird also die Ag_0^+-Konzentration n^+ verkleinert, die $Ag_\square^-$-Konzentration n^- vergrößert. Ag_0^+-Ionen assoziieren vermutlich mit den kleineren Halogenionen, weil diese genügend Platz zur Verfügung stellen. Die Vergrößerung von n^- könnte darüber hinaus noch evtl. mit einer vielleicht vorhandenen Schottky-Fehlordnung zusammenhängen.

Durch Zusatz geringer Mengen *größerer* Halogenionen steigen die $(e \cdot n^+ \cdot w^+)$-Werte *und* die $(e \cdot n^- \cdot w^-)$-Werte an. In der Hauptsache scheint dieses Verhalten zurückzugehen auf die Verkleinerung von W_F (verstärkte Störstellenbildung infolge der verkleinerten Bildungsenergie).

b) Die Schwellenenergien U^+ *und* U^- (s. Abb. 3). Die Schwellenenergien U^+ und U^- der Störstellenbeweglichkeit kann man dem Anstieg der Leitfähigkeits-Teilkurven C und B direkt entnehmen. Es ist allerdings zu beachten, daß die Werte dieser Schwellenenergien noch durch Assoziationsenergien verfälscht sein können. In den Mischkristallen können (wie im vorigen Abschnitt ausgeführt) „Assoziate" bestehen zwischen den Eigenfehlstellen und den artfremden Halogenionen, die mit steigender Temperatur zunehmend dissoziieren und auf diese Weise eine zu große Schwellenenergie vortäuschen. Nach den Untersuchungen von TELTOW [9] tritt bei der Assoziation der $Ag_\square^-$ mit Cd^{+2}-Ionen nur eine geringe Assoziationsenergie auf. Es ist deshalb zu erwarten, daß auch in den Halogensilber-Mischkristallen die Anstiege der Leitfähigkeits-Teilkurven C und B durch die Assoziationserscheinungen nur geringfügig verfälscht sind.

Der Abb. 3 kann man entnehmen, daß die Schwellenenergien U^+ (Kurve *1*) und U^- (Kurve *2*) bei Zusatz kleinerer Halogenionen abnehmen, bei Zusatz größerer Halogenionen dagegen zunehmen.

Bei Zusatz größerer Halogenionen wird sicher die Zahl der strukturellen Fehlstellen im Kristall erhöht. Wenn trotzdem die Aktivierungsenergien U^+ und U^- der Beweglichkeit der Eigenfehlstellen zunehmen, so spricht das dafür, daß diese Eigenfehlstellen nicht ausschließlich über die strukturellen Fehlstellen wandern, wie das früher oft diskutiert wurde [*20*—*24*]. Wenn nämlich die Frenkelfehlstellen (Ag_0^+ und $Ag_\square^-$) ausschließlich über strukturelle Fehlstellen wandern würden, dann dürfte bei einer Vermehrung der strukturellen Fehlordnung die Schwellenenergie abnehmen oder konstant bleiben, aber keineswegs zunehmen.

c) Die Bildungsenergie W_F der Frenkelfehlstellen. In *reinen* Halogensilberkristallen geht die elektrische Eigenleitung (Teilkurve A) praktisch ausschließlich auf die beweglicheren Ag_0^+-Ionen zurück, deren Konzentration und Beweglichkeit im Bereich der Eigenleitung mit zunehmender Temperatur ansteigen [*8*—*16* und *18*—*19*]. Infolgedessen setzt sich hier die Aktivierungsenergie W der Eigenleitung aus den Größen $W = (W_F/2) + U^+$ zusammen (s. z. B. [*4*, *8*—*16*, *18*—*19*]).

In *Misch*kristallen braucht dagegen auch im Temperaturbereich der elektrischen Eigenleitung infolge der Assoziationserscheinungen nicht mehr $n^+ = n^-$ zu sein. Bei $n^- > n^+$ kann die Aktivierungsenergie W zwar formal noch durch $W = (W_F/2) + U$ ausgedrückt werden; zum Energieanteil U kann aber in diesem Fall die $Ag_\square^-$-Wanderung einen Teil beisteuern; bei $n^- \gg n^+$ kann die $Ag_\square^-$-Wanderung sogar überwiegen. Aus der gemessenen Größe W kann dann durch die Beziehung $W = (W_F/2) + U$ der Zahlenwert von W_F nur näherungsweise ermittelt werden.

In Abb. 3 sind die an den Mischkristallen gemessenen W-Werte (als Maß für die Fehlstellen-Bildungsenergie W_F) eingetragen. Man erkennt, daß W (und damit wahrscheinlich auch W_F) bei Zusatz größerer Halogenionen sinkt und bei Zusatz kleinerer Halogenionen steigt. Die Bildung der Frenkelfehlstellen wird demnach durch Zusatz größerer Halogenionen offenbar begünstigt, durch Zusatz kleinerer Halogenionen gehemmt.

Literatur

[1] Literaturverzeichnis bei R. MATEJEC, Phot. Korr. **93**, 17 (1957).
[2] FRENKEL, J.: Z. f. Physik **35**, 652 (1930).
[3] WAGNER, C., u. W. SCHOTTKY: Z. phys. Chem. (B) **11**, 163 (1930).
[4] JOST, W.: J. Chem. Phys. **1**, 466 (1933).
[5] LEHFELD, W.: Z. f. Physik **85**, 717 (1933).
[6] BEYER, I., u. C. WAGNER: Z. phys. Chem. (B) **32**, 113 (1936).
[7] KOCH, E., u. C. WAGNER: Z. phys. Chem. (B) **38**, 295 (1937).
[8] STASIW, O., u. J. TELTOW: Ann. Physik (6) **1**, 261 (1947).
[9] TELTOW, J.: Ann. Physik (6) **1**, 5, 63 u. 71 (1950).
[10] STASIW, O., u. J. TELTOW: Z. f. Naturforschg. **6a**, 363 (1951).
[11] KURNICK, S. W.: J. Chem. Phys. **20**, 218 (1952).
[12] JUNGHANS, H., u. H. STAUDE: Z. f. Elektrochem. **57**, 391 (1953).
[13] EBERT, I., u. J. TELTOW: Ann. Physik (16) 268 (1955).
[14] SEEGER, A.: Handb. d. Physik (Flügge) VII/1, Berlin/Göttingen/Heidelberg: Springer 1955, S. 381.
[15] ZIETEN, W.: Z. f. Physik **145**, 125 (1956). Z. f. Physik **146**, 451 (1956).
[16] MATEJEC, R.: Naturwiss. **43**, 533 (1956). Z. f. Physik **148**, 454 (1957).
[17] MITCHELL, J. W.: Z. f. Physik **138**, 381 (1954). Sonderheft der Phot. Korr. 1957
[18] KLEIN, E., u. R. MATEJEC: Z. Elektrochem. **61**, 1127 (1957). Mitt. d. Agfa Leverkusen-München II, Berlin/Göttingen/Heidelberg: Springer 1958, S. 14.
[19] MATEJEC, R.: Z. f. Physik **151**, 595 (1958).
[20] SMEKAL, A.: Z. techn. Physik **8**, 561 (1927). Z. phys. Chem. (B) **5**, 60 (1929) u. **6**, 103 (1929). Phys. Zeitschr. **26**, 707 (1925).
[21] SMEKAL, A., u. R. QUITTNER: Z. f. Physik **55**, 289 (1929).
[22] BLÜH, O., u. W. JOST: Z. phys. Chem. (B) **1**, 270 (1928).
[23] JOST, W.: Z. phys. Chem. (B) **6**, 88 (1925) u. (B) **7**, 234 (1930).
[24] HEVESY, G. v.: Z. phys. Chem. **7**, 337 (1922).

Anhang

Formelzeichen

Ag_0^+	Symbol für ein Zwischengittersilberion
$Ag_\square^-$	Symbol für eine Silberionenlücke
e	Elementarladung (Coulomb)
k	Boltzmannkonstante
n^+	Zwischengittersilberionen-Konzentration [Mol pro cm³]
n^-	Silberionenlückenkonzentration [Mol pro cm³]
N_L	Loschmidtsche Zahl (Ionen pro cm³ Halogensilber)
u^+	Ag_0^+-Beweglichkeit [$cm^2 \cdot V^{-1} \cdot sek^{-1}$]
u^-	$Ag_\square^-$-Beweglichkeit [$cm^2 \cdot V^{-1} \cdot sek^{-1}$]
U^+	Aktivierungsenergie der Ag_0^+-Beweglichkeit [eVolt]
U^-	Aktivierungsenergie der $Ag_\square^-$-Beweglichkeit [eVolt]
w^+	Ag_0^+-Beweglichkeitskonstante } $cm^2 \cdot V^{-1} \cdot sek^{-1}$ (in engem Temperaturbereich
w^-	$Ag_\square^-$-Beweglichkeitskonstante } näherungsweise temperaturunabhängig)
W_F	Bildungsenergie in eVolt eines Frenkelpaares ($Ag_0^+ + Ag_\square^-$)
W	Aktivierungsenergie in eVolt der elektrischen Eigenleitung [$= (W_F/2) + U$]
)(	Elektrische Leitfähigkeit (Ω^{-1} cm^{-1})

Messung der p_H-Änderung in der photographischen Schicht während der Entwicklung

Von J. EGGERS und H.-K. DETTMAR[1]

A. Zusammenfassung

Nach der Theorie werden bei der Entwicklung der photographischen Schicht mit organischen Entwicklersubstanzen Wasserstoffionen frei, welche bisher nur an der geringen p_H-Abnahme der Entwicklerlösung festgestellt werden konnten. Es wurde vermutet, daß wegen der langsamen Diffusion in der photographischen Schicht an der Stelle der Entwicklung der p_H-Wert viel stärker erniedrigt wird, als in der Entwicklerlösung gemessen werden kann.

Es wurde nun durch Beschichten einer Flachmembranglaselektrode mit einer photographischen Schicht ein brauchbares Modell geschaffen, welches die Messung des p_H-Wertes an der vom Entwickler abgewandten Unterseite der Schicht gestattet. Der Entwicklungsprozeß wird durch Blitzbelichtung der in der Entwicklerlösung eingetauchten beschichteten Glaselektrode ausgelöst.

Durch gleichzeitige Beblitzung von in analoger Weise beschichteten und im Entwickler eingetauchten Glasplatten konnte parallel zur p_H-Änderung die Bildung der Silberschwärzung verfolgt werden. Die Messungen wurden bei verschiedenen Silberaufträgen und in Entwicklern unterschiedlicher Pufferkapazität ausgeführt.

Die Meßergebnisse wurden mit Zeitabläufen verglichen, welche nach dem Schema der aufgestellten Reaktionsgleichungen mit der elektronischen Rechenmaschine errechnet wurden.

B. Die für die photographische Entwicklung maßgebenden Reaktionen

Aus der Reaktionsgleichung der photographischen Entwicklung mit organischen Entwicklersubstanzen wie z. B. Hydrochinon, Metol®, p-Aminophenol und p-Phenylendiamin ergibt sich, daß während der Entwicklung Wasserstoffionen frei bzw. $OH^{\ominus}$-Ionen verbraucht werden, wodurch der p_H-Wert der Entwicklerlösung je nach der vorhandenen Pufferkapazität mehr oder weniger stark erniedrigt wird. Dies geht aus der allgemeinen Bruttogleichung für die Entwicklung hervor (Gl. 1a und 1b):

$$x(AgBr) + 1\,E + 2(OH^{\ominus}) \xrightarrow{k_1} xAg + x(Br^{\ominus}) + 1(Ox) + 2(H_2O) \qquad (1a)$$

$$x(AgBr) + 1\,E \xrightarrow{k_1} xAg + x(Br^{\ominus}) + 1(Ox) + 2(H^{\oplus}) \qquad (1b)$$

Hierbei bedeuten:

E = Entwicklersubstanz.

Ox = Entwickleroxydationsprodukt, z. B. Benzochinon oder Hydrochinondisulfosäure.

---

[1] Herr Dr. DETTMAR gehört der Ingenieur-Abteilung Angewandte Physik der Farbenfabriken Bayer A. G. an und hat die mathematische Arbeit bei Aufstellung der Differentialgleichungen sowie die Programmierung für die elektronische Rechenmaschine ausgeführt.

x = Zahl, die im allgemeinen zwischen 2 und 4 liegt und von der Entwicklersubstanz, dem p_H-Wert sowie der Anwesenheit von Sulfit abhängt.
k_1 = Geschwindigkeitskonstante der Entwicklung.

Gl. (1a) und (1b) sagen im Prinzip dasselbe aus, (1a) bezieht sich auf den Verbrauch an $OH^{\ominus}$-Ionen, (1b) auf das Freiwerden von $H^{\oplus}$-Ionen. Die Elektroneutralität bleibt bei Beteiligung von Sulfit durch freiwerdende $Na^{\oplus}$-Ionen gewährleistet. Bei spezieller Anwendung auf den Hydrochinon-Entwickler ergeben sich folgende Reaktionsgleichungen:

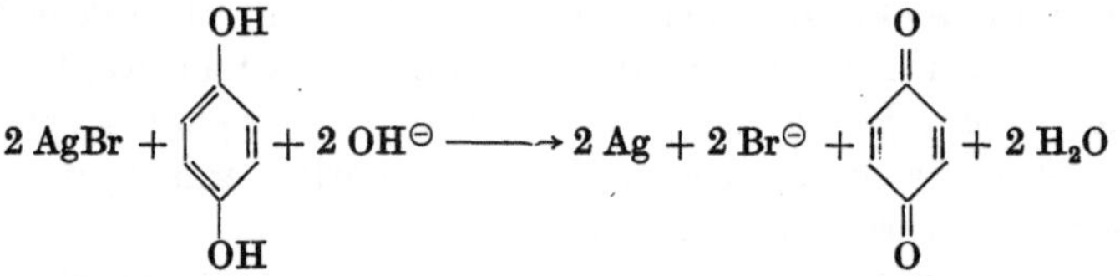

OH O

$2\,AgBr$ + [ring] + $2\,OH^{\ominus}$ ⟶ $2\,Ag + 2\,Br^{\ominus}$ + [ring] + $2\,H_2O$ (2)

OH O

Im Beisein von Sulfit geht die Reaktion nach folgendem Schema weiter [1]:

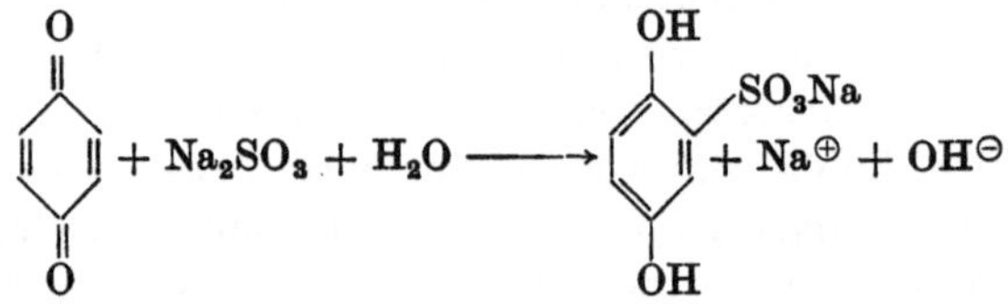

O OH
SO_3Na
[ring] + $Na_2SO_3 + H_2O$ ⟶ [ring] + $Na^{\oplus} + OH^{\ominus}$ (3)
O OH

OH O
SO_3Na SO_3Na
[ring] + $2\,AgBr + 2\,OH^{\ominus}$ ⟶ [ring] + $2\,Ag + 2\,H_2O + 2\,Br^{\ominus}$ (4) 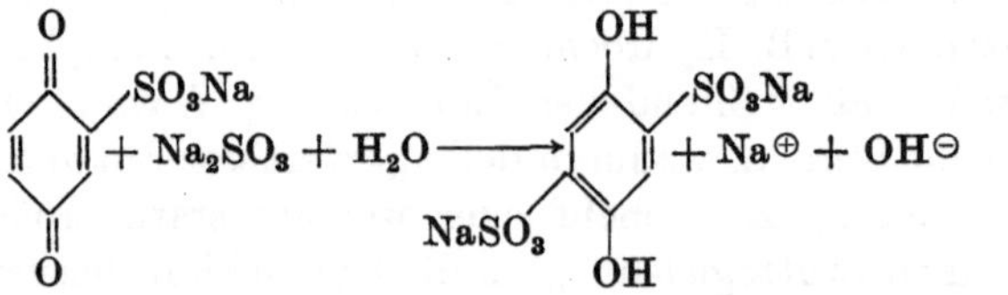
OH O

O OH
SO_3Na SO_3Na
[ring] + $Na_2SO_3 + H_2O$ ⟶ [ring] + $Na^{\oplus} + OH^{\ominus}$ (5)
$NaSO_3$
O OH

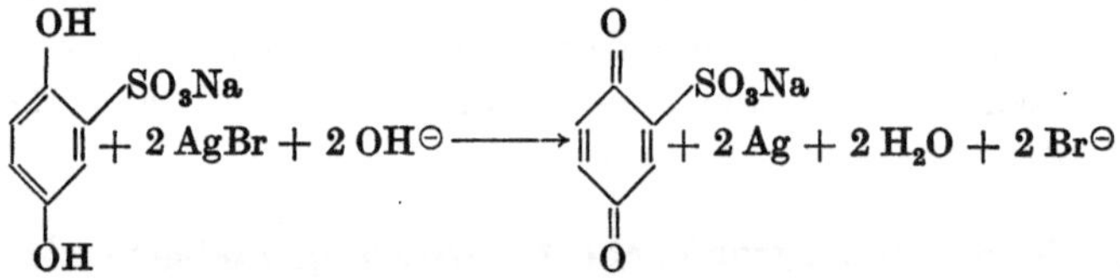

Bildet man die Bruttogleichung aus den Reaktionen (2—5), so folgt:

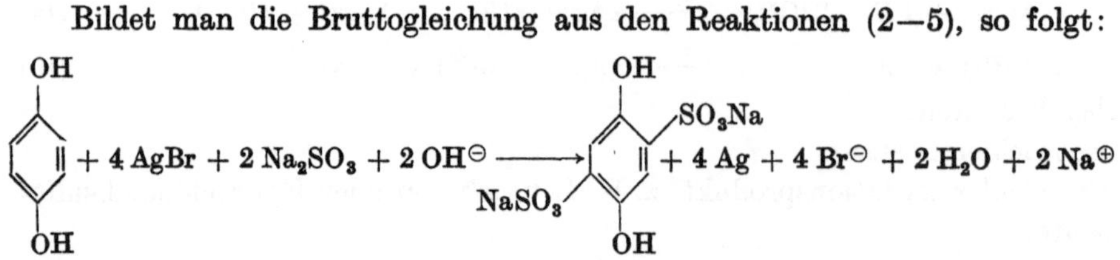

OH OH
SO_3Na
[ring] + $4\,AgBr + 2\,Na_2SO_3 + 2\,OH^{\ominus}$ ⟶ [ring] + $4\,Ag + 4\,Br^{\ominus} + 2\,H_2O + 2\,Na^{\oplus}$ (6)
$NaSO_3$
OH OH

Wie man sieht, werden pro Molekül Hydrochinon ohne Beisein von Sulfit 2 $OH^{\ominus}$-Ionen (Gl. 2), bei Anwesenheit von Sulfit 2 Sulfit- und 2 $OH^{\ominus}$-Ionen verbraucht (Gl. 6). Da die schweflige Säure eine schwächere Säure als die Hydrochinondisulfosäure ist, werden effektiv mehr als 2 $OH^{\ominus}$-Ionen verbraucht bzw. $H^{\oplus}$-Ionen freigemacht.

Die auf Grund der geringen Konzentration an freien $H^{\oplus}$- bzw. $OH^{\ominus}$-Ionen zu erwartende starke p_H-Wert-Erniedrigung in der Entwicklerlösung tritt wegen der erheblichen Konzentration an Puffersubstanzen (z. B. Na_2CO_3, Borax) nicht ein. Die Pufferwirkung wird durch Gl. (7) verdeutlicht.

$$(YH) + (OH^{\ominus}) \underset{k_{-2}}{\overset{k_2}{\rightleftarrows}} Y^{\ominus} + (H_2O) \tag{7}$$

wobei:

YH = die undissoziierte Puffersubstanz

$Y^{\ominus}$ = das Anion der Puffersubstanz

k_2 u. k_{-2} = die Geschwindigkeitskonstanten der Hin- und Rückreaktion des Gleichgewichtes

bedeuten.

Ferner gelten die Beziehungen (8a) und (8b).

$$\frac{k_2}{k_{-2}} = \frac{K_s}{K_w} \tag{8a}$$

$$[OH^{\ominus}] = \frac{[Y^{\ominus}]}{[YH]} \cdot \frac{10^{-14}}{K_s} \tag{8b}$$

Hierbei ist

K_s = die Säuredissoziationskonstante der Puffersubstanz.

K_w = $1{,}8 \cdot 10^{-16}$ entspricht der Dissoziationskonstante des Wassers bei 20° C.

Das Produkt $K_w \cdot [H_2O] = [H^{\oplus}] \cdot [OH^{\ominus}]$ wird als Ionenprodukt des Wassers bezeichnet und ist gleich $1{,}8 \cdot 10^{-16} \cdot 55 \approx 10^{-14}$, da 1 Liter Wasser 55 Mole enthält.

Die Entwicklungsreaktion findet nun aber nicht in der Lösung, sondern in der photographischen Schicht statt. Es wurde vermutet, daß wegen der langsameren Diffusion in der Emulsionsschicht in der näheren Umgebung der Reaktionsstelle zwischen Entwicklersubstanz und Silberhalogenid zwischenzeitlich eine stärkere p_H-Abnahme auftritt und erst nach Herantransport neuer Puffersubstanz das p_H-Niveau der Entwicklerlösung wieder erreicht wird.

Die allgemeine Fick'sche Differentialgleichung für Diffusion wurde mit der Nernst'schen Lösung für linearen Konzentrationsabfall auf die $(OH^{\ominus})$- und Entwicklersubstanz-Konzentration angewendet (Gl. 9).

$$(d[OH^{\ominus}])_{Diff.} = \frac{D_{OH^{\ominus}}}{\delta \Delta} \cdot ([OH^{\ominus}]_{\infty} - [OH^{\ominus}]) \cdot d\tau \tag{9}$$

In dieser Gleichung bedeutet:

$(d\,[OH^{\ominus}])_{Diff.}$ = Änderung der $OH^{\ominus}$-Konzentration infolge Diffusion in der Zeit $d\,\tau$

$D_{OH^{\ominus}}$ = Diffusionskoeffizient (μ^2/sec)

δ = partielle Schichtdecke des p_H-Meßbereiches (μ)

Δ = Gesamtschichtdicke (μ)

$[OH^{\ominus}]\,\infty$ = $OH^{\ominus}$-Ionenkonzentration bei $\tau = \infty$

τ = Zeit nach Entwicklungsbeginn.

Eine analoge Gleichung gilt für die Diffusion der Entwicklersubstanz:

$$(\mathrm{d}\,[\mathrm{E}])_{\mathrm{Diff.}} = \frac{D_E}{\delta \cdot \Delta} \cdot ([E_\infty] - [E]) \cdot d\tau \tag{10}$$

C. Die Meßapparatur

Die Aufgabe zur Klärung dieser Frage bestand also darin, die p_H-Wertänderung in der Schicht in Abhängigkeit von der Zeit zu messen und dabei die simultan erfolgende Zunahme der photographischen Schwärzung zu registrieren.

Hierzu wurde die Fläche einer Flachmembranglaselektrode in inaktinischem Licht mit definierten Mengen einer Mikratemulsion beschichtet und getrocknet.

Es ist klar, daß der p_H-Sprung an der zur Glaselektrode gelegenen Seite der Schicht um so größer sein wird, je stärker die Entwicklung, d. h. die Belichtung ist. Da normale Emulsionen so stark absorbieren, daß in der Hauptsache nur die zur Oberfläche gelegenen Schichtteile stark belichtet werden, wurde die sehr gering absorbierende und wenig streuende Mikratemulsion verwendet. Die Schichten wurden auf diese Weise bei der Entwicklung relativ gleichmäßig von der Oberfläche bis zur Glasmembran geschwärzt.

Die Auftragung erfolgte durch Auftropfen der auf 35—40° C erwärmten Emulsion. Im Mittelwert betrug der Silberauftrag pro cm^2 1,2 mg bzw. 12 g Ag/m^2, wenn ein Tropfen auf die Membran aufgegeben wurde. Die in der Praxis verwendeten Auftragsmengen liegen zwar im allgemeinen niedriger, doch wurde aus technischen Gründen der höhere Auftrag gewählt. Eine Härtung der Schicht konnte nicht vorgenommen werden. Bei den Versuchen der Abbildungen 3 und 4 wurde die Mikratemulsion mit Gelatine verdünnt, um den Silberauftrag praxisnäher zu bekommen. Der Auftrag mit einem Tropfen verdünnter Emulsion entspricht ca. 1,9 bzw. 3,8 g Ag/m^2.

Wenn man nun die beschichtete Elektrode in eine Entwicklerlösung taucht, so tritt ohne Belichtung praktisch keine Silberentwicklung auf (die Schleierbildung ist zu vernachlässigen). Man kann mit der beschichteten Glaselektrode gegen eine gesättigte Kalomelelektrode genau wie mit der unbeschichteten ein p_H-abhängiges Potential messen, wobei nur eine etwas längere Anpassungszeit nötig ist.

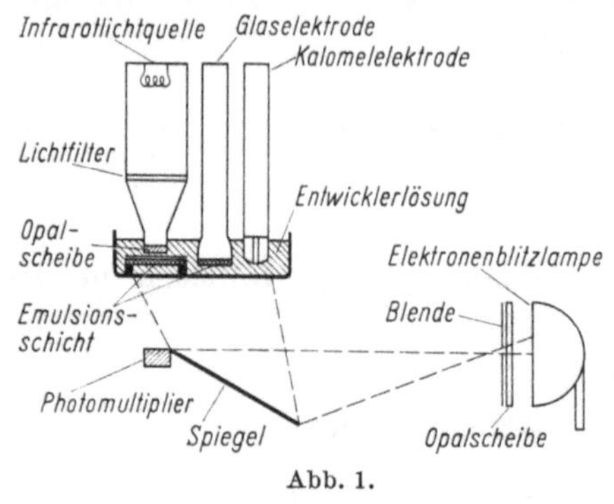

Abb. 1.
Apparatur zur Belichtung und Entwicklung.

Abb. 1 zeigt die Versuchsanordnung. Die Auslösung der Entwicklung wurde durch eine Elektronenblitzbelichtung der im Entwickler eingetauchten beschichteten Glaselektrode erreicht. Die Verfolgung der Silberbilder geschah an einer neben der Glaselektrode im Entwickler angebrachten beschichteten Glasplatte mit gleichem Silberauftrag, welche gleichzeitig mit beblitzt wurde. Die erzeugte Silbermenge wurde durch seine Absorption von Infrarotlicht hinter einer Opalscheibe mit einem Photomultiplier gemessen und mit einem Lichtmarkengalvanometerschreiber registriert.

D. Meßergebnisse

Nach Überprüfung der Reproduzierbarkeit wurde die Abhängigkeit der p_H-Zeit-Funktion von der Schichtdicke und damit vom Silberauftrag pro Flächeneinheit bestimmt. Als Entwicklerlösung wurde ein Metol®-Hydrochinon-Entwickler verwendet, der außer Sulfit noch Borax und Zitronensäure als Puffersubstanzen enthielt (Abb. 2). Nach Eintauchen der beschichteten Glaselektrode in den Entwickler

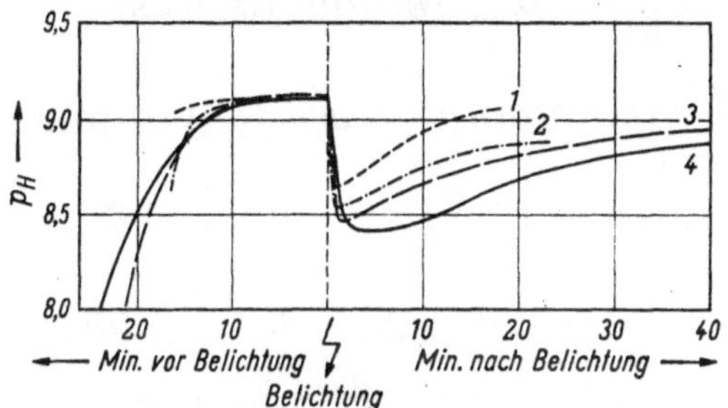

Abb. 2. p_H-Änderung bei Entwicklung in Metol®-Hydrochinon-Entwickler bei 20 °C. Variation des Emulsionsauftrags.

bei inaktinischem Licht wird nach Angleichung an den p_H-Wert der Entwicklerlösung mit der Blitzlampe belichtet, wonach ein p_H-Abfall und ein durch die Diffusion bedingter p_H-Wiederanstieg folgen, welche beide vom Schichtauftrag abhängig sind. Die Differenz zwischen Anfangs-p_H-Wert und Minimalwert wird mit zunehmender Schichtdicke größer.

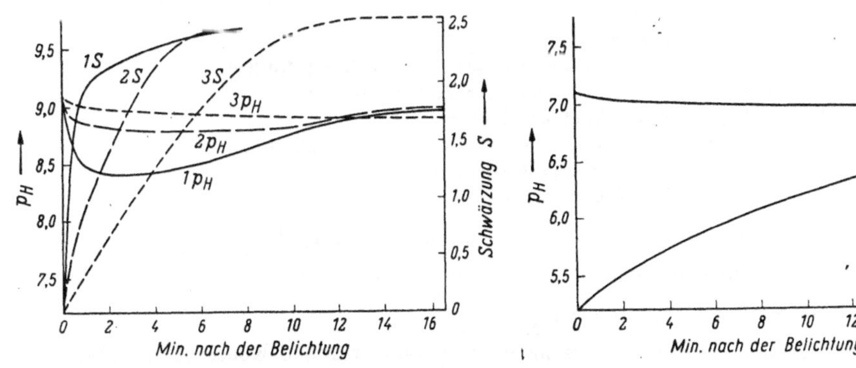

Abb. 3. p_H-Änderung und Schwärzungszunahme bei Entwicklung in Metol-Hydrochinon-Entwickler bei 20 °C. Variation der Belichtungsintensität.

Abb. 4. p_H-Änderung und Schwärzungszunahme bei Entwicklung in Agfa 47 (Amidol®-Sulfit) bei 20°C.

Den simultanen Vorgang des p_H-Abfalls und Schwärzungsanstiegs erkennt man aus Abb. 3, wobei drei verschiedene Belichtungsintensitäten angewendet wurden. Bei stärkerer Belichtung ist sowohl der p_H-Abfall als auch die Entwicklungsgeschwindigkeit größer. Bei Verwendung eines weniger aktiven Entwicklers geht sowohl der Schwärzungsanstieg als auch der p_H-Abfall wesentlich langsamer vor sich (Abb. 4). Da hier die Entwicklungsgeschwindigkeit in gleiche Größenordnung mit der Diffusionsgeschwindigkeit herabgesunken ist, ist die p_H-Abnahme wesentlich geringer.

E. Mathematische Analyse der Ergebnisse

Die Reaktionsschemas und Gl. (1), (7) und (8) in Kombination mit der Gleichung von HURTER und DRIFFIELD und den Diffusionsgleichungen für [E] und $[OH^{\ominus}]$ (9) und (10) wurden zur Aufstellung des folgenden Systems von Geschwindigkeitsdifferentialgleichungen benutzt:

$$\frac{dS}{d\tau} = -\frac{d(S_\infty - S)}{d\tau} = k_1 \cdot [E] \cdot [OH^{\ominus}]\,(S_\infty - S) \tag{11}$$

$$\frac{d[OH^{\ominus}]}{d\tau} = -\frac{2\,k_1}{x}[E]\,[OH^{\ominus}]\,p\,(S_\infty - S) - k_2 \cdot [YH] \cdot [OH^{\ominus}] + k_{-2} \cdot [H_2O]\,[Y^{\ominus}] + \frac{D_{OH^{\ominus}}}{\delta \Delta} \cdot ([OH^{\ominus}]_\infty - [OH^{\ominus}]) \tag{12}$$

$$\frac{dE}{d\tau} = -k_1 \cdot \frac{1}{x} \cdot [E] \cdot [OH] \cdot p\,(S_\infty - S) + \frac{D_E}{\delta \Delta}([E]_\infty - [E]) \tag{13}$$

$$\frac{d[Y^{\ominus}]}{d\tau} = k_2\,[YH]\,[OH^{\ominus}] - k_{-2}\,[H_2O]\,[Y^{\ominus}] + \frac{D_{Y^{\ominus}}}{\delta \Delta}([Y^{\ominus}]_\infty - [Y^{\ominus}]) \tag{14}$$

$$\frac{d[YH]}{d\tau} = -k_2\,[YH]\,[OH^{\ominus}] + k_{-2}\,[H_2O]\,[Y^{\ominus}] + \frac{D_{YH}}{\delta \Delta}([YH]_\infty - [YH]) \tag{15}$$

$$\frac{d[H_2O]}{d\tau} = k_2\,[YH]\,[OH^{\ominus}] - k_{-2}\,[H_2O]\,[Y^{\ominus}] + \frac{2\,k_1}{x}[E]\,[OH^{\ominus}]\,p\,(S_\infty - S) \tag{16}$$

Hierbei bedeuten:

S	= Schwärzung zur Zeit τ
$[E]$	= Konzentration der Entwicklersubstanz zur Zeit τ [Mol/ltr]
$[OH^{\ominus}]$	= Konzentration der $OH^{\ominus}$-Ionen zur Zeit τ [Mol/ltr]
Index_∞	= Konzentration bzw. Wert zur Zeit $\tau = \infty$
$[YH]$	= Konzentration der undissoziierten Puffersubstanzsäure
$[Y^{\ominus}]$	= Konzentration des Puffersubstanzanions
$[H_2O]$	= Konzentration an Wasser = 55 Mol/ltr
k_1	= Geschwindigkeitskonstante der Schwärzungsbildung $\left[\frac{ltr^2}{Mol^2 \cdot sec}\right]$
k_2 u. k_{-2}	= Geschwindigkeitskonstanten der Hin- und Rückreaktion des Gleichgewichtes des Puffersystems (Gl. 7) $\left[\frac{ltr}{Mol \cdot sec}\right]$
p	= Konstante, welche proportional der photometrischen Konstante ist [Mol/ltr]
x	= Zahl zwischen 2 und 4
$D_{OH^{\ominus}}$, D_E, D_{YH}, $D_{Y^{\ominus}}$	Diffusionskoeffizient dieser Substanzen $\left[\frac{\mu^2}{sec}\right]$
$\triangle$	= Gesamtschichtdicke $[\mu]$
δ	= partielle Dicke des Meßbereiches der Glaselektrode in der Schicht $[\mu]$

Dabei wurden folgende vereinfachende Annahmen gemacht: Man betrachtet nur die Konzentrationsänderung der Stoffe in der partiellen Schicht δ auf der Rückseite der Schicht an der Glaselektrodenmembrane. Deshalb beziehen sich in Zukunft die Symbole für die Stoffkonzentrationen nur auf die partielle Schicht δ.

Um eine mathematische Lösung der Gleichungen zu erhalten, werden für den restlichen Schichtbereich folgende Näherungen vorgenommen:

Die Konzentration der $OH^{\ominus}$-Ionen $[OH^{\ominus}]$ und der Entwicklersubstanz [E] nimmt linear von der Oberfläche der Schicht zur partiellen Schicht δ in der Nähe der Flachmembranglaselektrode ab (die Konzentration von [YH] nimmt linear zu), δ ist dünn im Verhältnis zur Gesamtschichtdicke Δ, die Differenz der Konzentrationen zwischen der Oberfläche und der partiellen Schicht δ bestimmt die Diffusionsgeschwindigkeit.

Ferner wurde als Näherung angenommen, daß die Entwicklungsgeschwindigkeit proportional zur $OH^{\ominus}$-Ionenkonzentration und zur Entwicklersubstanzkonzentration zunimmt.

Aus dem Gleichungssystem (11) bis (16) kann man folgende Folgerungen ableiten:

1. Die Abnahme von $OH^{\ominus}$ geht am Anfang ungefähr proportional der Zunahme von S (vergleiche Gl. (11) mit dem ersten Glied der Gl. (12)).

2. Die Wiederzunahme von $OH^{\ominus}$ ist von der Konzentration der Puffersubstanz in der partiellen Schicht δ (2. und 3. Glied der Gl. (12)) sowie von dem Diffusionskoeffizienten $D_{OH^{\ominus}}$ und dem Produkt $\delta\,\Delta$ abhängig (4. Glied von Gl. (12)).

3. Die Entwicklersubstanz E nimmt anfangs analog der $OH^{\ominus}$-Ionenkonzentration ab (Gl. (13), 1. Glied), die Zunahme von E ist von der Größe $D_E/\delta\Delta$ abhängig (Gl. (13), 2. Glied).

4. Die Änderung der Konzentration der undissoziierten Puffersubstanzsäure [YH] bzw. des Puffersubstanzanions $[Y^{\ominus}]$, welche in Gl. (12) eingeht, wird durch die Gl. (14) und (15) bestimmt, welche jeweils auch ein durch die Diffusion bestimmtes Glied enthalten.

Zur mathematischen Auswertung ist die Abschätzung aller Konstanten notwenig. Dies stößt bei den in der Größenordnung von 10^2 bis 10^{11} [ltr/Mol · sec] liegenden Geschwindigkeitskonstanten k_2 und k_{-2} auf Schwierigkeiten. Da außerdem anzunehmen ist, daß das Gleichgewicht (7) stets nahezu eingestellt ist, erschien die folgende Vereinfachung des Gleichungssystems als zulässig.

$$\frac{dS}{d\tau} \approx -\frac{d\,(S_\infty - S)}{d\tau} = k_1 \cdot [E] \cdot [OH^{\ominus}] \cdot (S_\infty - S) \tag{17}$$

$$\frac{d\,[OH^{\ominus}]}{d\tau} \approx -\frac{2\,k_1}{x} \cdot p \cdot \frac{10^{-14}}{K_s^*} \cdot [E] \cdot [OH^{\ominus}] \cdot (S_\infty - S) + \frac{10^{-14}}{K_s^*} \cdot \frac{D_{OH^{\ominus}}}{\delta \cdot \Delta} ([OH^{\ominus}]_\infty - [OH^{\ominus}]) \tag{18}$$

$$\frac{d\,[E]}{d\tau} \approx -k_1 \cdot \frac{1}{x} \cdot p \cdot [E] \cdot [OH^{\ominus}] \cdot (S_\infty - S) + \frac{D_E}{\delta \cdot \Delta} ([E]_\infty - [E]) \tag{19}$$

Die Größe K_s^* ergibt sich aus der unten angegebenen Ableitung näherungsweise zu

$$K_s^* \approx K_s \cdot q^2 ([Y^{\ominus}] + [YH]) \tag{20}$$

wobei K_s die Säuredissoziationskonstante der Puffersubstanz und

$$q \text{ die Größe } \frac{[YH]}{[Y^{\ominus}] + [YH]} \text{ bedeuten.} \tag{21}$$

Ableitung der Gl. (20). Wir setzen

$$[Y^\ominus] + [YH] = b, \tag{22}$$

wobei b der Puffersubstanzkonzentration entspricht und eine zeitunabhängige Konstante ist, während q eine geringe Zeitabhängigkeit zeigt, da q mit $[OH^\ominus]$ nach folgender Gleichung zusammenhängt:

$$[OH^\ominus] = \frac{10^{-14}}{K_s}\left(\frac{1}{q} - 1\right) \tag{23}$$

Gl. (22) in Gl. (8b) eingesetzt ergibt:

$$[OH^\ominus] = \frac{10^{-14}}{K_s} \cdot \frac{[Y^\ominus]}{b - [Y^\ominus]}. \tag{24}$$

Daraus folgt:

$$\frac{d\,[OH^\ominus]}{d\tau} = \frac{10^{-14}}{K_s} \cdot \frac{d}{d\tau}\left(\frac{[Y^\ominus]}{b - [Y^\ominus]}\right) = \frac{10^{-14}}{K_s} \cdot \frac{b}{([Y^\ominus] - b)^2} \cdot \frac{d\,[Y^\ominus]}{d\tau} \tag{25}$$

oder

$$\frac{d\,[Y^\ominus]}{d\tau} = \frac{K_s \cdot (b - [Y^\ominus])^2}{10^{-14} \cdot b} \cdot \frac{d\,[OH^\ominus]}{d\tau} \tag{26}$$

Läßt man die Diffusion von $[Y^\ominus]$ unberücksichtigt, so folgt durch Kombination von Gl. (12) und (14)

$$\frac{d\,[OH^\ominus]}{d\tau} + \frac{d\,[Y^\ominus]}{d\tau} = -\frac{2\,k_1}{x}\,[E]\,[OH^\ominus]\,p \cdot (S_\infty - S) + \frac{D_{OH^\ominus}}{\delta\Delta}\,([OH^\ominus]_\infty - [OH^\ominus]) \tag{27}$$

oder unter Berücksichtigung von Gl. (26)

$$\frac{d\,[OH^\ominus]}{d\tau} + \frac{K_s\,(b - [Y^\ominus])^2}{10^{-14} \cdot b} \cdot \frac{d\,[OH^\ominus]}{d\tau} = \frac{d\,[OH^\ominus]}{d\tau}\left(1 + \frac{K_s\,(b - [Y^\ominus])^2}{10^{-14} \cdot b}\right)$$
$$= -\frac{2\,k_1}{x}\,[E]\,[OH^\ominus]\,p \cdot (S_\infty - S) + \frac{D_{OH^\ominus}}{\delta\Delta}\,([OH^\ominus]_\infty - [OH^\ominus]) \tag{28}$$

oder

$$\frac{d\,[OH^\ominus]}{d\tau} = -\frac{2\,k_1}{x} \cdot \frac{10^{-14} \cdot b}{10^{-14} \cdot b + K_s\,(b - [Y^\ominus])^2} \cdot [E] \cdot [OH^\ominus] \cdot p\,(S_\infty - S)$$
$$+ \frac{10^{-14} \cdot b}{10^{-14} \cdot b + K_s\,(b - [Y^\ominus])^2} \cdot \frac{D_{OH^\ominus}}{\delta\Delta}\,([OH^\ominus]_\infty - [OH^\ominus]) \tag{29}$$

Nun gilt nach Gl. (20) und (21):

$$q = \frac{b - [Y^\ominus]}{b}, \tag{30}$$

daraus folgt für den Ausdruck:

$$\frac{10^{-14} \cdot b}{10^{-14} \cdot b + K_s\,(b - [Y^\ominus])^2} = \frac{10^{-14}}{10^{-14} + K_s \cdot b\left(\frac{b - [Y^\ominus]}{b}\right)^2}$$
$$= \frac{10^{-14}}{10^{-14} + K_s\,b q^2} \approx \frac{10^{-14}}{K_s\,b q^2} = \frac{10^{-14}}{K_s \cdot q^2\,([Y^\ominus] + [YH])} = \frac{10^{-14}}{K_s^*} \tag{31}$$

Berechnet man aus Gl. (23) unter Einsetzen von $[OH^\ominus] = 1{,}25 \cdot 10^{-5}$ [Mol/ltr] und $K_s = 10^{-9}$ den Wert von q, so folgt $q \approx 0{,}45$. Setzt man ferner die Puffersubstanzkonzentration $b = [Y^\ominus] + [YH] \approx 0{,}5$ [Mol/ltr], so ergibt sich für

$$K_s^* \approx K_s \cdot 0{,}20 \cdot 0{,}5 = 0{,}1 \cdot K_s = 10^{-10}$$

$10^{-14}/K_s^*$ folgt dann zu 10^{-4}.

Das wesentliche Kennzeichen des Gleichungssystems (17—19) ist, daß in Gl. (18) gegenüber Gl. (12) die Glieder mit k_2 und k_{-2} fortfallen und das erste und zweite Glied den Faktor $10^{-14}/k_s^*$ hinzubekommt, der in der Größenordnung von 10^{-4} bis 10^{-5} liegt.

In Gl. (18) ist nunmehr der Diffusionskoeffizient $D_{OH^\ominus}$ nicht unbedingt eine Stoffkonstante des $OH^\ominus$-Ions, sondern schließt die Heranschaffung von $OH^\ominus$-Ionen in die partielle Schicht δ mittels der Diffusion von $Y^\ominus$-Ionen mit ein.

Die Gl. (17) bis (19) wurden nach Einsetzen der Konstanten k_1, K_s^*, x, p, $D_{OH^\ominus}$ D_E, δ und Δ, welche zum Teil aus anderen Versuchen ermittelt, zum Teil aus den experimentellen Reaktionsabläufen abgeschätzt worden waren, mittels einer elektronischen Digitalrechenmaschine Z 22 numerisch integriert und die experimentell für die $OH^\ominus$-Ionen und die Schwärzung ermittelten Zeitabläufe mit den berechneten verglichen.

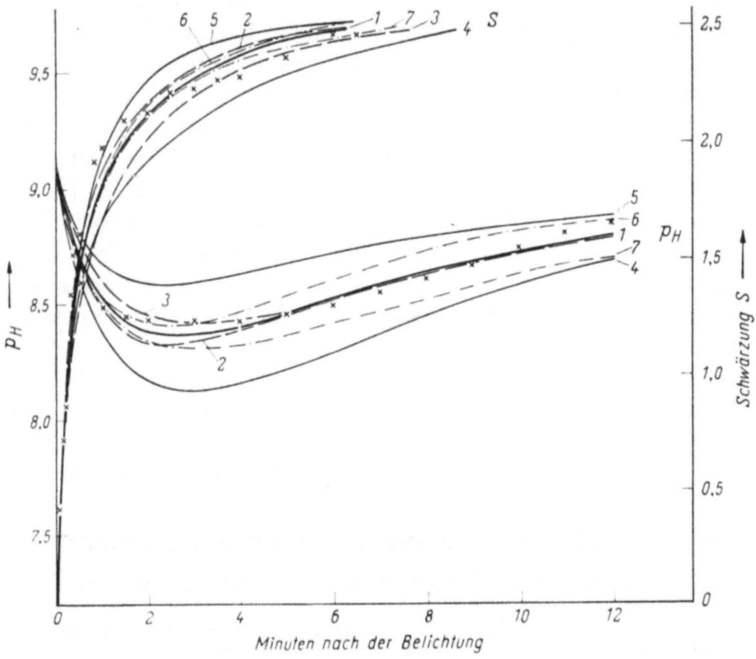

Abb. 5. Vergleich zwischen berechnetem und experimentellem Zeitverlauf von p_H-Wert und Schwärzung. (Kurven *1* der Abb. 3 = Meßpunkte ×).

Abb. 5 vergleicht die experimentellen Ergebnisse der Zeitabhängigkeit von p_H und Schwärzung der Abb. 3, Fall 1, mit den nach Gl. (17) bis (19) berechneten Werten Dabei wurden die in der Spalte „Ausgang" der folgenden Tabelle 1 aufgeführten Konstantengrößen eingesetzt.

Tabelle 1

Kurve	1	2	3	4	5	6	7
Variationen	Ausgang	$k_1 + 20\%$	$k_1 - 20\%$	$p + 20\%$	$p - 20\%$	$D_{OH^\ominus}$ $+25\%$	$D_{OH^\ominus}$ -25%
$\frac{10^{-14}}{K_s^*} \cdot \frac{D_{OH^\ominus}}{\delta \cdot \Delta}$	0,0012	0,0012	0,0012	0,0012	0,0012	0,0015	0,0009
$\frac{D_E}{\delta \cdot \Delta}$	0,0003	0,0003	0,0003	0,0003	0,0003	0,0003	0,0003
k_1	$1{,}96 \cdot 10^5$	$2{,}36 \cdot 10^5$	$1{,}56 \cdot 10^5$	$1{,}96 \cdot 10^5$	$1{,}96 \cdot 10^5$	$1{,}96 \cdot 10^5$	$1{,}96 \cdot 10^5$
$2 \cdot p$	0,212	0,212	0,212	0,255	0,169	0,212	0,212
x	4	4	4	4	4	4	4
$[E]_0$	0,018	0,018	0,018	0,018	0,018	0,018	0,018
$[OH^\ominus]_0$ [Mol/ltr]	0,0000125	0,0000125	0,0000125	0,0000125	0,0000125	0,0000125	0,0000125
$\frac{10^{-14}}{K_s^*}$	10^{-14}	10^{-14}	10^{-14}	10^{-14}	10^{-14}	10^{-14}	10^{-14}

Nach Abschätzung der Konstanten unter stark vereinfachenden Annahmen wurde durch systematische Variation der Konstantenwerte Experiment und Berechnung nahezu in Übereinstimmung gebracht (Kurven *1* der Abb. 5). Die Kurven *2* — *7* der Abb. 5 entsprechen den auch in Tabelle 1 aufgeführten systematischen Konstantenvariationen und sollen die Auswirkungen derselben auf die Zeitfunktionen von pH und Schwärzung demonstrieren.

Eine Erhöhung von k_1 (Abb. 5, Kurve *2*) beschleunigt den anfänglichen p_H-Abfall, ohne den Minimal-p_H-Wert zu beeinflussen, die Schwärzungsbildung wird beschleunigt. Eine Erniedrigung von k_1 hat die umgekehrte Wirkung (Kurve *3*). Auf den Wiederanstieg der p_H-Zeit-Kurve hat die Änderung von k_1 keinen Einfluß.

Eine Erhöhung von p (Kurve *4*) verstärkt den p_H-Abfall, erniedrigt den Minimalwert und wirkt sich noch in einem großen Teil des Wiederanstiegastes der p_H-Zeit-Kurve aus. Eine Erniedrigung von p hat dieselbe Wirkung mit umgekehrtem Vorzeichen (Kurve *5*).

Eine Variation der Diffusionskonstante $D_{OH^\ominus}$ wirkt sich im Wiederanstiegteil stärker als im Abnahmegebiet des p_H-Wertes aus (Kurven *6* und *7*). Eine Abnahme der Pufferkonzentration wirkt sich nach der Gleichung (20) in einer Abnahme von K_s^* aus, d. h. nach Gleichung (18) wirkt sie wie eine Zunahme von p (Kurve *4*, Abb. 5).

F. Die Pufferkapazität der verwendeten Entwickler

Die Pufferkapazität ist von v. SLYKE [*2*] wie folgt definiert worden:

$$\text{Pufferkapazität A} = \frac{\text{zugefügte Äquivalente Säure (Base) pro ltr.}}{p_H\text{-Änderung}}$$

M. E. ist es unzweckmäßig, zur Charakterisierung der Pufferkapazität nur einen A-Wert anzugeben, da sich der A-Wert oft innerhalb kleiner Zugabemengen von Säure (Base) ändert.

Als Maß für die Pufferkapazität dient daher am besten der Reziprokwert des Differentialquotienten bzw. des Richtungstangens der p_H-Titrationskurven bei Zugabe steigender Mengen von *n*-Säure bzw. *n*-Lauge. Je größer die Neigung, ausgedrückt als Richtungstangens, ist, um so kleiner ist die Pufferkapazität. Für den Fall der Entwickler interessiert nur der Bereich unterhalb vom Ausgangswert, da die bei der Entwicklung frei werdenden Wasserstoffionen den p_H-Wert herabsetzen. Aus Abb. 6 erkennt man, daß bei Zugabe von Säure die Pufferkapazität von Agfa 47 größer als die des Metol-Hydrochinon-Entwicklers ist.

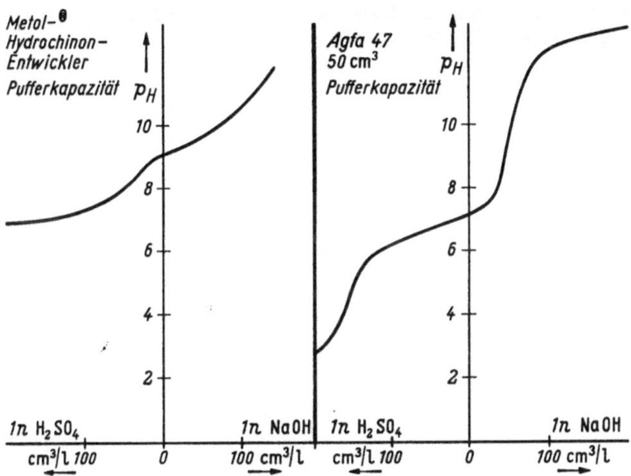

Abb. 6. p_H-Titrationskurven vom Metol®-Hydrochinon-Entwickler und Agfa 47 zur Bestimmung der Pufferkapazität.

G. Diskussion der Ergebnisse

Wenn auch die in Abschnitt E vorgenommene mathematische Erörterung nur eine grobe Näherung der wahren Verhältnisse darstellt, so kann man aus dem Ansprechen der Konstantenvariation auf die Funktionen doch abschätzen, mit welcher Genauigkeit die Konstanten auf diese Weise ermittelt werden können. Dabei darf man nicht außer acht lassen, daß durch eine stärkere gleichzeitige Änderung von mehreren Konstanten, wenn sie in geeigneter Weise vorgenommen wird, evtl. auch Kurven geliefert werden können, welche die Meßergebnisse gut wiedergeben. Trotzdem darf man wohl sagen, daß das aufgestellte Gleichungssystem sinnvoll ist und die Größenordnung der Konstanten richtig angegeben wird. Die erheblichen p_H-Änderungen bei diesen Modellversuchen sind wahrscheinlich bei der praktischen Entwicklung nicht ganz so groß, aber immur noch groß genug, um einen Einfluß der Pufferkapazität auf die Entwicklungskinetik zu verursachen. Beim Vergleich zwischen dem Metol-Hydrochinon-Entwickler und Agfa 47 hat der letztere Entwickler nicht nur die größere Pufferkapazität, sondern auch die geringere Entwicklungsgeschwindigkeit. Beides wirkt in gleicher Richtung; der p_H-Sprung wird verkleinert.

Diese Arbeit stellt einen ersten Versuch dar, mit neuen Methoden etwas mehr Klarheit über die Kinetik der Entwicklungsreaktion am Ort der Reaktion in der photographischen Schicht selbst zu erfahren. Es ist klar, daß das aufgestellte Schema der Reaktionsgleichungen nur eine grobe Näherung darstellt. Es sind Versuche im

Gange, durch Vergrößerung der Elektrodenoberfläche und parallel laufende kinetische Versuche und Diffusionsmessungen die Methode zu vervollkommnen und ihre Genauigkeit zu erhöhen. Über diese Ergebnisse wird zu gegebener Zeit zu berichten sein.

Literatur

[*1a*] LEHMANN, E., u. E. TAUSCH: Phot. Korr. **71**, 17 (1935).
[*1b*] SEYEWETZ, A., u. S. SZYMSON: Bull. soc. chim. (4) **53**, 1260 (1933).
[*2*] v. SLYKE, J.: Biol. Chem. **52**, 525 (1922).

Über die Folgereaktionen bei der Oxydation von p-Amino-N-dialkylanilinen

Von J. Eggers

I. Einleitung

Die p-Amino-N-dialkylaniline werden bei den meisten farbenphotographischen Verfahren als Entwicklersubstanzen verwendet [*1, 2*]. Für die Intensität der Farbkupplung und die Reinheit der Farbstoffe ist die Geschwindigkeit der Oxydation der p-Amino-N-dialkylaniline und der Folgereaktionen, die eventuell mit der Farbkupplung in Konkurrenz treten, von Bedeutung. Abb. 1 zeigt das Reaktionsschema nach dem Stand der Erkenntnisse, welche zum großen Teil auf den neueren Untersuchungen von Tong und Glesmann [3], Vittum und Weissberger [*4*], Hünig und Daum [*5*], Kurt Meyer und Mitarbeiter [*6*] sowie Frieser und Eggers [*7*] basieren. Die Farbentwicklersubstanz R wird durch das als Oxydationsmittel wirkende Silberhalogenid der photographischen Schicht zum Semichinondiimin S und weiter zum total oxydierten Produkt, dem Chinondiimin T oxydiert (Reaktionen 1 und 2 der Abb. 1). Bei Modellversuchen zur Erforschung der Reaktionskinetik verwendet

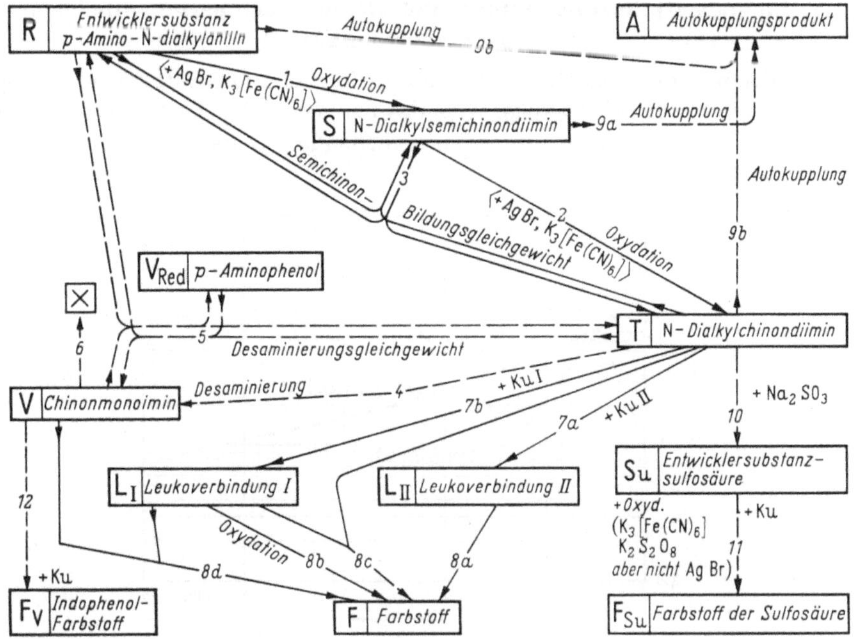

Abb. 1. Reaktionsschema der oxydativen Farbkupplung.

man zur Vereinfachung der Verhältnisse lieber ein homogenes System und nimmt daher als Oxydationsmittel z. B. Persulfat oder Ferricyanid. Das Gleichgewicht (3) $R + T \rightleftharpoons 2\,S$ ist, je alkalischer die Lösung ist, um so mehr nach der linken Seite verschoben. T geht durch eine p_H-abhängige Desaminierungsreaktion in das Chinonmonoimin V über (Reaktion 4). Detaillierte Vorstellungen über den Verlauf der Desaminierungsreaktion haben Tong, Glesmann und Bent [*3d*] auf Grund von kinetischen Versuchen mit am Stickstoff verschieden substituierten p-Phenylendiaminen gewinnen können. Danach geht die Desaminierung über die Zwischenstufe der durch $OH^{\ominus}$-Addition entstehenden freien Base vor sich. Durch das Gleichgewicht 5, $V + R \rightleftharpoons T + V_{Red}$, wobei V_{Red} gleich p-Aminophenol zu setzen ist, bleibt stets etwas T erhalten; das ist wichtig, da nur T mit Kupplern über ein Zwischenprodukt L den Farbstoff F bildet (Abb. 1, Reaktionen 7 und 8). Eine Reaktion von S mit sich selbst oder von R mit T bildet das Autokupplungsprodukt A (Reaktion 9).

In früheren Untersuchungen wurde die Kinetik ohne Beisein von Kuppler unter Verwendung von Persulfat als Oxydationsmittel in wäßriger Lösung mit Hilfe von Lichtabsorptionsmessungen verfolgt. (7 c, 7 d). Durch Benutzung von Ferricyanid als Oxydationsmittel, welches sich z. B. mit p-Amino-N-dialkylanilinen oberhalb p_H 8 auch im Unterschuß mit großer Geschwindigkeit quantitativ umsetzt, konnten nun die Folgeprozesse getrennt von der Oxydation verfolgt und bei höheren p_H-Werten untersucht werden, wobei auch Redoxpotentialmessungen in Abhängigkeit von der Zeit verwendet werden konnten. Die Verhältnisse werden bei Oxydationsmittelunterschuß denen der praktischen Farbentwicklung ähnlicher, bei der auch stets ein Überschuß an unoxydiertem Entwickler zugegen ist.

II. Lichtabsorptionsmessungen und Messung der paramagnetischen Elektronenresonanz

Zur Verfolgung der Extinktion der interessierenden Oxydations- und Folgeprodukte mußte die störende UV-Absorption des Ferrocyanids, welches bei der Reaktion aus Ferricyanid gebildet wird, durch entsprechende Kompensation weitgehend eliminiert werden.

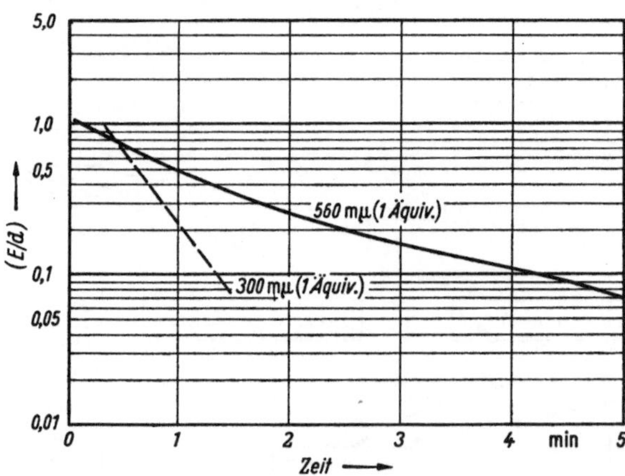

Abb. 2. Kinetik der Desaminierungsreaktion des N-Diäthylchinondiimins, verfolgt durch die Lichtabsorption bei 300 mμ (Abnahme des N-Diäthylchinondiimins) und 560 mμ (Abnahme des N-Diäthylsemichinondiimins) $p_H = 8{,}95$.

Außerdem tritt eine nur bei Unterschuß an Oxydationsmittel zu beobachtende Nebenreaktion auf, welche zu einem die Lichtabsorptionsmessung störenden violetten Autokupplungsprodukt (A) führt (Abb. 1, Reaktion 9).

Aus früheren Untersuchungen sind die charakteristischen Absorptionsmaxima bekannt. (7 c). So konnten aus der Zeitabhängigkeit bei diesen Wellenlängen die Konzentrationsabnahmen von S (560 mμ) und T (300 mμ) nach der Oxydation in relativem Maß gewonnen werden (Abb. 2). Die Temperatur betrug bei allen Messun-

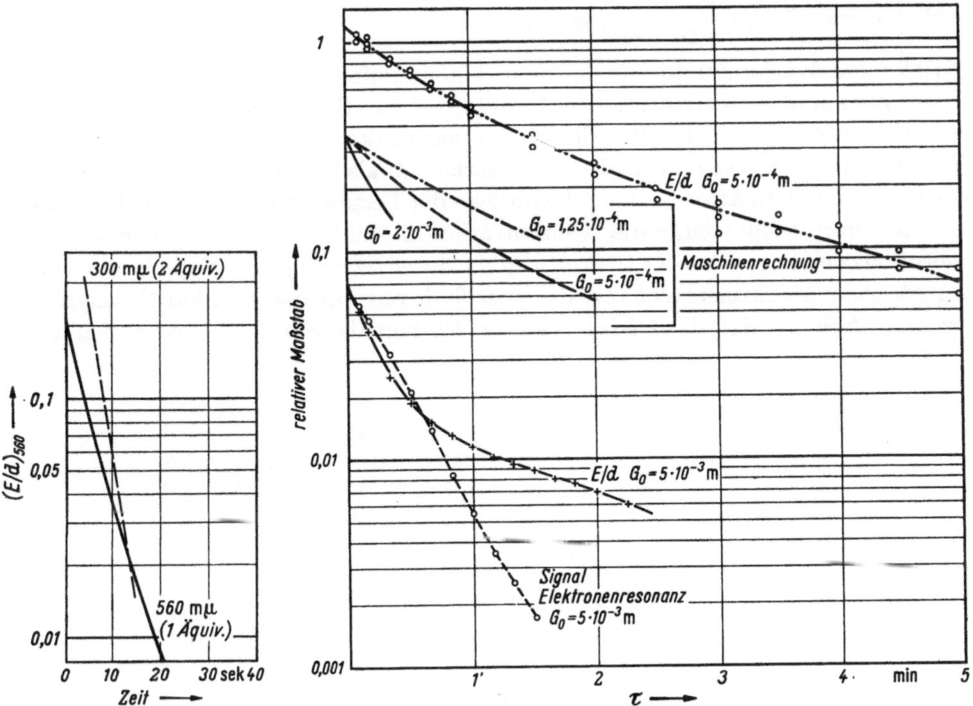

Abb. 3. Kinetik der Desaminierungsreaktion aus Lichtabsorptionsmessungen bei p_H 10,4: 300 mμ (Abnahme des N-Diäthylchinondiimins), 560 mμ (Abnahme des N-Diäthylsemichinondiimins).

Abb. 4. Kinetik der Abnahme des N-Diäthylsemichinondiimins S, bedingt durch die Desaminierungsreaktion und die Autokupplung. Paramagnetische Elektronenresonanz bei Anfangsgesamtkonzentration $G_0 = 5 \cdot 10^{-3}$ m, Lichtabsorption bei 560 mμ (E/d $G_0 = 5 \cdot 10^{-3}$ m) und (E/d $G_0 = 5 \cdot 10^{-4}$ m). Mit der elektronischen Digitalrechenmaschine berechnete Abnahme für verschiedene Konzentrationen (Maschinenkurven) unter Berücksichtigung von Desaminierung und Autokupplung.

gen 20 °C. Der lineare Abfall beim logarithmischen Maßstab deutet auf Zerstörungsreaktionen 1. Ordnung hin. Die aus der Neigung der T-Kurve ermittelte Geschwindigkeitskonstante bei p_H 9 von $3 \cdot 10^3 \left[\frac{1}{\text{Mol sec}}\right]$ stimmt mit früheren Messungen (7 d) und der von TONG (3 a) gemessenen Konstante k_4 der p_H-abhängigen Desaminierungsreaktion größenordnungsmäßig überein. Daß sich für die Zerstörung von S eine etwa halb so große Konstante wie bei der Abnahme von T ergibt, ist eine Bestätigung dafür, daß bei niedriger Gesamtkonzentration nach Abschluß der Oxydationsreaktion das Semichinondiimin S im wesentlichen nur durch die Zerstörung von T bei sehr schneller Einstellung des Gleichgewichtes 3 abnimmt. Dann kann man nämlich die Gleichung $\ln T = -k_4 [OH^{\ominus}] \cdot \tau$ für die Abnahme von T und den aus dem Gleichgewicht 3 folgenden Ausdruck $S = \sqrt{\frac{k_3}{k_{-3}} R \cdot T}$ kombinieren, woraus sich

$$\ln S = -\frac{k_4}{2} [OH^{\ominus}] \cdot \tau + \frac{1}{2} \left(\ln \frac{k_3}{k_{-3}} + \ln R \right)$$

ableitet. Dies konnte auch bei höheren p_H-Werten bestätigt werden (Abb. 3), k_4 wurde hier zu $1{,}5 \cdot 10^3 \left[\frac{1}{\text{Mol sec}}\right]$ gefunden.

Daß diese Art der Zerstörung des Semichinondiimins S nicht die einzige ist, geht aus der Zunahme der Zerstörungsgeschwindigkeit von S mit steigender Gesamtkonzentration hervor (Abb. 4). Bei der Anfangsgesamtkonzentration $G_0 = 5 \cdot 10^{-3}$ m nimmt der Extinktionsmodul $E/d = \varepsilon \cdot c$ stärker ab als bei $G_0 = 5 \cdot 10^{-4}$ m. Hierbei bedeutet E die Extinktion, d die Schichtdicke der Lösung in cm, ε den Extinktionskoeffizienten in l/Mol · cm, c die Konzentration in Mol/l. Die Ergebnisse der Lichtabsorptionsmessungen bei $5 \cdot 10^{-3}$ m werden durch Messung des Signals der paramagnetischen Elektronenresonanz, das spezifisch nur auf das Radikal S anspricht, bestätigt. Abb. 5 zeigt die Derivativkurve des Signals von N-Diäthylsemichinon-

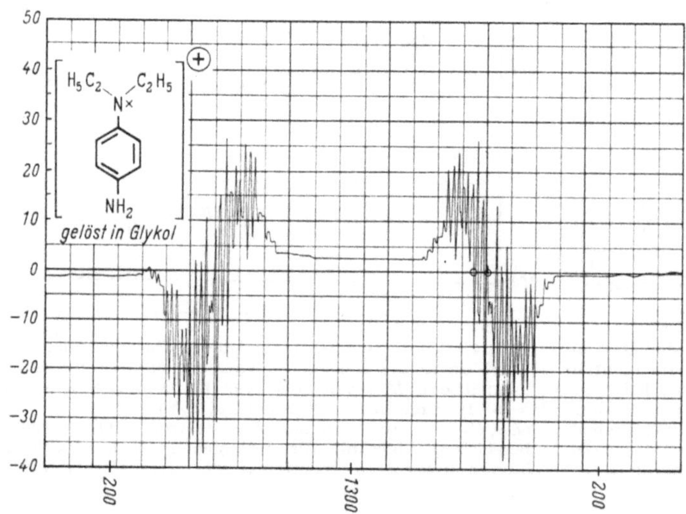

Abb. 5. Paramagnetische Elektronenresonanz. Derivativkurve des Signals des N-Diäthylsemichinondiiminions in Glykol, links mit steigender, rechts mit abnehmender magnetischer Feldstärke.

diimin in Glykol. Das gleiche Signal, nur mit etwas weniger Feinstruktur, erhält man bei Messung einer Lösung von äquimolaren Mengen p-Amino-N-diäthylanilin und $K_3 [Fe(CN)_6]$ in wäßriger Pufferlösung. Die Höhe der Signalmaxima ist proportional zur Radikalkonzentration. Verfolgt man die Zeitabhängigkeit eines Signalmaximums, so erhält man Abklingkurven, welche in logarithmischem Maßstab in Abb. 4 dargestellt sind. Auch bei höherer Gesamtkonzentration stören hier die farbigen nicht radikalischen Nebenprodukte nicht. Noch nach $1^1/_2$ Minuten verläuft die Abnahme nach einer Reaktion 1. Ordnung parallel zur Anfangsneigung des Lichtabsorptionswertes.

Es konnte nun durch andere kinetische Messungen mit Hilfe der Lichtabsorption nachgewiesen werden, daß das bei Unterschuß an Oxydationsmittel gebildete violette Autokupplungsprodukt A mit einer Geschwindigkeit gebildet wird, die proportional zu S^2 bzw. $R \cdot T$ anwächst.

Unter Einbeziehung dieser Tatsache wurde ein Schema für die Folgereaktionen in alkalischer Lösung aufgestellt (Abb. 6). Die Reaktionsgleichungen wurden mit Hilfe einer elektronischen Digitalrechenmaschine numerisch gelöst. Die Maschinenkurven der Abb. 4 bestätigen den experimentell beobachteten Einfluß der Gesamtkonzentration auf die Zerstörung von S. Damit scheint das aufgestellte Reaktionsschema der Abb. 6 die tatsächlichen Verhältnisse annähernd richtig wiederzugeben.

$$R + T \underset{k_{-3}}{\overset{k_3}{\rightleftharpoons}} 2S \quad (3)$$

$$T + OH^{\ominus} \xrightarrow{k_4} V + (NHR_2) \quad (4)$$

$$V + R \underset{k_{-5}}{\overset{k_5}{\rightleftharpoons}} T + (V_{Red}) \quad (5)$$

$$2S \xrightarrow{k_{9a}} A \quad (9a)$$

$$R + T \xrightarrow{k_{9b}} A \quad (9b)$$

Abb. 6. Reaktionsschema für die Berechnung der Abnahmefunktionen (Maschinenkurven). Zeichenerklärung siehe Abb. 1.

Hierbei ist noch eine Reaktion unberücksichtigt geblieben, auf die aber aus Lichtabsorptionsmessungen und besonders aus Redoxpotentialmessungen geschlossen werden muß, und zwar die, wenn auch relativ langsame, Zerstörung des Chinonmonoimins V (Reaktion 6 der Abb. 1).

III. Redoxpotentialmessungen

Wenn man p-Aminodialkylaniline mit äquimolaren Mengen $K_3[Fe(CN)_6]$ oxydiert, so mißt man an der blanken Platinelektrode das Standardpotential, da reduzierte Form (R) und totaloxydierte Form (T) im Verhältnis 1 : 1 vorliegen. Wie Abb. 7 zeigt, sinkt das Standardpotential in Abhängigkeit von der Zeit ab, obwohl die Oxydationsreaktion schon in Bruchteilen einer Sekunde beendet ist, und zwar um so schneller, je höher der p_H-Wert ist. Nach MICHAELIS [*8*] macht sich die Zerstörung der total oxydierten Form T in einem Abfall des Standardpotentials bemerkbar. Die beiden beobachteten linearen Teilstücke der Potentialzeitkurven deuten auf zwei Reaktionen 1. Ordnung mit verschiedenen Geschwindigkeitskonstanten hin, da nach MICHAELIS [*8*] die Geschwindigkeitskonstante 1. Ordnung

$$k = -\frac{(E\tau_2 - E\tau_1)}{\tau_2 - \tau_1}\left(\frac{2\,F}{\mathrm{R\,T}}\right)$$

ist, wobei $E\tau_1$ und $E\tau_2$ die Potentiale zur Zeit τ_1 und τ_2 bedeuten.

Der Potentialverlauf der p-Amino-N-dialkylaniline (R) läßt sich nun unter Zuhilfenahme der Potentialzeitkurven des mit äquimolaren Mengen Kaliumferricyanid oxydierten p-Aminophenols in befriedigender Weise deuten (Abb. 8).

Der erste steile Abfall beim p-Amino-N-diäthylanilin ist auf die Desaminierungsreaktion des N-Diäthylchinondiimins T zurückzuführen, das dabei in das Chinonmonoimin V übergeht, welches das direkte Oxydationsprodukt des p-Aminophenols ist. Die Geschwindigkeitskonstante k_4 ergibt sich für $5 \cdot 10^{-4}$ Mol pro Liter bei p_H 9 zu $3{,}6 \cdot 10^3$, bei p_H 10,4 zu $2{,}6 \cdot 10^3$ $\left[\frac{1}{\text{Mol} \cdot \text{sec}}\right]$, also in befriedigender Übereinstimmung mit den Lichtabsorptionsmessungen.

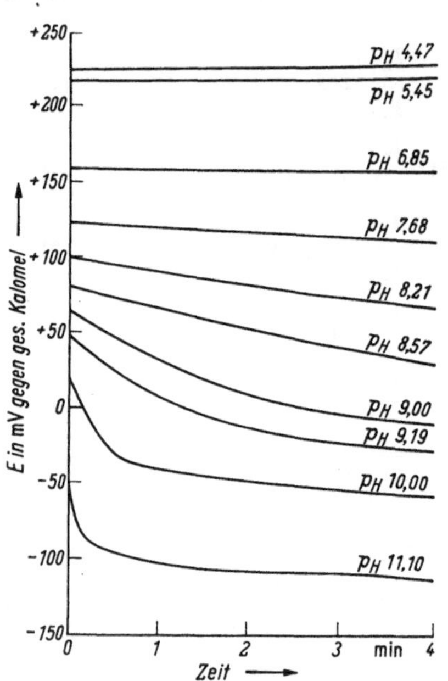

Abb. 7. Standardredoxpotential-Zeit-Kurven nach der Oxydation von p-Amino-N-diäthylanilin mit äquimolaren Mengen Kaliumferricyanid. Anfangsgesamtkonzentration 10^{-3} m.

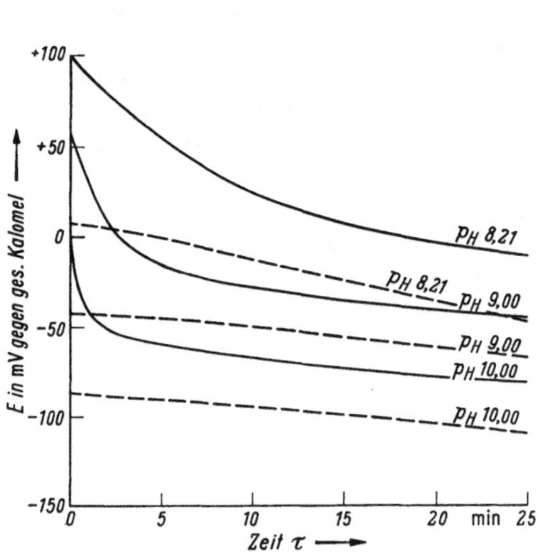

Abb. 8. Standardredoxpotential-Zeit-Kurven zur Verfolgung der Folgeprozesse nach der halben Oxydation durch Zusatz äquimolarer Mengen Ferricyanid.
——— p-Amino-N-diäthylanilin,
– – – p-Aminophenol,
Anfangskonzentration 10^{-3} m.

Daß tatsächlich nach der Desaminierungsreaktion bei *p*-Amino-N-diäthylanilin und p-Aminophenol das gleiche Oxydationsprodukt vorliegt, wird durch den im zweiten Teil annähernd parallelen Verlauf der Potentialzeitkurven bestätigt. Denn dies sollte nur möglich sein, wenn die oxydierten Formen mit der gleichen Reaktion zerstört werden, d. h. einander gleich sind. Da die Kurven linear verlaufen, handelt es sich um eine Reaktion 1. Ordnung, durch die das Chinonmonoimin, welches beim p-Aminophenol (V_{Red}) direkt durch Oxydation, beim p-Amino-N-diäthylanilin (R) auf dem Umweg über das N-Diäthylchinondiimin (T) gebildet wurde, zerstört wird. Aus dem parallelen Verlauf der Potentialkurve kann man weiterhin auf die Einstellung eines stationären Zustandes schließen, der dem von TONG [*3*], Vittum und WEISSBERGER [*4 b*] vermuteten Gleichgewicht (5) $V + R \rightleftharpoons T + V_{Red}$ (V_{Red} = p-Aminophenol) sehr nahe kommt. Aus dem Abstand ermittelt man die Gleichgewichtskonstante K_5 bei p_H 9 zu $2{,}5 \cdot 10^{-4}$ und bei p_H 10,4 zu $0{,}7 \cdot 10^{-4}$.

Ferner kann man das Verhältnis T/R und V/V_{Red} in Abhängigkeit von der Zeit ermitteln (Abb. 9 und 10). Beide Verhältniswerte nähern sich nach Beendigung der

Desaminierungsreaktion einer konstanten Größe, d. h. es stellt sich ein stationärer Zustand ein.

Daß die Zerstörung von V noch auf andere Weise als in einer Reaktion 1. Ordnung vor sich geht, folgt aus Potentialmessungen in Abhängigkeit von der Gesamtkonzentration (Abb. 11).

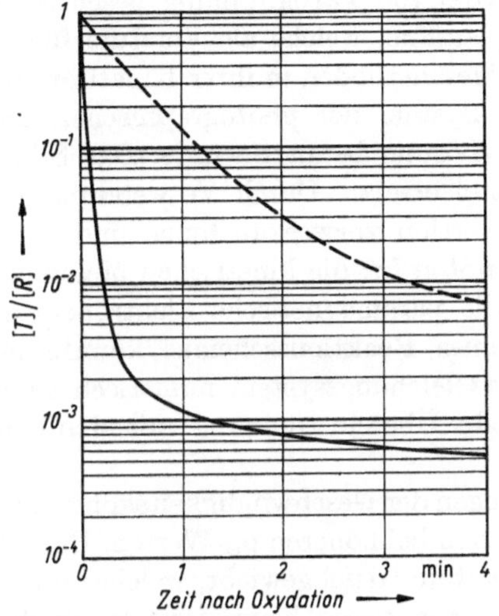

Abb. 9. Zeitfunktion der Größe [R]/[T] in logarithmischem Maßstab, aus Redoxpotentialmessungen berechnet.

R = p-Amino-N-diäthylanilin
T = N-Diäthylchinondiimin
– – – p_H 9,0, ——— p_H 10,4, Anfangskonzentration = $5 \cdot 10^{-4}$ m.

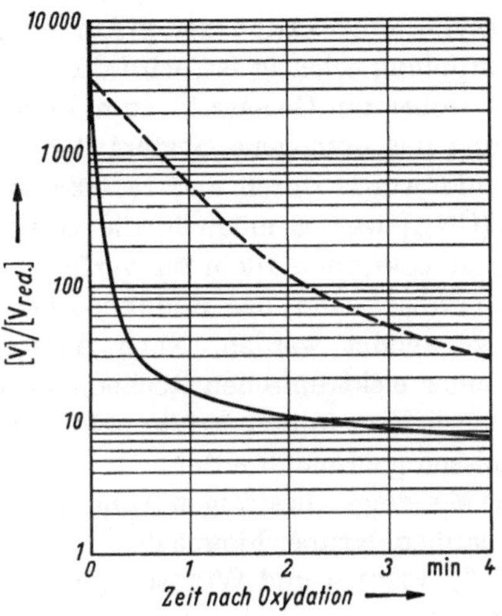

Abb. 10. Zeitfunktion der Größe [V]/[V_{Red}] in logarithmischem Maßstab aus Redoxpotentialmessung berechnet.

V = Chinonmonoimin
V_{Red} = p-Aminophenol
– – – p_H 9,0, ——— p_H 10,4, Anfangskonzentration $5 \cdot 10^{-4}$ m.

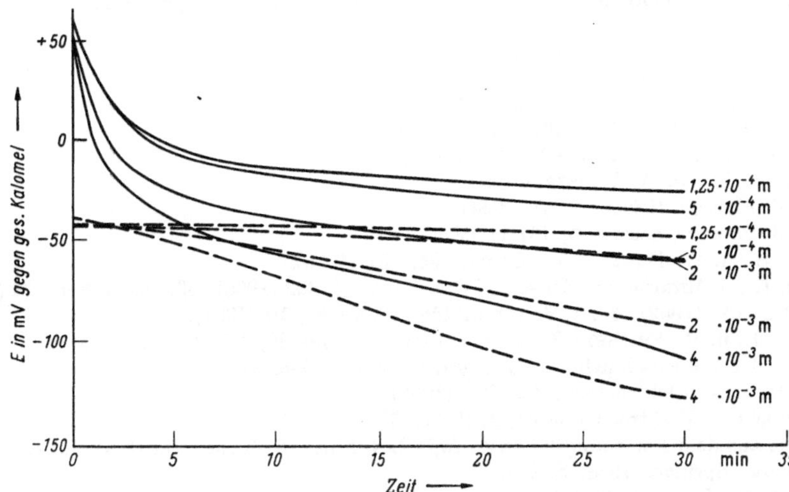

Abb. 11. Standardredoxpotential-Zeit-Kurven nach der Oxydation von p-Amino-N-diäthylanilin bzw. p-Aminophenol bei p_H 9,0 mit äquimoleren Mengen Kaliumferricyanid. Variation der Gesamtkonzentration.

Man erkennt das analoge Verhalten von p-Amino-N-diäthylanilin und p-Aminophenol. Es ist ein Zeichen dafür, daß es sich bei beiden Stoffen um den gleichen Zerstörungsmechanismus handelt. Als Reaktionspartner kommen also nur das Chinonmonoimin V oder Zersetzungsprodukte davon in Frage.

IV. Zusammenfassung

Es werden weitere Modellversuche zur oxydativen Farbkupplung beschrieben. Die Oxydationsreaktion der p-Amino-N-dialkylaniline, welche als Vorstufe für die Farbkupplung wichtig ist, wird durch weitere Meßmethoden in ihrer Kinetik untersucht, wobei im Gegensatz zum heterogenen System der photographischen Entwicklung das homogene System der wäßrigen Lösung benutzt wurde. Das Silberhalogenid wurde durch andere Oxydationsmittel ersetzt. Durch Verwendung von $K_3[Fe(CN)_6]$ war es möglich, die Oxydationsreaktion vorwegzunehmen und damit die Folgereaktionen allein zu verfolgen. Es konnten für die kinetischen Messungen die Lichtabsorption, das Redoxpotential und die paramagnetische Elektronenresonanz verwendet werden. Nach Aufstellung eines Reaktionsschemas konnte mit Hilfe einer elektronischen Rechenmaschine das Gleichungssystem numerisch gelöst und durch Konstantenvariation in befriedigende Übereinstimmung mit den Meßergebnissen gebracht werden.

Die Messungen bestätigen frühere Bestimmungen der Geschwindigkeitskonstanten und erlauben darüber hinaus ihre Bestimmung auch bei höheren p_H-Werten. Das von Tong [*3*], Vittum und Weissgerber [*4 b*] vermutete Gleichgewicht, welches für die Farbkupplung wegen der Aufrechterhaltung einer gewissen Konzentration an dem allein zur Bildung von Indoanilinfarbstoffen befähigten N-Dialkylchinondiimin wichtig ist, wird als stationärer Zustand bestätigt und seine Konstante bestimmt.

Literatur

[*1a*] Fischer, R.: DRP 253335 (1912).
[*b*] — u. H. Sigrist: Phot. Korresp. **51**, 18 (1914).
[*2*] Schulze, W.: Farbenphotographie und Farbenfilme. Berlin/Göttingen/Heidelberg: Springer 1953.
[*3*] Tong, L. K. J., u. M. C. Glesmann:
[*a*] — —: J. Phys. Chem. **58**, 1090 (1954).
[*b*] — —: J. Amer. Chem. Soc. **78**, 5827 (1956).
[*c*] — —: J. Amer. Chem. Soc. **79**, 583, 592 (1957).
[*d*] — —: J. Amer. Chem. Soc. **82**, 1988 (1960).
[*4*] Vittum, P. W., u. A. Weissberger:
[*a*] — —: J. Photogr. Science **2**, 81 (1954).
[*b*] — —: J. Photogr. Science **6**, 157 (1958).
[*5*] Hünig, S., u. W. Daum: Anm. Chem. **295**, 131 (1955).
[*6*] Meyer, K., u. Mitarbeiter: Zeitschr. Wiss. Phot. **45**, 222 (1950); **46**, 135, 169 u. 174 (1951); **47**, 129 u. 137 (1952); **48**, 1, 6, 145 u. 158 (1953); **49**, 10 (1954).
[*7a*] Eggers, J., u. H. Frieser: Zeitschr. f. Elektrochemie **60**, 372 (1956).
[*b*] Eggers, J.: Wissenschaftliche Photographie Köln 1956, 471.
[*c*] —: Zeitschr. f. Elektrochemie **60**, 987 (1956).
[*d*] —: Zeitschr. f. Elektrochemie **61**, 1210 (1957).
[*e*] —: Mitt. aus dem Forschungslabor. d. Agfa Leverkusen/München Bd.II. Berlin/Göttingen-Heidelberg: Springer 1958, S. 205.
[*f*] —: Photogr. Korrespondenz **95**, 115 u. 131 (1959).
[*8*] Michaelis, L.: Oxydations-Reduktions-Potentiale, 17. Band der Monographie Gesamtgebiete der Physiologie 1933.

Messung der relativen Kupplungsgeschwindigkeiten durch Simultankupplung von zwei Komponenten mit dem Farbentwickler

Von J. EGGERS

I. Zusammenfassung

Es wird die theoretische Ableitung für die kinetische Grundlage der Untersuchungsmethode und die praktische Anwendung auf eine Reihe von Kupplern gegeben. Die Kupplungsgeschwindigkeiten werden in relativen Zahlen, bezogen auf einen Gelbkuppler und einen Indazolonkuppler, ermittelt. Als Entwicklersubstanz wird p-Amino-N-diäthylanilin verwendet.

II. Theoretische Betrachtungen über die Versuchsmethode

Wie schon früher im einzelnen ausgeführt wurde (Agfa-Mitteilungen Band II 1958, S. 181), kann man folgende Gleichungen für die Farbkupplung aufstellen:

	(1)	$T + Ku \longrightarrow L$
	(2a)	$L + Ox \longrightarrow F + Red.$
oder	(2b)	$L \longrightarrow F + HX$
wobei	T	das allein zur Bildung des Indoanilin- bzw. Azomethinfarbstoffs befähigte Entwickleroxydationsprodukt,
	Ku	den Kuppler (ohne oder mit Substituenten X an der Kupplungsstelle),
	L	die Leukoverbindungen,
	Ox	ein Oxydationsmittel (z. B. auch T),
	Red	das reduzierte Oxydationsmittel,
	F	den Farbstoff,
	HX	die Wasserstoffverbindung des Substituenten, welche innermolekular abgespalten wurde, bedeuten.
	X	kann z. B. Halogen, Sulfosäurerest oder Azogruppe sein.

Besitzt der Kuppler keinen Substituenten an der Kupplungsstelle, so gilt Gleichung (1) und (2 a,) sonst Gleichung (1) und (2 b.) Die partiellen Differentialgleichungen aus den obigen Reaktionen lauten:

$$\frac{\partial\,[L]}{\partial\,\tau} = -\frac{\partial\,T}{\partial\,\tau} = k_1\,[T]\cdot[Ku] \tag{1}$$

(Die Bildung der Leukoverbindung ist gleich der Abnahme des kupplungsfähigen Oxydationsproduktes, welche proportional der Konzentration an Oxydationsprodukt und an Kuppler ist.)

$$\frac{\partial\,[F]}{\partial\,\tau} = -\frac{\partial\,[L]}{\partial\,\tau} = k_{2a}\cdot[L]\cdot[Ox] = k_{2'a}\cdot[L] \tag{2a}$$

wenn $k_{2a} \cdot [Ox] = k_{2'a}$ bei großem Überschuß an Oxydationsmittel gesetzt werden kann.

$$\frac{\partial [F]}{\partial \tau} = - \frac{\partial [L]}{\partial \tau} = k_{2b} \cdot [L] \tag{2b}$$

(Die eckigen Klammern bedeuten: Konzentration des betreffenden Stoffes.) Die Bildung des Farbstoffes ist gleich der Abnahme der Leukoverbindung.

Je nachdem die Kupplungsreaktion (1) oder die Farbstoffbildung (2 a bzw. 2 b) die langsamste Reaktion und damit geschwindigkeitsbestimmend ist, gilt Gleichung 1, 2 a oder 2 b näherungsweise für die Farbstoffbildungsgeschwindigkeit.

Das hier angewendete Verfahren zur Bestimmung relativer Kupplungsgeschwindigkeiten benutzt die Tatsache, daß sich bei einem Angebot von gleichzeitig 2 Kupplersubstanzen das Verhältnis der Kupplungsgeschwindigkeiten beider Kuppler im Farbstoffverhältnis ausdrückt.

Im folgenden sei dazu der mathematische Beweis erbracht:

Fall A (die langsamste Reaktion ist die Kupplung).

In diesem Fall reagiert die gebildete Leukoverbindung fast momentan zum Farbstoff weiter, es gilt daher:

$$\frac{d [F]}{d \tau} = \frac{\partial [L]}{\partial \tau} = k_1 [T] \cdot [Ku] \tag{3}$$

Daraus folgt bei 2 Kupplern I und II:

$$\frac{d [F_I]}{d [F_{II}]} = \frac{\partial L_I}{\partial L_{II}} = \frac{k_{1I} [T] [Ku_I]}{k_{1II} [T] [Ku_{II}]} = \frac{k_{1I} [Ku_I]}{k_{1II} [Ku_{II}]} \tag{4}$$

Nimmt man nun die Versuchsanordnung in der Weise vor, daß man in wäßriger Lösung arbeitet und dabei als kleinste Konzentration die der Entwicklersubstanz wählt, während Oxydationsmittel und Kupplergemisch stets im großen Überschuß vorhanden sind, so müßte

$$\frac{d [F_I]}{d [F_{II}]} = \frac{[F_I]}{[F_{II}]} \text{ sein. Daraus folgt:} \tag{5}$$

$$\frac{k_{1I}}{k_{1II}} = \frac{[F_I] \cdot [Ku_{II}]}{[F_{II}] \cdot [Ku_I]} \tag{6}$$

Fall B (die langsamste Reaktion ist die Farbstoffbildung aus der Leukoverbindung)

In diesem Falle ist die Farbstoffbildungsgeschwindigkeit gleich der Zerstörungsgeschwindigkeit der Leukoverbindung.

$$\frac{d [F]}{d \tau} = - \frac{\partial [L]}{\partial \tau} = k_{2a} [L] \cdot [Ox] \tag{7a}$$

oder wenn man $k_{2a} \cdot [Ox] = k_{2'a}$ setzt,

$$\frac{d [F]}{d \tau} = k_{2'a} \cdot [L]$$

Für den Fall, daß der Kuppler an der Kupplungsstelle einen eliminierbaren Substituenten besitzt, gilt die folgende Gleichung:

$$\frac{d\,[F]}{d\,\tau} = -\frac{\partial\,[L]}{\partial\,\tau} = k_{2b}\,[L] \tag{7b}$$

Nimmt man nun näherungsweise an, daß die gesamte bei der Kupplung gebildete Leukoverbindung, die sich wegen der langsamen Farbstoffbildung anstaut, auch nach Beendigung der Kupplungsreaktion in den Farbstoff übergeführt wird, ohne daß Nebenreaktionen oder Rückreaktionen die Leukoverbindung verbrauchen, so gilt wieder:

$$\frac{[F_I]}{[F_{II}]} = \frac{k_{1I} \cdot [Ku_I]}{k_{1II} \cdot [Ku_{II}]} \tag{8}$$

denn aus Gleichung (1) und (2 a) bzw. (2 b) folgt:

$$\frac{d\,[L]}{d\,\tau} = k_1\,[T]\,[Ku] - k_{2'a} \cdot [L] \text{ bzw.} \tag{9a}$$

$$\frac{d\,[L]}{d\,\tau} = k_1\,[T]\,[Ku] - k_{2b} \cdot [L] \tag{9b}$$

Aus:

$$\frac{d\,(L + F)}{d\,\tau} = \frac{d\,L}{d\,\tau} + \frac{d\,F}{d\,\tau} \tag{10}$$

und den Gleichungen (7 a) und (9 a) bzw. (7 b) und (9 b) folgt:

$$\frac{d\,(L + F)}{d\,\tau} = k_1\,[T]\,[Ku] \tag{11}$$

$$\frac{d\,([L_I] + [F_I])}{d\,([L_{II}] + [F_{II}])} = \frac{k_{1I} \cdot [T] \cdot [Ku_I]}{k_{1II} \cdot [T] \cdot [Ku_{II}]} = \frac{k_{1I}\,[Ku_I]}{k_{1II}\,[Ku_{II}]} \tag{12}$$

und

$$\frac{[F_I]}{[F_{II}]} \approx \frac{[L_I] + [F_I]}{[L_{II}] + [F_{II}]} = \frac{k_{1I} \cdot [Ku_I] \int_0^\tau [T] \cdot d\tau}{k_{1II} \cdot [Ku_{II}] \int_0^\tau [T] \cdot d\tau} = \frac{k_{1I} \cdot [Ku_I]}{k_{1II} \cdot [Ku_{II}]} \tag{13}$$

Das bedeutet: Sowohl für Fall A als auch für Fall B gilt Gleichung (6).

Trägt man also bei verschiedenen Verhältnissen von $\frac{[Ku_I]}{[Ku_{II}]}$ die Größe $\frac{[F_I]}{[F_{II}]}$ graphisch auf, so müßte theoretisch eine Gerade mit der Neigung $\frac{k_{1I}}{k_{1I}}$, also dem Verhältnis der Kupplungsgeschwindigkeiten entstehen.

Bei Betrachtung der Ergebnisse ist es wichtig, sich darüber klar zu sein, daß die Beziehung von Gleichung (6) nur unter gewissen Voraussetzungen gilt:

1. Das Verhältnis des Angebotes an Kuppler, also $\frac{[Ku_I]}{[Ku_{II}]}$, darf sich während der Kupplung nicht viel ändern, d. h. $[Ku_I]$ und $[Ku_{II}]$ müssen im Vergleich zum Umsatz groß sein.

2. Das Oxydationsmittel muß in solchem Überschuß vorhanden sein, daß es sowohl zur schnellen und quantitativen Oxydation der Entwicklersubstanz zum kupplungsfähigen Oxydationsprodukt T als auch zur Oxydation der Leukoverbindung L zum Farbstoff F ausreicht. Denn, selbst wenn mangels an Oxydationsmittel die Oxydation der Leukoverbindung L zum Farbstoff F von den Entwickleroxydationsprodukten ausgeführt wird, wird das Oxydationsmittel zur Wiederoxydation der dabei reduzierten Oxydationsprodukte benötigt, welche sonst dem Gesamtumsatz verloren gehen und das Ergebnis verfälschen.
3. Die Konzentration der Entwicklersubstanz muß die Gesamtkonzentration an Farbstoff bestimmen, also am kleinsten von allen Größen sein.
4. Es dürfen keine Nebenreaktionen irgendwelche Zwischenprodukte (also T oder L) auf andere Weise verbrauchen.
5. Die Reaktionspartner Ku, L und F der einzelnen Kuppler dürfen nicht untereinander irgendwelche Reaktionen ausführen.

III. Ausführung der Versuche

Es wurde die zu untersuchende Kupplersubstanz jeweils in einer wäßrigen Pufferlösung von p_H 11,5 allein und in verschiedenen Verhältnissen gemischt mit einem Gelbkuppler als Bezug und einem Unterschuß an Farbentwickler und einem Überschuß an Kaliumferricyanid als Oxydationsmittel gekuppelt. Kaliumferricyanid hat gegenüber Persulfat als Oxydationsmittel den Vorteil einer viel schnelleren Reaktionsgeschwindigkeit ohne Reaktionshemmung. Der Nachteil der störenden Farbigkeit des Ferricyanids bzw. des bei der Reaktion gebildeten Ferrocyanids konnte durch Ausschütteln der gebildeten Farbstoffe aus der Reaktionslösung mit Butanol umgangen werden.

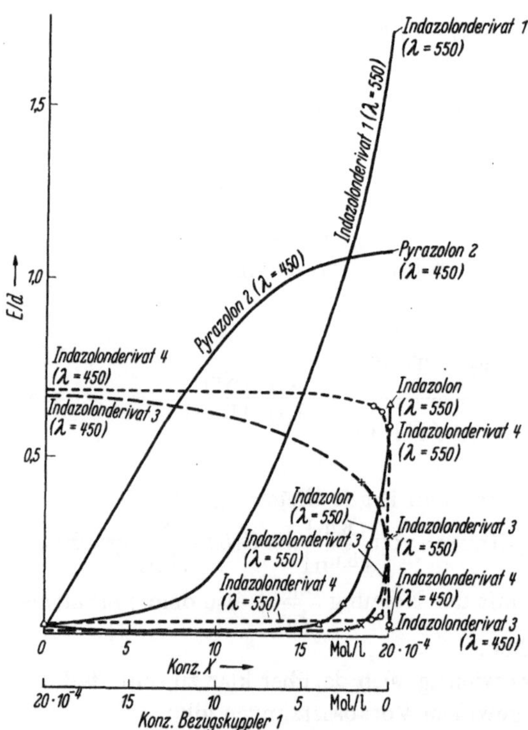

Abb. 1. Darstellung zur Gewinnung der relativen Farbstoffkonzentrationen von Bezug und Probe aus der Lichtabsorption (Extinktionsmodul E/d) in Abhängigkeit von der Kupplerkonzentration der Probe und des Bezugskupplers. Wellenlänge des Meßlichtes λ in mμ.

Die relativen Farbstoffkonzentrationen wurden durch Lichtabsorptionsmessungen der Butanolextrakte ermittelt. Abb. 1 zeigt an einem Beispiel die Lichtabsorptionen (Extinktionsmodul E/d) bei 550 mμ (Maximum des Purpurfarbstoffs) und 450 mμ (Maximum des Gelbfarbstoffs) in Abhängigkeit von den Konzentrationen der Kupplersubstanzen (Abszisse). Setzt man die Farbstoffmenge bei Kupplung der reinen zu untersuchenden Kupplersubstanz gleich 100%, so ergibt sich aus den übrigen E/d Werten bei einer Wellenlänge, bei der der Farbstoff des Bezugskupplers nicht absorbiert, der Prozentgehalt des Farbstoffs des zu untersuchenden Kupplers (Ku_I) im Vergleich zum Bezugskuppler (Ku_{II}), auf welchen die Geschwindigkeitsangaben bezogen werden sollen.

IV. Versuchsergebnisse

Für die Wiedergabe der Ergebnisse wurde stets folgende Darstellung benutzt:

$$\frac{[F_I]}{[F_{II}]} \text{ gegen } \frac{[K_I]}{[K_{II}]},$$

d. h. das Verhältnis der Farbstoffmengen von Test- und Bezugskuppler wird als Ordinate gegen das Verhältnis der Kupplerkonzentrationen als Abszisse aufgetragen. Dabei wurde der Abszissen- oder Ordinatenmaßstab sinnvoll gedehnt, so daß die entstehenden Geraden und Kurven gut voneinander getrennt waren. Das Verhältnis

$$\frac{[F_I]}{[F_{II}]} : \frac{[Ku_I]}{[Ku_{II}]} = 1$$

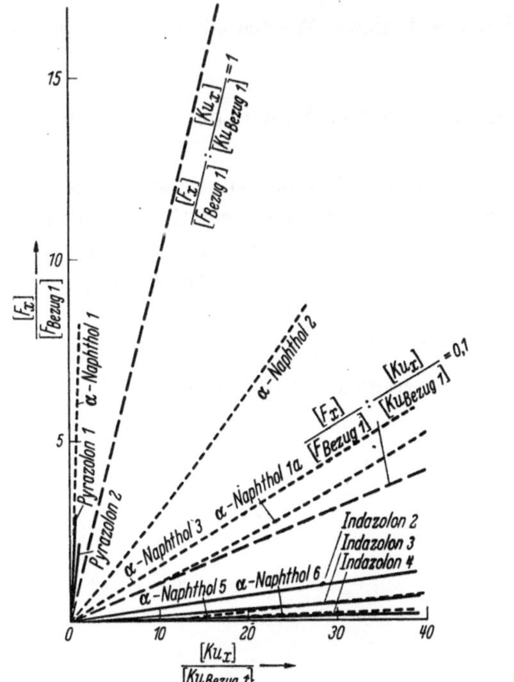

Abb. 2. Darstellung zur Gewinnung der relativen Kupplungsgeschwindigkeiten im Vergleich zu Bezugskuppler 1. Verhältnis der gebildeten Farbstoffkonzentrationen in Abhängigkeit vom Verhältnis der Kupplerkonzentrationen aufgetragen.

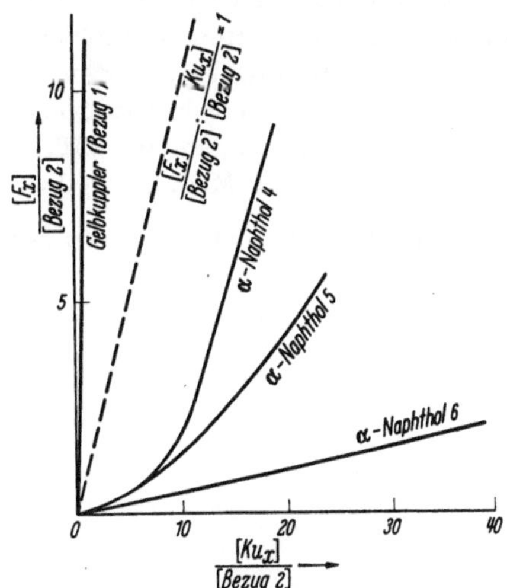

Abb. 3. Gleiche Darstellung wie in Abb. 2, nur Bezugskuppler 2 als Vergleich genommen.

wurde durch eine Gerade gekennzeichnet. Der Vergleichskuppler wurde stets mit Ku_{II}, sein Farbstoff mit F_{II} bezeichnet. Alle Punkte bzw. Kurven, welche oberhalb dieser Geraden liegen, bedeuten, daß die zu untersuchende Kupplersubstanz schneller kuppelt als der Bezugskuppler. Der Richtungstangens ist proportional der Kupplungsgeschwindigkeit (dies folgt aus Gleichung 6).

Abb. 2 zeigt in dieser Darstellung den Vergleich verschiedener Purpur- und Blaugrünkuppler mit dem Bezugsgelbkuppler. Man sieht, daß ein großer Teil der Kuppler viel langsamer als die Gelbkupplersubstanz reagiert, nur wenige kuppeln schneller.

Um die Genauigkeit der relativen Bestimmungsmethode zu erhöhen, ist es zweckmäßig, als Vergleich eine Substanz zu wählen, deren Kupplungsgeschwindigkeit in der gleichen Größenordnung wie die der zu untersuchenden Substanz liegt. Es wurden daher öfter auch andere Bezugskuppler verwendet. Dabei muß stets beachtet werden, daß aus meßtechnischen Gründen die Lichtabsorption der Farbstoffe von Bezugskuppler und Probe in verschiedenen Spektralbereichen liegen.

Abb. 3 gibt als Beispiel den Vergleich von verschiedenen Blaugrünkupplern mit einem langsam kuppelnden Indazolon wieder.

Falls in der Darstellung $\frac{F_I}{F_{II}}$ gegen $\frac{Ku_I}{Ku_{II}}$ Abweichungen von der Geradlinigkeit vorkommen, ist anzunehmen, daß der Wert, bei dem $\frac{F_I}{F_{II}} \approx 1$ ist, am genauesten zu messen ist. Die Neigung in der Nachbarschaft dieses Wertes ist dann der wahrscheinlichste Wert für $\frac{k_{1I}}{k_{1II}}$.

Die folgende Tabelle zeigt Ergebnisse in relativen Zahlen der Kupplungsgeschwindigkeiten nach diesem Verfahren.

Wie man aus den Ergebnissen ersieht, kuppeln im allgemeinen die an der Kupplungsstelle substituierten α-Naphtholderivate um mindestens eine Größenordnung langsamer als die unsubstituierten analogen Verbindungen. Dies gilt auch für das relativ schnell kuppelnde α-Naphtholderivat 3, dessen unsubstituiertes Analogon aus Löslichkeitsgründen nicht in wäßrigem Medium untersucht werden konnte. In wäßrig-alkoholischem Medium ergibt sich ein Geschwindigkeitsverhältnis von

α-Naphtholderivat 3 (substituiert): α-Naphtholderivat 3 (unsubstituiert) $= 1 : 250$

Kuppler	relative Kupplungsgeschwindigkeit bei Fx/F·vgl. ≈ 1	
	bezogen auf Gelbkuppler	bezogen auf Indazolonkuppler
Gelbkuppler = Bezugskuppler 1	1,0	10,0
Indazolonderivat 1 = Bezugskuppler 2	0,10	1,0
α-Naphtholderivat 1	7,0	
α-Naphtholderivat 1a = α-Naphtholderivat 1 an der Kupplungsstelle substituiert	0,13	
α-Naphtholderivat 2	0,33	
α-Naphtholderivat 3 (an der Kupplungsstelle substituiert)	0,15	
α-Naphtholderivat 4 (an der Kupplungsstelle substituiertes α-Naphtholderivat 2)	0,025	0,25
α-Naphtholderivat 5 (an der Kupplungsstelle substituiert)	0,018	0,18
α-Naphtholderivat 6 (an der Kupplungsstelle substituiert)	0,005	0,05
Pyrazolonderivat 1	6,0	
Pyrazolonderivat 2	2,2	
Indazolonderivat 2	0,031	
Indazolonderivat 3	0,015	
Indazolonderivat 4	0,003	

Untersuchungen an Indolfarbstoffen

Von J. GÖTZE

Indolfarbstoffe, in denen 2 Indolkerne über ihre 3-Stellung durch eine Mono- oder Trimethinkette (III, IV) miteinander verbunden sind, wurden erstmals von W. KÖNIG dadurch hergestellt, daß er auf in β-Stellung unsubstituierte Indole Orthoameisenester (I) bzw. Äthoxyacroleinacetal (II) oder Propargylacetal in Gegenwart von Säuren einwirken ließ (1).

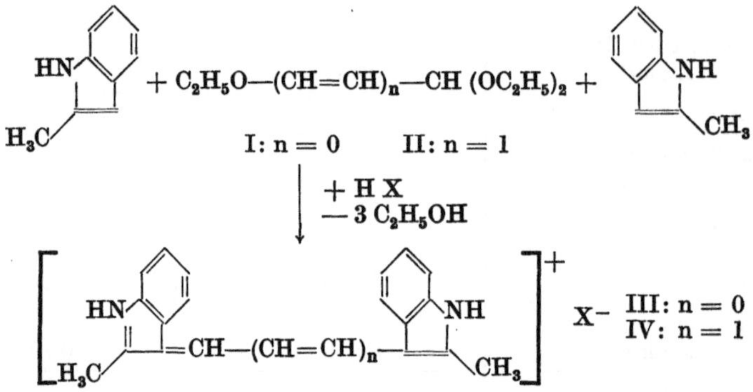

HN, H_3C + C_2H_5O—$(CH=CH)_n$—$CH(OC_2H_5)_2$ + NH, CH_3

I: n = 0 II: n = 1

+ H X
— 3 C_2H_5OH

[HN, H_3C =CH—$(CH=CH)_n$— NH, CH_3]$^+$ X^- III: n = 0 IV: n = 1

Der Monomethinfarbstoff III (n = o) hat ein Absorptionsmaximum bei 482 mμ, Farbstoff IV, mit 3 Methingruppen, absorbiert bei 555 mμ. Tauscht man die Methylgruppen in 2-Stellung des Indolringes gegen Arylreste aus, so tritt eine kräftige Verschiebung des Absorptionsmaximums nach langen Wellen hin ein (vgl. die Farbstoffe V und VI).

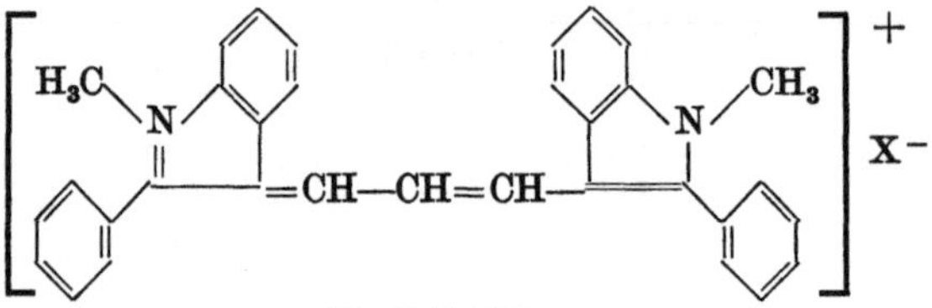

[H_3C N =CH—CH=CH— N CH_3]$^+$ X^-

V: AM: 596 mμ

[H_3C N =CH—CH=CH— N CH_3, $C_6H_4-C_6H_5$ $C_6H_4-C_6H_5$]$^+$ X^-

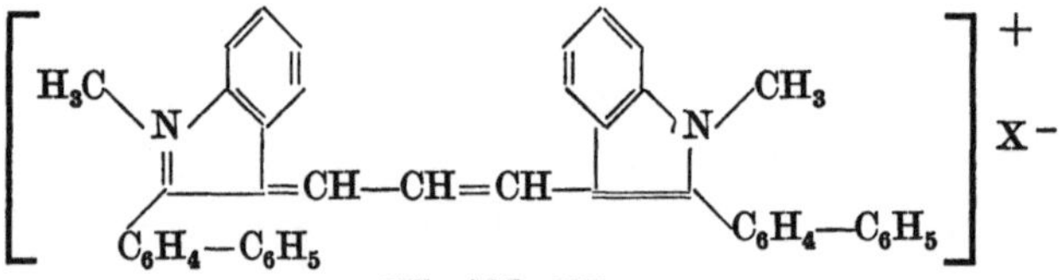

VI: AM: 603 mμ

Dagegen wirkt der Ersatz des Wasserstoffatoms am Stickstoff durch eine Methylgruppe nur wenig farbvertiefend. Substituiert man die Methingruppe im Farbstoff III durch den Phenylrest, so ist wiederum eine stark bathochrome Farbverschiebung zu beobachten (Farbstoff VII) und im gleichen Sinne macht sich die Phenylsubstitution einer dem Indolring benachbarten Methingruppe in den Trimethinfarbstoffen bemerkbar (Farbstoff VIII).

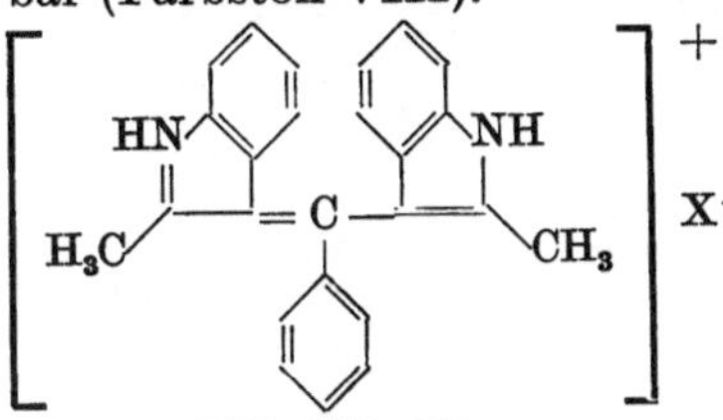

VII: AM: 518 mμ

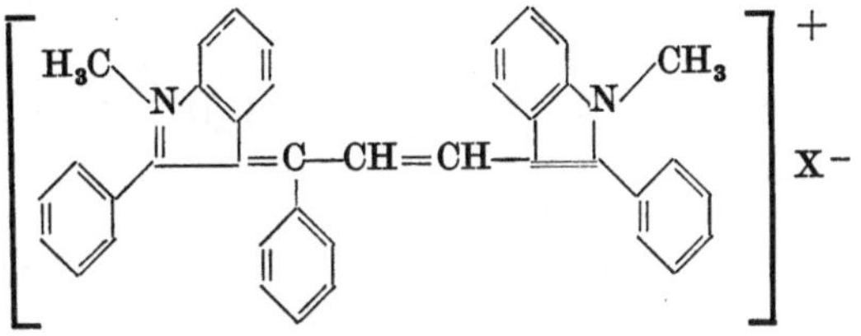

VIII: AM: 615 mμ

Die Synthese solcher unsymmetrischen Trimethinindolfarbstoffe (z. B. VIII) ist nach folgendem Schema durchführbar:

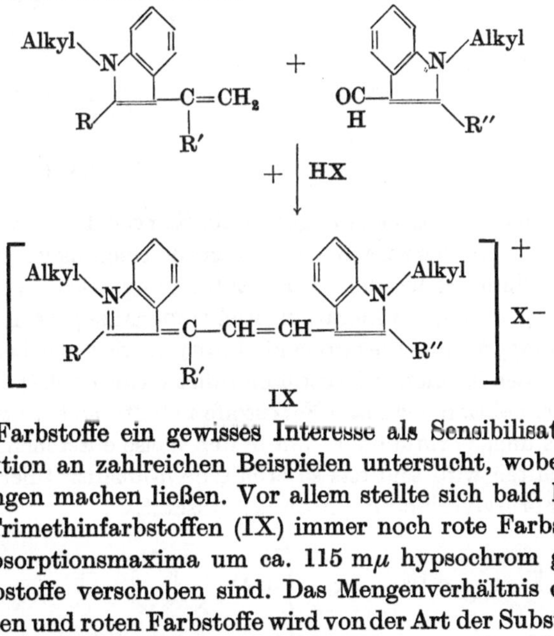

(1)

IX

Da derartige Farbstoffe ein gewisses Interesse als Sensibilisatoren besitzen (2), wurde diese Reaktion an zahlreichen Beispielen untersucht, wobei sich bemerkenswerte Beobachtungen machen ließen. Vor allem stellte sich bald heraus, daß neben den blaugrünen Trimethinfarbstoffen (IX) immer noch rote Farbstoffe mit gebildet werden, deren Absorptionsmaxima um ca. 115 mμ hypsochrom gegen die Maxima der Trimethinfarbstoffe verschoben sind. Das Mengenverhältnis der nebeneinander entstehenden blauen und roten Farbstoffe wird von der Art der Substituenten R und R′ (s. (1)) beeinflußt. In welcher Weise dies geschieht, darüber geben die nachstehend angeführten Versuche Auskunft. Je 1 g des Indolaldehyds X wurde mit äquivalenten Mengen der Äthylene XI — XVIII, gelöst in 30 ccm siedendem Eisessig, und mit 0,4 ccm konz. HBr versetzt und auf Raumtemperatur gebracht. Nach 1 Std. wurden den Reaktionslösungen Proben (1 ccm) entnommen, mit Methanol verdünnt (+ 1% konz. HCl) und die Absorption gemessen.

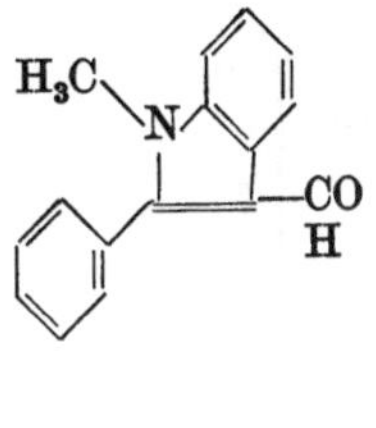

X 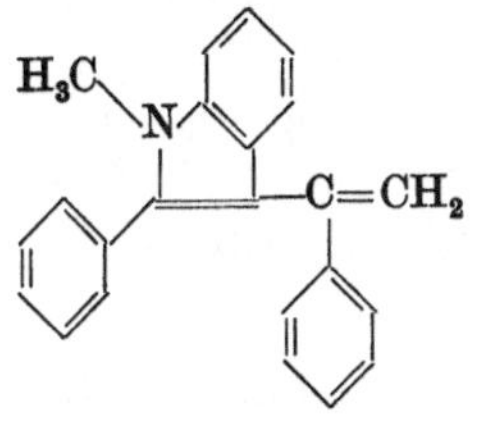 XI 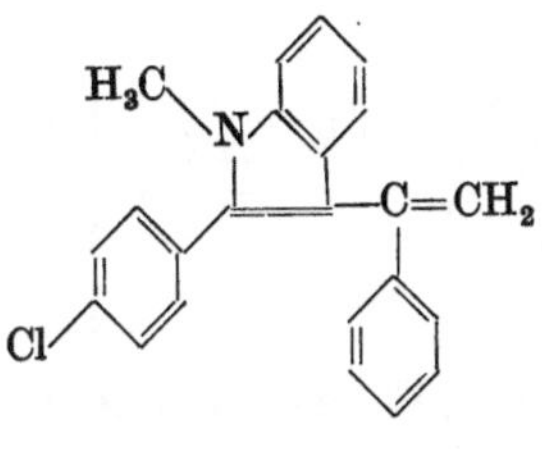 XII 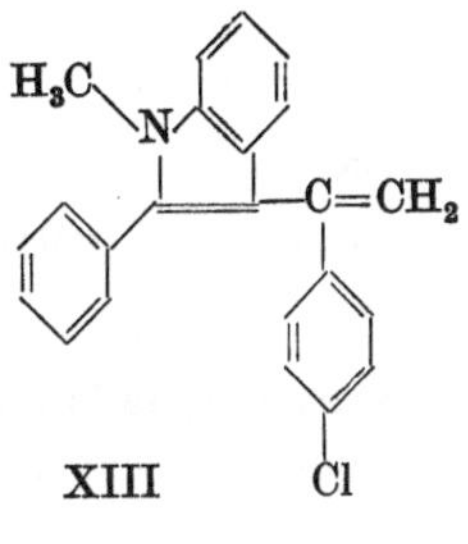 XIII

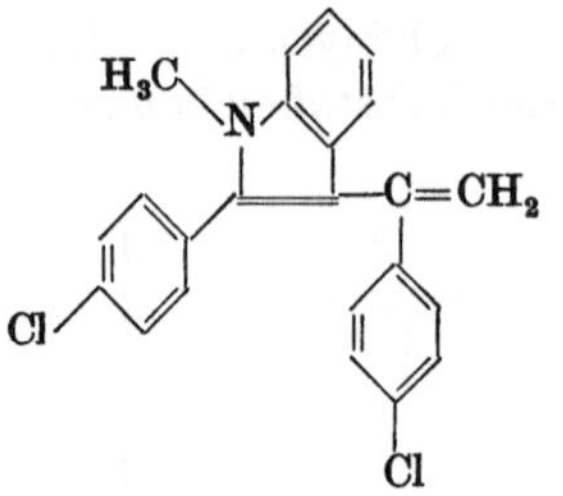

XIV 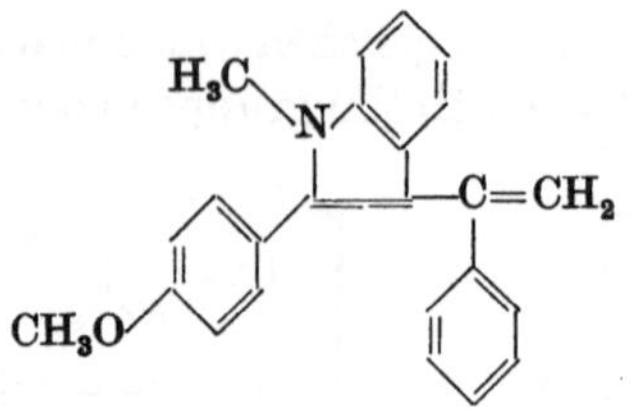 XV 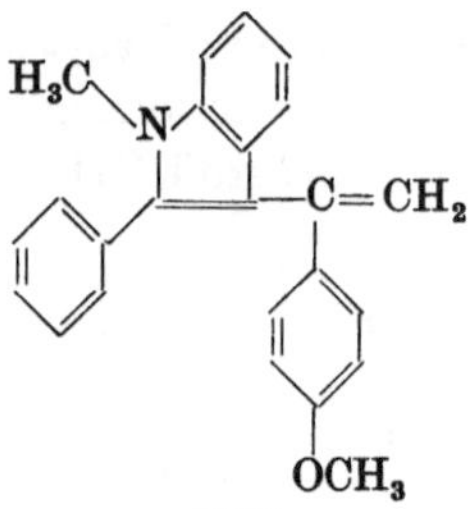 XVI

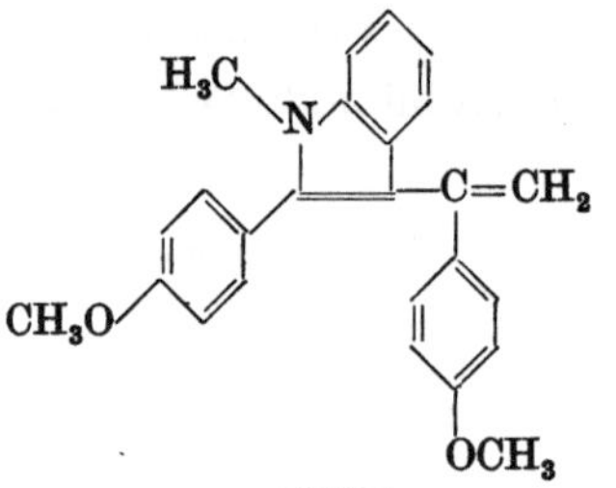

XVII 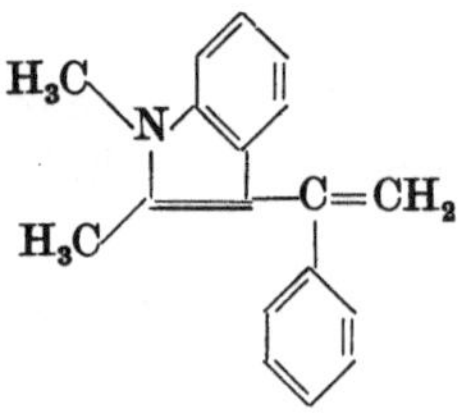 XVIII

Die Ergebnisse dieser Versuchsreihe geben die Kurven 1 — 8 wieder.

Wie hieraus einwandfrei hervorgeht, ist eine große Neigung zur Bildung der roten Farbstoffe in jedem Falle vorhanden. Ihre Entstehung wird aber außerordentlich begünstigt durch ein p-ständiges Chloratom (Elektronenakzeptor) in R′ (Kurven 3,4), während eine Methoxygruppe (Elektronendonator) an der gleichen Stelle vorzugsweise zu den blaugrünen Trimethinfarbstoffen führt (Kurven 6,7).

Was die Bildungsreaktion der roten Farbstoffe betrifft, so könnte man einmal annehmen, daß sie aus dem Formylindol etwa in der Weise entstehen, daß die Formylgruppe z. T. abgespalten wird und das so erhaltene β-unsubstituierte Indol sich mit noch vorhandener Formylverbindung nach (2) umsetzt.

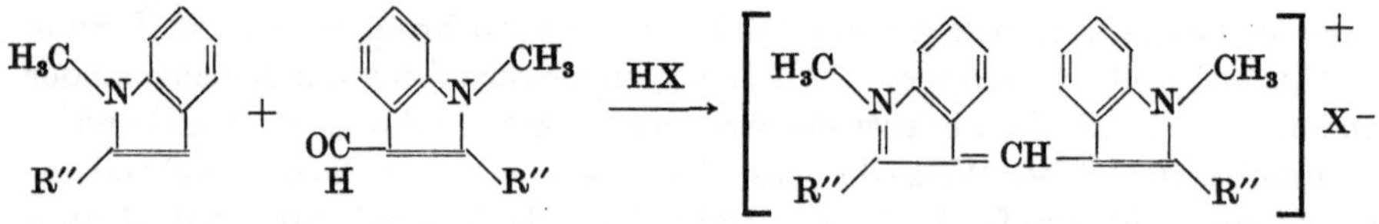

(2)

Auf diese Weise würden allerdings nur symmetrische Monomethinfarbstoffe entstehen. Eine andere Möglichkeit ist die, daß die Äthylene (z. B. XI — XVIII) zu β-unsubstituierten Indolen abgebaut werden, die dann mit dem β-Formylindol nach (3) weiterreagieren.

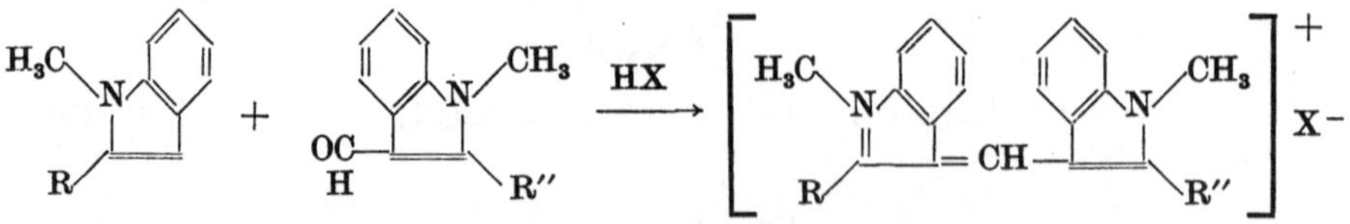

(3)

Man sieht, daß in diesem Falle unsymmetrische Farbstoffe entstehen könnten. Eine Entscheidung über diese Frage brachte folgender Versuch:

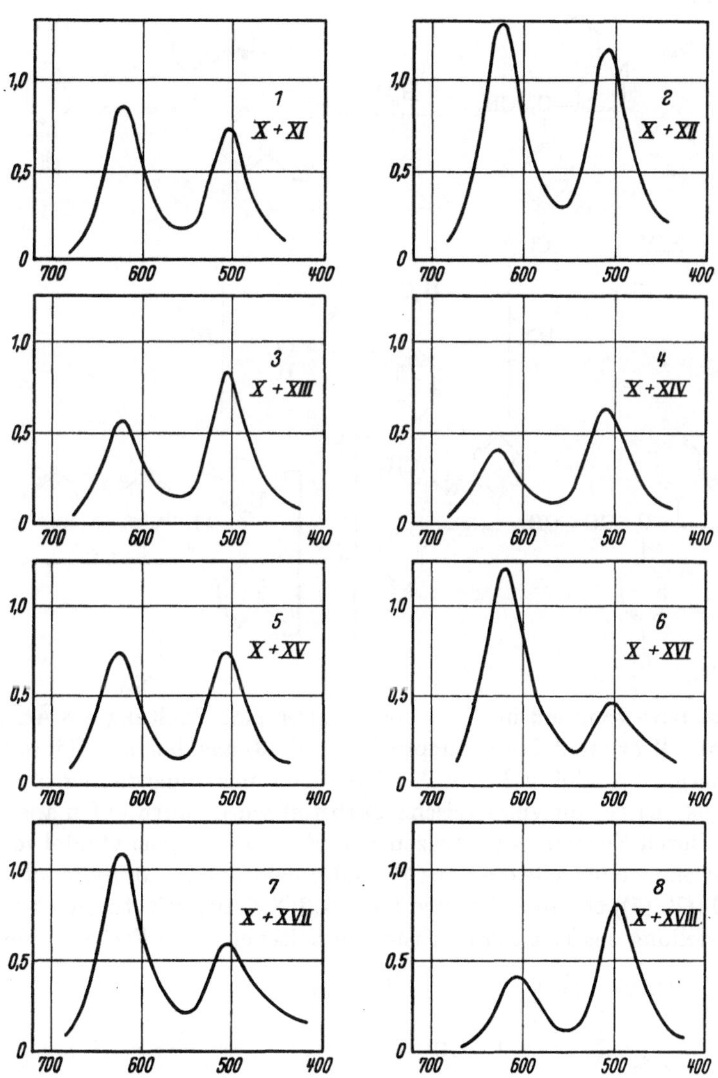
1
X + XI
2
X + XII
3
X + XIII
4
X + XIV
5
X + XV
6
X + XVI
7
X + XVII
8
X + XVIII
1,0
0,5
0
700
600
500
400

1-(p-Chlorphenyl)-1-(1'-methyl-2'-p-chlorphenylindolyl-3')-äthylen (XIV) wurde mit 1-Methyl-2-phenyl-3-formylindol (X) in Eisessig/HBr umgesetzt (Einzelheiten s. im experimentellen Teil). Dabei entstanden der Trimethinfarbstoff XIX und der unsymmetrische Monomethinfarbstoff XX. Außerdem konnte noch p-Chloracetophenon isoliert werden.

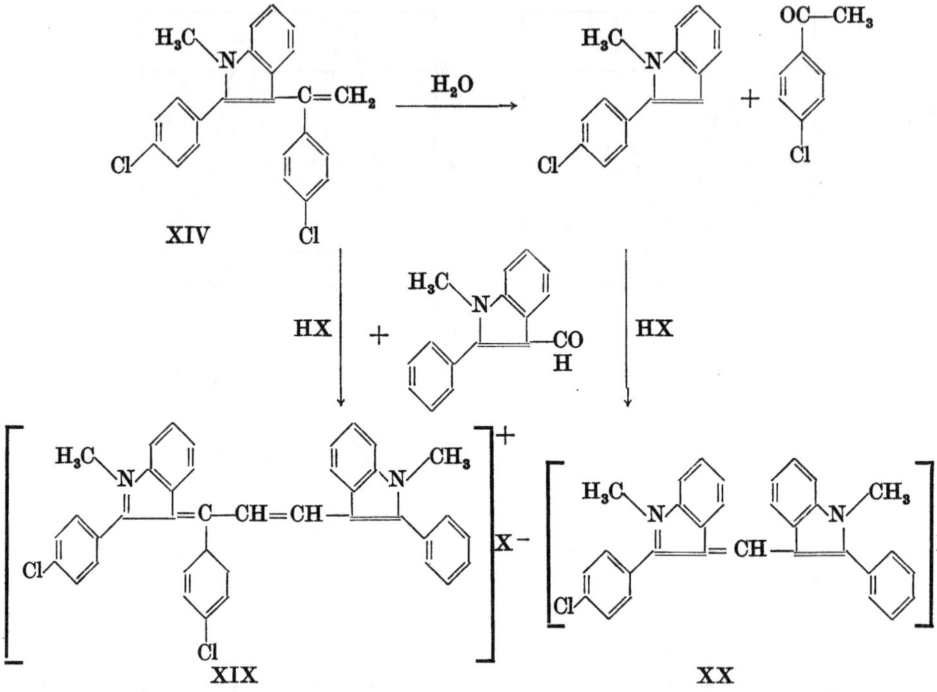

H_3C N C=CH_2 Cl Cl XIV $\xrightarrow{H_2O}$ H_3C N Cl + OC—CH_3 Cl (4)

HX + H_3C N CO H HX

[H_3C N =C—CH=CH— N CH_3 Cl Cl]$^+$ X^- [H_3C N = CH— N CH_3 Cl]$^+$ X^-

XIX XX

Damit ist bewiesen, daß im Reaktionsgemisch eine Spaltung des Äthylens stattgefunden hat (Gl. (4)) und dann, entsprechend Gl. (3) aus dem so entstandenen 1-Methyl-2-p-chlorphenylindol und dem Aldehyd X ein unsymmetrischer Farbstoff (XX) entstanden ist. Dieser unsymmetrische Farbstoff wurde auch auf 2 anderen Wegen hergestellt. Durch Zusammenschmelzen von Methyl-chlorphenylindol mit X in Gegenwart von Säure einerseits oder aus Methyl-p-chlorphenyl-formylindol und Methylphenylindol (Gl. (5)) entsteht derselbe Farbstoff XX, der mit dem als Nebenprodukt bei der Herstellung des Trimethinfarbstoffs erhaltenen roten Farbstoff identisch war.

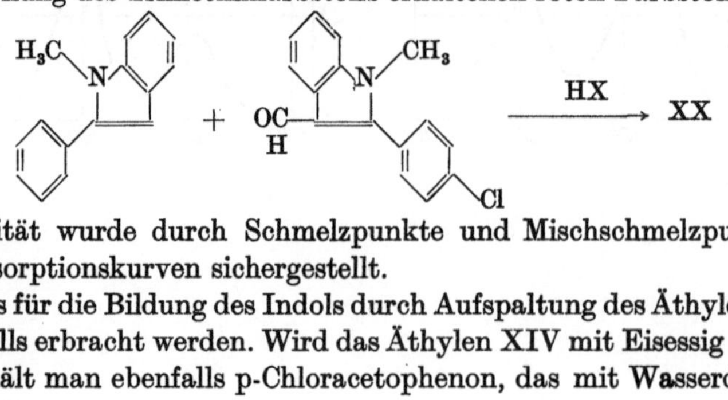

H_3C N + OC H N CH_3 Cl $\xrightarrow{HX}$ XX (5)

Die Identität wurde durch Schmelzpunkte und Mischschmelzpunkte und Vergleich der Absorptionskurven sichergestellt.

Der Beweis für die Bildung des Indols durch Aufspaltung des Äthylens nach Gl. (4) konnte ebenfalls erbracht werden. Wird das Äthylen XIV mit Eisessig und HBr allein erhitzt, so erhält man ebenfalls p-Chloracetophenon, das mit Wasserdampf abdestilliert werden kann.

Die Bildung der Monomethinfarbstoffe neben den Trimethinfarbstoffen läßt sich offenbar auf folgende Weise deuten:

Die Äthylene (XI – XVIII) sind als „Vinylenhomologe" von Methylenbasen, wie sie z. B. in der FISCHER'schen Base (XXI) oder dem N-Methyl-2-methylendihydrochinolin (XXII) vorliegen, aufzufassen.

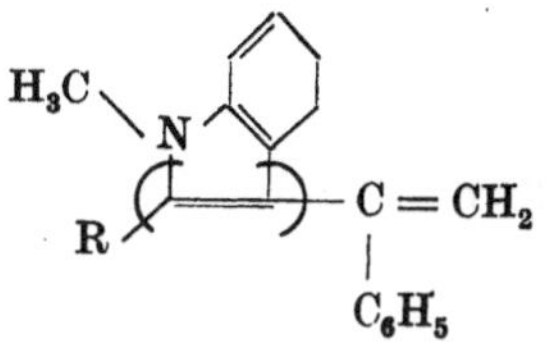

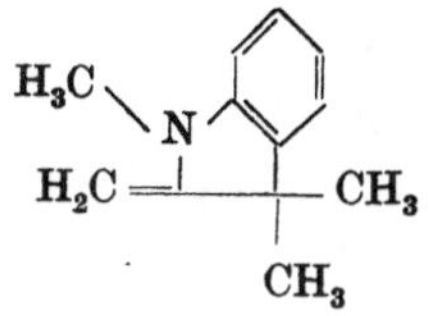

XXI 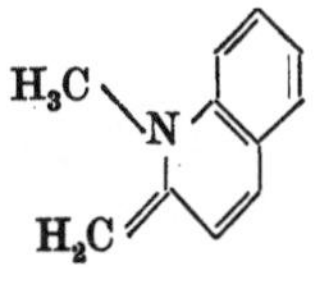 XXII

Genau wie diese „α-Methylenbasen" Säure unter Salzbildung addieren,

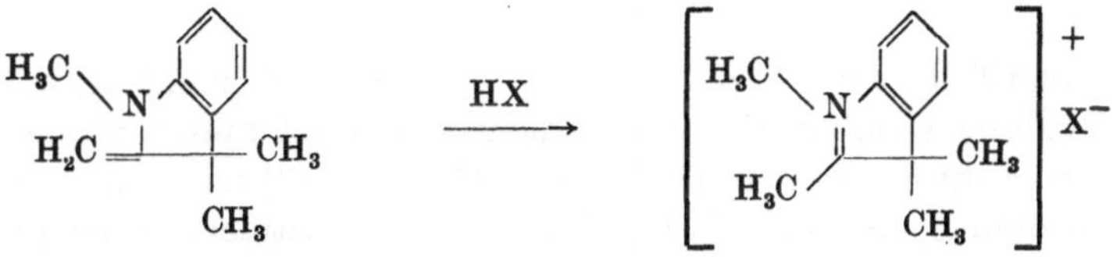

so können auch die „vinylenhomologen" Methylenbasen Säure anlagern. In den so gebildeten Salzen liegt eine Elektronenverschiebung im Sinne der Formel XXIII vor.

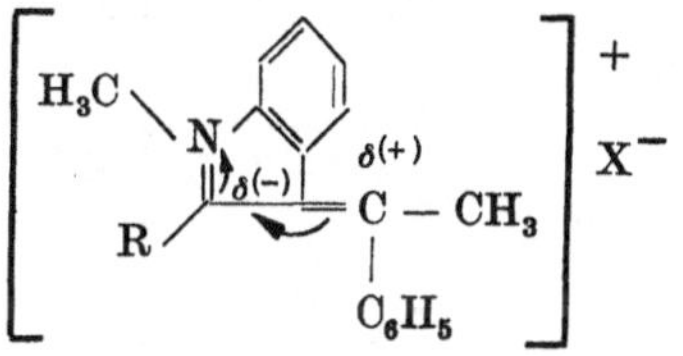

XXIII

Auf diese Weise erhält das phenylierte Kohlenstoffatom eine geringe positive Ladung, wodurch der Angriff einer nucleophilen OH^--gruppe ermöglicht wird. Als nächster Schritt erfolgt die Spaltung der C—C-Bindung unter gleichzeitiger Abspaltung von HX.

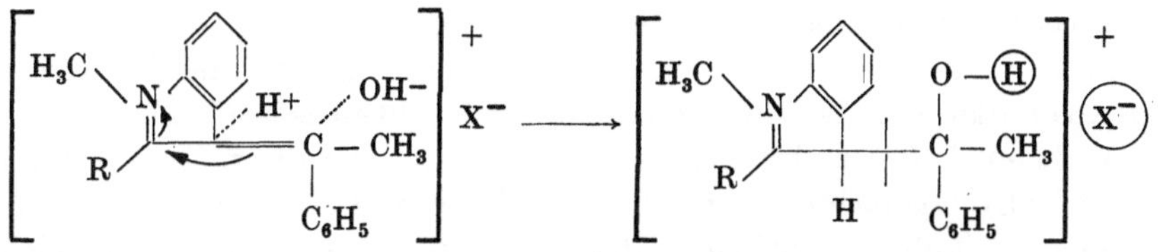

XXIV

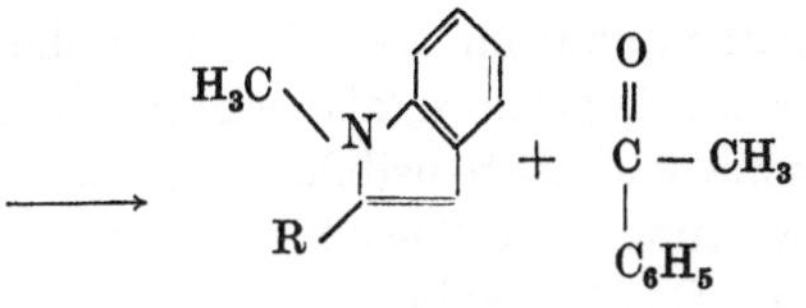

XXV

Das so entstandene Indol XXV reagiert nun nach (2) zum Monomethinfarbstoff.

Kommt nun zusätzlich durch einen Substituenten, der als Elektronenakzeptor wirkt (Cl in R'), eine Elektronenverschiebung nach Formel XXVI in verschiedenen Richtungen zustande,

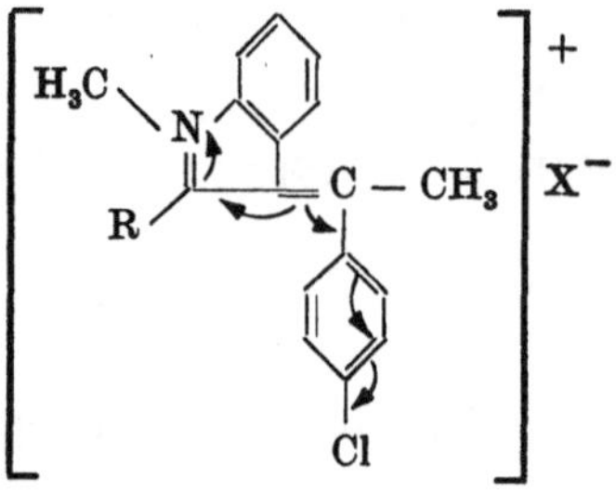

XXVI

so wird der Angriff der OH^--Gruppe noch erleichtert und damit auch die Spaltung der C—C—Bindung, sodaß in diesem Fall mehr Monomethinfarbstoff entstehen kann.

Umgekehrt wirkt ein Elektronendonator (OCH_3 in R') im Sinne einer Stabilisierung des gesamten Systems (XXVII). Das phenylsubstituierte Kohlenstoffatom erhält Elektronen vom Donator, die nucleophile Addition der OH^--Gruppe ist erschwert, die C—C-Spaltung gehemmt,

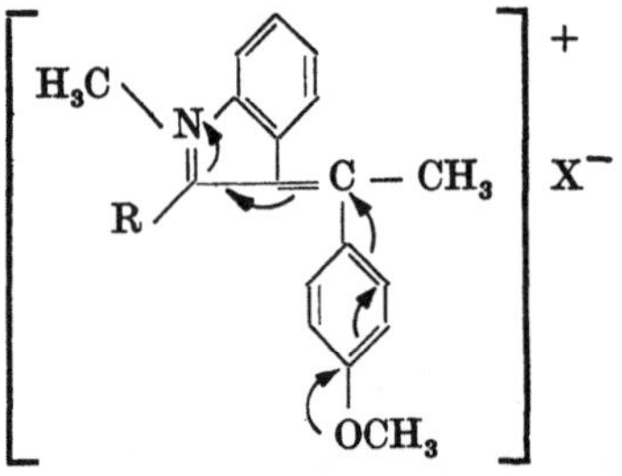

XXVII

es bildet sich ein stabiles „vinylenhomologes" Quartärsalz, dessen Methylgruppe nun genau wie in den üblichen 2-Methylcycloammoniumsalzen mit Aldehyden zu reagieren vermag unter Bildung der Trimethinfarbstoffe.

Äußerlich erkennt man den Unterschied in der Feinstruktur der Anlagerungsverbindungen von Säure an die vinylenhomologen Methylenbasen (XXVI und XXVII) daran, daß beim Auflösen der Äthylene in Eisessig/HBr die p-Chlorverbindungen (z. B. XIV) hellgelb gefärbte Lösungen, die p-Methoxyderivate (z. B. XVI) dunkelgelbe Lösungen mit einem deutlichen Absorptionsmaximum im sichtbaren Gebiet bei ca. 530 mμ ergeben. Aus Formel XXVII sieht man, daß sich ein schwingendes System zwischen Stickstoff- und Sauerstoffatom über die Methinkette ausbilden kann, wodurch sich Lichtabsorption im Sichtbaren, also ein „Farbstoff" ergibt.

Die Monomethinfarbstoffe sind als Sensibilisatoren bis jetzt ohne Bedeutung, die Trimethinfarbstoffe sind wirkungsvolle Sensibilisatoren für Farbbildner enthaltende Direktpositivemulsionen (2). Das Sensibilisierungsmaximum ist gegenüber dem Absorptionsmaximum um ca. 30 — 45 mμ nach längeren Wellen verschoben.

Farbstoff V AM. 596 mμ Sens. M. 630 mμ
Farbstoff VI AM. 603 mμ Sens. M. 635 mμ
Farbstoff VIII AM. 615 mμ Sens. M. 655 mμ

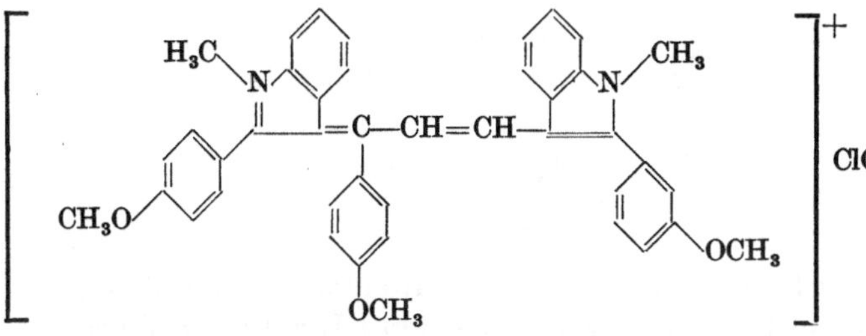

ClO_4^- AM. 630 mμ Sens. M. 670 mμ

Experimenteller Teil

1. *1-Methyl-2-phenyl-3-formylindol (X)*

27 g Methylformylanilin und 31 g Phosphoroxychlorid werden vermischt und 2 Std. gerührt. Nach dem Verdünnen mit 150 g o-Dichlorbenzol kühlt man auf + 5° ab und trägt bei dieser Temperatur 41,4 g 1-Methyl-2-phenylindol portionsweise ein. Nach 15 Std. wird mit konz. Natronlauge unter Zugabe von Eis alkalisch gestellt, das Dichlorbenzol abgetrennt, getrocknet und im Vacuum destilliert.

Kp. 0,9 mm: 200 – 210°; Fp. 122° (aus Alkohol). Ausbeute: 28 g.

2. *Methylphenylhydrazon des p-Chloracetophenons*

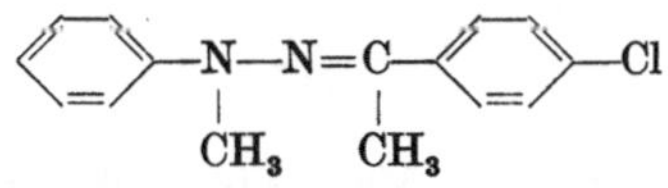

Zu 100 g Methylphenylhydrazin und 124 g p-Chloracetophenon gibt man 4 ccm Eisessig. Die Temperatur steigt dabei von selbst auf 53 °. Dann wird noch 15 Min. auf dem Dampfbad erwärmt, abgekühlt und ausgeäthert.

Ätherrückstand: 216 g öliges Hydrazon.

3. *1-Methyl-2-(p-chlorphenyl-)indol*

30 g Hydrazon (nach 2.) und 150 g Zinkchlorid setzt man in ein Ölbad von 170°. Sobald die Temperatur des Gemisches 100° beträgt, wird das Bad entfernt. Die Temperatur der Schmelze steigt von selbst auf 190°. Ist diese Temperatur erreicht, bringt man nochmals in ein Bad von 200° (5 Minuten) und läßt dann abkühlen. Das Reaktionsgemisch wird mit verd. HCl auf dem Dampfbad zersetzt und mit Benzol extrahiert. Der Benzolrückstand wird im Vacuum destilliert.

Kp. 0,2 mm: 172 – 177°; Fp. 118°. Ausbeute ca. 10 g.

Analyse: $C_{15}H_{12}ClN$(241,6) Ber. C 74,5, H 5,0, N 5,8, Cl 14,7
Gef. C 74,6, H 5,3, N 6,2, Cl 14,9

4. *1-Methyl-2-(p-chlorphenyl)-3-(p-chlorbenzoyl)-indol*

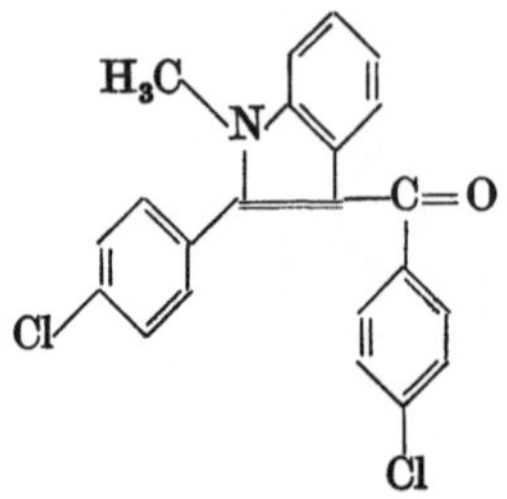

22 g p-Chlorbenzanilid, 24 g 1-Methyl-2-(p-chlorphenyl)-indol und 40 g Phosphoroxychlorid erhitzt man 5 Std. auf 105°, gießt anschließend in 1 Ltr. 10%ige Salzsäure und kocht 45 Min. Diese Lösung schüttet man auf Eis und saugt das ausgeschiedene Keton nach einiger Zeit ab.

Fp. 199° (aus Äthanol).

Analyse: $C_{22}H_{15}Cl_2NO$(380,0). Ber. C 69,5 H 4,0 N 3,7 Cl 18,7
Gef. C 69,4 H 4,3 N 3,9 Cl 18,6

5. *Äthylen XIV*

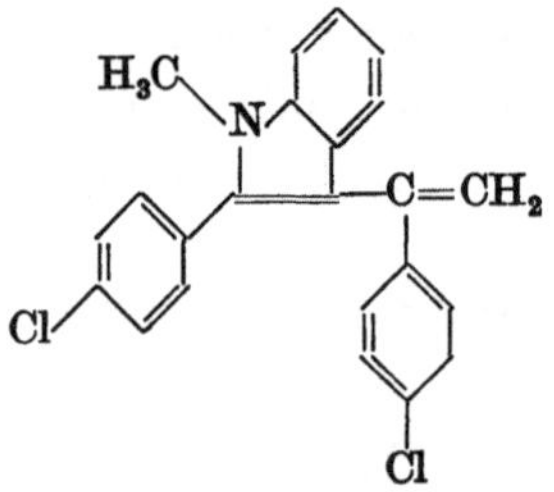

Zu einer Grignardlösung aus 3,5 g Magnesium, 9 ccm Jodmethan und 70 ccm Äther gibt man eine Suspension von 17,5 g des Ketons (nach 4) in 70 ccm Benzol und erwärmt 2 Std. zum Sieden. Dann wird mit Eis und verd. Schwefelsäure zersetzt, mit Benzol ausgeschüttelt und dieses nach dem Trocknen zum größten Teil verdampft. Durch Zusatz von Methanol wird das Äthylen ausgefällt. Umkristallisieren aus Benzol/Methanol. Fp. 134°.

Analyse: $C_{23}H_{17}Cl_2N$(378,1), Ber. C 73,0 H 4,5 N 3,7 Cl 18,8
Gef. C 73,4 H 4,5 N 3,9 Cl 18,0

6. *Darstellung des Trimethinfarbstoffs XIX neben dem Monomethinfarbstoff XX und Isolierung des bei der Umsetzung abgespaltenen p-Chloracetophenons.*

12 g Äthylen XIV und 7,5 g 1-Methyl-2-phenyl-3-formylindol löst man in 150 ccm heißen Eisessig, gibt 6 ccm konz. Bromwasserstoffsäure zu und hält 6 Std. bei Zimmertemperatur.

Dann fügt man 15 ccm Überchlorsäure (70%ig), gelöst in 15 ccm Methanol zu und läßt 2 Tage ohne Kühlung stehen. Hierbei kristallisiert bevorzugt das Perchlorat des

Trimethinfarbstoffs XIX aus. Aus Eisessig (unter Zusatz von $HClO_4$) gewinnt man grünlich glänzende Farbstoffkristalle, Fp. 198°

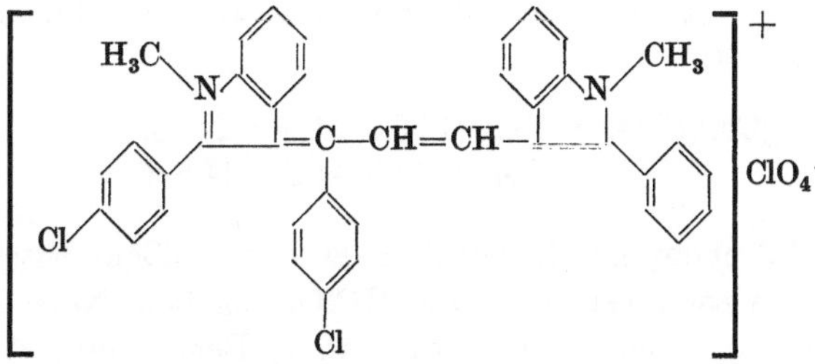

Analyse: $C_{39}H_{29}Cl_2N_2]ClO_4$ (695,6) Ber. N. 4,0 Cl 15,3
Gef. N 4,1; 4,4 Cl 15,1; 15,2

Aus dem violett gefärbten Filtrat des Trimethinfarbstoffs scheidet sich nach weiteren 2 Tagen bei erniedrigter Temperatur, ev. nach nochmaliger Zugabe von ca. 5 ccm Überchlorsäure, der Monomethinfarbstoff XX aus, der ebenfalls aus Eisessig gereinigt wird. Nähere Charakterisierung s. 9 c.

Das essigsaure Filtrat wird der Dampfdestillation unterworfen. Aus dem sauren Destillat wird nach Neutralisation das p-Chloracetophenon mit Äther ausgeschüttelt. Der Ätherrückstand siedet bei 235° und zeigt folgende Reaktionen:

In Chloroform entsteht nach Zusatz von Brom unter HBr-Entwicklung das p-Chlor-ω-bromacetophenon vom Fp. 94° (Literaturwert 96°). Mit m-Nitrophenylhydrazin bildet sich ein Hydrazon, Fp. 192 — 194°. Ein aus p-Chloracetophenon hergestelltes Hydrazon zeigte Fp. 193 — 194°, der Mischschmelzpunkt beider Hydrazone betrug 193 — 194°.

Analyse des m-Nitrophenylhydrazons:

$C_{14}H_{12}ClN_3O_2$(289,6). Ber. C 58,0 H 4,2 N 14,5
Gef. C 58,3; 58,4 H 4,2; 4,5 N 14,2

7. *Spaltung des Äthylens XIV*

15 g Äthylen, gelöst in 200 ccm Eisessig und 6 ccm Bromwasserstofflösung hält man 3 Std. bei Raumtemperatur und 1 Std. bei 100°, destilliert mit Dampf und extrahiert das neutralisierte Destillat mit Äther. Der Ätherrückstand (3 g) konnte bei 232° destilliert werden. Das Destillat gab mit Hydroxylamin ein Oxim von Fp. 96° (aus wäßrigem Äthanol). Literaturwert für das Oxim des p-Chloracetophenons: 95°.

Analyse des Oxims:

C_8H_8ClNO(169,5) Ber. C 56,6 H 4,8 N 8,3 Cl 20,9
Gef. C 56,8 H 4,8 N 8,4 Cl 20,5

8. *Darstellung des Monomethinfarbstoffs*

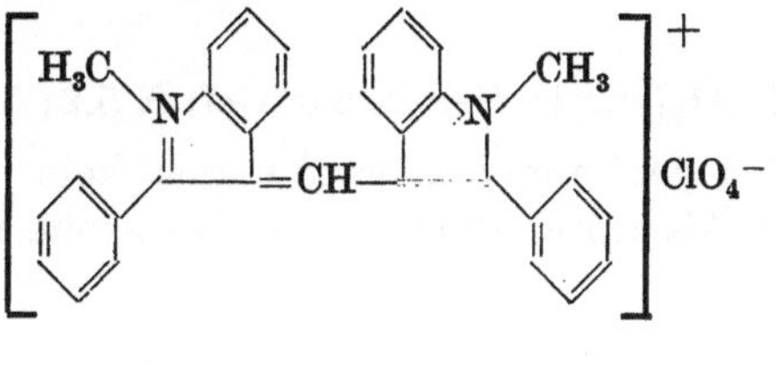

a) 2g 1-Methyl-2-phenylindol und 2,3g 1-Methyl-2-phenyl-3-formylindol zusammenschmelzen, 3 ccm konz. Salzsäure zugeben und bei etwa 70° 5 Minuten verrühren. Die erkaltete Masse in Alkohol lösen, filtrieren und aus dem Filtrat mit $HClO_4$ das Perchlorat fällen. Fp. 250°.

Analyse. $C_{31}H_{25}N_2]ClO_4$(524,7) Ber. C 70,9 H 4,8 N 5,3
Gef. C 70,5 H 5,0 N 5,6

b) 20 g 1-Methyl-2-phenylindol, gelöst in 80 ccm heißem Eisessig, mit 15 ccm Orthoameisensäureäthylester versetzen und $HClO_4$ zugeben. Nach 15 Min. kann der Farbstoff abgesaugt und nacheinander mit Äther, Benzol und Wasser gewaschen werden. Fp. 250°.

Analyse. $C_{31}H_{25}N_2]ClO_4$(524,7) Ber. C 70,9 H 4,8 Cl 6,8 N 5,3
Gef. C 71,0 H 5,0 Cl 6,6 N 5,3

Absorptionsmaximum: 504 mμ, e = $4 \cdot 10^4$

9. *Darstellung des Monomethinfarbstoffes XX*

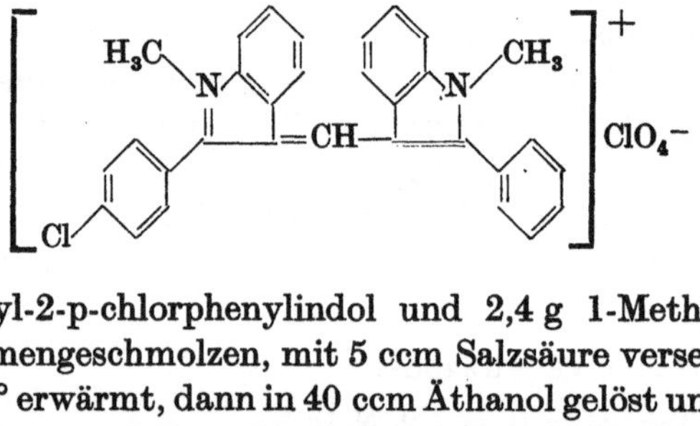

a) 2,4 g 1-Methyl-2-p-chlorphenylindol und 2,4 g 1-Methyl-2-phenyl-3-formylindol werden zusammengeschmolzen, mit 5 ccm Salzsäure versetzt, 10 Minuten unter Rühren auf 70 — 80° erwärmt, dann in 40 ccm Äthanol gelöst und mit $HClO_4$ versetzt. Das nach kurzer Zeit ausgefallene Perchlorat wird aus Methanol unter Zusatz von $HClO_4$ kristallisiert. Fp. 226°.

Analyse. $C_{31}H_{24}ClN_2]ClO_4$(559,1) Ber. N 5,0 Cl 12,6
Gef. N 5,3 Cl 11,8

Absorptionsmaximum: 505 mμ (in Methanol)

b) 0,6 g 1-Methyl-2-p-chlorphenyl-3-formylindol und 0,6 g 1-Methyl-2-phenylindol werden wie unter a) beschrieben verarbeitet.

Analyse. $C_{31}H_{24}ClN_2]ClO_4$ (559,1)Ber. N 5,0 Gef. N 5,5

Fp. 224°. Misch-Schmelzpunkt mit Farbstoff nach a): 223 — 224°
Absorptionsmaximum: 505 mμ (in Methanol),

c) Bei der Synthese des Trimethinfarbstoffes XIX mit entstanden Farbstoff XX (s. 6).

Analyse. $C_{31}H_{24}ClN_2]ClO_4$ (559,1) Ber. N 5,0 Gef. N 5,2; 5,4.

Fp. 227°. Gibt mit den Farbstoffen nach a) und b) keine Depression. Abs. Max. 505 mμ. Der Verlauf der Absorptionskurven der Farbstoffe nach a), b) und c) ist identisch; e = $2,9 \cdot 10^4$.

10. *Darstellung des Monomethinfarbstoffs*

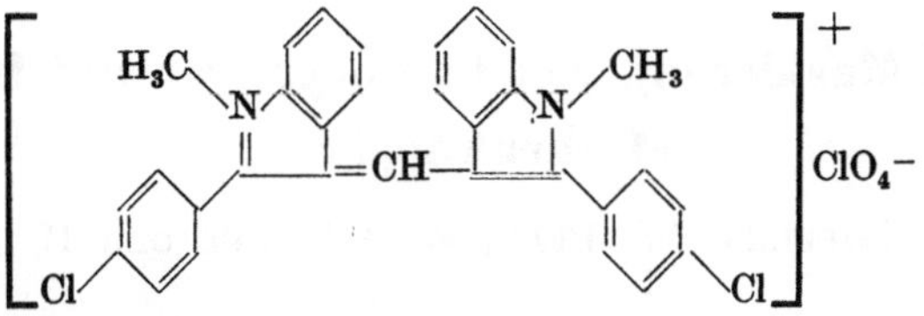

$$\left[\ \text{(H}_3\text{C–N-Indol-2-(p-Cl-C}_6\text{H}_4\text{))=CH–(Indol-N–CH}_3\text{, 2-(p-Cl-C}_6\text{H}_4\text{))}\ \right]^+ ClO_4^-$$

1,2 g 1-Methyl-2-p-chlorphenylindol und 1,3 g 1-Methyl-2-p-chlorphenyl-3-formylindol werden mit 3 ccm Salzsäure zusammengeschmolzen. Die weitere Aufarbeitung erfolgt wie bei 9 a).

Fp. 229 – 231°.

Analyse. $C_{31}H_{23}Cl_2N_2]ClO_4$(593,6) Ber. Cl 17,9 Gef. Cl 17,4

Absorptionsmaximum: 508 mμ (in Methanol), e = 2,9 · 10^4.

Literatur

[1] König W.: Journ. f. pr. Ch. 84 (1911), S. 214; Zeitschr. f. angew. Chemie 38, 743 (1925).

[2] Agfa Aktiengesellschaft Leverkusen-Bayerwerk DBP. 1 008 118, US-Patent 2 930 694, Brit. Patent 825 965.

Die automatische Maskierung von Farbnegativen mit Hilfe neuartiger Maskenkuppler

Von E. BÖCKLY, K. LÖFFLER, W. PELZ, W. PÜSCHEL und H. SCHELLENBERGER

Die Farbenphotographie ist praktisch auf Bildfarbstoffe angewiesen, deren Absorptionen z. T. beträchtlich von den theoretischen Forderungen abweichen. Zur Korrektur dieser im folgenden als „Fehlabsorption" bezeichneten Abweichungen sind im Laufe der Zeit eine große Anzahl von Maskierungsverfahren vorgeschlagen worden. (Zum Prinzip der Farbmasken vergl. HELLMIG [*1*]). Von diesen Vorschlägen konnte sich weitaus der größte Teil in der photographischen Praxis nicht durchsetzen, da ihrer Verwendung — prinzipielle Wirksamkeit vorausgesetzt — rein praktische Erwägungen entgegenstanden. Die Erfahrung hat gezeigt, daß, von einigen kleinen speziellen Anwendungsgebieten abgesehen, die allgemeine technische Brauchbarkeit einer Farbmaske von folgenden Forderungen abhängig ist:

1. Die Maske muß als integraler Bestandteil des Farbmaterials auf einem Träger mit den farbgebenden Schichten, die korrigiert werden sollen, vereinigt sein, um schwierige Paßarbeit zu vermeiden.

2. Das Maskenbild soll ohne erhebliche Erschwerung der Verarbeitung, möglichst sogar ohne zusätzlichen Arbeitsgang, hervorgerufen werden können (automatische Maske).

3. Die Maske darf keinen nachteiligen Einfluß auf die rein photographischen Eigenschaften der Farbteilbilder (z. B. Empfindlichkeit, Gradation, Bildschärfe) haben.

Dieser Forderung kommen im gegenwärtigen Zeitpunkt die Verfahren am nächsten, die mit „farbigen Kupplungskomponenten" arbeiten [*2, 3, 4*]. Darunter versteht man Farbstoffe, die in der Lage sind, mit oxydierten Farbentwicklern so zu kuppeln, daß bei der Kupplung der ursprüngliche Farbstoff zerstört und an dessen Stelle ein neuer gebildet wird. Solche Kuppler sind z. B. Azofarbstoffe der Pyrazolone. Bei geeigneter Substitution reagieren sie in folgender Weise mit oxydiertem Farbentwickler:

```
        H                                                           C2H5
R—C—C—N=N—⟨benzene⟩—R                   R—C—C=N—⟨benzene⟩—N<
  ‖  |                                    ‖  |                      C2H5
  N  C=O       ⊕                 C2H5     N  C=O
   \N/        |N—⟨benzene⟩—N<              \N/
    |          H                 C2H5       |
 ⟨benzene⟩   ──────────────────────→    ⟨benzene⟩
    I                                       II
```

(Einzelheiten der Reaktion s. VITTUM u. a. [*5*])

Der Azorest wird bei der Kupplungsreaktion aus dem Molekül verdrängt und durch den Entwicklerrest ersetzt. Aus einem gelben Azofarbstoff I entsteht der purpur gefärbte Azomethinfarbstoff II, der auch aus dem entsprechenden unsubstituierten Pyrazolon direkt entstanden wäre. Als Maskierungsmethode (HANSON [3]) gedeutet, besagt diese Reaktion folgendes: Das bei der Farbentwicklung aus Pyrazolonen erhaltene Purpurbild hat neben der erwünschten Grünabsorption eine beträchtliche unerwünschte Fehlabsorption im blauen Gebiet, oder anders ausgedrückt, eine gelbe Nebendichte. Wenn man nun einen Pyrazolonazofarbstoff, dessen Absorptionsmaximum im Bereich der Fehlabsorption der Pyrazolonazomethine liegt, als Farbkomponente einsetzt, laufen während der Farbentwicklung folgende Vorgänge ab:

Die Verbindung wird durch die Kupplung mit oxydiertem Farbentwickler in den korrekturbedürftigen purpurnen Bildfarbstoff überführt. Durch diese Kupplungsreaktion wird der ursprüngliche Farbstoff, dessen Absorption im Idealfall mit der Fehlabsorption des Bildfarbstoffes identisch ist, bildmäßig zerstört.

Durch einen einzigen Kupplungsvorgang entstehen also zwei Teilbilder:

1. Das Purpurteilbild, bestehend aus der Hauptdichte und der gelben Nebendichte, die hier allein interessiert.

2. Das in der Gradation gegenläufige gelbe Restbild des nicht zerstörten Azopyrazolonfarbstoffs. Sofern die Dichte des Maskenfarbstoffs auf die Dichte der Fehlabsorption abgestimmt ist, addieren sich die beiden gelben Teilbilder, wie es von einer Farbmaske gefordert wird, zu einer Fläche gleicher Dichte. Sie kann durch geeignete Filter beim Kopierprozeß herausgefiltert werden (Abb. 1).

Abb. 1a.

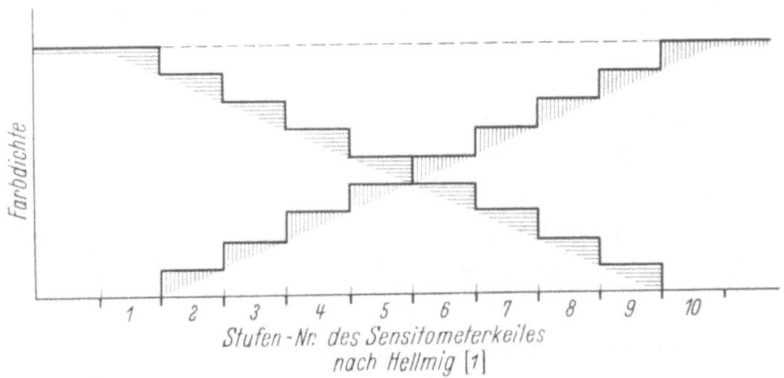

Abb. 1b.

Abb. 1a und b. Addition zweier Gelbbilder gegenläufiger Gradation zu einer Fläche gleicher Dichte a) bildmäßig; b) gradationsmäßig mit Sensitometerkeil.

In grundsätzlich gleicher Weise reagieren die Azofarbstoffe von α-Naphtholen. Auch in diesen Verbindungen wird der Azorest durch den oxydierten Farbentwickler verdrängt. Es entstehen die entsprechenden blaugrünen Indoanilinfarbstoffe [6].

Schließlich kann auch durch folgende chemische Reaktion das gleiche Maskenprinzip verwirklicht werden [4, 7].

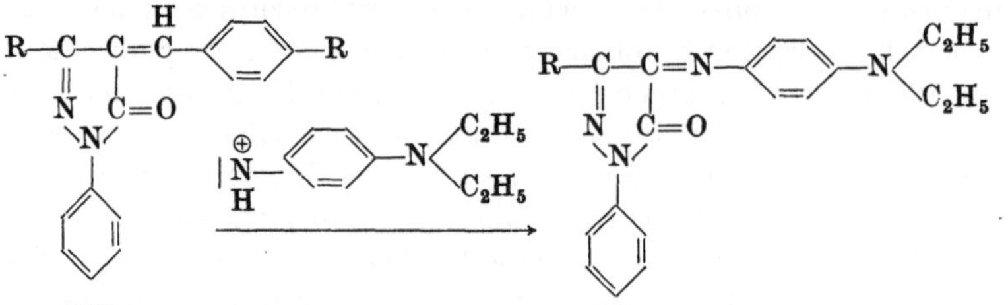

III IV

(Einzelheiten der Reaktion s. Sawdey u. a.[7]).

In diesem Fall wird ein gelber Styrylfarbstoff III durch oxydative Kupplung in den entsprechenden, purpurgefärbten Pyrazolonfarbstoff IV übergeführt.

Diese in ihrer Art bestechende Koppelung des Aufbaues der Farbmaske mit der Entwicklung des Farbbildes in einem Arbeitsgang birgt jedoch einen Nachteil in sich:

Bei idealem Funktionieren z. B. einer Azomaske müßte die Dichte des verwendeten Azopyrazolons genau auf die korrekturbedürftige gelbe Nebendichte des bei der Farbentwicklung eben aus diesem Pyrazolon erhaltenen purpurnen Azomethinfarbstoffes abgestimmt sein.

Für die obengenannten Maskenfarbstoffe ist das aber aus folgendem Grunde nicht ohne weiteres möglich:

Bei der Kupplung wird pro Mol gebildeten Azomethinfarbstoffs ein Mol Azofarbstoff zerstört.

Die molare Extinktion des Azofarbstoffs ist aber wesentlich höher als die molare Extinktion des Azomethinfarbstoffs im Gebiet seiner Fehlabsorption. Die erzielte Maskendichte ist infolgedessen wesentlich höher als erwünscht.

Dieses Mißverhältnis läßt sich von der Farbstoffseite her durch Verwendung der weniger intensiv gefärbten Azo-bis-pyrazolone (Graham [8], Pelz und Wahl [18]) verringern. Auch läßt es sich durch gleichzeitige Verwendung von Maskenfarbstoff und der dem Maskenfarbstoff entsprechenden farblosen Komponente korrigieren (Vittum u. Arnold [9]). Durch diese Maßnahmen bleibt aber die Tatsache unberührt, daß die genannte starre Koppelung des Aufbaues von Maske und Farbbild die Abstimmung des Farbgleichgewichtes erheblich erschwert. Es scheint daher von der Praxis her gesehen günstiger, Farbbild und Farbmaske unabhängig voneinander aufzubauen. Diese Forderung ist zu verwirklichen, wenn man Maskenfarbstoffe besitzt, die bei der Farbentwicklung mit dem oxydierten Farbentwickler zwar reagieren, aber kein Farbbild hinterlassen. Vittum, Weissberger und Wilder [10] schlagen z. B. die Verwendung solcher Maskenfarbstoffe vor, bei denen der im Verlauf der Farbentwicklung gebildete Farbstoff wasserlöslich ist und während der Verarbeitung aus der Schicht ausgewässert wird. Zurück bliebe in diesem Falle lediglich die Farbmaske. Das Purpurbild wird in einer besonderen Schicht mit normaler farbloser Komponente hervorgerufen.

Withmore und Pesch [*11*] beschreiben 2-Azo-1-naphthole, die bei der Farbentwicklung „gelbliche bis braune oder praktisch neutral gefärbte Kupplungsprodukte mit schwachem Färbevermögen" ergeben und die zusammen mit ungefärbten Kupplern zum Aufbau von Farbmasken verwendet werden sollen. Schließlich kann man auch so vorgehen, daß man einen vorhandenen Farbstoff bildmäßig zerstört, wie es unter Verwendung des Azofarbbleichverfahrens von Duerr, Morreal und Marsh [*12*] beschrieben ist.

Bei den hier beschriebenen Verfahren wäre noch zu erwähnen, daß man mit den Maskenkomponenten Farbstoffe in die photographische Schicht einbringt, die sich wegen ihrer beachtlichen Eigenabsorption unter Umständen nachteilig auf die Empfindlichkeitsausnutzung des Materials auswirken können. So schlägt denn auch Williams [*13*] die Verwendung von 4-Azonaphtholen vor, bei denen die auxochrome OH-Gruppe durch Acylierung blockiert ist und die daher nur schwach gefärbt sind. Sie kuppeln mit oxydierten Farbentwicklern zu den entsprechenden Blaugrünfarbstoffen, die evtl. nach [*10*] auch wasserlöslich sein und bei der Verarbeitung ausgewässert werden können. Das eigentliche purpurgefärbte Maskenbild wird erst anschließend durch Verseifung des Esters zum 4-Azo-1-naphthol in einem alkalischen Nachbad hervorgerufen.

Die 4,4'-Benzal-bis-pyrazolone (MacDonald [*17*]) und Kuppler, die einen Indazolon-, Guanazol- oder Urazolrest enthalten (Jennen [*20*]), sind Maskenverbindungen, die vor der Verarbeitung farblos sind. Da diese Verbindungen farbig kuppeln, gilt es auch bei ihnen, die beschriebenen Abstimmungsschwierigkeiten zu überwinden.

Die vorangestellten Betrachtungen zeigen also, daß es wünschenswert wäre, eine möglichst farblose Maskenschicht vor der Verarbeitung zu haben, bei welcher der Aufbau des Farbbildes und der Maske ungehindert voneinander ablaufen können. Folgende Reaktionsfolge erfüllt diese Wünsche [*14*].

Bis-phenylhydrazone von aromatischen und aliphatischen α-Dicarbonylverbindungen (Osazone V)

R—C———C—R R=H, Alkyl, Aryl
(each C =N—NH—C_6H_5)

V

reagieren mit oxydierten Farbentwicklern.

Sie gehen dabei in fast farblose Kupplungsprodukte über. Photographische Schichten, in denen solche Osazone diffusionsfest eingelagert werden, sind praktisch farblos. Bei der Entwicklung in einem Farbentwickler wird das Osazon an den belichteten Stellen durch Kupplung verändert, ohne ein merklich sichtbares Bild zu geben. Es entsteht nur ein Silberbild.

Die unveränderten Osazone haben nun zusätzlich die Eigenschaft, durch Oxydationsmittel in die intensiv gelb gefärbten Bis-azoäthylenverbindungen VI überzugehen [*15*].

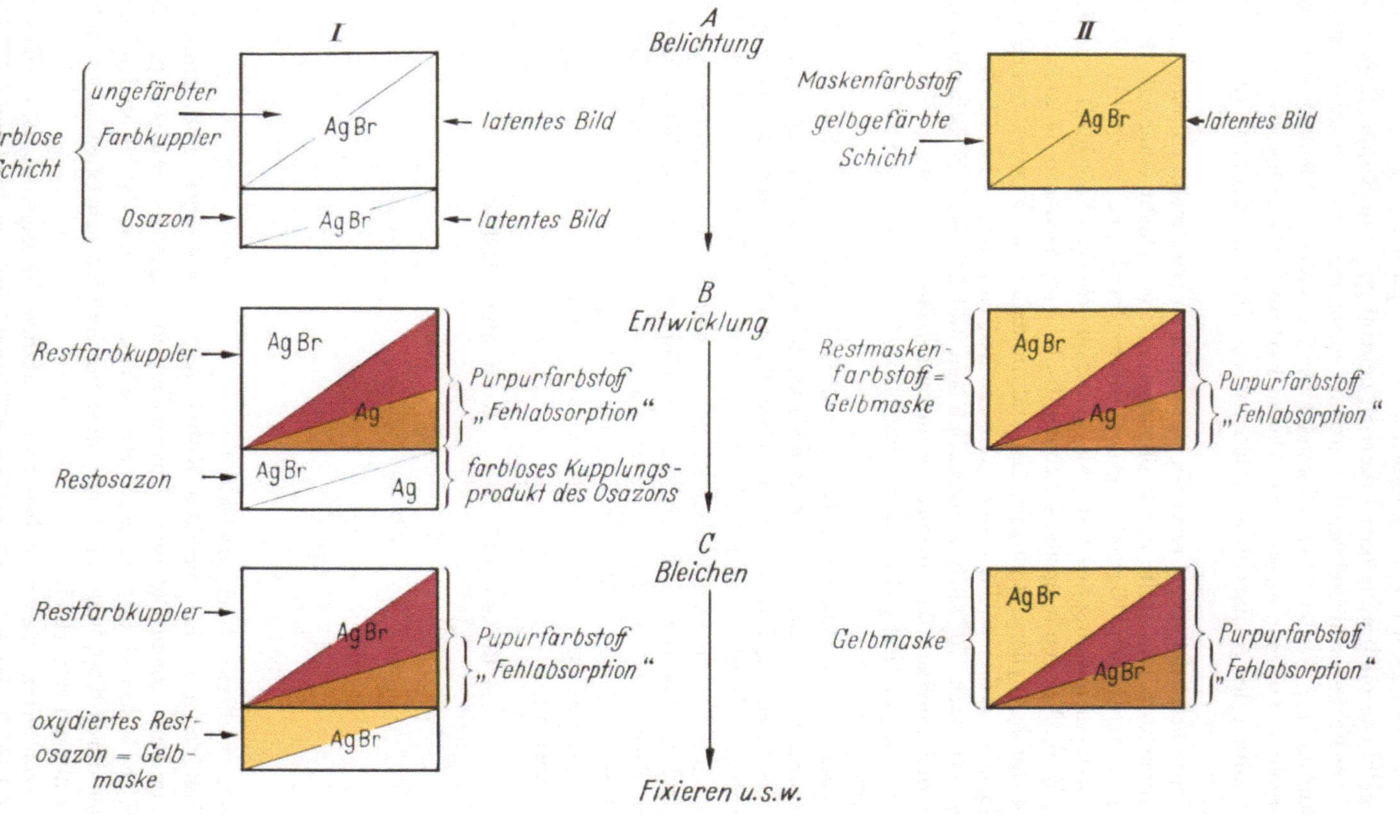

Abb. 2. Schematische Darstellung des Maskierungsvorgangs.
I. mit Hilfe von farblosen Osazonen,
II. mit Hilfe von gefärbten Maskenkupplern

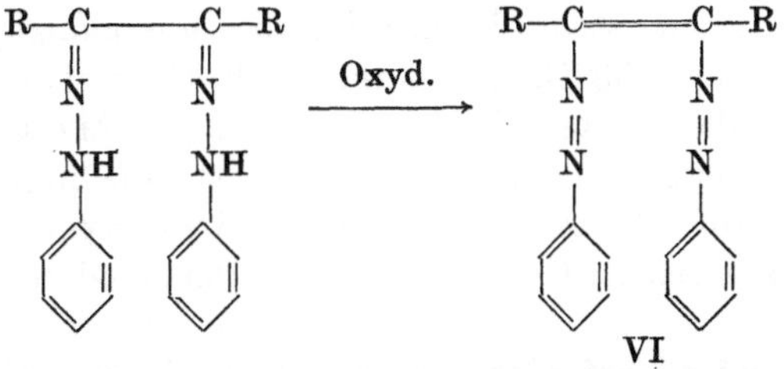

$$\underset{\substack{\| \\ N-NH-C_6H_5}}{R-C}-\underset{\substack{\| \\ N-NH-C_6H_5}}{C-R} \xrightarrow{\text{Oxyd.}} \underset{\substack{| \\ N=N-C_6H_5}}{R-C}=\underset{\substack{| \\ N=N-C_6H_5}}{C-R} \quad \text{VI}$$

Die erforderlichen Reaktionszeiten sind kurz. Es ist ein glücklicher Zufall, daß die in der Farbenphotographie am meisten gebräuchlichen Silberbleichmittel Kaliumferricyanid und Natriumbichromat sich als besonders geeignete Oxydationsmittel zur Herstellung dieser Azoverbindungen erweisen. Badet man also das eben erwähnte in Gegenwart eines Osazons erhaltene Silberbild zur Entfernung des Silbers in einem Kaliumferricyanidbad, dann erhält man an den nicht belichteten — also nicht entwickelten — Stellen ein gelbes Bild aus der entsprechenden Bis-Azoäthylenverbindung, während die belichteten Partien praktisch farblos bleiben. Dieses Bild ist positiv zu der aufbelichteten Vorlage.

Vereinigt man nun ein solches Osazon in der gleichen oder in einer getrennten Schicht mit einem farblosen Purpurkuppler und entwickelt mit einem Farbentwickler, dann erhält man neben einem Purpurbild ein entsprechendes Gelbbild gegenläufiger Gradation. Bei geeigneter Sensibilisierung und Abstimmung erhält man also wie in Abb. 1 eine Fläche gleicher Dichte, die sich herausfiltern läßt. Die Fehlabsorption des Purpurfarbstoffes ist maskiert.

In Abb. 2 ist das Entstehen einer Gelbmaske aus einem Osazon am Schema eines photographischen Materials in den entscheidenden Verarbeitungsstufen wiedergegeben. Zum Vergleich wurden die entsprechenden Stufen bei Verwendung einer farbigen Kupplungskomponente mitgezeichnet.

A stellt eine grünempfindliche photographische Schicht im ursprünglichen Zustand dar. Im Fall I ist ein farbloses Osazon zusammen mit farbloser Purpurkomponente, im Fall II einer der erwähnten umkuppelnden Pyrazolonfarbstoffe diffusionsfest eingelagert. Für den Fall I ist die Abbildung zur Verbesserung der Übersicht in zwei Teilbilder auseinandergezogen. Man erhält im Falle des Osazons eine farblose, im Falle des Pyrazolons eine intensiv gelb gefärbte Schicht. Es soll in den weiteren Ausführungen daher im 1. Falle von einer Maskenverbindung, im 2. Falle von einem Maskenfarbstoff die Rede sein. Durch Belichten erhalten beide Schichten das gleiche latente Bild.

B zeigt dieselben Schichten nach der Farbentwicklung. Der Pyrazolonmaskenfarbstoff kuppelt an den belichteten Stellen zu dem entsprechenden Purpurfarbstoff um, der die korrekturbedürftige gelbe Nebendichte mitbringt. An den unbelichteten Stellen bleibt der Farbstoff als Restbild zur Maskierung bestehen. In der Schicht liegt außerdem entwickeltes Silber neben unentwickeltem Bromsilber vor. Das Verhältnis der gelben Nebendichte zum gelben Maskenfarbstoff ist in diesem Falle durch die Absorptionseigenschaften des Maskenfarbstoffs einerseits und durch die des daraus entstehenden Purpurbildes andererseits starr festgelegt. Bei der Farbentwicklung in Gegenwart des Osazons kuppelt dieses zwar ebenfalls mit oxydiertem Farbentwickler. Ein Farbstoffbild wird durch die Kupplung jedoch nicht erzeugt. Es entsteht lediglich ein Silberbild. Außerdem entsteht gleichzeitig, aber unabhängig von der Kupplung des Osazons der korrekturbedürftige Purpurfarbstoff. Es wird deutlich, daß in diesem Fall das Farbbild und die Maske jedes für sich als eigenständiges System behandelt werden können. Die Einstellung der geforderten Maskenbedingungen wird hierdurch leichter. Erst in der Stufe C wird gleichzeitig mit dem oxydativen Ausbleichen des Bildsilbers das nicht umgesetzte Osazon durch das Bleichbad in die gelbe Maske überführt.

Man arbeitet so, daß die geforderte Maskendichte dann erreicht wird, wenn alles in der Schicht vorhandene Osazon oxydiert ist. Dann kann die Oxydation unbedenklich mit dem Ausbleichen des Silbers zu einem Arbeitsgang vereinigt werden, da bei richtiger Wahl des Bleichmittels die Oxydation des Osazons vor dem endgültigen Ausbleichen des Bildsilbers beendet ist. Für spezielle Fälle besteht eine Möglichkeit, auch am fertiggestellten Material die Maskendichte zu variieren. Die verschiedenen photographischen Silberbleichmittel wirken verschieden stark oxydierend auf die Osazone ein. Das Oxydationspotential z. B. des Eisen-III-Salzes der Äthylendiamintetraessigsäure reicht im allgemeinen nicht aus, um aus den Osazonen ein merkliches Maskenbild hervorzurufen. Stellt man Kaliumbichromatlösung auf einen p_H-Wert von ungefähr 3 ein, dann verläuft die Oxydation merklich langsamer als bei Verwendung eines Kaliumferricyanidbades. Bleicht man also das Silber eines osazonmaskierten Farbfilms zunächst in einer Lösung des Eisen-III-Salzes der Äthylendiamintetraessigsäure, dann wird nur das Silber ausgebleicht, das Maskenbild erscheint noch nicht. Mit der Variation der Oxydationszeit in einem anschließend stärker oxydierenden Bad läßt sich dann, wenn nötig, die Maskendichte innerhalb gewisser Grenzen variieren. Abb. 3 zeigt eine Kurvenschar verschiedener Maskendichten, die aus ein und demselben Material nach Entfernung des Bildsilbers durch Variation der Oxydationszeit von 2 — 5 Min. bei Verwendung eines sauergestellten Kaliumbichromatbleichbades erhalten wurden.

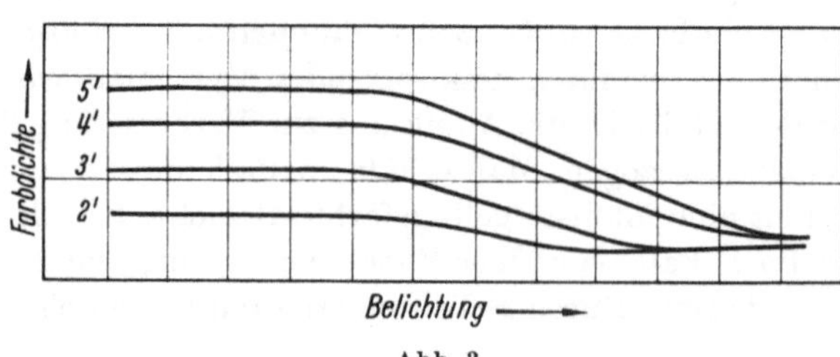

Abb. 3.

Es muß noch erwähnt werden, daß mit der Verwendung der Osazone als Maskenverbindungen keine zusätzlichen Forderungen an den Schichtaufbau gestellt werden. Je nach Aufgabenstellung kann man frei wählen, ob Masken- und Farbkomponenten in einer gemeinsamen oder in getrennten Schichten untergebracht werden. Auch die Reihenfolge der Schichtanordnung ist beliebig. Sie kann sich anderen technischen Forderungen unterordnen. Da die wirksamen Maskenschichten sehr dünn ausfallen, können sie z. B. anstelle von ohnehin vorhandenen Schutz- oder Trennschichten angebracht werden.

In grundsätzlich gleicher Weise, wie es für die Korrektur der Fehlabsorption der Purpurfarbstoffe beschrieben ist, kann man natürlich auch die Fehlabsorptionen der Blaugrünfarbstoffe mit Hilfe der Osazone maskieren.

Die für die Fehlabsorption des Blaugrünfarbstoffes im grünen Gebiet erforderlichen roten Farbstoffe sind durch entsprechende Substitution der Osazone ohne weiteres zu erhalten. So erhält man beim Einsatz von Osazonen des Typs VII

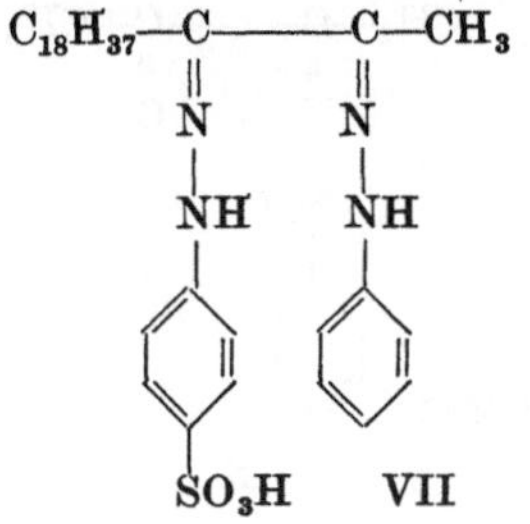

$C_{18}H_{37}$—C———C—CH_3
N N
NH NH
SO_3H

VII

gelb bis orange gefärbte Masken, während z. B. das Osazon VIII

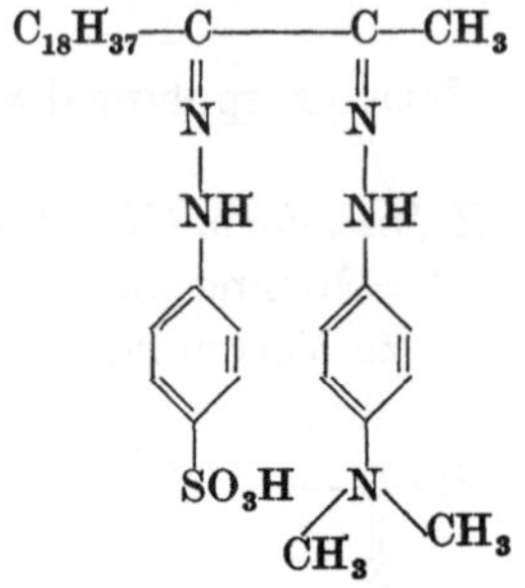

$C_{18}H_{37}$—C———C—CH_3
N N
NH NH
SO_3H N
CH_3 CH_3

VIII

eine purpurfarbene Maske ergibt.

Der chemische Ablauf der oxydativen Kupplung zwischen oxydiertem Farbentwickler und Osazonen ist kompliziert [*16*]. Als praktisch farbloses Endprodukt dieser Reaktion konnte das aus dem Osazon durch Abspaltung eines Hydrazinrestes entstandene Monohydrazon isoliert werden. Das Monohydrazon entsteht aber nicht in direkter Reaktion. Die experimentellen Befunde legen vielmehr eine Reaktionsfolge nahe, die über mehrere Zwischenstufen geht.

Bei der Durchführung dieser Reaktion in vitro mit Diacetyl-m-carboxyphenylosazon IX

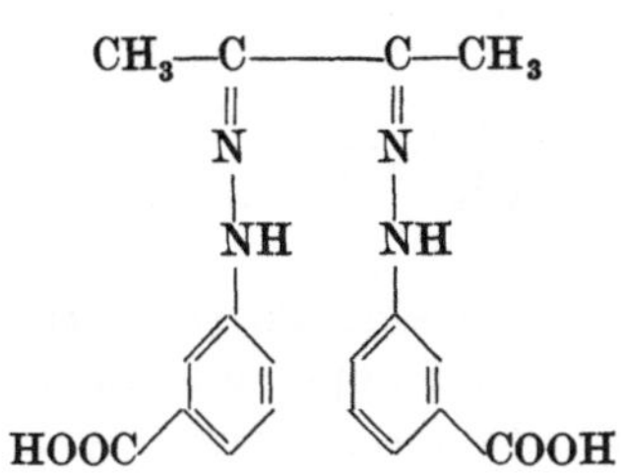

CH_3—C———C—CH_3
N N
NH NH
HOOC COOH

IX

und Silberchlorid als Oxydationsmittel konnte bei schnellem Aufarbeiten des Reaktionsansatzes eine sehr instabile gelb-rot gefärbte Verbindung isoliert werden, deren Analyse einer Verbindung der Summenformel $C_{17}H_{17}N_3O_3$ entspricht.

Beim Stehen zersetzt sich diese Verbindung bald zu einem dunklen Harz. In saurem Medium, z. B. beim Verreiben mit verdünnter Salzsäure, konnte daraus das Monohydrazon X

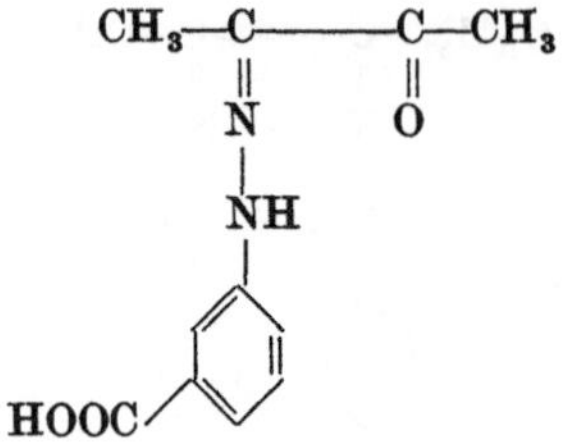

X

isoliert werden. Wurde der Reaktionsansatz nach der Kupplung und nach der Entfernung des Silberschlamms unmittelbar angesäuert, so wurde das gleiche Hydrazon gefunden.

Wir schlagen daher für die oxydative Kupplung der Osazone mit Farbentwicklern folgenden Reaktionsweg vor:

Das Osazon reagiert in seiner Halbazoform (XI b) wie eine CH-azide Verbindung, die einmal durch die benachbarte $-C{=}N$-Bindung, zum anderen durch die $-N{=}N-$ Gruppe aktiviert ist, in erster Stufe zu Verbindung XII

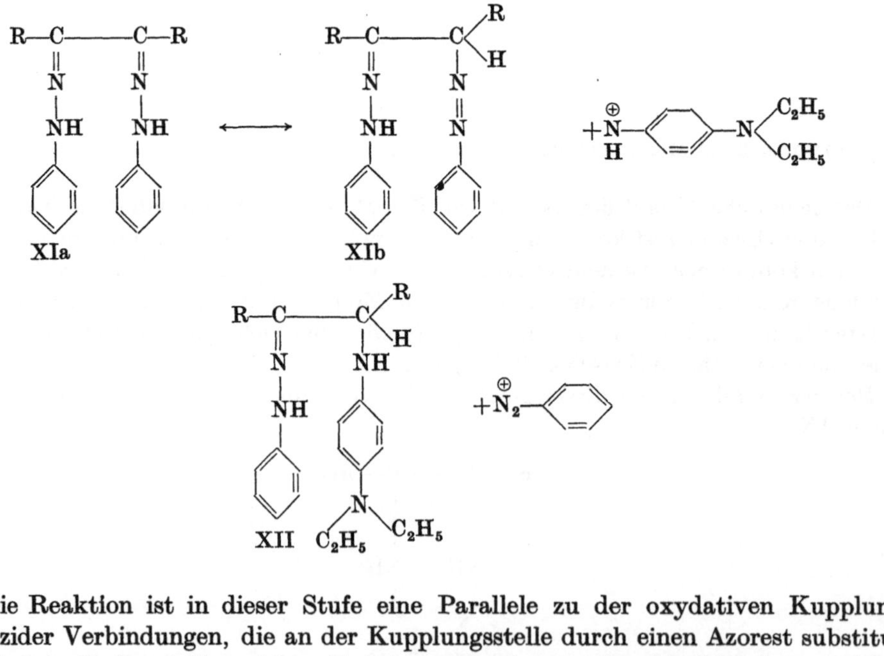

XIa ⟷ XIb

XII

Die Reaktion ist in dieser Stufe eine Parallele zu der oxydativen Kupplung CH-azider Verbindungen, die an der Kupplungsstelle durch einen Azorest substituiert sind, (z. B. dem 1-Phenyl-3-methyl-4-azobenzol-pyrazolon-5) mit Farbentwickler, wie sie von VITTUM, SAWDEY, HERDLE und SCHOLL [5] beschrieben wurde.

Verbindung XII wird zum Azomethin XIII oxydiert, das im Gegensatz zu anderen Azomethinen nicht stabil ist.

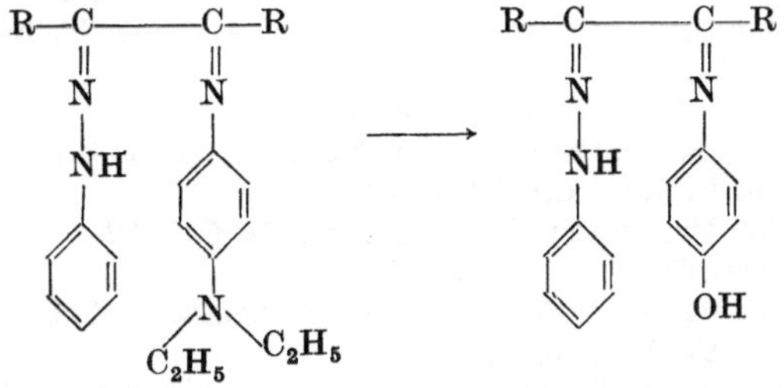

XIII → XIV

Es geht durch Desaminierung (vergl. TONG [19]) in Verbindung XIV über. Der Verbindung $C_{17}H_{17}N_3O_3$ kommt dann die Formel XV zu.

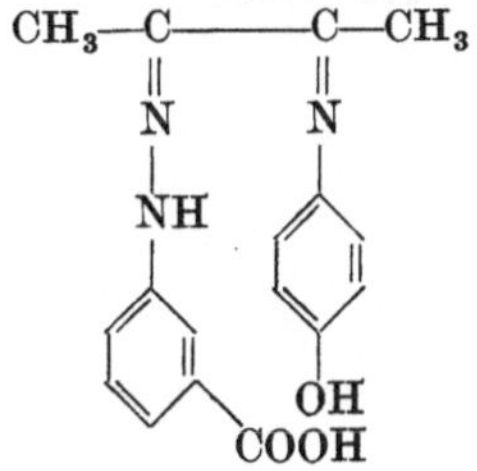

XV

Durch Hydrolyse besonders in schwach saurem Medium entsteht das praktisch farblose Monohydrazon XVI

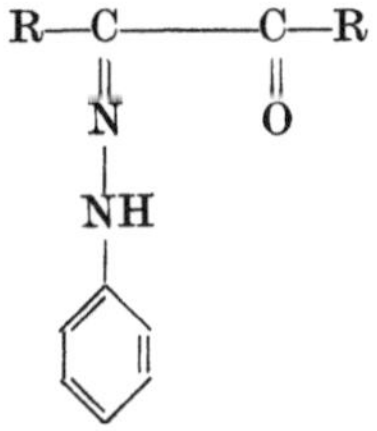

XVI

wie es für den Fall von XV mit der Isolierung von X bewiesen wurde.

Herrn Dr. Ottmar Wahl möchten wir für das rege Interesse und für die wertvolle Unterstützung, die er dieser Arbeit entgegengebracht hat, unseren besten Dank aussprechen.

Literatur

[1] HELLMIG, E.: Agfa Mitteilungen aus dem Forschungslaboratorium der Agfa, Leverkusen, München Bd. I, 1955 S. 199. Berlin/Göttingen/Heidelberg: Springer.

[2] BÉLA GASPAR GB 231 179.

[3] HANSON jun., W. T.: US 2 449 966 u. P. W. VITTUM: PSA-Journal **13**, 94 (1947).

[4] KENDALL, I. D., u. R. B. COLLINS: GB 513 596;
GANGUIN, K. O. u. E. MCDONALD: GB 673 091;
COLLINS, R. B., R. R. ROBINSON u. D. J. FRY: GB 674 356; GB 675 797.

[5] VITTUM, P. W., G. W. SAWDEY, R. A. HERDLE u. M. K. SCHOLL: J. Am. Soc. **72**, 1533 (1950).
[6] GLASS, D. B., P. W. VITTUM u. A. WEISSBERGER: US 2 455 169.
[7] SAWDEY, G. W., M. K. RUOFF u. P. W. VITTUM: J. Am. Soc. **72**, 4947 (1950).
[8] GRAHAM, B.: US 2 725 291.
[9] VITTUM, P. W. u. R. J. ARNOLD: US 2 428 054.
[10] VITTUM, P. W., A. WEISSBERGER u. L. S. WILDER: US 2 435 616.
[11] WITHMORE, K. W. u. E. T. PESCH: US 2 860 975.
[12] DUERR, H. H., H. W. MORREAL u. H. C. HARSH: GB 637 852.
[13] WILLIAMS, J.: US 860 974.
[14] PÜSCHEL, W., O. WAHL, W. PELZ, H. SCHELLENBERGER u. K. LÖFFLER: DAS 1 083 125.
[15] PECHMANN, H. v.: B. **21**, 2755 (1888).
[16] PELZ, W., W. PÜSCHEL, H. SCHELLENBERGER u. K. LÖFFLER: Zeitschr. Angew. Chemie **72**, 967 (1960).
[17] McDONALD, E.: DAS 1 013 514.
[18] PELZ, W. u. O. WAHL: DAS 1 003 584.
[19] TONG, L. K. J.: J. Phys. Ch. **58**, 1090 (1954).
[20] JENNEN, J. J.: GB 685 061.

Farbkuppler

Eine Literaturübersicht

Von W. Pelz

Unter Farbkupplern oder Farbkomponenten versteht man in der Farbenphotographie Verbindungen, die in der Lage sind, mit dem bei der Entwicklung entstehenden Oxydationsprodukt des Farbentwicklers Farbstoffe zu bilden. Praktische Voraussetzung für diese oxydative Kupplungsreaktion ist, daß sie unter den Bedingungen abläuft, die bei der Entwicklung gegeben sind. Diese sind gewöhnliche Temperatur und wäßriges, meist alkalisches Medium. Für dieses Prinzip der chromogenen Entwicklung ist also wesentlich, daß zwei voneinander chemisch verschiedene Stoffe oxydativ kondensiert werden. Damit unterscheidet sich dieses Verfahren von solchen, wo z. B. nach Homolka [*13*] Verbindungen, die sowohl entwickelnde als auch farbstoffbildende Eigenschaften in sich vereinigen, wie es bei gewissen Leukoverbindungen der Fall ist, zum Aufbau eines farbigen Bildes verwendet werden.

Die Zahl der Verbindungsklassen, die definitionsgemäß als Farbkuppler anzusprechen sind, ist groß. Entsprechend dem überragenden Gebrauchswert des subtraktiven Farbsystems sollen die subtraktiven Grundfarben Gelb, Purpur und Blaugrün das Einteilungsschema für die Farbkuppler bilden. Das heißt, der aus dem jeweiligen Farbkuppler mit N,N-Diäthyl-p-phenylendiamin (=TSS) erhältliche Farbstoff ist bestimmend für die Einordnung des Farbkupplers. Wenn nicht ausdrücklich erwähnt, ist also unter Farbe oder Absorptionsverhalten des Kupplers, dem fachlichen Sprachgebrauch entsprechend, die des Farbstoffes, der durch die oxydative Kupplung erhältlich ist, ausgemessen in einer Gelatineschicht, gemeint.

Trotzdem ist es schwer, Farbkuppler nach diesen Gesichtspunkten einheitlich zu ordnen, da je nach Substitution der Farbkupplermoleküle, Farbstoffe mit verschiedenen Absorptionsvermögen entstehen können. Ein typisches Beispiel sind die in DP Anmeldung I 76 937 von 1944 genannten Cyanmethylenverbindungen, die je nach Wahl des heterocyclischen Restes, an dem diese Cyanmethylengruppe steht, mit ein und demselben Entwickler gelbe, purpurfarbene und blaue Farbstoffe ergeben. In solchen Fällen wurde die funktionelle Gruppe als zweites Ordnungsprinzip verwendet und diese Kuppler mit anderen cyanmethylengruppenhaltigen Verbindungen zusammengefaßt.

Aus diesen Gründen entbehrt diese Einteilung nicht einer gewissen Willkür. Die Zusammenfassung erhebt keinen Anspruch darauf, vollständig zu sein. Da, wo Patentschriften verschiedener Länder offensichtlich gleichlautend sind, wurde nach Möglichkeit die prioritätsbegründende Patentschrift angeführt.

Des weiteren wurden nur solche Veröffentlichungen berücksichtigt, deren Offenbarungen auf die farbbildende Funktion der Farbkuppler gerichtet sind.

Systeme zur Diffusionsverhinderung, zur Herstellung von Mischkornemulsionen oder die sich mit anderen produktions-technischen Problemen der Herstellung farbenphotographischer Materialien befassen, wurden auch dann, wenn die Lösung mit Hilfe der Farbkupplersubstanz erreicht wird, nicht berücksichtigt.

Natürlich ließen sich auch hier Überschneidungen nicht vermeiden.

Die Vielzahl von Patentschriften, die sich um ganz bestimmte Kupplersysteme gruppieren, ließ eine bewußte und kritische Stellungnahme überflüssig erscheinen

I. Gelbkuppler

Die meisten gelb kuppelnden Verbindungen sind solche, die als Kupplungsstelle eine aktivierte Methylengruppe enthalten, die keinem Ring angehört und in fast allen Fällen durch zwei zur Methylengruppe α-ständige Gruppen aktiviert ist, von denen mindestens eine die Carbonylgruppe ist. Weniger häufig genannt sind solche Gelbkuppler, in denen die Methylengruppe an einer einem heterocyclischen Ring angehörigen Doppelbindung steht. Die auf der anderen Seite der Methylengruppe stehende und notwendige aktivierende Gruppe kann mannigfacher Art sein.

Die einfachsten Vertreter sind β-Ketocarbonsäurederivate und nicht cyclische β-Diketone[1], wie die schon 1911 von Rudolf Fischer (DRP 253335) patentierten Acylessigesterderivate, z. B. Acetoacetanilid, Benzoylessigester

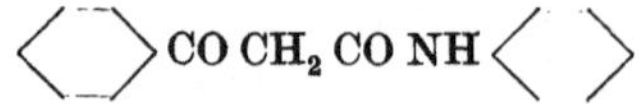

und die im US 2 206 142 (EK), US 2 113 330 (EK) genannten Acetessigsäurederivate Abkömmlinge des Acetylacetons des Benzoylacetophenons GB 525 765, GB 525 874 (EK) (das Hexahydrobenzoylaceton ist im FR 867 413 (EK) genannt), Cyanacetyl- und Cyanacetamid-Derivate (GB 458 664 (EK). Nach GB 648 907 Gev. kann die Carbonylgruppe durch C=NH, C=NOH oder CS ersetzt werden und nach GB 576 855 Ilf. geben z. B. Verbindungen der allgemeinen Formel: XCH_2CSNHR, wobei X=CN oder Carbalkoxy bedeutet, wie z. B. CN-CH_2CSNH-⟨phenyl⟩ besonders kräftige gelbe bis rote Farbbilder. Im FR 804 472 (EK) ist ein β-Thioketon CH_3CSCH_2CSR als Farbkuppler genannt. Von all diesen Verbindungen haben bisher nur Derivate der Acetessigsäure bzw. Umsetzungsprodukte von Diketen mit Aminen, DDR 5902 (Agfa), und z. B. oxygruppenhaltigen Polymeren, wie Polyvinylalkohol, FR 872 826 (Agfa), und da wieder vornehmlich die Amide der Benzoylessigsäure praktische Bedeutung erlangt.

Diese praktische Einschränkung auf substituierte Benzoylessigsäureanilide liegt wohl vor allen Dingen in der verhältnismäßig leichten Zugänglichkeit substituierter Benzoylacetarylide und der damit gegebenen Möglichkeit, die Eigenschaften der Farbkuppler selbst wie auch die der daraus erhältlichen Farbstoffe in weiten Grenzen zu beeinflussen. Außerdem kuppeln vergleichbare 1,3-Diketone, z. B. Benzoylacetophenon, rötlicher als die entsprechenden Benzoylacetarylide, z. B. Benzoylacetanilid.

[1] das cyclische β-Dimedon kuppelt nicht.

Ebenso sind Cyanacetamide in der Kupplungsfarbe röter als vergleichbare Benzoylacetamide, (λ_{max} Benzoylacetanilid 450, λ_{max} Benzoylacetophenon 484). (Vergleiche auch US 2 441 491 Ilf.)

Die Beschreibung von Benzoylacetaryliden

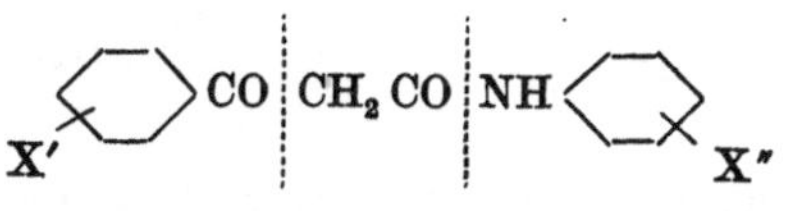

$$X'C_6H_4\text{—}CO \;|\; CH_2CO \;|\; NH\text{—}C_6H_4X''$$

I II

nimmt ihrer Wichtigkeit entsprechend den größten Raum in der Fach- und Patentliteratur ein [1].

Es scheint uns im Sinne einer klaren und knappen Ausdrucksweise zu liegen, wenn wir beim Benzoylacetarylid im Folgenden vom Benzoylteil I und dem Aminteil II sprechen.

Nach DRP 744 265 (Agfa) werden durch Substitution im Benzoylrest mit Alkoxy oder Aroxy in beliebiger Stellung Benzoylacetessigsäurederivate erhalten, die durch diese Substitution im Maximum nach kürzeren Wellen bei gleichzeitiger steiler, langwelliger Flanke verschoben werden.

Nach US 2 407 210 (EK), US 2 652 329 (EK) wird die Farbkraft, d. h. die molare Extinktion des gebildeten gelben Azomethinfarbstoffes durch o-ständige Substitution des Benzoylkerns durch Alkoxy- oder Aroxyreste in Kombination mit einer o-Chlorsubstitution im Anilinkern erhöht. Zudem sollen diese Farbstoffe eine größere Stabilität gegenüber der nicht gekuppelten Restkomponente besitzen. Diese o-Alkoxybenzoylacetanilide können in der Methylengruppe (wie auch schon R. FISCHER vorschlug) durch Chlor substituiert sein, wodurch laut US 2 728 658 (EK) der Farbschleier verringert und die Kupplungsintensität erhöht wird (allgemein ist die Substitution mit Halogen an der Methylengruppe im FR 991 453 (Ilf) geschützt).

Durch eine oder mehrere OH-Gruppen, die im Phenylkern des Benzoylrestes oder in mehreren ätherartigen gebundenen Phenylkernen stehen, wird nach DRP 744 265, DB 878 890 (Agfa) (z. B. p-Oxy, m- oder p-(β-Oxäthoxy)-benzoylessigsäurederivate) das Absorptionsvermögen in das nahe UV verlegt und eine steile Flanke der langwelligen Seite erreicht. Damit werden reinere Gelbtöne ohne Rotstich erhalten.

p-ständige Alkoxygruppen im Benzoylteil mit diffusionsverhinderndem Rest z. B.

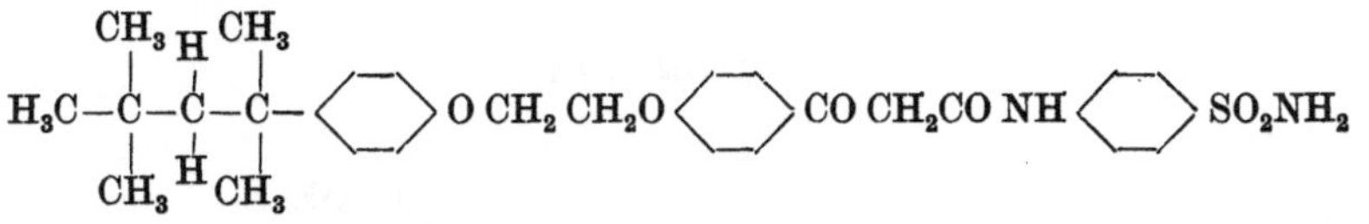

$$H_3C\text{—}C(CH_3)_2\text{—}CH_2\text{—}C(CH_3)_2\text{—}C_6H_4\text{—}O\,CH_2\,CH_2O\text{—}C_6H_4\text{—}CO\,CH_2CO\,NH\text{—}C_6H_4\text{—}SO_2NH_2$$

werden auch im DAS 1 044 614 (Gev.) als Kuppler mit verbesserter Grünabsorbtion beschrieben. (Vergleiche auch GB 808 276 Gev.).

Durch die Einführung von löslichmachenden sauren Gruppen in das Farbkupplermolekül wird die Absorption der gebildeten Farbstoffe oft in unerwünschter Weise nach längeren Wellen verschoben. Das wird nach DDR 7926 (Agfa) durch Umsetzen von Aminoacylessigsäurearyliden mit Säureanhydriden zu Halbamiden wie z. B.

$$\begin{array}{l} \text{HC(-COOH)=HC-CON(H)-}C_6H_4\text{-CO CH}_2\text{ CO NH-}C_6H_3(\text{COOH})(\text{N(CH}_3)(\text{C}_{18}\text{H}_{37})) \end{array}$$

vermieden.

Gelbkuppler, die in 2- und 5-Stellung des Benzoylrestes durch Alkoxy substituiert sind, sollen relativ hohe violett- und UV-Absorption besitzen und eignen sich daher in Chlorsilberemulsionsschichten eingesetzt besonders gut (GB 784 422 Ilf).

$$(OC_2H_5)_2C_6H_3\text{-CO CH}_2\text{ CO NH-}C_6H_4\text{-OCH}_3$$

Außer den erwähnten ätherartigen Substituenten sind in der Hauptsache Aminogruppen als funktionelle Hilfsgruppen, z. B. zur Einführung von diffusionsverhindernden Resten von Bedeutung. Diacyl-p-phenylendiamin-Gelbkuppler z. B.

$$C_5H_{11}\text{-}C_6H_4\text{-CO NH-}C_6H_4\text{-NH CO CH}_2\text{CO CH}_3$$

sind im GB 566 880 (EK) beschrieben.

Aroylessigsäurearylide, die eine im Säureteil p-ständige und alkylierte oder arylierte Aminogruppe tragen, sind nach GB 805 505 (ICI) Gelbkuppler ohne Grünabsorption. Die Kuppler selbst wirken wegen ihrer ausgeprägten UV-Absorption dem Ausbleichen des daraus gebildeten Farbstoffs durch Licht entgegen.

Besonders genannt wird

$$C_6H_5\text{-CH}_2\text{-N}(C_2H_5)\text{-}C_6H_4\text{-CO CH}_2\text{CO NH-}C_6H_3(\text{COOH})(\text{N(CH}_3)(\text{C}_{18}\text{H}_{37}))$$

In DAS 1 049 231 (VEB Wolfen) sind Gelbkuppler der allgemeinen Formel

$$A\begin{cases}\text{CO CH}_2\text{ COX}\\ \text{CO CH}_2\text{ COX}\end{cases}$$

beschrieben, z. B.

$$C_{18}H_{37}O\text{-}C_6H_3\begin{cases}\text{CO CH}_2\text{CO NH-}C_6H_3(\text{COOH})(\text{OCH}_3)\\ \text{CO CH}_2\text{CO NH-}C_6H_3(\text{OCH}_3)(\text{COOH})\end{cases}$$

in denen also zwei β-Ketocarbonylreste an einem aliphatischen, aromatischen oder heterocyclischen Rest stehen und die infolge der Möglichkeit, zwei löslichmachende z. B. Carboxylgruppen einzuführen, gut löslich sind. Die präparative Zugänglichkeit und die Möglichkeit, verschiedene die Eigenschaften der Kuppler variierende Substituenten einzuführen, ist gegenüber den ebenfalls 2 Kupplungsstellen tragenden Gelbkupplern des US 2 395 776 (GAF) verbessert (s. S. 117). Die Herstellung der Ketosäureester geschieht nach DAS 1076 133 (VEB Wolfen) zweckmäßigerweise über den Magnesiumacetessigester.

β-Ketosäurederivate, meistens Anilide, aus *heterocyclischen* Carbonsäuren zu Gelbkupplern wie z. B.

$$\text{(Pyridyl)}-CO\,CH_2CO\,NH\langle\text{C}_6\text{H}_4\rangle-CH_3$$

sind Gegenstand des US 2 283 276 (DP).

Cumarincarboylessigsäurederivate, z. B.

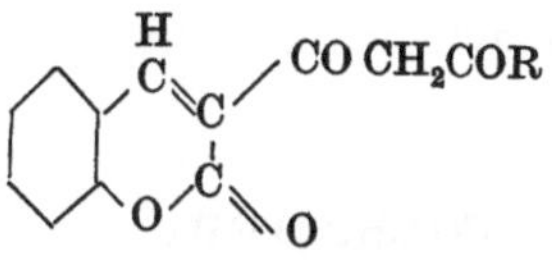

$$\text{(Cumarin-3-yl)}-CO\,CH_2COR$$

sind im FR 808 390 (Agfa) als Gelbkuppler, Furoylessigsäurederivate

$$\text{(Furyl)}-CO\,CH_2COR$$

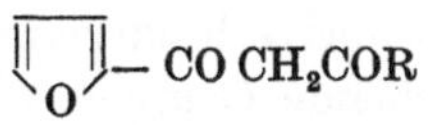

sind im US 2 184 303 (DP), GB 478 033 (EK) und GB 507 611 (Veracol-Film) genannt.

Farbkuppler der allgemeinen Formel:

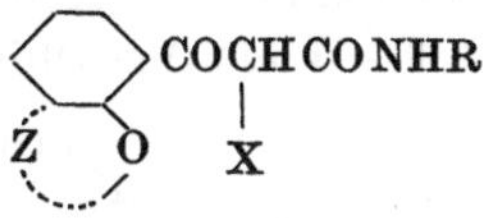

$$\text{(Aryl mit o-ständigem, über Z ringgeschlossenem O)}-CO\,\underset{X}{CH}\,CO\,NHR \qquad \begin{matrix} R = \text{Aryl} \\ X = H, Cl \end{matrix}$$

in der die o-ständige Äthergruppe zu einem gesättigten Heteroring aus der Hydrofuran- oder-pyranreihe ringgeschlossen ist, ergeben nach GB 819 827 (ICI) Gelbbilder mit sehr geringer Grünabsorption. Z. B. erhält man aus 4-Diäthylamino-2-toluidin mit

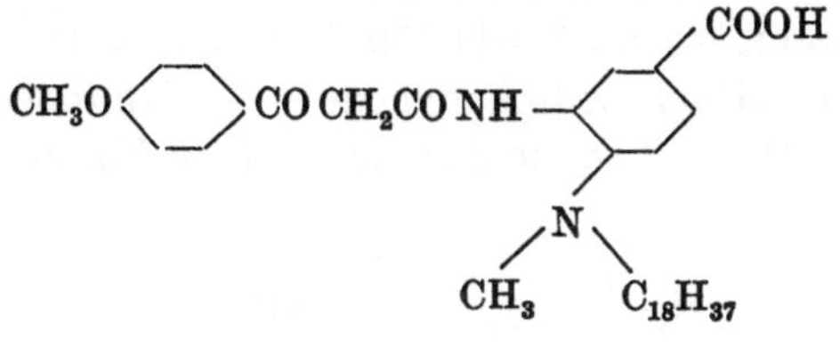

$$CH_3O\langle\text{C}_6\text{H}_4\rangle CO\,CH_2CO\,NH-\langle\text{C}_6\text{H}_3(COOH)\rangle-N(CH_3)(C_{18}H_{37})$$

ein $\lambda_{max} = 440$, bei Verwendung von

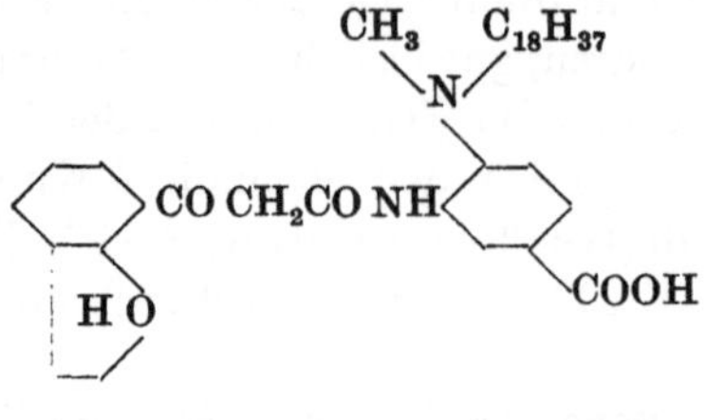

CH_3 $C_{18}H_{37}$ N — CO CH_2CO NH — COOH; H O

ein $\lambda_{max} = 428$.

Mannigfaltiger sind die Substitutionen im Anilin- oder Naphthylamin- (DRP Anm. K 146 235 (1941) EK) -teil (z. B. FR 804 472 (EK)). Auch hier findet sich wieder die o-ständige Alkoxygruppe, die in Kombination mit einem Acylaminorest entweder im Benzoyl- oder Aminteil nach US 2 875 057 (EK) ein relativ kurzwelliges Maximum mit steiler langwelliger Absorptionsflanke ergibt oder die als Träger des diffusionsverhindernden Restes in Kombination mit einer dazu p-ständigen Carboxyl-, Carbalkoxy- oder Carbonamidgruppe nach DAS 1 036 639 (Gev) für eine hypsochrome Verschiebung verantwortlich gemacht wird.

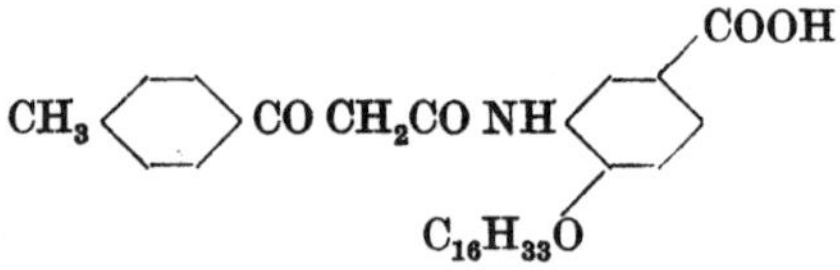

CH_3 — CO CH_2CO NH — COOH; $C_{16}H_{33}O$

z. B. kuppelt zu einem $\lambda_{max} = 420$.

In den Aminteil lassen sich diffusionsverhindernde Gruppen (US 2 376 679 (GAF)), (GB 627 353 (DP)) und löslichmachende Gruppen (GB 566 880 (EK)), GB 537 921 (EK), GB 537 696 (EK) bequem einführen.

Gelbkuppler von guter Kupplungsintensität z. B. substituierte Diphenyläther

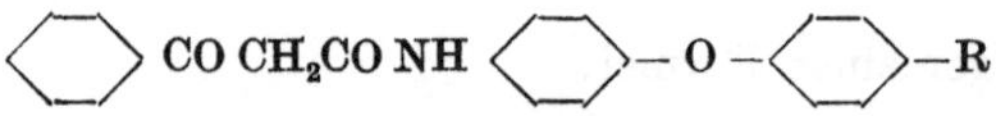

CO CH_2CO NH — O — R

deren Diphenylätherrest mit diffusionsverhindernden und löslichmachenden Gruppen versehen sind, werden mit DDR 10 538 (VEB Wolfen) geschützt.

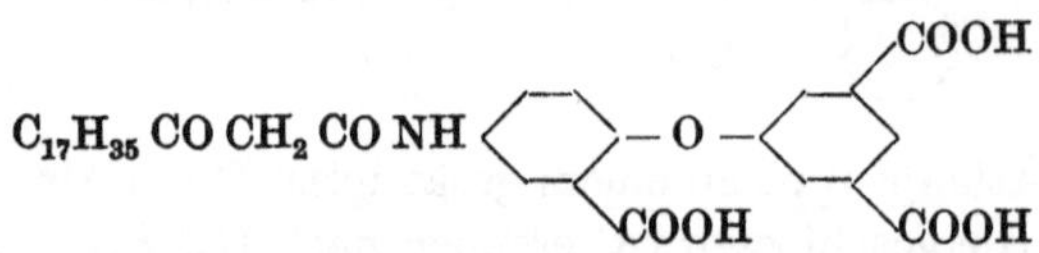

$C_{17}H_{35}$ CO CH_2 CO NH — O — COOH; COOH COOH

Sulfonamidgruppenhaltige Benzoylacetarylide sind im US 2 271 238 (EK) geschützt. US 2 652 329 (EK) z. B. schützt den Aminoisophthalsäurerest als löslichmachenden Aminteil. Im GB 493 952 (EK) und GB 566 880 (EK) wird p-Phenylendiamin als Aminteil genannt. Nach GB 544 189 (DP) werden Bis-(benzoylacetanilide) mit Diaminen, wie z. B. 4,4'-Diaminodiphenyl oder 1,5-Diaminonaphthalin geschützt, während das GB 544 120 (DP) Diamine der allgemeinen Formel

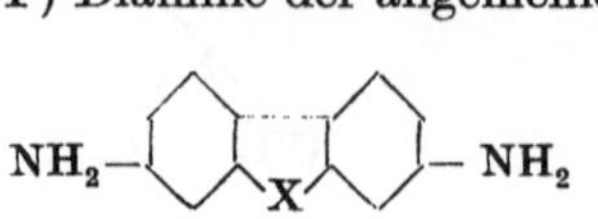

NH_2 — X — NH_2

wobei X = CH_2, CO, NH, S, SO_2, N=N usw. sein kann, verwendet. Nach GB 521 550 (Gev) sind Acylessigsäureamide mit sekundären Aminen

$$CH_3\,CO\,CH_2\,CO\,N(C_6H_5)_2$$

oder N-Acetoacetylpiperidin und Benzoylacetmorpholid nach US 2 378 266 (EK) geschützt.

Diese Substituenten können sowohl einen Einfluß auf die Farbnuance des zu bildenden Farbstoffs (sekundäre oder tertiäre Aminogruppen verschieben nach DDR 7194 (Agfa) nach kürzeren Wellen) auf seine Haltbarkeit, auf das Kupplungsvermögen, die Farbdichte, ja selbst auf die Körnigkeit des gebildeten Farbbildes haben. So wird z. B. bei Einführung des 2-Benzimidazolrestes in den Anilinkern

$$C_6H_5\,CO\,CH_2\,CO\,NH\,C_6H_4-C{\lesssim}\begin{matrix}N\\N(R')\end{matrix}\!\!>C_6H_3(R)$$

ein ausgesprochen feines Korn bei guter spektraler Charakteristik erhalten (US 2 547 307, (GAF) US 2 500 487) (GAF). In der britischen Patentanmeldung 4686 (1938) (DP) sind morpholinsubstituierte Arylamine als Aminteil, z. B. N-(4-Acetoacetaminophenyl)-morpholin, geschützt, ohne daß ein besonderer Effekt genannt wird.

Aminothiazole, -oxazole, -imidazole und -triazole als heterocyclische Amine, wie 4-Phenyl-2-aminothiazol, werden als Aminkomponente nach GB 493 952 (EK) oder 2-Amino-benzthiazol nach US 2 108 602 (EK) verwendet, ebenso nach US 2 395 776 (GAF), US 2 406 654 (GAF) und FR 804 472 (EK). Dabei wird, wie aus GB 493 952 (EK) hervorgeht, eine meist unerwünschte bathochrome Verschiebung erreicht. Die Kombination von heterocyclischem Aminteil und p-alkoxysubstituiertem Benzoylrest,

$$RO\,C_6H_4\,CO\,CH_2\,CO\,NH-C\begin{matrix}\nearrow N-C-COOC_2H_5\\ \quad\;\;\| \\ \searrow S-C-COOC_2H_5\end{matrix}$$

wobei R ein diffusionsverhindernder Rest ist, sind als Gelbkuppler hoher Kupplungsintensität im DBP 1 038 916 (Gev) beschrieben (λ max 460 mμ).

Heterocyclische Acylacetylfarbkuppler z. B. aus Chinaldinmethojodid und Benzoylessigester

$$C_9H_6N(CH_3)=CH-CO\,CH_2CO\,C_6H_5$$

sind im US 2 427 910 (Ilf) geschützt.

Bifunktionelle heterocyclische Amine, z. B. Guanazole, werden ähnlich wie die aromatischen Diamine zu Gelbkupplern mit zwei kupplungsfähigen Methylengruppen im Molekül umgesetzt (US 2 406 654 (GAF) und US 2 395 776 (GAF)). Eine andere Möglichkeit, zwei kupplungsfähige farbgebende Gruppen zu einem Kupplermolekül zu vereinigen, besteht nach US 2 368 302 (DP) darin, zwei Gelbkupplermoleküle durch z. B. Formaldehyd zu verbinden zu

$$\begin{array}{c} \mathrm{R{-}CO{-}CH{-}COX} \\ | \\ \mathrm{CH_2} \\ | \\ \mathrm{R{-}CO{-}CH{-}COX} \end{array}$$

die in der Methylenbrücke weiter durch Halogen oder Alkyl substituiert sein können und durch Aufspaltung an der aktivierten Methylengruppe kuppeln.

Andererseits können die Methylengruppen von z. B. zwei Acetoacetaniliden durch S verbunden sein,

$$\begin{array}{ccccc} & \mathrm{H} & & \mathrm{H} & \\ \mathrm{C_6H_5{-}CO} & \mathrm{C} & \mathrm{{-}S{-}} & \mathrm{C} & \mathrm{{-}CO{-}C_6H_5} \\ & | & & | & \\ & \mathrm{C{=}O} & & \mathrm{O{=}C} & \\ & / & & \backslash & \\ \mathrm{C_6H_5{-}NH} & & & & \mathrm{NH{-}C_6H_5} \end{array}$$

womit nach US 2 387 145 (Dufaychromex) Gelbbilder in Halogensilberemulsionen durch Einentwickeln erzeugt werden können. Eine —S—S—Brücke ist in US 2 340 763 (DP) beschrieben.

In verschiedenen Patenten, z. B. GB 648 907 (Gev), sind außer Halogen auch Acyl, —CH=CH—, COOH, SO_3H, Salze oder Ester von COOH, SO_3H, CO.COOH, Methylen oder substituiertes Methylen, S oder S—S— als Substituenten in der kupplungsfähigen Methylengruppe genannt.

Im DDR 5194 (Agfa), US 2 186 735 (GAF) werden als Gelbkuppler Malonsäurediamide oder Halbamide der Malonsäure beansprucht. Thiers und van Dormael [*37*] wiesen allerdings nach, daß Malondianilide nicht kuppeln und daß bei diesen Malondiamiden Verunreinigungen von Malonamidestern die Kupplungsfarbe ergaben (Sc. Ind. Photogr. **23**, 386 — 388 (1952)). Malonsäurediamide $RNHCOCH_2CONHR'$ kuppeln aber dann, wenn R oder R′ Thiazol oder Benzthiazol ist, zu gelben Farbstoffen; das Kupplungsvermögen geht verloren, wenn Benzoxazol oder Pyridin für R oder R′ steht oder wenn eine der Amidogruppen das Wasserstoffatom durch Substitution verliert.

Malonsäurehydrazone der Formel

$$\begin{array}{l} \mathrm{X} \diagdown \\ \quad \mathrm{C{=}N{-}NHCOCH_2CONHNH_2} \\ \mathrm{Y} \diagup \end{array}$$

$$\begin{array}{lr} \mathrm{X} \diagdown & \diagup \mathrm{X'} \\ \quad \mathrm{C{=}N{-}NHCOCH_2CONH{-}N{=}C} & \\ \mathrm{Y} \diagup & \diagdown \mathrm{Y'} \end{array}$$

bei denen X und Y bzw. X′ und Y′ gleiche oder verschiedene Reste sind, kuppeln intensiv gelb [*38*].

Andere gelb kuppelnde Verbindungen, in denen sich die kupplungsfähige Methylengruppe in einer aliphatischen Kette befindet, sind z. B. die Verbindungen $R-CH=CHCH_2COX$, in der die Methylengruppe durch eine Carboxyl- und eine Vinylgruppe aktiviert ist; DRP 746 530 (Agfa) und US 2 214 483 (GAF). Aminocrotonsäurearylide wie

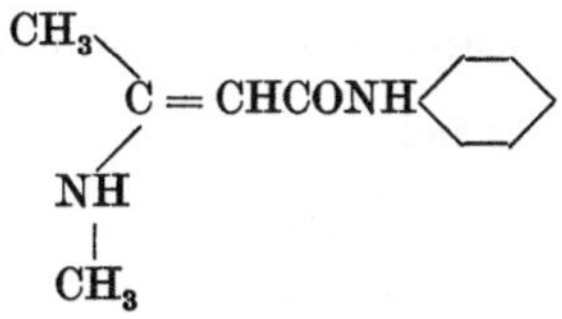

$$(CH_3)(CH_3NH)C=CHCONH-C_6H_5$$

sind als Gelbkuppler im US 2 507 110 (DP) beschrieben. Die Aktivierung kann wie in Phenylbrenztraubensäure

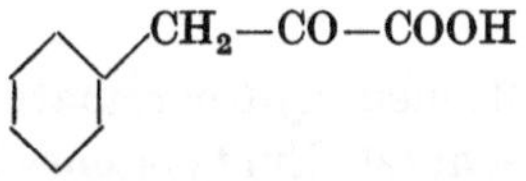

$$C_6H_5-CH_2-CO-COOH$$

auch durch einen aromatischen oder nach FR 852 803 (Agfa) einen heterocyclischen Ring und eine Oxalylgruppe erfolgen.

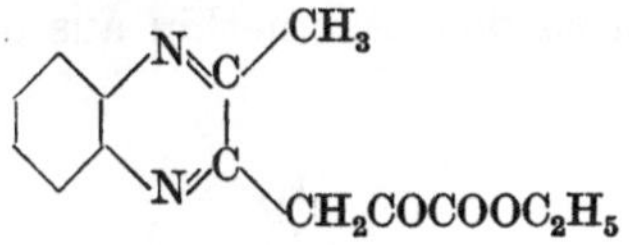

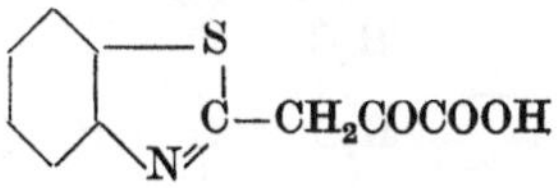

$$\text{Chinoxalin: } C(CH_3)=N \ldots N=C-CH_2COCOOC_2H_5$$

$$\text{Benzthiazol: } S \ldots C-CH_2COCOOH, \; N=$$

Praktische Bedeutung kommt solchen Kupplern bisher nicht zu.

Weitere gelb bis orange kuppelnde Verbindungen mit aliphatisch funktionellem System sind Cyanacetamide $CNCH_2CONHR$ oder Hydrazide $(CNCH_2CONH-N=)_nX$, US 2 375 344 (Gev), wobei X ein organischer Rest ist, oder Hydrazone, wie z. B.

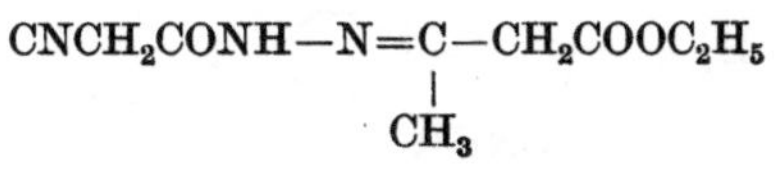

$$CNCH_2CONH-N=C(CH_3)-CH_2COOC_2H_5$$

oder

$$\text{Indanon: } C=N-NHCOCH_2CN, \; CH_2, \; C=O$$

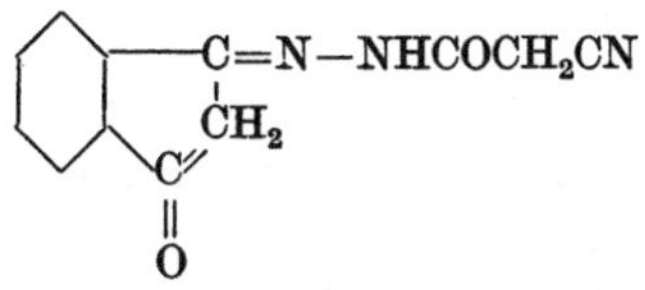

(GB 590 637 (Gev).

α-Cyanacetiminoderivate wie

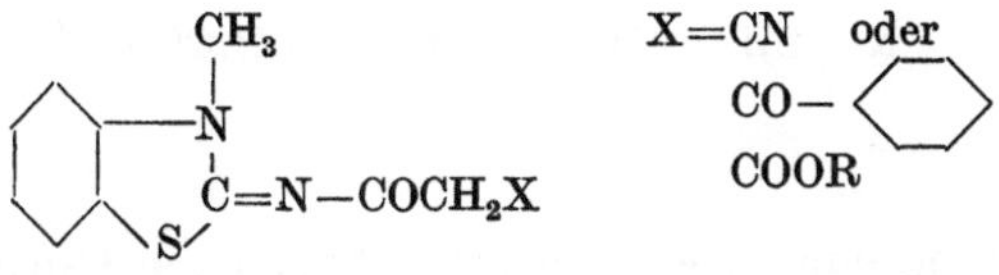

$$\text{Benzthiazolin: } N(CH_3), \; C=N-COCH_2X, \; S \qquad X=CN \text{ oder } CO-C_6H_5, \; COOR$$

sind im US 2 312 040 (Ilf) aufgeführt.

p-Phenylazo-acetoacetanilid

$$C_6H_5-N=N-C_6H_4-NHCOCH_2COCH_3$$

ist im FR 804 472 (EK) als gelb kuppelnde Verbindung genannt.

Verbindungen der allgemeinen Formel

$$\begin{array}{l} \diagdown\!{}_{1}C{=}O \\ \quad | \\ \diagup\!{}^{2}C(H)COR \end{array}$$

in denen die Kohlenstoffe 1 und 2 einem hydroaromatischen Ring angehören, sind im GB 566 771 (DUFAY Chromex) geschützt. Ein typisches Beispiel ist das gelb kuppelnde p-Phenylendiamid der Cyclopentanono-Carbonsäure, das aber erst im Bleichbad in den gelben Farbstoff übergeht. Wahrscheinlich tritt unter den oxydierenden Bedingungen Säurespaltung und Oxydation zu dem Azomethin aus der Leucoverbindung in unmittelbarer Folge ein nach

$$\begin{array}{c} H_2C{-}CH_2{-}CH_2{-}C(=O){-}CH(CONHR) \text{ (Ring)} \end{array} \longrightarrow \begin{array}{c} H_2C{-}CH_2{-}CH_2{-}C(=O){-}C(CONHR){-}NH{-}C_6H_4{-}N(R')(R'') \end{array} \longrightarrow$$

$$H_2C(CH_2COOH){-}C(CONHR){=}N{-}C_6H_4{-}N(R')(R'')$$

Die Kupplungsfarbe ist wenig intensiv.

Einen formalen Übergang zu den gemischten aliphatisch heterocyclischen Systemen, bei denen eine aliphatische Carbonylgruppe und ein einem aromatischen Heteroring angehörendes C-Atom über eine Methylengruppe miteinander verbunden sind, bilden Gelbkuppler der allgemeinen Formel

$$\overbrace{N(R){-}(CH{=}CH)_n{-}C}^{Z}{=}CH{-}COCH_2COX$$

(wobei Z die zur Bildung eines Heteroringes notwendigen C-Atome sind) in denen noch keines der C-Atome, die der kuppelnden Methylengruppe benachbart sind, einem

Ring angehört. GB 532 804 (Ilf) beschränkt sich auf Cumaryl- und Thionaphthenylessigsäurederivate wie

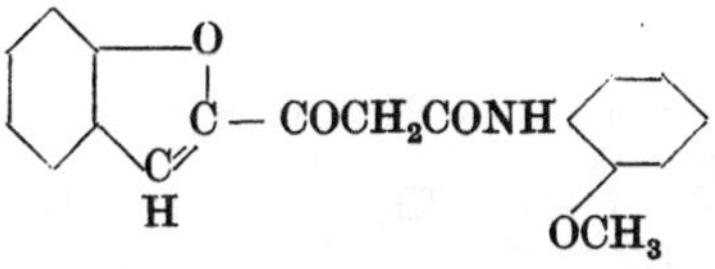

O
C – $COCH_2CONH$
C
H
OCH_3

Im GB 577 259 (Ilf) wird der oben angeführten allgemeinen Formel entsprechend z. B.

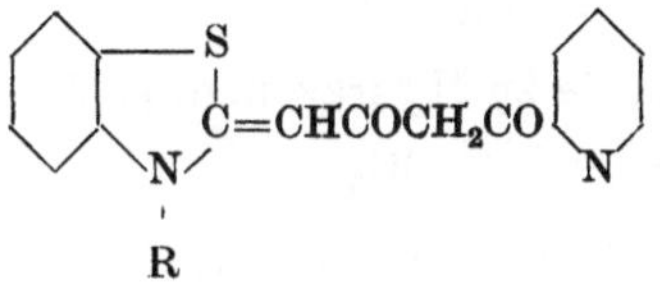

S
C=$CHCOCH_2CO$
N N
R

genannt.

Phthalidenacetanilid (US 2 472 666 (DP))

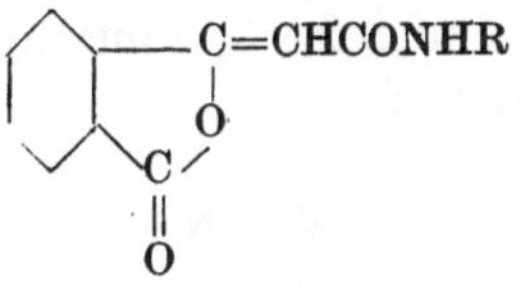

C=CHCONHR
O
C
O

ist ein in der Enolform lactoniertes o-Carboxy-benzoyl-acetanilid, das sicherlich unter Sprengung des Lactonringes kuppelt, wie die im gleichen Patent geschützten o-Carboxybenzoylacetanilide.

Zu den gemischt heterocyclisch aliphatischen Gelbkupplern gehören 1,3,4-Oxodiazole (GB 663 564 (Gev.))

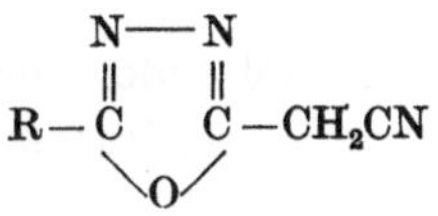

N—N
R–C C–CH_2CN
O

1,2,4-Oxodiazole

R–C—N
N C–CH_2COX
O

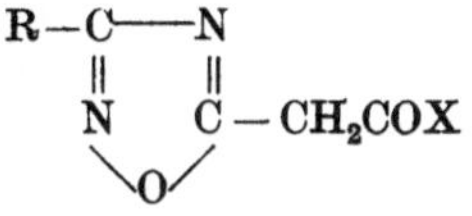

wobei R ein organischer Rest, z. B. im GB 648 907 (Gev), auch Styryl und X ein elektronegatives Radikal wie z. B. Carbonyl-, CN usw. sein kann, (GB 638 039 (Gev)), GB 648 907, (Gev) GB 540 760 (Gev)) und 1,3-Bis-oxodiazolylaceton

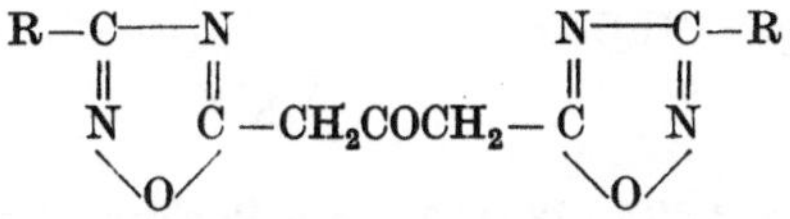

R–C—N N—C–R
N C–CH_2COCH_2–C N
O O

(es kuppelt wahrscheinlich nur eine Methylengruppe, die aber sicher stark aktiviert ist). FR 59 472, Zusatz zu FR 869169 (Gev), FR 978 156 (Gev).

Die H-Atome der Methylengruppe in den 1,3-Oxodiazolkupplern können auch durch ein oder zwei Halogene substituiert sein oder zwei Methylengruppen mit Formaldehyd zu

```
R—C——N   COCH3  COCH3 N——C—R
  ‖   ‖    |       |      ‖  ‖
  N   C — C—CH2—C———C   N
   \O/     H       H     \O/
```

verbunden sein. Sie spalten während der Kupplung auf und geben die normalen Azomethine.

Mit Hydraziden reagieren sie zu Hydrazonen, z. B.

```
R—C——N        CH3
  ‖   ‖         |
  N   C—CH2—C=N—NHCO—C6H4—NO2
   \O/
```

die ohne Verringerung der Kupplungseigenschaften zu gelben Azomethinfarbstoffen umkuppeln (GB 663 550 (Gev)).

Oxodiazole-1,2,4, die in 5-Stellung die Cyanmethylengruppe und in 3-Stellung eine Methylensulfongruppe tragen, z. B.

```
R SO2CH2 — C — N
           ‖   ‖
           N   C — CH2CN
            \O/
```

zeigen gegenüber den oben genannten 1,2,4-Oxodiazolen erhöhte Reaktivität und schärfere Absorptionen mit steileren Flanken. Sie werden aus den entsprechenden Amidoximen erhalten (DAS 1 045 230) (Gev)). Die Kupplungsfarbe reicht allerdings schon in das Purpurgebiet (s. S. 130).

2-Acetonyl-benzimidazol-, -benthiazol- oder -benzoxazol-derivate (FR 969 826 (Gev) GB 578 666 (DP)) und Hydrazide, Hydrazone, Hydroxamsäuren, davon

```
                          X = NH NH2
                              NH OH
   /\——Y                      NH — N = CH — R
  |  |   C — CH2COX           — C6H5
   \/\N//
                          Y = O, S, NH
```

(GB 674 103 (Gev)) werden ebenfalls als Gelbkuppler geschützt. Verbindungen,

```
 ..Z\                     ..Z\
 :    C — CH2COX          :    C — CH2 — CN
 ..N//                    ..N//
```

wobei der Heteroring im US 2 435 173 (GAF) ein Pyridin-, Chinolin- oder Isochinolinkern sein kann, im US 2 323 504 (DP) ein Benzthia- oder -oxazolrest, kuppeln ebenfalls gelb bis purpur.

Interessanterweise kuppeln Pyridinderivate rot bis purpur, während entsprechende Chinolinderivate gelb kuppeln (US 2 435 173 (GAF)).

Ebenso sind nach US 2 323 503 (DP) und US 2 377 302 (DP) Methylen-bis-azole

$$\mathrm{C_6H_4\langle Y, N\rangle C - CH_2 - C\langle Y, N\rangle C_6H_4}$$

als Gelb- und Rotkuppler geschützt.

Eine Klasse von Gelbkupplern, die Gelbbilder großer Dichte ergeben, sind nach GB 689 023 (Gev) 1-Chinazolyl-3-ketomethylen-Verbindungen der allgemeinen Formel

$$\mathrm{Z\langle C(=O)-NH-C(-CH_2COX)=N\rangle}$$

Sie sind aus Anthranilsäure und Cyanessigesteriminoester oder durch Cyclisieren von Anthranilamid mit Diketen zu z. B.

$$\mathrm{C_6H_4\langle C(=O)-NH-C(=N)\rangle - CH_2 - CO - CH_3}$$

leicht zugänglich oder können durch dehydratisierenden Ringschluß von Benzoylacetaniliden, die eine o-ständige Carbonamidgruppe tragen, erhalten werden [*39*].

$$\mathrm{C_6H_4(C(=O)-NH_2)(NH-C(=O)-CH_2CO-C_6H_5)}$$

$$\downarrow$$

$$\mathrm{C_6H_4\langle C(=O)-N=C(-CH_2CO-C_6H_5)-N\rangle}$$

Eine von den bisher beschriebenen Gelbkupplern abweichende Kupplergruppe wird im US 2 154 918 (Agfa) geschützt. Darin wird die Aktivierung der Methylengruppe durch eine Carbonylgruppe und eine quaternäre Ammoniumgruppe in z. B. Phenacyl-pyridiniumchlorid erreicht.

$$\mathrm{[C_6H_5COCH_2-\overset{+}{N}C_5H_5]\,X^-}$$

Andere gelbkuppelnde Ammoniumverbindungen sind die durch US 2 418 748 (GAF) geschützten cyclischen Pyridinium- und quaternären Benzthiazoliumverbindungen, die z. B. folgendermaßen formuliert werden:

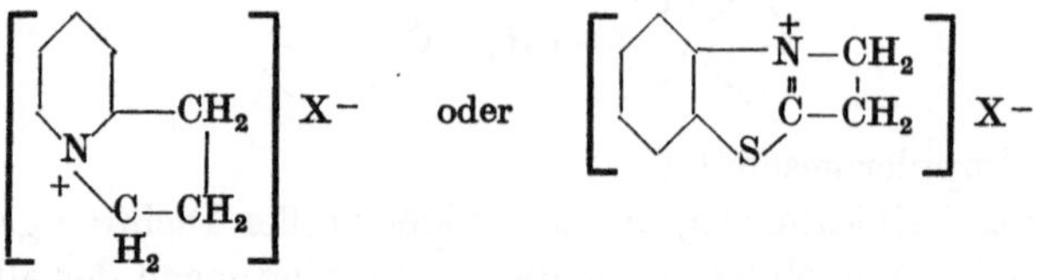

X^- oder X^-

die aus den N-ω-Oxalkylverbindungen mit PCl_3 erhältlich sind. Über die Kupplungsstelle wird dort nicht berichtet. Ein rein cyclischer Gelbkuppler ist in GB 564 713 (Dufay Chromex) mit 4-Methylcarbostyryl beschrieben.

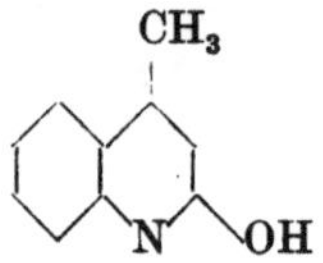

Eine neue Klasse von nicht nur chemisch interessanten Gelbkupplern sind die Benzisoxazolone,

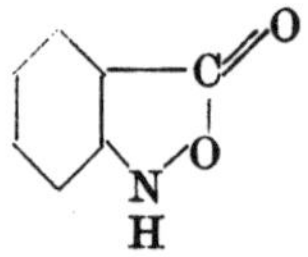

die unter Aufspaltung des Heteroringes zu gelben Azofarbstoffen kuppeln (GB 778 089 (ICI)). Über die Chemie dieser Kupplung wird auf Seite 151 bei den Indazolonen berichtet.

Ein anderer chemisch interessanter Fall ist der Vorschlag zur Verwendung von Anthron als ein gelbe Farbstoffbilder gebender Kuppler. Es reagiert in der Weise, daß der zuerst gebildete Chinoniminfarbstoff, der violett bis blau ist, oxydierend zu einem gelben Antrachinonbild gespalten wird (GB 637 093 GAF)

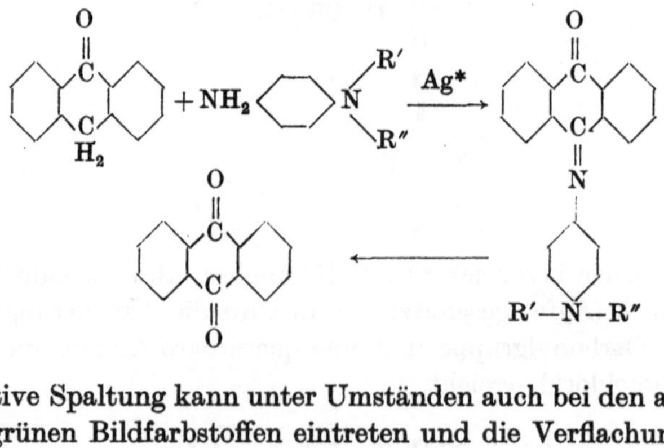

Diese oxydative Spaltung kann unter Umständen auch bei den aus α-Naphtholen gebildeten blaugrünen Bildfarbstoffen eintreten und die Verflachung des Blaugrünbildes verursachen.

Bei Verwendung von Hydrochinon als entwickelnde Substanz wird in Gegenwart von Phenylazocyanessigsäure nach GB 617 223 (Gev) ein gelbes Farbbild erhalten.

$$C_6H_5-N=N-CH(COOH)-CN$$

In diesem Patent werden Kuppler beschrieben, deren Methylengruppe durch einen Azorest aktiviert ist.

In die Klasse der gelb kuppelnden Verbindungen läßt sich das 2-Oxy-3,4,3',2'-Furofluorenon eingliedern, das nach GB 569 089 (EK) [2] durch intramolekularen doppelten Ringschluß aus cis-Phenyl-2-furylitaconsäure und Bernsteinsäure

entsteht und braun kuppelt.

Die lineare Struktur der meisten Gelbkomponenten steht wahrscheinlich auch im Zusammenhang mit der verhältnismäßig geringen Lichtechtheit der daraus erhältlichen Azomethine [3]. Zwar spielt auch die Absorption der Gelbfarbstoffe im chemisch aktiven UV eine nicht unbedeutende Rolle [4], aliphatisch funktionelle Purpurkuppler, wie ω-Cyanacetophenone, sind nämlich ebenfalls viel weniger lichtecht als entsprechende cyclische Purpurkuppler. Dieser Nachteil kann durch Verwendung der beschriebenen gemischt aliphatisch heterocyclischen Kuppler in einigen Fällen verringert werden. Allerdings sind diese Gelbkuppler oft stark rotstichig. Eine Einschränkung der praktischen Anwendbarkeit vieler Gelbkuppler liegt darin, daß die gebildeten Farbstoffe nicht tropenbeständig sind. In feuchter Atmosphäre tritt eine Spaltung an der N=C-Bindung der Farbstoffe ein [5], die durch eine geeignete Wahl der Farbentwickler, durch eine Verlackung (Metallkomplexbildung z. B. Nachbehandlung mit Kalialaun) oder durch geeignete Substitution im Anilin- oder im Benzoylkern der Komponente verringert werden kann. Die Spaltung scheint um so leichter vor sich zu gehen, je leichter die Carbonamidgruppe hydrolysierbar ist, und als Folgereaktion dieser Hydrolyse einzutreten. Von Porai-Koshit und Mitarbeitern [6] wurde gefunden, daß allgemein die Hydrolyse von Azomethinfarbstoffen um so leichter vor sich geht, je basischer das Azomethin ist; dessen Basizität hängt wieder von dem verwendeten (aromatischen) Amin ab. Wahrscheinlich stehen beide Befunde in einem gewissen Zusammenhang, denn nicht nur durch Verwendung von Gelbkupplern mit vergleichsweise festerer Carbonamidbindung einerseits, sondern auch durch Verwendung von Entwicklern, die z. B. eine Carboxyl- oder Sulfogruppe enthalten, wird die Hydrolysenbeständigkeit der gebildeten gelben Bildfarbstoffe unter Umständen erhöht.

Wahrscheinlich trägt aber in diesem Falle noch ein weiterer Umstand zur Erhöhung der Hydrolysenfestigkeit bei. Es ist bekannt, daß die durch feuchte Wärme verursachte Zerstörung des gelben Bildfarbstoffs verbunden ist mit dem Heraussublimieren des Entwicklerrestes in irgendeiner Form. Durch Substitution mit z. B. Sulfogruppen wird aber die Sublimation des aus dem Entwicklerteil des Farbstoffes entstehenden Spaltproduktes verhindert. Dadurch stellt sich ein Gleichgewicht zwischen Farbstoffmolekül und Spaltprodukten ein.

II. Purpurkuppler

Definitionsgemäß werden als Purpurkuppler diejenigen Verbindungen behandelt die mit p-Diäthylaminoanilin (TSS) zu Farbstoffen kuppeln, deren Hauptabsorptionsgebiet zwischen 500 und 600 mμ liegt.

Wie bei den meisten Farbstoffen ist auch bei den hier erhältlichen Azomethinen die kurzwellige Flanke flacher als die langwellige. Bei den Purpurfarbstoffen liegt aber der kurzwellige Ast dann, wenn er, wie es meistens der Fall ist, über 500 mμ herausragt, bereits im Absorptionsgebiet der Gelbfarbstoffe. Wenn diese Nebendichte im Gelb ein gewisses Maß überschreitet, gibt sie zu unerwünschten Farbverfälschungen Anlaß. Mit einer Verschiebung des Maximums durch geeignete Substitution läßt sich das Problem meist nicht lösen, weil dadurch die Fehlabsorption im Rotgebiet vergrößert wird. Ein Hauptproblem ist die Auswahl geeigneter Kuppler, je nach Verwendungszweck, mit einem Absorptionsmaximum von 530 — 560 mμ mit möglichst geringer Rotabsorption und ohne das häufig zu findende Nebenmaximum im blauen Spektralgebiet. Aus diesem Grunde ist die Auswahl geeigneter Purpurkuppler absorptionsmäßig schwieriger als bei Gelb- und auch bei Blaugrünkupplern. Glücklicherweise ist die Anzahl der chemischen Stoffklassen der Purpurkuppler und die chemische Substitutionsmöglichkeit an diesen Stoffklassen sehr groß.

Der Übergang von Gelb- zu Purpurkupplern ist, wie einleitend erwähnt, kontinuierlich, d. h. manche der unter den Gelbkupplern geschilderten Verbindungen kuppeln bei geeigneter Substitution auch rot bis purpur. So sind z. B. Dithio-β-diketone, CH_3CSCH_2CSR, (FR 804 472 (EK)) je nach Substitution orange bis purpur kuppelnd. Nach noch längeren Wellen wird die Kupplungsfarbe bei Cyanessigesterderivaten verschiebbar. Cyanacetamide, z. B. Cyanacetanilid, gelten als Gelb- bis Rotkuppler. Verwendet man aber, wie im US 2 182 815 (DP), heterocyclische Diamine, wie z. B. Diaminobisazole, z. B.

N
C—$NHCOCH_2CN$
N S
$CNCH_2CONH$—C
S

erhält man Purpurfarbstoffe.

Durch Kondensation von Hydraziden, die wenigstens eine kupplungsfähige Methylengruppe enthalten, mit Verbindungen, die ebenfalls wenigstens eine kupplungsfähige Methylengruppe enthalten, z. B. von Malodihydrazid mit Acetessigester, werden ohne Ringschluß Verbindungen erhalten, die nach GB 590 637 (Gev) wertvolle

Kuppler, besonders zur Herstellung von Purpurfarbstoffen mit hoher Blaudurchlässigkeit sind, z. B.

$$\begin{array}{l} CO-NH-N=C-CH_2COOR \\ \quad | \qquad\qquad\quad | \\ CH_2 \qquad\quad\;\; CH_3 \\ \qquad\qquad\qquad\; CH_3 \\ \quad | \qquad\qquad\quad | \\ CO-NH-N=C-CH_2COOR \end{array}$$

Cyanacethydrazide, die normalerweise nur sehr schlechte Farbkuppler sind, geben in Form ihrer Kondensationsprodukte mit Carbonylverbindungen, die selbst keine reaktive Methylengruppe haben, gute, meist purpur kuppelnde Verbindungen, z. B.

$$OCH_3$$
$$OH-C_6H_3-CH=N-NHCOCH_2CN$$

mit Absortionsmaximum zwischen 480 und 550 mμ. GB 615 218 (Gev.)

Verbindungen der allgemeinen Formel:

$$\begin{array}{c} \;\;Y \;\;\; R \\ \;\;\| \;\;\;\; | \\ Z-C-N-COCH_2X \end{array}$$

wobei X = CN oder Carbalkoxy bedeutet, R = H, Alkyl oder Aryl ist und Y = O, S oder NR und Z = NHR bedeutet, wie z. B.

$$NH_2CONHCOCH_2COOC_2H_5$$
$$NH_2CSNHCOCH_2CN$$

sind nach FR 897 483 Zusatz 54 847 (EK) vornehmlich Rot- und Purpurkuppler für die farbige Entwicklung.

Als cyclische Ketiminocyanacetamide lassen sich die im DDR 4267 (Agfa) beschriebenen Verbindungen der allgemeinen Formel

$$C_6H_4{<}^{N=}_{NH-}{>}C-CH_2-CN$$

auffassen, die zwischen 500 und 600 mμ mit einer steilen kurzwelligen Flanke kuppeln, z. B.

$$C_6H_4{<}^{N(R)-}_{NH-}{>}C-CH_2-CN \qquad \lambda_{max} = 505 - 515\ m\mu$$

$$\begin{array}{l} \quad H \\ \;\; C-N \\ HC \qquad\;\; C-CH_2-CN \\ \;\; C=N \\ CH_3 \end{array} \qquad \lambda_{max} = 600\ m\mu$$

So wie man beim Übergang von Acylacetamiden zu 1,3-Diketonen zu unter vergleichbaren Bedingungen langwelligeren Farbstoffen kommt, bringt der Übergang von Cyanacetamiden zu ω-Cyanmethylketonen ebenfalls eine Langverschiebung mit sich; Cyanacetanilid kuppelt bei $\sim$ 480 mμ λ_{max}. ω-Cyanacetophenon kuppelt bei 505 mμ λ_{max}.

Diese Cyanacetylverbindungen $CNCH_2COR$ sind als brauchbare Kuppler Gegenstand vieler Patente. (Nur wenn R = CH_2COOR ist, wie z.B. in ω-Cyanacetessigester oder entsprechenden Aniliden, tritt schwache Kupplung ein). Sie zeichnen sich vor anderen Purpurkupplern, z. B. den noch zu besprechenden 3-Alkyl- oder 3-Arylpyrazolonen durch verhältnismäßig steile Flanken aus, kuppeln aber im allgemeinen etwas langsamer als diese, sind lichtunechter, und die nicht gekuppelte Restkomponente (bei diffusionsfester Einlagerung in der Schicht) vergilbt beim Lagern besonders im Licht.

ω-Cyanacetophenone oder Cyanacetylaryle

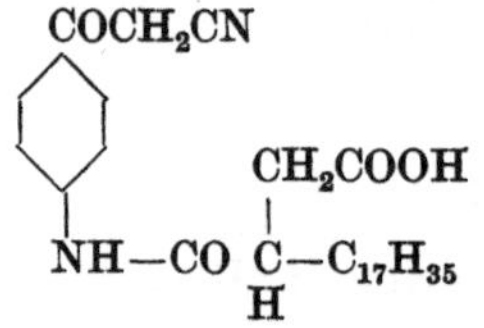

$COCH_2CN$

CH_2COOH

NH—CO C—$C_{17}H_{35}$

H

sind im Fiatbericht und DB 902 939 und DB 905 094 = DDR 4 968 (Agfa) beschrieben. Ihre Absorptionsmaxima liegen zwischen 480 und 530 mμ. Die Cyanacetylgruppe kann nach US 2 680 733 (DP) an einem aromatischen oder heterocyclischen Rest tsehen, der seinerseits über O oder S mit einer Methylenkette verbunden ist, die einen Aldehydrest trägt, der mit polymeren Alkoholen zu Acetalen umgesetzt wird, z. B.

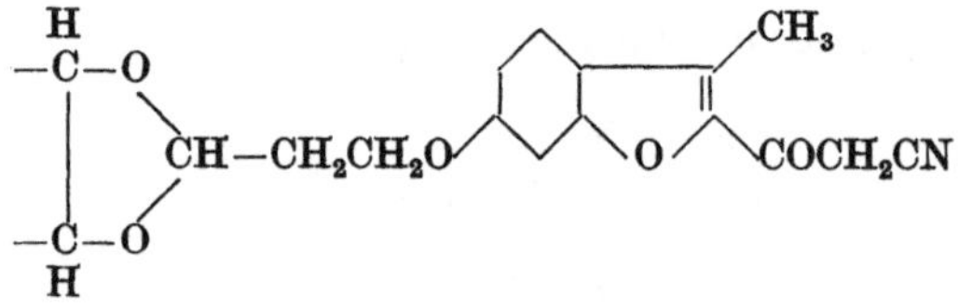

H

—C—O

CH_3

CH—CH_2CH_2O O $COCH_2CN$

—C—O

H

Die Aldehydgruppe kann auch direkt am heterocyclischen Rest stehen (US 2 680 732) (DP) oder an einem zweiten aromatischen Rest, der mit dem die Cyanacetylgruppe tragenden Kern durch Carbonamid, Sulfonamid (US 2 680 731 (DP)) oder Harnstoffrest (US 2 680 730 (DP)) verknüpft ist.

Das Maximum wird nach DB 878 891 (Agfa) = US 2 563 375 (GAF) (2 563 376 GAF Herstellungspatent) durch Einführung zweier Cyanacetylgruppen in den Benzolkern, z. B. in

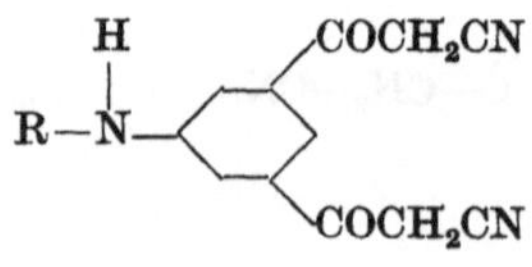

H $COCH_2CN$

R—N

$COCH_2CN$

oder durch Umsetzen von beliebig substituierten Aminoisophthalestern mit Acetonitril in bekannter Weise (DB 871 555 (Agfa)) nach längeren Wellen verschoben ($\lambda_{max} = 520$ mμ). Die Kondensationsprodukte aus Di- und Tricarbonsäureestern, wie

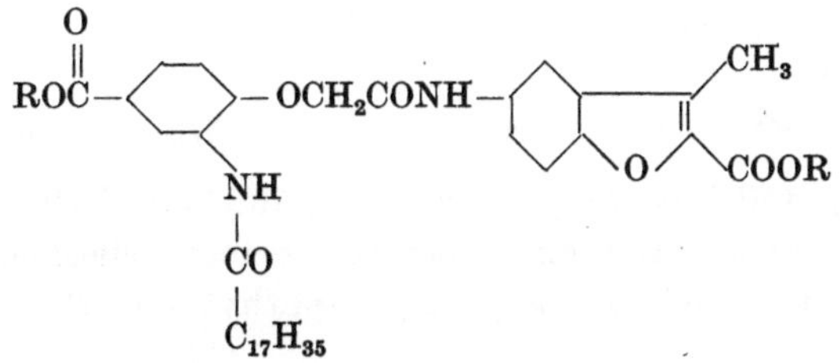

O, ROC, OCH_2CONH, CH_3, O, COOR, NH, CO, $C_{17}H_{35}$

mit Acetonitril zu Cyanacetylverbindungen werden im DAS 1 002 199 (VEB Wolfen) als Purpurkuppler mit λ_{max} bei 525 mμ beschrieben.

Ebenfalls Langverschiebung wird man nach DB 902 939 und 908 446 (Agfa) (vergl. GB 705 950 (DP) = US 2 680 732 (Agfa)) erreicht, wenn der aromatische oder heterocyclische Rest von der Cyanacetylgruppe durch mindestens eine Doppel- oder Dreifachbindung getrennt ist. So liegt z. B. das Maximum von

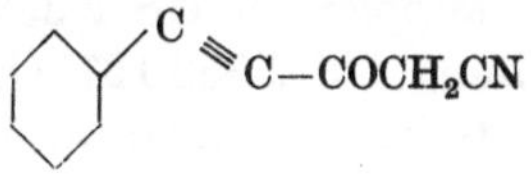

C, $C-COCH_2CN$

bei 530 mμ, das von

H, C, $C-COCH_2CN$, H

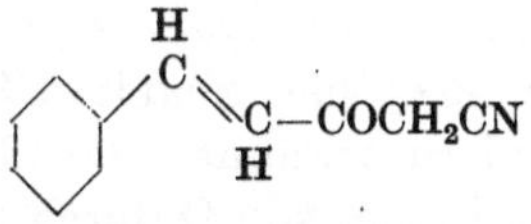

bei 520 mμ. (Durch Acylieren von p-Aminocinnamalcyanaceton tritt aber ebenso wie bei der Acylierung von p-Amino-ω-cyanacetophenon eine beträchtliche Kurzverschiebung ein).

Der Rest kann auch heterocyclischer Natur sein,

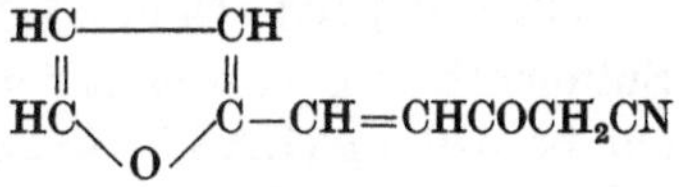

HC——CH, HC, O, $C-CH=CHCOCH_2CN$

oder die Doppelbindung selbst in einem Heteroring liegen, wie in

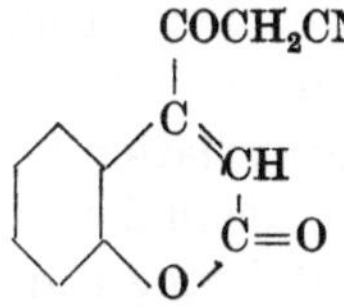

$COCH_2CN$, C, CH, C=O, O

oder als isolierte Methylengruppe vorhanden sein, z. B.

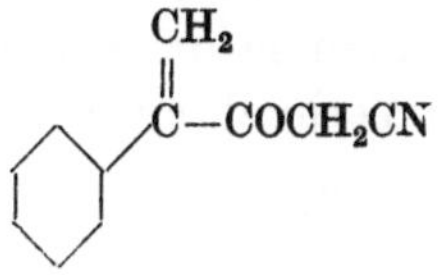

CH_2, $C-COCH_2CN$

(DB 902 939 (Agfa))

Wenn R ein β-Naphthoylrest ist (Max. 510 mμ) oder ein Diphenylätherrest (US 2 115 394 (EK)), wird das Maximum ebenso wie bei Einführung von Heterocyclen z. B. (DB 908 446 (Agfa)

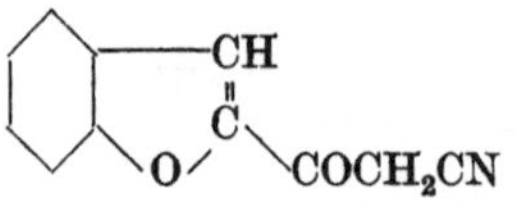

$$\text{Cumaron-2-yl}-COCH_2CN \qquad \lambda_{max} = 515 - 520\ m\mu$$

(GB 478 942 (EK)), GB 704 558 (DP) und GB 705 950 (DP) US 2 364 675 (EK)), oder anderen in diesen Patenten genannten heterocyclischen Resten, wie z. B. 3-Azenaphthenyl oder auch Tetrahydro-β-naphthyl um 20 – 30 mμ nach Lang verschoben.

Durch Sulfonamidgruppen ohne freien Iminowasserstoff substituierte Cyanacetylcumarone, z. B.

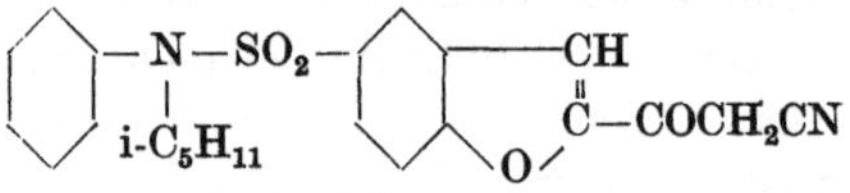

$$C_6H_5-N(i\text{-}C_5H_{11})-SO_2-\text{Cumaron}-C-COCH_2CN$$

werden als diffusionsechte Purpurkuppler im US 2 338 677 (EK), geschützt. Diese sind über Sulfochloride (Darstellung US 2 350 127 (EK) zugänglich. Cyanacetylcumarone, die zwischen Sulfonamidstickstoff und diffusionsverhinderndem Rest einen Phenoxyacetyl- oder Diphenylcarbamylrest tragen, sind in DAS 1 077 060 (SCHLEUSSNER) beschrieben. p-Alkylbenzamide von Cyanacetylcumaronen, wobei die Alkylkette wenigstens 5 Kohlenstoffatome enthält, sind im US 2 359 332 (EK) beschrieben.

Die bereits bei den Gelbkupplern erwähnten Oxodiazolyl-5-acetonitrile sind je nach Substitution von R oder bei Ersatz von O durch S

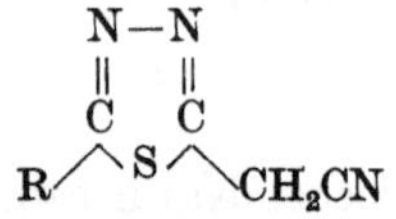

$$R-C\overset{N-N}{\langle S \rangle}C-CH_2CN$$

als Purpurkuppler verwendbar (US 2 473 166 (Gev)). 1,2,4-Oxodiazolylacetonitrile, die in 3-Stellung durch einen Sulfomethylenrest substituiert sind, sind Purpurkuppler mit einem Absorptionsmaximum bei 540 mμ (DAS 1 045 230 Gev) (siehe auch S. 122).

Zu den purpurkuppelnden Verbindungen, deren kupplungsfähige Methylengruppe keinem Ring angehört, zählt das bereits von FISCHER beschriebene p-Nitrobenzylcyanid, das sich zum Einentwickeln von Purpurbildern sehr gut eignet.

2-, 3- oder 4-Nitrobenzylcyanide, die in 5-Stellung noch durch Brom substituiert sein können und deren Absorptionseigenschaften (Maxima zwischen 500 und 515 mμ) sind in C. A. 1949 (15 578) beschrieben. Als in die Schicht einzulagernde Kuppler sind sie nicht verwendbar, da durch die Einführung von diffusionsverhindernden und evtl. löslichmachenden Gruppen die günstigen Eigenschaften und die gute Kupplungsintensität verschlechtert werden. Es sei denn, man bedient sich des im GB 683 702 (Gev) empfohlenen Umwegs, indem man die durch die Cyangruppe aktivierte Methylenverbindungen mit Aldehyden zu Verbindungen wie z. B.

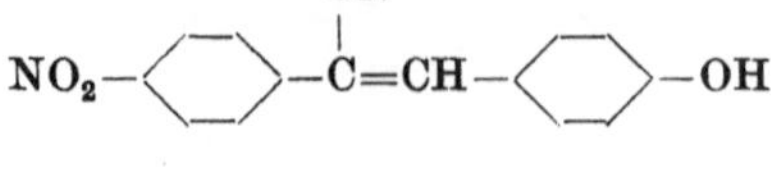

$$NO_2-C_6H_4-C(CN)=CH-C_6H_4-OH$$

kondensiert und dabei nach diesem Patent zu Verbindungen kommt, die in ihren Eigenschaften denen von Cycloketomethylen-Kondensationsprodukten mit Aldehyden und Ketonen entsprechen (experimentelle Angaben über die Verwendung dieser Kuppler als gefärbte Maskenkuppler sind nicht gemacht).

Methylengruppenhaltige Verbindungen, deren Methylengruppe durch CN-, Carbäthoxy-, Nitro- usw. -Gruppen aktiviert ist, lassen sich mit Phenylacetaldehyd zu Verbindungen kondensieren, die eine durch Aryl- und Vinylgruppe aktivierte Methylengruppe enthalten, z. B.

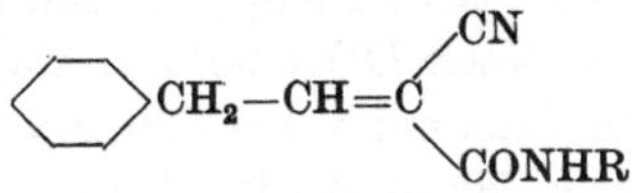

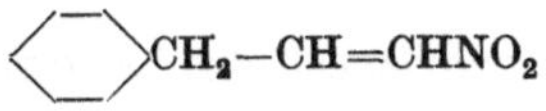

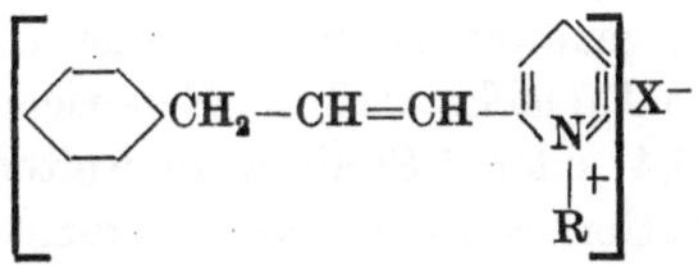

$$C_6H_5-CH_2-CH=C\begin{matrix}CN\\CONHR\end{matrix}$$

$$C_6H_5-CH_2-CH=CHNO_2$$

$$\left[C_6H_5-CH_2-CH=CH-C_5H_4\overset{+}{N}-R\right]X^-$$

Sie stellen nach US 2 436 007 (Ilf) brauchbare Purpurkuppler dar.

Die bei den Gelbkupplern erwähnten Verbindungen, deren Methylengruppe einerseits in üblicher Weise durch CN, COOR usw. aktiviert ist, die aber andererseits durch eine Arylazogruppe aktiviert sind, wie z. B.

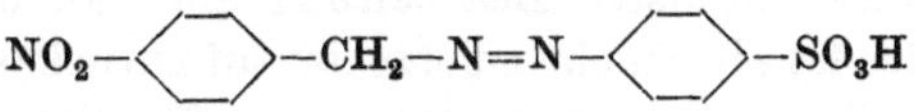

$$NO_2-C_6H_4-CH_2-N=N-C_6H_4-SO_3H$$

oder Phenylhydrazone von Aldosen kuppeln mit Farbentwicklern purpur bis blau, z. B. Glucosephenylhydrazon und Phenylazonitromethan purpur, p-Nitrophenylazocyanessigsäure

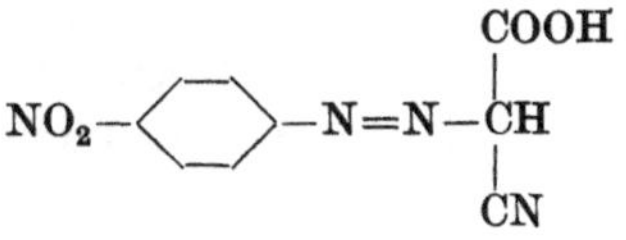

$$NO_2-C_6H_4-N=N-CH(COOH)-CN$$

blau (offenbar wird hier nicht die Azogruppe, sondern die COOH-Gruppe abgespalten). GB 617 223 (Gev.)

Durch Verknüpfung zweier 4-Oxycumarinmoleküle mit Formaldehyd zu

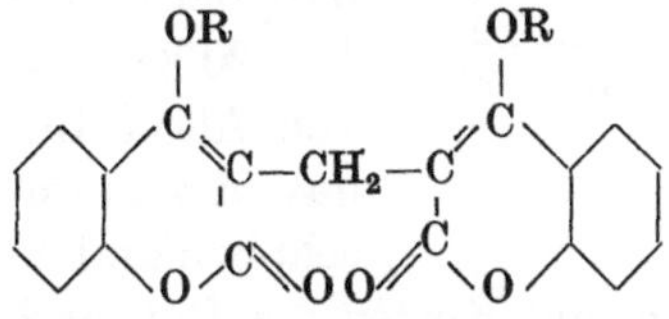

$$\text{OR} \quad \text{OR}$$
$$C_6H_4\!\begin{matrix}C(OR)=C\\O-C=O\end{matrix}\!-CH_2-\!\begin{matrix}C=C(OR)\\O=C-O\end{matrix}\!C_6H_4$$

werden purpurkuppelnde Verbindungen erhalten (US 2 403 040 (GAF)). Im genannten Patent findet sich kein Hinweis über die Kupplungsstelle. Es ist aber wahrscheinlich,

daß hier keine Aufspaltung der Methylengruppe stattfindet, wie z. B. bei den im US 2 368 302 genannten Gelbkupplern (s. S. 118)
da 4-Oxycumarin allein unter Bildung eines sehr instabilen Purpurfarbstoffs kuppelt, der über Blau nach Schwarz umgewandelt wird.

Auch die Tatsache, daß R nicht nur Acyl, sondern auch Alkyl, Aryl oder Aralkyl sein kann, spricht dafür, daß die Kupplung in der Methylengruppe stattfindet.

Es ist zweifelhaft, ob auch polymeres Malonitril [*42*] und dessen Umwandlungsprodukte, z. B. partiell vertiefte Polymalonitrile, die in der Carboxylgruppe weiter umgewandelt werden können, zu den Kupplern mit nicht cyclischen Methylengruppen gerechnet werden kann. Nach DDR 6011 (Agfa) sind diese Verbindungen gute Purpurkuppler mit einem Maximum bei 530 mμ. Vergleichsweise liegt das Maximum von Malonitril zwischen 500 und 510, das des cyclischen trimeren Malonitril bei 535 mμ.

Die für die Erzeugung des Purpurfarbstoffes bei farbenphotographischen Bildern wichtigste Klasse von Farbkupplern ist die der 5-Pyrazolone, die ebenfalls schon von FISCHER in seinen Patenten genannt ist. Sie zeichnen sich durch hohe Kupplungsintensität aus und durch die Tatsache, daß die Eigenschaften der Pyrazolonkuppler durch Substitution in 1,2,3,4- oder 5-Stellung in weitem Maße beeinflußt werden können [*7*]. Durch Substitution rings um den Pyrazolonkern ist eine Reihe von Kupplern zugänglich, die in sämtlichen für Farbkuppler wichtigen Eigenschaften wie Farbnuance, Brillanz, Kupplungsintensität und Beständigkeit der erhältlichen Farbstoffe in viel breiterem Rahmen variierbar sind, als es bei allen anderen bisher näher untersuchten Farbkupplern der Fall ist. Es ist sicher gerechtfertigt zu sagen, daß die Chemie der Pyrazolone der Forschung auf dem Farbkupplergebiet grundlegende Kenntnisse verdankt. Diese intensive Bearbeitung aller an diesen Farbkupplern interessierten Arbeitskreise ist aber nicht zuletzt darauf zurückzuführen, daß die von FISCHER vorgeschlagenen Pyrazolonkuppler trotz ihrer für diesen Anwendungszweck wertvollen Eigenschaften noch erhebliche Mängel aufweisen, auf die bei der Besprechung der einzelnen Derivate näher eingegangen wird.

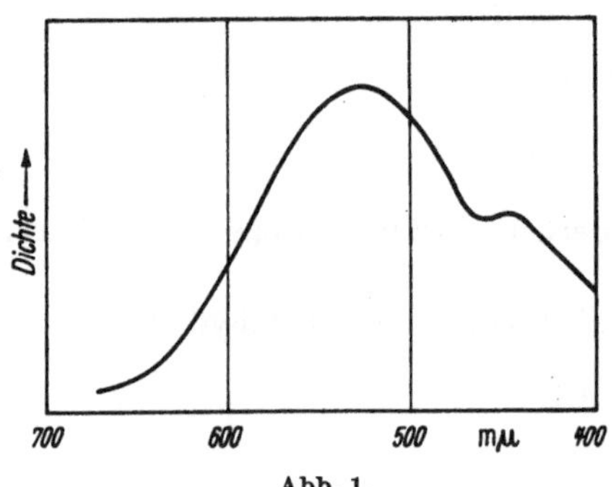

Abb. 1.

1-Aryl-3-methylpyrazolone werden im US 1 969 479 (EK) als Farbkuppler geschützt. 1-Phenyl-3-methylpyrazolon hat ein Hauptabsorptionsmaximum bei 525 mμ und ein zweites Nebenmaximum bei 445 mμ.

Das bedeutet, daß neben der erwünschten Grünabsorption noch eine störende Blauabsorption vorhanden ist, die bis ca. 60% der Grünabsorption beträgt, und eine 15—20%ige Rotabsorption. Durch Ersatz von Alkyl durch Aryl in 3-Stellung wird das Maximum nach längeren Wellen verschoben und daher die Blaudurchlässigkeit verbessert. Dies geschieht aber auf Kosten der Rotdurchlässigkeit. Das bedeutet in beiden Fällen eine starke Verschwärzlichung der mit p-Dialkylaminoanilin erhältlichen Purpurfarbstoffe.

Im US 2 013 181 (GAF) und GB 503 941 (EK) sind Bispyrazolone vorgeschlagen z. B.

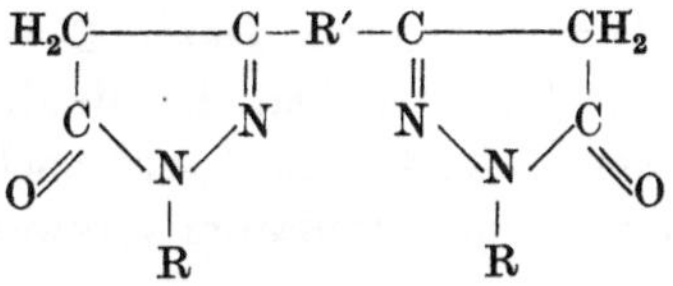

```
H2C———C—R'—C———CH2
 |     ||   ||    |
 C    N     N    C
O⁄ \ N ⁄     \ N ⁄ \O
     |         |
     R         R
```

wobei R' ein Arylenrest ist, z. B. p-Phenylen.

Die Verknüpfung zweier Pyrazolonkerne kann auch ausgehend von einem Dihydrazin über die 1-Stellung gehen, wie es das US 2 200 924 (DP) vorschlägt, z. B.

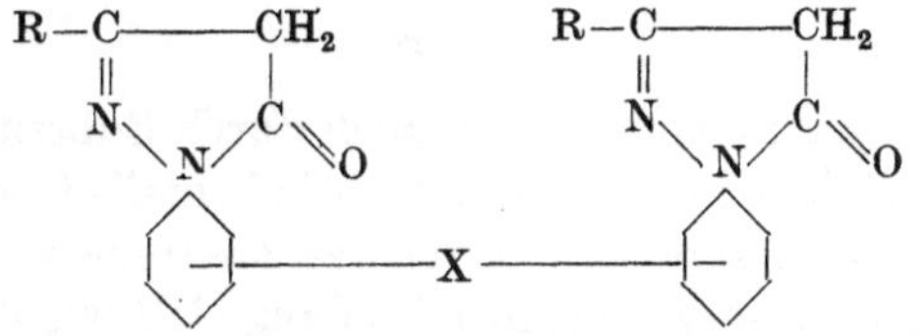

```
R—C———CH2          R—C———CH2
  ||    |            ||    |
  N     C              N     C
   \ N ⁄  \O            \ N ⁄  \O
     |                    |
  (C6H4)——————X——————(C6H4)
```

wobei X = O oder S oder eine einfache Bindung sein kann. In der deutschen Patentanmeldung Sch 14 357/1954 (Schleussner) werden zwei 1-Phenylkerne durch eine Äthylengruppe verknüpft (vergl. dazu US 2 637 732 (Ciba).

Die Einführung einer längeren, mindestens 5 C-Atome enthaltenden Methylenkette in 3-Stellung zum Zwecke der Diffusionsfestigkeit des Pyrazolonkupplers wird im DB 887 736 (Agfa) = US 2 437 063 (GAF) vorgeschlagen.

Die Darstellung solcher Pyrazolone, ausgehend von Acylmalonsäureestern, z. B. Stearoylmalonester $C_{17}H_{35}CO.CH(COOR)_2$, wird im US 2 200 306 (GAF) beschrieben. Im DB 736 867 (Agfa) US 2 354 552 (GAF) sind solche 3-Alkyl-pyrazolone im 1-Arylkern mit löslichmachenden Gruppen versehen, die nicht unmittelbar am Ring stehen, z. B.

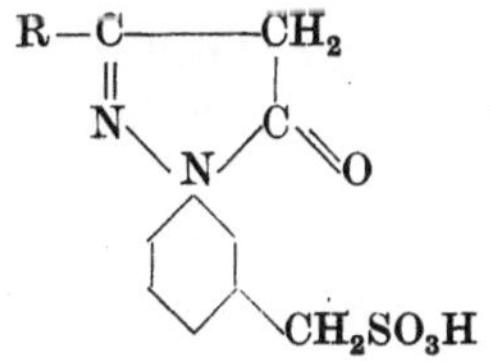

```
R—C———CH2
  ||    |
  N     C
   \ N ⁄  \O
     |
  (C6H4)—CH2SO3H
```

und deswegen besser löslich sind. Verbesserte Blaudurchlässigkeit wird nach US 2 348 463 (GAF) erreicht durch Substitution im 1-Phenylkern mit Alkyl, Alkoxy oder Aroxy, z. B.

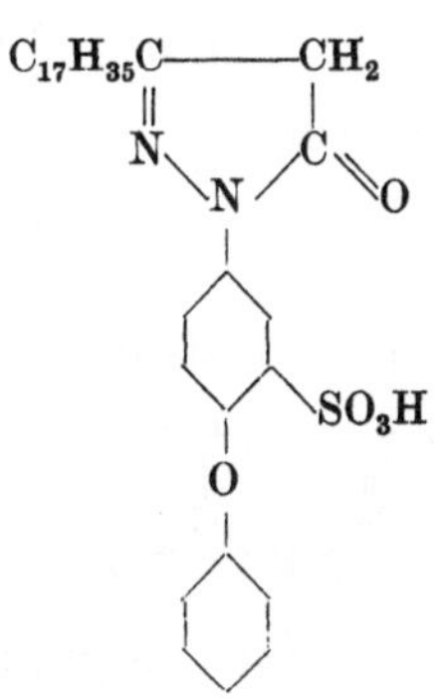

```
C17H35C———CH2
      ||    |
      N     C
       \ N ⁄  \O
         |
      (C6H3)—SO3H
         |
         O
         |
      (C6H5)
```

Die in 3-Stellung durch Alkyl substituierten Pyrazolone haben den Nachteil, in der photographischen Schicht mit Formaldehyd intensiv gelbe Farbstoffe zu bilden, die als Gelbschleier in Erscheinung treten. Durch 3-Aryl-Substitution wird diese Formaldehydempfindlichkeit zwar aufgehoben, das Maximum aber weiter nach Blau verschoben. Formaldehydbeständigkeit ohne Langverschiebung wird mit 3-Alkylsubstituenten erreicht, die am α-Kohlenstoffatom verzweigt sind, z. B.

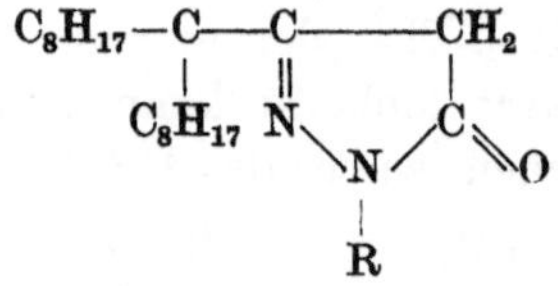

C_8H_{17}—C——C———CH_2
C_8H_{17} N N C=O
R

DB 902 820 (Agfa). Die Verzweigung kann auch durch Substitution mit Hydroaromaten erreicht werden (DB 759 642) (Agfa), wobei ebenfalls formalinfeste Pyrazolonkuppler gebildet werden, die außerdem durch das Zusammenwirken von zwei durch Heteroatome verbundene Ringsysteme in 1-Stellung (DB 902 821 (Agfa) mit dem in 3-Stellung stehenden hydroaromatischen Rest verbesserte Diffusionsechtheit aufweisen.

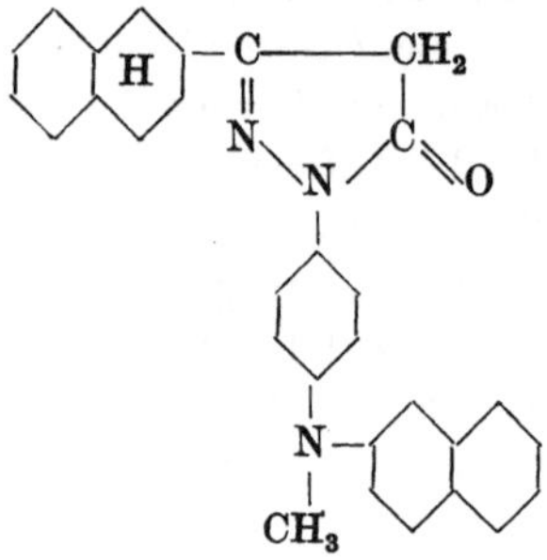

H —C———CH_2
N N C=O
N—
CH_3

Polymere Pyrazolone werden nach US 2 646 421 (EK) erhalten durch Nitrieren eines Mischpolymerisates aus Styrol und Maleinsäureanhydrid, Reduktion und Überführung in das entsprechende polymere Phenylhydrazin, das in bekannter Weise zu Pyrazolonen, z. B.

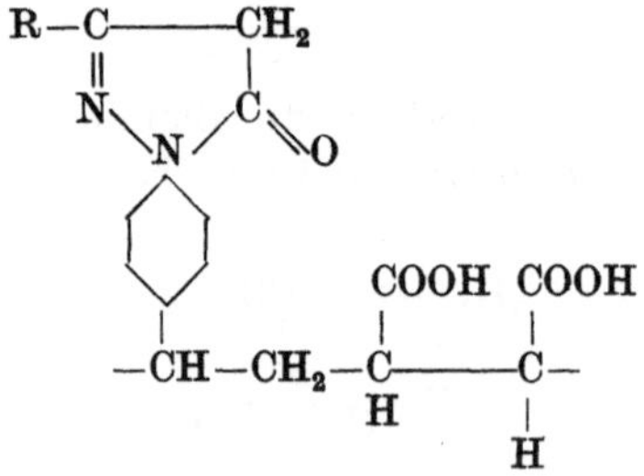

R—C———CH_2
N N C=O
COOH COOH
—CH—CH_2—C———C—
H H

umgesetzt werden kann.

Pyrazolone, die in 1-Stellung einen ω-Sulfoalkylrest tragen, z. B.

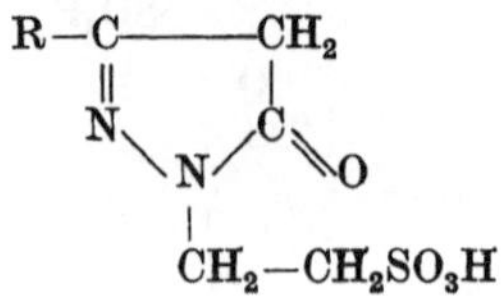

R—C———CH_2
N N C=O
CH_2—CH_2SO_3H

sind im DRP 699 710 (Agfa), US 2 265 221 (GAF) beschrieben. Die zur Synthese benötigten Hydrazine, z. B. Hydrazinoäthansulfosäure, sind durch Anlagerung von Hydrazin an die entsprechende Alkylensulfosäure DRP 696 776 (Agfa) = US 2 309 562 (GAF) leicht zugänglich.

Sulfonamidgruppenhaltige Pyrazolone sind wegen ihrer verbesserten Löslichkeit in Farbentwicklern und ihrer guten Emulgierbarkeit in US 2 353 205 (EK)

R'—C——CH_2
N N C=O
$NHSO_2R$

geschützt.

Eine Verbesserung der Absorption der gebildeten Farbstoffe aus Kupplern, die in 1- oder 3-Stellung heterocyclisch substituiert sind, beschreibt das GB 478 990 (EK). Die Herstellung wird im GB 599 919 (EK) beschrieben.

Der Vergleich der Absorptionskurven der beiden Kuppler 1-(2-Benzthiazolyl)-3-methylpyrazolon (I) und 1-Phenyl-3-furylpyrazolon (II) zeigt bei I ein Maximum bei 580 mμ und ein zweites bei 450 mμ mit steilem Abfall nach beiden Seiten. Haupt- und Nebenmaximum sind also enger zusammengerückt und die Blaudurchlässigkeit damit etwas verbessert. II zeigt ein Hauptmaximum bei 535 mμ und ein Nebenmaximum bei 450 mμ. Die heterocyclische Substitution in 3-Stellung bringt im allgemeinen keine Verbesserung, sondern lediglich eine Langverschiebung, wie bei 3-Arylpyrazolonen. Spezielle 1-(2-Benzthiazolyl)-pyrazolone

R—C——CH_2
N N C=O
C
S N
S

wobei S eine saure Gruppe und R eine Kette mit mindestens 5 C-Atomen ist, werden im DB 904 137 (Agfa) beansprucht. Die Verbesserung der Blaudurchlässigkeit ist aus dem Kurvenbild im DB 904 137 (Agfa) (Abb. 2) ersichtlich. Es zeigt die

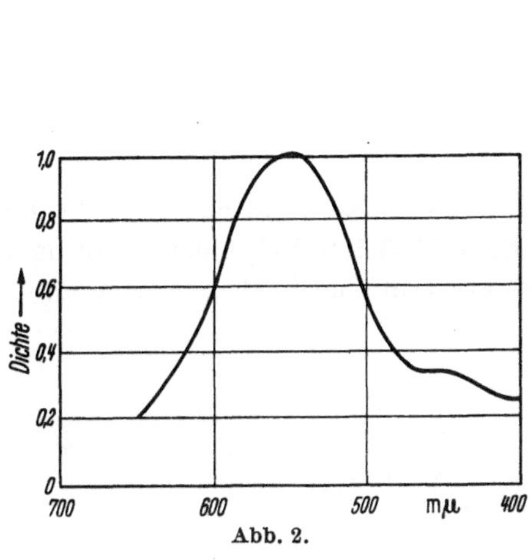

Abb. 2.

Absorption von 3-Heptadecyl-1-(2'-benzthiazolyl-5'-sulfo)-pyrazolon-5, gekuppelt mit TSS.

1-(2'-Benzimidazolyl)-pyrazolone

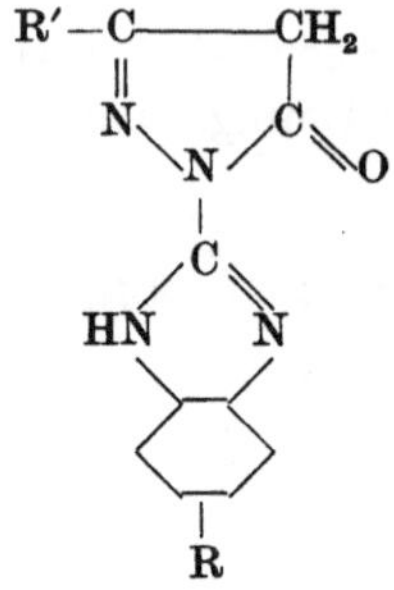

R'—C——CH$_2$
N N C O
C
HN N
R

sind im GB 813 866 (Ilf) als Kuppler mit verbesserter Blaudurchlässigkeit beschrieben.

Einen weiteren Fortschritt in der Verbesserung der Absorption brachten Pyrazolone, die in 3-Stellung durch eine Aminogruppe substituiert sind:

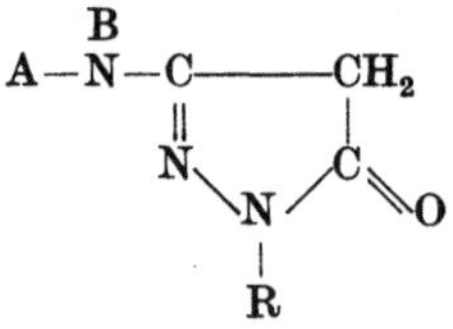

B
A—N—C——CH$_2$
N N C O
R

Das 1-Phenyl-3-aminopyrazolon ist schon von CONRAD und ZART [8] durch Kondensieren von Phenylhydrazin mit Cyanessigester hergestellt worden, aber als 1-Oxy-5-ketiminopyrazolon

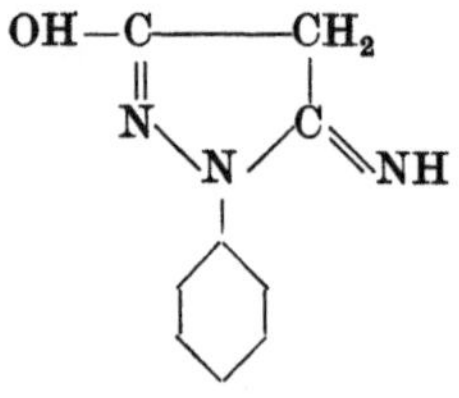

OH—C——CH$_2$
N N C NH

aufgefaßt worden.

Dementsprechend sind die ersten Patente über diese Pyrazolonderivate US 2 311 081 (EK), GB 547 064 (EK), US 2 343 702, GB 553 506 (EK) mit Heteroring in 1-Stellung US 2 343 704 (EK) und GB 553 507 (EK) noch als 5-Ketiminopyrazolone formuliert, z. B.

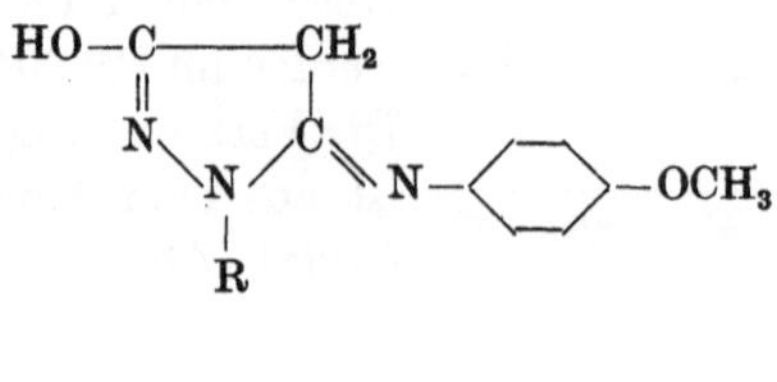

HO—C——CH$_2$
N N C N— —OCH$_3$
R

Sie sind als Kuppler hoher Blaudurchlässigkeit beschrieben (FR 930 289 (EK)). Absorptionskurven der TSS Farbstoffe verschiedener 3-Acylaminopyrazolone sind in Konishiroku Review [*16a*] beschrieben. (Im GB 478 990 (EK)) allerdings sind 1-Phenyl-3-oxy-5-iminopyrazolone neben 3-Carboxypyrazolone als weniger brauchbare Kuppler angeführt).

Tatsächlich wird eine bedeutende Verbesserung der Absorptionseigenschaften dieser Kuppler erst durch Substitution in der 3-Aminogruppe erreicht.

Von den Erfindern PORTER und WEISSBERGER [*14*] wurde durch Curtiusabbau von 1-Aryl-5-pyrazolon-3-carbonazid die Identität des Abbauproduktes 1-Aryl-3-amino-pyrazolon mit der von CONRAD als 3-Oxy-5-ketiminopyrazolon formulierten Verbindung nachgewiesen.

Die Darstellung von in der 3-Aminogruppe nicht substituierten Pyrazolonen geschieht z. B. nach dem FR 930 289 (EK) oder [*15, 16*] (vergl. Org. Synth. 28, 87) durch Umsetzen von Cyanessigester oder Diäthylmonoiminomalonat mit Phenylhydrazinen. Die in der 3-Aminogruppe durch Alkyl oder Aryl substituierten Pyrazolone werden nach FR 965 998 (EK) nach einer Modifikation der in [*17*] und [*18*] geschilderten Methode zur Herstellung von substituierten 3-Aminoisoxazolonen, dargestellt, entsprechend dem Schema:

$$\mathrm{R{-}N{=}C(=S)} + \mathrm{CH_2(COOR)COCH_3} \longrightarrow \mathrm{R{-}N{=}C(SH){-}CH(COCH_3){-}C(=O)OR}$$

$$\xrightarrow{+\ \mathrm{C_6H_5{-}NH{-}NH_2}} \mathrm{R{-}N{=}C{-}CH(COCH_3){-}C(=O){-}N(C_6H_5){-}NH} \longrightarrow \mathrm{R{-}NH{-}C{=}N{-}N(C_6H_5){-}C(=O){-}CH_2}$$

(GB 558 855 (EK)).

Das eigentliche 1-Phenyl-3-oxy-5-ketiminopyrazolon, Fp. 142 — 143° (das isomere 3-Aminopyrazolon schmilzt bei 215°) wird nach US 2 367 523 (EK) aus Phenylhydrazin und Cyanacetylchlorid bzw. -azid erhalten und dort sowie seine Derivate als Pupurkuppler beansprucht. Das entsprechende 3-Alkyl-5-iminopyrazolon aus Diacetonitril und Phenylhydrazin ist schwer alkalilöslich und gibt ein stumpfes blaues Purpur.

Diese Erkenntnisse führen zu den im US 2 369 489 (EK) und US 2 343 703 (EK) beschriebenen 3-Acylaminopyrazolonen, die eine verbesserte Blaudurchlässigkeit ohne Erhöhung der Rotabsorption aufweisen. In diesem Patent wird auch auf die, verglichen mit Cyanacetylverbindungen, verbesserte Lichtechtheit hingewiesen.

1-Phenylpyrazolone, die im 1- oder 3-Substituenten halogeniert sind, werden in US 2 899 443 (GAF) als besonders licht- und hitzestabile Kuppler beschrieben. Sie können durch Halogenieren der Pyrazolone z. B. zu

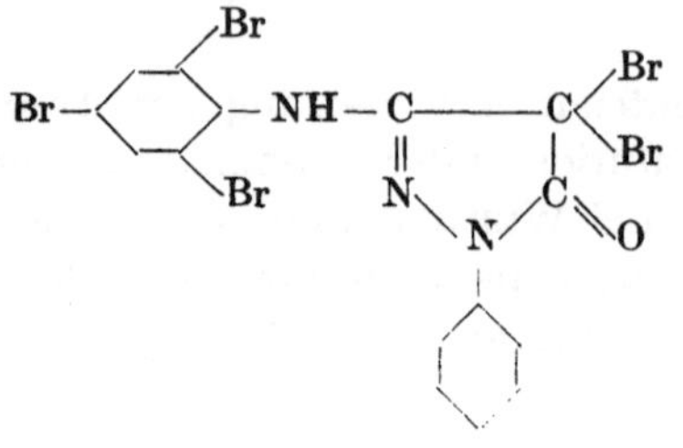

Br Br Br—⟨⟩—NH—C——C Br Br N N C O

oder

Br ⟨⟩CONH—C——C Br N N C O Br Br NH_2 Br

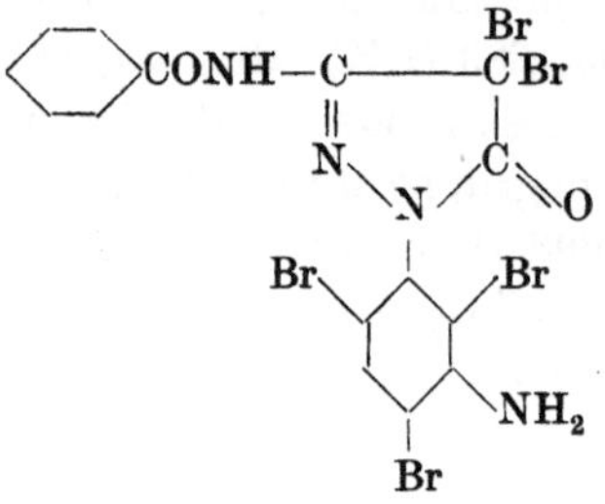

und reduktive Abspaltung des Halogens in 4-Stellung erhalten werden. Die Anwesenheit einer niicht acylierten Aminogruppe an dem zu halogenierenden Substituenten ist wesentlch.

Im 1-Phenylkern trichlorierte 3-Alkylpyrazolone sind im US 2 933 391 (EK) chlorierte 3-Aminopyrazolone im US 2 600 788 (EK), 1-(Cyanphenyl)-3-acylaminopyrazolone im US 2 511 231 geschützt.

3-Acylaminopyrazolone aus aliphatischen Hydrazinen wie

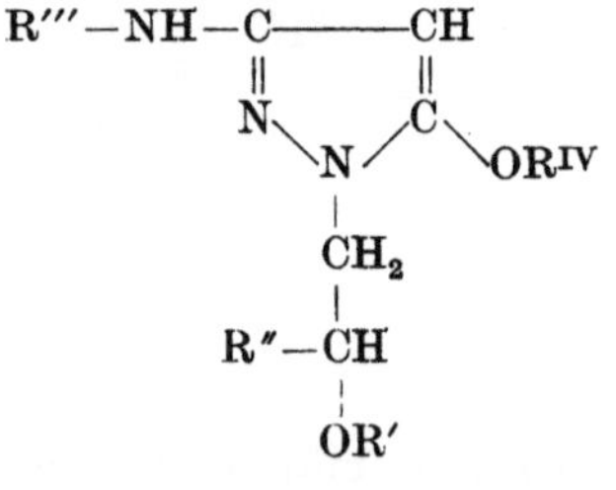

R‴—NH—C——CH N N C OR^{IV} CH_2 R″—CH OR′

wobei $R' =$ H oder Acyl, $R'' =$ Acyl, $R''' =$ H, Alkyl, Aryl, $R^{IV} =$ H, Acyl sein kann, sind nach US 2 865 748 (EK) ebenso wie 1-Alkyl-3-phenoxyacetaminopyrazolone

$_nC_5H_{11}$⟨⟩—OCH_2CONC——CH_2 (H) N N C O $_nC_5H_{11}$ $C_{12}H_{25}$

nach US 2 865 751 (EK) geschützt, als Purpurkuppler mit verbreiterter Absorption, wie sie speziell in Kombination mit Gelbkupplern des US 2 875 057 (s. S. 116) erwünscht sind, um die Lücke zwischen Blau und Grünabsorptionsgebiet zu verringern.

Durch Umsetzung von 3-Aminopyrazolonen nach US 2 829 975 (GAF) oder mit im 1-Phenylkern mit Carbamyl- oder Sulfamylgruppen substituierten 3-Aminopyrazolonen nach DAS 1 051 638 (GAF) mit α-Sulfopalmitinsäure nach der Phosphazylierungsmethode werden wasserlöslich machende und diffusionsverhindernde Funktion über die 3-Aminogruppe in z. B.

```
C16H33—CH—CONH—C————CH2
        |       ||    |
       SO3H     N     C
                 \   / \\
                   N     O
                   |
               (Benzolring)
                   |
                  SO2—N H O  (Morpholinring)
```

eingeführt.

3-Aminopyrazolone, die mit Perfluoralkylcarbonsäuren acyliert sind, z. B.

```
C2F5CONH—C————CH2
         ||    |
         N     C
          \   / \\
            N     O
            |
            R
```

sind im US 2 895 826 (EK) als hitze- und lichtstabile Kuppler beschrieben.

Pyrazolone, die im 1-Phenylkern und in 3-Stellung eine Aminogruppe tragen, sind als Zwischenprodukte für die Synthese von Farbkupplern wertvoll und durch US 2 710 871 (EK) geschützt.

Die daraus erhältlichen Kuppler haben die allgemeine Formel:

```
RCONH—C————CH2
      ||    |
      N     C
       \   / \\
         N     O
         |
         D
         |
       NHCOR
```

wobei D ein beliebig substituierter Benzolrest, R und R′ Alkyl oder Aryl ist (GB 737 105 (EK)).

Ähnlich gute Absorptionseigenschaften weisen nach US 2 343 703 (EK) 3-Arylaminopyrazolone oder 3-Alkyl-aminopyrazolone GB 558 855 (EK) auf. 3-Alkyl-, Aralkyl-Cycloalkyl-aminopyrazolone werden auch im GB 737 692 (ICI) beansprucht. Die Herstellung geschieht zweckmäßig nach US 2 927 928 (GAF).

3-Aminopyrazolone lassen sich mit Ammoniak oder primären Aminen bei höheren Temperaturen unter Abspaltung von Ammoniak nach [*45*] zu 3-Imino-bispyrazolonen

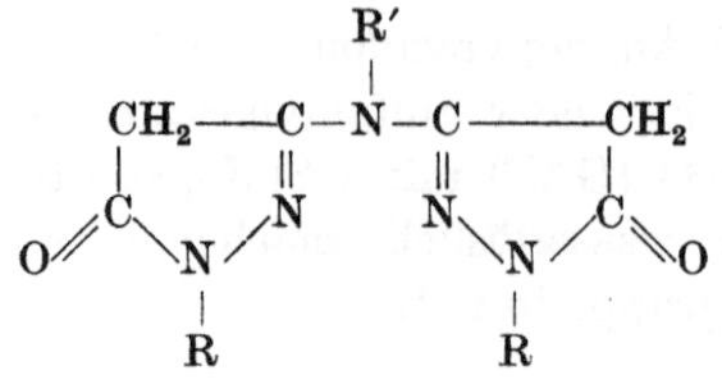

```
                R'
                |
CH2——C—N—C——CH2
|     ||     ||     |
C     N     N     C
O//  \N/       \N/  \\O
      |           |
      R           R
```

kondensieren, die ebenfalls als Purpurkuppler im US 2 691 659 (EK) geschützt sind.

Die Reaktionsbedingungen sind offenbar von entscheidendem Einfluß auf die Natur des Endproduktes, da man nach GB 737 692 (ICI) aus 3-Aminopyrazolonen und primären aliphatischen Aminen in Eisessig 3-Äthylaminopyrazolone erhält. Überdies ist die Bildung von 3-Alkylimino-bispyrazolonen auch von der Konstitution des Pyrazolons abhängig. 1-Phenyl-3-aminopyrazolon-5 gibt z. B. mit n-Butylamin das zu erwartende 3-n-Butylimino-bispyrazolon, während unter denselben Bedingungen mit 1-(p-tert.-Butylphenoxyphenyl)-3-aminopyrazolon-5 nur das entsprechende Bisiminopyrazolon entsteht.

3-Guanidopyrazolone, die als Derivate von 3-Aminopyrazolon ebenfalls verbesserte Absorptionseigenschaften aufweisen, sind im GB 737 700 (ICI) beschrieben und werden nach

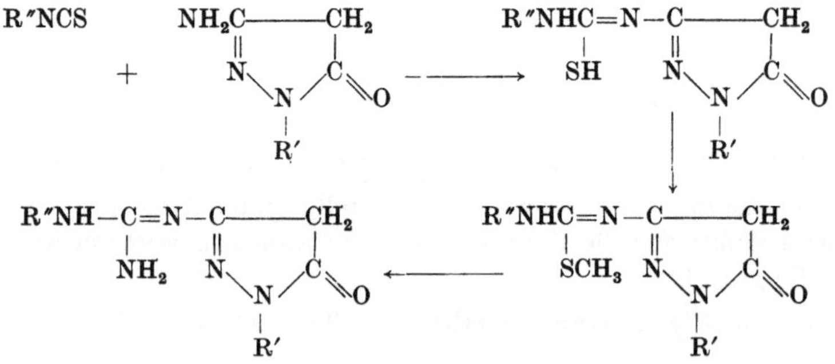

```
R″NCS      NH2C——CH2              R″NHC=N—C——CH2
              ||    |                  |     ||    |
  +           N    C\\O  ———→         SH    N    C\\O
               \N/                           \N/
                |                             |
                R'                            R'
                                              ↓
R″NH—C=N—C——CH2                 R″NHC=N—C——CH2
     |     ||    |                   |     ||    |
    NH2    N    C\\O   ←———        SCH3    N    C\\O
            \N/                             \N/
             |                               |
             R'                              R'
```

erhalten.

Die 3-Aminogruppe kann auch in eine Sulfonamidgruppe umgewandelt werden.

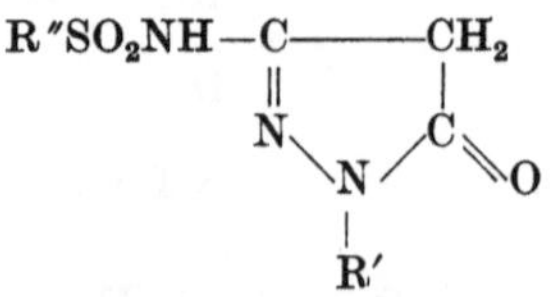

```
R″SO2NH—C——CH2
         ||    |
         N    C\\O
          \N/
           |
           R'
```

Einen Vergleich der Absorptionsspektren zwischen 3-NHCOR und 3-$NHSO_2R$-Pyrazolonazomethinen findet man in [*19*].

Diese Kuppler leiten über zu 3-Aminopyrazolonen, die, ebenfalls in der Aminogruppe, heterocyclisch substituiert sind. Im GB 636 988 (Gev) sind als heterocyclische Reste 2-Benzthiazolyl, 2-Chinolyl, 2-Pyridyl, 2-Pyrimidyl, der Triazinrest usw. genannt, die eine geringe langwellige Verschiebung des Absorptionsmaximums verursachen und hohe Blaudurchlässigkeit ergeben, z. B.

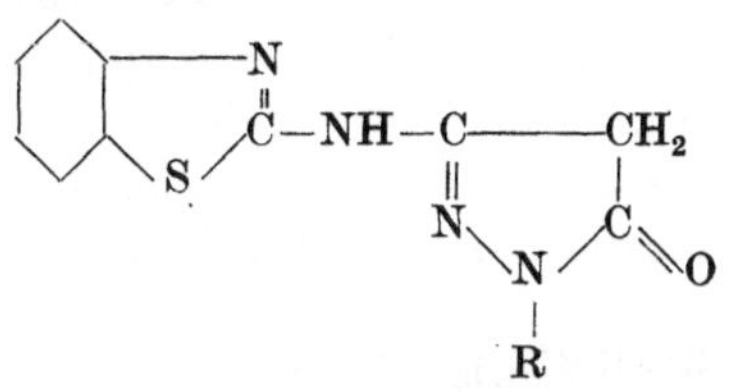

```
            N
            ‖
          C—NH—C———CH2
       S /     ‖    |
               N    C
                \  / \\
                 N    O
                 |
                 R
```

Beide H-Atome der Aminogruppe sind in den Kupplern des GB 681 915 (Gev) ersetzt, wie z. B. in

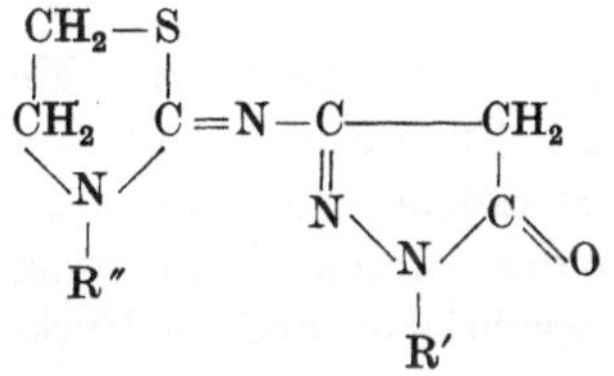

```
CH2—S
|    |
CH2  C=N—C———CH2
  \ /     ‖    |
   N      N    C
   |       \  / \\
   R″       N    O
            |
            R′
```

die in ihren Eigenschaften den obigen heterocyclisch substituierten Aminopyrazolonen sehr ähnlich sind, aber Farbstoffe mit engerem Absorptionsbereich ergeben.

Die 3-Aminopyrazolone werden vielfach durch Kondensation von monosubstituierten Hydrazinen mit Iminoestern von Cyanessigester dargestellt (US 2 376 380 (EK)). Dabei entstehen aber je nach Reaktionsmedium, p_H-Wert vergl. [*20*] und Substitution des Hydrazins neben den 3-Aminopyrazolonen auch 3-Alkoxypyrazolone, die bei geeigneter Arbeitsweise z. B. bei Verwendung von β,β-Dialkoxyacrylestern anstelle der Iminoester als Hauptprodukte entstehen

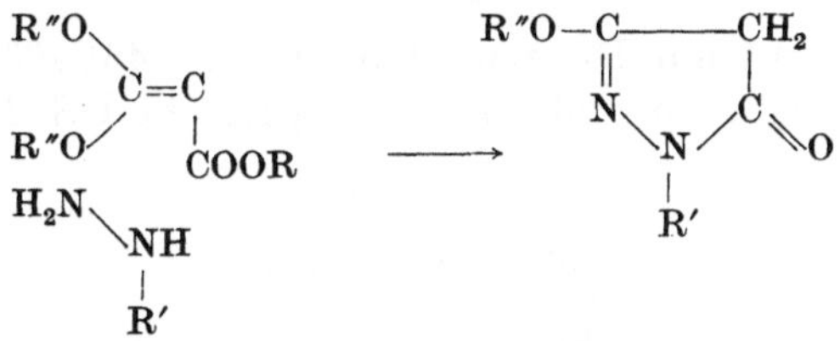

```
R″O                      R″O—C———CH2
    \                        ‖    |
     C=C                     N    C
    /  |          ——→         \  / \\
R″O    COOR                    N    O
H2N                            |
   \                           R′
    NH
    |
    R′
```

und nach US 2 439 098 (EK) und US 2 472 581 (EK) als Farbkuppler geeignet sind. Sie lassen allerdings nicht die guten spektralen Charakteristiken von Acylaminopyrazolonderivaten erreichen.

Die nicht substituierten 3-Oxypyrazolone oder 3,5-Diketopyrazolidine, ebenfalls Purpurkuppler, aus Malonestern und monosubstituierten Hydrazinen leicht zugänglich, sind Gegenstand des GB 577 260 (Ilf).

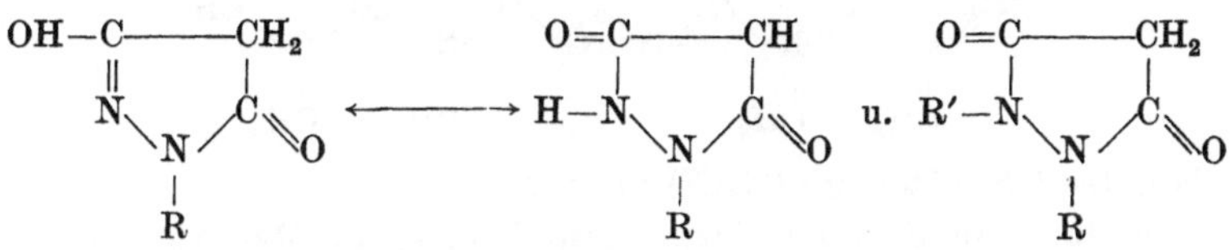

```
OH—C———CH2            O=C———CH            O=C———CH2
   ‖    |               |    |              |    |
   N    C     ←——→   H—N    C       u.  R′—N    C
    \  / \\              \  / \\             \  / \\
     N    O               N    O              N    O
     |                    |                   |
     R                    R                   R
```

R′ = Kohlenwasserstoff

Sie entsprechen in ihren Absorptionseigenschaften weitgehend den 3-Alkylpyrazolonen.

Durch Substitution von Pyrazolonen mit Carboxylgruppen und Derivaten davon, wie Ester, Amide usw., in 3-Stellung, wird die Kupplungsfarbe nach Blau (λ_{max} $\sim 600 m\mu$) verschoben. Stehen zwischen Carboxylrest und Pyrazolonkern eine oder mehrere Methylengruppen, wie z. B. in den Kondensationsprodukten aus Hydrazinen und Aceto-dicarbonsäureestern, oder β-Dicarbonsäureestern, wie z. B. β-Ketoadipinsäureestern,

```
ROOC(CH2)n—C————CH2
           ‖     |
           N     C
            \   / \\
              N     O
              |
              R
```

so wird das Maximum proportional der Länge der Methylenkette nach kürzeren Wellen verschoben, während eine Substitution mit Diamiden die Kupplungsfarbe wieder mehr nach Blau verschiebt. Solche Kuppler sind im GB 532 726 (Ilf) geschützt.

Derivate von 3-Aminopyrazolonen sind auch die Umsetzungsprodukte mit Malonester, die im GB 670 746 (ICI) beschrieben und als Pyrazolino-dioxypyridine formuliert sind,

```
        O
        ‖
        C————CH2
       /       \
     HN         C=O
       \       /
        C═════C
        |     |
       HN     C
         \   / \\
           N     O
           |
           R
```

Das Reaktionsprodukt mit Diketen ist nach US 2 481 466 (GAF) als Diketopyrimidinopyrazol aufzufassen und als Blaukuppler in US 2 403 329 (GAF) beschrieben.

```
         N
       /   \\
   O=C       C————CH2
     |       |     |
    HC       N     C
      \\   /   \  / \\
        C       N     O
        |
       CH3
```

Hingegen kuppeln die entsprechenden Methylenbis-Verbindungen

```
       N               H         H               N
     /   \\            |         |             //  \
O=C        C——————————C——CH2——C——————————C        C=O
   |       |          |         |          |       |
  HC       N          C         C          N       CH
    \\   /   \      /  \\     //  \      /   \   /
      C        N          O   O       N         C
      |        |                      |         |
     CH3      CH3                    CH3       CH3
```

nach Angaben des US 2 593 890 (GAF) purpur.

Es ist zweifelhaft, ob die angegebene Formulierung des Malonesterkondensationsproduktes die richtige ist, da auch das Kondensationsprodukt mit n-Butylmalonester zu blauen Farbstoffen kuppelt. Danach müßte man die Kupplung in 8-Stellung des Pyrazolo-pyridins unter Aufspaltung des Pyridinringes annehmen. Eine derartige Aufspaltung ist aber unwahrscheinlich. Auch in der sonstigen Reaktionsweise verhält sich diese Verbindung wie ein Pyrazolonderivat (unveröffentlicht).

Praktisches Interesse dürfte beiden Verbindungstypen für die subtraktive Farbenphotographie wegen der blauen Kupplungsfarben mit p-Dialkylaminoanilin nicht zukommen.

Durch Oxydation mit Phenylhydrazin oder Kondensation mit Carbonylverbindungen lassen sich nach US 2 593 890 (GAF) aus den Pyrimidinopyrazolonen die entsprechenden Bispyrazolone und Alkylen- bzw. Arylenbispyrazolone erhalten, die ebenfalls als Farbstoffzwischenprodukte, auch für die Farbenphotographie, beansprucht werden.

Im DAS 1 070 030 (Agfa) ist ein kondensiertes Pyrazolonringsystem geschützt, das aus den in DAS 1 046 496 (Agfa) beschriebenen 1-(o-Aminophenyl)-pyrazolonen durch Ringschluß entsteht

und Purpurkuppler mit gegenüber 3-Acylaminopyrazolonen verbesserter Blaudurchlässigkeit darstellt. Sie besitzen zudem eine gute Licht- und Wärmestabilität. Die Kupplungsfarbstoffe werden durch verdünnte Mineralsäure nicht zerstört, sondern schlagen nach Blaugrün um.

In Abb. 3 ist ein Vergleich des Pyrazolinobenzimidazolfarbstoffes (1) mit denen von 1-Phenyl-3-methylpyrazolon (2), 1-(2-Benzthiazolyl)-3-methylpyrazolon (3) und 1-Phenyl-3-acetaminopyrazolon (4)-Typ angestellt.

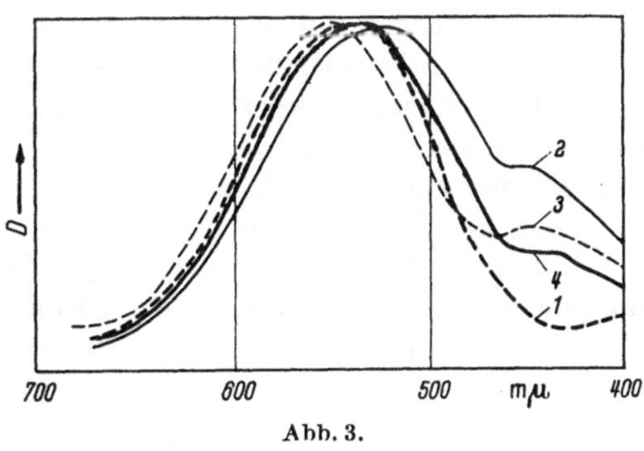

Abb. 3.

Aus verschiedenen Gründen spielen auch funktionelle Derivate der Pyrazolone als Zwischenprodukte zur Kupplerherstellung oder als Farbkuppler selbst eine Rolle.

Bei der Acylierung von aminogruppenhaltigen Pyrazolonen mit Säureanhydriden oder Chloriden wird nicht nur die Aminogruppe, sondern auch besonders beim Arbeiten in Pyridin und wenn die Aminogruppe in 3-Stellung steht, die enolisierte Ketogruppe in 5-Stellung acyliert [*21*]. Diese 5-Acyloxypyrazole werden in US 2 436 130 (EK), US 2 575 182 (DP) und US 2 865 748 (EK) wegen der größeren Beständigkeit der daraus erhältlichen Bildfarbstoffe geschützt. (s. S. 145) Sie werden durch Umsetzung der Pyrazolone mit Säureanhydriden, wie z. B. Maleinsäureanhydrid, womit gleichzeitig die Einführung einer löslichmachenden Gruppe verbunden ist, oder mit Säurechloriden, wie z. B. Chlorameisensäureester, oder Sulfochloriden erhalten. Speziell für 3-Aminopyrazolone werden nach US 2 706 685 (EK) die 5-Acyloxyderivate, die mit Benzoesäure-m-sulfurylchlorid in Pyridin erhalten werden, beansprucht. Sie zeichnen sich durch gute Kupplungsintensität im Gegensatz zu analogen in der enolischen OH-Gruppe acylierten Acylessigsäurederivaten aus Bemerkenswert ist, daß der Carbonsäureester des 5-Oxypyrazols entsteht, während die Sulfochloridgruppe in die Pyridiniumverbindung übergeht vergl. [*22*] und [*23*].

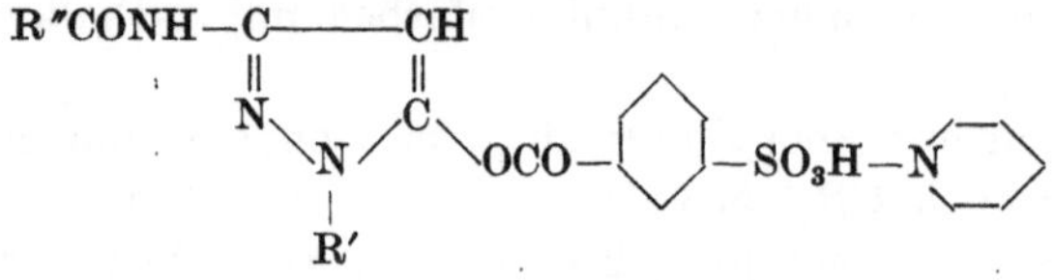

R″CONH—C——CH
N   C—OCO—C₆H₄—SO₃H—N(C₅H₅)
N
R′

Präparative Bedeutung gewinnen diese 5-Acyloxypyrazolone dann, wenn im Pyrazolonmolekül in 1- oder 3-Stellung sulfo- oder carboxylgruppenhaltige Substituenten vorhanden sind. Will man, wie im US 2 476 986 (DP), solche Carboxyl- oder Sulfogruppen in die entsprechenden Säurechloride überführen, etwa um diese nachher wie im US 2 476 987 (DP) und US 2 476 988 (DP) beschrieben, in hochmolekulare Farbkuppler überzuführen, dann muß vor der Überführung der Säuregruppe in die Säurechloridgruppe die 5-Stellung acyliert werden, da sonst nichtkuppelnde 5-Chlorpyrazole entstehen würden.

Einen großen Raum in der Patent-Literatur über Pyrazolonkuppler für die Farbenphotographie nehmen diejenigen Verfahren ein, die sich mit in 4-Stellung substituierten Pyrazolonen beschäftigen. Fast alle die Prototropie erleichternden Substituenten werden beim Kupplungsprozeß abgespalten, d. h. die Verbindung kuppelt mit oxydiertem Farbentwickler um. Dieser Umkupplungsprozeß hat gerade bei den Pyrazolonen, die in 4-Stellung durch Arylazoreste substituiert sind, bei der Farbkorrektur durch gefärbte Kuppler eine große praktische Bedeutung erlangt. Aber auch andere 4-Substitutionsprodukte sind von allgemeinem Interesse.

Durch Einführung einer 4-Sulfogruppe läßt sich z. B. eine löslichmachende Gruppe einführen, die bei der Kupplung wieder entfernt wird und den gebildeten Farbstoff dadurch unlöslich macht. Solche Kuppler sind daher zum Einentwickeln brauchbar. Bei Kupplern, die in die photographische Schicht eingelagert werden sollen, ist die Substitution in 4-Stellung durch Sulfogruppen oder auch durch abspaltbare Halogene nicht unbedenklich, da leicht Kondensationsprodukte vom Typ des Furlongelbs (1,1′,1″-Triphenyl-3,3′,3″-trimethylfurlon)

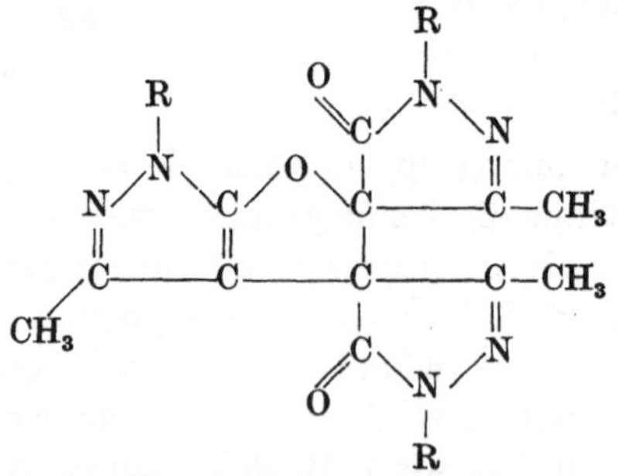

R
O   N
R   C   N
N   O   C——C—CH_3
N   C
C——C——C——C—CH_3
CH_3 C   N
O   N
R

und ähnliche komplizierte Kondensationsprodukte entstehen vergl. [*24*].

Aber auch nichtsubstituierte Pyrazolone reagieren, besonders bei erhöhter Temperatur mit den daraus bei der Kupplung entstandenen Azomethinen unter Rückbildung des Aminteils, in diesem Falle des Farbentwicklermoleküls, und Dimerisierung des Pyrazolonrestes nach [*25*]

$$\begin{array}{ccccc} \begin{array}{c} R-C\text{———}C=N-\langle\,\rangle-N\begin{smallmatrix}R\\ R\end{smallmatrix} \\ \;\;\| \qquad\quad | \\ N\diagdown_{N}\diagup C \\ R \end{array} & +3 & \begin{array}{c} R-C\text{———}CH_2 \\ \| \qquad\quad | \\ N\diagdown_{N}\diagup C{=}O \\ R \end{array} & \longrightarrow & \left[\begin{array}{c} R-C\text{———}CH- \\ \| \qquad\quad | \\ N\diagdown_{N}\diagup C{=}O \\ R \end{array}\right]_2 \\ & & + NH_2-\langle\,\rangle-N\begin{smallmatrix}R\\ R\end{smallmatrix} & & \end{array}$$

Diese Reaktion macht sich durch ein Verblassen des Purpurfarbstoffes und im fertigen Bild durch eine Vergrünung bemerkbar. Glücklicherweise wird dieser Reaktion durch die Behandlung mit kaliumferricyanidhaltigen Bleichbadlösungen vorgebeugt, sofern das Kaliumferricyanid mit dem Kuppler in Reaktion treten kann. Hier wird wahrscheinlich die oxydative Dimerisation zu 4,4'-Bispyrazolonen bereits durchgeführt, ohne die Purpurfarbstoffe dabei anzugreifen (wohl aber u. U. die blaugrünen Chinoniminfarbstoffe). Ebenso wird bei Formaldehydnachbädern, z. B. zur Heißtrocknung, die reaktive Methylengruppe der Restkomponente verschlossen und das Verblassen des Purpurfarbstoffes verhindert. Dabei ist aber zu beachten, daß 3-Alkylpyrazolone mit nicht verzweigtem Alkylrest mit Formaldehyd intensiv gelb gefärbte Farbstoffe, wahrscheinlich Alkylidenverbindungen, geben können.

Das Ausbleichen des gebildeten Purpurfarbstoffes tritt um so schneller ein, je reaktiver der Kuppler und je größer seine Konzentration ist. Sie ist naturgemäß bei Verfahren, wo der Kuppler in einem hydrophoben Lösungsmittel in die Halogensilberemulsion dispergiert wurde, größer als z. B. bei Verfahren, wo die gesamte Halogensilber-Gelatine-Emulsion quasi als Verdünnungsmittel dient. Der permanente Lösungszustand in diesen hydrophoben Kupplerlösungsmitteln begünstigt das Ausbleichen ebenfalls. Außerdem wird bei diesem Verfahren das Eindringen der dimerisierend wirkenden wäßrigen Kaliumferricyanidlösung in die Kupplerlösungströpfchen praktisch unmöglich gemacht. Aus diesen Gründen ist der Verhinderung der Farbbleichung durch die Restkomponente große Bedeutung zugemessen worden.

Man kann die Endprodukte der beschriebenen Farbbleichreaktion vorwegnehmen und, wie das US 2 411 951 (GAF) beschreibt, 4,4'-Bispyrazolonyle, die in den meisten Fällen noch gut, wenn auch schlechter als Pyrazolone selbst kuppeln, in die Schicht einlagern. Sie lassen sich nach [*26*] durch Oxydation mit milden Oxydationsmitteln, wie z. B. Phenylhydrazin, oder auch durch Kondensation von α, β-Diacylbernsteinsäureester mit 2 Mol Hydrazin erhalten.

Anstelle von Hydrazinen können auch Semicarbazide oder auch Thiosemicarbazide verwendet werden. Man kommt dabei zu Kupplern, die in 1-Stellung eine Carboxamidogruppe tragen, z. B.

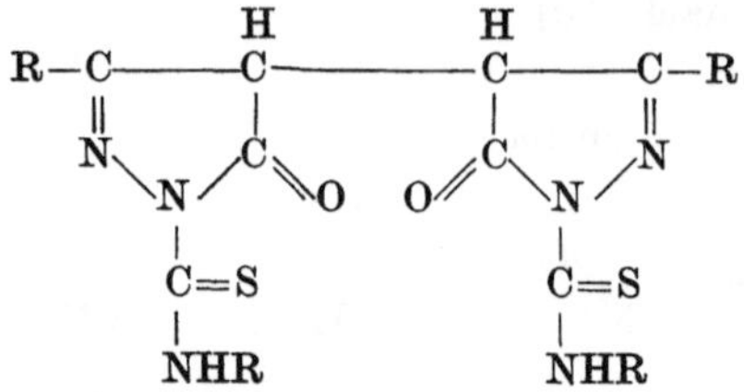

H H
R—C——C————C——C—R
N C O O C N
N N
C=S C=S
NHR NHR

US 2 435 550 (GAF). Diese Bispyrazolone, besonders die letztgenannten, zeichnen sich vor den Alkyliden- oder Arylidenbispyrazolonen, die im US 2 213 986 (Ilf) und US 2 294 909 (DP) beschrieben sind und durch Kondensieren von 2 Mol Pyrazolon mit 1 Mol einer Carbonylverbindung erhalten werden:

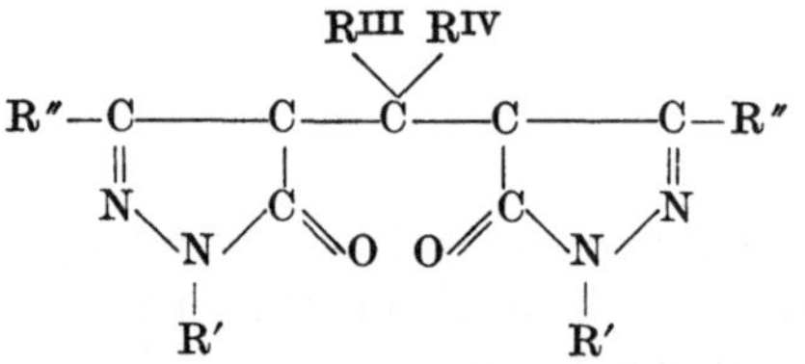

R^{III} R^{IV}
R″—C——C——C——C——C—R″
N C O O C N
N N
R′ R′

dadurch aus, daß beide Pyrazolonreste kuppeln, während bei den Alkyliden- oder Aryliden-bispyrazolonen nur ein Pyrazolon-Molekül zur Kupplung zur Verfügung steht.

Die Blockierung von 3-Aminopyrazolonen in der Methylengruppe zu Aryliden-bispyrazolonen ist im US 2 618 641 (EK) beschrieben, das besonders Kuppler wie:

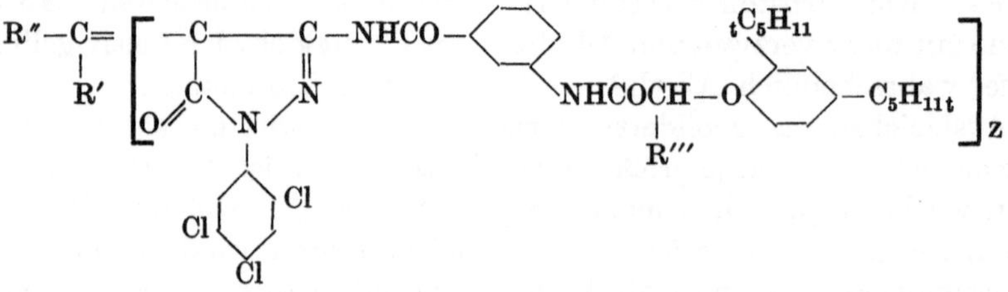

R″—C= [—C——C—NHCO— $_tC_5H_{11}$
R′ O C N N NHCOCH—O— —C_5H_{11t}]z
R‴
Cl Cl
Cl

beansprucht, wobei R′ = p-Methoxy-, p-Chlor-, p-Nitro- oder p-Oxyphenyl bedeutet.

Unsymmetrische Bispyrazolone, vornehmlich 3-Acylaminobispyrazolon z. B.

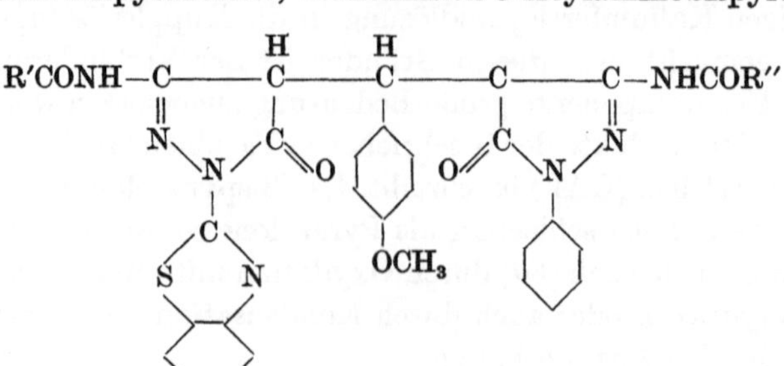

H H
R′CONH—C——C——C——C——C—NHCOR″
N C O O C N
N N
C
S N
OCH_3

die durch Kondensation zweier verschiedener Pyrazolone mit Aldehyd erhalten werden, wobei allerdings Gemische entstehen, wenn die beiden Pyrazolone nicht stufenweise an den Aldehyd kondensiert wurden, werden nach US 2 706 683 (EK) als Kuppler verwendet.

Man ist mit diesen unsymmetrischen Bis-pyrazolonen in der Lage, Nuancen zu erhalten, die man sonst nur durch das Mischen zweier Kuppler erhalten könnte. Das Mischen von Kupplern in einer Schicht aber verursacht wegen der unterschiedlichen Kupplungsgeschwindigkeit der meisten Kuppler Schwierigkeiten. Auf die beschriebene Weise erhaltene Kuppler kuppeln mit beiden Pyrazolonteilen nach den Angaben des Patentes mit annähernd gleicher Geschwindigkeit.

Nach dem Vorschlag des GB 562 675 (DP) lassen sich Pyrazolone mit freien cyclischen Methylengruppen, die außerdem eine Aminogruppe tragen, mit Aldehyden oder Ketonen zu diffusionsechten Farbkupplern polykondensieren.

Schließlich gelangt man nach US 2 671 021 (GAF) ebenfalls zu polymeren Pyrazolonkupplern, wenn man 3-Aminopyrazolone mit z. B. Phosgen zu 3,3'-Dipyrazolonylharnstoffen umsetzt und diese mit Aldehyden zu

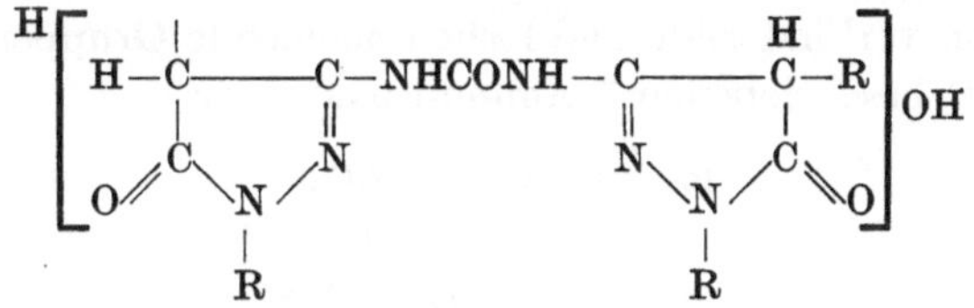

```
H┌  |                                 H  ┐
 │ H—C————C—NHCONH—C————C—R │
 │   |        ||              ||       |  │OH
 │   C        N               N        C  │
 │ O⫽  \N  /                  \N  /  \\O │
 └      |                        |        ┘
        R                        R
```

polykondensiert. R ist ein aliphatischer, aromatischer oder heterocyclischer Rest.

Durch Umsetzung von 2 Mol Pyrazolonen mit 1 Mol SCl_2 wird eine S-Brücke zwischen zwei Methylengruppen hergestellt, die nach US 2 592 303 (EK) ebenfalls zu Kupplern mit geschützter Methylengruppe führen, z. B.

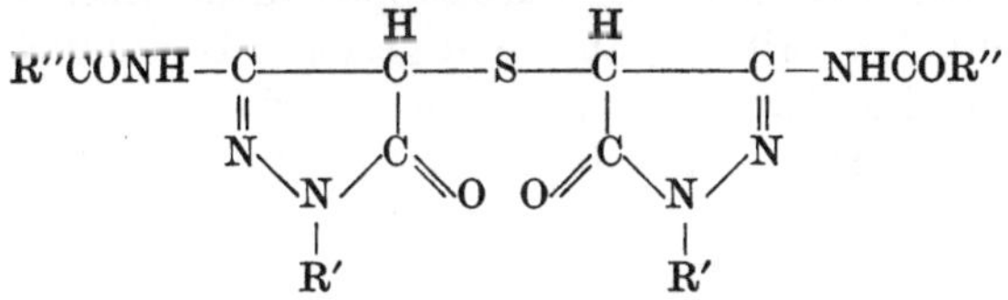

```
                 H        H
R''CONH—C————C—S—C————C—NHCOR''
        ||       |     |       ||
        N        C     C       N
         \N  /    \\O O⫽  \N  /
          |                 |
          R'                R'
```

die nicht ausbleichende Purpurfarbstoffe bilden und nach obigem Patent auch lichtechter sind.

Schließlich kann man auch nach US 2 340 763 (DP) eine Disulfidbrücke einbauen durch Reaktion von Verbindungen mit aktiven Methylengruppen, wie Pyrazolone, Oxythionaphthene usw. mit Schwefelchlorid zu

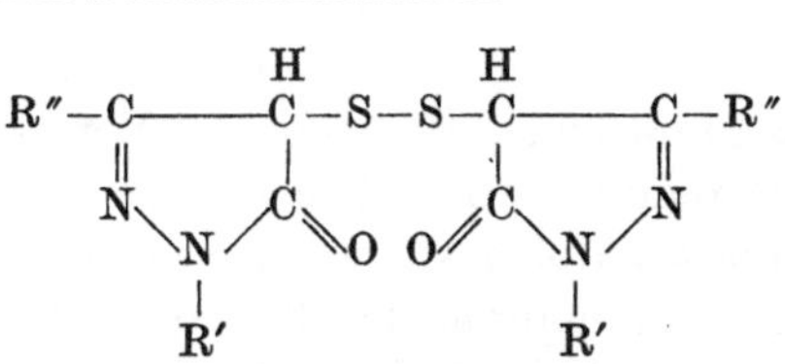

```
           H          H
R''—C————C—S—S—C————C—R''
    ||       |      |      ||
    N        C      C      N
     \N  /    \\O O⫽  \N  /
      |                 |
      R'                R'
```

Eine andere Möglichkeit, die kupplungsfähige Methylengruppe zu blockieren, führt das US 2 632 702 (EK) auf. Durch Umsetzung mit geminalen Diolen, wie

Xanthydrol, Aloxanhydrat oder Triketohydrindenhydrat mit Pyrazolonen werden Kuppler erhalten, die infolge der Blockierung der Methylengruppe verbesserte Eigenschaften ohne eine Verringerung der Kupplungsintensität, wie sie z. B. bei Aryliden-bispyrazolonen auftritt, aufweisen z. B.

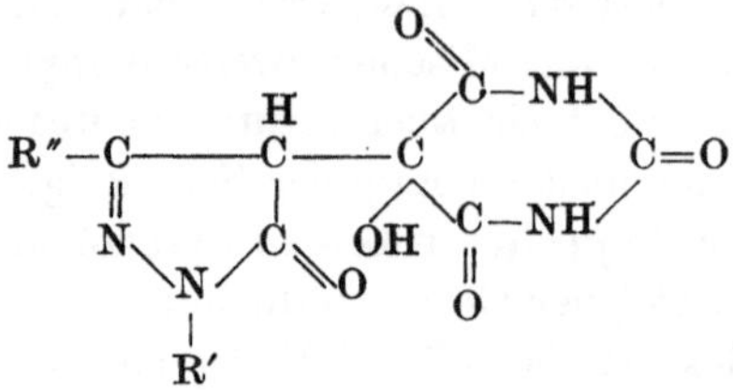

```
                         O
                          \\
                   H       C—NH
                   |      /     \
R″—C———————C———————C           C=O
   ||      |      / \         /
   N       C    OH   C—NH
    \     / \\       ||
     N         O     O
     |
     R′
```

Den 5-Pyrazolonen nahe verwandt sind die Isoxazolone-5, die wegen ihrer großen Kupplungsintensität, der leichten Löslichkeit und den guten spektralen Eigenschaften der erhältlichen Kupplungsfarbstoffe der Klasse der Pyrazolone gleichzusetzen sind. Sie sind als z. B. 3-Phenyl-isoxazolon und Phenylen-bisisoxazolon als Farbkuppler im GB 460 599 (Agfa) geschützt. Schwieriger als bei Pyrazolonen ist die präparative Möglichkeit, diffusionsverhindernde und löslich machende Gruppen einzuführen.

Die in [27] (1924) beschriebenen 3-Amino-isoxazolone,

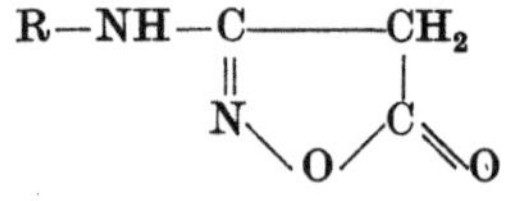

```
R—NH—C————CH2
     ||    |
     N     C
      \   / \\
        O     O
```

wobei R=Aryl- oder Aralkyl oder wobei auch zwei Aminoisoxazolonreste über einem zweiwertigen Rest, z. B. Diphenylen, verbunden sein können, sind im GB 576 890 (Ilf) als Farbkuppler hoher Brillanz und guter Blaudurchlässigkeit beschrieben. 3-Acylaminoisoxazolone sind bisher als Farbkuppler nicht beschrieben. Sie kuppeln zu Purpurfarbstoffen hoher Brillanz, aber sehr geringer Beständigkeit.

Bei dem Versuch, die Carboxygruppe von o-Carboxy-phenyl-pyrazolonen mit der enolisierten Ketogruppe zu einem Isocumarazonring zu laktonisieren,

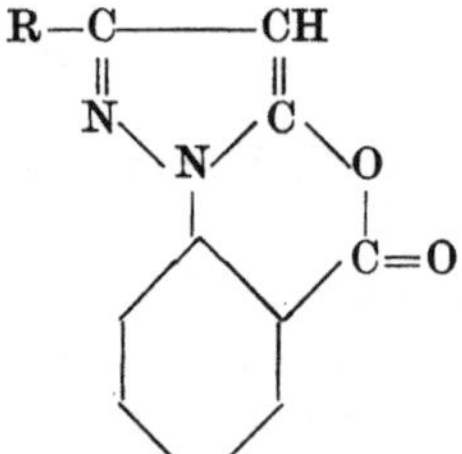

```
R—C————CH
  ||    ||
  N     C
   \   / \
    N      O
    |      |
    /\     C=O
   /  \   /
  |    |—
  |    |
   \  /
    \/
```

wurde entdeckt [28], daß Indazolone, die bei diesen Versuchen in Wirklichkeit entstanden waren, mit oxydiertem Farbentwickler zu Purpurfarbstoffen kuppeln. Farbentwickler, deren o-Stellung zur freien Aminogruppe z. B. durch Methyl substituiert ist, kuppeln nur schlecht, 4-Aminopyrazolon-Farbentwickler (DB 1 002 627 (Agfa)) kuppeln zu einer farblosen Verbindung. Diese bis dahin erstmalige Kupplung des oxydierten Farbentwicklers mit einer methylengruppenfreien Verbindung wird von dem Erfinder dieser Purpurkuppler in Analogie zur Kupplung von Diazoniumverbindungen mit gewissen Pyrazolonen, wie sie von P. E. VERKADE [9] vorgeschlagen wurde, folgendermaßen formuliert [29]:

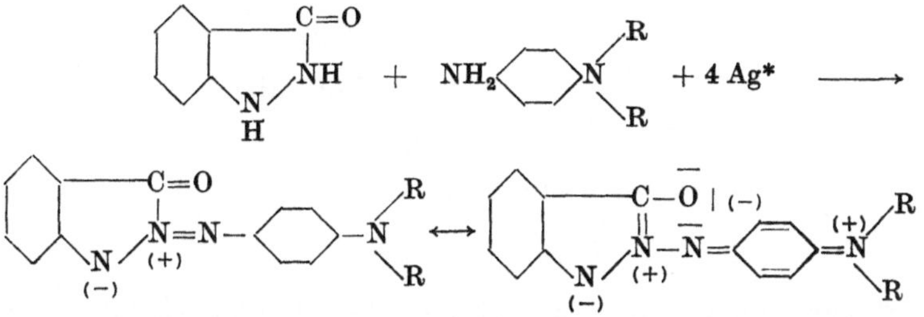

Diese Indazolonkuppler, die bereits eine praktische Bedeutung erlangt haben, sind im GB 663 190 (Gev) geschützt. Die erhältlichen Farbstoffe zeichnen sich durch eine hohe Blau- und Rotdurchlässigkeit aus. Das Maximum liegt je nach Substitution zwischen 530 und 600 mμ.

Das einfache Indazolon kuppelt bei 550 mμ, 5-Stearoylaminoindazolon z. B. bei 530 mμ, das acylierte 7-Aminoindazolon bei 570 mμ. Noch blauer, λ_{max} bei 579 mμ, kuppelt das 4,6-Dimethyl-5-aza-indazolon

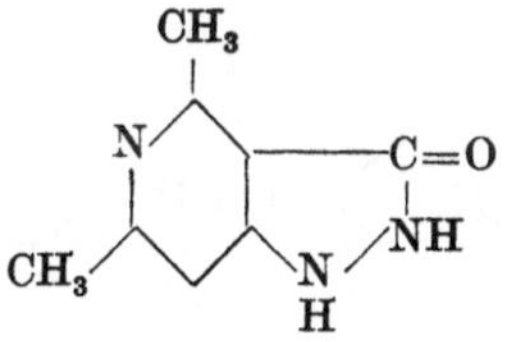

Das Kupplungsvermögen ist gegenüber den meisten Pyrazolonen etwas verringert. Außerdem haben die Indazolone die Eigenschaft, mit $K_3(Fe(CN)_6)$-Bleichbad einen gelben Farbstoff zu bilden, der zum Zwecke der Nachmaskierung nach GB 685 061 (Gev) eingesetzt wird. Für positive Bilder ist diese Eigenschaft dann, wenn mit Kalium ferricyanid-Bleichbädern gearbeitet wird, von Nachteil. Deshalb wird nach GB 720 284 (Gev) diese Vergilbung durch Substitution in 1, 2- oder 3-Stellung aufgehoben. Als Substituenten kommen abspaltbare Reste infrage. Genannt sind im letzteren Patent durchwegs Acylreste, Verbindungen wie 1-Acyl, 2-Acyl, 1,3-Diacyl, 1,2-Diacyl, 2,3-Diacyl-Indazolone, z. B.

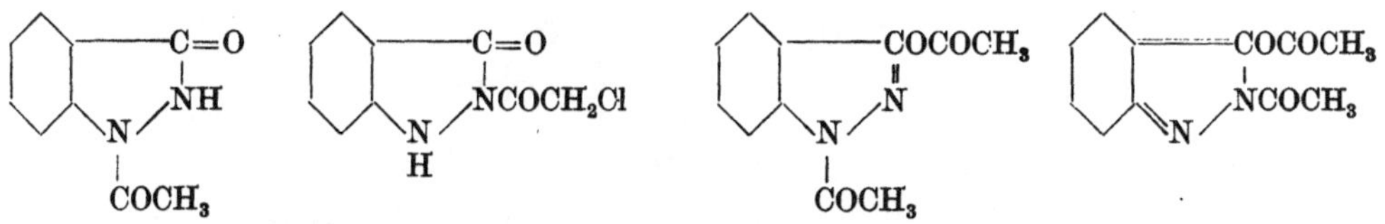

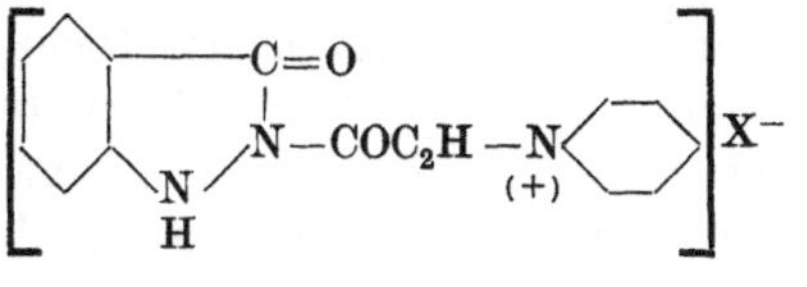

Man erhält dabei in der oben formulierten Weise meist Purpurfarbstoffbilder. Bei Substitution in 2-Stellung mit z. B. Chloracetyl, Propionyl, oder

werden nach obigem Patent meist braunrote Farbstoffbilder erhalten. Z. B. wird aus 2-Propionyl-6-octadecenyl-succinyl-aminoindazolon

$$\begin{array}{c} HOOC-CH_2 \quad NH \\ | \qquad\quad | \\ C_{18}H_{35}-C-CO \\ | \\ H \end{array} \quad (\text{am Indazolon-Ring; } C{=}O,\ NCOC_2H_5,\ \underset{H}{N})$$

ein braunroter Farbstoff erhalten. 2-Acetyl-4,6-dimethyl-5-azaindazolon gibt auch trotz der Substitution in 2-Stellung einen Purpurfarbstoff.

Dieses Verhalten steht im Einklang mit den Angaben des GB 722 281 (ICI), das gleichfalls in 2-Stellung durch COOR, SO_2R, CONRR, CSNRR usw. substituierte Indazolone als Farbkuppler beansprucht. Es werden ebenfalls Farbstoffe mit λ_{max} zwischen 480 und 520 mμ erhalten. Nach der in dieser Patentschrift gegebenen Formulierung werden aber die Substituenten in 2-Stellung nicht abgespalten, sondern bei der Kupplung mit oxydiertem Farbentwickler Azofarbstoffe nach folgendem Schema

$$\text{Indazolon}(C{=}O,\ \underset{H}{N},\ N-CONH-C_6H_5) + NH_2-C_6H_4-N\genfrac{}{}{0pt}{}{R}{R} + 2\,Ag^* \longrightarrow$$

$$C_6H_4\genfrac{}{}{0pt}{}{-\overset{O}{\overset{\|}{C}}-NHCONH-C_6H_5}{-N{=}N-C_6H_4-N\genfrac{}{}{0pt}{}{R}{R}}$$

erhalten. Weitere Patente: US 2 866 706, (ICI) US 2 881 167, (ICI) GB 729 505 (ICI) spezialisieren sich auf die Verwendung von Verbindungen der allgemeinen Formel:

$$\genfrac{}{}{0pt}{}{R''}{R'''}\!\!>NSO_2-\text{Indazolon}(C{=}O,\ N-COOR',\ \underset{H}{N})$$

die ebenfalls Azofarbstoffe, u. z. infolge der bathochromen p-Sulfonamidgruppe, Purpurfarbstoffe bei der Farbkupplung ergeben. Die Kupplungsintensität wird im Gegensatz zu anderen 2-substituierten Indazolonen nach Angaben des Patentes nicht vermindert, gelbe Oxydationsprodukte bei der Bleichbadbehandlung entstehen ebenfalls nicht. Mit Ausnahme der Formulierung der erhaltenen Farbstoffe als Azofarbstoffe decken sich die Aussagen des FR 1 089 328 (ICI) und FR 1 075 746 (ICI) mit denen des GB 720 284 (Gev.). Die Annahme, daß Azofarbstoffe gebildet werden, wird von JENNEN [*30*] nicht geteilt. Ob bei der Farbstoffbildung mit diesen Kupplern

Azofarbstoffe oder Farbstoffe des oben formulierten mesoionischen Charakters entstehen, scheint auf Grund des vorliegenden Schrifttums nicht erwiesen zu sein. Die Bildung von Azofarbstoffen ist aus Analogiegründen nicht ausgeschlossen. Benzisoxazolon (S. 124) kuppelt mit oxydiertem Farbentwickler in folgender Weise

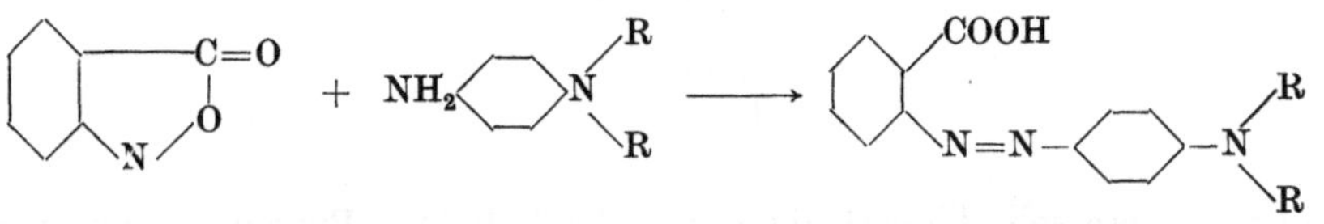

C=O, O, N + NH_2–C₆H₄–N(R)(R) ⟶ COOH, N=N–C₆H₄–N(R)(R)

zu gelben Azofarbstoffen.

Da Benzisoxazolon zu Indazolon formal in demselben Verhältnis steht wie Isoxazolon zu Pyrazolon, ist eine der Benzisoxazolonkupplung analoge Kupplung bei Indazolonen nicht ausgeschlossen. Einen Hinweis würde die Ermittlung der Farbausbeute geben, die bei Azofarbstoffen 1 : 2, bei denen des mesoionischen Typs 1 : 4 sein müßte.

Das Imidazolon-4, u. z. speziell die Isopropylidenverbindung

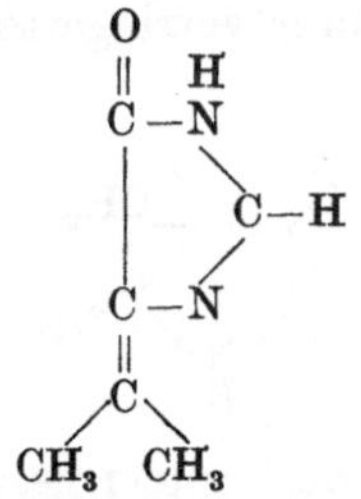

O, H, C–N, C–H, C–N, C, CH_3 CH_3

ist im GB 782 545 (Ilf) als Purpurkuppler beschrieben.

2-Thiazolylhydrazone, wie z. B.

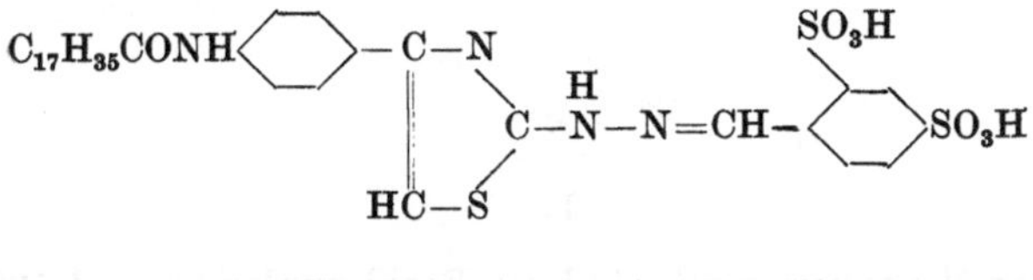

$C_{17}H_{35}CONH$–C₆H₄–C–N, H, C–N–N=CH–C₆H₃(SO_3H)(SO_3H), HC–S

kuppeln nach DDR 14 668 (VEB Wolfen), DAS 1 040 372 zu Farbstoffen mit einem Maximum zwischen 550 und 590 mμ, für die die Konstitution [*31*]

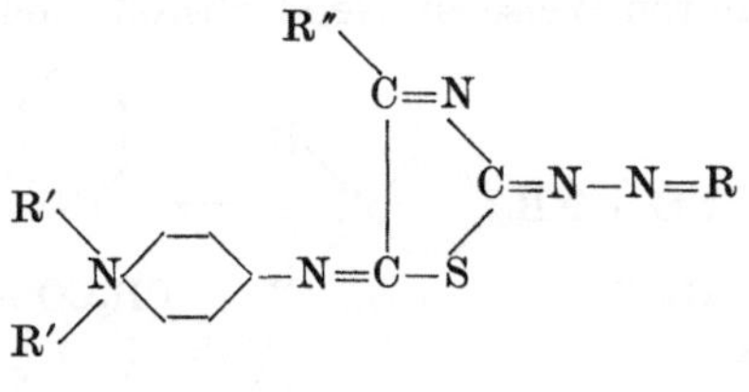

R″, C=N, C=N–N=R, R′, N–C₆H₄–N=C–S, R′

bewiesen wurden.

Weitere purpurkuppelnde Cyclomethylen-Verbindungen, die bisher keine Bedeutung erlangt haben, sind in zahlreichen Veröffentlichungen, meist Patentschriften, beschrieben. So ist z. B. das 1-Phenyl-1,2,3-triazolon-5, das dem 1-Phenylpyrazolon-5 formal ähnelt,

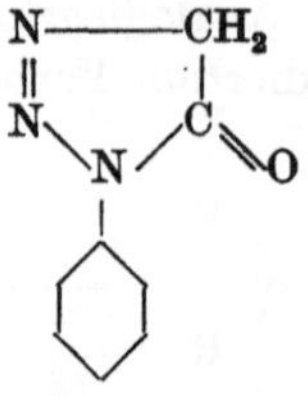

ein Kuppler, der ein sehr blaustichiges, verschwärzlichtes Purpur bei nur mäßiger Intensität gibt. Das gleiche gilt für Thiohydantoine, z. B.

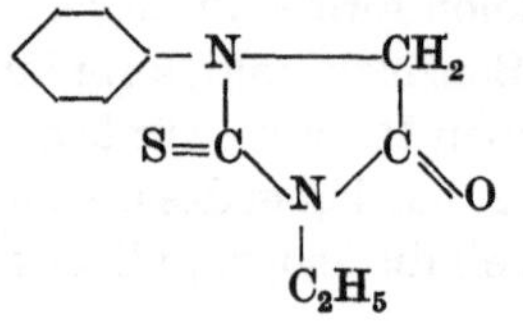

die im US 2 551 134 (DP) wegen ihrer verringerten Blauabsorption hervorgehoben werden.

Oxindole

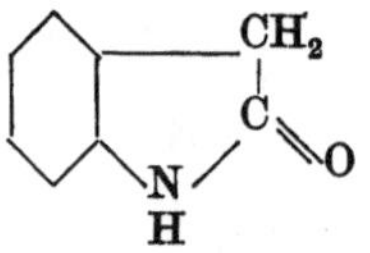

sind mit GB 511 790 (Agfa) als Purpurkuppler geschützt. An anderer Stelle sind N-alkylierte Oxindole als Kuppler genannt (λ_{max} von N-Äthyloxindol mit 4-Diäthylamino-2-methylanilin 540 mμ).

N-substituierte Rhodanine

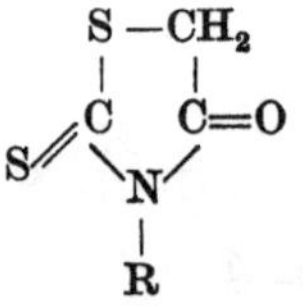

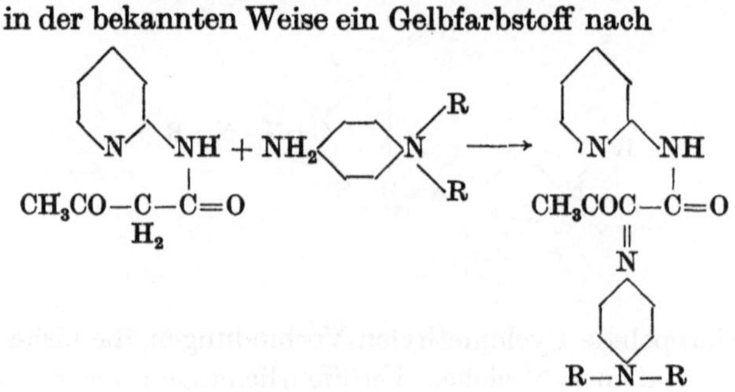

die N-alkyliert oder N-acyliert sind, sind als Farbkuppler im GB 509 707 (EK) beschrieben. Eine praktisch unbedeutende, aber chemisch interessante Purpurfarbstoffbildung wird bei der Kupplung von 2-Aceto-acetamido-pyridin erhalten [*32*]. Es entsteht zuerst in der bekannten Weise ein Gelbfarbstoff nach der unter den Bedingungen der Farbentwicklung in alkalischem Medium leicht unter Ringschluß und Abspaltung einer Acetylgruppe in die Leukoverbindung übergeht, die durch weiteren oxydierten Entwickler zum Purpurfarbstoff

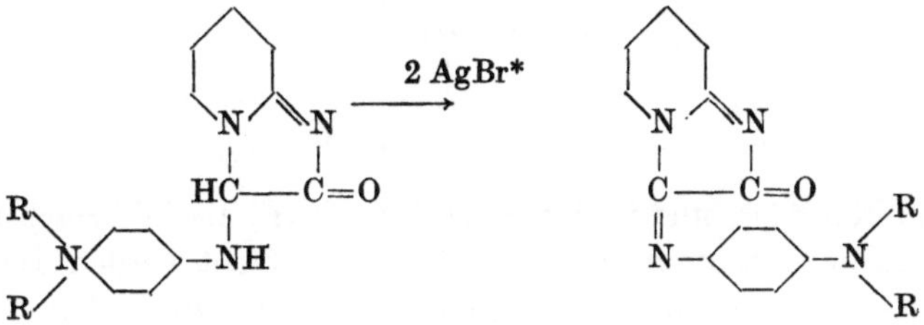

oxydiert wird. Die Konstitution dieses Farbstoffes ist ausgehend von 3a-Azaindolon-2, das mit Nitrosodiäthylanilin oder oxydiertem Farbentwickler denselben Farbstoff gibt, in [*33*] bewiesen.

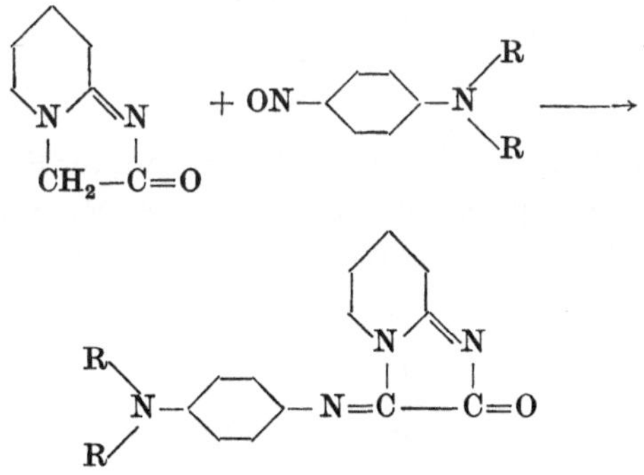

Es sei darauf hingewiesen, daß bei dieser Farbstoffbildung aus Acetoacetyl-aminopyridin pro Mol Farbstoff 6 Mol AgBr verbraucht werden.

Imidazolone wie

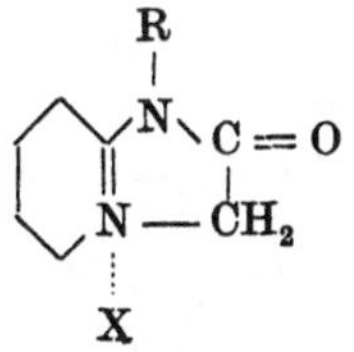

kuppeln nach US 2 421 693 (GAF) ebenfalls purpur mit dem Maximum zwischen 560 und 580 mμ, z. B.

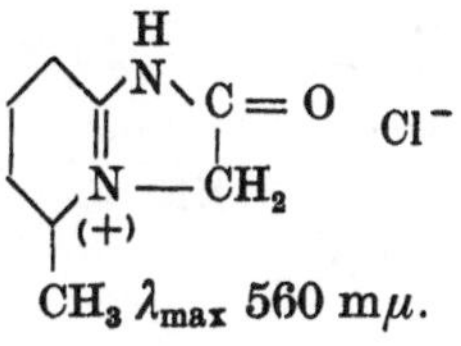

λ_{max} 560 mμ.

Oxythionaphthen (US 1 102 028, R. FISCHER) und 2-Benzaloxythionaphthen sind ebenfalls purpurkuppelnde Verbindungen. Die letztere und andere Verbindungen der allgemeinen Formel

```
           ·······C — C//O
          Z       |    |
           ·······C    C\\
                   \X/    CHR
```

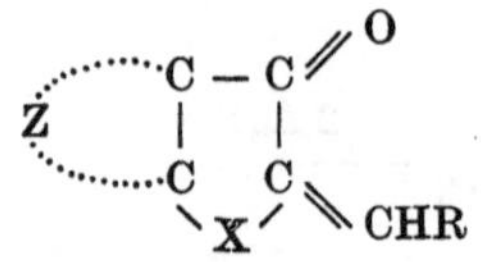

wobei X vornehmlich S ist, sind im US 2 036 546 (GAF) als Filterfarbstoffe beschrieben, die in sulfithaltigen photographischen Bädern entfärbt werden. Bei Verwendung sulfitfreier Entwickler kuppeln diese Aryliden-oxythionaphthenderivate zu Purpurfarbstoffen um.

Indandion

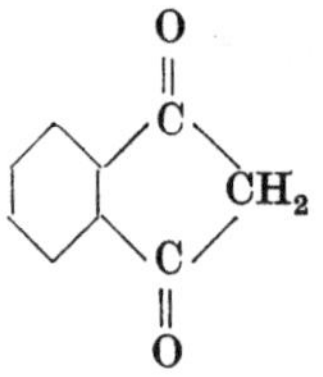

```
            O
            ||
          /C\
  (C6H4)      CH2
          \C/
            ||
            O
```

ein ebenfalls schon von FISCHER (US 1 102 028) genannter Kuppler gibt wegen seines um 580 mμ liegenden Hauptmaximums und eines ca. 100 mμ kürzer liegenden Nebenmaximums ein stark verschwärzlichtes blaues Purpur. Verbindungen mit aktivierten Methylgruppen, z. B.

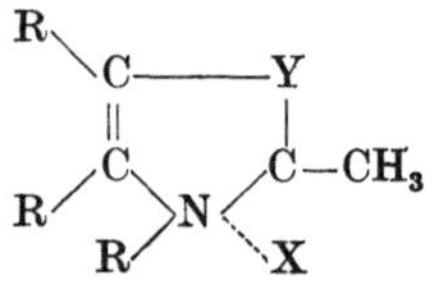

```
  R\
    C———Y
    ||   |
    C    C—CH3
  R/ \N/ ·.
    R/    X
```

wobei Y = —CH=CH—, S oder C(RR) sein kann, sind als Farbkuppler im FR 839 998 (Agfa), (vergl. DDR 5 897) geschützt, z. B. Trimethylmethylenindolin (Fischerbase), Chinaldin, 2-Methylbenzthiazol, α-Picolin oder 2-Methylthiazol kuppeln Purpur, die meisten anderen blau.

Violettstichig blaue bis violette Farbstoffe werden bei der Kupplung mit Verbindungen der allgemeinen Formel erhalten

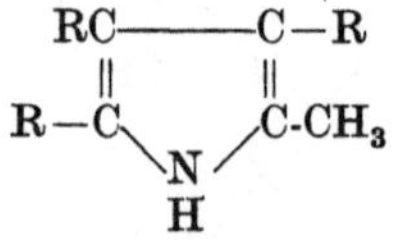

```
     RC———C—R
     ||     ||
  R—C      C-CH3
      \N/
       H
```

wobei R = H, Alkyl, Aryl usw. oder Carboxy usw. sein kann, wie z. B. 2-Methylpyrrol. Alle diese Verbindungen sind Gegenstand des DRP 738 080 (Agfa).

Purpurkuppler sind weiter Verbindungen vom Typ

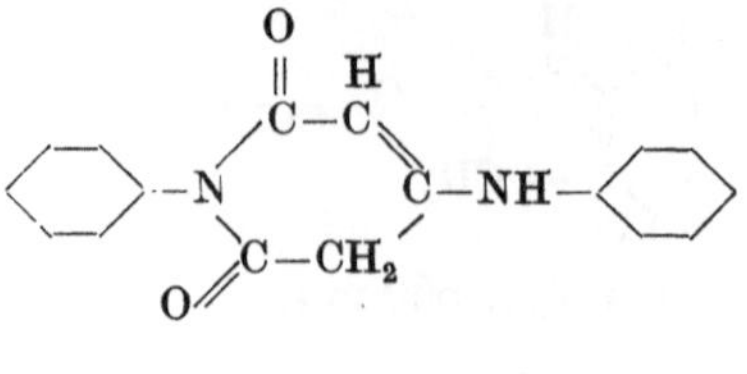

```
              O
              ||  H
             /C—C\\
  (C6H5)—N         C—NH—(C6H5)
             \C—CH2/
           O//
```

$\lambda_{max} \sim 550$ mμ, die im US 2 376 192 (EK) genannt sind und solche vom Typ

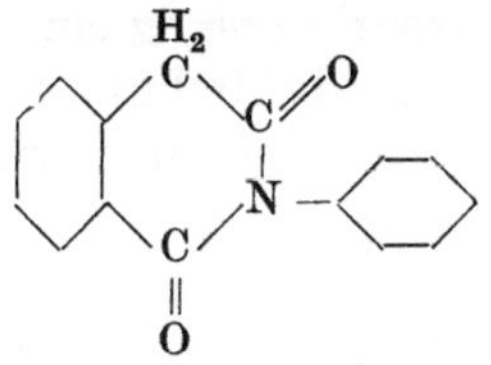

die gegen $\lambda_{max} \sim 600$ mμ kuppeln (US 2 328 652 (DP)).

Auch nicht kuppelnde Cycloverbindungen, wie z. B. Fluoren, Inden, Dihydroresorcin und Diphenylmethan, Cyclohexanon usw. werden durch Überführung in Oxalsäurederivate

$$>CH_2 \longrightarrow >CHCOCOOR$$

in intensiv kuppelnde Verbindungen übergeführt. So gibt z. B. das Oxalesterderivat von Fluoren ein rotes Farbstoffbild, das von Inden ein blaues (GB 472 224 (Agfa)), US 2 186 850 (GAF).

4-Hydroxypyrazole der allgemeinen Formel,

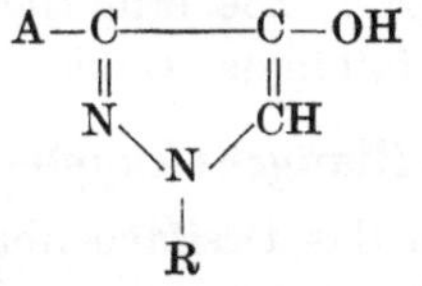

wobei A = COOH, COOR, $CONH_2$, CONRR' sein kann — in der also die 4- und 5-Stellung der Pyrazolone formell vertauscht ist, sind im GB 542 149 (Ilf) als graue, graublaue und blaue Farbbilder erzeugende Kuppler genannt.

Sie sind durch Kuppeln von Diazoniumsalzen auf γ-Halogenketoester und Ringschluß nach

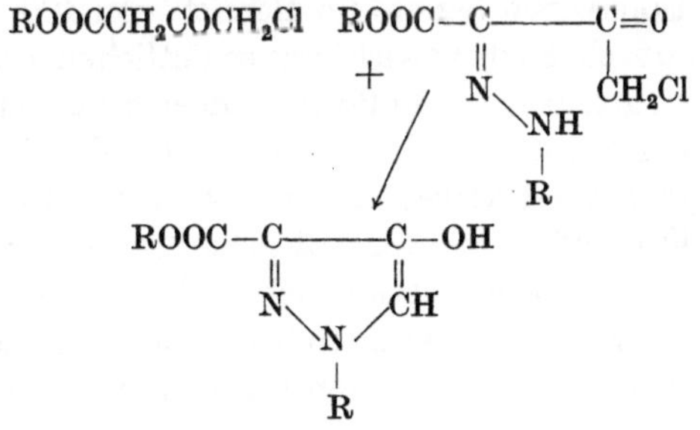

$ROOCCH_2COCH_2Cl$ + ...

erhältlich.

Abschließend sei auf eine Beobachtung hingewiesen, die zeigt, daß auch unter den noch zu besprechenden Blaugrünkupplern solche sind, die u. U. purpur kuppeln ([*34*]. FR 956 226 (Agfa)) α-Naphthol-β-carbonamide, die normalerweise als Blaugrünkuppler gelten, kuppeln bei Einführung von stark polaren Gruppen in den Aminrest z. T. purpur, z. B.

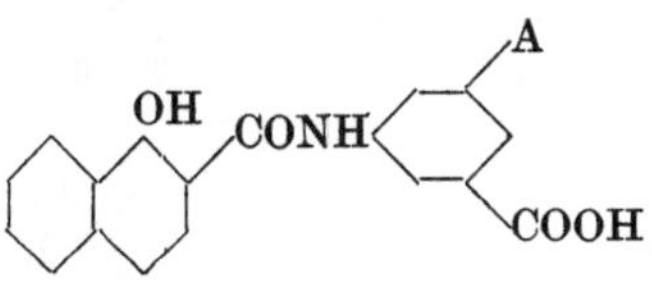

wenn A = H, λ_{max} = 545 mμ, A = NO_2, λ_{max} = 580 mμ ist. Wird die NO_2-Gruppe durch NH_2 ersetzt, tritt keine Purpurkupplung ein. Die COOH-Gruppe kann auch durch SO_3H oder den Acrylsäurerest (β-ständig) ersetzt sein oder o-ständig stehen. Ebenfalls purpur kuppelt das Amid des α-Aminopyridins.

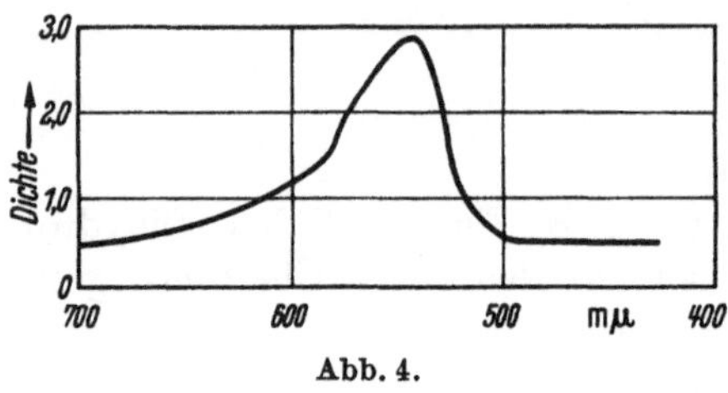

Abb. 4.

Wird der Wasserstoff der Carbonamidgruppe in den obigen Beispielen alkyliert, tritt keine Purpurkupplung ein. Bemerkenswert ist, daß der Purpurfarbstoff B. z. beim Einentwickeln erst aus einem anfänglich gebildeten Blaugrünfarbstoff entsteht. Außerdem ist die Purpurkupplung vom Entwickler abhängig. Nur wenn in der obigen Formel A = NO_2 ist, tritt nicht nur mit p-Diäthylaminoanilin, sondern auch mit p-Oxäthyl-äthylaminoanilin und 2,6-Dibrom-p-aminophenol Purpurfarbstoffbildung ein. In den anderen genannten Fällen kuppelt nur p-Diäthylaminoanilin purpur, die anderen Entwickler normal blaugrün. Die erhältlichen Purpurfarbstoffe sind von hoher Brillanz mit einem steilen Abfall in das Gebiet kürzerer Wellenlängen (Abb. 4).

III. Blaugrünkuppler

Der dritte der Teilfarbstoffe für das Dreifarbenbild auf subtraktiver Grundlage, der Blaugrünfarbstoff, hat sein Hauptabsorptionsgebiet zwischen 600 und 700 mμ oder unter Umständen im nahen Ultrarot. Auch hier ist die kurzwellige Flanke der Absorptionskurve die flachere, sie ragt fast immer besonders bei relativ kurzem λ_{max} in das Gebiet von 500 — 600 mμ hinein und verursacht eine unerwünschte Grünabsorption; dazu kommt ein zweites Maximum, wodurch besonders bei langwelligen Farbstoffen die Absorptionskurve bereits im Bereich von 400 — 500 mμ wieder ansteigt. Das gilt für alle durch Farbentwicklung erhältlichen Blaugrünfarbstoffe. Die Offenbarungen der Patentliteratur lassen Bestrebungen erkennen, die darauf gerichtet sind, möglichst langwellig absorbierende (besonders für das Negativmaterial) Blaugrünfarbstoffe mit möglichst selektiver Absorption aus Kupplern zu erhalten, die ohne schädigenden Einfluß auf die photographische Emulsion und leicht substituierbar sind, um eine weitgehende Beeinflussung der Farbnuancen in der Hand zu haben. Wesentliche Bemühungen wurden daraufgerichtet, die Licht- und Wärmebeständigkeit der praktisch allein infrage kommenden Chinonimin- oder Indoanilinfarbstoffe wie sie ebenfalls schon von RUDOLF FISCHER für diesen Zweck vorgeschlagen wurden, zu verbessern. Sie werden durch Kupplung von oxydierten Farbentwicklern mit Phenolen, Naphtholen oder anderen oxygruppenhaltigen aromatischen oder heterocyclischen Verbindungen, meist in p-Stellung zur Oxygruppe erhalten. Durch Substitution der Kuppler können auch viele ihrer Eigenschaften und besonders die Absorption der Farbstoffe in weiten Grenzen beeinflußt werden. Über die quantitativen Zusammenhänge zwischen Substitution der phenolischen Kuppler einerseits und Absorption und Extinktion andererseits sind von BROOKER und SPRAGUE [*10*] Überlegungen angestellt worden. Über mutmaßliche Zusammenhänge zwischen Solvatochromie und Stabilität der Chinoninminfarbstoffe siehe VITTUM und BROWN [*11*].

Das FR 836 144 (EK) beschreibt die Verwendung von 2,5-Dialkylphenolen, z. B. Thymol, als Farbkuppler. Die damit erhältlichen Farbstoffe sind aber sowohl in ihren spektralen Eigenschaften als auch in der Licht- und Wärmebeständigkeit nicht ausreichend. Durch Substitution in 2- und 5-Stellung der Phenole durch Alkyl oder Alkenyl in der einen und durch Aminoalkyl-, Oxalkyl-, Alkoxy- oder Alkenylreste in der anderen Stellung, z. B.

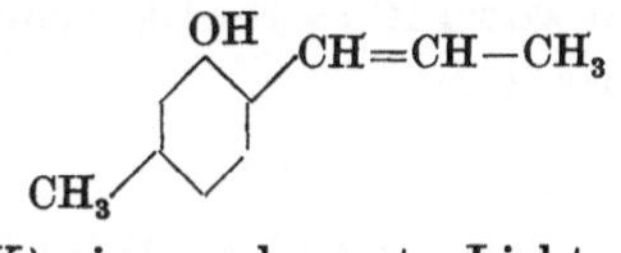

OH
$CH{=}CH{-}CH_3$
CH_3

wird nach FR 956 732 (EK) eine verbesserte Licht- und Wärmebeständigkeit erreicht. Im US 2 126 337 (EK) werden o- und p-Oxybenzalverbindungen als Blaugrünkuppler

OH
$CH{=}R$

OH
$CH{=}R$

vorgeschlagen, z. B. o-Oxystilben oder 2,6-Disalicylal cyclohexanon.

Salicylaldehydderivate der obengenannten Art und z. B. Umsetzungsprodukte von 2 Mol Aldehyd mit 1 Mol eines längeren Diamins zu Verbindungen wie

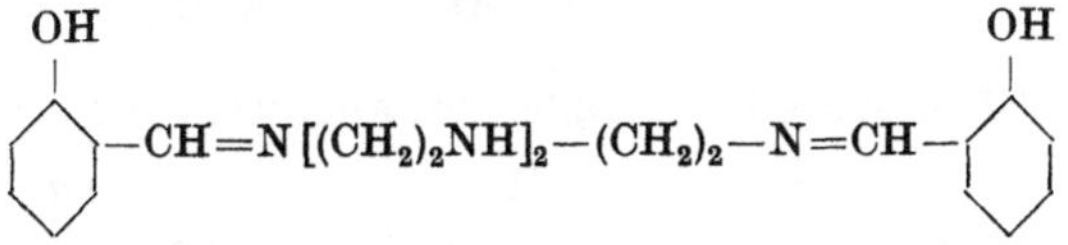

OH OH
$-CH{=}N[(CH_2)_2NH]_2-(CH_2)_2-N{=}CH-$

sind Gegenstand des US 2 418 747 (GAF). Die o-ständige CH = NR in Phenolen, z. B. in Salicylaldoxim verringert oder hebt die Farbkupplung auf. Auch 2,6-Dihalogenphenole, o-(N-Methylacetylamino)-phenol und o-Oxyacetophenole kuppeln ebenfalls schwach oder gar nicht. Eine Erklärung für dieses Verhalten wird von VITTUM und BROWN [*12*] gegeben.

Alicyclische Äther von oxygruppenhaltigen und kupplungsfähigen Aromaten, wie z. B.

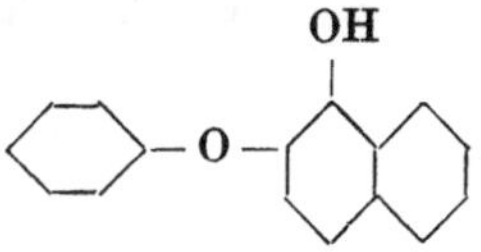

OH
—O—

oder der Abiethyläther des Resorcins oder Brenzkatechin sind nach US 2 189 817 (DP) Blaukuppler, ebenso wie Verbindungen der allgemeinen Formel

OH — O — $CH(CH_2)_nCH_3$ — R

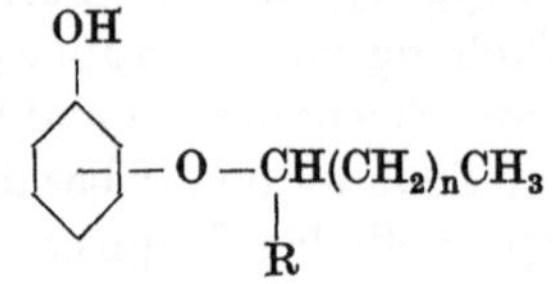

R = Alkyl nach US 2 166 181 (DP).

Aminophenole, wie z. B.

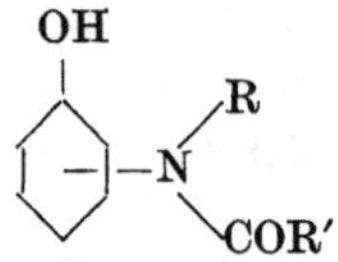

OH — N(R)(COR′)

die eine freie o- oder p-Stellung haben oder in diesen Stellungen durch einen abspaltbaren Rest substituiert sind und wobei R′ = H, Alkyl oder Aryl und R″ ein acyloxysubstituiertes Alkyl oder Aryl ist, z. B.

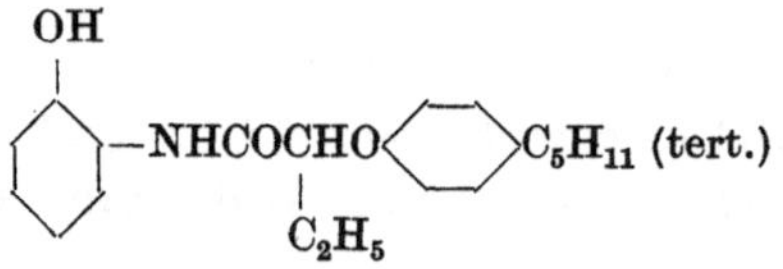

OH —NHCOCHO—C_5H_{11} (tert.), C_2H_5

werden im GB 562 205 (EK) und im US 2 242 337 (EK) US 2 367 531 (EK) beschrieben. Besonders sind die grüner kuppelnden Mono -und Polyhalogenphenol-Derivate, die sich nach diesen Patenten durch verbesserte Hitze- und Lichtbeständigkeit auszeichnen, in diesen Patenten genannt, z. B.

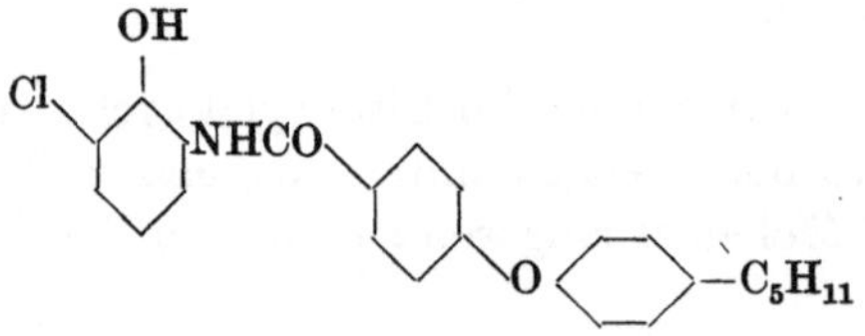

OH, Cl, NHCO, O, $-C_5H_{11}$

Das GB 576 963 (Ilf) beschreibt Kuppler der allgemeinen Formel

OH, $NHCOCH_2N$(R′)(R″) OH, $NHCOCH_2NH$ OH, CH_3

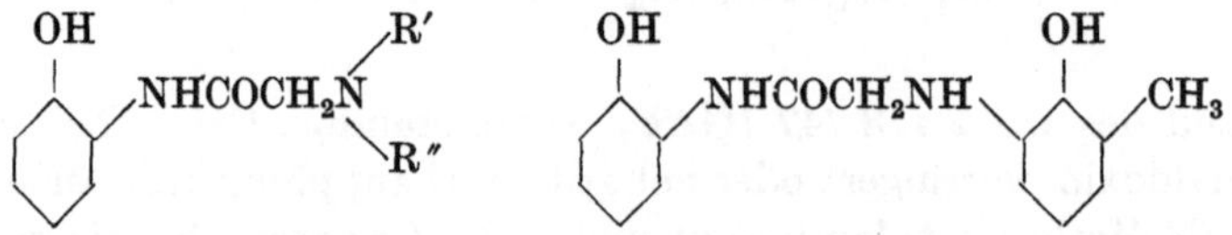

Die Substitution von (z. B. 2-Alkyl)-Phenolen in 5-Stellung kann zur Erhöhung der Farbstoffstabilität wesentlich beitragen, z. B. bei der Substitution des 2-Allylphenols zu

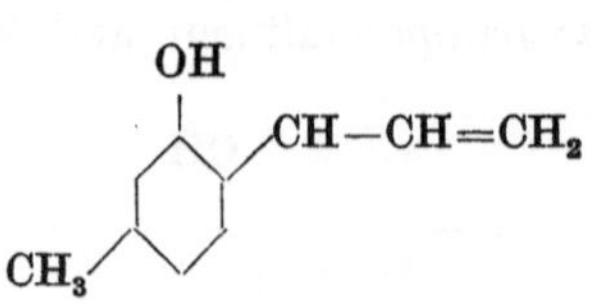

OH, $CH-CH{=}CH_2$, CH_3

nach US 2 338 676 (EK).

2-Acylaminophenole, wie sie in US 2 423 730 (EK) und US 2 367 531 (EK) beschrieben sind, werden nach US 2 772 162 (EK) und US 2 369 929 (EK) durch Substitiution in 5-Stellung, besonders durch eine weitere Acylaminogruppe

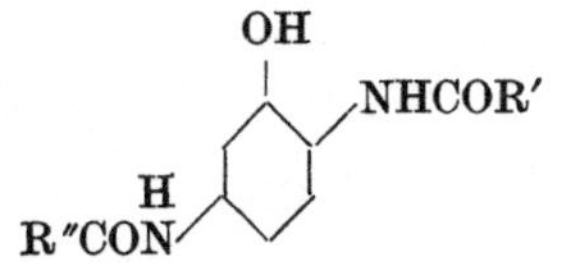

OH
NHCOR′
H
R″CON

stabiler gegen Hitzeeinwirkung. Die noch notwendige Langverschiebung kann jetzt durch Einführung von Halogen, z. B. Cl, in die 6-Stellung erreicht werden.

Dadurch wird aber wieder die Hitzebeständigkeit sehr verschlechtert. Durch Acylierung der Aminogruppen mit Perfluoralkylcarbonsäure wird sowohl die Hitzebeständigkeit der 2,5-Diacylaminophenole erreicht als auch die erwünschte Langverschiebung der halogenierten, aber nicht hitzebeständigen chlorierten 2-Acylamino-6-chlor-5-substituierten Phenole. Ein Beispiel dieser im US 2 895 826 (EK) genannten Kuppler ist

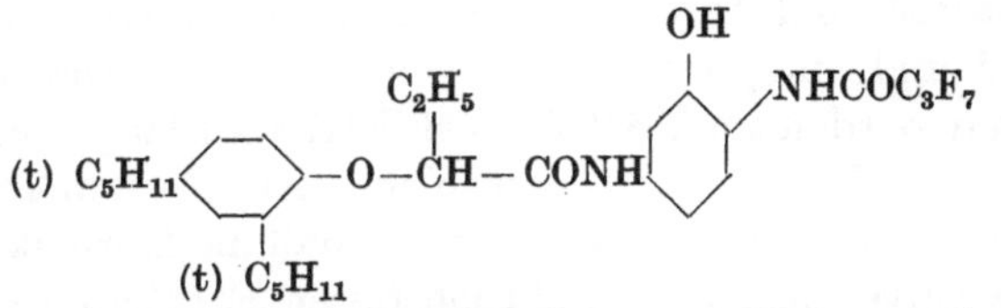

OH
C_2H_5 $NHCOC_3F_7$
(t) C_5H_{11} —O—CH—CONH
(t) C_5H_{11}

$\lambda_{max,\ CD2}^{*} = 672$

Die Langverschiebung durch Perfluorierung eines 2-Butyramidophenols zu Heptafluorbutyramidophenol beträgt rund 25 mμ.

Die relativ geringe Kupplungsintensität von Salicylsäure mit oxydiertem Farbentwickler kann durch Ester- oder Amidbildung an der Carboxylgruppe verbessert werden. Die geringe Stabilität der gebildeten Chinoniminfarbstoffe bleibt dadurch unverändert. Durch zur Carbonamidgruppe p-ständige Substituiton mit R = Alkoxy, Amin oder Acylamin werden nach US 2 728 660 (EK) Farbstoffe mit verbesserter Beständigkeit erhalten, z. B.

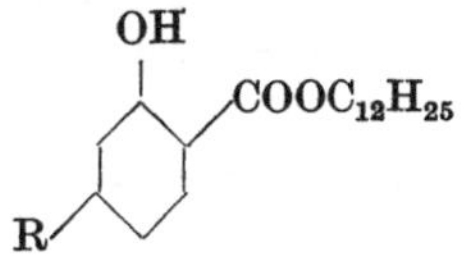

OH
$COOC_{12}H_{25}$
R

Oxygruppenhaltige Diphenylderivate, z. B. o- oder m-Oxydiphenylderivate, z. B.

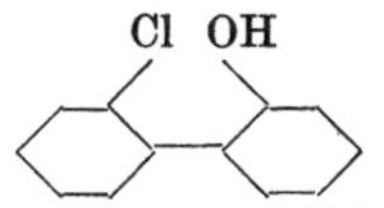

Cl OH

sind im GB 458 665 (EK) und US 2 039 730 (EK) geschützt. (Im erstgenannten Patent befindet sich die interessante Angabe, daß Hydrocoerrulignon

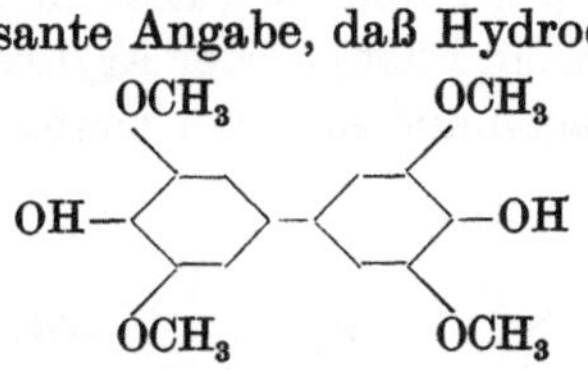

OCH_3 OCH_3
OH— —OH
OCH_3 OCH_3

mit p-Diäthylaminoanilin ein rotbraunes Farbstoffbild gibt).

[1] 3-Diäthylamino 6-Aminotoluol

Ähnliche o-Diphenylverbindungen sind auch im FR 804 473 (EK) genannt.

Das FR 966 004 (EK) schützt Acylaminooxydiphenylverbindungen z. B.

OH — NHCOCHO — C_4H_9 ; CH_3

p-Oxybenzylalkohol und Derivate, wie z. B. p-Oxybenzhydrol und z. B.

R ; HO — CH ; OH   [HO —]=CH_2 ; 2

spalten bei der Kupplung mit oxydiertem Farbentwickler die in p-Stellung stehende Gruppe unter Bildung des entsprechenden Aldehyds ab. Diese Umkupplung verläuft analog der von ZIEGLER und ZIGEUNER [*35*] eingehend untersuchten Spaltung von p-Oxybenzylalkohol und entsprechenden Carbinolen mit Diazoniumverbindungen Solche Verbindungen werden im US 2 476 008 (EK) als Blaugrünkuppler geschützt. Nach den Angaben dieses Patentes ist es mit solchen Kupplern möglich, ein verbessertes Farbkorn zu erreichen: Es wird angenommen, daß die Körnigkeit des Farbbildes durch das absolute Unvermögen des diffusionsfesten Farbkupplers zu diffundieren, verursacht wird. Durch die Möglichkeit, bei der Kupplung den diffusionsverhindernden Rest R abzuspalten, wird die Diffusionsfestigkeit durch die Bildung eines relativ kleinen Moleküls verringert und dadurch offenbar auch das Koagulationsbestreben, wie es bei diffusionsfesten Farbstoffen vorhanden ist. Durch die Bildung von freiem Aldehyd bei der Abspaltung des p-ständigen Restes tritt nach den Angaben dieser Patente eine Härtung der Gelatine ein, die wie aus anderen Fällen bekannt ist, wahrscheinlich ebenfalls wegen der Erschwerung der Koagulation ein feineres Farbkorn bewirkt und das lokale Schmelzen der Emulsionsschicht wegen der lokal erhöhten Bromidkonzentration und der durch die Kupplungsreaktion bedingten Wärmetönung verhindert wird.

Ähnliche Verbindungen sind im GB 506 224 (Gev) beschrieben,

OH ; Hal — — CH_2 — X ; Hal

die die OH-Gruppe in o- oder p-Stellung zu CH_2X und die zwei Halogenatome im selben Kern enthalten, wobei X ein Phenyl- oder Arylrest ist und ebenfalls in o- oder p-Stellung eine OH-Gruppe tragen und evtl. noch substituiert sein kann, wie z. B.

OH ; Br — — CH_2 — — OH ; Br

Sie werden zum Einentwickeln empfohlen, wobei brillante Blau- bis Blaugrünfarbstoffe gebildet werden. Auch hier ist die Möglichkeit zur Kupplung unter Abspaltung des Benzylrestes p-ständig zum α-Naphthol gegeben, so daß 2 Mol Farbstoff aus 1 Mol Kuppler entstehen könnten.

Eine Reihe von Patentschriften befaßt sich mit Oxynaphthoesäureamiden, die keinen o-ständig zur OH-Gruppe stehenden freien Iminowasserstoff haben, wie er z.B. in

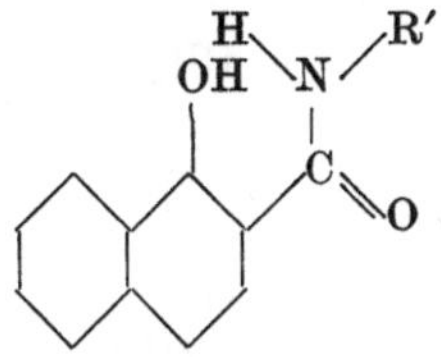

H R' OH N C O

oder entsprechenden Sulfonamiden, Carbaminsäurederivaten, Harnstoffen usw. vorhanden ist. Durch Substitution des Iminowasserstoffs der Carbonamidgruppe wird die Farbe der gebildeten Farbstoffe bis zu 40 mμ nach Kurz verschoben. Dasselbe gilt nach den Angaben der Patente für die peri-Stellung. Dieser Iminowasserstoff kann eine Affinität der Komponente zum Halogensilberkorn bewirken. Das äußert sich in einem Rückgang der Rotempfindlichkeit beim Lagern des farbenphotographischen Mehrschichtenmaterials. Die DB Anm. F 7516 1939 (Agfa) beschreibt Farbkuppler, die mangels Affinität zum Halogensilber den Sensibilisator *nicht* vom Korn verdrängen und deshalb auch vor Zugabe des Sensibilisators der Emulsion einverleibt werden können.

Phenole oder Naphthole, die evtl. mit sauren Gruppen in 3,5- bzw. 3,5,6- oder 7-Stellung substituiert sind, die weiter mit diffusionsverhindernden Resten und evtl. löslichmachenden Gruppen verbunden sind, wie z. B.

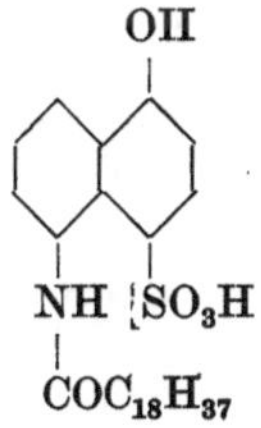

OH NH SO_3H $COC_{18}H_{37}$

sind Gegenstand dieser Anmeldung. Der Iminowasserstoff kann auch durch Substitution mit besonders Alkyl nach DDR 7213 (Agfa) eliminiert sein. Ebenso kann nach US 2 312 004 (GAF) der Iminowasserstoff in o- oder peri-Stellung durch Vermeidung von Carbonamid- oder Sulfonamid-Gruppen in diesen Stellungen oder durch Alkylierung in o- bzw. p-Stellung eliminiert werden.

Ebenso beansprucht das US 2 313 586 (EK) und GB 538 914 (EK) die Verwendung von 1-Oxy-2-naphthoesäureamiden, in denen beide Carbonamidwasserstoffe substituiert sind, wie z. B. in

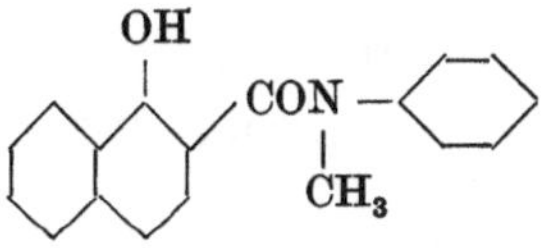

OH CON CH_3

Gegenüber 1-Oxy-2-naphthanilid ergibt dieser Kuppler Farbstoffe mit verbesserter Licht- und Wärmebeständigkeit.

Solche Kuppler, in der einer der Substituenten des Carbonamidstickstoffs ein Benzylrest ist, werden besonders beansprucht, z. B.

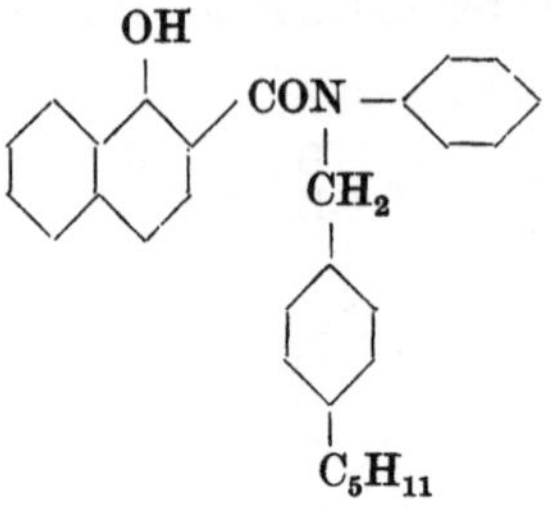

OH CON CH$_2$ C_5H_{11}

Das GB 727 693 (ICI) beschreibt Kuppler,

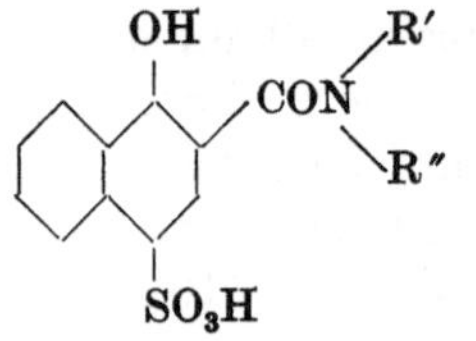

OH CON R′ R″ SO_3H

wobei R′ und R″ Alkylreste mit mindestens fünf bzw. höchstens vier Kohlenstoffatomen sind. Durch die Substitution des Wasserstoffs der Carbonamidgruppe wird die Nuance in allen Fällen nach kürzeren Wellen, also nach Blau, verschoben. Solche Kuppler können nach GB 747 628 (ICI) auch mit z. B. Alloxanmonohydrat in 4-Stellung zu

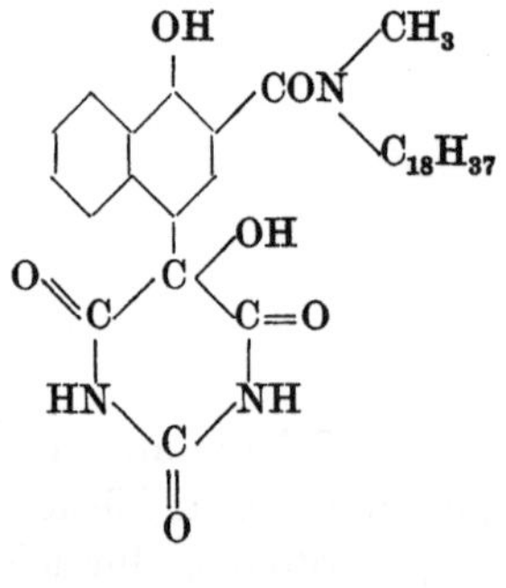

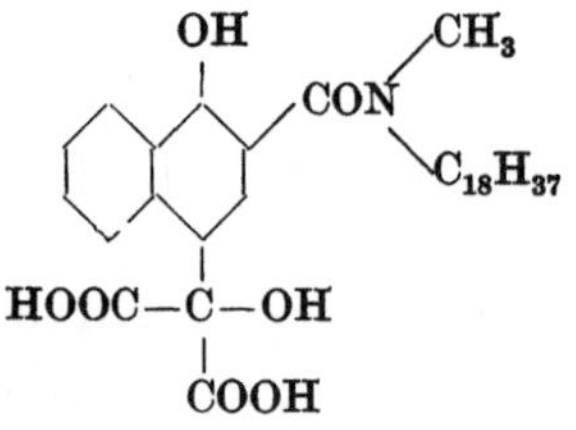

OH CON CH_3 $C_{18}H_{37}$ OH C O C C=O HN NH C O

OH CON CH_3 $C_{18}H_{37}$ HOOC—C—OH COOH

und der Alloxanring zur Tartronsäure aufgespalten werden, wodurch gut lösliche Kuppler entstehen, ohne auf die sonst notwendige SO_3H-Gruppe angewiesen zu sein, die nach Angaben des Patentes einen schädigenden Einfluß auf die Emulsion hat.

Im Gegensatz zu 1-Oxy-2-naphthoesäureamiden ist die Beeinflussung der Kupplungsfarbe durch Substitution des Sulfonamidwasserstoffes in

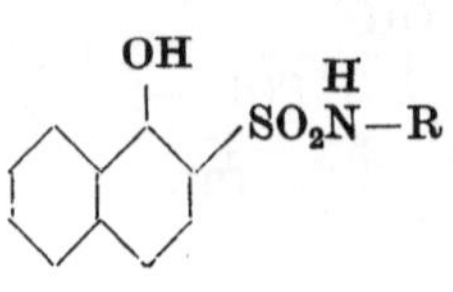

OH SO_2N—R H

minimal. Eine Zusammenstellung darüber findet sich in [*40*]. Sulfonamidgruppenhaltige Naphthole sind wegen ihrer guten Löslichkeit in Farbentwicklerlösungen in US 2 306 410 (EK), US 2 356 475 (EK) und US 2 362 598 (EK) geschützt. Die Licht- und Hitzebeständigkeit allerdings läßt zu wünschen übrig.

Das DDR 8080 (Agfa) US 2 357 394 (GAF) schützt Kondensationsprodukte von aromatischen Oxy-Verbindungen mit in 1,3,5-Stellung substituierten Benzolderivaten, z. B. Xylenolcarbonsäurechloriden, die vor anderen grünstichigen Blaugrünkupplern, wie z. B. halogenierten Naphtholen oder Derivaten der o-Oxyzimtsäure den Vorteil haben, präparativ besser handhabbar zu sein. Bei polyhalogenierten Naphtholen ist oft schon infolge sterischer Hinderung eine weitere Substitution unmöglich. o-Oxyzimtsäurederivate selbst lassen sich ebenfalls schwer weiter umsetzen, während in die Verbindungen dieses Patents leicht löslichmachende und diffusionsverhindernde Gruppen in 3- bzw. 5-Stellung eingeführt werden können.

Ebenso läßt sich durch weitere Substitution in einem Seitenkern die Nuance z. B. mit Halogen nach Grün, mit Äthergruppen nach Blau verschieben.

Viele Kuppler, besonders Blaugrünkuppler, lassen entweder in der Nuance der erhaltenen Bildfarbstoffe oder in der photographischen Empfindlichkeit bzw. Gradation zu wünschen übrig. So gibt z. B.

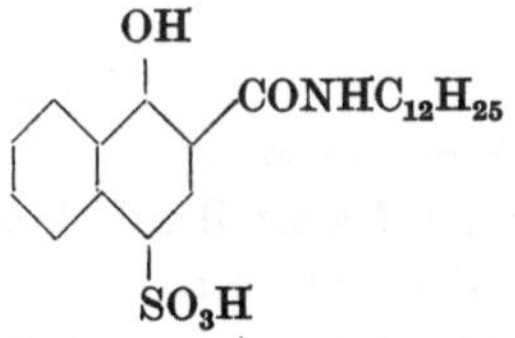

OH, $CONHC_{12}H_{25}$, SO_3H

ein brillantes Bild mit hohem Schwellenwert, d. h. der Kuppler kuppelt intensiv, das Abs.-Maximum liegt aber um 650 mμ, d. h. es wird noch zu viel grünes Licht absorbiert. Verwendet man dagegen

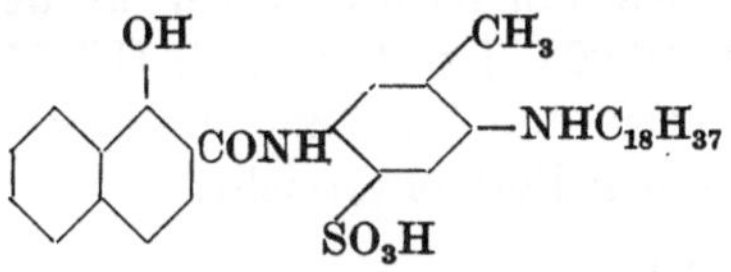

OH, CONH, CH_3, $-NHC_{18}H_{37}$, SO_3H

so liegt zwar das Maximum jenseits von 700 mμ, aber infolge der langsamen Kupplung ist nur ein wenig brillantes Bild mit niederem Schwellenwert erhältlich. Die Vorzüge beider Kupplergruppen sind vereint nach US 2 357 395 (GAF) in den Kondensationsprodukten von kupplungsfähigen Oxygruppen mit aromatischen Aminen, die keine sauren Gruppen im Diaminteil tragen, z. B.

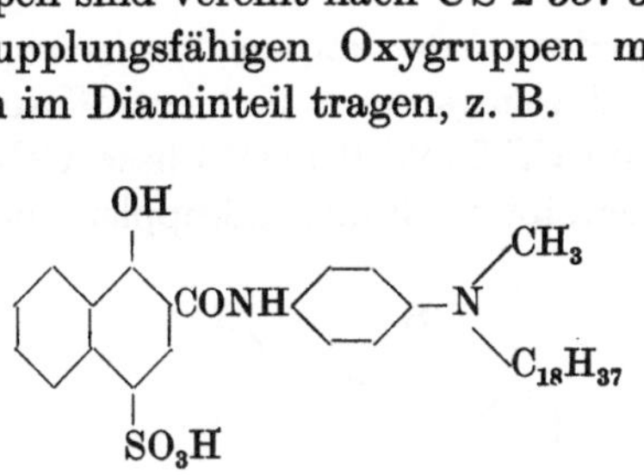

OH, CONH, $-N$, CH_3, $C_{18}H_{37}$, SO_3H

und ähnliche Verbindungen.

Das Pendant dazu ist das US 2 324 832 (GAF), wonach saure Gruppen in den Diaminrest eingeführt werden, z. B.

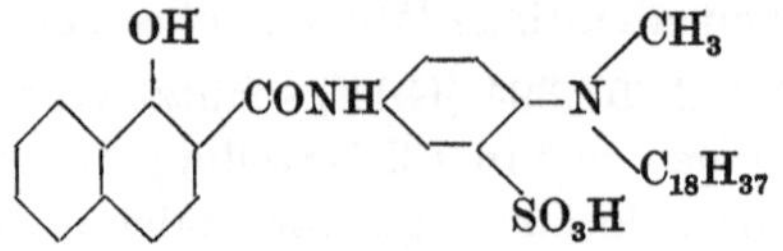

Kuppler mit einem diffusionsverhindernden Rest o-ständig zum Carbonamidstickstoff

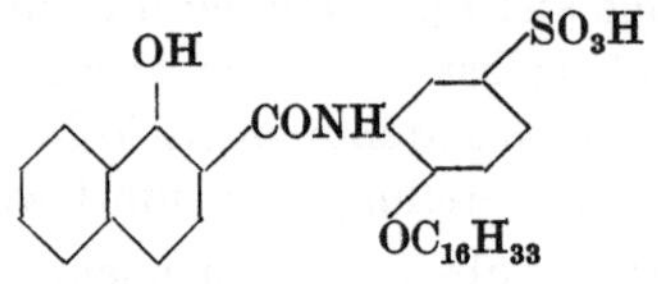

sind Gegenstand der DAS 1 036 053 (Gev).

α-Oxynaphthoesäurearylide von C-alkylierten Aminobenzolen wie

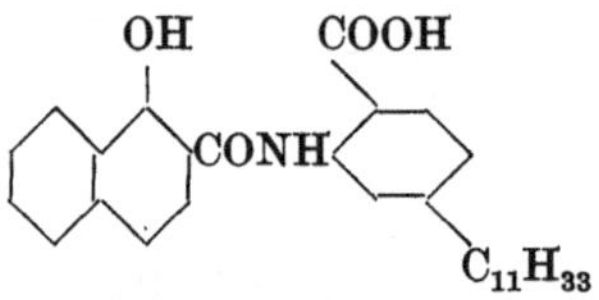

sind im DRP 745 046 (Zeiß Ikon) geschützt.

Viele Blaugrünkuppler weisen den Nachteil auf. daß der damit in der photographischen Schicht gebildete Farbstoff nicht nur durch Licht sondern auch im Dunkeln bei Lagerung zerstört wird, wobei ähnlich wie bei Farbstoffen mancher Gelbkuppler nach Spaltung des Farbstoffmoleküls ein Teil, wie nachgewiesen wurde, der Entwicklerrest heraussublimiert. Während aber Gelbfarbstoffe durch Feuchtigkeit leichter gespalten werden, ist es bei Blaugrünfarbstoffen vor allem die Wärme, die die Spaltung verursacht. Eine Verminderung dieser Mängel wird außer mit den Maßnahmen, die in den Patenten DDR 7213, US 2 312 004, US 2 313 586, GB 717 698 bereits beschrieben wurden, nach US 2 435 629 (DP) und US 2 395 484 (DP) bei Verwendung von Sulfonamidkupplern der allgemeinen Formel erreicht,

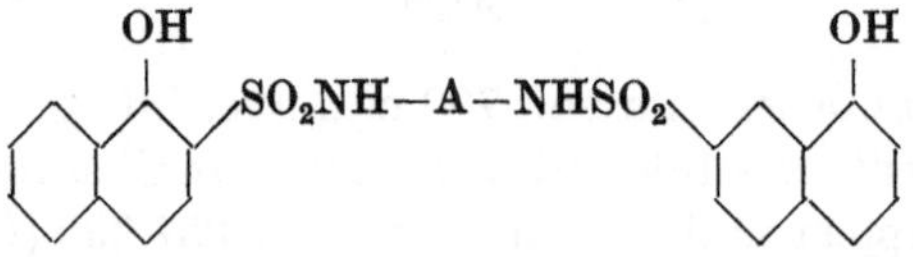

wobei A z. B. einen Diphenyläther- oder anderen zweiwertigen Rest mit wenigstens einem aromatischen Ring und wenigstens 8 Kohlenstoffatomen darstellt. Die Herstellung solcher Kuppler ist im US 2 395 484 (DP) beschrieben.

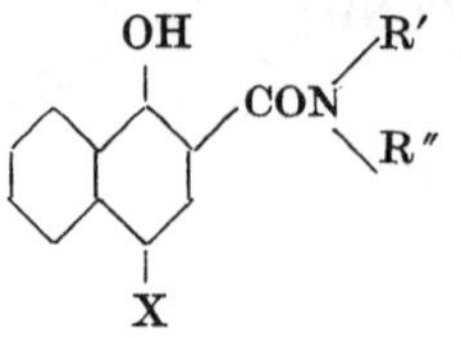

Das GB 519 208 (Ilf) beschreibt als Blaugrünkuppler Verbindungen der allgemeinen Formel wobei R′ und R″ = H, Alkyl, Aryl und heterocyclische Reste sein können. Speziell polyhalogenierte Arylreste als R′ z. B.

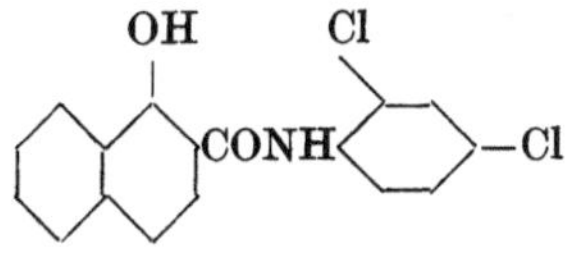

OH Cl

CONH —Cl

werden beschrieben, die gegenüber monohalogenierten oder halogenfreien Aniliden verbesserte spektrale Eigenschaften haben (siehe Abb. 5).

Naphtholcarbonamide der allgemeinen Formel

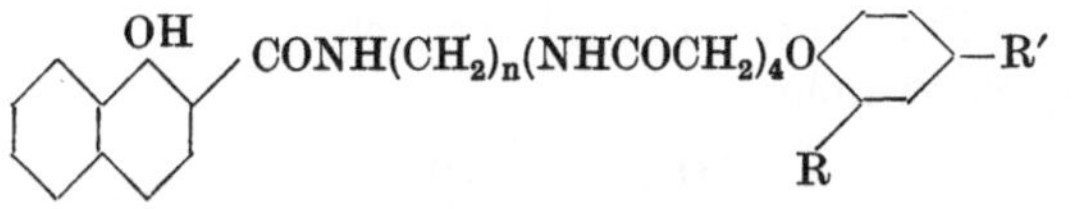

OH $CONH(CH_2)_n(NHCOCH_2)_4O$ —R′

R

wobei Z = H oder Cl, n = 2 — 4 und Y = 0 oder 1 ist, sind Gegenstand des US 2 474 293 (EK). Sie sind speziell als mit hydrophoben Lösungsmitteln zu emulgierende Kuppler geeignet.

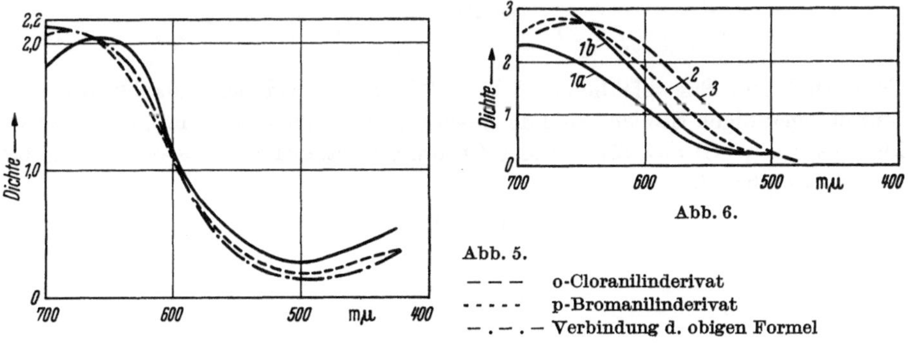

Abb. 6.

Abb. 5.

— — — o-Cloranilinderivat

- - - - - p-Bromanilinderivat

— . — . — Verbindung d. obigen Formel

Verbindungen, die mehrere bevorzugt 2 phenolische Gruppen in einem Molekül haben,

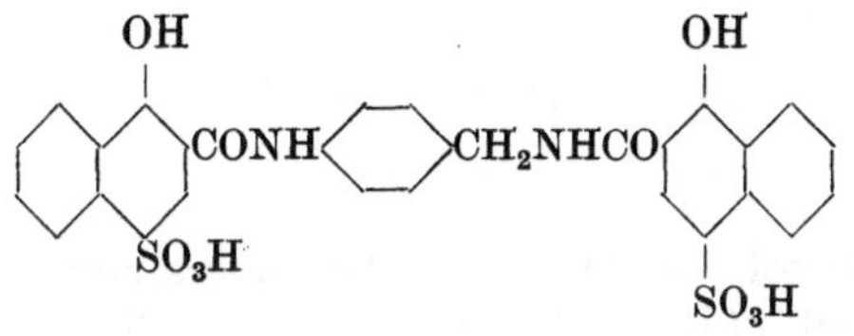

OH OH

CONH CH_2NHCO

SO_3H SO_3H

sind im US 2 498 466 (DP) beschrieben.

Das US 2 366 324 (GAF) schützt Kuppler, wie z. B.

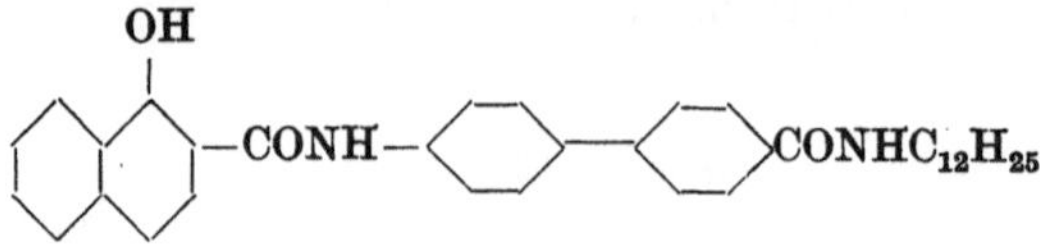

oder

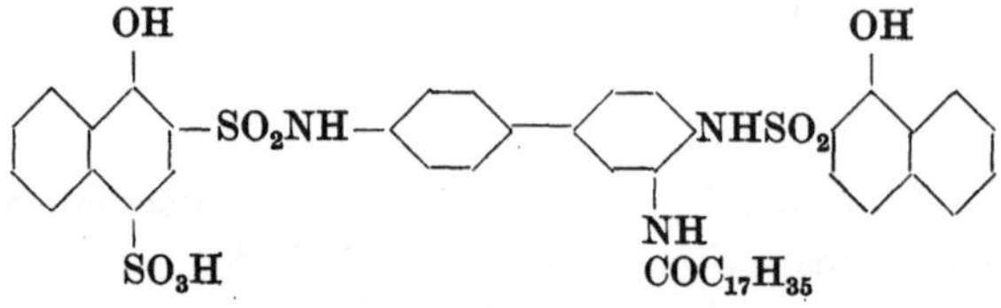

oder solche, die einen Diphenylrest enthalten. Die Absorptionskurven des letztgenannten Kupplers sind in zwei verschiedenen Konzentrationen, 1 a und 1 b, in Abb. 6 mit Trichlor (2) und 2,4-Dibromnaphtol (1) verglichen.

Thio-bis-α- oder -β-naphthole

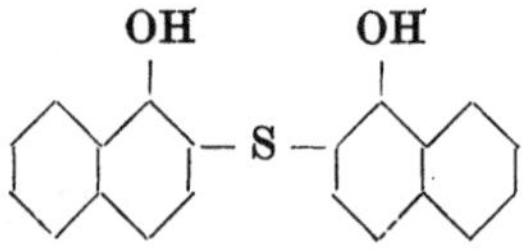

und Thionyl-bis-α-naphthole

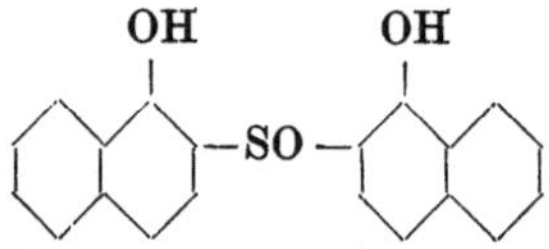

(aus Naphthol und Schwefeldichlorid bzw. Thionylchlorid) sind Farbkuppler mit zwei kupplungsfähigen Stellen, die mit Ausnahme von Thio-bis-β-naphthol, das violett kuppelt, nach GB 567 224 (DUFAY Chromex) blaugrüne Farbstoffbilder geben.

1,8-Dioxynaphthalin

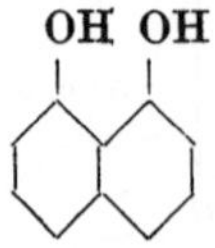

oder diffusionsfeste Derivate davon wie Ester, Amide kuppeln nach Can. 440 776 (GAF) in 4- und in 5-Stellung.

Das GB 566 772 (DUFAY Chromex) schlägt α-Dinaphthole,

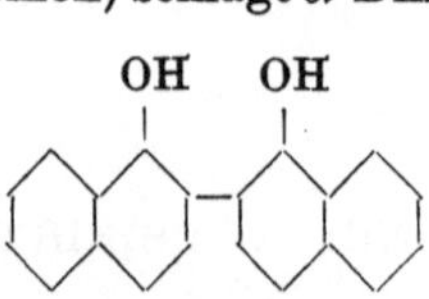

z. B. gelöst in Äthylenglykol und Methanol, besonders zum Einentwickeln vor. Die Dinaphthole werden nach [*43*] durch Oxydation im alkalischen Medium, z.B. mit $FeCl_3$ dargestellt. Interessant ist, daß nach Angaben dieses Patentes die 4-Stellung nicht nur durch Brom, sondern auch durch OCH_3 substituiert sein kann.

(In den Beispielen ist z. B. 4,4'-Dimethyl-1,1'-dioxy'-dinaphthyl als Blaugrünkuppler genannt. In der zugehörigen chemischen Formel steht in 4- und 4'-Stellung eine Methoxygruppe).

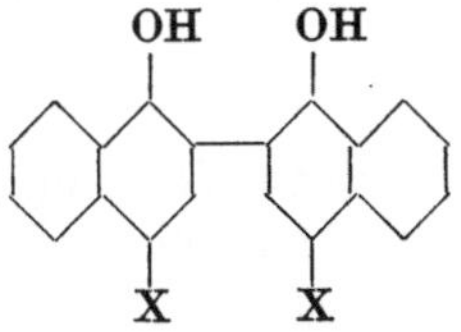

OH OH

X X

$X = CH_3$
OCH_3

(Hydrochinonmonomethyläther kuppelt nach [36].

Nach FR 932 479 (EK) werden Oxy-acetonaphthone als Blaugrünkuppler verwendet

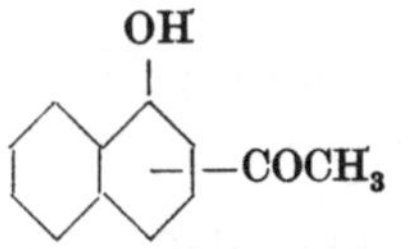

OH

$-COCH_3$

oder Derivate davon, wie z. B. Oxime, Hydrazone usw. der allgemeinen Formel

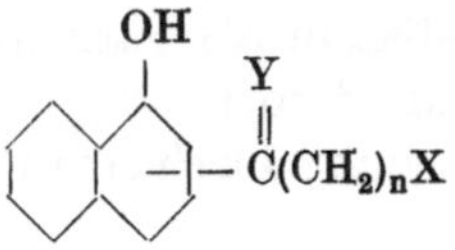

OH
Y
‖
$-C(CH_2)_nX$

wobei X = H, Alkyl, Aryl, ein substituiertes N- oder S-Atom und Y = 0, NOH, NNHR usw. bedeutet. Neben vielen anderen werden z. B.

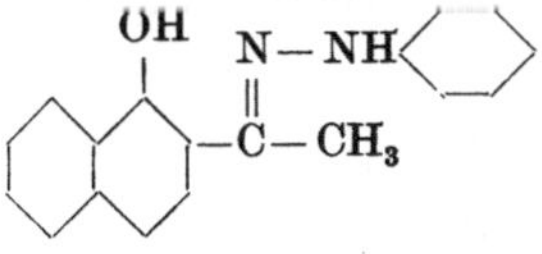

OH N—NH
‖
—C—CH_3

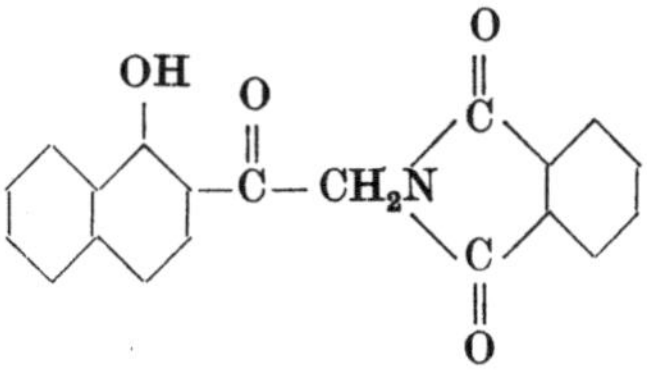

O
OH O ‖
‖ C
—C—CH_2N
C
‖
O

genannt.

Nach US 2 472 910 (DP) werden 5,6,7,8-Tetrahydro-1-oxy-2-naphthoesäureaminobenzaldehyd und Acetale davon, z. B. mit Polyvinylalkoholen als Blaugrünkuppler von hoher Brillanz beschrieben.

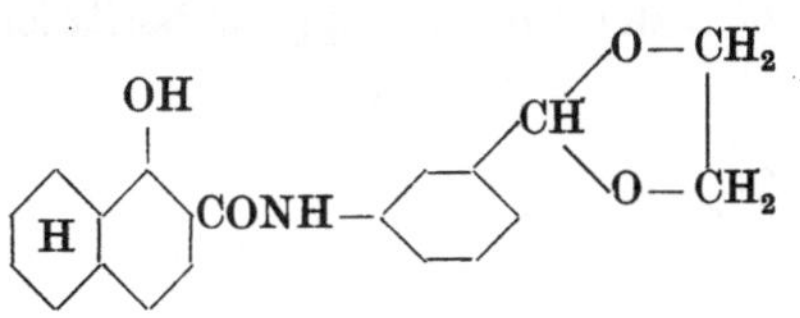

O—CH_2
OH CH
H CONH— O—CH_2

Das US 2 465 067 (DP) beschreibt Verbindungen der allgemeinen Formel

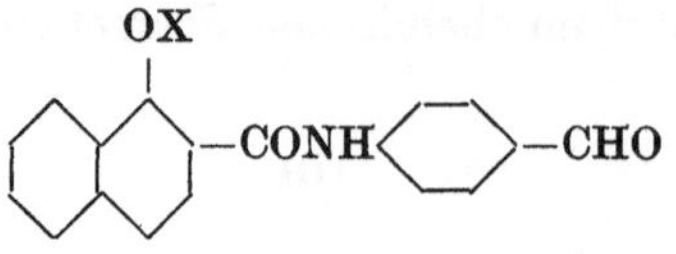

OX

—CONH—CHO

und Acetale davon als *Zwischenprodukte* für Farbkuppler, wo X = H oder Acyl sein kann (Acyl deswegen, um während der Herstellung des Kupplers die OH-Gruppe zu schützen).

Die im GB 519 208 (Ilf) beschriebenen 1-Oxy-2-naphthoesäureamide geben beim Einentwickeln leicht fleckige Bilder, wenn nicht ein großer Überschuß an primärem, aromatischem Aminoentwickler vorhanden ist. Diesen Nachteil weisen nach GB 623 622 (Ilf) 1-Oxy-2-naphthoyl-cyclohexylamide

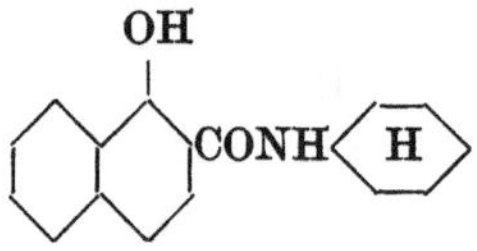

OH

CONH H

nicht auf. In dem Patent wird ausgeführt, daß bei Verwendung von 1-Oxy-2-naphthoyl-o-toluidid zur Erzeugung eines vergleichbaren Farbbildes die fünffach größere Menge an N,N-Diäthyl-o-toluidin-diamin als Farbentwickler, wie bei Verwendung von 1-Oxy-2-naphthoyl-cyclohexylamid notwendig ist.

Naphthole, die in 5,6,7 oder 8-Stellung durch eine Furoylaminogruppe substituiert sind

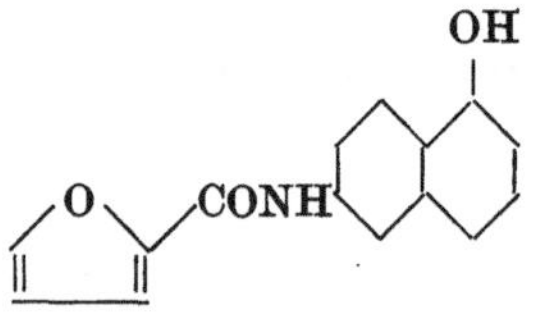

OH

O CONH

sind im US 2 543 745 (GAF) beschrieben.

1-Amino-5- oder -8-naphthole, wie z. B.

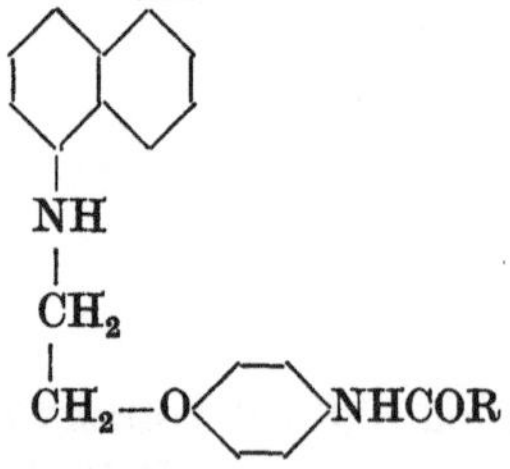

OH

NH

CH_2

CH_2—O—NHCOR

sind im US 2 394 527 (DP) genannt.

Durch den β-Naphthylrest in der Aminogruppe substituierte I-Säure

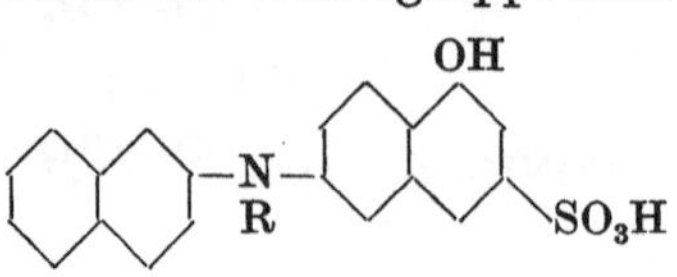

OH

—N—
R

SO_3H

die als Blaugrünkuppler für die Phenazoniumfarbstoffbildung Bedeutung hat, sind zur Indoanilinkupplung nach US 2 480 815 (GAF) geeignet.

I-Säure selbst ist ebenso wie 6-Phenyl-I-Säure in Form von diffusionsfesten Farbkupplern nicht geeignet, da, obwohl die Farbstoffe selbst sehr stabil sind, der Kuppler durch das notwendige Bleichbad zu einem gelbbraunen Farbstoff oxydiert wird. Deshalb sind die obengenannten Naphthoyl-I-Säurederivate, speziell solche, in denen R = COOR′ ist, z. B.

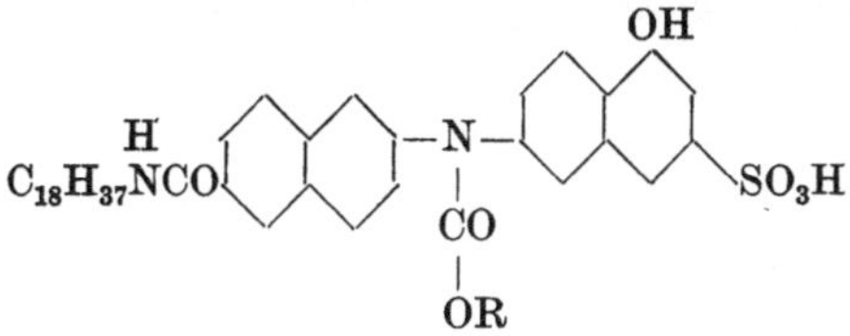

OH
H
$C_{18}H_{37}NCO$ —N— SO_3H
CO
OR

wegen ihrer verbesserten Lichtechtheit besonders brauchbar. Urethane von N-substituierten I-Säurederivaten der allgemeinen Formel

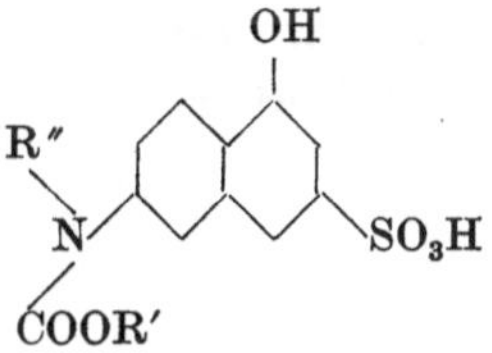

OH
R″
N SO_3H
COOR′

mit R″ als Polymethylenkette mit mindestens 12 C-Atomen sind im US 2 445 252 (GAF) geschützt.

H-Säure (1-Amino-8-naphtol-3,6-disulfosäure) ist als wasserlöslicher Blaugrünkuppler zur Verflachung der Farbgradation in US 2 689 793 (EK) genannt.

Verbindungen wie

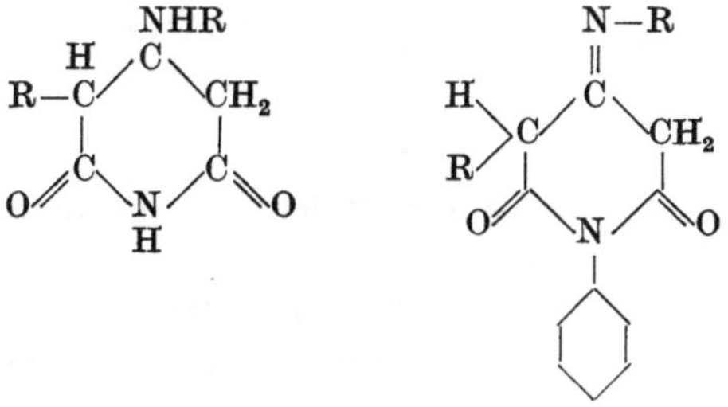

NHR N—R
H C C
R—C CH_2 H C CH_2
C C R
O N O O N O
H

kuppeln nach US 2 376 192 (EK) violett bis blaugrün.

Diketopyrimidine wie 1,2-Divinylen oder 2-p-Tolyl-4,6-diketotetrahydropyrimidine

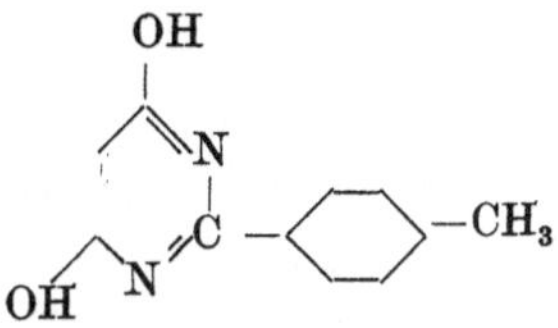

OH
N
C — —CH_3
OH N

sind im US 2 350 812 (EK) als Kuppler genannt.

2,6-Diamino-pyrimidinderivate kuppeln nach US 2 355 691 (EK) z. B.

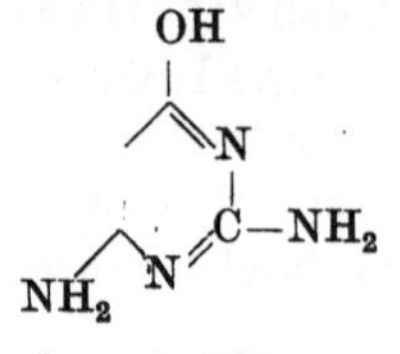

OH, N, C—NH_2, N, NH_2

im Gegensatz zu 2,6-Dioxy-4-methyl-pyrimidin

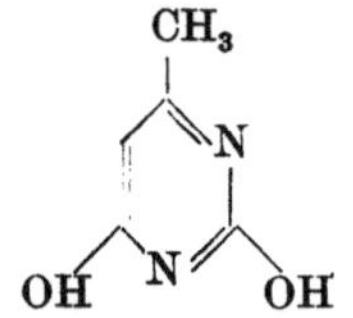

CH_3, N, N, OH, OH

welches nicht kuppelt, zu blaugrünen Farbstoffen. (In diesem Patent ist auch das Umsetzungsprodukt von α-Amino-pyridin mit Diketen als Benzopyrimidinderivat formuliert, vergleiche jedoch [*41*] und S. 153).

Mit Heterocyclen der allgemeinen Formel

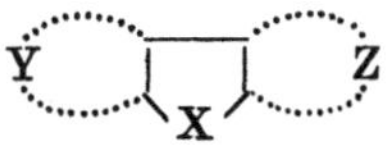

Y, X, Z

verknüpfte aromatische Oxyverbindungen, wobei X ein Heteroatom, wie O, S, Se, N Y und Z beliebig substituierte aromatische Ringe sind, beschreibt das DB 936 313 (Agfa) z. B.

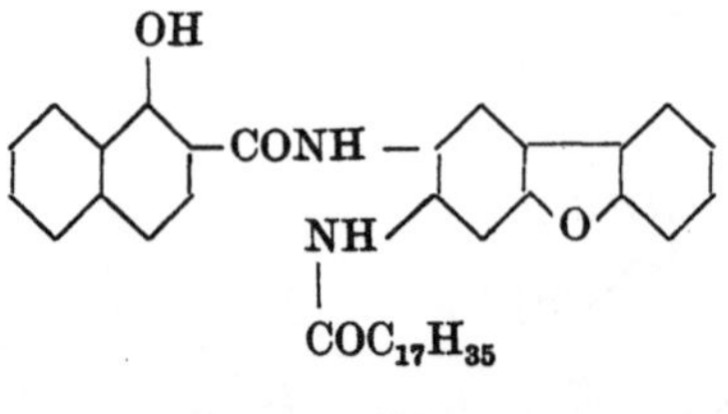

OH, —CONH —, NH, O, $COC_{17}H_{35}$

Die Gründurchlässigkeit ist gegenüber Trichlornaphthol (2) oder α-β-Oxynaphthoesäureanilid (3) verbessert (Abb. 7).

Zur Erzeugung des Blaugrünbildes wurden weiter Oxychinoline oder 1-Oxyanthrazene vorgeschlagen. Mit letzteren wird wohl ein sehr grünstichiges Blaugrün erhalten, das große Oxydationsbestreben dieser Verbindungen aber verbietet eine praktische Anwendung. Oxychinolin wieder unterscheidet sich praktisch in keiner Weise vorteilhaft von Naphtholderivaten. Gemäß dem DDR 5906, FR 878 943 (Agfa) zeichnen sich Phenole oder Naphthole, die durch einen Oxychinazolring substituiert sind, z. B.

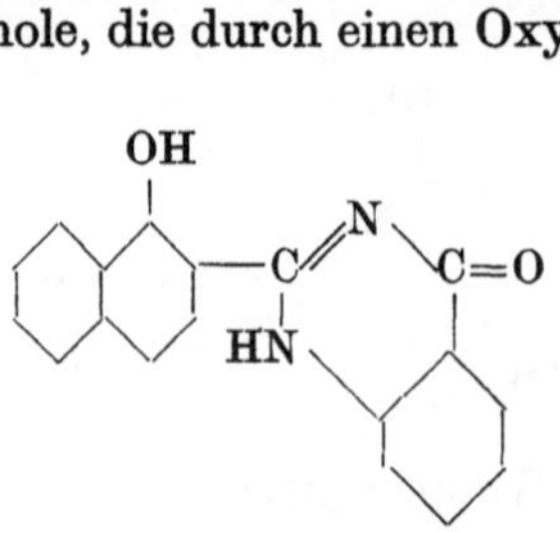

OH, C, N, C=O, HN

durch eine besonders gute Absorption im Infrarot mit hoher Durchlässigkeit im grünen Gebiet aus. Auch hier ist die Möglichkeit gegeben, verhältnismäßig leicht diffusionsverhindernde und löslichmachende Gruppen einzubauen. Vergleichsweise ist die Absorption von β-1,2-Oxynaphthyl-o-oxychinazolin (1) mit 2,4-Dibromnaphthol (2) in Abb. 8 dargestellt.

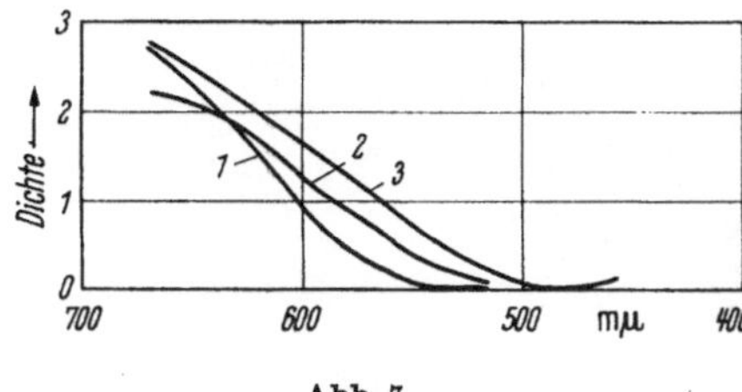

Abb. 7.

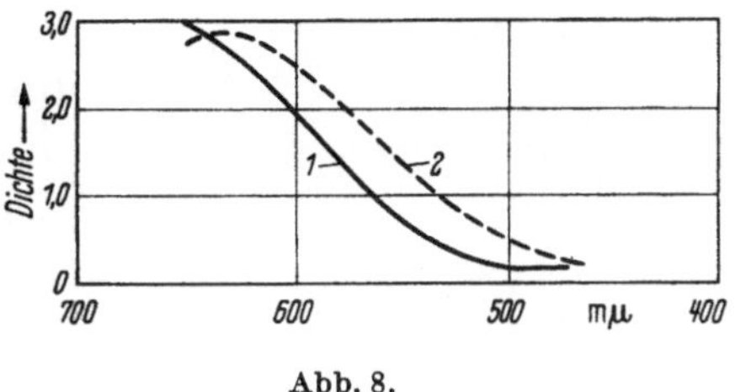

Abb. 8.

Die nach DRP 165 126 herstellbaren aromatischen Oxyverbindungen, die durch heterocyclische fünfgliedrige Ringe, wie z.B. Benzthiazol, -oxazol und -imidazol substituiert sind, weisen nach DDR 5567 (Agfa), US 2 373 821, (GAF) US 2 530 349 (GAF) ähnlich gute Eigenschaften auf wie die im DDR 5906 genannten Verbindungen. Beispiele davon sind

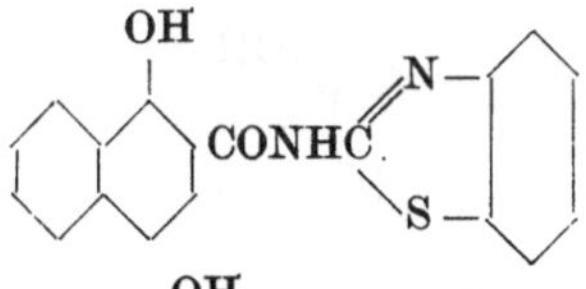

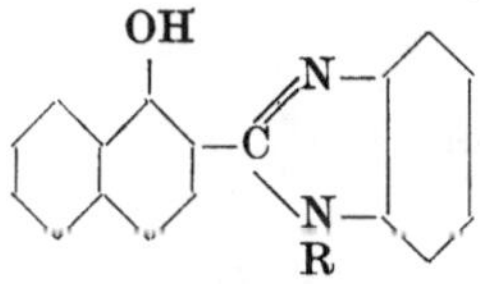

In dem Patent sind auch Verbindungen wie

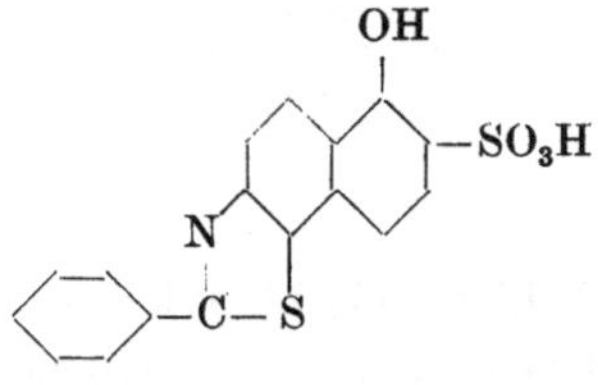

genannt.

Benzimidazolsubstituierte OH-gruppenhaltige und kupplungsfähige Aromaten, wobei der Benzimidazolylrest in o-Stellung zur OH-Gruppe steht, eine löslichmachende Gruppe im anellierten Benzolkern und diffusionsverhindernde Gruppe durch Substitution des sekundären Stickstoffs des Imidazolrings trägt, sind in US 2 545 687 (GAF) und US 2 547 307 (GAF) geschützt.

Solche Kuppler, z. B.

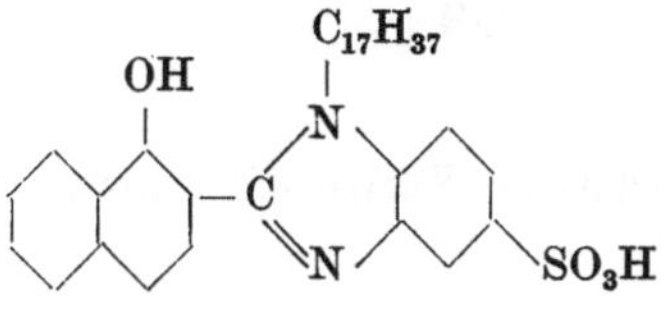

deren Farbstoffe im Gegensatz zu den US 2 373 821 genannten nur im nahen Infrarot absorbieren und im Grün durchlässig sind, geben ein besonders feinkörniges Bild (US 2 545 687 gleichlautend US 2 530 349).

Nach DAS 1 009 923 (GAF) haben Kuppler, deren Benzimidazolrest durch eine C—C-Bindung direkt mit dem kuppelnden Rest verbunden ist,

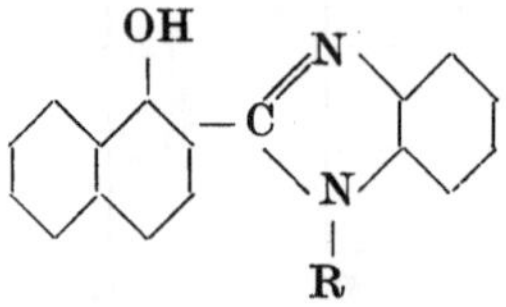

OH N C N R

in Kombination mit nicht ionogenen Netzmitteln wie Polyäthylenoxyden, den Vorteil der gleichmäßigen Benetzbarkeit der gegossenen Schichten.

Oxygruppenhaltige Pyridin- und Chinolinderivate mit zur OH-Gruppe freien p-Stellung z. B.

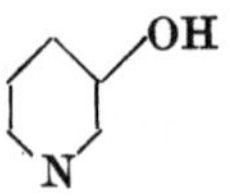

OH N

oder

1-Phenyl-4-methyl-6-oxy-α-pyridon

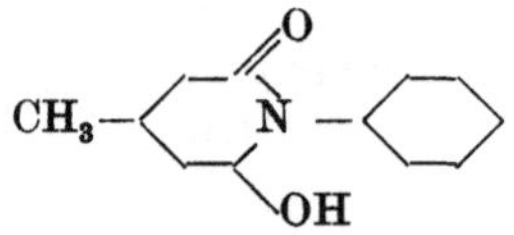

O CH_3— N — OH

geben nach US 2 293 004 (GAF) blaue bis blauviolette Farbstoffe. Oxyazaphenanthren, dessen p-Stellung zur OH-Gruppe nicht substituiert ist,

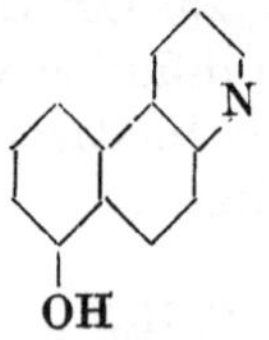

N OH

kuppelt nach US 2 313 138 (GAF) zu Farbstoffen mit guter Blau- und Gründurchlässigkeit.

α-Napthylamine, die zu Indoanilinfarbstoffen kuppeln,

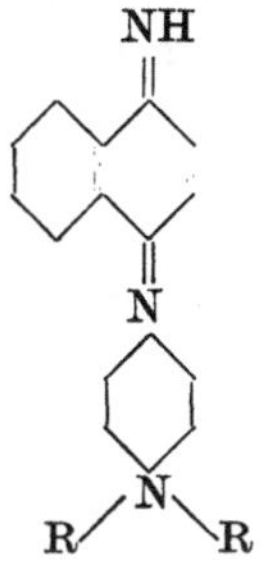

sind im US 2 389 575 (DP) als Farbkuppler für die Farbenphotographie genannt.

N-substituierte Homophthalimide

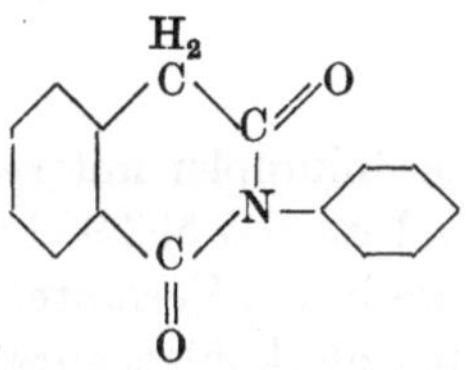

kuppeln mit oxydierten Farbentwicklern nach US 2 328 652 (DP) zu brillanten blauen Farbstoffen. Die Kupplungsstelle ist wahrscheinlich die Methylengruppe. Unsubstituierte Homophthalimide kuppeln nur sehr langsam zu stumpfen Farben. Die Kupplung ist ähnlich der des Indandions, das ebenfalls intensiv blau in der Methylengruppe kuppelt.

Verbindungen, deren reaktionsfähige Methylengruppe zwischen einer cyclischen quaternären Ammoniumgruppe und einem in o- oder p-Stellung durch eine elektronegative Gruppe substituierten Arylrest steht, wie z. B. p-Nitrobenzylpyrimidiniumchlorid, sind nach GB 536 673 (EK) ebenfalls blaue bis blaugrüne Kuppler.

2,4-Diarylpyrrole der allgemeinen Formel

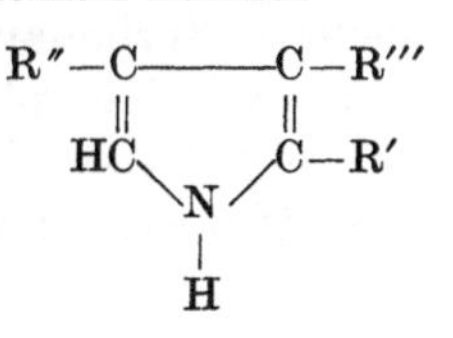

wobei R′ und R″ Aryl, R‴ Alkyl oder Aryl bedeutet, kuppeln nach GB 562 960 (ICI) blau bis blaugrün, 2,4-Diarylpyrrol und besonders im Arylkern chlorsubstituierte werden als Kuppler hoher Blaudurchlässigkeit beschrieben. 2-Phenyl-4-α-naphthylpyrrol kuppelt blaugrün. Über die Konstitution der Kupplungsfarbstoffe findet sich in der Patentschrift kein Hinweis. (Siehe dazu [*44*]).

Brenzschleimsäurederivate von Amino-1-naphtholen sind im US 2 543 745 (GAF) als Blaugrünkuppler für die Farbenphotographie in einem die Diazotypie betreffenden Patent genannt.

Polymere Blaugrünkuppler werden nach US 2 341 372 (GAF) erhalten durch Kondensieren von Salicylaldehyd mit m- oder p-Kresol oder Xylenol zu alkalilöslichen und diffusionsfesten Kupplern. Die Verwendung von kupplungsfähigen aromatischen Oxyverbindungen, die mit Terpenen substituiert sind, nach DDR 5903 (Agfa) = US 2 323 590 (GAF) ist nur als eine von den üblichen abweichenden Methoden zum Diffusionsfestmachen von Kupplern von Interesse.

1-Oxy-2-naphthoesäurehydrazide, z. B.

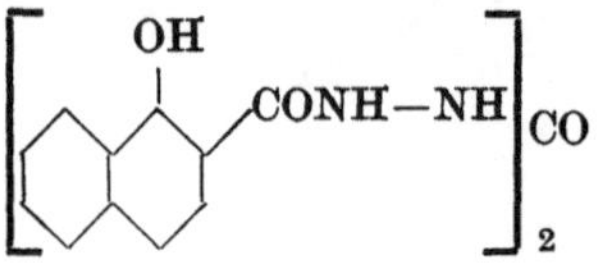

oder Hydrazone wie

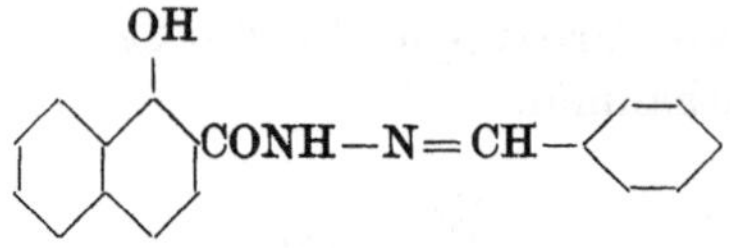

sind nach GB 615 447 (Gev) Blaugrünkuppler mit verbesserter Blaudurchlässigkeit.

1-Oxy-2-naphthoesäureester sind im GB 593 938 (DUFAY Chromex) beschrieben.

Das US 2 476 559 (GAF) beschreibt ein Verfahren zur Reinigung von 1-Oxyaryl-2-carbonamiden, in dem diese mit Chlorkohlensäureäthylester in Oxazindion übergeführt werden und nach Isolierung wieder alkalisch hydrolysiert werden z. B.

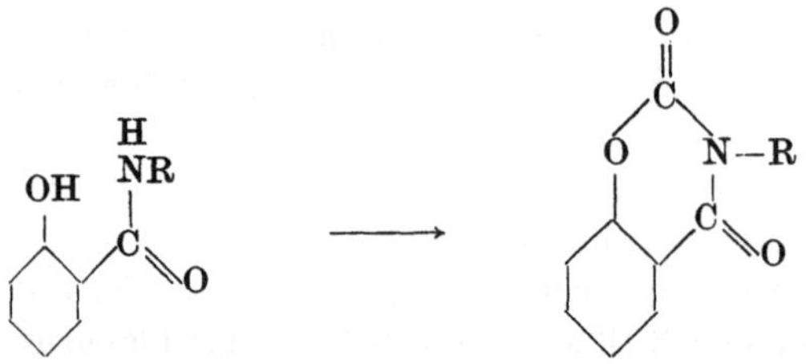

Eine Kombination zweier verschiedener Farbnuancen ergebender Reste in einem Molekül, nämlich einer Cyanacetamid- und einer phenolischen Gruppe ist im US 2 507 180 (EK) mit Verbindungen der allgemeinen Formel HO-R-$NHCOCH_2CN$ beschrieben, wobei R ein aromatisches System ist, wie z. B. in

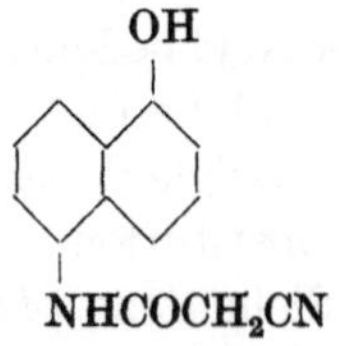

Sie kuppeln blau bis purpur, grau bis blaugrün, je nachdem, welche der Gruppen bevorzugt oder überhaupt kuppelt. Phenole, die in o- oder m-Stellung durch eine Cyanacetamidgruppe substituiert sind und p-ständig zur OH-Gruppe durch Cl, COOH oder SO_3H substituiert sein können, sind in GB 576 891 (Ilf) als brauchbare, nicht auswässernde Blaugrünkuppler zum Einentwickeln geschützt.

Literatur

[1] J. Am. Chem. Soc. **79**, 2919 ff. (1957).
[2] J. Chem. Soc. 189 (1945)
[3] Yoshitada Tomoda u. Noburya Nakamura C 1955, 320.
[4] Melliand, Text.Ber. XXXII, 868 (1951).
[5] Leiber, Bild u. Ton 8, 105 (1955). — K. Meyer, Bild u. Ton 8, 158 (1955).
[6] J. Angew. Ch. (russ.) **17**, 1774 — 1787
[7] J. Am. Chem. Soc. **73**, 919 ff. (1951).
[8] B. **39**, 2287 (1906).
[9] Rec. Trav. Chem. Pays-bas 165 — 73 (1945).
[10] Brooke u. Sprague, J. Am. Chem. Soc. **63**, 3214 (1941).
[11] Vittum und Brown, J. Am. Soc. **68, 2235** — 2239 (1946).
J. Am. Chem. Soc. **71**, 2287 — 2289 (1949).
[12] J. Am. Soc. **68**, 2235 — 2239 (1946).
[13] Homolka: In Eder, Handb. d. Photographie, Bd. IV, 4. Aufl. (1926) S. 512 ff.
[14] Porter u. Weissberger: J. Am. Chem. Soc. **64**, 2133 (1942)
[15] J. Am. Chem. Soc. **66**, 1850 — 1855 (1944)
[16] Konishiroku Review **5**, 34 — 41 (1954)
[16a] Konishiroku Review **5**, 108 (1954)
[17] J. Am. Chem. Soc. **44**, 1551 (1923), **45**, 2354 (1924).
[18] J. Am. Chem. Soc. **46**, 2852 (1926).
[19] J. Soc. sci. Phot. Japan **17**, 121 (1955).
[20] Principles of Jonic Organic Reactions New York: J. Wiley (1950) S. 156.
[21] J. Am. Chem. Soc. **66**, 1849 (1944).
[22] Sehera u. Marvel: J. Am. Chem. Soc. **55**, 345 (1933).
[23] Ruggli u. Grün: Helv. **24**, 205 (1941).
[24] Acta. Chem. Scand. **6**, 1499 (1952), **7**, 355 — 373 u. 409 — 460 (1953).
[25] J. Am. Chem. Soc. **72**, 1536 — 1538 (1950).
[26] B. **17**, 2044 (1884).
[27] J. Am. Chem. Soc. **44**, 1553 (1922) u. **46**, 2833 (1924).
[28] Jennen, J. J.: Ind. Chem. Belge **16**, 472 — 474 (1951).
[29] Chem. et. Ind. **67**, 1 — 3 (1952).
[30] Jennen, J. J.: Programmhcft d. Hauptvers. GDCH. München (1955) S. 47.
[31] Beyer, H., W. Schindler u. K. Leverenz: **B. 91, 2438** (1958).
[32] J. Am. Soc. **66**, 1805 — 1810 (1944).
[33] J. Org. Chem. **13**, 599 — 602 (1948).
[34] Schulz: Z. Naturf. **2b**, 400 — 404 (1947).
[35] Ziegler u. Zigeuner: Monatsheft **79**, 89 — 91 u. 358 — 378; **80**, 295 — 302 u. 359 — 363; **81**, 480 — 487; **82**, 358 — 362. — Österr. Chem. Ztg. **53**, 31 — 34 (1952).
[36] J. Am. Soc. **71**, 2288 (1949).
[37] Thiers u. van Dormael: sc. Ind. Photogr. **23**, 386 — 388 (1952).
[38] Thiers u. van Dormael: sc. Ind. Photogr. **23**, 173 — 176 (1952); Bul. Soc. Belg. **61**, 243 — 252 (1952).
[39] Cat u. Pouck: XXVII congres Intern. Chimie Ind. Bruxelles **3**, 595 — 598 (1954).
[40] J. allg. Chem. (russ.) **26**, 2537 (1936).
[41] J. Am. Soc. **66**, 1805 ff. (1944).
[42] A. **462**, 273.
[43] B. **15**, 2166 (1882).
[44] Brooker u. Sprague: J. Am. Chem. Soc. **67**, 1869—1874 (1945).
[45] J. Am. Chem. Soc. **76**, 3993 (1954).

Abkürzungen

EK = Kodak
Gev = Gevaert
GAF = Ansco
Ilf = Ilford

Zur Sensitometrie von Farbfilmen

Von R. Müller

Es ist die Aufgabe der Sensitometrie, objektive Kenntnis von den Eigenschaften eines photographischen Materials hinsichtlich der Empfindlichkeit und der Wiedergabe von Helligkeitsabstufungen zu geben. Bei Farbfilmen kommt zusätzlich noch die Frage nach der farblichen Abstimmung der einzelnen Schichten gegeneinander hinzu. Selbstverständlich interessiert es dabei überhaupt nicht, ob rein meßtechnisch ein Parallelgang der drei Einzelschichten vorliegt, sondern ob, bezogen auf das zu kopierende Positivmaterial, bestimmte Dichterelationen der Farbschichten eingehalten wurden, so, daß bei bestmöglicher Farbsättigung eine Grauleiter ebenfalls als Grauleiter ohne Farbabweichung wiedergegeben wird.

Es kommt also darauf an, daß die Meßdichten in sensitometrischen Geräten mit den Kopierdichten übereinstimmen, oder daß wenigstens die Beziehungen von Meß- und Kopierdichten bekannt sind.

Diese Fragen betreffen in erster Linie den Farbfilmhersteller. Sie sind aber auch für die Kopieranstalt von Interesse, sobald sie zum Beispiel wissen will, ob ein Farbnegativ mit einem bestimmten Positivfilm farblich gute Ergebnisse ermöglicht. Sie sind weiter besonders dann untersuchenswert, wenn man verschiedene Fabrikate zu vergleichen hat, also auch für alle Bemühungen einer Normung auf dem Gebiet des Farbfilms.

Zunächst ist zu unterscheiden zwischen der Sensitometrie von Farbnegativfilm und derjenigen von Positivmaterial, wozu auch Umkehrfilme zu rechnen sind. Die letzteren erfahren im allgemeinen nur noch eine Beurteilung durch das Auge. Abgesehen von Fragen der Projektionstechnik ist das Auge der letzte Prüfstein. Da hierbei subjektive Fragen eine große Rolle spielen, soll nicht näher darauf eingegangen werden.

Für die Sensitometrie des Farbnegativs hingegen lautet die entscheidende Frage nur: In welcher Weise „sieht" das Positivmaterial das Negativ. Mit der sensitometrischen Messung, der Farbdichtemessung, möchte man darüber Aufschluß bekommen.

Um die 3 Farbschichten (Gelb-Purpur-Blaugrün) zu erfassen, erfolgen die Messungen in 3 Spektralbereichen (Blau, Grün, Rot), wobei man zwar versucht, die Maxima dieser Meßbereiche mit den Maxima der Sensibilisierungsbereiche zu koordinieren, aber doch aus Gründen der Beständigkeit und Konstanz auf Glasfilter angewiesen ist. Man kann wohl die Schwerpunkte mehr oder weniger gut in Übereinstimmung bringen, nie aber den Verlauf vollkommen nachahmen. Zudem muß meist mit verschiedenen Sensibilisierungen gerechnet werden. Im Lauf der Fortentwicklung und Verbesserung von Filmen werden sowohl die Sensibilisierung im Positiv als auch die Farbstoffe im Negativ geändert. Selbstverständlich unterscheiden sich verschiedene Fabrikate prinzipiell. Es ist also sicherlich nicht die Bedingung einzuhalten, daß das Meßgerät die gleiche Spektralempfindlichkeitsverteilung in den 3 Meßbereichen besitzt, wie das Kopiermaterial.

In der vorliegenden Arbeit sollte geprüft werden, wie stark die Abweichungen für eine Reihe von Kupplungsfarbstoffen zwischen Meß- und Kopierdichten sind, und welche prinzipiellen Probleme dabei auftauchen. Die Kopierdichten waren für 2 Positivfilme und für Agfacolor-Papier von Interesse. Aus den sehr umfangreichen Untersuchungen sollen hier nur einige Beispiele herausgegriffen werden, um damit auf die Problematik einer sogenannten „objektiven" Farbdichtemessung hinzuweisen.

I. Die spektralen Meß- und Kopierempfindlichkeiten

Es ist an sich bekannt, daß die mit Filter arbeitenden Spektralkolorimeter „kolorimetrische Fehler" zeigen und zwar ganz besonders dann, wenn die Durchlaßkurve des Meßfilters an einer Flanke im Absorptionsverlauf des zu messenden Objektes liegt. Für den Fall der hier in Betracht gezogenen Farbdichtemesser darf nicht nur die Durchlaßkurve der Meßfilter zugrunde gelegt werden, sondern es ist die Spektralempfindlichkeit mit Einschluß aller an der Messung beteiligten Organe zu ermitteln.

Die benutzten Geräte arbeiten mit Selenelementen, mit Glühlampenlicht von 2800 °K, mit einem kombinierten Wärmeschutzfilter (4 mm Schottglas KG 1 und Interferenzfilter Balzers, Calflex A mit Flanke bei 690 nm) und den Schottgläsern RG 2, VG 9 und BG 12 mit je 2 mm Dicke als Meßfilter. Die Empfindlichkeitsverteilung des Meßelements bei der Strahlung von 2800 °K und den entsprechenden Filtertransparenzen ist in der Abb. 1 wiedergegeben. Die Maxima sind dabei auf gleiches Niveau gebracht; die Empfindlichkeit ist in logarithmischem Maßstab aufgetragen.

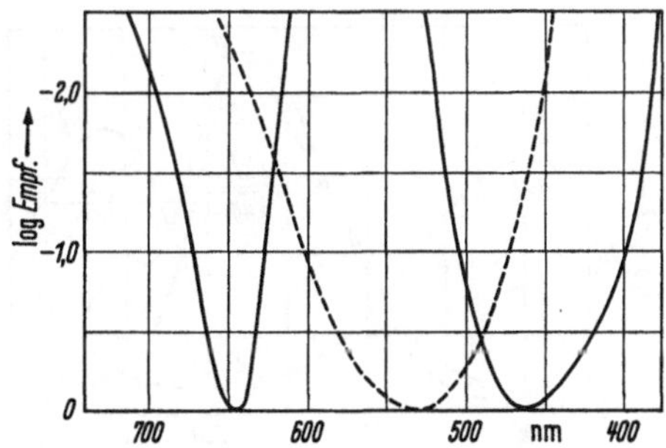

Abb. 1. Spektrale Empfindlichkeitsverteilung des Farbdichtemessers in den drei Meßbereichen.

Demgegenüber ergaben sich für die Spektralempfindlichkeiten der Positivmaterialien die Werte der Abb. 2 für Agfacolor-Papier CN 111 und der Abb. 3 für Agfa-

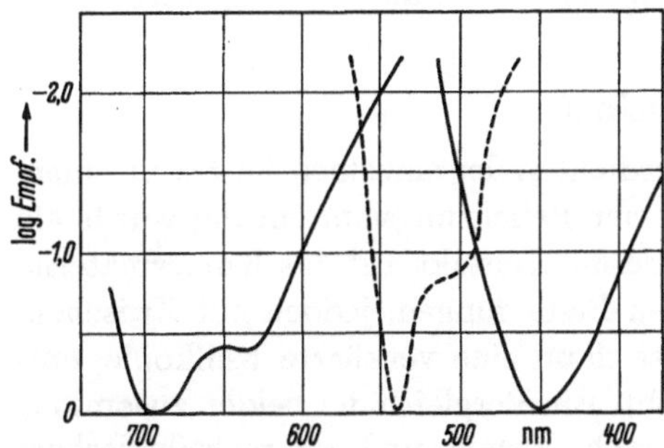

Abb. 2. Spektrale Empfindlichkeitsverteilung der drei Schichten von Agfacolorpapier CN 111.

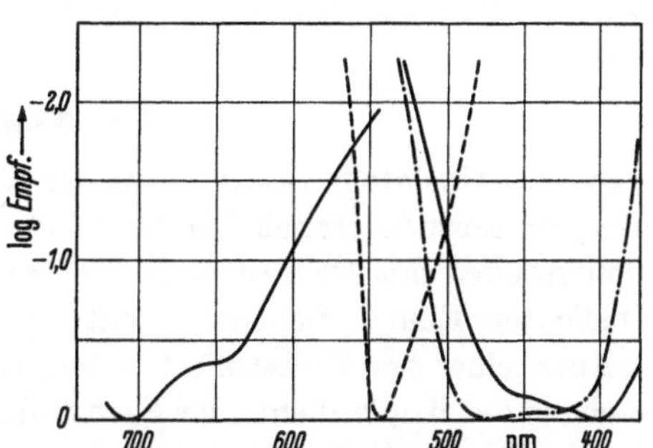

Abb. 3. Spektrale Empfindlichkeitsverteilung der drei Schichten von Agfacoolr-Positivfilm; Blauempfindlichkeit: —.—.— Kinefilm; ——— Planfilm

color-Positivfilm. Die Messung erfolgte nach der in Agfa-Veröffentlichungen Band II beschriebenen Methode [1]. Die Abszisse zeigt die Empfindlichkeit in logarithmischem Maß, bezogen auf das jeweilige Empfindlichkeitsmaximum einer Schicht. In der Abb. 3 sind 2 Darstellungen für die Blauempfindlichkeit gegeben und zwar für den Agfacolor-Positiv-Planfilm und für den Agfacolor-Positiv-Kinefilm, die sich aus Gründen der Farbabstimmung unterscheiden.

Aus diesen Darstellungen ist ersichtlich, daß die Schwerpunkte der spektralen Meßempfindlichkeit zum Teil erheblich von den Sensibilisierungsmaxima abweichen. Die hier dargestellten Verhältnisse sind auch bei anderen Fabrikaten von Meßgeräten und bei anderen Filmmaterialien ähnlich.

II. Die Absorption der Bildfarbstoffe

Für die in Farbfilmen verwendeten Bildfarbstoffe sollen hier nur einige Beispiele gegeben werden, um an ihnen die spektralen Kopier- und Meßlichtverhältnisse zu demonstrieren. Die Abb. 4 zeigt den Verlauf der Spektraldichten von einem Gelbfarbstoff (A), von 2 Purpurfarbstoffen (B + C) verschiedener chemischer Stoffklasse und von einem Blaugrünfarbstoff für Negativfilm (D). Alle Farbstoffe sind in der gezeigten Form mit TSS gekuppelt.

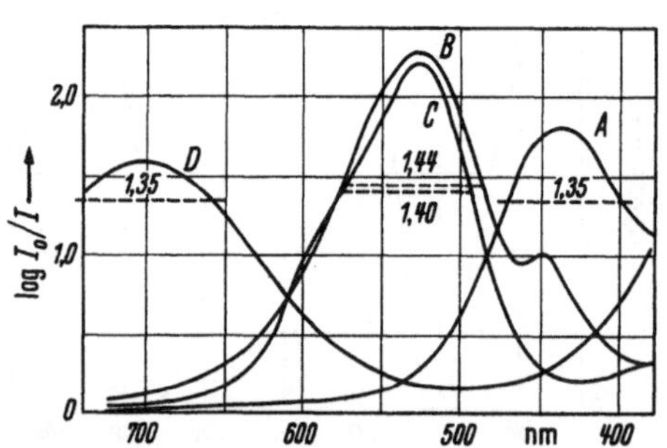

Abb. 4. Spektraler Dichteverlauf von vier Beispielen von Negativ-Bildfarbstoffen:
A: Gelbfarbstoff
B und C: Purpurfarbstoffe
D: Blaugrünfarbstoff

Für andere Farbentwicklersubstanzen ergeben sich zum Teil Abweichungen im Extinktionsverlauf und Verschiebungen im Farbton. Die Messungen entsprechen jeweils Farbtiefen, die in einem der oben angegebenen Farbdichtemesser für die jeweiligen Hauptfarbdichten dem Dichtewert 1.40 nahe kommen. Der genaue Wert ist für eine gleichdichte Graufolie gestrichelt angegeben.

Schon hierbei zeigt sich, daß die Dichtewerte im Maximum der Farbstoffabsorption erheblich höher liegen, als diesem kolorimetrischen Mittelwert entspricht, daß also Flankenbereiche mit geringerer Dichte die Messung stark beeinflussen.

III. Kopierdichten

Die experimentelle Bestimmung der Kopierdichten der einzelnen Farbstoffschichten wurde sensitometrisch durchgeführt. In einer Belichtungseinrichtung wurde ein Stufengraukeil mit Dichteanstieg 0.1 pro Stufe im Kontakt auf das Kopiermaterial aufbelichtet. Eine 2. Belichtung unter gleichen Bedingungen, jedoch mit Zwischenschaltung einer der Farbstoffschichten, lieferte dann eine verkürzte Keilkopie, entsprechend der Kopierdichte der Farbstoffschicht. Ein Vergleich der beiden zusammen entwickelten Keilkopien gestattet dann eine recht genaue und gut reproduzierbare Bestimmung der Kopierdichte mit einer Genauigkeit von etwa $\pm$ 0.03 Dichteeinheiten. Als Kriterium wurde dabei der Dichte-Wert 0,1 über Schleier verwendet.

Eine Kopie auf ein dreischichtiges Positivmaterial ist aus verschiedenen Gründen für diese Bestimmung ungeeignet. Es wurde daher auf die Einzelschichten von Agfacolorpapier oder Film kopiert, wobei je nach dem Aufbau des Positivmaterials eine Gelbfilterschicht entsprechender Dichte in den Strahlengang bei beiden Kopien eingeschaltet wurde.

Durch Kopien z. B. einer Purpurschicht auf die blau- und rotempfindlichen Einzelschichten können auch die Kopierdichten in den Nebenbereichen, die sog. Nebendichten, bestimmt werden.

IV. Vergleich von Meß- und Kopierdichten

In der Tabelle sind für die 4 gezeigten Farbstofftypen die Meßdichten und die experimentellen Kopierdichten auf Agfacolor-Papier und auf Agfacolor-Positiv-Kinefilm aufgeführt. Dabei beziehen sich diese Werte auf die Wirkung der Einzelfarbschichten. In einem Schichtverband von 3 Schichten ergeben sich etwas andere Verhältnisse.

Kopier- und Meßdichten auf Agfacolor-Papier und Film-Einzelschichten

Farbstoff	Blaudichte auf Gelbschicht			Gründichte auf Purpurschicht			Rotdichte auf Blaugrünschicht		
	Meß-dichte	Kopier-dichte		Meß-dichte	Kopier-dichte		Meß-dichte	Kopier-dichte	
		Papier	Film		Papier	Film		Papier	Film
Gelb A	1,35	1,65	1,40	0,23	0,20	—	0,06	0,05	—
Purpur B	0,96	0,85	0,70	1,44	1,95	1,30	0,22	0,20	0,10
Purpur C	0,40	0,35	0,45	1,40	1,70	1,10	0,13	0,10	0,30
Blaugrün D	0,25	0,40	0,40	0,27	0,30	0,20	1,35	1,20	1,20

Aus diesen Daten lassen sich zunächst folgende Schlüsse ziehen:

1. Die zu erwartenden kolorimetrischen Fehler sind tatsächlich beträchtlich.

2. Die Meßdichten weichen teils nach oben, teils nach unten von den wirklichen Kopierdichten ab.

3. Die beiden hier betrachteten Positivmaterialien ergeben trotz recht ähnlichen Sensibilisierungen erstaunlich starke Unterschiede in den Kopierdichten für die verschiedenen Beispiele von Kupplungsfarbstoffen.

4. Die an sich unerwünschten Nebendichten der Farbstoffe (d. h. die Absorption in Bereichen, in welchen sie durchlässig sein sollten) kopieren ebenfalls zum Teil völlig anders, als sie gemessen werden. Auch hierbei werden höhere oder niedrigere Kopierdichten gefunden.

Als weiteres Ergebnis wurde noch gefunden, daß die Kopierdichten keine linearen Funktionen der Meßdichten sind, daß sie sich also nicht aus den Meßdichten durch einen Faktor ableiten lassen.

Dieses Ergebnis ist zunächst recht unerfreulich. Es zeigt, daß die kolorimetrischen Fehler in den dargestellten Fällen Größen annehmen, die eine brauchbare Aussage auf dem Gebiet der Farbfilmsensitometrie unmöglich machen. Dabei läßt sich das Ergebnis der Tabelle aus den Unterlagen der Abb. 1 — 4 auch rechnerisch finden und damit die experimentellen Ergebnisse bestätigen. Man hat dazu nur die Meß- bzw.

die Kopierempfindlichkeiten mit den Transparenzwerten der Farbstoffe zu multiplizieren oder einfacher die logarithmischen Werte zu addieren. Für die 4 Farbstoffbeispiele sind in den Abb. 5 — 8 die Resultate als spektrale logarithmische Kurvenzüge für die Haupt-Meß- und Kopierbereiche dargestellt. Aus diesen Abbildungen geht besonders deutlich hervor, wie stark sich die spektralen Schwerpunkte durch die Farbstoffschichten verschieben und wie bei höheren Farbstoffdichten der Meß- bzw. der Kopiervorgang teilweise in völlig unerwünschte Spektralbereiche ausweicht. Damit werden eine Reihe von bisher recht schwer erklärbaren Erscheinungen und Verfälschungen beim Kopierprozeß verständlich.

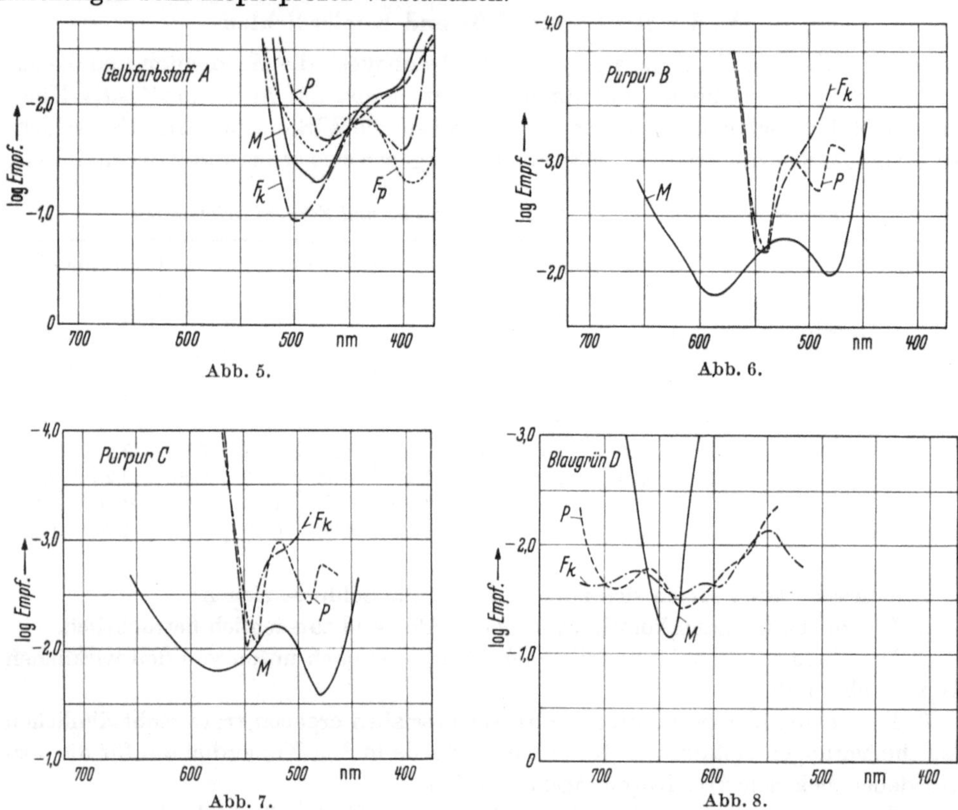

Abb. 5. Abb. 6. Abb. 7. Abb. 8.

Abb. 5 — 8. Effektive spektrale Meß- bzw. Kopierempfindlichkeiten bei Kopie durch die Farbstoffschichten A — D der Abb. 4.

M: **Meßempfindlichkeit**
P: **Kopierempfindlichkeit für Agfacolorpapier**
F_k: **Kopierempfindlichkeit für Agfacolorpositiv-Kinefilm**
F_p: **Kopierempfindlichkeit für Agfacolorpositiv-Planfilm**

Wird diese logarithmische Darstellung in Transparenzwerte umgewandelt und bereichsweise integriert, so entsprechen die Integralquotienten den Meß- bzw. Kopierdichten für die jeweiligen Farbstoffschichten. Diese mathematische Operation soll hier nicht im einzelnen wiedergegeben werden. Die experimentellen Werte der Tabelle ließen sich dabei voll bestätigen.

Für einen 3-schichtigen Farbfilm sind die kolorimetrischen Fehler natürlich gemildert, da die störenden Flankengebiete durch die Nachbar-Farbstoffe teilweise abgedeckt werden. Es entsteht dadurch zwar kein echtes Grau, aber die Lücken sind so weit aufgefüllt, daß die Meß- und Kopierdichten sich nur noch um weniger als 10% des Dichtewertes maximal unterscheiden. Für eine Angabe, die dem Hersteller oder Benutzer von Farbfilmen eine wirkliche Hilfe bedeuten, müssen selbstverständlich auch diese Differenzen noch beachtet werden.

Soll also die meßtechnische Sensitometrie von wirklichem Nutzen sein, dann müssen die Beziehungen von Meß- und Kopierdichten entweder durch Erfahrung oder besondere Untersuchungen gefunden und entsprechend berücksichtigt werden. Eine sensitometrische Normung auf dem Gebiet des Farbfilms ist dadurch außerordentlich erschwert.

Literatur

[1] Agfa-Veröffentlichungen Bd. II Berlin/Göttingen/Heidelberg: Springer 1958; R. Müller: Die Spektralempfindlichkeit einiger Agfafilme.

Das Verhalten photographischer Schichten bei Elektronenbestrahlung (II)

Von H. Frieser, E. Klein und E. Zeitler[1]

Die Eigenschaften photographischer Schichten bei Elektronenbestrahlung wurden bereits in früheren Arbeiten theoretisch und experimentell untersucht [*1*, *2*].

Durch Anwendung der Übertragungsthoerie auf die elektronenmikroskopische Wiedergabe kleiner Details konnte eine neue Beziehung hergeleitet werden [*2*], die die Eigenschaften einer optimalen photographischen Schicht definieren läßt. Die Auswertung dieser Ergebnisse ist der Inhalt der vorliegenden Arbeit.

I. Die Wiedergabe kleiner Details durch die photographische Platte

Als Objekt wird eine periodische Massenverteilung betrachtet. Auf die photographische Schicht trifft dann durch das elektronenoptische System des Mikroskopes eine ebenfalls periodisch verteilte Elektronenintensität. Die folgenden Betrachtungen nehmen ihren Ausgang bei dieser als gegeben betrachteten Intensitätsverteilung der belichtenden Elektronen. Auf die Modifikation des Elektronenstrahles nach Verlassen des Objektes durch das elektronenoptische System wird in späteren Abschnitten teilweise eingegangen.

Die auf die photographische Platte auffallende periodische Intensitätsverteilung $\hat{E}(x)$ (Abb. 1 a) wird einerseits charakterisiert durch die Aussteuerung $\hat{p}$, für die gilt

$$\hat{p} = \frac{\hat{E}_{\max} - \hat{E}_{\min}}{\hat{E}_{\max} + \hat{E}_{\min}} = \frac{\text{Amplitude}}{\text{Mittelwert}}, \tag{1}$$

und andererseits durch die Frequenz ν (cm^{-1}) bzw. die sogenannte Rasterlänge $r = 1/\nu$ (cm). (Das Zeichen $\wedge$ ist denjenigen Größen vorbehalten, die von außen auf die Schicht aufgedrückt werden). $\hat{E}$ ist die pro Flächeneinheit auffallende Anzahl von Elektronen. (Die Belichtungszeit ist durch diese Definition berücksichtigt). Die photographische Platte setzt eine Elektronenintensitätsverteilung in eine Schwärzungsverteilung um (Abb. 1 b und 1 c), die man anhand der Schwärzungskurve $S(E)$ des photographischen Materials angeben kann.

$$\hat{E}(x) \xrightarrow{S(E)} S(x). \tag{2}$$

[1] Neue Anschrift der Autoren: Prof. Dr. H. Frieser, Institut für wissenschaftliche Photographie der Technischen Hochschule München, Luisenstr. 27.

Dr. E. Zeitler, Armed Forces Institute of Pathology, Washington 25, D. C.

In einer idealen photographischen Schicht entspricht einem Intensitätsunterschied $\Delta\hat{E}$ ein Schwärzungsunterschied $\Delta\hat{S}$, auch Schwärzungskontrast genannt. In einer realen Schicht verringert jedoch der *Elektronendiffusionshof* den erwarteten Schwärzungskontrast kleiner Details.

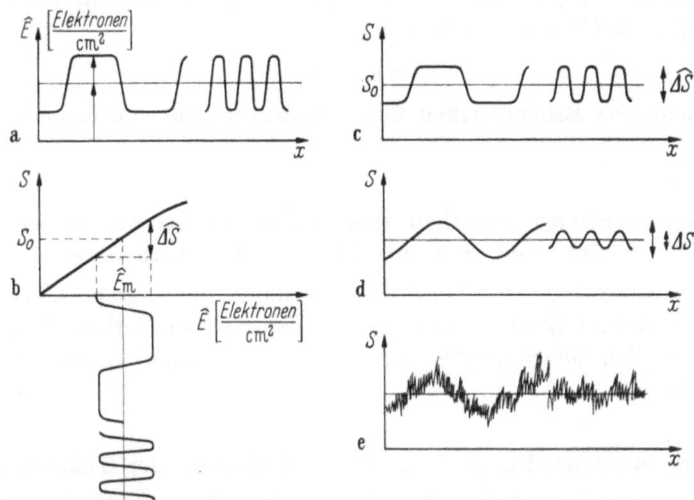

Abb. 1 a – e. Die Wiedergabe einer Elektronenintensitätsverteilung durch die photographische Schicht. a) Auf die Schicht auffallende Elektronenintensitätsverteilung, b) und c) Die Schwärzungsverteilung ohne Berücksichtigung des Diffusionshofes und der Körnigkeit, d) Der Einfluß des Diffusionshofes, e) Die Überlagerung der Körnigkeit.

Die Coulombstreuung der Elektronen an den Atomkernen der photographischen Schicht ist die Ursache des *Diffusionshofes*. Das Objektraster wird verwaschen abgebildet. Mit zunehmender Frequenz ν nimmt der Kontrast im Bild immer mehr ab, da die Zwischenräume des Bildrasters aufgrund der Diffusion immer mehr aufgefüllt werden (Abb. 1 d). Von einer gewissen Frequenz im Objekt ab kann im Bild eine Periodizität nicht mehr wahrgenommen werden. Dieser Kontrastminderung trägt man durch die Kontrastübertragungsfunktion $F(\nu)$ Rechnung (s. w. u.) [*3*], die für die jeweilige Frequenz als einfacher Faktor vor die Aussteuerung des aufgeprägten Intensitätsrasters tritt:

$$\hat{p} \longrightarrow p = F(\nu)\,\hat{p}, \tag{3}$$

oder auch

$$\Delta\hat{S} \xrightarrow{\quad F(\nu)\quad} \Delta S. \tag{4}$$

Die körnige Struktur der Belichtung (Elektronen) und der photographischen Schicht (entwickeltes Silber aus Silberhalogenidkörnern) hat bei der Registrierung statistische Schwankungen zur Folge, die sich dem Bild überlagern [*4*]. Die Schwankungen werden um so größer sein, je kleiner die pro Flächeneinheit auffallende Elektronenanzahl ist; außerdem wird die von einer Beobachtungsfläche erfaßte Kornzahl um so größere relative Schwankungen zeigen, je kleiner diese Beobachtungsfläche ist. Photographisch äußern sich diese Schwankungen als Schwärzungsschwankungen, deren mittlere quadratische Abweichung $\overline{\Delta S^2}$ vom Schwärzungsmittelwert einer gleichmäßig belichteten Schicht ein Maß für die sogenannte *Körnigkeit* liefert. Eine anschauliche Darstellung dieser Verhältnisse findet sich in Abb. 1e.

Für die Erkennbarkeit eines Rasters ergibt sich nach dem Gesagten die Bedingung, daß der durch die Elektronendiffusion bereits verminderte Schwärzungskontrast ΔS immer noch größer als die statistische Schwärzungsschwankung $\sqrt{\overline{\Delta S^2}}$ sein muß. Aus physiologischen Gründen fordert man

$$\Delta S \geqq q \sqrt{\overline{\Delta S^2}}. \tag{5}$$

Für die deutliche Erkennbarkeit eines Rasters wurde experimentell $q = 5$ gefunden.

II. Der Zusammenhang zwischen den Eigenschaften der photographischen Schicht und dem aufzulösenden Rasterabstand

Um zu konkreten Angaben über die Eigenschaften photographischer Materialien zu gelangen, sollen im folgenden zunächst die quantitativen Verknüpfungen der oben eingeführten Größen zusammengestellt werden; die genaue theoretische Ableitung findet sich in [*2*].

1. Schwärzung, Empfindlichkeit und Reichweite der Elektronen

Den Zusammenhang zwischen Schwärzung der photographischen Schicht und den pro Flächeneinheit aufgefallenen Elektronen liefert eine einfache Exponentialfunktion:

$$S = S_{\max} (1 - e^{-KE}), \tag{6}$$

die sich für kleine Werte von KE als linearer Ausdruck schreiben läßt:

$$S = S_{\max} KE. \tag{7}$$

Im Bereich der Praxis ist diese Näherung weitgehend anwendbar. Die Empfindlichkeit der Schicht wird definiert durch

$$\varepsilon = \left(\frac{dS}{dE}\right)_{E \to 0} = K S_{\max}, \tag{8}$$

so daß für die lineare Näherung gilt:

$$S = \varepsilon E. \tag{9}$$

Für den Zusammenhang zwischen Schwärzung und der Anzahl der entwickelten Körner N pro Flächeneinheit gilt ebenfalls ein linearer Ausdruck [*5*]

$$S = (1/2{,}3)\, N \bar{f}_e, \tag{10}$$

wobei $\bar{f}e$ das arithmetische Mittel der Projektionsflächen der entwickelten Körner bedeutet.

Führt man φ als die Anzahl der Körner ein, die ein einzelnes Elektron entwickelbar macht („Kornausbeute“), so wird

$$S = (1/2{,}3)\, \varphi E \bar{f}_e, \tag{11}$$

und die Empfindlichkeit

$$\varepsilon = (1/2{,}3)\, \varphi \bar{f}_e. \tag{12}$$

Die Empfindlichkeit ist um so höher, je größer die entwickelte Kornfläche ist und je mehr Körner ein Elektron entwickelbar macht. Die Kornausbeute φ ist einerseits von der Energie $e\,U$ (Spannung) des Elektrons, andererseits von den Eigenschaften der photographischen Platte wie Silbermenge pro Flächeneinheit, Dichte der Emulsion ϱ_{Em}, Korngröße und Reifzustand abhängig.

Speziell wird φ zunehmen, wenn durch Erhöhung der Schichtdicke h das Elektron einen größeren Bruchteil seiner Reichweite h^* in der Schicht zurücklegen kann. In einem empirisch gefundenen Zusammenhang zwischen der relativen Empfindlichkeit $\varepsilon(h)/\varepsilon(h^*)$ und der Schichtdicke h tritt deshalb nur das Verhältnis h/h^* auf:

$$1 - \frac{\varepsilon(h)}{\varepsilon(h^*)} = \left(1 - \frac{h}{h^*}\right)^2, \tag{13}$$

wobei nach GLOCKER [6] die Reichweite h^* gegeben ist als

$$h^* = \frac{1}{\varrho_{Em}}\left(-0{,}065 + \sqrt{0{,}065^2 + \frac{U^2 \cdot 10^{-6}}{4{,}4}}\right), \tag{14}$$

$$(h^* \text{ in } \mu,\ U \text{ in kV}).$$

2. Der Elektronendiffusionshof

Belichtet man einen Spalt der Breite dx mit der Intensität 1 auf, so erhält man wegen der Diffusion der Elektronen in der Schicht eine Schwärzungsverteilung, wie man sie ohne Streuung durch Aufbelichten einer Intensitätsverteilung

$$\Phi(x)\,dx = (2{,}3/k)\,10^{-2\,|x|/k}\,dx \tag{15}$$

erhalten hätte. $\Phi(x)$ nennt man die Verwaschungsfunktion. Im Fall einer linearen Schwärzungskurve entspricht die Schwärzungsverteilung eines sehr schmalen aufgedrückten Spaltes direkt der Verwaschungsfunktion. Die Konstante k beschreibt die Breite des Diffusionssaumes ($^1/_{10}$ Wertbreite). Bei den in der Praxis verwendeten Platten liegt k in der Größenordnung 30 — 50 μ. k ist für Elektronenbestrahlung von der Packungsdichte der Emulsion und der Energie der Elektronen, nicht aber von der Korngröße abhängig.

Die Kontrastverminderung wird um so höher sein, je breiter die Verwaschung im Vergleich zu der Periodenlänge r eines aufbelichteten Rasters ist. Den Zusammenhang zwischen der Verwaschungsfunktion und der Kontrastübertragungsfunktion liefert die Übertragungstheorie [3]. $F(\nu)$ ist einfach die Fouriertransformierte von $\Phi(x)$ und umgekehrt (siehe auch [12], Gl. 9).

$$F(\nu) = \int_{-\infty}^{+\infty} \Phi(x) \cos 2\pi\nu x\,dx = \frac{1}{1 + (\pi k\nu/2{,}3)^2},$$

oder mit

$$\nu = 1/r,$$

$$F(r/k) = \frac{0{,}54}{0{,}54 + (k/r)^2}. \tag{16}$$

Die Kontrastübertragungsfunktion, welche die Verringerung der Aussteuerung einer sinusförmigen Expositionsverteilung angibt, hängt also, wie erwartet, nur von dem Verhältnis der beiden Längen k und r ab. Abb. 2 zeigt die Übertragungsfunktion als Funktion r/k.

Wegen des linearen Zusammenhanges zwischen Schwärzung und Belichtung (Gl. 9) ergibt sich für einen Kontrast $\hat{\Delta S}$ (ohne Diffusionshof)

$$\Delta\hat{S} = \varepsilon\Delta\hat{E} = 2\,\hat{p}S_0 \text{ (s. Abb. 1)}, \tag{17}$$

wobei $S_0 = \varepsilon\,\frac{E_{\max} + E_{\min}}{2}$ ist.

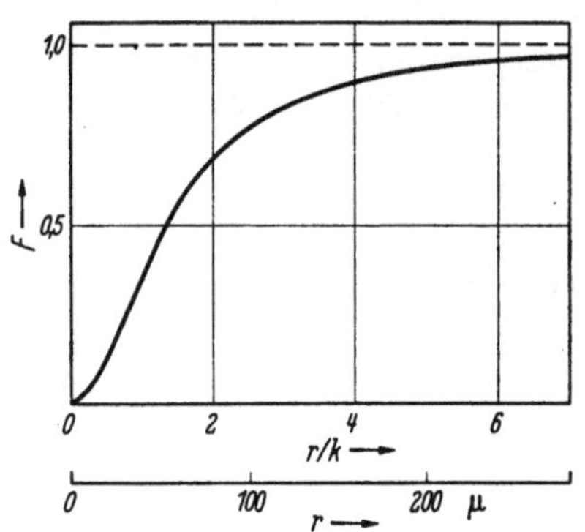

Abb. 2. Die Kontrastübertragungsfunktion $F(\nu)$ für Elektronenbelichtung. r-Skala für $k = 40\ \mu$.

Die Elektronendiffusion verringert die aufgeprägte Aussteuerung $\hat{p}$ auf $F(\nu)\cdot\hat{p}$.

Als wesentliches Ergebnis dieses Abschnittes erhält man also für den „realen" Kontrast ΔS

$$\Delta S = 2\,F(\nu)\,\hat{p}\,S_0. \tag{18}$$

3. Die Körnigkeit

a) Die mittlere quadratische Schwärzungsschwankung. Ist bei der Registrierung der Schwärzungsschwankung die Anzahl Z der schwärzenden Elemente, die von der Meßfläche A erfaßt wird, groß, so kann die Schwankung mit Hilfe des Wurzelgesetzes der Statistik direkt angegeben werden

$$\sqrt{\overline{\Delta Z^2}} = \sqrt{Z}. \tag{19}$$

Bei einer Lichtbelichtung sind die schwärzenden Elemente die in der Schicht statistisch verteilten Silberkörner. Ist Gl. (19) anwendbar, so folgt aus Gl. (10) unmittelbar

$$(\overline{\Delta S^2})_{\text{Licht}} = \bar{f}_e S/2{,}3\,A. \tag{20}$$

Die Eigenart der Elektronenbelichtung besteht nun darin, daß die schwärzenden Elemente Kornhaufen sind; ein Elektron macht φ unmittelbar benachbarte Körner entwickelbar ($\varphi > 1$, zwischen 10 und 80, siehe die Meßergebnisse in [2]). Es besteht natürlich wiederum eine statistische Verteilung der Kornhaufen in der Schicht, die Anwendbarkeit des Wurzelgesetzes ist hier jedoch erst für größere Meßflächen gegeben.

Wegen der Zusammenfassung von φ Körnern zu einem Element sind dann die Schwankungen für eine vorgegebene Schwärzung angenähert φ mal größer als bei einer Lichtbelichtung. Eine einfache Rechnung ergibt

$$(\overline{\Delta S^2})_{\text{Elektr.}} = (\varphi + 1)\,(\overline{\Delta S^2})_{\text{Licht}}. \tag{21}$$

Der wesentliche Unterschied zwischen Gl. (20) und Gl. (21) besteht in dem Gültigkeitsbereich hinsichtlich der Meßfläche. Beiden Formeln ist jedoch gemeinsam, daß die Schwankungen mit zunehmender Meßfläche abnehmen.

Verwendet man Meßflächen, die klein sind gegenüber der Ausdehnung des Kornhaufens, so wird das Einzelkorn als schwärzendes Element in den Vordergrund treten; die kleinen Schwankungen, die das Einzelkorn verursacht, kommen häufiger als die großen Schwankungen der Kornhaufen vor, so daß der Gesamtmittelwert der Schwankungen gedrückt wird.

Vergleicht man zwei Schichten gleicher Schwärzung, von denen eine mit Licht und eine mit Elektronen belichtet ist, so ist die Schwärzungsschwankung der mit Elektronen belichteten Schicht immer größer als diejenige der mit Licht belichteten Schicht; dieser Unterschied wird für große Meßflächen immer größer und kann maximal $\varphi + 1$ betragen.

$$(\overline{\Delta S^2})_L < (\overline{\Delta S^2})_E \leqq (\varphi + 1)\,(\overline{\Delta S^2})_L. \tag{22}$$

Zur praktischen Auswertung sei die Schwärzungsschwankung für Elektronen als der Bruchteil β der maximal erreichbaren Schwärzungsschwankung ausgedrückt; aus der Ungleichung (22) wird

$$(\overline{\Delta S^2})_E = \beta^2 \varphi\,(\overline{\Delta S^2})_L = \beta^2 \varphi\,\bar{f}_e S/2{,}3\,A \tag{23}$$

mit $\beta \leqq 1$ und $(\varphi + 1) \approx \varphi$.

Nach den obigen Überlegungen muß β von der Meßfläche A und der Kornausbeute φ abhängig sein, weil das zur Ableitung der Größe $\varphi\,(\overline{\Delta S_2})_L$ angewendete Wurzelgesetz erst bei großen Meßflächen gültig wird:

$$\beta\,(A, \varphi) \longrightarrow 1 \qquad \text{für großes } A,$$
$$\beta\,(A, \varphi) \longrightarrow 1 \qquad \text{für kleines } \varphi.$$

b) Die experimentelle Bestimmung der β-Funktion. Die Untersuchungen wurden an zwei verschiedenen Emulsionen, einer feinkörnigen und einer grobkörnigen durchgeführt, die verschieden dick vergossen waren. Die Daten sind in der Tabelle zusammengestellt.

Nr. d. Schicht	mittlerer Korndurchmesser [μ]	Auftrag [g Ag/cm²]	Schichtdicke [μ]	$\varepsilon = S/E$ cm²/Coulomb	φ
1	0,35	$2{,}2 \cdot 10^{-4}$	3,6	$1{,}7 \cdot 10^{10}$	5,5
2		3,3	5,3	2,9	10,1
3		7,4	11,5	8,3	29,6
4		12,7	20,0	12,0	48,2
5	1,1	2,5	8,6	12,0	5,1
6		4,2	12,0	22,0	—
7		12,2	32,2	110,0	34,6

Das Ziel der vorliegenden Arbeit ist, die Gl. (5) in Abhängigkeit von der Beobachtungsfläche auszuwerten. Durch das Einführen der β-Funktion wurde erreicht, daß die wichtigsten experimentellen Parameter des photographischen Materials, der Belichtung und der Registrierung explizit in dem Ausdruck für die Körnigkeit auftreten. (Die Empfindlichkeit ε, die Schwärzung S, die Meßfläche A). Darüber hinausgehende Abhängigkeiten sind in der β-Funktion enthalten; sie erfordern allerdings eine experimentelle Bestimmung

$$\beta^2 = \frac{(\overline{\Delta S^2})_E}{\varepsilon\, S/A} = \frac{(\overline{\Delta S^2})_E\, EA}{S^2}\,. \tag{24}$$

Alle in dieser Gleichung auftretenden Größen sind experimentell leicht zugänglich.

Durch die Einführung der Empfindlichkeit in Gl. (23) wurde die experimentell schwierige Bestimmung der Größe des entwickelten Kornes umgangen. Zur Bestimmung von $(\overline{\Delta S^2})_E$ wird die Schwärzung einer gleichmäßig mit Elektronen belichteten und entwickelten Probe an ca. 200 verschiedenen Stellen mit einem Mikrophotometer gemessen; die Meßfläche hat die Größe A.

Die erhaltenen Schwärzungswerte werden in Summenhäufigkeitspapier eingetragen (Ordinate nach dem Gaußintegral geteilt); aus dieser Darstellung kann die mittlere quadratische Schwankung (Streuung) unmittelbar entnommen werden. Solche Messungen werden mit verschieden großen Meßflächen durchgeführt.

Das in Abb. 3 eingetragene Beispiel (Schicht Nr. 7) läßt als mittlere quadratische Schwankung für die einzelnen Meßflächen folgende Werte entnehmen:

A [μ^2]	$(\overline{\Delta S^2})_E$	$(\overline{\Delta S^2})_E\, A$ [μ^2]
72	$162 \cdot 10^{-4}$	1,165
405	44	1,78
1 590	18	2,86
5 540	7	3,88
7 130	5	3,56
24 000	2	4,8

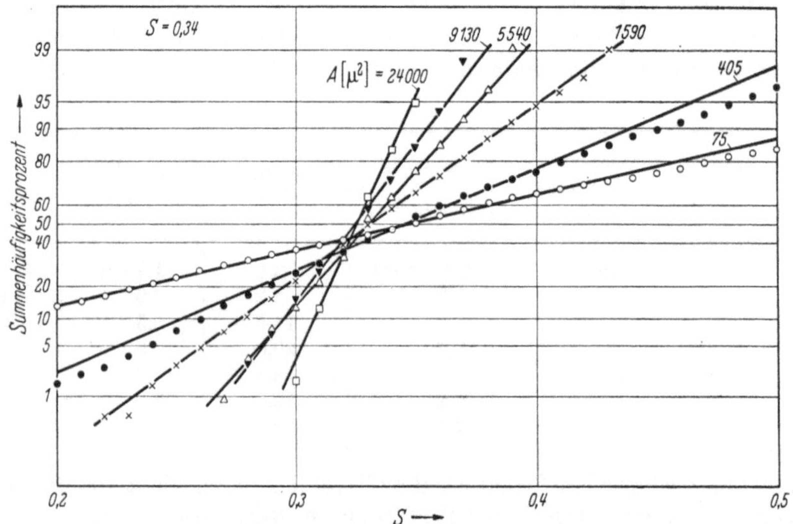

Abb. 3. Die Summenhäufigkeit der Schwärzungsschwankungen für verschiedene Meßflächen (Schicht Nr. 7).

Die noch verbleibenden Größen S und E sind durch die Schwärzungskurven des jeweiligen Materials verknüpft und können leicht angegeben werden ($S/E = \varepsilon$).

Abb. 4 zeigt nach Gl. (24) gewonnene β-Funktionen. Als Abszissenmaßstab wurde aus theoretischen Gründen $2\sqrt{A}$ verwendet (vergl. Gl. 20). Die Kurven stimmen mit dem theoretisch erwarteten Verlauf überein. Der Wert $\beta = 1$ wird um so schneller erreicht, je kleiner $\varphi = 2{,}3\, \varepsilon/\bar{f}_e$ ist.

c) Das Schwankungsspektrum. Eine detaillierte Beschreibung der Körnigkeit erhält man durch das Schwankungsspektrum [*2*, *3*, *4*]. Man zerlegt die Schwankungen einer gleichmäßig belichteten Schicht nach FOURIER in periodische Schwankungen. Das Schwankungsspektrum $n(\nu)$ gibt dann den Beitrag an, den eine periodische Schwankung bestimmter Frequenz bei der Registrierung mit einer Meßfläche zu dem Schwankungsmittelwert liefert. Das Integral über das Schwankungsspektrum ist demnach direkt proportional zur mittleren Schwärzungsschwankung [13].

$$\overline{\Delta S^2} = 2 \int_0^{+\infty} n(\vec{\nu})\, d\vec{\nu}. \tag{25}$$

$\vec{\nu}$ bedeutet den Vektor der Raumfrequenz mit den Komponenten ν_1 und ν_2. Da die photographische Schicht zweidimensional ist, wird ein Punkt auf ihr durch den Ortsvektor $\vec{x}$ gekennzeichnet. Entsprechend muß bei der Fourier-Transformation ein Frequenzvektor verwendet werden.

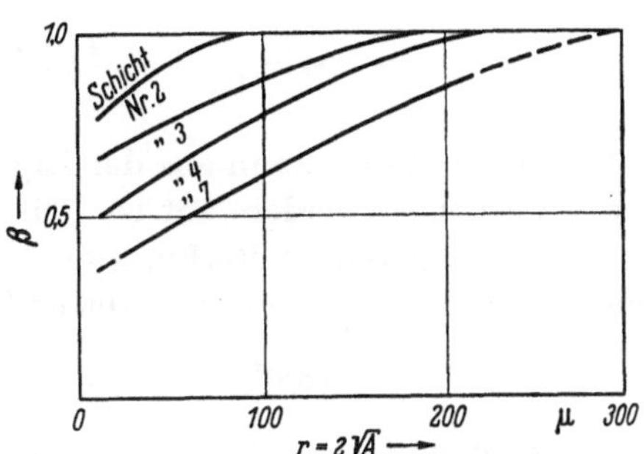

Abb. 4. Die β-Funktion für verschiedene Schichten.

Die Gl. (25) gilt aber nur, wenn die Meßfläche keinen Einfluß auf das Resultat hat. Die Größe der Meßfläche wirkt sich, wie oben gezeigt wurde, auf die mittlere Schwankung aus.

Dieser Einfluß der Meßfläche läßt sich leicht berücksichtigen, wenn die Kontrastübertragungsfunktion bzw. die Filterfunktion der Meßfläche $\tilde{u}(\vec{\nu})$ bekannt ist.

Für die mittlere Schwärzungsschwankung ergibt sich statt (25)

$$(\overline{\Delta S})^2 = \iint_{-\infty}^{+\infty} n(\vec{\nu})\, |\tilde{u}(\vec{\nu})|^2\, d\nu_1\, d\nu_2. \tag{26}$$

Für $n(\nu)$ leitet R. C. JONES [13] unter Voraussetzung kreisförmiger Elemente mit dem Durchmesser d folgende Gleichung ab

$$n(\nu) = \frac{\pi}{2{,}3}\, d^2 S (1 - \tau) \left[\frac{J_1(\pi \nu d)}{\pi \nu d}\right]^2.$$

τ ist die Transparenz eines Einzelelementes. Sie ist bei einzelnen Silberkörnern gleich Null.

Sind die Silberkörner statistisch verteilt, stellen sie also das Element der Kornstruktur dar, so wird so lange ν viel kleiner als $1/d_K$ ist, $(\approx 1/10\, d_K)$ $n(\nu)$ unabhängig von ν sein („weißes Rauschen"), wie aus obiger Formel folgt. Sind jedoch Kornanhäufungen in der Schicht vorhanden, was wie erwähnt u. a. bei Elektronen- und Röntgenexpositionen vorkommt, so ist das Element der Kornstruktur nicht mehr das Einzelkorn, sondern der Kornhaufen mit dem Durchmesser d_H. Da d_H beträchtlich größer als d_K ist, wird die Unabhängigkeit von $n(\nu)$ von ν nur bis zu wesentlich kleineren Werten von ν vorhanden sein. $n_E(\nu)$ wird sich additiv aus $n_K(\nu)$ für das Einzelkorn und $n_H(\nu)$ für den Kornhaufen zusammensetzen:

$$n_E(\nu) = \frac{\pi}{2{,}3} S \left\{ d_H^2 (1 - \tau_H) \left[\frac{J_1(\pi \nu d_H)}{\tau \nu d_H}\right]^2 + d_K^2 \left[\frac{J_1(\pi \nu d_K)}{\pi \nu d_K}\right]^2 \right\}.$$

Wenn man die Kornhaufen vom Durchmesser d_H und der Transparenz τ_H als Elemente auffaßt, ist aber

$$d_H^2 (1 - \tau_H) = \varphi\, d_K^2;$$

damit gilt

$$n_E(\nu) = \frac{\pi}{2{,}3} S\, d_K^2 \left\{ \varphi \left(\frac{J_1(\pi \nu d_H)}{\pi \nu d_H} \right)^2 + \left(\frac{J_1(\pi \nu d_K)}{\pi \nu d_K} \right)^2 \right\}.$$

Der Wert von d_H kann aus der Lage der Nullstelle von $n_H(\nu)$ experimentell angenähert ermittelt werden. Mit Gl. (26) erhält man ohne weiteres $(\overline{\varDelta S})^2$. Ist die Meßfläche so groß, daß die Filterfunktion $\tilde{u}(\vec{\nu})$ nur in dem Frequenzgebiet von Null verschieden ist, in dem $n(\vec{\nu})$ konstant und gleich n ist, so gilt

$$(\overline{\varDelta S})_E^2 A = n_E = n_K(\varphi + 1) = (\overline{\varDelta S})_K^2 (\varphi + 1).$$

Ist die Meßfläche klein, so wird

$$(\overline{\varDelta S})^2 A < n_K(\varphi + 1),$$

und es ergibt sich unmittelbar die Bedeutung von β zu:

$$\beta = \frac{(\overline{\varDelta S})_E^2 A}{n_K(\varphi + 1)}.$$

d) Einige experimentell bestimmte Schwankungsspektren. In Abb. 5 ist das spezifische Schwankungsspektrum $n(\nu)$ für Licht- und Elektronenbelichtung der Schichten Nr. 5 — 7 dargestellt. Alle Kurven in Abb. 5 beziehen sich auf eine Schwärzung der

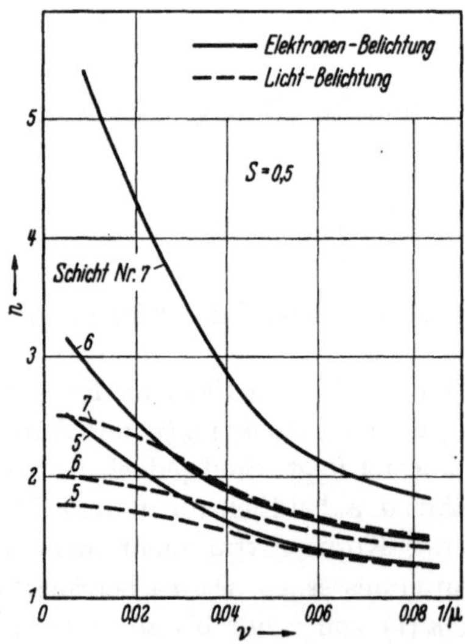

Abb. 5. Das Schwankungsspektrum für Licht- und Elektronenbelichtung (80 kV). Steigende Schichtdicke (steigender Halogensilberauftrag) von Kurve 5 nach 7.

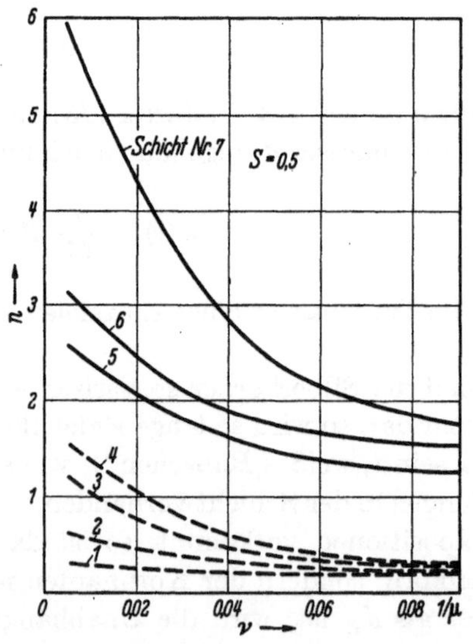

Abb. 6. Das Schwankungsspektrum für Elektronenbelichtung (80 kV).

Kurven *5* — *7* (aus Abb. 5): grobkörnige Emulsion, steigende Schichtdicke von *5* nach *7*,

Kurven *1* — *4*: feinkörnige Emulsion, steigende Schichtdicke von *1* nach *4*.

Schichten von 0,5 (durch Interpolation aus Messungen bei verschiedener Schwärzung gewonnen). Das Elektronenschwankungsspektrum zeigt das ausgeprägte Absinken mit steigender Frequenz; im Gebiet sehr kleiner Frequenzen, wo auch für Elektronenbelichtung weißes Rauschen auftritt, kann aus experimentellen Gründen nicht mehr gemessen werden. Das Schwankungsspektrum für Lichtbelichtung zeigt nur einen geringen Frequenzgang (der übrigens bei feinkörnigeren Emulsionen praktisch vollkommen verschwindet). Weiterhin ist ersichtlich, daß mit steigendem Silberauftrag (von Schicht Nr. 5 nach 7) das Schwankungsspektrum zu höheren Werten verschoben wird; durch die steigende Kornausbeute φ wird nämlich die Kornhaufenbildung ausgeprägter.

In Abb. 6 ist der Einfluß der Korngröße auf das Schwankungsspektrum wiedergegeben. Die Schichten 5 bis 7 entsprechen einer grobkörnigen, die Schichten 1 — 4 einer feinkörnigen Emulsion (Parameter Schichtdicke, vgl. Abb. 5).

4. Rasterabstand und maximal zulässige Empfindlichkeit der photographischen Schicht

Soll bei einer Vergrößerung v die Rasterlänge r_0 eines periodischen Objektes wiedergegeben werden (Periodenlänge im Bild also $r_0 V$), so muß entsprechend Gl. (5) der durch die Elektronendiffusion verminderte Kontrast ΔS die Körnigkeitsschwankung mindestens q-mal übertreffen

$$\Delta S \geqq q \sqrt{\overline{(\Delta S)^2_E}}. \tag{27}$$

Außerdem muß der Wert von ΔS über 0,02 liegen, damit das Raster visuell deutlich erkennbar ist.

Da die Körnigkeit um so größer ist, je höher die Empfindlichkeit des photographischen Materials ist, soll die nach Gl. (27) eben noch zulässige Empfindlichkeit ε^* bestimmt werden. Man ist an der Kenntnis und Anwendung dieser Grenzempfindlichkeit interessiert, weil aus Gründen der Objektveränderung und der Verwacklung während der Belichtung die kürzeste Belichtungszeit am günstigsten ist.

Tastet man das Objekt mit einer Fläche A ab, deren Seitenlänge der halben Periodenlänge $r_0 v/2$ im Bild entspricht, so schreibt sich mit Gl. (18) und (23) die Bedingung für die Wiedergabe eines Objektrasters gemäß Gl. (27):

$$4\,F^2 \left(\frac{1}{r_0 v}\right) \hat{p}^2\, S_0{}^2 \geqq \frac{4\,q^2\,\beta^2\,(r_0 v)\,\varepsilon^* S_0}{r_0{}^2 v^2}, \tag{28}$$

oder als Gleichung nach dem interessierenden ε^* aufgelöst

$$\varepsilon^* = \frac{F^2\,(1/r_0 v)\,\hat{p}^2\, r_0{}^2\, v^2\, S_0}{q^2 \beta^2\,(r_0 v)}. \tag{29}$$

Wesentlich beim Übergang von Gl. (27) nach Gl. (28) ist die Anpassung der Meßfläche A an die im Bild aufzulösende Rasterlänge

$$r_0 v = r,\; A = (r_0 v/2)^2.$$

a) Nomogramm zur Bestimmung der maximal zulässigen Empfindlichkeit. Die zulässige Empfindlichkeit ε^* wird einerseits von Daten des Objektes, andererseits von photographischen Daten festgelegt. Um den mannigfaltigen Einfluß der einzelnen Größen klar zu übersehen und ε^* einfach bestimmen zu können, ist Formel (29) in einem Nomogramm dargestellt (Abb. 7 und 8).

Das Objekt bestimmt die Rasterlänge r_0 und die Aussteuerung $\hat{p}$. Der Film bestimmt die Übertragungsfunktion (Diffusionskonstante k) und die Körnigkeit (β, $\overline{\Delta S^2}$). Frei wählbar ist nur die Vergrößerung v und die mittlere Schwärzung (bzw. Belichtung), die hier mit $S = 1$ als optimal festgelegt wird.

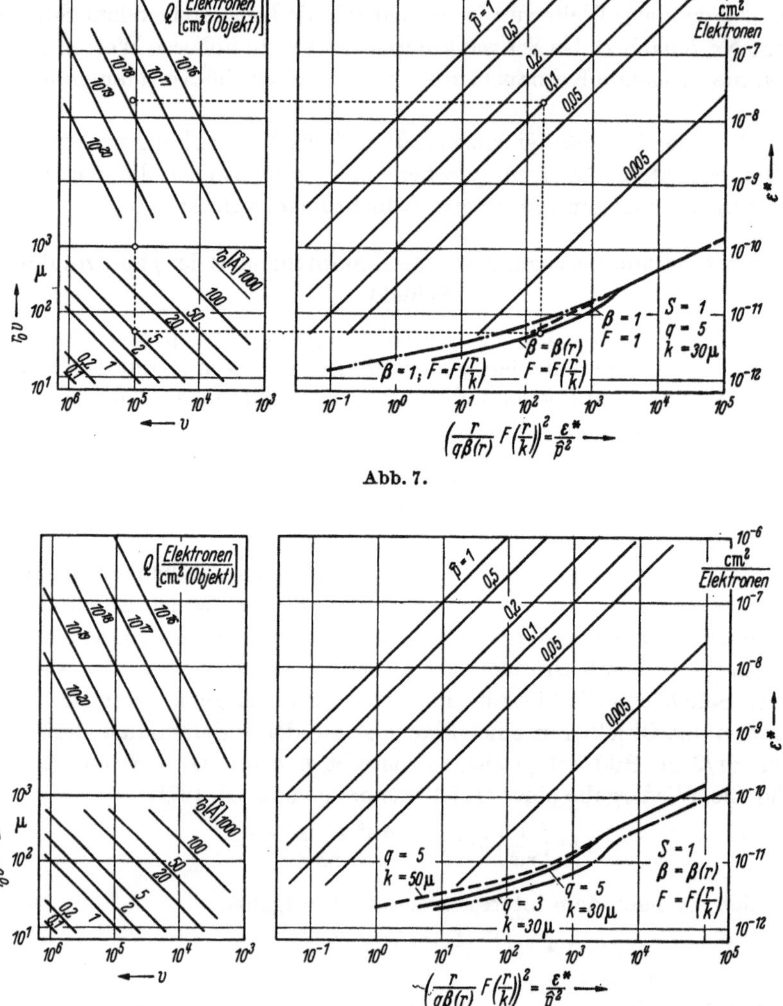

Abb. 7.

Abb. 8.

Abb. 7 und 8. Das Nomogramm I zur Bestimmung der maximal zulässigen Empfindlichkeit.

Die Handhabung des Nomogrammes erklärt sich am einfachsten an einem praktischen Beispiel, das in Abb. 7 (für 80 kV) auch eingezeichnet ist ($v = 10^5$, $r = 5$ Å, $\hat{p} = 0{,}1$, $S = 1$, $k = 30$, $q = 5$). Man beginnt im dritten Quadranten mit einer Senkrechten bei $v = 10^5$, spiegelt diese Linie an der Winkelhalbierenden $r_0 = 5$ Å. An der Ordinate des dritten Quadranten ergibt sich dann die Periodenlänge im Bild $r_0 v = 0{,}5 \cdot 10^2 \mu$.

Die Fortführung der Linie und Spiegelung an der im vierten Quadranten eingezeichneten Kurve (β (r) für Schicht Nr. 7 nach Abb. 4, F (r/k) nach Abb. 3) läßt an der Ordinate die zulässige Empfindlichkeit für hundertprozentige Aussteuerung ($\hat{p} = 1$) ablesen. Die wirklich vorliegende bzw. abgeschätzte Aussteuerung wird durch Spiegelung an den entsprechenden Geraden im ersten Quadranten berücksichtigt. Die Ordinate zeigt dann die gewünschten zulässigen Empfindlichkeiten ε^*. Zusätzlich wurde im zweiten Quadranten noch die zu ε^* gehörende Ladungsdichte $Q = v^2 S_0/\varepsilon^*$ im Objekt angegeben, wobei nur diejenigen Elektronen berücksichtigt sind, die das Objekt durchdringen *und* auf die photographische Schicht treffen (vergl. w. u.).

In den Abb. 7 und 8 sind im zweiten Quadranten noch weitere Kurven eingetragen, die eine Abschätzung des Einflusses von β (r), F (r/k), k und q gestatten.

Im einzelnen wurden folgende Fälle berechnet:

	S	q	k	β	F	eingetragen in Abb.
1.	1	5	30	als Funktion von r für Schicht Nr. 7	als Funktion von r/k (Abb. 3)	7 u. 8
2.	1	5	30	$\beta = 1$	,,	7
3.	1	5	30	$\beta = 1$	$F = 1$	7
4.	1	3	30	als Funktion von r für Schicht Nr. 7	als Funktion von r/k (Abb. 3)	8
5.	1	5	50	,,	,,	8

Wie schon Gl. (29) zeigt, ist ε^* um so größer, je größer F (k/r) $= F$ (ν), d. h. je geringer die Kontrastminderung und je kleiner β (r), d. h. die Körnigkeit wird. Beide Größen können maximal 1 werden. F (ν) $= 1$ bedeutet, daß der Diffusionshof die Wiedergabe nicht mehr mitbestimmt und nur noch die Körnigkeit von Einfluß ist (günstiger als der Realfall); $\beta = 1$ bedeutet, daß die Körnigkeit ihren maximalen Wert erreicht (ungünstiger als der Realfall). Beim Vergleich der Fälle 1 — 4 ist zu beachten, daß F (ν) nicht, β jedoch stark von der Korngröße abhängig ist (vergl. Abb. 4). Da die für Fall 1 verwendete β-Funktion den günstigsten experimentell bestimmten Verlauf darstellt, werden alle praktisch vorkommenden Fälle zwischen Fall 1 und dem ungünstigen Fall 2 liegen.

Die Gegenüberstellung von Fall 2 und 3 liefert den verschlechternden Einfluß der Kontrastübertragungsfunktion ($\beta = 1$ und $F = 1$ entspricht einer linearen Beziehung im 4. Quadranten). Aus dem Verlauf der Übertragungsfunktion kann man allgemein folgern, daß bei Rasterabständen, die etwa viermal größer sind als die Diffusionskonstante k, die Elektronendiffusion die Wiedergabe nicht mehr wesentlich beeinträchtigt. Wegen der praktischen Größenordnung der Diffusionskonstanten $K \approx 30 - 50\ \mu$ wird die Wiedergabe von Bildrastern einer Rasterlänge $> 200\ \mu$ nur durch die Körnigkeit bestimmt.

Der Vergleich der Fälle 1 mit 4 und 1 mit 5 zeigt schließlich den Einfluß von k bzw. q. (Fall 1 in Abb. 8 mit aufgenommen).

Die geforderte Anpassung der Empfindlichkeit kann nur durch den Hersteller des photographischen Materials durchgeführt werden. Dennoch bleibt es die Aufgabe des Elektronenmikroskopikers, aus den angebotenen Schichten diejenige mit der optimalen Empfindlichkeit auszuwählen. Als Maßnahmen der Empfindlichkeitsänderung bleiben Änderung der Korngröße oder Änderung der auf die Platte aufgetragenen Silberhalogenidmenge. (Bei vorgegebenem Silberhalogenid-Gelatineverhältnis c bedeutet dies einfache Schichtdickenänderung). Der Empfindlichkeitsänderung durch Variation der Schichtdicke sind wegen der zu fordernden maximal erreichbaren Schwärzung $S_{max} = 2$ eine untere und wegen der beschränkten Reichweite der Elektronen in der Schicht (Gl. 13 und 14) eine obere Grenze gesetzt.

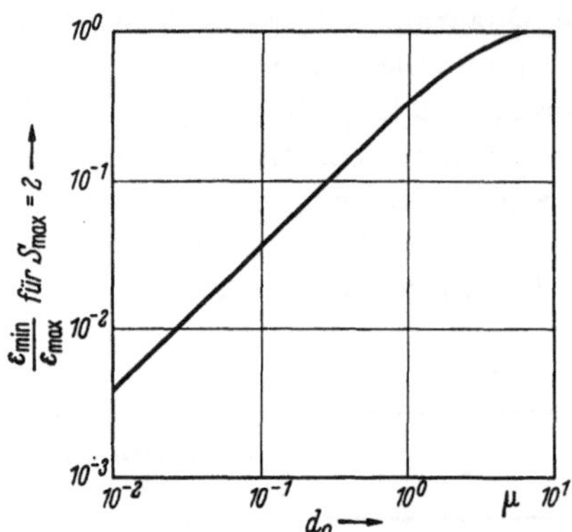

Abb. 9. Der Bruchteil $\varepsilon_{min}/\varepsilon_{max}$ der Empfindlichkeit, den man durch Schichtdickenverringerung für verschiedene Korngrößen erreichen kann (geforderte Maximalschwärzung $S_{max} = 2$).

Der Variationsbereich $\varepsilon_{min}/\varepsilon_{max}$ ist in Abb. 9 für verschiedene Korndurchmesser dargestellt ($c = 4{,}0$ g/cm³ Gelatine).

Es ergibt sich, daß durch Schichtdickenänderung die Empfindlichkeit feinkörniger Schichten stärker als für grobkörnige Schichten verändert werden kann.

b) Die Aussteuerung $\hat{p}$ der auf die Photoplatte fallenden Intensität. In diesem Abschnitt soll ein Überblick über die Effekte gegeben werden, die für Intensitätsmodulation bei der Durchstrahlung eines Objektes im Elektronenmikroskop verantwortlich sind. Anhand von Beispielen wird die Anwendbarkeit der obengenannten Formeln gezeigt.

Die Theorie von UYEDA [*8*] läßt die Bildentstehung im Elektronenmikroskop in direkter Analogie zu den Effekten im Lichtmikroskop einheitlich interpretieren.

Der Anteil der im Objekt inkohärent gestreuten Elektronen, der nicht durch die effektive Apertur fällt, und so zur Kontrastentstehung beiträgt, läßt sich durch den Streukoeffizienten beschreiben. Das lichtoptische Analogon ist der Absorptionskoeffizient. Trägt man der Wellennatur der Elektronen Rechnung, so ergibt sich auch ein kohärenter Anteil elastisch gestreuter Elektronen. Die Phasenbeziehungen dieses Anteils werden durch das innere Potential im Objekt, analog zum Brechungsindex (optische Weglänge) im lichtoptischen Fall bestimmt.

Diese Unterscheidung mußte erwähnt werden, da je nach der Frequenz der betrachteten Periodizität im Objekt der eine oder der andere Effekt bestimmend ist.

Liegt ein amorphes Objekt vor, und ist die Periode der Objektschwankungen größer als das Verhältnis von Elektronenwellenlänge λ zur Apertur des elektronenmikroskopischen Systems, so ist nur die Streuabsorption zu berücksichtigen.

Entsprechend der üblich verwendeten Wellenlängen von $3 - 5 \cdot 10^{-2}$ Å (50 bis 150 kV) und Aperturen von $10^{-3} - 10^{-2}$ ergibt sich diese Grenze zu rund 30 Å, oberhalb der die Intensitätsmodulation nur durch örtliche Änderungen des Streuabsorptionskoeffizienten bewirkt wird.

Beschränkt man sich auf Einzelstreuung, so liefert die Theorie [*9*] einen Wert für

$$\hat{p} = \Delta\hat{E}/\hat{E} = \Delta\,\{\sigma N d\,(1 - \varkappa)\}, \tag{30}$$

wobei σ = der Streukoeffizient [cm^2]
Nd = die Anzahl der Atome pro cm^2 der Objektfläche
$1 - \varkappa$ = der Bruchteil der auffallenden Elektronen, der nicht in die effektive Apertur trifft.

Durch das Δ-Zeichen vor der Klammer ist angedeutet, daß die Änderungen der Streukraft entweder durch Änderungen der geometrischen Dicke d oder der Dichte (Anzahl der Atome N pro cm^2) oder auch durch Änderungen des Streukoeffizienten σ beim Übergang von der einen zu einer anderen Atomart bewirkt werden können. Wesentlich ist noch zu bemerken, daß die relative Größe $\Delta\hat{E}/\hat{E}$ der absoluten Änderung $\Delta\{\sigma Nd\}$ proportional ist.

Um die üblichen Dichte- bzw. Dickeschwankungen gemeinsam diskutieren zu können, mißt man die Schichtdicke in Gewicht pro Flächeneinheit (t [g/cm^2]) des Objektes. Es wird dann

$$\hat{p} = \Delta\hat{E}/\hat{E} = \Delta t/t_e, \tag{31}$$

wobei t_e die Schichtdicke [g/cm^2] ist, die die auf das Objekt auffallende Intensität auf $1/e$ absinken läßt.

$$t_e = \frac{(v/c)^2}{(0{,}88\, Z^{4/3}/A\,(1-\varkappa))} \cdot 10^{-4}\ [g/cm^2]. \tag{32}$$

(In dieser Formel haben die Symbole ihre übliche physikalische Bedeutung).

Wählt man die häufig in der praktischen Elektronenmikroskopie vorkommenden Daten

Apertur $\Theta = 5 \cdot 10^{-3}$; $(v/c)^2 = 0{,}17$ ($U = 50$ kV) und $Z = 6$ (Kohlenstoff),
so ist $t_e = 22 \cdot 10^{-6}$ [g/cm^2].

Rechnet man mit einer Schwankung $\Delta t = 22 \cdot 10^{-8}$ [g/cm^2], so erhält man unter den obigen Bedingungen eine Aussteuerung von $\hat{p} = 1\%$. Das Nomogramm I zeigt, daß diese Aussteuerung von feinkörnigen Emulsionen ($\varepsilon^* \approx 10^{-9}$ [cm^2/Elektronen]) herunter bis zu Vergrößerungen von 10^4 und Periodenlängen $r_0 = 30$Å gut wiedergegeben werden können. (Da t_e mit abnehmender Strahlspannung abnimmt, könnten sogar noch kleinere Schwankungen Δt festgestellt werden).

Will man Schwankungen im Objekt betrachten, deren Periode kleiner als 30 Å ist, so muß man den kohärenten Anteil der Streuintensität berücksichtigen. Man schreibt nach dem Obengesagten diese Intensitätsmodulation einer periodischen Änderung des Brechungsindex zu (Rasterlänge r_0).

Der Brechungsindex $n = \sqrt{1 + U_0/U}$ wird durch das innere Potential des Objektes U_0 und die Strahlspannung U bestimmt. Die Schwankung ergibt sich also zu $(1/2\,n)\,(\Delta U/U)$.

Den maximalen Kontrast im Bild erhält man durch Defocussierung um die Strecke $2\,r_0^2/\lambda$ [*10*].

Die Aussteuerung für diese optimale Einstellung erhält man gemäß einer Formel [*10*] zu:

$$\hat{p} = \frac{4\,\pi d}{\lambda}\,\frac{\Delta U_0}{U}. \tag{33}$$

Wählt man als Beispiel die Objektdicke $d = 50$ Å, Wellenlänge $\lambda = 0{,}055$ Å, Spannung $U = 50$ kV und eine Schwankung des inneren Potentials von $\Delta U_0 = 0{,}2$ V, so erhält man $\hat{p} = 4\%$.

Diese Aussteuerung läßt bei einer Vergrößerung von $v = 10^5$ eine Rasterlänge von 2 Å mit Hilfe von feinkörnigen, gering empfindlichen Platten ($\varepsilon^* = 10^{-10}$ [cm²/Elektronen]) noch gut wiedergeben.

III. Ausblick

1. Die vorliegende Arbeit zeigt, daß zur Charakterisierung einer photographischen Schicht, die für die Elektronenmikroskopie eingesetzt werden soll, folgende Größen bekannt sein müssen:

a) Die Schwärzungskurve,
b) die Kontrastübertragungsfunktion,
c) die Körnigkeit, charakterisiert durch die β-Funktion.

2. Legt man sich für eine durchschnittliche β-Funktion fest, wie sie etwa der Schicht Nr. 4 entspricht, so kann man als Ergebnis die Empfindlichkeit ε^* einer photographischen Schicht, die zur Wiedergabe eines Objektrasters der Rasterlänge r_0 und der Aussteuerung $\hat{p}$ optimal ist, direkt in einem Nomogramm darstellen. Diesem Nomogramm II (Abb. 10, die Vergrößerung 10^6 als Hilfe beim Interpolieren angegeben) kann man entnehmen:

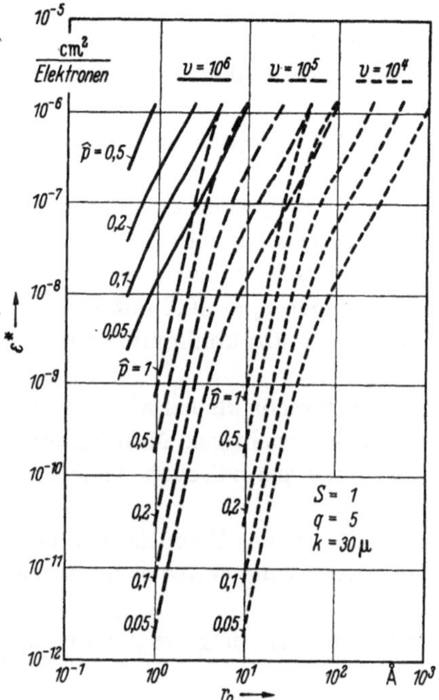

Abb. 10. Nomogramm II. Auswertung des Nomogramm I zur Bestimmung der maximal zulässigen Empfindlichkeit.

a) Objekte von der Größenordnung 10 Å müssen nach den vorangegangenen theoretischen Überlegungen sich gut wiedergeben lassen; für eine Aussteuerung $\hat{p} \approx 0{,}05$ können mittelempfindliche photographische Schichten, für eine Aussteuerung $\hat{p} \approx 0{,}2$ sogar höchstempfindliche Schichten verwendet werden.

b) Das Nomogramm II läßt die besonders interessante Frage beantworten, ob Rasterlängen von 1 Å (Atomgrößen) von der photographischen Platte wiedergegeben werden können.

Die Wiedergabe ist gemäß der abgeleiteten Formeln mit sehr feinkörnigen und unempfindlichen Schichten ($\varepsilon = 10^{-11} - 10^{-12}$ [cm²/Elektronen] Typ Mikrat) bei einer Vergrößerung von 10^5 dann möglich, wenn eine Aussteuerung von $\hat{p} = 0{,}1$ vorliegt.

Inzwischen ist experimentell gezeigt, daß ca. 10 Å gut wiedergebbar sind [*11*]; ferner konnten 8 Å mit höchstempfindlichen Schichten aufgelöst werden [*11*]; man muß aus den Formeln schließen, daß diese Objekte eine Aussteuerung von $\hat{p} = 0{,}2$ bewirken. Da diese Aussteuerungen bereits von einzelnen Gitterlinien im Kristall herrühren, kann man wahrscheinlich mit Aussteuerungen der gleichen Größenordnung rechnen, wenn man einatomig besetzte Gitterplätze sichtbar machen will; von seiten der photographischen Platte müßte also die Auflösung von Einzelatomen möglich sein.

Herrn Prof. Dr. E. RUSKA vom Max-Planck-Institut in Berlin-Dahlem und Herrn Dr. WOLFF von der Siemens & Halske AG, Berlin, möchten wir an dieser Stelle für die Diskussionen zu dem behandelten Thema danken.

Literatur

[1] NISSEN, H. F.: Z. f. Physik **122**, 573 (1944).
NEIDER, R.: Diplomarbeit Berlin 1954/55, Fritz-Haber-Institut der Max-Planck-Gesellschaft; Vortrag Darmstadt 1957, Tagung d. Dtsch. Ges. f. Elektronenmikroskopie.
[2] FRIESER, H. u. E. KLEIN: Z. f. angew. Physik **10**, 337 (1958); Mitt. Agfa Bd. II, Berlin/Göttingen/Heidelberg: Springer, 1958, 121.
[3] ZEITLER, E.: Mitt. Agfa Leverkusen-München Bd. II, Berlin/Göttingen/Heidelberg: Springer (1958), 217 u. Literaturangaben dort.
[4] FRIESER, H.: Mitt. Agfa Leverkusen-München, Bd. II, Berlin/Göttingen/Heidelberg: Springer (1958), 249.
[5] ARENS, H., J. EGGERT u. E. HEISENBERG: Z. wiss. Phot. **28**, 356 (1931).
KLEIN, E.: Mitt. Agfa Leverkusen-München Bd. II, Berlin/Göttingen/Heidelberg: Springer 1958, 85.
EGGERT, J. u. A. KÜSTER: Agfa Veröff. Bd. V, 123, 1937, Leipzig: Hirzel.
[6] GLOCKER, R.: Z. Naturforsch. **3a**, 147 (1948).
[7] UYEDA, R.: J. Phys. Soc. Japan **10**, 256 (1955).
[8] ZEITLER, E. u. G. F. BAHR: Exp. Cell. Res. **12**, 44 (1957).
[9] BORRIES, B. v. u. F. LENZ: Proc. of the Stockholm conference 1956, 60.
[10] NIEHRS, H.: Proc. of the Stockholm conference 1956 ALMQUIST u. WIKSELL, Stockholm 86.
MENTER, J. W.: Proc. of the Stockholm conference 1956, ALMQUIST u. WIKSELL, Stockholm 88.
NEIDER, R.: Proc. of the Stockholm conference 1956, ALMQUIST u. WIKSELL, Stockholm 93.
[11] FRIESER, H.: Kinotechnik **17**, 167 (1935).
[12] JONES, R. C.: JOSA **45**, 801 (1955).

Zur Kontrastübertragung von photographischen Schichten

Von R. MÜLLER

I. Vorbemerkung

Die Schärfeeigenschaften von photographischen Schichten wurden lange Zeit durch das „Auflösungsvermögen" ausgedrückt, d. h. durch die Angabe der maximal zu trennenden Linienzahl pro Millimeter. Die Bestimmung dieser Zahl erfolgte nach den verschiedensten Methoden und meist wurde kein Hinweis auf die Bestimmungsmethode gegeben. In den letzten Jahren sind aus der Erkenntnis heraus, daß das Auflösungsvermögen nur eine unzureichende Charakterisierung für die Schärfeeigenschaften darstellt, andere Bewertungsmethoden entstanden. So wurden von HIGGINS und JONES [*1*], HIGGINS und WOLFE [*2*], NITKA [*3*] und dem Verfasser [*4*] unter anderen Versuche unternommen, aus dem Schwärzungsverlauf von Kantenbelichtungen ein objektives Schärfemaß zu finden, während FRIESER [*5*] aus dem über die Schwärzungskurve ermittelten Helligkeitskontrast in der Schicht für ein vorgegebenes Testobjekt eine Lichtdiffusionskonstante k zu bestimmen sucht. Aus dieser k-Zahl wird auf den Funktionsverlauf der Kontrastübertragung der photographischen Schicht geschlossen und dieser durch Messungen belegt.

Zu den Übertragungsfunktionen nach FRIESER sind einige Bemerkungen zu machen, da sie offensichtlich mißverständlich interpretiert wurden. In einigen der Berechnungen und Überlegungen über das Übertragungsmaß des gesamten photographischen Prozesses wurden die von FRIESER angegebenen Werte als effektive Kontrastfaktoren der Filme eingesetzt. Es ergab sich dann, daß der Film das Element mit der unerfreulichsten Übertragungsfunktion sei und demgegenüber die Objektive für Aufnahme, Vergrößerung und Projektion weit überlegen seien. Es muß hier besonders darauf hingewiesen werden, daß die Übertragungsfaktoren nach FRIESER zeigen, wie der Helligkeitskontrast der Beleuchtung durch den Diffusionslichthof für eine bestimmte Raumfrequenz vermindert wird. Diese Auswertung ist über die jeweilige Gradationskurve erfolgt. Die Darstellungsart zeigt nicht den effektiven Kontrast im entwickelten Film.

Nachdem sich für die Bewertung von Objektiven seit einigen Jahren die Bestimmung der Übertragungsfunktion erfolgreich einführt (siehe ROSENHAUER und ROSENBRUCH [*6, 7*], INGELSTAM [*8, 9*], MARÉCHAL [*10*], MURATA und MATSUI [*11*], SAYANAGI [*12*], schien ein ähnliches Verfahren für photographische Schichten erwünscht. Besonders interessant sind Übertragungsfaktoren deshalb, weil sie infolge ihrer multiplikativen Verbindungsmöglichkeiten eine Gesamtbewertung des photographischen Verfahrens erlauben. Damit ist die Schärfe zwar nicht in einer Zahl festgelegt, aber man gewinnt einen vollständigen Überblick über die Informationsfähigkeit von photographischen Systemen und ihrer Einzelglieder.

Über die k-Zahl nach FRIESER wird in diesem Zusammenhang noch zu sprechen sein.

HENDEBERG und INGELSTAM [13] haben experimentell Kontrastfaktoren von einigen Filmen bestimmt, wobei sie aus der Messung der Kombination Objektiv + Film und der Kenntnis des Übertragungsfaktors des Objektivs rechnerisch denjenigen des Films ermitteln. Es bestand ein lebhaftes Interesse daran, die Übertragungsfaktoren der Filme direkt zu messen. Dazu war eine Methode auszuarbeiten, die nicht nur exakt und gut reproduzierbar, sondern auch relativ einfach und schnell Ergebnisse liefert und für Routineuntersuchungen geeignet ist.

II. Meßtechnik

Im Prinzip wurde folgende Methode gewählt: Eine Mikratrasteranordnung wird unter definierten Bedingungen hinsichtlich Kontrast, Beleuchtungsapertur, Helligkeit, Belichtungszeit und Farbe im Kontakt auf den Prüfling aufbelichtet. Nach der ebenfalls festgelegten Entwicklung erfolgt eine Vermessung des Rasterbildes in einem Linienphotometer und die Auswertung nach Übertragungsfaktor α gegen die Raumfrequenz N (Linien/mm). Als Übertragungsfaktor α ist die von den Optikern gewählte Funktion verwendet:

$$\alpha(N) = \frac{I_{max} - I_{min}}{I_{max} + I_{min}};$$

I_{max} und I_{min} sind die maximalen und minimalen Transparenzen des Linienrasters auf dem Prüfling. Ob diese Definition des Übertragungsfaktors besonders glücklich gewählt ist oder ob nicht besser eine normierte logarithmische Funktion (Schwärzung) verwendet werden sollte, läßt sich im Augenblick noch nicht entscheiden.

1. Kontaktresolvometer

Von den verschiedenen Möglichkeiten der Aufbelichtung von Rasteranordnungen schieden Interferenzraster aus Gründen der freien Wählbarkeit der Lichtfarbe und über Objektive aufbelichtete Raster aus. Damit entfielen auch alle Anordnungen, die durch periodische Bewegungsvorgänge Raumfrequenzen auf einem Film erzeugen. Es wurde daher ein Kontaktresolvometer verwendet, das sich im Laufe mehrerer Jahre außerordentlich gut bewährt hat (Abb. 1)[1]. Eine elektrisch konstant gehaltene

Abb. 1. Kontaktresolvometer

[1] Die Grundform dieses Geräts geht auf ein Modell von Herrn Prof. EGGERT, Zürich, zurück.

30 Watt-Glühlichtquelle liefert über eine entsprechende Linsenanordnung ein paralleles Lichtbündel, das, über einen Verschluß freigegeben, ein Raster auf Mikratschicht beleuchtet. Im Strahlengang befinden sich ein Filterschacht und ein mehrstufiges Graufilterrad, um auf möglichst einfachem Wege verschieden dichte Belichtungen herstellen zu können. Der Prüfling wird Schicht auf Schicht mit einem Druck von etwa 1 kg/cm² zur Belichtung auf die Vorlage aufgepreßt.

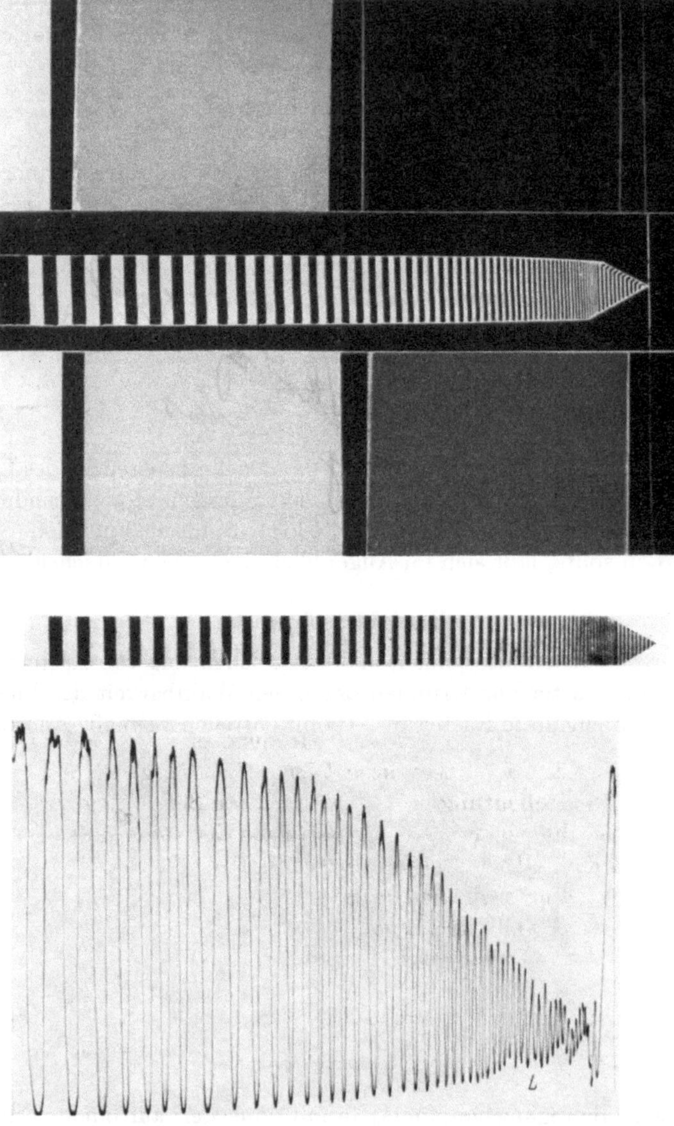

Abb. 2a. Kontinuierlich ansteigendes Raster zur Bestimmung der Kontrastfaktoren für verschiedene Raumfrequenzen von 9—140 Linien/mm.

Darunter eine Kopie auf Agfa Isopan FF (stark vergrößert). An 3. Stelle die Registrierkurve des Wiedergabekontrasts.

Im Allgemeinen wurde eine Rasteranordnung verwendet, wie sie in Abb. 2 a dargestellt ist. Sie enthält kontinuierlich abnehmende Rasterperioden von 9 bis 140 Linien/mm. Um sicher zu stellen, daß durch die variablen Periodenbreiten keine systematischen Fehler entstehen, wurden verschiedentlich Kontrollmessungen mit festen Raumfrequenzen aus der Rasteranordnung der Abb. 2 b durchgeführt. Sie ergaben praktisch völlig übereinstimmende Werte mit dem variablen Raster.

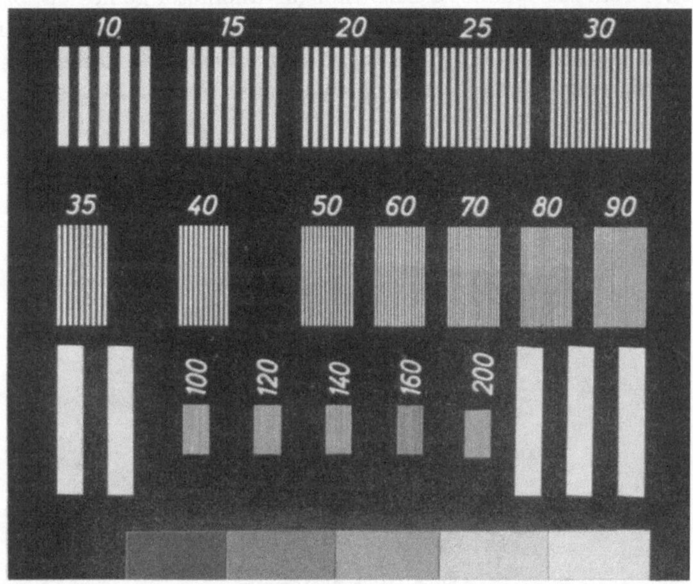

Abb. 2b. Testraster mit Abschnitten gleicher Raumfrequenz von 4-200 Linien/mm (stark vergrößert).

Die Originale besitzen einen Kontrast von mindestens 0,98 bis zu N = 100 und fallen bis zu N = 140 langsam auf 0,85 ab. Die rechnerische Berücksichtigung ändert das Ergebnis nur wenig, da bei hohen Raumfrequenzen der Übertragungsfaktor an sich nicht mehr groß ist. Die mitgeteilten Werte sind für gleichen Originalkontrast von 1,0 korrigiert. Die Belichtung erfolgt bei gleicher Belichtungszeit für jeweils ein Filmmaterial mit verschiedener Intensität. Je nach der Empfindlichkeit des zu prüfenden Films kann die Belichtungszeit zwischen 1/5 und 1/500 Sekunden gewählt werden. Aus der Reihe der verschieden dicht belichteten Raster wird dasjenige mit dem optimalen Verlauf des Übertragungsfaktors ausgewählt, d. h. das Raster, welches auf der Gradationskurve des Films voll ausgesteuert ist.

2. Transparenzmessung im Mikrophotometer

Die Auswertung der Prüflinge erfolgt mit einem Linienphotometer, das für diesen Zweck umgebaut wurde (Abb. 3). Der Prüfling kann auf einem Transportschlitten durch eine Präzisionsspindel mit 0,5 mm Steigung verschoben werden. Die Drehung der Spindel erfolgt durch einen Synchronmotor mit Untersetzungsgetriebe, sodaß sich ein Vorschub von 125 μ pro Minute ergibt. Das Objekt wird mit je einem Mikroskopobjektiv 25 : 1 beleuchtet und auf eine Beobachtungs- und Meßblende projiziert.

Die Meßblende enthält einen Spalt von 50 μ Breite und 5 mm Länge. Auf das Objekt bezogen beträgt die Spaltbreite nur etwa 1 μ, so daß auch Linien von 3,6 μ Breite (gleich 140 L/mm) noch befriedigend abgetastet werden können. Eine spaltförmige Aperturblende in der Beleuchtungseinrichtung sorgt dafür, daß Streulicht aus dem Projektionsobjektiv möglichst unwirksam bleibt. Ein Achromat mit hoher relativer Öffnung konzentriert das durch den Spalt fallende Licht auf die Kathode eines SEV-Rohres, dessen Strom mit einem Lichtmarkengalvanometer gemessen, bzw. mit einer Registriertrommel photographisch registriert wird. Die Abtastung kann selbstverständlich auch mit beliebig gefiltertem Licht (z. B. für Farbfilme) erfolgen. Die Abb. 2 a zeigt eine stark vergrößerte Rasterkopie und eine Registrierung eines Agfa Isopan FF Films.

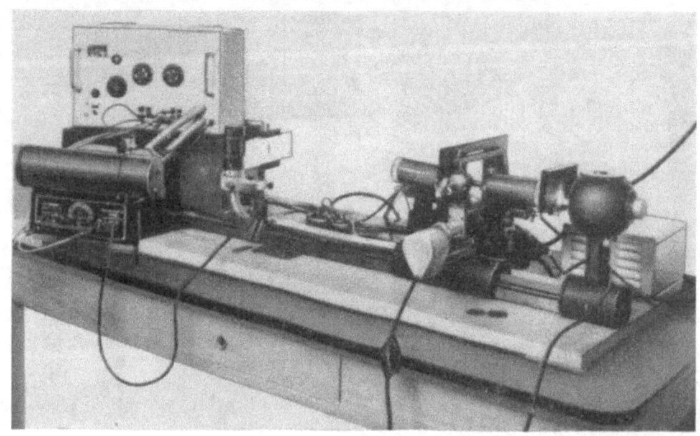

Abb. 3. Mikrophotometer.

Über eine Projektionseinrichtung kann der Meßspalt beobachtet werden, um eine möglichst gute Parallelstellung von Spaltkante und Rasterkante zu ermöglichen. Desgleichen wurde sichergestellt, daß für die verschiedenen gemessenen Filmsorten im Linienphotometer auch tatsächlich diffuse Dichten ermittelt werden. Durch die hohe Apertur des Projektionsobjektivs sind die Korrekturen klein und beschränken sich auf die grobkörnigeren, hochempfindlichen Filmsorten. Es bleibt dabei natürlich etwas problematisch, was man unter der Transparenz einer mikroskopisch kleinen Fläche verstehen will, die sich aus einer Anzahl von völlig transparenten und völlig undurchlässigen Elementen zusammensetzt. Die Dichten sind jedenfalls nicht mehr additiv.

Für Farbfilme erfolgt die Ausmessung hinter 3 Filtern zur Bestimmung des Übertragungsfaktors jeder der 3 Schichten unter Vernachlässigung der Nebendichten der Farbstoffe.

III. Ergebnisse

Die Abb. 4 — 8 zeigen den Verlauf des Übertragungsfaktors für eine Reihe von Agfafilmen. Die Isopanfilme wurden in Final (10 Min.) entwickelt (IFF 6 Min.). Die Entwicklung von Agepe und Agepan erfolgte 5 Minuten im Agfa-Entwickler 71, die der Farb- und Umkehrfilme nach Agfavorschrift.

Diese Übertragungsfaktoren liegen beachtlich über denjenigen, die bei Untersuchungen über die Leistungsfähigkeit von photographischen Gesamtprozessen zugrunde gelegt wurden, selbst dann, wenn man über die jeweils gültige Schwärzungskurve auf den Helligkeitskontrast der Belichtung bezieht. Sie führen zu k-Zahlen, die nach der Bestimmungsmethode von FRIESER den Filmen nicht zukommen. Das gilt besonders für diejenigen Filme, die wegen ihrer hervorragenden Konturenschärfe bekannt geworden sind.

Möglicherweise liegt die Diskrepanz wesentlich darin, daß die Schärfeeigenschaften dieser Filme mit *einer* k-Zahl nur ungenügend beschrieben werden können, daß hierfür der Anteil des ungestreuten Lichts in der Emulsionsschicht eine wesentliche Rolle spielt. Der von FRIESER [*5*] angegebene erweiterte Ansatz mit 2 k-Zahlen für einen ungestreuten Lichtanteil ϱ und den gestreuten Anteil $(1 - \varrho)$ könnte das Schärfeverhalten dieser Schichten vielleicht besser beschreiben. Dann verliert diese Kennzeichnung allerdings ihre Einfachheit und die Bestimmung wird zeitraubend und kompliziert.

Die hier mitgeteilten Übertragungsfaktoren sind in recht guter Übereinstimmung mit den von HENDEBERG und INGELSTAM [*13*] mitgeteilten Funktionen, bis auf die Abweichungen bei hohen Raumfrequenzen. Dort wurde ein Sinusraster mit Hilfe eines Objektivs aufbelichtet, d. h. die Belichtung erfolgte mit einem kegelförmigen Lichtbündel, dessen Spitze auf der Emulsionsoberfläche steht. Bei der vorliegenden Untersuchung wurde dagegen ein Rechteckraster mit parallelem Licht aufbelichtet. Abgesehen von der Differenz zwischen Sinus- und Rechteckraster ist zu erwarten, daß mit zunehmend diffuser Beleuchtung der Kontrast für hohe Raumfrequenzen abnimmt.

Um die Größe des Einflusses der Lichtbündelung zu zeigen, wurde das Originalraster mit vollständig diffusem Licht hinter einer Milchglasscheibe aufbelichtet (Abb. 9). Vergleicht man nun den Verlauf der Kontrastfunktion für Isopan FF von HENDEBERG und INGELSTAM mit den beiden Darstellungen der Abb. 9 für Belichtung mit parallelem und diffusem Licht, so liegt die erstere erwartungsgemäß zwischen den beiden Extremen. Der Öffnungswinkel der Belichtung dürfte also für die Unterschiede verantwortlich sein.

Da die photographische Praxis mit den verschiedensten relativen Öffnungswinkeln arbeitet, ist es wahrscheinlich zweckmäßig, die Kontrastfunktion für paralleles Licht zu ermitteln und gegebenenfalls den benutzten Öffnungswinkel besonders zu berücksichtigen.

Da in der hier gezeigten Darstellungsweise der Gradationsverlauf eine Rolle spielt, soll der prinzipielle Einfluß der Gradationssteilheit ebenfalls am Agfa Isopan FF gezeigt werden. Bei einer idealisierten linearen Gradationskurve sollten die Schwärzungsdifferenzen einfach linear mit der Gradationssteilheit varriieren. Bei Einbeziehung der flacheren Gradation an der Schwelle und Schulter ergibt sich ein Verlauf, wie er ebenfalls in die Abb. 9 eingezeichnet wurde. Zwei gleichbelichtete Raster wurden zu einem Gamma von 1,0 und 0,6 entwickelt. Der Kurvenzug des Übertragungsfaktors für Gamma 0,6 verläuft mit geringerem Kontrast fast parallel zur steileren Entwicklung.

Nachdem die über die Schwärzungskurve gerechneten Kontrastfaktoren (nach Frieser) als Kontrast*übertragungs*funktion benannt wurden, wird vorgeschlagen, die

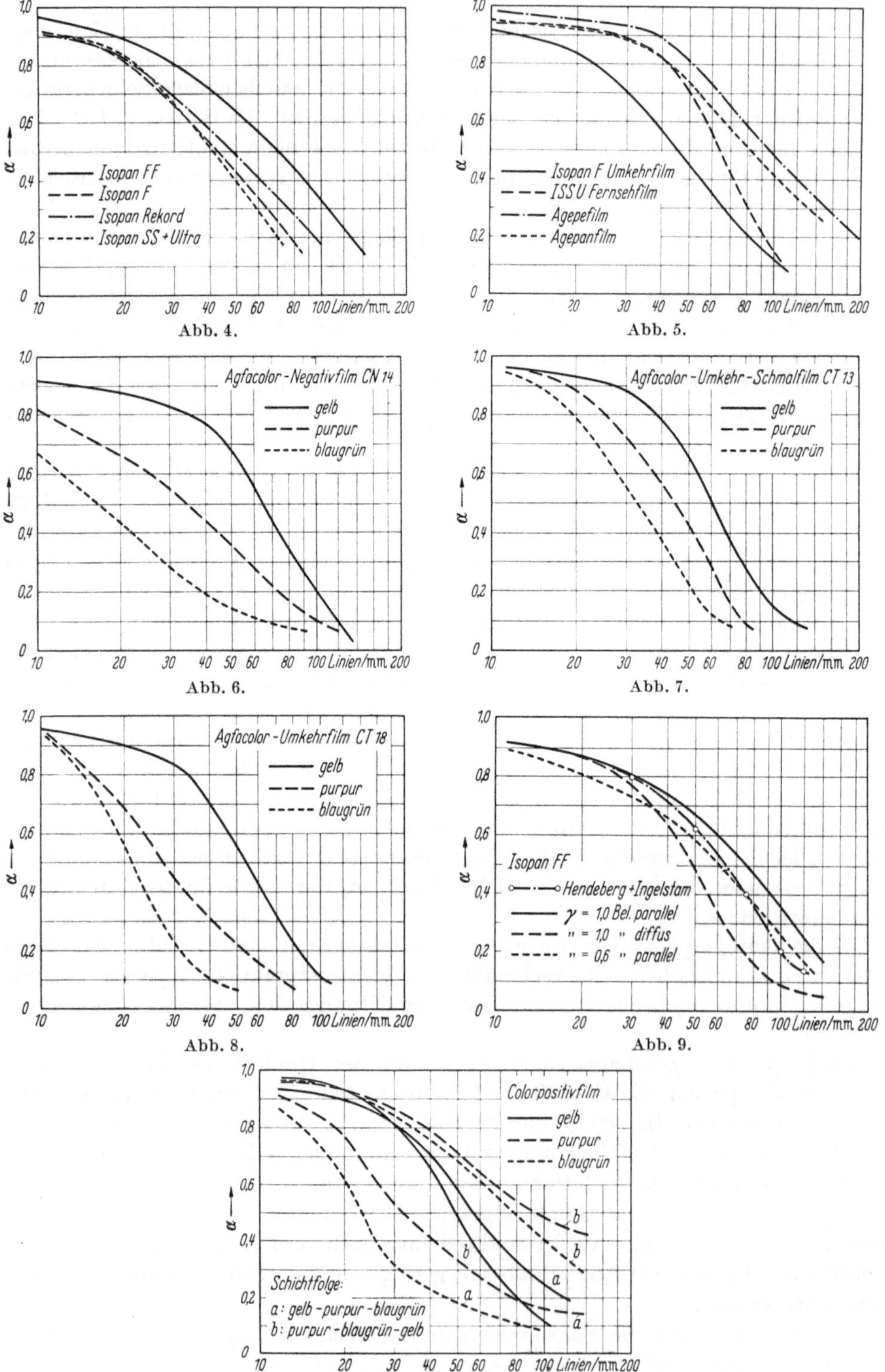

Abb. 4. Abb. 5. Abb. 6. Abb. 7. Abb. 8. Abb. 9. Abb. 10.

Abb. 4 — 10. Kontrastwiedergabefunktionen verschiedener Agfa-Filme.

hier dargestellten Werte als Kontrast*wiedergabe*funktion zu bezeichnen. Sie zeigen die Kontrastwerte bei verschiedenen Raumfrequenzen, die ein photographisches Material tatsächlich bei definierter Belichtung und Entwicklung wiedergibt.

In den Abb. 6 — 8 werden die Kontrastfaktoren der 3 Schichten von Farbfilmen wiedergegeben. Die starke Abnahme für die tiefer liegenden Schichten mit Grünempfindlichkeit (Purpurfarbstoff) und mit Rotempfindlichkeit (Blaugrünfarbstoff) ist evident. Diese Verminderung hat nichts mit einer Wellenlängenabhängigkeit der Lichtstreuung zu tun, sondern sie rührt daher, daß für die tiefer liegenden Schichten die darüberliegenden als Mattscheiben wirken. Auf der Oberfläche einer solchen tieferliegenden Schicht wird schon kein scharfes Bild mehr angeboten.

Besonders gut kann das an den Wiedergabefunktionen von 2 Colorpositivfilmen gezeigt werden, von welchen der eine (a) die Schichtenfolge von oben: Gelb-Purpur-Blaugrün und der andere (b) die Schichtenfolge Purpur-Blaugrün-Gelb besitzt. Die Wiedergabefunktion der obersten Schicht ist jeweils die Beste, während die mittlere und besonders die unterste Schicht erheblich ungünstiger abschneiden (Abb. 10). Die beiden Filme unterscheiden sich allerdings auch durch verschiedenartige Emulsionen und dadurch, daß der Film b Schirmfarbstoffe in den Schichten enthält. Dadurch ist die Informationsleistung des Films b derjenigen von a zusätzlich überlegen.

Literatur

[*1*] Higgins u. Jones; PSA-Journal, B, May 1953, S. 55 — 61.

[*2 a*] Higgins u. Wolfe; JOSA, **45**, 121 — 129 (1955).

[*2 b*] Higgins u. Wolfe; JSMPTE, **65**, Januar 1956, 26 — 30.

[*3*] Nitka, H. F.: Photographic Engineering, **7**, 190 — 195 (1956).

[*4*] Müller, R.: Photogr. Korrespondenz, **93**, 131 — 134 (1957).

[*5*] Frieser, H.: Photogr. Korrespondenz, **91**, 69 — 77, (1955), **92**, 51 — 60 (1956), **92**, 183 — 190 (1956).

[*6*] Rosenhauer, K. u. K. J. Rosenbruch: Optica Acta, **4**, 21 — 30 (1957).

[*7*] Rosenhauer, K. u. K. J. Rosenbruch: ZS f. Instrumentenkunde, **65**, 83 — 90 (1957).

[*8*] Ingelstam, E., E. Djurle u. B. S. Sjögren: JOSA **46**, 707 — 714 (1956).

[*9*] Ingelstam, E.: Photogr. Korr., III. Sonderheft, 13 — 16 (1959).

[*10*] Maréchal: Photogr. Korr., Sonderheft III, 18.

[*11*] Murata u. Matsui: Angew. Phys. (Japan) **25**, 456 — 462, (1956) **11.**

[*12*] Sayanagi: Angew. Phys. (Japan) **25**, **443** — 449 und **449** — 455 (1956) **11.**

[*13*] Hendeberg u. Ingelstam: Photogr. Korresp. III. Sonderheft, 26 — 32 (1959).

Zur Verwendung des Farbfilms für physikalische Messungen

Von G. Heyl

Einleitung

Der Schwarzweißfilm ist im Laufe der Zeit für zahlreiche wissenschaftliche Zwecke verwendet worden. Das Ziel ist hierbei häufig nicht die naturgetreue Abbildung eines Gegenstandes, sondern die Messung einer physikalischen Größe. Durch Messung der Strahlungsmenge (photographische Photometrie) können andere Größen bestimmt werden, die mit der Strahlungsmenge in einem bekannten Zusammenhang stehen. Der eindimensionalen Grauskala entsprechend gestattet der Schwarzweißfilm nur eindimensionale Größen eindeutig und vollständig zu registrieren.

Werden physikalische Größen durch spektrale Energieverteilungen (Farben) gekennzeichnet, dann erweitert der Dreischichten-Farbfilm die Möglichkeit der Bestimmung auf dreidimensionale Mannigfaltigkeiten. Von den Verfahren, die die geforderte Kennzeichnung vermitteln, seien die farbigen Schlieren- und Phasenkontrastverfahren [*1*] besonders hervorgehoben. Für den Farbfilm mit seinem grundsätzlich größeren Informationsinhalt eröffnet sich in diesem Zusammenhang ein weites Anwendungsfeld.

Im folgenden wird am Beispiel des zweidimensionalen Farbschlierenverfahrens nach Wolter [*2*] dargestellt, ob und mit welcher Genauigkeit der Farbfilm für Meßzwecke verwendbar ist [*3*].

1. Das zweidimensionale Farbschlierenverfahren

Das Prinzip des Verfahrens, das mannigfach abgewandelt werden kann, zeigt Abb. 1. Eine gleichmäßig ausgeleuchtete Kreisblende D befindet sich in der Brennebene F_C des Kondensors C. Das Objektiv O bildet das zu untersuchende Objekt S auf die Filmebene S′ und die Blende D in die Brennebene F'_0 ab. Dort befindet sich eine Farbschlierenplatte P, die wir uns zunächst durch eine Farbaufnahme wie in

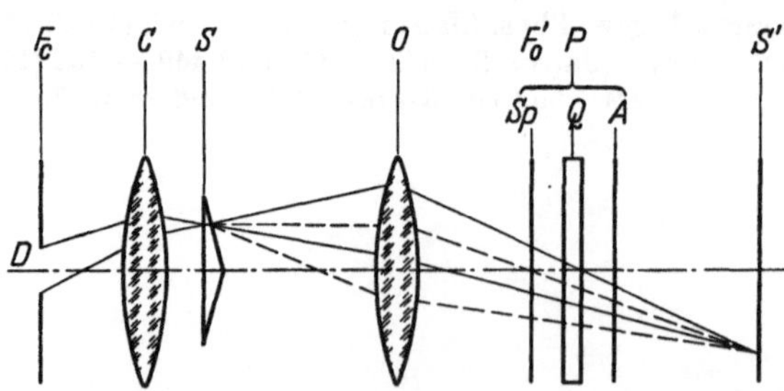

Abb. 1. Zweidimensionales Farbschlierenverfahren (Nach Wolter. Ann. Physik (6) 8, 3 (1950)). F_C Brennebene des Kondensors C, D gleichmäßig ausgeleuchtete Kreisblende als Lichtquelle, S Schlierenobjekt, O Objektiv, F'_0 Brennebene des Objektivs, P Farbschlierenplatte bestehend aus Sektorplatte Sp, Quarzplatte Q und Analysator A, S' Bildebene.

Abb. 8 oder 9 verwirklicht denken können. Wird die Kreisblende D konzentrisch auf die Platte P abgebildet, so erscheint der Bildpunkt in der Mischfarbe weiß. Eine Schliere im Objekt lenkt das abbildende Bündel ab und verschiebt das zugehörige Blendenbild. Der Bildpunkt wird farbig. Der Farbton wird durch die Richtung, die Sättigung durch den Betrag der Ablenkung bestimmt.

Die Gesamtheit der möglichen Ablenkungen bildet eine zweidimensionale Menge, deren eindeutige, vollständige — und überdies sehr anschauliche — Erfassung in einer einzigen Aufnahme nur in einer Farbaufnahme oder bei zeitlichen Änderungen mit dem Farbfilm gelingt.

Als Beispiel zeigt Abb. 7 auf Tafel 1 einen Schmelzfehler in einer Glasplatte, aufgenommen auf Negativ-Planfilm[1]. Die verwendete Schlierenplatte wird im nächsten Abschnitt beschrieben.

2. Normalfarbensystem und Basis

Zur quantitativen Auswertung wird beispielsweise mit dem Auge oder dem Farbfilm Gleichheit zwischen den Farben des Objektes und einer Normalschliere festgestellt. Der Farbfilm bewertet dabei eine Farbe $f(\nu)$ ähnlich wie das Auge nach drei Basisfunktionen $b_k(\nu)$ durch die Komponenten

$$x_k = \int b_k(\nu)\, f(\nu)\, d\nu; \quad k = 1, 2, 3.$$

Unter „Farbe" wird hierbei nach WOLTER [4] eine Funktion $f(\nu) \geqq 0$ der Grundvariablen ν verstanden, die ihrerseits eine beliebige, monotone, stetige Funktion der Wellenlänge λ ist, beispielsweise die Frequenz.

Bei einer meßtechnischen Verwendung des Farbfilms muß zur Vermeidung grober Fehler ausgeschlossen werden, daß zwei durch verschiedene Mischungen entstandene Farben äquivalent („bedingt gleich") in Bezug auf den verwendeten Farbfilm sind. Es dürfen nur Farben einer bestimmten Menge zugelassen werden, die im wesentlichen dadurch gekennzeichnet ist, daß jede additive Mischung von Farben dieser Menge einer Farbe der Menge nicht nur äquivalent für Auge oder Farbfilm, sondern streng gleich ist.

Die Mengen, die dieser Bedingung genügen, heißen Normalfarben [4]. Jede Farbe eines solchen, zu einer bestimmten Grundvariablen ν und einer Periodenlänge $1/a$ gehörenden Systems kann in der Form geschrieben werden

$$f(\nu) = 2I\left\{\frac{1-B}{2} + B\cos^2(\pi a(\nu - \mu))\right\}, \quad 0 \leqq B \leqq 1,$$

wobei I der Mittelwert, B die Sättigung und μ der Farbton einer Farbe dieser dreidimensionalen Menge heißen. Die normierten Komponenten $x'_k = x_k/\Sigma\, x_k$ gleichgesättigter Normalfarben liegen in einer dem Farbendreieck der Farbmetrik entsprechenden Darstellung auf einer Ellipse.

Normalfarben sind beispielsweise die schon seit langem bekannten, auf der Rotationsdispersion beruhenden Quarzfarben. Man erhält sie, indem man ein Lichtbündel durch eine senkrecht zur optischen Achse geschnittene Quarzplatte schickt, die sich zwischen zwei Polarisatoren befindet. Eine kontinuierliche Schlieren- und Normal-

[1] Als Versuchsanordnung diente nach entsprechender Änderung die von W. KRAUS in Photogr. u. Wiss. 3, 3, (1954) beschriebene. Ein Vergleich mit den Abb. 6 und 7 dieser Arbeit läßt den Unterschied zwischen ein- und zweidimensionalen Farbschlierenaufnahmen erkennen.

farbentestplatte kann nach Abb. 2 so hergestellt werden, daß eine halbkreisförmige Polarisationsfolie zu einem Kegel mit einem Öffnungswinkel von 60° gebogen wird. Eine derartige Platte, die auch für die Aufnahme 7 verwendet wurde, erfüllt wegen technischer Schwierigkeiten bei der Herstellung nicht die für eine quantitative Auswertung zu stellenden Anforderungen.

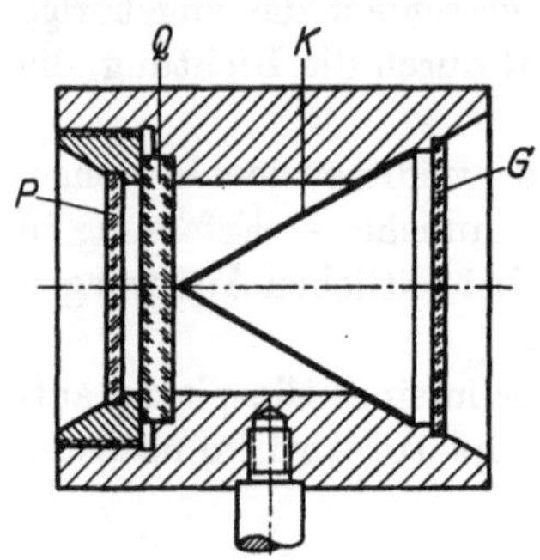

Abb. 2. Kontinuierliche Farbschlierenplatte *P* Polarisator, *Q* Quarzplatte, *K* Kegel aus Polarisationsfolie, *G* Glasplatte

Diese lassen sich mit einer Farbsektorplatte befriedigen, bei der in Anlehnung an eine von U. Schmidt [*5*] beschriebene Methode 12 Sektoren mit passend gewählter Polarisationsrichtung zwischen Glasplatten verkittet wurden. Eine Aufnahme hiervon[1] auf Positivfilm *S* ist Abb. 8 auf Tafel 2. Abb. 9 ist die gleiche Farbsektorplatte unter gleichen Bedingungen, jedoch auf Umkehr-Kunstlichtfilm CK 17 aufgenommen (Quarzdicke 6 mm). Abb. 10 zeigt im Vergleich dazu den Normalfarbenkreis auf Positivfilm bei 4 mm dickem Quarz, der überdies den entgegengesetzten Drehsinn hatte.

Ungesättigte Normalfarben lassen sich durch Mischung komplementärer Normalfarben oder mit elliptisch polarisiertem Licht darstellen [*4*]. Abb. 11 zeigt den zu Abb. 9 gehörenden Farbenkreis der Sättigung Null, den man erhält, wenn man zirkular anstatt linear polarisiertes Licht durch die Kombination Quarz-Sektorplatte hindurchschickt (vgl. Abb. 4). Die gesättigten Normalfarben des Quarzsystems bilden für das Auge (IBK-System) einen ausreichend gesättigten Farbenkreis. Die Kreise für 4 und 6 mm dicken Quarz und den Spektralfarbenzug bei Normalbeleuchtung *E* zeigt Abb. 3 im System von Breckenridge und Schaub [*6*], das in grober Näherung empfindungsgemäß gleichabständig ist.

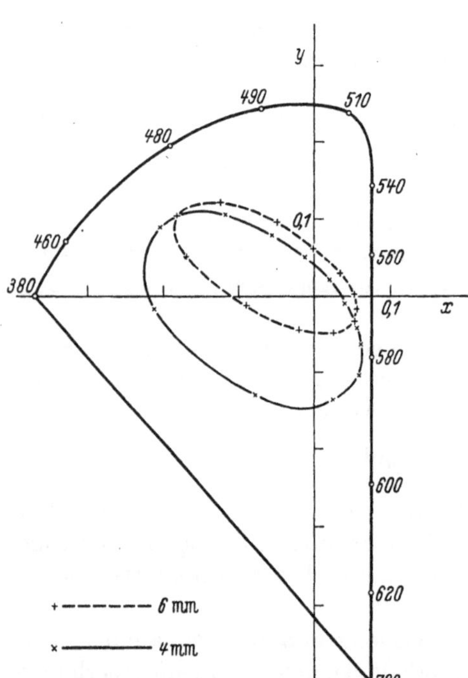

Abb. 3. Spektralfarbenzug und Normalfarbenkreise bei 4 und 6 mm Quarzdicke für das Auge als Basis (System von Breckenridge und Schaub, Normalbeleuchtung *E*).

3. Der Begriff der ausreichenden Basis

Für die meßtechnische Anwendung muß noch sichergestellt werden, daß nicht zwei verschiedene Normalfarben äquivalent in Bezug auf den verwendete Farbfim als Basis sind. Dies führt zu bestimmten, allerdings nur wenig einschränkenden Bedingungen für die Basis. Es gilt der Satz [*7*]:

[1] Für die Entwicklung der verwendeten Filme danke ich Herrn Dr. W. Kraus, Ing. Abt. AP der Farbenfabriken Bayer AG, Leverkusen.

Eine Basis $b_k(\nu)$ ist zur eindeutigen Bestimmung der Normalfarbendaten I, B, μ ausreichend, dann und nur dann, wenn die drei charakteristischen Zahlen

$$z_k = 1/q_k \int b_k(\nu)\, e^{2\pi i a \nu}\, d\nu \quad \text{mit} \quad q_k = \int b_k(\nu)\, d\nu \tag{1.1}$$

in der GAUSSschen Zahlenebene eine von Null verschiedene Fläche aufspannen. Die Determinante D — das Zweifache dieser Fläche —

$$D = \begin{vmatrix} 1 & \Re e\, z_1 & \Im m\, z_1 \\ 1 & \Re e\, z_2 & \Im m\, z_2 \\ 1 & \Re e\, z_3 & \Im m\, z_3 \end{vmatrix} \tag{1.2}$$

ist zugleich ein Maß für die Güte der Basis.

Sind für eine Basis die Zahlen z_k und die Normierungsintegrale q_k bekannt, dann können für jede Normalfarbe die Komponenten oder auch umgekehrt aus den Komponenten die Normalfarbendaten berechnet werden.

Die Kennzahlen z_k, q_k können nach Gl. (1.1) aus den Basisfunktionen berechnet werden. Dieser umständliche Weg braucht allerdings in der Praxis nicht beschritten zu werden, da die Bestimmung auch durch Messungen an Normalfarben möglich ist. Es seien ${}_e x_k$ ($l, k = 1, 2, 3$), die Komponenten eines Tripels gleichabständiger, gesättigter Normalfarben, dann gilt

$$I \cdot q_k = 1/3\, ({}_1x_k + {}_2x_k + {}_3x_k), \tag{2.1}$$

$$z_k = i/\Delta_k\, I^2\, \{({}_2x_k - {}_3x_k)\, e^{2\pi i a \mu_1} + ({}_3x_k - {}_1x_k)\, e^{2\pi i a \mu_2} + ({}_1x_k - {}_2x_k)\, e^{2\pi i a \mu_3}\}, \tag{2.2}$$

$$\text{mit } \Delta_k = I^2\, ({}_1x_k + {}_2x_k + {}_3x_k) \sin 120^\circ. \tag{2.3}$$

4. Das Komponentenverfahren mit dem Farbfilm als Basis

Mit der Verwendung von Normalfarben und einer ausreichenden Basis zur Registrierung sind die Voraussetzungen für eine quantitative Bestimmung physikalischer Größen mit Hilfe der Farben erfüllt. Die Auswertung selbst kann durch Vergleich mit einer Normalschliere oder mit einer Normalfarbentestplatte erfolgen. Nach der ersten Methode hat U. SCHMIDT [*5*] die Temperaturverteilung um ein geheiztes Rohr gemessen.

Will man einen Überblick über die Eignung der verfügbaren Filmmaterialien und über die Meßgenauigkeit erhalten, dann empfiehlt sich das Komponentenverfahren. Bei ihm werden aus Aufnahmen der Normalfarben nach dem vorigen Abschnitt die Kennzahlen z_k, q_k bestimmt und mit ihrer Hilfe aus Messungen der Komponenten in jedem interessierenden Bildpunkt die Normalfarbendaten[1].

Der Weg zur Bestimmung der Komponenten aus den allein unmittelbar meßbaren Gesamtdichten ist durch die Theorie der subtraktiven Farbenphotographie [*8*] und die Sensitometrie [*9*] vorgeschrieben. Den Komponenten x_k entsprechen beim Farbfilm die relativen aktinischen Belichtungen der k-ten Schicht. Die Gesamtdichten D_i werden bei drei Wellenlängen λ_i gemessen. Im vorliegenden Fall geschah dies in einem 3-Filter-Densitometer mit Interferenzfiltern (SCHOTT, Typ PIL) für die Wellenlängen

[1] Wie aus den Normalfarbendaten die Ablenkungen berechnet werden, ist aus [*5*] für eine kontinuierliche und 18-teilige Schlierenplatte, und aus [*3*] für eine 12-teilige Sektorplatte zu entnehmen.

436, 546 und 644 mμ. Aus dem Zusammenhang zwischen den meßbaren Gesamtdichten D_i und den Einzelschichtdichten d_k

$$D_i = \sum_k d_k \varepsilon_{ik}; \quad i = 1, 2, 3; \quad k = 1, 2, 3, \tag{3}$$

können also bei bekannter Extinktionsmatrix $\mathfrak{E} = (\varepsilon_{ik})$ und bekannten Farbdichtekurven $d_k = d_k(x_k)$ die Komponenten durch Auflösung des linearen Gleichungssystems (3) bestimmt werden.

Bei der meßtechnischen Verwendung des Farbfilms ist es unbedingt erforderlich, daß alle benötigten Daten unmittelbar am Aufnahmematerial gemessen werden können. Fremde Angaben — auch solche des Herstellers — sind teils unzugänglich, teils wegen der Abhängigkeit von Lagerzeit und -bedingungen, Entwicklungs- und Meßmethoden, Energieverteilung der Beleuchtung, Emulsionsnummer und Änderung bei der Filmherstellung Quelle zusätzlicher Fehler.

Die Extinktionsmatrix gewinnt man einfach durch Belichtung des Filmes hinter Interferenzfiltern, wobei unmittelbar vor die Filmebene ein Graukeil gelegt wird. Die Dichte der Graukeilstufen braucht weder bekannt noch gleichabständig zu sein. Nicht einmal Neutralität wird von dem Graukeil verlangt. Solange bei der Belichtung der Schwellenwert nur für eine Schicht überschritten wird, besteht Proportionalität zwischen Haupt- und Nebenfarbdichten [*10*]. Die Extinktionsmatrizen der beiden näher untersuchten Farbfilmtypen der Agfa seien angegeben:

Positivfilm S: $(\varepsilon_{ik}) = \begin{pmatrix} 1 & 0{,}159 & 0{,}006 \\ 0{,}198 & 1 & 0{,}095 \\ 0{,}057 & 0{,}365 & 1 \end{pmatrix}$

Blaugrün Purpur Gelb

Negativfilm CN 17: $(\varepsilon_{ik}) = \begin{pmatrix} 1 & 0{,}18 & 0{,}01 \\ 0{,}12 & 1 & 0{,}10 \\ 0{,}18 & 0{,}37 & 1 \end{pmatrix}$

Zur Bestimmung der Farbdichtekurven wird am zweckmäßigsten unmittelbar nach den Aufnahmen der Normalfarbentestplatte die Quarzplatte entfernt. Man erhält so 12 sektorförmige Graukeilstufen, die allerdings nicht gleichabständig sind. Der besondere Vorteil liegt darin, daß auf diese Weise bei den Graukeil-, Testplatten- und Objektaufnahmen das Licht auf genau gleiche Weise gefiltert wird.

Durch Auswertung einer Testplattenaufnahme nach den Gln. (2) gewinnt man 4 Wertetripel für die z_k und q_k. Die z_k werden durch Drehung in der Zahlenebene ineinander übergeführt, die q_k zweckmäßig so normiert, daß $\Sigma q_k = 1$ wird.

5. Der Farbfilm als Basis für Normalfarben

Die Güte einer Basis läßt sich beurteilen durch die Genauigkeit in der Bestimmung der Kennzahlen z_k und q_k, durch die Größe des von den z_k in der Zahlenebene aufgespannten Dreiecks oder durch die Darstellung des Normalfarbenkreises im Farbendreieck. Zum Vergleich wird im folgenden als Basis das Auge (IBK-System), ein Selenphotoelement mit drei Filtern (Schott RG 2, VG 9, BG 12) und die theoretisch optimale „Dreipunktbasis“ [*6*] herangezogen. Bei letzterer wird die Normalfarbe an drei, im Grundintervall gleichabständig verteilten Wellenlängen gemessen. Die charakteristischen Zahlen spannen in diesem Fall das dem Einheitskreis einbeschriebene gleichseitige Dreieck auf, die gesättigten Normalfarben liegen auf dem dem Farbendreieck einbeschriebenen Kreis. Die Tabelle gibt einen Überblick über die Größe der Determinanten, der Normierungsintegrale und der Fehler, mit der die charakteristischen Zahlen bestimmt werden konnten.

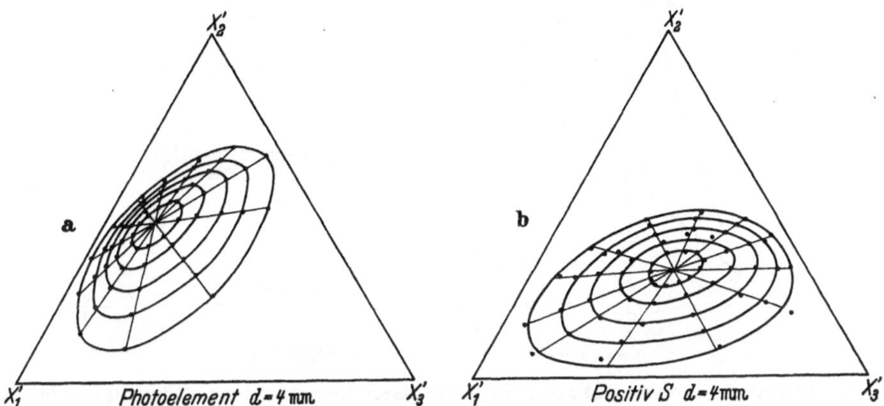

Abb. 4. Vollständige Farbtafeln für a) eine Photoelement-Basis und b) den Positivfilm (Quarzdicke 4 mm, Verteilungstemperatur 2850 °K), Herstellung des elliptisch polarisierten Lichtes mit einem FRESNELschen Parallelepiped als achromatischer $\gamma/4$-Platte.

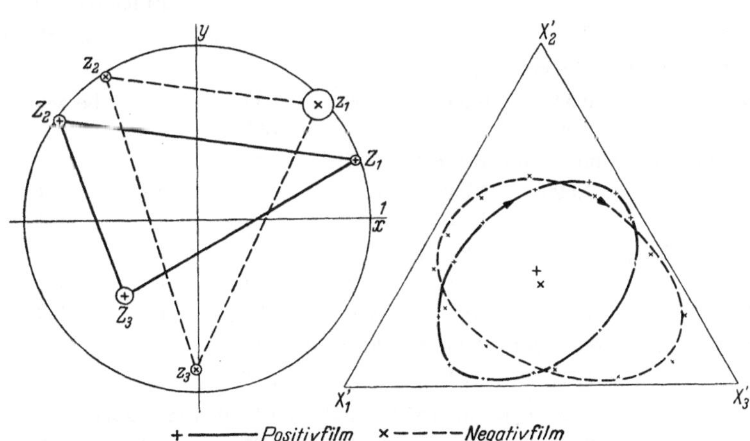

Abb. 5. Charakteristische Dreiecke und gesättigte Normalfarbenkreise bei 6 mm dickem Quarz für Agfacolor Positiv- und Negativfilm.

In Abb. 4 sind die vollständigen Normalfarbentafeln in Sättigungsstufen von 0,2 für den Positivfilm und die Photoelementbasis dargestellt. Die Normalfarben geringerer Sättigung wurden mit elliptisch polarisiertem Licht erzeugt. Ein FRESNELsches Parallelepiped [*11*] diente hierbei als achromatische $\lambda/4$-Platte. Die charakteristischen Dreiecke und die Normalfarbenkreise für beide Filmtypen bei 4 und 6 mm dickem Quarz sind in Abb. 5 und 6 gekennzeichnet. Die Kreise um die z_k geben jeweils den Betrag der Fehler an.

Aus der Tabelle und den Abbildungen ist zu ersehen, daß beide Farbfilme eine relativ große charakteristische Determinante besitzen, daß für den Positivfilm die z_k genauer gemessen werden können als für den Negativfilm und daß der 6 mm dicke

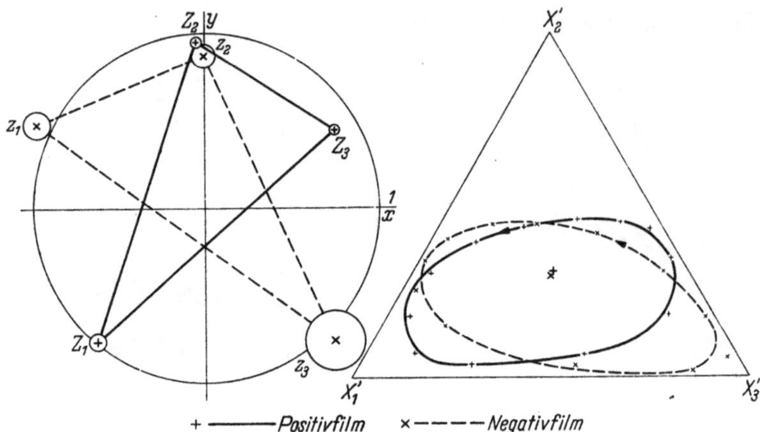

Abb. 6. Charakteristische Dreiecke und gesättigte Normalfarbenkreise bei 4 mm dickem Quarz für Agfacolor Positiv- und Negativfilm.

Zum Vergleich verschiedener Basissysteme

Basis	D	q_1	q_2	q_3	$\overline{\lvert\Delta z_1\rvert}$	$\overline{\lvert\Delta z_2\rvert}$	$\overline{\lvert\Delta z_3\rvert}$
					in Einheiten der 2. Dezimalen		
Dreipunktbasis:	2,60	1	1	1		berechnet	
IBK-Basis (energiegleiches Spektrum):							
6 mm-Quarz	0,34	0,93	0,96	1,11		berechnet	
4 mm-Quarz	0,40	1,02	0,98	1,00			
Photoelementbasis (Verteilungstemperatur 2850 °K):							
6 mm-Quarz	1,529	1,333	1,300	0,365	0,4	0,4	0,6
4 mm-Quarz	1,728	1,249	1,379	0,372	0,2	0,4	0,5
Positiv-Film (Verteilungstemperatur 2850 °K)							
6 mm-Quarz	1,67	1,02	1,04	0,95	2,4	3,4	4,5
4 mm-Quarz	1,61	1,11	0,96	0,92	4,4	3,2	3,3
Negativ-Film (Verteilungstemperatur 2850 °K, Filter BG 34)							
4 mm-Quarz	1,57	1,10	0,73	1,17	16	10	8
(Verteilungstemperatur 2850 °K, Filter BG 34 und BG 29)							
6 mm-Quarz	2,12	1,10	0,93	0,97	8,6	2,0	3,1
4 mm-Qurz	1,94	1,07	0,81	1,13	8,4	7,1	17,4
(Xenonlampe XBO 162)							
6 mm-Quarz	2,18	1,04	0,72	1,25	5,3	6,2	3,6
4 mm-Quarz	1,60	1,06	0,58	1,36	8,3	8,2	10,9

Quarz dem 4 mm dicken vorzuziehen ist. Die geeignete Energieverteilung (Glühlicht für den Positivfilm, Xenonlicht für den Negativfilm) ist an den Normierungsintegralen zu erkennen, die möglichst gleich groß sein sollen. Aufgrund dieses Vergleichs und der gesammelten Erfahrungen sind — in der Reihenfolge der Wichtigkeit — folgende Eigenschaften eines für Meßzwecke geeigneten Films wichtig:

Tafeln 1 und 2

mit den Abbildungen 7 bis 13

Tafel 1

Abb. 7. Schmelzfehler in einer Glasplatte.
Zweidimensionale Farbschlierenaufnahme.

Abb. 8. Gesättigter Normalfarbenkreis des Quarzsystems bei 6 mm Dicke, aufgenommen auf Positivfilm S (Verteilungstemperatur 2850 °K).

Abb. 9. Gesättigter Normalfarbenkreis des Quarzsystems bis 6 mm Dicke, aufgenommen auf Kunstlichtumkehrfilm CK 17 (Verteilungstemperatur 2850 °K).

Abb. 10. Gesättigter Normalfarbenkreis des Quarzsystems bei 4 mm Dicke, aufgenommen auf Positivfilm S (Drehrichtung des Quarzes entgegengesetzt wie Abb. 8, Verteilungstemperatur 2850 °K).

Abb. 11. Normalfarbenkreis der Sättigung Null bei 6 mm Quarzdicke, aufgenommen auf Kunstlicht-Umkehrfilm CK 17 (Verteilungstemperatur 2850 °K).

Abb. 12

Abb. 13

Abb. 12 und 13. Zweidimensionale Farbschlierenaufnahmen eines FRESNELschen Biprismas. Die Polarisationsrichtungen des Analysators unterscheiden sich bei den beiden Aufnahmen um 90°.

(Die Abbildungen 8 bis 13 sind 1,7-fache Vergrößerungen von Kleinbildaufnahmen)

Tafel 2

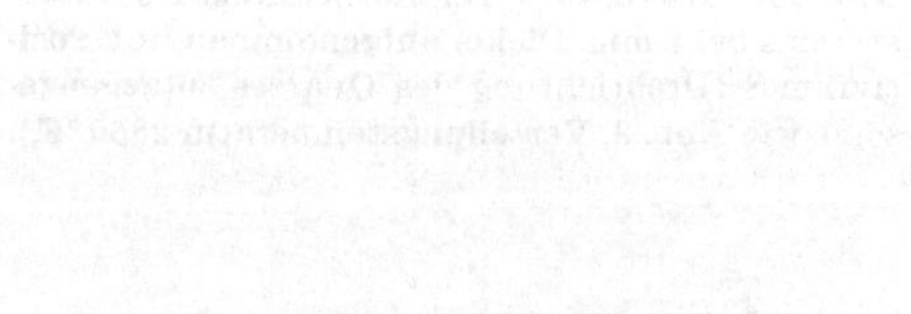

1. Schmale, voneinander getrennte, im Grundintervall gleichabständig verteilte Empfindlichkeitsbereiche,
2. geringe gegenseitige Beeinflussung der Schichten, konstanter Schleier,
3. große, beeinflußbare Steilheit der Farbdichtekurven,
4. getrennte Absorptionsbereiche der Farbstoffe,
5. Empfindlichkeit, Belichtungsspielraum.

Der Negativfilm ist zwar in den letzten beiden Punkten überlegen, jedoch überwiegen die Vorzüge des Positivfilms insbesondere hinsichtlich der Farbdichtekurven und des Schleiers, so daß zur Zeit der Positivfilm die beste Eignung für Meßzwecke besitzt[1].

Die Anforderungen an einen Film für Meßzwecke sind anders, keineswegs in jeder Beziehung höher als für bildmäßige Zwecke. Unterschiede in der Empfindlichkeit oder dem Verlauf der Farbdichtekurven der drei Schichten spielen eine untergeordnete Rolle. Das Problem der natürlichen Farbwiedergabe ist nicht vorhanden. Aus allem folgt, daß der Umkehrfilm für derartige Meßzwecke ungeeignet ist, ganz abgesehen von den Schwierigkeiten, die der Umkehrprozeß für die Messung der charakteristischen Zahlen mit sich bringt. Bewährt hat sich dagegen der Umkehrfilm bei der anschaulichen Registrierung schlierenoptisch sichtbar gemachter Vorgänge.

Neben den hier besonders erwähnten Gesichtspunkten sind natürlich noch zahlreiche andere wichtig, wie sie schon stets zur Auswahl des geeigneten Materials berücksichtigt wurden (Kontrastübertragungsfunktion, Maßhaltigkeit, Verarbeitungsbedingungen usw.)

6. Ein Anwendungsbeispiel

Abschließend soll an einem einfachen, praktisch durchgeführten Beispiel gezeigt werden, welche Meßgenauigkeit das Komponentenverfahren mit dem Positivfilm als Basis zu erreichen gestattet. Es wurde ein FRESNELsches Biprisma ausgemessen, dessen Dachflächen nach Angabe des Herstellers eine Steigung von 1 : 100 hatten.

Abb. 12 und 13, Tafel 2, sind Aufnahmen des Biprismas einschließlich eines schlierenfreien Objektfeldes (Graufeld) in einer Schlierenanordnung nach Abb. 1 auf Positivfilm, wobei die Analysatorstellungen sich um 90° unterschieden. Die Drehung des Analysators bewirkt nicht nur die zu erwartende Vertauschung der Farben der Prismenfläche, sondern zusätzlich einen Farbton- und Sättigungsunterschied. Daraus folgt sehr anschaulich, daß die Ablenkungen durch die Prismenflächen nicht unter 180° gegeneinander erfolgen und auch verschieden groß sind.

Nach der Messung betragen die beiden Prismenwinkel im Bogenmaß $(0{,}90 \pm 0{,}05) \cdot 10^{-2}$ und $(1{,}14 \pm 0{,}03) \cdot 10^{-2}$. Die Ablenkrichtungen bildeten einen Winkel von $148° \pm 3°$ gegeneinander, d. h. der First des Prismas war gegen die Grundfläche geneigt. (Mittelwerte und Fehler aus insgesamt 6 Einzelmessungen bei 3 verschiedenen Polarisatorstellungen und zwei verschiedenen Belichtungszeiten.)

Eine Kontrollmessung nach einem optischen Verfahren lieferte die Werte

$$(0{,}950 \pm 0{,}005) \cdot 10^{-2}$$
$$(1{,}109 \pm 0{,}005) \cdot 10^{-2}$$
$$152{,}0° \pm 0{,}1°$$

[1] Eine genauere Diskussion der Fehlerquellen ist in [*3*] durchgeführt.

Bei der Messung hatte das Blendenbild auf der Schlierenplatte einen Durchmesser von nur 1,67 mm, so daß die Meßgenauigkeit sich durch die Präzision in der Herstellung dieser Platte noch vergrößern läßt. Eine Vergrößerung der Sektorenzahl würde weiterhin die Farbdichtekurven und damit die Komponenten der Normalfarben genauer zu messen gestatten.

Bereits mit dem verfügbaren, handelsüblichen Farbfilmmaterial, das ohne besondere Maßnahmen allein den gegebenen Verarbeitungsvorschriften entsprechend behandelt wurde, ist eine Meßgenauigkeit erreichbar, die der photographischen Photometrie mit Schwarzweißfilm etwa entspricht. Obgleich die Eigenschaften des Farbfilms hier speziell für das zweidimensionale Farbschlierenverfahren und damit allgemeiner für farbige Schlieren- und Phasenkontrastverfahren untersucht wurden, können die Ergebnisse weitgehende Gültigkeit für andere meßtechnische Anwendungen beanspruchen.

Literatur

[1] WOLTER, H.: Handb. Phys. Bd. XXIV (1956) S. 555.
[2] WOLTER, H.: Ann. Physik (6) 8, 1 (1950).
[3] Vgl. die Dissertation des Verfassers, die auszugsweise veröffentlicht ist in Ann. Physik (7) 7, 312 (1961).
[4] WOLTER, H.: Ann. Physik (6) 8, 11 (1950).
[5] SCHMIDT, U.: Ann. Physik (7) 1, 203 (1958).
[6] BRECKENRIDGE, F. C., W. R. SCHAUB: I. Opt. Soc. Amer. 37, 226 (1937); 39, 370 (1939).
[7] WOLTER, H.: Ann. Physik (6) 17, 329 (1956).
[8] FRIESER, H. u. R. REUTHER: Zschr. techn. Phys. 19, 77 (1938).
[9] BEHRENDT, W.: Wiss. Veröffentl. Agfa Bd. VII (1948) S. 8.
[10] Die Gültigkeit des BEERschen Gesetzes wurde bereits nachgewiesen von L. FRIEDRICH, Wiss. Veröffentl. Agfa Bd. VIII (1951) S. 111.
[11] Handb. Phys., Bd. XXIV (1956) S. 396.

Ein einfaches Gerät zur Messung der vertikalen Quellung an photographischen Schichten

Von F. Moll

Quellmessungen an photographischen Schichten lassen sich in verschiedener Weise durchführen. Am einfachsten ist die Bestimmung der Wasseraufnahme. Hierzu wird ein Filmstück einmal im trockenen Zustand und einmal im gequollenen Zustand gewogen. Aus der Differenz ergibt sich die Wasseraufnahme, welche bei bekannter Gußdicke ein direktes Maß für die Quellung ist. Genauer ist die Bestimmung der Schichtdickenzunahme unter dem Meßmikroskop bei Anwesenheit von Wasser oder wäßrigen Lösungen.

Oftmals ist es jedoch wünschenswert, die zeitliche Abhängigkeit der Quellung oder die Veränderung der Schichtdicke während eines photographischen Verarbeitungsprozesses in den verschiedensten Bädern zu bestimmen. Hierzu sind die angegebenen Verfahren zu umständlich und zeitraubend.

Lewis und Soper [1] haben vor einiger Zeit einen Apparat angegeben, mit dessen Hilfe es möglich ist, Quellmessungen mit den verschiedensten Lösungen kontinuierlich durchzuführen. Der Apparat beruht auf dem Prinzip des Parallelplattenviskosimeter, wobei die Quellflüssigkeit aus einer Kapillare zwischen zwei Platten austritt und wovon die eine Platte durch die zu quellende Schicht gebildet wird. Bei konstanter Ausflußgeschwindigkeit muß der Abstand der beiden Platten in dem Maße nachreguliert werden, wie die Schicht quillt. Diese Abstandsänderung kann an einer Mikrometerschraube abgelesen werden und gibt die Quellung an. Eine Abwandlung dieses Apparates wurde von Chini [2] beschrieben.

Die Herstellung eines solchen Apparates bedingt jedoch einen erheblichen Aufwand und ist sehr kostspielig. Die Suche nach einem einfacheren und billigeren Gerät zur Quellmessung schien uns angebracht und war bestimmt durch die Forderung, daß das Messen der Schichten kontaktlos erfolgen muß, da gequollene Gelatineschichten gegen Druck sehr empfindlich sind. Ein geeignetes Gerät dieser Art bot sich in dem Düsenmeßbügel der Firma Solex an [3]. Hierbei wird das zu messende Gut zwischen zwei Meßdüsen gebracht, aus denen Luft gleichbleibenden Druckes von oben und unten gleichzeitig gegen das zu messende Filmstück geblasen wird. An der Meßstelle befindet sich das Gut frei schwebend zwischen den Düsen. Jede Veränderung der Schichtdicke bewirkt eine Widerstandsänderung gegenüber der ausströmenden Luft und wird auf ein Anzeigegerät übertragen, welches bei der hier verwendeten Übersetzung eine Meßgenauigkeit von $\pm$ 0,5 μ abzulesen gestattet. Die Anzeigeskala umfaßt 50 μ. Bei stark quellenden Schichten kann der Meßbereich durch Verstellen einer Mikrometerschraube beliebig vergrößert werden.

Die Ausführung der Messung geschieht folgendermaßen: Die zu untersuchende trockene Halogensilber-Gelatineschicht, welche auf Glas oder einer sonstigen nichtquellenden Unterlage vergossen ist, wird zwischen die Meßdüsen gebracht und der Ausschlag am Anzeigegerät mittels der Mikrometerschraube auf Null einreguliert. Die Probe wird herausgenommen, was sich leicht durch eine Taste bewerkstelligen läßt, welche die obere Düse anhebt, und in die entsprechende, richtig temperierte Lösung eingetaucht. Die Zeit wird gemessen, und nach z. B. 1 Minute wird die Probe herausgenommen, das anhaftende Wasser kurz abgestreift, wiederum zwischen die Meßdüsen gebracht und die Zunahme der Schichtdicke am Anzeigegerät abgelesen. Da der gesamte Meßvorgang nur wenige Sekunden in Anspruch nimmt, kann diese Zeit in der Gesamtquellzeit vernachlässigt werden. Wichtig ist, daß die aus den Meßdüsen austretende Luft mit Wasserdampf gesättigt ist, damit das Austrocknen der Schicht vermieden wird. Dies läßt sich erreichen, indem die zugeführte Luft vor Eintritt in das Gerät ducrh Waschflaschen mit Wasser geleitet wird.

Zur Berechnung des Quellfaktors, *i.e.* der Quotient aus der Dicke der gequollenen Schicht und der Dicke der trockenen Schicht, wird eine gesonderte Probe mit trockener Schicht zwischen die Meßdüsen gebracht und auf einen bestimmten Wert am Anzeigegerät einreguliert; nach dem Entfernen der Schicht von der Unterlage kann die Dicke der trockenen Schicht aus der Differenz ermittelt werden.

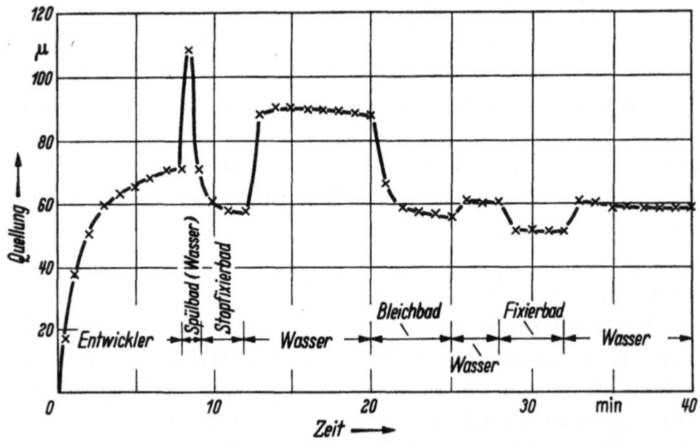

Abb. 1. Quellung einer Schicht während des Verarbeitungsprozesses.

Die Abbildung zeigt als Beispiel das Verhalten einer bestimmten Schicht während des Verarbeitungsganges. Interessant ist die starke Aufweitung, welche die Schicht beim Übergang von der alkalischen Entwicklerlösung in das Spülbad erleidet. Beim Übergang vom sauren Stoppfixierbad in die Wässerung ist die Aufquellung nicht mehr so stark und wird sehr gering, nachdem die Schicht das Bleichbad durchlaufen hat. Der Grund hierfür ist im Bichromatgehalt des Bleichbades zu suchen, das bei der Oxydation des Silbers zu Cr‴ reduziert wird, welches seinerseits härtend auf Gelatine einwirkt.

Zusammenfassung

Es wird ein einfaches Verfahren beschrieben, mit dem es möglich ist, die vertikale Quellung photographischer Schichten schnell und genau zu bestimmen. Hierzu kann ein kommerziell hergestelltes Gerät verwendet werden [*3*].

Literatur

[1] Lewis, E. J. u. A. K. Soper: J. Sci. Instr. **27**, 242 (1950); vgl. auch D. W. Jopling: Sci. Ind. Phot. **23**, 252 (1952).
[2] Chini, R.: Chim. Ind. (Milano) **40**, 188 (1958).
[3] Hersteller: Fa. Nieberding & Co., Neuß a. Rh.

Der Einfluß der Trocknungstemperatur auf die horizontale Quellung von Gelatinefolien

Von F. Moll

Im allgemeinen mißt man bei Halogensilber-Gelatineemulsionen, welche auf Glas, Kunststoff oder Papier vergossen sind, die vertikale Quellung. Hierbei wird die horizontale Quellung nicht berücksichtigt, da eine seitliche Ausdehnung der Gelatine durch die starke Haftung zwischen Schicht und Unterlage verhindert wird und die Wasseraufnahme nur eine Ausdehnung der Schicht senkrecht zur Unterlage bewirkt. Für Maßhaltigkeit und Rolltendenz photographischer Schichten ist allerdings die horizontale Quellung auch von Bedeutung.

Zur Bestimmung der Horizontalquellung muß die Schicht von der Unterlage abgetrennt werden. Bei diesen Messungen hat es sich nun gezeigt, daß die so erhaltenen Quellwerte — im Gegensatz zur vertikalen Quellung — schon bei mittleren Temperaturen (35 — 40 °C) stark von der Trocknungstemperatur abhängig sind.

Die Trocknung der Proben wurde in einem dafür konstruierten Apparat durchgeführt, der es erlaubt, Temperatur, relative Feuchtigkeit und Luftgeschwindigkeit konstant zu halten. Da die Temperatur des zu trocknenden Gutes während des Trocknungsvorganges unter derjenigen der Trocknungsluft liegt, war es wichtig, die tatsächliche Temperatur des Gutes zu kennen. Es wurde deswegen ein Strahlungspyrometer über der Probe angebracht und die jeweilige Anzeige auf einen Schreiber übertragen. Die Gutstemperatur bleibt im Gebiet konstanter Trocknungsgeschwindigkeit nahezu unverändert und steigt erst kurz vor Ende der Trocknung auf die Temperatur der Trocknungsluft an. Es hat sich in Vorversuchen gezeigt, daß während des temperaturkonstanten Trocknungsabschnittes die Quelleigenschaften festgelegt werden. Diese Temperatur wird deswegen als Trocknungstemperatur bezeichnet.

Die Bestimmung der horizontalen Quellung geschah folgendermaßen: Ein 2×2 mm großes Plättchen wurde aus der zuvor von der Unterlage abgezogenen Schicht ausgestanzt und unter dem Mikroskop genau vermessen (Fläche f). Nunmehr wurde das Plättchen auf einen Tropfen Wasser von 20 °C gebracht und nach genau einer Minute die gequollene Fläche wiederum ausgemessen (neue Fläche F). Die horizontale Quellung Q_H wird in Prozenten angegeben ($Q_H = 100\,F/f$). Es ist hierbei zu beachten, daß die Quellwerte von der Schichtdicke abhängig sind. Die hier gezeigten Ergebnisse wurden mit Folien von 15 — 20 μ Dicke erhalten.

Abb. 1 zeigt den Zusammenhang zwischen Quellung und Trocknungstemperatur t_G. Die verschieden bezeichneten Meßwerte ergaben sich aus mehreren Versuchsreihen. Man erkennt, daß bis zu einer Trocknungstemperatur von ca. 30 °C die Quellung nahezu temperaturunabhängig ist. Oberhalb 35 °C ist jedoch ein starker Anstieg der

Quellung mit der Temperatur zu beobachten. Bei Temperaturen oberhalb 40 °C kann die Quellung nicht mehr gemessen werden, da die Proben beim Aufbringen auf den Wassertropfen innerhalb weniger Sekunden zerfallen. Der Übergang von der meßbaren Quellung zum momentanen Zerfall erfolgt nicht kontinuierlich, sondern in einem sehr engen Temperaturbereich.

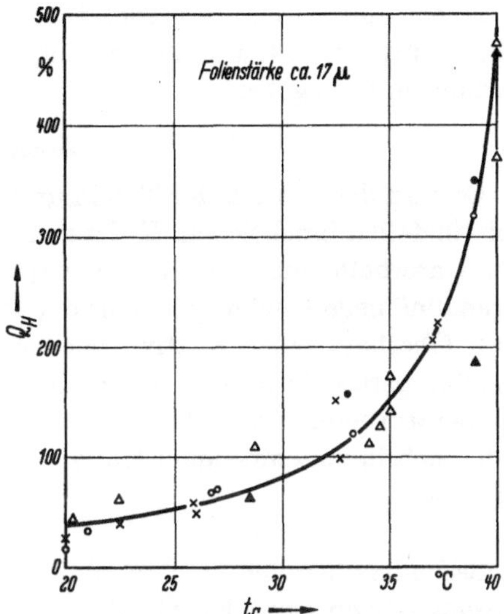

Abb. 1. Abhängigkeit der horizontalen Quellung von der Trocknungstemperatur der Gelatineschicht.

Der Verlauf der Kurve in Abb. 1 ist auf das Vorliegen zweier temperaturabhängiger Modifikationen der Gelatine zurückzuführen. Es ist bekannt, daß bei 35 °C und höheren Temperaturen die eine Modifikation, bei tieferen Temperaturen die andere beständig ist. In wäßriger Lösung erfolgt die Umwandlung sehr rasch, während beim Trocknen die der Trocknungstemperatur entsprechende Form fixiert werden kann.

Die beiden Modifikationen unterscheiden sich in einigen physikalischen Daten. So beträgt die spezifische optische Drehung [*1*] von kalt getrockneten Filmen — 1 000°, die von heiß getrockneten Filmen dagegen nur — 125°. Die NH-Valenzschwingung [*2*] der Tieftemperaturform liegt bei höheren Wellenzahlen als diejenige der Hochtemperaturform. Das Röntgendiagramm [*3*] der Tieftemperaturform zeigt einen höheren Anteil an „Kristalliten", die Werte für die Reißdehnung [*3*] und Reißfestigkeit dieser Modifikation liegen höher als bei der entsprechenden Hochtemperaturform. Außerdem unterscheiden sich die beiden Formen in der Löslichkeit [*4*] in Wasser.

Die von der Trocknungstemperatur abhängige horizontale Quellung läßt sich zwanglos den bekannten Effekten anreihen. Unterhalb 35 °C liegt die Tieftemperaturform vor, oberhalb 40 °C die Hochtemperaturform, während sich dazwischen die Gelatine in einem Übergangsstadium mit Anteilen von beiden Formen befindet. Es wird nun angenommen [*1*], daß sich die Tieftemperaturform von der Hochtemperaturform durch die Art der Wasserstoffbrücken unterscheidet, wobei die erstere *inter*molekulare, die letztere dagegen *intra*molekulare H-Brücken bildet. Diese Annahme steht durchaus im Einklang mit den Experimenten. Die intermolekulare Vernetzung der Peptidmoleküle bei der Tieftemperaturform bewirkt einen starken Zusammenhalt der Moleküle, und es erfolgt eine mäßige Quellung. Mit steigendem Anteil der Hochtemperaturform werden diese Kräfte zwischen den Molekülen schwächer, es tritt eine

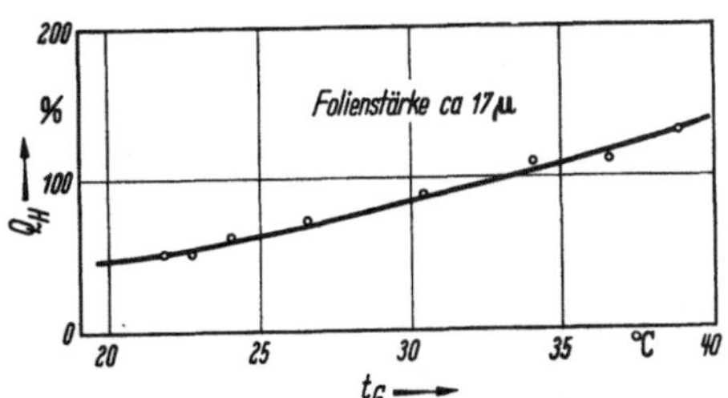

Abb. 2. Abhängigkeit der horizontalen Quellung von der Trocknungstemperatur bei einer mit Formalin vernetzten Gelatineschicht.

immer stärker werdende Quellung ein, welche oberhalb 40 °C zur völligen Deformierung und zum Auseinanderfallen der Schicht führt. Eine Bestätigung dieser Ansicht ergibt sich aus Abb. 2. Werden die Peptidmoleküle irreversibel durch Härtungsmittel, in diesem Fall Formalin, vernetzt, so wird die starke Quellung oberhalb 35 °C weitgehend unterdrückt. Die Vernetzung der einzelnen Moleküle ist nunmehr durch die Methingruppe gegeben.

Zusammenfassung

Es wird der Einfluß der Trocknungstemperatur auf die horizontale Quellung von Gelatinefolien beschrieben. Es ist zwischen drei Temperaturbereichen zu unterscheiden. Unterhalb einer Trocknungstemperatur von 35 °C besteht eine nahezu temperaturunabhängige Quellung, welche der Tieftemperaturform der Gelatine zugeschrieben wird. Oberhalb einer relativ scharfen Temperaturgrenze (ca. 40°) liegt die reine Hochtemperaturform vor, an Stelle der Quellung erfolgt ein Zerfall der Folie. Im Temperaturbereich von 35° bis 40° ist die Quellung stark temperaturabhängig; es bildet sich in zunehmendem Maße neben der Tieftemperaturform die Hochtemperaturform.

Besonders herzlich möchte ich Frau Dr. WEYDE danken, nach deren Angabe die Messung der horizontalen Quellung erfolgt.

Literatur

[1] ROBINSON, C.: The Nature and Structure of Collagen Disc. Coll. Biophys. Farad. Soc. **96** (1954).
[2] AMBROSE, J. u. A. ELLIOTT: Proc. Roy. Soc. **A 206**, 206, 407 (1951).
[3] BRADBURY, E. u. C. MARTIN: Proc. Roy. Soc. **A 214**, 183 (1952).
[4] PINOIR, R. u. J. POURADIER: C. R. Acad. Sci. Paris **227**, 190 (1948).

Das „Agfa-Magneton-Symmetrierband" ein Hilfsmittel zur Überprüfung von Magnettongeräten

Von F. Krones

1. Einleitung und Übersicht

Unter bestimmten Bedingungen können Magnetbandaufnahmen bei der Wiedergabe ein starkes Ruherauschen, und einwandfrei ausgeführte Klebestellen elektroakustisch sehr störende Knacksgeräusche verursachen, insbesondere dann, wenn der Schnitt genau senkrecht zur Bandkante ausgeführt wurde, wie es beispielsweise bei der Verarbeitung von Magnetfilmen allgemein üblich ist. Eingehende Untersuchungen über diese Erscheinung im Forschungslaboratorium der Agfa haben nunmehr als Ursache für die Hörbarkeit solcher Klebestellen eine Gleichfeldremanenz des Magnetbandes oder des Hörkopfes aufgezeigt. Gleichzeitig gelang es, in Form des „Agfa-Magneton-Symmetrierbandes", ein Hilfsmittel zur Überprüfung von Magnetbandanlagen auf optimale Aufnahme- bzw. Wiedergabequalität zu schaffen, das in seiner praktischen Anwendung denkbar einfach ist und ohne zusätzliche Meßinstrumente, lediglich durch eine Abhörkontrolle, eine bisher nicht gekannte Empfindlichkeitssteigerung bei der Ermittlung von Gleichfeldern geringster Intensität aufweist. Fehlerquellen, die zu einer Gleichfeldmagnetisierung des Magnetbandes führen oder ein Bandrauschen verursachen, können hiermit leicht lokalisiert und dann beseitigt werden.

Bisher war das durch eine Gleichfeldremanenz verursachte Bandrauschen das allein zur Verfügung stehende Maß, um auf das Vorhandensein einer Gleichfeldremanenz rückzuschließen. Da dieses Rauschen aber von zweiter Kleinheitsordnung ist und nur ca. 1% (— 40 dB) des Wertes der Gleichfeldremanenz beträgt, wurde sie oft nicht beachtet bzw. toleriert, wenn der Rauschspannungsabstand größer als 50 dB ist. Unterstützt wird dies durch das geringe Gleichfeldrauschen moderner Bänder mit großer Aufsprechempfindlichkeit. In Ermangelung einer empfindlicheren Anzeigemethode ergab es sich, daß Geräte Gleichfeldremanenzen auf dem Band aufzeichneten, die oft nur 10 dB unter Bezugspegel liegen. Bei Klebestellen wird aber der volle Wert des Bandgleichflusses wirksam. Er erzeugt Störspannungen in Form von Knacksen, die dann nur 10 dB unter Bezugspegel liegen und nicht tolerierbar sind. Gleichzeitig steigen die Verzerrungen, charakterisiert durch geradzahlige Harmonische (K_2), beträchtlich an.

In einem früheren Artikel [*1*] wurde das Prinzip des Symmetrierbandes beschrieben. Es beruht darauf, den unerwünscht entstandenen magnetischen Gleichfluß mittels eines speziellen Magnetbandes, bei dem die Magnetschicht periodische Unterbrechungen aufweist, zu zerhacken. Dadurch wird der Gleichfluß, der infolge des Induktionsgesetzes im Wiedergabekopf selbst keine Spannung induzieren kann, sondern nur durch seine Nebeneffekte störend in Erscheinung tritt, in einen Wechselfluß von gleicher Amplitude umgewandelt und nunmehr direkt als Ton mit einer um 2 Zehnerpotenzen größeren Lautstärke hörbar als das durch den Gleichfluß bedingte Rauschen.

In der Zwischenzeit wurden einige interessante Beobachtungen bei der praktischen Handhabung des Symmetrierbandes gemacht, über die in einem öffentlichen Vortrag berichtet wurde [2].

Es konnte dort demonstriert werden, daß das bisher als vernachlässigbar angesehene magnetische Erdfeld bei der magnetischen Schallaufzeichnung nur in erster Näherung vernachlässigt werden kann und für eine Reihe von bis dahin ungeklärten Erscheinungen verantwortlich ist. Bei der Neukonstruktion von Magnettongeräten und Bandlöscheinrichtungen sollten diese Erkenntnisse berücksichtigt werden. Die Überprüfung verschiedener Magnetbandgerätetypen des In- und Auslandes ergab, daß die größere Anzahl diesbezüglich Mängel aufwies, die nach Kenntnis der Zusammenhänge vermieden werden können. Die Ursache dieser Mängel blieb verborgen, weil ihre Auffindung mit den bisherigen Mitteln sehr schwer oder gar nicht möglich war. Dem Geräteentwickler hilft das Symmetrierband, die elektronischen Verstärkerschaltungen so zu dimensionieren, daß eine optimale und reproduzierbare Geräteeinstellung möglich ist, und sie auf ihre Funktionstüchtigkeit hin zu prüfen. Dem Gerätebenutzer ist es ein wertvolles Hilfsmittel, um sich vor jeder kritischen Aufnahme vom einwandfreien Zustand seiner Aufnahmeapparatur schnell und sicher zu überzeugen.

Läßt sich an einem vorgegebenen Gerät kein optimaler Zustand, gekennzeichnet durch eine völlige Unhörbarkeit des Symmetrierbandes, einstellen, dann ist es von Interesse, das zu erwartende Fehlerausmaß aus der abgegebenen Spannung des Symmetrierbandes abschätzen zu können, wobei das für die Aufnahme vorgesehene Magnetbandmaterial zu berücksichtigen ist. Wir wollen zunächst die theoretischen Zusammenhänge bei der Aufzeichnung mit einem überlagerten Wechselfeld beschreiben, zu der als Spezialfall auch die Wechselfeldlöschung gehört. Unter Berücksichtigung der extremen Empfindlichkeitssteigerung dieser neuen Meßmethode werden dann die Ergebnisse diskutiert, und es wird versucht, allgemein gültige Toleranzgrenzen für die Gerätemängel festzulegen.

2. Allgemeines

Bei der magnetischen Schallaufzeichnung ist es entscheidend wichtig, daß in den Besprechungspausen der Magnetspeicher sowohl nach dem Verlassen des Löschkopfes als auch des Sprechkopfes magnetisch neutral ist, d. h. daß nicht nur die alte Aufzeichnung vollständig gelöscht, sondern auch keine Gleichfeldremanenz vorhanden ist, und daß das Abtastorgan, also der Wiedergabekopf, selbst remanenzfrei ist. Nur dann wird in diesem keine Störspannung induziert. Jede in den Besprechungspausen auf dem Magnetband zurückbleibende Gleichfeldremanenz oder eine Remanenz im Wiedergabekopf verursacht eine Störspannung (Rauschen), die die Dynamik, d. h. das Verhältnis Nutzspannung zur Störspannung, verringert, und läßt Klebestellen im Magnetband hörbar werden. Eine Gleichfeldremanenz des Magnetbandes verschlechtert darüber hinaus auch den Klirrfaktor. Folgende Ursachen können einzeln oder vereint die unerwünschte Gleichfeldremanenz hervorrufen, wenn man von der Einwirkung starker Magnetfelder auf den ganzen Bandwickel absieht:

1. Remanent magnetisierte Metallteile, die den Magnetspeicher im Betrieb laufend berühren, wie beispielsweise Bandführungen und die Eisenkerne der Magnetköpfe.

2. Auch bei Remanenzfreiheit aller den Magnetspeicher berührenden ferromagnetischen Materialien, einschließlich der Magnetköpfe, ergeben unsymmetrische Lösch- oder Vormagnetisierungsströme, also Ströme, die geradzahlige und phasenverschobene Oberwellen aufweisen, eine Gleichremanenz.

3. Ein geringes äußeres Gleichfeld, wie z. B. das magnetische Erdfeld, das allein nicht ausreicht, um auf dem Magnetspeicher eine Remanenz zu erzeugen, verursacht eine Gleichfeldremanenz, wenn es während des Löschvorganges oder im Spaltfeld des hochfrequenten Vormagnetisierungsstromes gleichzeitig mit dem Wechselfeld einwirkt.

3. Messung des magnetischen Gleichflusses mittels Symmetrierband und Magnetbandgerät

Der Name Symmetrierband wurde gewählt, weil, nach sorgfältiger Entmagnetisierung der Magnetköpfe und Bandführungen, mit seiner Hilfe die Symmetrie der Kurvenform des hochfrequenten Lösch- und Vormagnetisierungsstromes exakt eingestellt werden kann. Bei deutschen Studiomaschinen ist hierfür ein Potentiometer mit der Bezeichnung „Symmetrie“ vorgesehen. In Geräten des Auslandes ist oft ein Potentiometer mit der Bezeichnung „Noise Balancing“ vorhanden, mit dem die Größe und Polarität eines Gleichstromes geregelt werden kann, der während der Aufnahme zusätzlich zum Signal- und Vormagnetisierungsstrom durch die Sprechkopfwicklung geleitet wird, um den infolge der Unsymmetrie des Vormagnetisierungsstromes in der Magnetschicht entstehenden Gleichfluß während der Entstehung zu kompensieren.

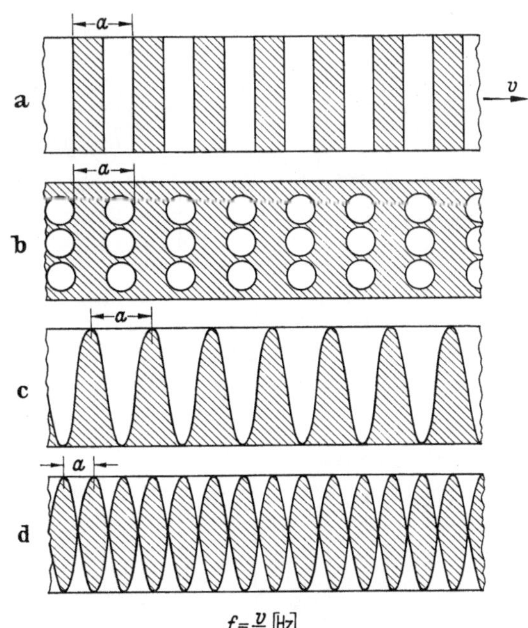

Abb. 1. Herstellungsmöglichkeiten für ein Symmetrierband.
a) Unterbrechungen der Magnetschicht durch Abschaben, oder Drucken.
b) Ausstanzen der Unterbrechungen.
c) u. d) Mittels Schablone aufgespritzt oder gedruckt.

Die periodischen Unterbrechungen der Magnetschicht des Bandes können entsprechend der Abb. 1 verschiedene Gestalt haben. Aus Herstellungsgründen wurde den sprossenartigen Unterbrechungen der Vorzug gegeben. Der remanente Gleichfluß wird infolge der Unterbrechungen zerhackt, und man erhält dadurch eine sehr oberwellenreiche Rechteckschwingung, die unabhängig von der Bandgeschwindigkeit sehr deutlich hörbar ist. Die Grundfrequenz f der Rechteckschwingung ergibt sich aus der Laufgeschwindigkeit v und dem Abstand a der Unterbrechungen zu

$$f = \frac{v}{a} \quad \left(\frac{\text{cm}}{\text{sec} \cdot \text{cm}} = \text{sec}^{-1}\right). \tag{1}$$

Sie beträgt beim ausgeführten „Agfa-Magneton-Symmetrierband" mit $a = 0{,}475$ cm bei $v = 38$ cm/s 80 Hz.

Macht man die Unterbrechungen sinusförmig nach Abb. 1 c oder 1 d, so erhält man eine sinusförmige Spannung. Bei der Ermittlung des absoluten Bandflusses zur Bezugsbandherstellung leistet eine derartige Ausführung gute Dienste, weil derselbe Bandfluß einmal als Gleichfluß mit einem ballistischen Galvanometer bestimmt werden kann und zum anderen mit einem Magnetbandgerät sofort als Wechselfluß ausgewertet werden kann.

Unseren weiteren Betrachtungen wollen wir ein Symmetrierband nach Abb. 1 a zu Grunde legen. Bei der praktischen Handhabung hat es sich als zweckmäßig erwie-

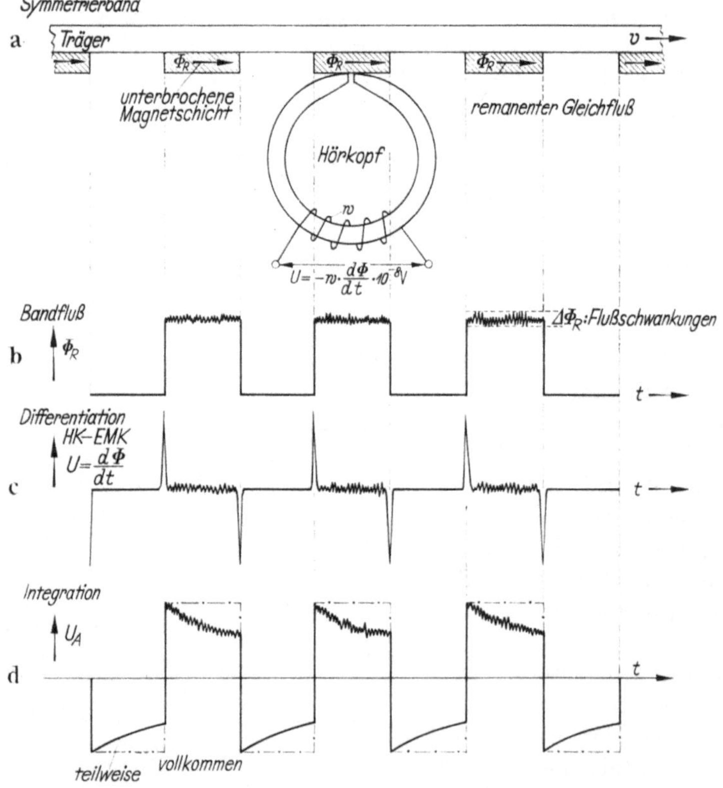

Abb. 2. Umwandlung eines Bandgleichflusses in eine Wechselspannung.
a) Symmetrierband mit Magnetschichtunterbrechungen,
b) Zerhackter Gleichfluß,
c) Hörkopf-EMK infolge des Differentiationsvorganges $U = d\Phi/dt$,
d) Spannung nach dem integrierenden Wiedergabeverstärker:
—.—.—.— ideale Integration ———— unvollständige Integration.

sen, das Band in Schleifenform zu verwenden, weil dann das lästige Rückspulen entfällt, und der für eine exakte Prüfung erforderliche Richtungswechsel durch Umlegen der Schleife bequemer ist. Sie kann, jederzeit verfügbar, in der Nähe des Laufwerkes hängend aufbewahrt werden. Schaltet man das Gerät auf „Wiedergabe“ und nähert der laufenden Schleife einen Permanentmagneten, so hört man einen sehr oberwellenreichen Ton, dessen Frequenz nach Gl. (1) sich proportional der Laufgeschwindigkeit ändert. Betrachtet man die Hörkopfleerlaufspannung auf einem Oszillographen, so erscheint ein Bild nach Abb. 2 c. Es stellt den Differentialquotienten $d\Phi/dt$ des zerhackten Gleichflusses nach 2 b dar. Die Nadelimpulse werden am größten und am schmalsten, wenn der Hörkopfspalt parallel zu den Sprossen steht. Der Ton ist dann besonders hell. Sie werden niedriger und breiter, wenn der Kopfspalt mit den Sprossen einen zunehmenden Winkel bildet. Der Ton wird dann dunkler. An jenen Stellen zwischen den Nadelimpulsen, die der Magnetschicht entsprechen, sieht man eine Rauschamplitude, hervorgerufen durch geringfügige Schwankungen des Gleichflusses. Schaltet man den Ausgang des integrierenden Wiedergabeverstärkers auf den Oszillographen, so erhält man eine Kurvenform nach Bild 2 d. Infolge der nur teilweisen Integration an den verschiedenen RC-Kombinationen des Verstärkers wird das ursprüngliche Bild des Flusses nach Abb. 2 b nur angenähert wiederhergestellt. Die dabei gleichzeitig auftretenden Phasenverschiebungen wurden in den Abbildungen nicht berücksichtigt.

Bei Änderung der Bandmagnetisierung ändert sich nicht die Kurvenform, sondern nur die Amplitude. Ein in Effektivwerten geeichtes Röhrenvoltmeter zeigt einen zwar undefinierten Spannungswert an, der aber proportional dem remanenten Gleichfluß auf dem Symmetrierband ist. Für eine Abschätzung des Betriebszustandes eines Magnetbandgerätes ist die Spannung von Interesse, die der Bandfluß für einen Bezugspegel von z. B. 200 mM[1] erzeugt, und die Spannung der Sättigungsmagnetisierung des Symmetrierbandes. Die Sättigungsmagnetisierung erzielt man in der Praxis sehr einfach, indem man mit einem starken Permanentmagneten die Schicht des vorbeilaufenden Symmetrierbandes berührt. Den Bandfluß von 200 mM erhält man, indem man dem Sprechkopf einen Gleichstrom zuführt, der gleich dem Effektivwert des NF-Signalstromes ist, um im gewählten Arbeitspunkt der Vormagnetisierung Bezugspegel auf dem Leerteil des DIN-Bezugsbandes 38 (FR 6004) zu erhalten. Die Magnetschicht des Symmetrierbandes entspricht derjenigen des Bezugsbandleerteiles. Der angezeigte Spannungswert liegt um etwa 10 dB unter dem für die Sättigungsmagnetisierung und beträgt z. B. 760 mV, wenn die Ausgangsspannung beim Abspielen des Bezugspegels auf 1,55 Volt eingestellt wurde. Mit diesen Angaben läßt sich der Betriebszustand eines beliebigen Gerätes abschätzen, indem man mit dem Symmetrierband eine Aufnahme ohne Signal macht, d. h. auf dem betreffenden Gerät nur löscht und vormagnetisiert. Bei Idealzustand des Gerätes ist das Symmetrierband tonlos. Im gestörten Zustande entsteht ein Ton, dessen Spannung ins Verhältnis gesetzt wird zur Sättigungsspannung, wie man sie bei der Wiedergabe eines durch Berühren mit einem Permanentmagneten gesättigten Symmetrierbandes erhält.

[1]) Wir betrachten hier und im folgenden den Bandfluß eines 6,25 mm ($^1/_4$ Zoll) breiten Bandes. (Vollspur).
Pro Millimeter Spurbreite beträgt der Bandfluß für Bezugspegel demnach 32 mM/mm.

Liegt z. B. diese Störspannung 30 dB unter der Sättigungsspannung, so liegt demnach der störende Gleichfluß 30 — 10 = 20 dB unter dem Bezugspegel von 200 mM. Da man das Symmetrierband als eine Aneinanderreihung einer großen Anzahl von Klebestellen auffassen kann, so werden senkrecht ausgeführte Klebestellen auf diesem Gerät im gleichen Ausmaße hörbar sein, nämlich Spannungsimpulse ergeben, die 10% (— 20 dB) des Bezugspegels betragen. Subjektiv werden sie als sehr störende Knackse empfunden.

Bevor wir auf die einzelnen Ursachen eingehen, die zu einer schädlichen Gleichfeldremanenz eines Magnetbandes führen, wollen wir an Hand der Abb. 3 die Pegelverhältnisse diskutieren, die vorliegen, wenn, wie bisher allgemein üblich, ohne Zuhilfenahme eines Symmetrierbandes, lediglich aus dem Gleichfeldrauschen, auf das Vorhandensein einer Gleichfeldremanenz geschlossen werden soll. Aus einer Gegenüberstellung wird ersichtlich, welche Empfindlichkeitssteigerung die Verwendung eines Symmetrierbandes ergibt.

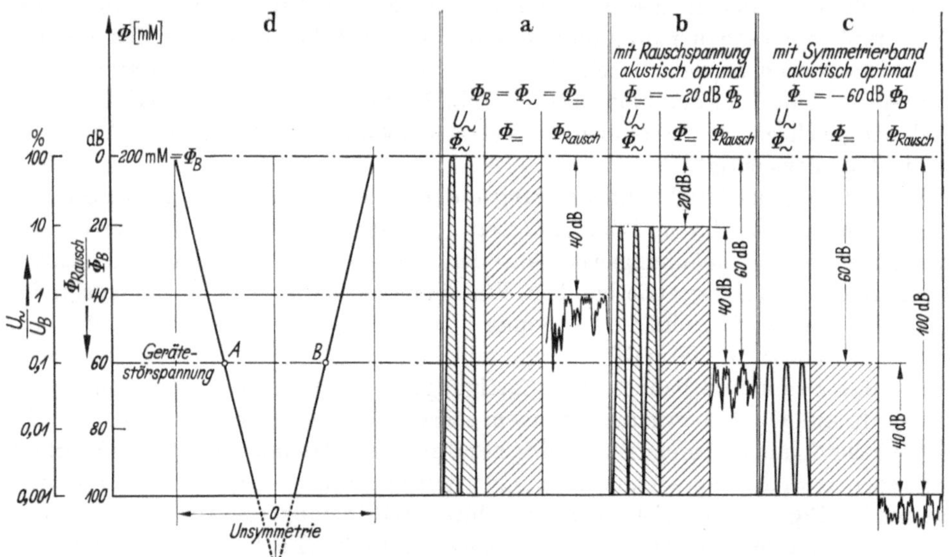

Abb. 3. Pegelverhältnisse bei der Ermittlung des störenden Gleichflusses.

a) Rauschabstand eines Gleichflusses $\frac{\Phi_{Rausch}}{\Phi_{=}} = -40$ dB.

b) Bisherige Methode: Einstellung auf Rauschminimum $_{=}\Phi_{Rausch} = -60$ dB von Φ_B
Ergebnis: Gleichfluß $\Phi_{=}$ reduziert auf $\Phi_{=} = -20$ dB von Φ_B (10 %),

c) Neue Methode mit Symmetrierband: Einstellung auf Verschwinden des erzeugten Tones:
$\Phi_{\sim} = -60$ dB von Φ_B
Ergebnis: Gleichfluß reduziert auf $\Phi_{=} = -60$ dB von Φ_B (1‰),

d) Erzeugter Gleichfluß durch unsymmetrische HF-Ströme (Lösch- bzw. Vormagnetisierungsstrom).

Von der Messung des Modulationsrauschens eines Magnetbandes her weiß man, daß der Gleichfeldrauschspannungsabstand etwa — 40 dB (1%) beträgt. Hierbei wird an Stelle des Signalwechselstromes, der im Band den als Bezugspegel festgelegten Signalwechselfluß von $\Phi_B = 200$ mM erzeugt, ein Gleichstrom durch den Sprechkopf geleitet, dessen Wert gleich ist dem Effektivwert des Signalwechselstromes. Der erzeugte Gleichfluß $\Phi_{=} = \Phi_B$ (vgl. Abb. 3 a) von 200 mM verursacht ein

Rauschen Φ_{Rausch}, das bei 1% (— 40 dB) liegt. Verringern wir den Gleichstrom und damit das Gleichfeldrauschen, so wird die Wahrnehmbarkeit des Rauschens durch die Gerätestörspannung begrenzt. Bei einem sehr guten Studiowiedergabegerät ist diese Grenze durch den Störspannungsabstand von rund — 60 dB unter Bezugspegel gegeben. (vgl. Abb. 3 b). Der Gleichstrom bzw. Gleichfluß ist dann auf 10% (— 20 dB) seines ursprünglichen Wertes reduziert. Das gesamte Amplitudenbild von Abb. 3 a wurde also auf 10% (— 20 dB) gesenkt. Bei der akustischen bzw. meßtechnischen Beurteilung des Rauschens kann daher der Gleichfluß mit Sicherheit nur auf etwa 1/10 (— 20 dB) seines vollen Wertes reduziert werden.

Wesentlich günstiger liegen die Verhältnisse bei der Anwendung des Symmetrierbandes. Durch die Schichtunterbrechungen wird der erzeugte Gleichfluß $\Phi_=$ in einen Wechselfluß $\Phi_\sim$ mit gleicher Amplitude zerhackt. (vgl. Abb. 3 a: $\Phi_\sim = \Phi_= = \Phi_B$). Der erzeugte Ton ist um 2 Zehnerpotenzen lauter als das Rauschen und kann leicht auf 1‰ (— 60 dB) seines ursprünglichen Wertes sowohl durch akustische als auch meßtechnische Bewertung reduziert werden und mit ihm der Gleichfluß. (vgl. Abb. 3 c). Der Rauschabstand infolge einer Gleichfeldremanenz des Bandes wird dadurch auf — 100 dB, die Hörbarkeit senkrecht geschnittener Klebestellen auf — 60 dB reduziert. Die gleichen Überlegungen gelten für die Betätigung des Symmetrierpotentiometers, dessen Wirkung in Abb. 3 d skizziert ist. Mit Sicherheit kann bei Beurteilung des Gleichfeldrauschens nur auf dessen Verschwinden in den Punkten A bzw. B eingestellt werden. Dies entspricht wieder dem Bild nach Abb. 3 b, d. h. daß die durch die Unsymmetrie der HF-Ströme erzeugte Gleichfeldremanenz des Bandes bestenfalls auf 10% (— 20 dB) reduziert werden kann. Bessere Einstellungen sind dem Zufall überlassen. Bei Amateurgeräten kann der Gerätestörspannungsabstand oft nur — 40 dB betragen. Der unerwünscht erzeugte Gleichfluß kann dann gleich dem Bezugspegel werden, ohne daß die Rauschspannung die Gerätestörspannung überschreitet. Neben stark störenden Klebestellen kann er dann beträchtliche quadratische Verzerrungen (K_2) hervorrufen.

4. Bestimmung des Bandgleichflusses aus der in Effektivwerten ermittelten Spannung des Symmetrierbandes

Wir legen den Betrachtungen ein störungsfreies Gerät zu Grunde, d. h. daß weder von remanenzbehafteten Metallteilen wie Bandführungen und Kopfkernen, noch von unsymmetrischen HF-Strömen eine Gleichfeldremanenz auf dem Magnetband verursacht wird, und fragen nach der vom Symmetrierband abgegebenen Spannung in Effektivwerten, wenn es durch einen mit Gleichstrom gespeisten Sprechkopf unter gleichzeitiger Einwirkung des Vormagnetisierungsstromes so magnetisiert wird, daß ein Gleichfluß entsteht, der dem Effektivwert des Bandflusses für Bezugspegel von 200 mM äquivalent ist. Die vom Symmetrierband abgegebene Spannung wird dann weitgehend bestimmt von der Form der Schichtunterbrechungen. Als ersten Fall betrachten wir den sehr übersichtlichen der sinusförmigen Schichtunterbrechung nach Abb. 1 c, der sich aber praktisch nur sehr schwierig verwirklichen läßt. Als zweiten Fall den in Form des „Agfa-Symmetrierbandes" vorliegenden, der nach Abb. 1 a streifenförmige Unterbrechungen aufweist, wobei das Verhältnis der Magnetstreifenbreite zur Breite der Aussparungen bezüglich der abgegebenen Spannung optimal gestaltet werden soll.

4.1. Sinusförmige Unterbrechungen der Magnetschicht

Zunächst benutzen wir ein normales Band ohne Schichtunterbrechungen aus dem gleichen Material wie das Symmetrierband und sprechen bei 38 cm/s und der Grundfrequenz des Symmetrierbandes von 80 Hz einen effektiven Bandfluß von ${}_1\Phi_{\text{eff}} = \Phi_B = 200$ mM (Bezugspegel) auf, ermitteln den hierfür erforderlichen Effektivwert des Signalstromes und ersetzen diesen durch einen Gleichstrom von gleicher Größe, weil dieser die gleiche Rauschspannung erzeugt. Auf dem Symmetrierband entsteht dann ein Gleichfluß mit dem Amplitudenwert ${}_2\hat{\Phi} = {}_1\Phi_{\text{eff}} = \Phi_B = 200$ mM (vgl. Abb. 4 a und b). Infolge der sinusförmigen Schichtunterbrechungen ändert

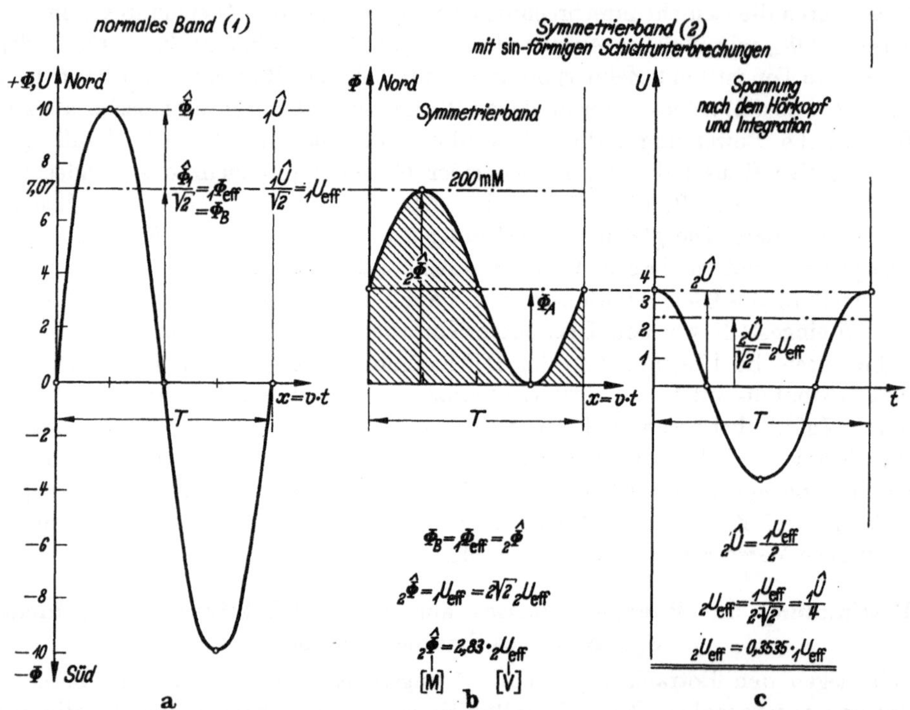

Abb. 4. Ermittlung der Spannung eines Symmetrierbandes mit sin-förmigen Schichtunterbrechungen aus dem Gleichfluß mit Bezugspegel und Vergleich mit der Spannung eines normalen Bandes mit gleichem effektiven Wechselfluß. Maßzahlen für Fluß Φ und Spannung U sind gleich gewählt.

a) Normales Magnetband: beide Polaritäten $+\Phi$ u. $-\Phi$ ausnutzbar,

b) Symmetrierband mit sin-förmigen Schichtunterbrechungen: Nur eine Polarität ausnutzbar $+\Phi$ oder $-\Phi$,

c) Induzierte Spannung des mit einem Gleichfluß versehenen Symmetrierbandes von b) nach der Integration. (Differentiation und Integration bewirken nur eine Phasenverschiebung zwischen Fluß und Spannung ohne Änderung der Kurvenform.)

sich dieser Gleichfluß ebenfalls sinusförmig entlang des Weges $x = v \cdot t$. Der Flächenwert Φ_A des Gleichflusses über die Periode T wird infolge des Induktionsgesetzes vom Hörkopf nicht übertragen, sondern nur die sinusförmigen Schwankungen um diesen Flächenmittelwert. Abgesehen von den Phasenverschiebungen infolge des Differentiationsvorganges im Hörkopf und der teilweisen Integration im Verstärker erhalten wir eine reine Sinusspannung mit der Amplitude ${}_2\hat{U}$, deren Effektivwert nach einer Doppelweggleichrichtung ${}_2U_{\text{eff}} = {}_1U_{\text{eff}}/2 \cdot 1/\sqrt{2} = 0{,}3535\ {}_1U_{\text{eff}}$ ist.

Ergebnis: Das Symmetrierband (2) wirkt als Gleichflußumformer und erzeugt aus einem Gleichfluß, der dem Effektivwert des Wechselflusses eines normalen Magnetbandes (1) gleich ist, eine Wechselspannung ${}_2U_{\text{eff}}$ die sich zur Wechselspannung ${}_1U_{\text{eff}}$ des normalen Bandes verhält wie:

$$\frac{{}_2U_{\text{eff}}}{{}_1U_{\text{eff}}} = \frac{1}{2\sqrt{2}} = 0{,}3535\,. \tag{2}$$

Wird die Ausgangsspannung eines Studiowiedergabeverstärkers beim Abspielen des Bezugspegels (200 mM) des Bezugsbandes 38 beispielsweise auf $U_1 = 1{,}55$ Volt (+ 6 dB) eingestellt, dann erhält man bei einer äquivalenten Gleichfeldmagnetisierung des Symmetrierbandes eine Wechselspannung von $U_{2B} = 0{,}548$ Volt. Der Gleichfluß errechnet sich aus

$$\underset{[\text{mM}]}{\Phi_{=}} = \frac{\Phi_B}{U_{2B}} \cdot U_2 = \frac{200}{0{,}548} \cdot U_2 = 365 \cdot \underset{[\text{V}]}{U_2} \tag{3}$$

Dieselbe Gleichung dient zur Ermittlung des schädlichen Gleichflusses eines gestörten Gerätes. Erzeugt beispielsweise das Symmetrierband eine Störspannung von 55 mV, so beträgt der gesuchte Gleichfluß

$$\Phi_{=} = 365 \cdot 0{,}055 = 20\ \text{mM}$$

und liegt um 20 dB unter dem Bandfluß für Bezugspegel von 200 mM.

4.2. Sprossenförmige Unterbrechungen der Magnetschicht: ausgeführtes Agfa-Symmetrierband

In Abb. 5 a sind wieder die Verhältnisse bezüglich Bandfluß und Spannung für ein normales Band und in Abb. 5 b für ein Symmetrierband mit sprossenförmigen Unterbrechungen dargestellt. Die Magnetschichtsprossen haben die Breite τ, die Unterbrechungen $T - \tau$, und die Periodenbreite sei $T = a$. Die zerhackten Gleichflußimpulse weisen im gezeichneten Beispiel ein Tastverhältnis $\tau/T = 1/4$ und eine Amplitude ${}_2\Phi$ auf, die wieder gleich ist dem Effektivwert eines sinusförmigen Bandflusses von der Größe des Bezugspegels. Die Bestimmung des Gleichstromes zur Erzeugung des äquivalenten Gleichflusses erfolgt wie oben beschrieben. Der Flächenwert ${}_2\Phi_A = \tau/T \cdot {}_2\Phi$ bestimmt die Null-Linie der durch die Differentiation des Hörkopfes und Integration des Wiedergabeverstärkers umgewandelten Impulsspannung nach Abb. 5 c. Unter Berücksichtigung einer Doppelweggleichrichtung in den üblichen Spannungsmessern mit Effektivwertanzeige ergibt sich der Effektivwert der vom Symmetrierband erzeugten Spannung ${}_2U_{\text{eff}}$ zur Spannung ${}_1U_{\text{eff}}$ eines normalen Bandes mit gleichem effektiven Wechselfluß zu:

$$\frac{{}_2U_{\text{eff}}}{{}_1U_{\text{eff}}} = 2{,}22\,\frac{\tau}{T}\left(1 - \frac{\tau}{T}\right) \tag{4}$$

Die Spannung des Symmetrierbandes wird demnach durch das Tastverhältnis τ/T bestimmt. In Abb. 5 d ist das Spannungsverhältnis U_2/U_1 über τ/T dargestellt. Für $\tau/T = 0{,}5$ erhält man ein Maximum von 0,555. Dies entspricht einer Lückenbreite gleich der Schichtbreite. Für das skizzierte Verhältnis $\tau/T = 0{,}25$ liest man 0,416

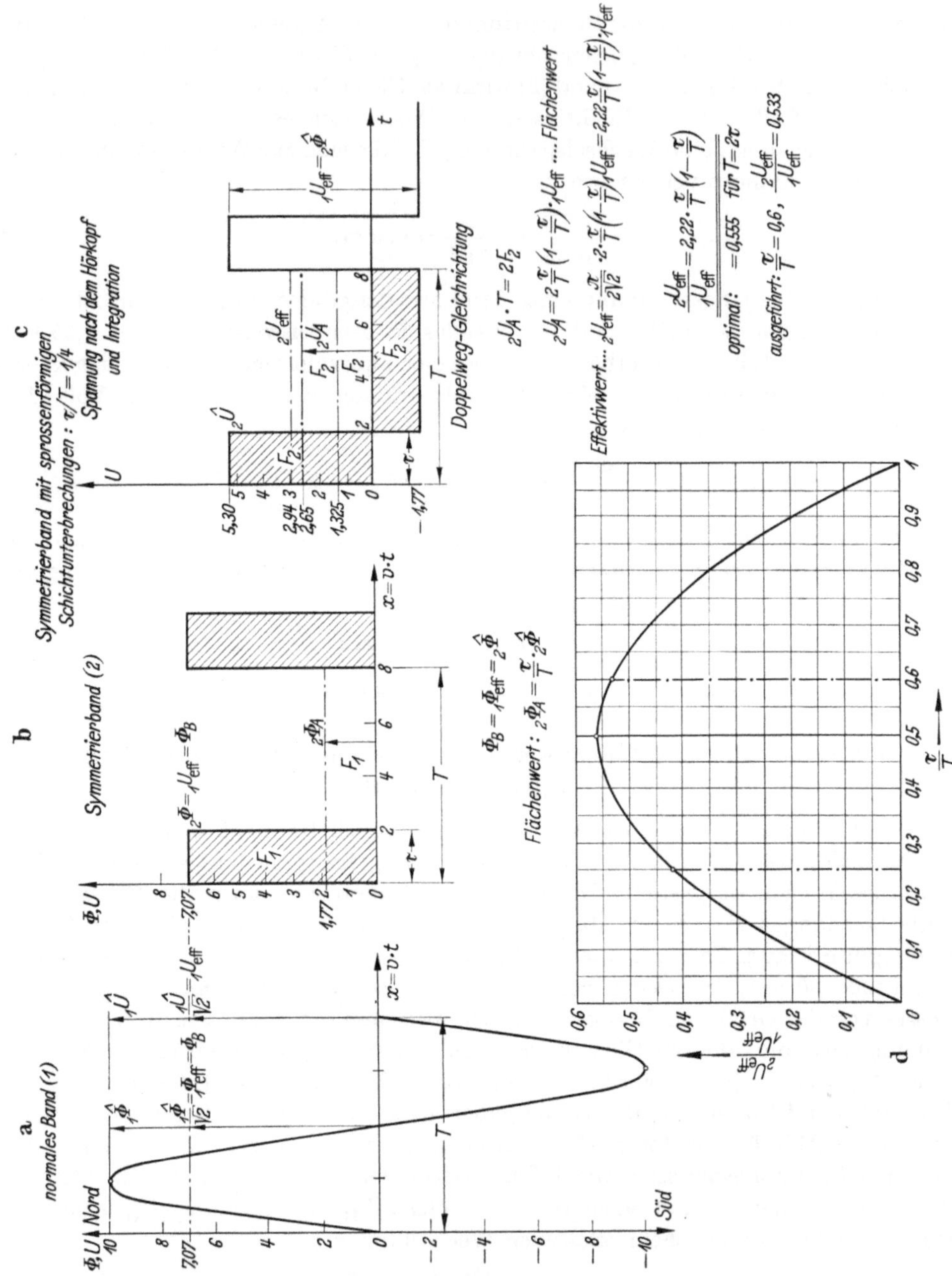

Abb. 5. Ermittlung der Effektiv-Spannung eines Symmetrierbandes mit sprossenförmigen Schichtunterbrechungen aus dem zerhackten Gleichfluß von der Größe des Bezugspegels und Vergleich mit der Spannung eines normalen Bandes mit gleichem effektiven Wechselfluß. Maßzahlen für Fluß Φ und Spannung U sind gleich gewählt.

a) Wie Abb. 4 a,

b) Symmetrierband mit sprossenförmigen Unterbrechungen. τ: Breite der Magnetschicht, T: Periodenbreite, τ/T: Tastverhältnis $= 1/4$,

c) Induzierte Spannung von 5 b, nach idealer Integration im Wiedergabeverstärker,

d) Verhältnis der Effektiv-Spannung U_2 des Symmetrierbandes (2) mit einem Gleichfluß, der äquivalent ist dem effektiven Wechselfluß Φ_B eines normalen Magnetbandes (1) zur Effektiv-Spannung U_1 des normalen Bandes als Funktion des Tastverhältnisses τ/T

$$\frac{{}_2U_{\text{eff}}}{{}_1U_{\text{eff}}} = 2{,}22\,\frac{\tau}{T}\left(1 - \frac{\tau}{T}\right)$$

Maximum: bei $\tau/T = 0{,}5$ d. h. Breite der Magnetschicht und Lücken sind gleich.

und für das ausgeführte Symmetrierband mit $\tau/T = 0{,}6$ $U_2/U_1 = 0{,}533$ ab. Die Spannung wird zu 0 für $\tau/T = 0$ entsprechend einem Band ohne Magnetschicht und für $\tau/T = 1$ entsprechend einem Magnetband ohne Unterbrechungen.

Normiert man den Wiedergabekanal bei 38 cm/s Bandgeschwindigkeit und der Grundfrequenz von 80 Hz wieder auf 1,55 Volt, so errechnet sich für ein Tastverhältnis $\tau/T = 0{,}6$ und einen Gleichfluß, der dem effektiven Wechselfluß des Bezugspegels von 200 mM gleich ist, die vom Symmetrierband abgegebene Spannung U_2 zu:

$$U_2 = 0{,}533 \; U_1 = 0{,}533 \cdot 1{,}55 = 0{,}825 \; [\mathrm{V}]$$

Der mit einem üblichen Röhrenvoltmeter ermittelte Meßwert beträgt $U_{2\mathrm{m}} = 760\,\mathrm{mV}$ und weicht um 0,7 dB vom gerechneten Wert U_2 ab. Dieser Fehler wird offenbar bedingt durch eine unvollständige Integration im Wiedergabeverstärker (vergleiche auch Abb. 2 d). Für die praktische Verwendung des Symmetrierbandes zur Abschätzung eines schädlichen Gleichflusses ist diese Übereinstimmung zwischen dem errechneten und gemessenen Wert als sehr befriedigend zu bezeichnen. Die Spannung ist höher als bei dem oben beschriebenen Symmetrierband mit sinusförmigen Unterbrechungen. Die Ermittlung des Meßwertes erfolgte auf einem Studiomagnetbandgerät T 9 U.

Der gesuchte Gleichfluß ergibt sich mit einem auf 1,55 Volt als Bezugspegel normierten Gerät für einen Bezugspegel von 200 mM zu:

$$\underset{[\mathrm{mM}]}{\Phi_{=}} = \frac{\Phi_B}{U_2/U_1} \cdot \frac{U_2}{U_B} = \frac{200}{0{,}533/1{,}55} \cdot U_2 = 242 \underset{[\mathrm{V}]}{U_2} \tag{5a}$$

wenn man vom errechneten Wert für U_2 ausgeht (vollständige Integration), bzw.

$$\underset{[\mathrm{mM}]}{\Phi_{=}} = \frac{\Phi_B}{U_{2\mathrm{m}}/U_1} \cdot \frac{U_{2\mathrm{m}}}{U_B} = \frac{200}{760/1{,}55} \, \frac{U_{2\mathrm{m}}}{1{,}55} = 263 \cdot \underset{[\mathrm{V}]}{U_{2\mathrm{m}}} \, [\mathrm{V}] \tag{5b}$$

wenn man vom Meßwert $U_{2\mathrm{m}}$ ausgeht (teilweise Integration).

Erzeugt beispielsweise ein Symmetrierband auf einem gestörten Gerät eine Störspannung von 100 mV, dann ist der schädliche Gleichfluß nach Gl. (5 b):

$$\Phi_{=} = 263 \cdot U_{2\mathrm{m}} = 263 \cdot 0{,}1 = 26{,}3 \; [\mathrm{mM}]$$

und liegt etwa 18 dB unter dem Bezugsfluß von 200 mM, ein Wert, der z. B. durch schlechte Einstellung des Symmetrierpotentiometers in der Praxis durchaus eintreten kann. Der Gleichfeldrauschspannungsabstand eines normalen Bandes beträgt dann auf diesem Gerät etwa 58 dB. Klebestellen werden aber mit einem Abstand von 18 dB bemerkbar.

Im Studiobetrieb ist im allgemeinen immer ein Bezugsband zur Einpegelung der Maschine vorhanden, so daß mit den bisherigen Angaben eine recht genaue Ermittlung eines störenden Gleichflusses gewährleistet ist. Bei einer abweichenden Normierung vom üblichen Spannungswert von 1,55 Volt gelten folgende Umrechnungsformeln, wenn beim Abspielen des Bezugspegels auf die Spannung U_B eingestellt wird:

$$U_2 = 0{,}533 \; U_B$$

$$\Phi_{=} = \frac{\Phi_B}{0{,}533} \cdot \frac{U_2}{U_B}$$

(für vollständige Integration), bzw.

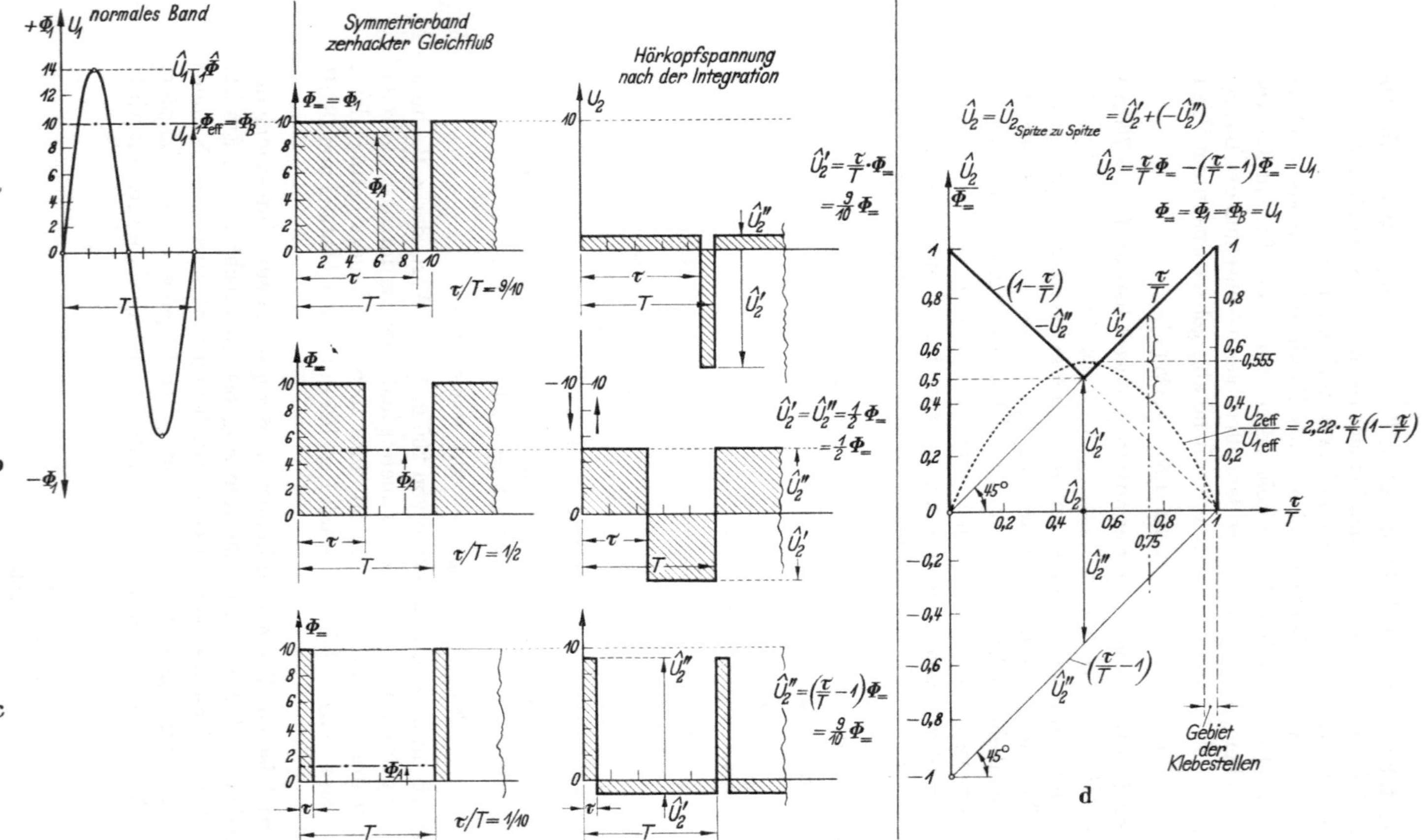

Abb. 6. Ermittlung der Spitzenspannungsamplitude $\hat{U}_2$ eines Symmetrierbandes mit sprossenförmigen Schichtunterbrechungen aus dem zerhackten Gleichfluß $\Phi_=$ entsprechend der Abb. 5 für verschiedenes Tastverhältnis τ/T. (Maßzahlen für Fluß Φ und Spannung U sind gleich gewählt.)

a) $\tau/T = 9/10$ $\quad \hat{U}_2' = \tau/T \cdot \Phi_=$
b) $\tau/T = 1/2$ $\quad \hat{U}_2' = \hat{U}_2'' = 1/2\,\Phi_=$
c) $\tau/T = 1/10$ $\quad \hat{U}_2'' = (\tau/T - 1)\,\Phi_=$
$\Bigg\}\ \Phi_= = \Phi_B = U_{1\,eff}$

d) $\hat{U}_2/\Phi_= = \varphi(\tau/T)$ Maximum für $\tau/T \to 1$ bzw. $\tau/T \to 0$

Günstigster Kompromiß bezügl. Effektiv- und Spitzenspannung: $\tau/T = 0{,}75$ oder $0{,}25$.

$$U_{2m} = 0{,}49\ U_B$$

$$\Phi_= = \frac{\Phi_B}{0{,}49} \cdot \frac{U_{2m}}{U_B}$$

(für teilweise Intergation des Wiedergabeverstärkers),

wobei U_2 die vom Symmetrierband erzeugte effektive Störspannung bei idealer Integration des Wiedergabeverstärkers ist und U_{2m}, falls nur eine teilweise Integration erfolgt. Werden Geräte mit den Bandgeschwindigkeiten 19 bzw. 9,5 geprüft, dann ist für den Bezugspegel $\Phi_{,B} = 160$ mM einzusetzen. Die Grundfrequenz des Symmetrierbandes beträgt dann 40 Hz bzw. 20 Hz. Es ist ein evtl. Abfall im Frequenzgang des Verstärkers bei diesen tiefen Frequenzen zu beachten.

5. Die Hörbarkeit von Klebestellen. Einfluß von Schnittwinkel und Schnittbreite

Bei den bisherigen Betrachtungen über die induzierte Spannung eines Symmetrierbandes mit sprossenartigen Unterbrechungen handelte es sich um einen eingeschwungenen Zustand eines periodischen Vorganges, bei dem Ein- und Ausschwingvorgänge nicht zu berücksichtigen waren. Anders liegen die Verhältnisse bei der Einzelunterbrechung durch eine Klebestelle. Hier treten elektrische Ein- und Ausschwingvorgänge in den Verstärkerelementen und mechanische bei der Schwingspule des Lautsprechers auf, die nur experimentell beim vorliegenden Übertragungskanal überprüft werden können.

Während für Meßzwecke der Effektivwert der vom Symmetrierband am Ausgang des integrierenden Wiedergabeverstärkers abgegebenen Spannung interessiert, ist für die Hörbarkeit von senkrecht ausgeführten Klebestellen aber nicht der Effektivwert der Spannung maßgebend, sondern der Spitzenwert. In Abb. 6 sind für verschiedene Tastverhältnisse $\tau/T = 0{,}9$, $0{,}5$ und $0{,}1$ die Amplitudenverhältnisse für den Gleichfluß $\Phi_=$ und die sich nach der Integration ergebende Impulsspannung dargestellt, wobei die gleichen Voraussetzungen bezüglich des Fluß- bzw. Spannungsmaßstabes gemacht wurden wie bei Abb. 5. Die Flächen der Impulsspannung zu beiden Seiten der Null-Linie innerhalb einer Periode T müssen wieder gleich sein, da Gleichstromkomponenten bei der Differentiation durch den Hörkopf unterdrückt werden. Die Spannung von Spitze zu Spitze ist, unabhängig vom Verhältnis τ/T, proportional dem Gleichfluß und damit dem Effektivwert $U_{1\mathrm{eff}}$ der Tonfrequenzspannung eines normalen Bandes gleich. Bezeichnet man mit $\hat{U}_2'$ und $\hat{U}_2''$ die beiden Teilamplituden unter- und oberhalb der Null-Linie, so gilt:

$$\hat{U}_2 = \hat{U}_{2\ \mathit{Spitze\ zu\ Spitze}} = \hat{U}_2' + \hat{U}_2'' = \Phi_= = U_{1\mathrm{eff}}.$$

In Abb. 6 d sind diese beiden Teilamplituden als Funktion von τ/T dargestellt durch die beiden unter 45° geneigten Geraden durch die Punkte $\tau/T = 0$ bzw. 1.

Man erhält für:

$$\hat{U}_2' = \tau/T \cdot \Phi_=$$

und für $\hat{U}_2''$

$$\hat{U}_2'' = (\tau/T - 1) \cdot \Phi_= \tag{6}$$

Unser Interesse gilt jeweils der größeren der beiden Teilamplituden für ein vorgegebenes Verhältnis τ/T. Man erhält hierfür den M-förmigen Verlauf durch Kommutieren von $\hat{U}''_2$. Für die Grenzfälle $\tau/T = 0$ bzw. 1, nämlich dem unbeschichteten bzw. vollbeschichteten Band, wird die Spannung 0. In den praktisch ausführbaren Grenzfällen wird das Verhältnis $\hat{U}_2/\Phi_=$ aber nahezu 1. In den Abb. 6 a bzw. 6 c sind diese angenäherten Grenzfälle für ein Verhältnis $\tau/T = 0{,}9$ bzw. 0,1 dargestellt. Bild 6 a entspricht dem Fall von senkrecht ausgeführten Klebestellen. In Abb. 6 d ist punktiert auch der Effektivwert von U_2 aus Abb. 5 d eingetragen, der an den Grenzen $\tau/T = 0$ bzw. 1 zu 0 wird.

Als praktische Schlußfolgerung daraus ergibt sich, daß für Meßzwecke ein Symmetrierband mit einem Tastverhältnis $\tau/T = 0{,}5$ optimal ist, weil es beim Messen mit einem in Effektivwerten geeichten Spannungsmesser für einen vorgegebenen Gleichfluß die größte Spannung liefert. Für eine subjektive Abhörkontrolle ergibt jedoch ein Symmetrierband mit sehr schmalen oder sehr breiten Unterbrechungen $\tau/T \to 1$ bzw. 0 die größten Amplitudenwerte, die um 6 dB höher liegen als beim optimalen Verhältnis $\tau/T = 0{,}5$. Als günstigster Kompromiß für ein Symmetrierband, das zu Meß- und Abhörzwecken gleichzeitig dienen soll, bietet sich ein Verhältnis $\tau/T = 0{,}75$ an, weil der Verlust an effektiver Spannung bzw. Spitzenspannung etwa gleich verteilt ist.

Eine exakte Darstellung der Amplitudenverhältnisse bei einer einzelnen Klebestelle ist nicht möglich, weil hier im Gegensatz zu kontinuierlichen Funktionen Ein- und Ausschwingvorgänge auftreten, die von den Einzelelementen des integrierenden

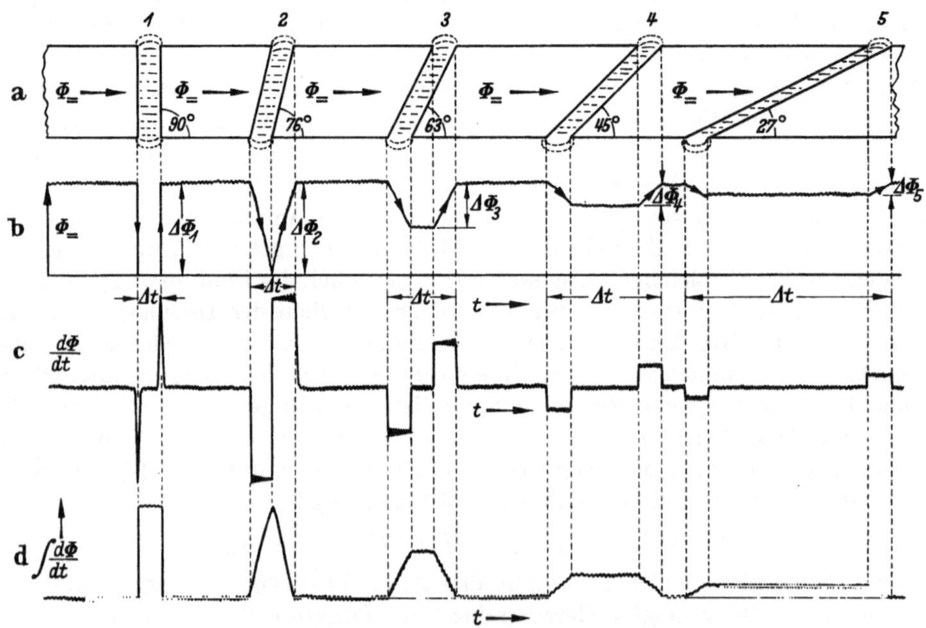

Abb. 7. Schnittstellen verschiedener Ausführung.
a) – d). Trennspalt mit gleicher Breite aber verschiedenem Spaltwinkel.
Ergebnis: geringste Störspannung wenn der Winkel kleiner oder gleich 45°.

Wiedergabeverstärkers zu weitgehend beeinflußt werden. Wir wollen uns daher nur auf eine qualitative Betrachtung jener Maßnahmen beschränken, die zu einer Verringerung der Störwirkung von Klebestellen führen, wenn Bandaufnahmen infolge eines gestörten Gerätes einen Gleichfluß aufweisen. Im Filmbetrieb ist das Schneiden und Kleben einzelner Magnetbandaufnahmen zu einem ganzen Film die Regel. Die Schnittstellen legt man allgemein in die Besprechungspausen, wo ihre Hörbarkeit besonders störend empfunden wird.

Aus der Formel für die im Hörkopf mit der Windungszahl w induzierte Spannung $U = -w \cdot d\Phi/dt \cdot 10^{-8}$ [V] kann man die Vorschrift ablesen, die zu einer Verringerung der Spannung führt. Es muß die Flußänderung $\Delta\Phi$ möglichst klein und die Zeit Δt, in der diese Flußänderung erfolgt, möglichst groß gemacht werden. Die geeignetste Maßnahme ist demnach ein schräger Schnitt. Wie Abb. 7 zeigt, wird bei gleichem Abstand der beiden Bandenden die Flußänderung $\Delta\Phi$ mit abnehmendem Winkel der Schnittstelle zur Bandkante kleiner und gleichzeitig die Zeit Δt durch die Verlängerung der Schnittstelle größer. 7 a zeigt die Ausführung der Schnittstelle, 7 b die Flußänderung $\Delta\Phi$, 7 c die induzierte Hörkopfspannung $d\Phi/dt$. 7 d schließlich stellt die integrierte Hörkopfspannung dar. Sie gleicht in der Form wieder der Gleichflußänderung von 7 b.

In der Abb. 8 a bis d sind 4 Klebestellen dargestellt, die unter 45° geschnitten sind, wobei die Entfernung der Bandenden im Verhältnis 8 : 1 reduziert wird. Bei angenähert konstantem Δt wird die Flußänderung $\Delta\Phi$ etwa im gleichen Ausmaß 8 : 1 reduziert. Im Gegensatz zum senkrechten Schnitt, wo besonders sorgfältig ausge-

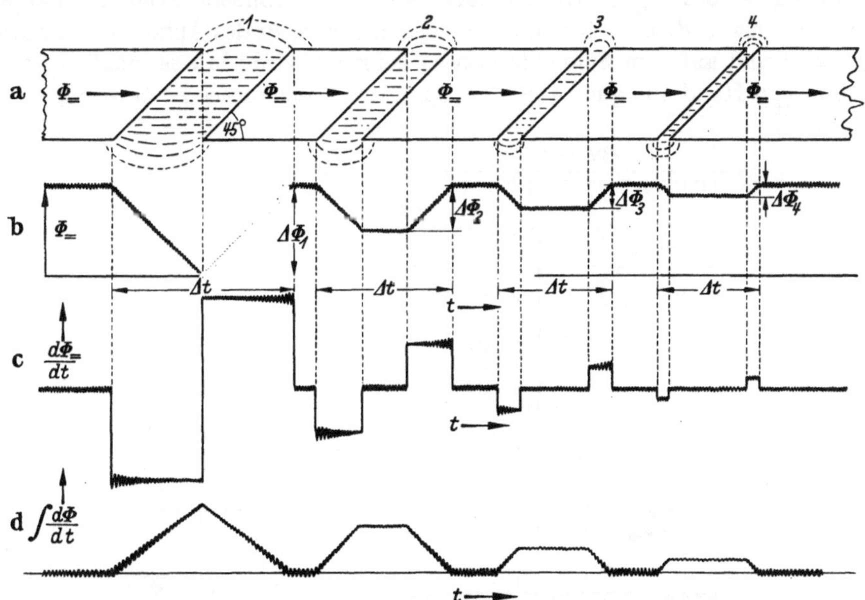

Abb. 8 a – d. Konstanter Schnittwinkel 45°, aber verschiedene Breite des Trennspaltes.
Ergebnis: geringste Störspannung wenn der Spalt sehr schmal ist.
(Gegensatz zu senkrechten Schnittstellen, dort gibt der schmale Spalt die größte Spannung).

führte Klebestellen, bei denen die Bandenden sich praktisch berühren, die größte Störspannung ergeben, weil dann Δt besonders klein und die Grundfrequenz damit sehr störend hoch wird und die Amplitude wegen $\tau/T \rightarrow 1$ am größten wird, kann beim schrägen Schnitt durch sorgfältige Ausführung der Klebestelle die Störspannung bis zur Unhörbarkeit reduziert werden.

5.1. Beseitigung der Hörbarkeit von senkrecht geschnittenen Klebestellen

Vor der Kenntnis der Zusammenhänge zwischen der Hörbarkeit von Klebestellen und schädlichem Gleichfluß des Bandes hatte man in der Filmindustrie, wo im allgemeinen immer mit senkrechten Klebestellen gearbeitet wird, die praktische Erfahrung gewonnen, daß es gelingt, Klebestellen mit sehr großer Lautstärke durch Abschaben der Magnetschicht in der Umgebung der Klebestelle auf eine tolerierbare Lautstärke zu reduzieren. Nach den obigen Überlegungen bedeutet dies eine Vergrößerung des Zeitintervalls Δt und infolgedessen eine Erniedrigung der Grundfrequenz. Hinzu kommt, daß durch das Abschaben kein steiler Sprung in der Flußänderung $\Delta\Phi$ auftritt, sondern eine kontinuierliche Abnahme der Schichtdicke und damit des Gleichflusses eintritt. Der Spannungsverlauf wird dadurch sinusähnlicher, und es entfallen die im Bereiche größter Ohrempfindlichkeit liegenden Oberwellen einer Rechteckspannung. Die Grundfrequenz kann so tief werden, daß sie außerhalb des Übertragungsbereiches des Verstärkers fällt.

Wirkungsvoller als mit dieser Methode und mit weniger Zeitaufwand verbunden gelingt es, den schädlichen Gleichfluß durch einen auf die Schnittstelle beschränkten Löschvorgang zu beseitigen. Hierzu kann ein handelsüblicher Studiolöschkopf in Ringkernausführung dienen, der vom Löschstromgenerator des Aufsprechverstärkers gespeist wird und auf dem Schneidetisch so befestigt wird, daß es möglich ist, den Magnetfilm von Hand aus quer über den Spalt des Löschkopfes zu bewegen.

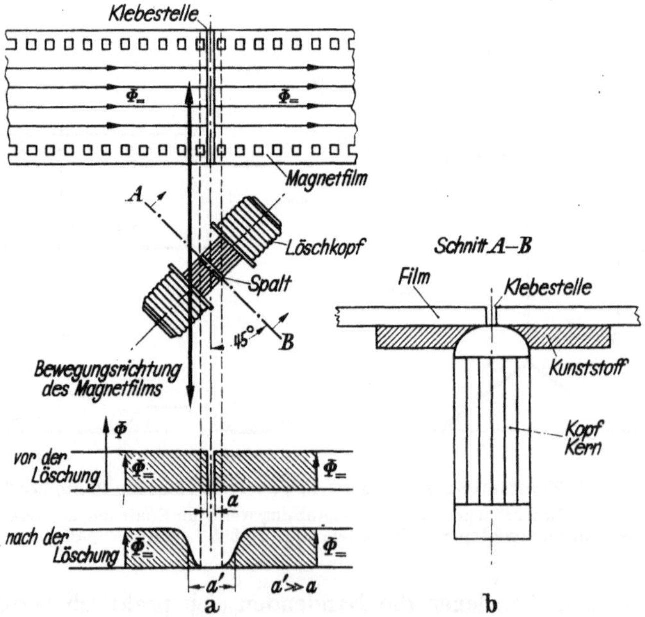

Abb. 9. Nachträgliche Beseitigung der Hörbarkeit von senkrechten Filmklebestellen durch HF-Löschung der Schnittstellenumgebung mittels Löschkopf.

Die Löschung beschränkt sich dann auf die unmittelbare Umgebung der Schnitt- bzw. Klebestelle. Diese wird unter leichtem Druck gegen den Spalt des Löschkopfes gepreßt und der Film entlang seiner Breite so über den Spalt bewegt, daß die Klebestelle mit dem Spalt einen Winkel von 45° bildet, wie es in Abb. 9 angedeutet ist.

Die gelöschte Stelle *a'* ist nun wesentlich breiter geworden als der ursprüngliche schmale Spalt *a* der Trennstelle. Außerdem sind die Flanken der Flußunterbrechung nicht mehr steil, sondern infolge des Streufeldes des Löschkopfspaltes sinusähnlich, so daß der induzierte Spannungsstoß im wesentlichen nur aus der Grundfrequenz besteht, die durch die Verbreiterung von *a* auf *a'* sehr tief ist und dadurch die untere Grenzfrequenz des Verstärkers unterschreitet. Sie fällt damit außerhalb des Übertragungsbereiches der Anlage und das Ergebnis ist eine unhörbare Klebestelle. Die Führung des Films unter 45° bzw. einem kleineren Winkel bezweckt, nur die Projektion des rund 6,5 mm langen Löschkopfspaltes wirksam werden zu lassen. Dies kann notwendig werden, wenn in der Aufnahme geschnitten werden muß und die Aufzeichnung bis an die Schnittstelle heranreicht. Wo diese Beschränkung nicht besteht, kann der Löschkopfspalt senkrecht zur Schnittstelle angeordnet werden. Es empfiehlt sich, im Sinne einer kontinuierlichen Abnahme des Löschkopffeldes von der Schnittstelle, den Löschkopfkern in der Nähe des Spaltes abzurunden, so daß der Kernquerschnitt im Spalt an der Oberfläche einen Kreisbogen bildet. Anschließend wird eine Kunststoffkappe aufgesetzt, die zwecks exakter Filmführung wieder plan geschliffen wird (vergl. Abb. 9 b).

6. Ursachen für die Gleichfeldmagnetisierung eines Magnetbandes

Jede Berührung des Magnetbandes mit einem genügend kräftigen Permanentmagneten hinterläßt auf dem laufenden Band einen magnetischen Gleichfluß. Um die Fehlermöglichkeiten auf ein Minimum zu reduzieren, empfiehlt es sich, alle Bandführungselemente aus unmagnetisierbarem Material herzustellen. Unsere Betrachtungen brauchen sich dann nur auf die drei Magnetköpfe, den Lösch-, Sprech- und Hörkopf zu beschränken, deren Kerne notwendigerweise aus ferromagnetischem Material bestehen müssen. Die Funktion dieser drei Magnetköpfe kann durch folgende drei Fehlerursachen gestört sein, die einzeln bzw. überlagert entweder einen Gleichfluß im Band erzeugen oder aber die gleichen Störungen wie ein solcher bewirken können, obwohl das Band selbst nicht magnetisiert ist.

6.1. Remanente Kerne

Das Berühren der Kerne mit einem magnetisierten Werkzeug (z. B. Schraubenzieher) oder Ein- und Ausschaltvorgänge in den angeschlossenen elektrischen Kreisen, können zu einer remanenten Magnetisierung dieser Kerne führen.

6.2. Unsymmetrische HF-Magnetisierungsströme

Bei der magnetischen Schallaufzeichnung wird heute ausschließlich mit hochfrequenten Wechselströmen beim Löschen und bei der Vormagnetisierung gearbeitet. Das Magnetband durchläuft z. B. beim Löschen das an- und abklingende Wechselfeld des Löschkopfspaltes, wird dabei unter sehr schnell wechselnden Magnetisierungszyklen bis zur Sättigung magnetisiert und gelöscht. Unter Annahme eines remanenzfreien Kopfkernes verläßt das Magnetband aber nur dann das abklingende Spaltfeld magnetisch neutral, wenn der Hochfrequenzwechselstrom keine phasenverschobenen geradzahligen Oberwellen aufweist. Jede Amplituden-Unsymmetrie erzeugt auf dem Magnetband eine Gleichfeldremanenz. Dies gilt sowohl für den Löschstrom als auch für den hochfrequenten Vormagnetisierungsstrom des Sprechkopfes.

6.3. Äußere Magnetfelder

Wirkt in der Spaltzone des Lösch- oder Sprechkopffeldes gleichzeitig mit dem hochfrequenten Wechselfeld ein verschwindend kleines äußeres Gleichfeld (z. B. das magnetische Erdfeld) ein, das ohne Vorhandensein des Wechselfeldes nicht ausreicht, das Band zu magnetisieren, so kann es einen Gleichfluß erzeugen, wie er ohne Einwirkung dieser idealisierenden Wechselfelder nur durch ein um 2 — 3 Zehnerpotenzen größeres Gleichfeld hervorgerufen würde. Der gleiche Effekt tritt beim Löschen ganzer Bandspulen ein, wenn das Abmagnetisieren mittels Wechselfeld im Erdfeld erfolgt.

Im folgenden wollen wir diese Fehlerursachen und ihre Analyse mittels Symmetrierband näher betrachten.

6.1. Remanente Kopfkerne, Fragestellung:

Mit diesen Betrachtungen wollen wir versuchen, auf folgende, für die Praxis wichtige Fragen eine Antwort zu geben:

a) Sättigungsremanenz der Kopfkerne? Wie groß ist die Remanenz eines Kernes aus Mumetall beim Hör-, Sprech- und Löschkopf, der bis zur Sättigung magnetisiert wurde.

b) Bandgleichfluß infolge der Sättigungsremanenz bei der Wiedergabe allein? Welchen Gleichfluß kann diese Sättigungsremanenz des Kopfkernes in einem Magnetband bei der Wiedergabe erzeugen, wenn also kein zusätzliches Wechselfeld überlagert wird?

c) Qualitätsbeeinträchtigung von Bandaufnahmen, die mit remanenten Köpfen wiedergegeben werden? Besteht die Gefahr einer Löschung bei der Wiedergabe von Bandaufnahmen durch die Sättigungsremanenz eines Kopfkernes? Wenn nicht, welche Qualitätsbeeinträchtigungen können auftreten?

d) Kann der Sättigungsbandfluß die Köpfe remanent magnetisieren? Kann bei einem stark magnetisierten Band beispielsweise dessen Sättigungsbandfluß seinerseits wieder eine Remanenz im empfindlichen Kopfkern erzeugen? Eine Erscheinung, wie sie bekanntlich beim Berühren mit einem magnetischen Schraubenzieher auftritt. Für die Praxis ist dies wichtig, weil gegebenenfalls eine reproduzierbare Überwachung des Gerätezustandes auf Störungsfreiheit überhaupt in Frage gestellt wird und evtl. der Einsatz von Bändern mit hohem Sättigungsbandfluß problematisch wird. Ein hoher Sättigungsbandfluß wird im Sinne einer Dynamiksteigerung angestrebt.

e) Wirkung der Kopfremanenz bei der Aufnahme mit überlagertem Wechselfeld. Wie wirkt sich die Sättigungsremanenz des Kopfkernes bei der Aufnahme aus, wenn dem remanenten Gleichfluß des Lösch- bzw. Sprechkopfkernes gleichzeitig ein Wechselfluß durch das hochfrequente Wechselfeld überlagert wird? Durch welche Maßnahmen kann die zu erwartende Empfindlichkeitssteigerung infolge der idealisierenden Wirkung dieses Wechselfeldes kompensiert werden? Besonders gefährdet erscheint der kombinierte Hör-Sprechkopf bei Amateurgeräten.

6.1.1. Sättigungsremanenz eines Mumetallkernes. Die Fragestellung nach der Größe der Sättigunsgremanenz überrascht zunächst, weil es sich bei dem verwendeten Mumetall um eine weichmagnetische Eisennickellegierung mit besonders kleiner Koerzitivkraft handelt, die allgemein als „remanenzfrei“ angesehen wird. Bestärkt wird man in dieser Annahme durch den Umstand, daß ein stark magnetisierter Blechstreifen aus diesem Metall auf Eisenpulver keinerlei anziehende Wirkung ausübt.

Diese Erscheinung erklärt sich aus dem sehr unterschiedlichen Verhalten eines ferromagnetischen Materials im geschlossenen, d. h. luftspaltlosen, und im offenen, d. h. mit einem Luftspalt versehenen (gescherten) magnetischen Kreis. Zwei Werkstoffe zu einem Ringkern geformt, mit beispielsweise gleicher Sättigungsinduktion B_S, aber sehr unterschiedlicher Koerzitivkraft H_C, können im geschlossenen Magnetkreis die gleiche Sättigungsremanenz B_R aufweisen. Bringt man in diesem Ringkern einen kleinen Luftspalt an, so ändert sich beim Werkstoff mit großer Koerzitivkraft die Remanenz nur wenig, beim Werkstoff mit kleiner Koerzitivkraft hingegen sehr stark. Nimmt man die Hystereseschleife auf, so ist diese gegenüber dem Fall des geschlossenen Kreises sehr stark geneigt. Sie kann durch Scherung an einer Geraden durch den Ursprung aus der ursprünglichen Hystereseschleife gewonnen werden. Die Neigung dieser Scherungsgeraden $N = H/B = \operatorname{tg} \alpha$ (vgl. Nebenskizze in Abb. 10) wird als Entmagnetisierungsfaktor bezeichnet und ist für kleine Luftspalte in sehr guter Nährung gleich:

$$N = \frac{s}{l_E} \tag{7}$$

wenn s die Breite des Luftspaltes und l_E die mittlere Länge der Kraftlinien im Eisenkern ist. Der Schnittpunkt dieser Scherungsgeraden mit der Hystereseschleife bestimmt die Sättigungsremanenz B'_R des durch einen Luftspalt gescherten Kreises. Um die gleiche Induktion zu erhalten wie im ungescherten Kreis, ist nunmehr eine größere Feldstärke H' erforderlich, weil sich an den spaltbegrenzenden Flächen Pole ausbilden, die ein gegenläufiges inneres Magnetfeld verursachen, welches das angelegte äußere Magnetfeld schwächt. Das innere Magnetfeld wirkt also entmagnetisierend. Es ist der Induktion proportional und durch die Neigung N, dem Entmagnetisierungsfaktor, bestimmt. N ist in erster Linie eine Funktion der geometrischen Form der Probe, bzw. der Größe des Luftspaltes.

In Abb. 10 ist die Magnetisierungskurve (Neukurve, wenn vom Ursprung aus bis in die Sättigung magnetisiert wird) die obere Hälfte der Grenzhystereseschleife (wenn anschließend die Feldstärke seine Polrichtung von $+ H_S$ bis $- H_S$ wechselt) und die Remanenzkennlinie, also der Zusammenhang zwischen der Feldstärke und der remanenten Magnetisierung, *nach* der Einwirkung dieser Feldstärke für Mumetall dargestellt. [*3*] Die gleiche Form der Kennlinien weist auch das in der Magnetschicht eingebettete Eisenoxyd moderner Magnetbänder auf. [*3*] Wählt man einen geeigneten Maßstab für die Induktion B und die Feldstärke H (im Bild rechts für Mumetall, links für Eisenoxyd), so gelten die gleichen Kurven für beide Werkstoffe. Weil das betrachtete Eisenoxyd, im Gegensatz zum Mumetall mit einer Anfangs-Permeabilität (magnetische Leitfähigkeit) von $\mu_A = 25\,000$, nur ein $\mu_A = 2{,}4$ aufweist (die Anfangspermeabilität $\mu_A = B/H \to 0$ ist bestimmt durch die Neigung der Neukurve im Ursprung $H = 0$ und praktisch parallel zur Tangente an die Hystereseschleife im

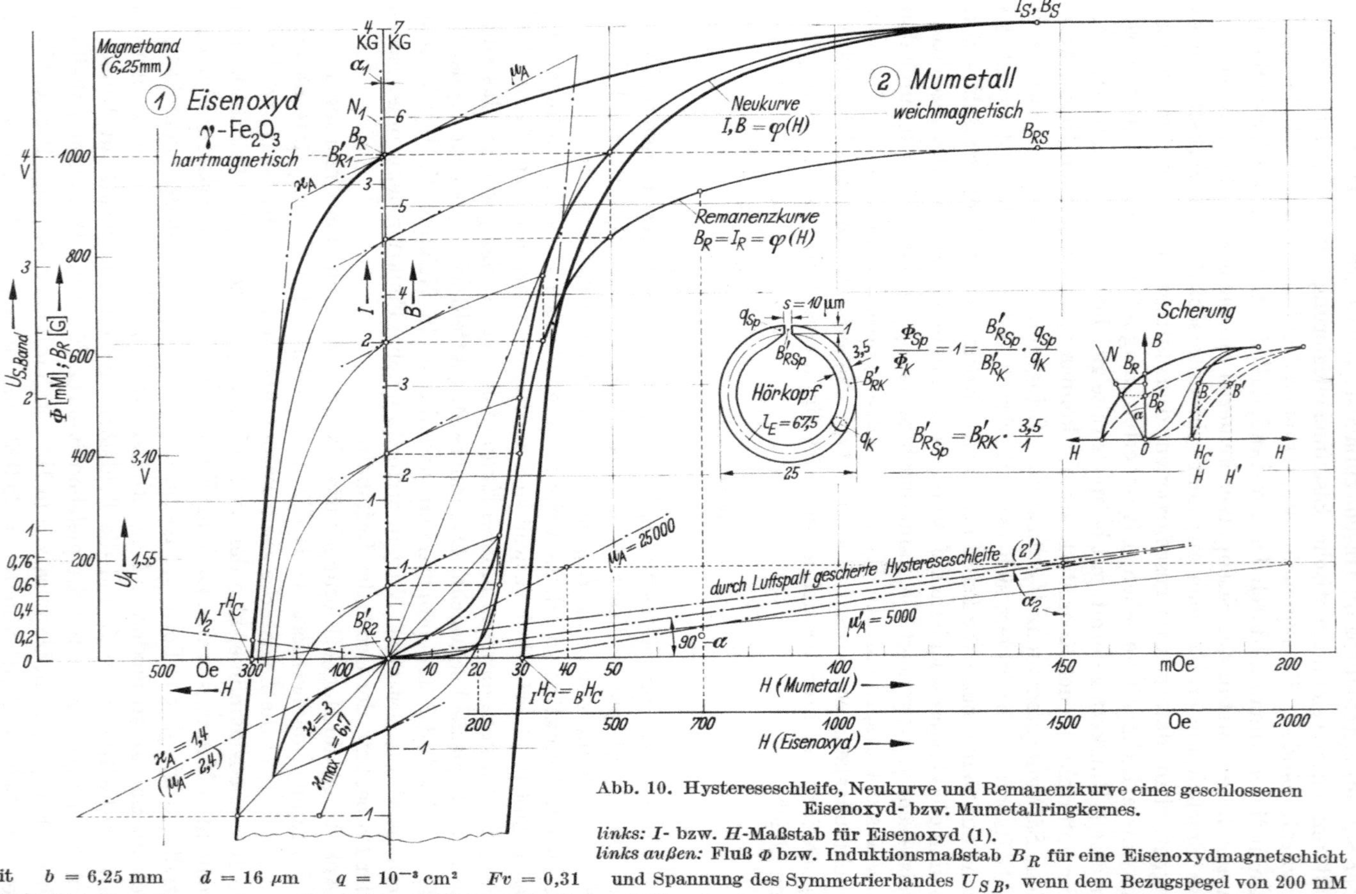

Abb. 10. Hystereseschleife, Neukurve und Remanenzkurve eines geschlossenen Eisenoxyd- bzw. Mumetallringkernes.

links: I- bzw. H-Maßstab für Eisenoxyd (1).

links außen: Fluß Φ bzw. Induktionsmaßstab B_R für eine Eisenoxydmagnetschicht mit $b = 6{,}25$ mm $d = 16\ \mu$m $q = 10^{-3}$ cm² $Fv = 0{,}31$ und Spannung des Symmetrierbandes U_{SB}, wenn dem Bezugspegel von 200 mM 1,55 V U_A entsprechen.

rechts: B- bzw. H-Maßstab für Mumetall (2). Gescherte Hystereseschleife eines Mumetall-Hörkopfes mit 10 μm Luftspalt (2') Scherungsgeraden: $N_1 = N_2$ Anfangspermeabilität: $\mu_A = B/H_{\to 0}$, Anfangssuszeptibilität: $\varkappa_A = I/H_{\to 0}$

Remanenzpunkt. Bei Vorliegen der Hystereseschleife kann sie aus dieser Tangente ermittelt werden), ist hier an der Stelle der Induktion B die Magnetisierung I zu verwenden, wobei zwischen beiden die Beziehung

$$B = I + H = \varkappa \cdot H + H = (\varkappa + 1)\, H = \mu \cdot H \qquad \begin{array}{ll} B, I & [\text{Gauß}] \\ H & [\text{Oerstedt}] \end{array}$$

$$\mu = \varkappa + 1$$

besteht. Wenn μ sehr groß wird, wie z. B. beim Mumetall, dann ist der Unterschied zwischen der Permeabilität μ und der Suszeptibilität $\varkappa$ vernachlässigbar und es kann $I = B$ gesetzt werden. Bei hochkoerzitiven Stoffen mit geringer Permeabilität muß aber zwischen der Magnetisierungskoerzitivkraft ${}_IH_C$ und der Induktionskoerzitivkraft ${}_BH_C$ unterschieden werden, je nachdem ob die Hystereseschleife die Magnetisierung I oder die Induktion B darstellt. Der Magnetisierungskoerzitivkraft ${}_IH_C$ wird der Vorzug gegeben, weil sie scherungsunabhängig ist. Bei der Remanenzkurve kann diese unterschiedliche Betrachtungsweise entfallen, weil I_R gleich B_R ist. Scherungsunabhängige Größen sind: die Sättigungsmagnetisierung I_S bzw. Sättigungsinduktion B_S und die Magnetisierungskoerzitivkraft ${}_IH_C$. Scherungsabhängige

Zu Abb. 10

Bezeichnung	hartmagnetisch Eisenoxyd $\gamma\, Fe_2O_3$	weichmagnetisch Mumetall	Formel	Dimension
Magnetisierungs-, Induktions-koerzitivkraft	${}_IH_C = 300$ Oe	${}_IH_C = {}_BH_C = H_C = 30$ mOe	${}_IH_C$, ${}_BH_C$, H_C	Oerstedt
Magnetisierung, Induktion, Sättigungswerte	$I_S = 4000$ G	$I_S = B_S = 7000$ G	$I = \varkappa \cdot H$, $B = \mu \cdot H$	Gauß
remanente Magnetisierung = rem. Induktion nach der Sättigung	$I_R = B_R = 3200$ G	$B_R = 5600$ G	$I_R = B_R$	Gauß
relative Remanenz	$I_R/I_S = 0{,}8$	$B_R/B_S = 0{,}8$		–
Anfangs-Permeabilität bzw. -Suszeptibilität	$\mu_A = (\varkappa_A + 1) = 2{,}4$	$\mu_A = \varkappa_A = 25\,000$	$\mu_A = B/H_{\to 0}$, $\varkappa_A = I/H_{\to 0}$	– –
scheinbare Anfangs- Permeabilität = Anf. Perm. im gescherten Kreis	$\mu'_A \doteq \mu_A = 2{,}4$	$\mu'_A \doteq \frac{l_E}{S} = 6750$	$\mu'_A = \frac{1}{1/\mu_A + S/l_E}$	–
Entmagnetisierungs-Faktor Neigung der Scherungsgeraden	$N_1 = 15 \cdot 10^{-5}$	$N_2 = 15 \cdot 10^{-5} = \frac{1}{\mu'_A}$	$N = \frac{S}{l_E} = H/B = \operatorname{tg} \alpha$	Oe/G
scheinbare Sättigungsremanenz = Remanenz im gescherten Kreis	$B'_{R1} \doteq B_R = 3195$ G	$B'_{R2} \doteq \frac{H_C}{N} = 200$ G	$B'_R \doteq \frac{1}{1/B_R + N/{}_IH_C}$	Gauß
Sättigungs-Flußdichte im Kernquerschnitt des Spaltes bei einer Querschnittsverjüngung 1 : 3,5. Sie ergibt die Spaltfeldstärke H_{sp}.	${}_1B_{R\,spalt} = {}_1H_{spalt} = B'_{R_1} = 3195$ G	${}_2B'_{R\,spalt} = H_{spalt} = 3{,}5\, B'_{R_2} = 7000$ G	$B'_{Rsp} = H_{sp} = \frac{q_K}{q_{sp}} \cdot B'_R$	Gauß Oerstedt
remanenter Bandfluß in Maxwell			Φ_R [M]	Maxwell
Bandinduktion [G] wenn Querschnitt in (cm²)			$B_R = \Phi_R/q = \Phi_R/bd$	Gauß

Größen sind: Die Remanenz, die Induktionskoerzitivkraft ${}_BH_C$, die Permeabilität, die Neukurve, die Remanenzkurve und die Hystereseschleife.

In die Induktionsbestimmung $B = \Phi/q$ bzw. $I = \Phi/q$ geht der Querschnitt q des Kernes ein. Beim Kernquerschnitt hat man zu unterscheiden zwischen dem geometrischen Querschnitt, bestimmt durch die Breite b und die Dicke d: $q_{\text{geom}} = b \cdot d$ und dem aus Kerngewicht G, Dichte ϱ und mittlerem Eisenweg l_E gerechneten Eisen- bzw. Oxydquerschnitt: $q_{\text{Fe}} = \frac{G}{l_E \cdot \varrho}$. Das Verhältnis beider Querschnitte wird als „Volumenfüllfaktor" F_V bezeichnet. Der Mu-Metallkern besteht aus einzelnen Blechlamellen. Der Füllfaktor ist angenähert gleich 1. Ein Ringkern aus Eisenoxydpulver weist einen Füllfaktor von ca. 0,3 auf. Ähnlich liegen die Verhältnisse bei einer Magnetschicht, in der das Eisenoxyd in einem Lackbindemittel eingebettet ist. Der an der Hystereseschleife angeschriebene Maßstab für die Magnetisierung I bezieht sich auf ein „unendlich dicht" gepacktes Eisenoxyd, dessen Dichte $\varrho = 5$ beträgt. Links ist der Magnetisierungsmaßstab für eine Magnetschicht von 16 μm Dicke und 6,25 mm Breite ($q_{\text{goem}} = 10^{-3}$ cm²) mit einem Volumenfüllfaktor $F_V = 0{,}31$ angeschrieben, außerdem der Maßstab für den remanenten Bandfluß Φ_R. Für den Fall eines Studiohörkopfes mit einer Spaltbreite von $s = 10\,\mu$m, dessen Kernabmessungen aus der Nebenskizze in Abb. 10 zu ersehen sind, errechnet sich der Entmagnetisierungsfaktor $N = s/l_E = 15 \cdot 10^{-5} = N_1 = N_2$. Die daraus ermittelte Scherungsgerade N_1 für den Oxydkern fällt praktisch mit der I bzw. B-Achse zusammen, es tritt keine Scherung auf, die Remanenz bleibt unverändert $B'_{R1} = B_R$. Für den Mu-Metallkern hingegen ist die Scherungsgerade N_2 sehr stark geneigt und mit ihr die gescherte Hystereseschleife. Im ersten Fall erhalten wir ein starkes Kraftfeld zwischen den beiden Polen des Spaltes (starker Permanentmagnet). Im Fall des Mu-Metallkernes hingegen ist die Sättigungsremanenz auf den kleinen Wert B'_{R2} gesunken, der sich mit praktisch ausreichender Genauigkeit errechnet aus:

$$B'_R = \frac{1}{1/B_R + N/{}_IH_C} \doteq \begin{cases} B_R = 3195\ \text{G} & \text{für den Oxydkern} \\ {}_IH_C/N \doteq 200\ \text{G} & \text{für den Mumetallkern} \end{cases} \tag{8}$$

Zur Empfindlichkeitssteigerung des Kopfes verjüngt man den Kernquerschnitt im Spalt im Verhältnis 3,5 : 1. Da der Fluß im Kern über den gesamten Querschnitt konstant sein muß, steigt dadurch die Flußdichte im Spalt auf $B'_{R\,\text{Spalt}} = 3{,}5\; B'_{R\,\text{Kern}}$ von 200 auf 700 Gauß. Diese Induktion wirkt als Feldstärke im Spalt auf das Magnetband ein und kann in diesem einen Gleichfluß zwischen 25 — 900 mM erzeugen, je nach dem Grad der Querschnittsverjüngung im Spalt, der vom Abnutzungszustand des Kopfes abhängt. Diese Werte ergeben sich als Schnittpunkt der Feldstärke mit der Remanenzkurve, abgelesen am Flußmaßstab des Bandes. Ein Symmetrierband müßte eine Spannung U_{SB} von 95 bis 3650 mV anzeigen, wenn dem Bezugspegel von 200 mM eine Spannung des Symmetrierbandes von 760 mV entspricht. Mit einem neuwertigen Studiohörkopf (T 9 U) wurde eine Spannung $U_{SB} = 700$ mV gemessen. Dies entspricht einem Bandfluß von 185 mM. Die Teillöschung einer 1 kHz-Aufzeichnung auf einem normalen Band mit 300 Oerstedt Koerzitivkraft betrug etwa 0,5 dB, während sie beim weichmagnetischen F-Band mit einer Koerzitivkraft von 120 Oerstedt 6 dB und nach mehrfachem Hin- und Herspulen des Bandes 10 dB betrug. Der permanente Endzustand wird nämlich erst nach einigen Magnetisierungszyklen

Tabelle 1. *Qalitätsmindernde Wirkung eines Hörkopfes mit Sättigungsremanenz auf eine Bandaufnahme von 1 kHz mit Bezugspegel bei 2 Bandtypen: Agfa F-2851 (Bezugsbandleerteil 76) weichmagnetisch und Agfa FR-6004 Bezugsbandleerteil 38) hartmagnetisch. A — C: Anlöschung, Klirrfaktorerhöhung bei K_3 und besonders bei K_2, starker Anstieg des Bandrauschens. D — F: Ermittlung des Bandgleichflusses mittels Symmetrierband.*

	Normales Magnetband. Gerät: T 9 U/38 cm/s			F 2851	FR 6004
A	Remanenzfreier Hörkopf				
1	Koerzitivkraft der Magnetschicht	$_IH_C$	Oe	120	300
2	Bandfluß für 1 KHz u. Bezugspegel	Φ_B	mM	100	200
3	Kubischer Klirrfaktor für Bezugspegel	K_{3B}	%	2,5	1,6
4	quadratischer Klirrfaktor für Bezugspegel	K_{2B}	%	0,14	0,14
5	optimaler Vormagnetisierungsstrom	i_{Vo}	mA	5	10
B	Wirkung eines Hörkopfes mit Sättigungsremanenz auf die Aufzeichnung von *A* 2				
1	Anlöschung der Aufzeichnung von *A* 2 auf Φ': $\Delta\Phi = \Phi'/\Phi_B$ 1. Wiedergabe 4. — 10. Wiedergabe	$\Delta\Phi$	dB	— 6 — 10	— 0,5 — 0,6
2	Änderung des kub. Klirrfaktors auf K_3'	K_3'	%	3,4	1,8
3	Änderung des quadr. Klirrfaktors auf: 1. Wiedergabe: K_2' 4. — 10. Wiedergabe: K_2''	K_2' K_2''	% %	6,8 13	0,3 0,35
4	Abstand des Gleichflußrauschens, verursacht durch die Hörkopfsättigungsremanenz, bei der Wiedergabe mit dem gesättigten Hörkopf, zum Ruherauschen des völlig gelöschten und neutralen Bandes, wiedergegeben mit einem remanenzfreien Hörkopf, beide bewertet über ein 70 Phon Ohrkurvenfilter	$\frac{U_{R=}}{U_{Ro}}$	dB	36	20
C	Remanenzfreier Hörkopf nach der Einwirkung von B				
1	Abstand des bewerteten Gleichflußrauschens, nach der Magnetisierung durch den gesättigten Hörkopf und Wiedergabe mit einem remanenzfreien Hörkopf, zum Ruherauschen eines neutralen Bandes	$\frac{U'_{R=}}{U_{Ro}}$	dB	7	7

Symmetrierband. Gerät: T 9 U/38 cm/s.

	Ermittlung des Band-Gleichflusses verursacht durch einen gesättigten Hörkopf mittels Symmetrier-Band.	Spannung des Symm. Band.	Band-Gleichfluß	bezogen auf Bez.-P.
D	Remanenzfreier Hörkopf			
1	Bandspannung ohne Gleichfluß kleiner als die Gerätestörspannung (> 60 dB)	U_{SB} mV	$\Phi_=$ mM	$\Phi_=/\Phi_B$ dB
2	Gleichfluß für Bezugspegel: Φ_B	760	200	0
E	Hörkopf mit Sättigungsremanenz Symm.-Band vorher remanenzfrei			
1	scheinbarer Bandgleichfluß: $\Phi_=$	700	185	— 0,7
F	Remanenzfreier Hörkopf			
1	Remanenter Bandgleichfluß nach der Einwirkung von E: $\Phi'_=$	220	58	— 11

zwischen 0 bis H erreicht. In der Tabelle 1 sind die Meßergebnisse für die beiden Leerteile der Bezugsbänder 76 (F 2851) bzw. 38 (FR 6004) angeschrieben. Zunächst wurde der diesen Geschwindigkeitsklassen zugeordnete Bezugspegel von 100 bzw. 200 mM bei 38 cm/s Geschwindigkeit mit einer Frequenz von 1 kHz aufgesprochen, wobei der Vormagnetisierungsstrom jeweils auf das Optimum der Empfindlichkeit eingestellt wurde. Bei remanenzfreiem Hörkopf wurde der Klirrfaktor K_3 bzw. K_2 ermittelt. Anschließend wurden die Aufnahmen neuerlich wiedergegeben, wobei aber der Hörkopf durch Anschließen an eine 4,5 Volt-Batterie gesättigt wurde. Der Magnetisierungsstrom betrug 0,5 A. Bei einer Windungszahl des Kopfes von 600 ergibt dies eine Feldstärke im Kern von $H = 0{,}4\,\pi \cdot i \cdot w/l_E = 56\,[\mathrm{Oe}]$, die weit über der erforderlichen Sättigungsfeldstärke der gescherten Hystereseschleife von Abb. 10 $H'_S = N_2 \cdot B_S = 15 \cdot 10^{-5} \cdot 7000 = 1{,}05\,[\mathrm{Oe}]$ liegt. Die Anlöschung betrug beim FR-Band unabhängig von der Anzahl der Abspielungen rund 0,5 dB, beim weichmagnetischen F-Band bei der ersten Wiedergabe — 6 dB und stieg bis zur vierten und allen weiteren Wiedergaben auf — 10 dB. Das über ein Ohrkurvenfilter bewertete Gleichfeldrauschen lag 36 dB über dem Ruherauschen beim F-Band bzw. 20 dB beim FR-Band. Während der Klirrfaktor K_3 sich in beiden Fällen nur unwesentlich ändert, steigt der Klirrfaktor K_2 beim F-Band nach mehreren Abspielungen bis auf 13% an, während er beim FR-Band praktisch unverändert bleibt.

Durchläuft ein magnetisch neutrales Band die Spaltfeldstärke H_1 des gesättigten Hörkopfkernes, so wird es entlang der Neukurve auf den Wert I_1 magnetisiert

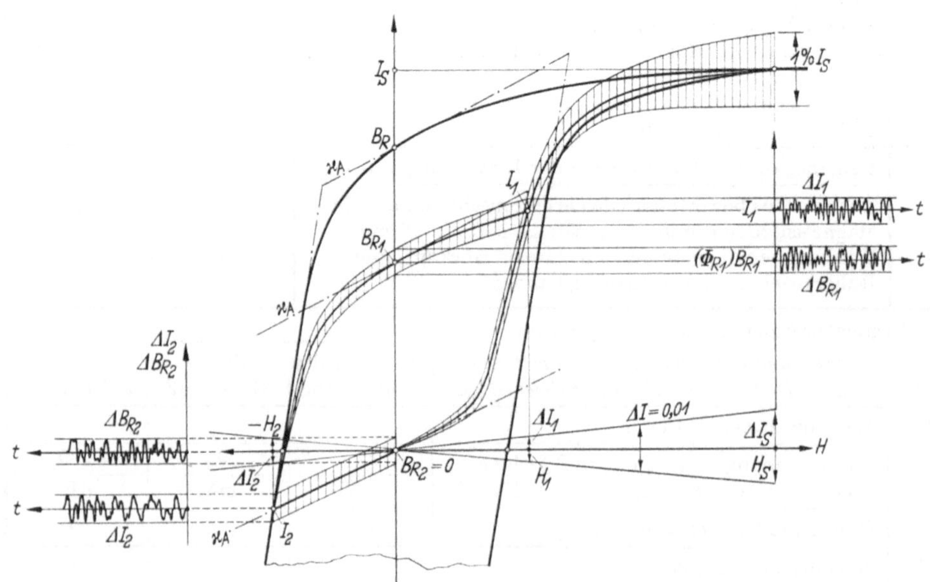

Abb. 11. Gleichfeldrauschen eines Magnetbandes, erzeugt durch ein Gleichfeld H_1, läßt sich durch $-H_2$ nicht beseitigen, obwohl die mittlere Remanenz B_{R2} verschwindet.

(vgl. Abb. 11). Infolge der örtlichen Magnetisierungsschwankung ΔI_1 entlang des Bandes entsteht ein starkes Rauschen. Nach Verlassen des Spaltfeldes sinkt die Magnetisierung auf den kleineren remanenten Wert $I_{R1}=B_{R1}$ zurück, und mit ihm entsteht ein geringeres Rauschen ΔB_{R1}. Der durch die statistischen Remanenzschwankungen verursachte Rauschanteil ist beträchtlich kleiner (7 dB) und für beide Bandsorten gleich, wenn das Band neuerlich über einen entmagnetisierten Hörkopf wiedergegeben wird. (Vergleich Tabelle 1: C 1). Die mit einem Symmetrierband unter gleichen Bedingungen ermittelten Spannungen und die daraus zurückgerechneten Bandflußwerte sind ebenfalls angeschrieben (F 1).

Man könnte nun meinen, daß man das Rauschen einer verdorbenen Bandaufnahme durch eine entgegengesetzte Gleichfeldmagnetisierung beseitigen kann. Legt man ein Gleichfeld $-H_2$ an (Abb. 11), dessen Größe so gewählt wird, daß nach seiner Einwirkung die mittlere Remanenz B_{R2} zu Null wird, so schwankt diese doch statistisch über die Bandlänge um diesen mittleren Nullwert, d. h. das Rauschen bleibt praktisch unverändert.

Der Beweis ist mit dem Symmetrierband leicht zu führen:

Der Lösch- und Vormagnetisierungsoszillator wird durch Ziehen der Oszillatorröhre außer Funktion gesetzt und dem Sprechkopf ein Gleichstrom zugeführt. Das Symmetrierband zeigt den entstandenen Gleichfluß (Φ_{R1}) infolge H_1 an. Ein normales Band rauscht mit ΔB_{R1}. Anschließend wird die Symmetrier-Bandschleife um 180° umgelegt, so daß sie in umgekehrter Richtung läuft, und durch Veränderung des Gleichstromes auf Verschwinden des Tones eingestellt ($\Phi_{R2} = 0$). Es wirkt nun $-H_2$ auf das Band. Es läßt sich nur ein Minimum des Tones einstellen, weil das Rauschen ebenfalls unterbrochen erscheint, der mittlere Gleichfluß wird aber zu Null ($B_{R2}=0$). Das normale Band, ebenfalls in umgekehrter Richtung laufend, rauscht aber unvermindert.

Ergebnis bezüglich der Fragen von 6.1. a, b, c

Die Sättigungsremanenz eines Hörkopfes kann bei besonders kleinen Spaltbreiten von z. B. 5 μm und starker Verjüngung der Polschenkel infolge des Kopfabschliffes Bänder mit einer mittleren Koerzitivkraft zwischen 120 bis 250 Oerstedt fast bis zur Sättigung magnetisieren und eine beträchtliche Anlöschung von Bandaufnahmen bewirken. Gleichzeitig wird auf dem Band ein Gleichfluß aufgezeichnet, der erheblich über dem Bezugspegel liegen kann. Er äußert sich in einem starken Bandrauschen und einer Klirrfaktorverschlechterung von K_2 (2. Harmonische). Diese Qualitätsbeeinträchtigung einer Bandaufzeichnung durch die Wiedergabe ist irreparabel. Damit diese Schädigung nicht eintritt, muß vorsorglich der Kopfkern mit einer Löschdrossel sorgfältig entmagnetisiert werden, anschließend wird mit dem Symmetrierband kontrolliert, ob die Löschung einwandfrei erfolgte. Besonders gefährdet sind kombinierte Hör-Sprechköpfe, weil durch das Umschalten des Kopfes von der Aufnahme- in die Wiedergabestellung und umgekehrt, Einschaltstöße der angeschalteten Verstärker eine Sättigungsmagnetisierung bewirken können. Ein getrennter, optimal dimensionierter Sprechkopf muß durch einen großen Spalt auf der Rückseite des Kernes stark geschert werden, damit in Aufnahmestellung eine Restremanenz nicht stört. In der Wiedergabestellung reicht dann die Sättigungsremanenz nicht aus, um das Band zu magnetisieren, weil der reversible Anfangsbereich von 0 — 150

Oerstedt nicht überschritten wird. (Wir gehen weiter unten auf den Sprechkopf in Aufnahmestellung noch näher ein.) Das gleiche gilt für den Löschkopf, der im allgemeinen mit einem sehr breiten Spalt von 0,5 mm stark geschert ist, gelegentlich sogar 2 Spalte aufweist. Beide Köpfe verursachen im gesättigten Zustand bei der Wiedergabe keine Störung, wohl aber in Aufnahmestellung.

6.1.2. Hörkopfkernremanenz kleiner als die Sättigungsremanenz. Nicht immer führt die Magnetisierung des Hörkopfkernes zur Sättigung. Es liegt dann der aus der Praxis bekannte Fall vor, daß bei der Wiedergabe zwar die Bandaufnahme rauscht, aber nach dem Entmagnetisieren des Hörkopfes und Wiederholung der Wiedergabe das Rauschen verschwindet, d. h. daß die Bandaufnahme nicht verdorben wurde. Dieser Vorgang tritt ein, wenn die remanente Kerninduktion, die unverändert auch im Spalt wirkt, nicht ausreicht, um den reversiblen Anfangsbereich der Neukurve des Eisenoxydes zu überschreiten (vgl. Abb. 10). Je nach der verwendeten Eisenoxydsorte reicht dieser Feldstärkewert von 0 bis etwa 0,6 oder 0,8 ${}_IH_C$. Der Magnetisierungsvorgang spielt sich auf der Neukurve ab, wenn ein neutrales Band vorliegt. Betrachten wir hierzu beim Symmetrierband eine Magnetschichtsprosse, die am Spalt vorbeiläuft. Beträgt z. B. für den gezeichneten Fall in Abb. 10 die Spaltfeldstärke nur $H_{\text{spalt}} = B'_{R\,\text{spalt}} = 150$ Oe entsprechend einer Kerninduktion infolge der Verjüngung von $B_K = B'_{R\,\text{spalt}}/3{,}5 = 43$G, so herrscht im Band eine Induktion

$$B_{\text{Band}} = \mu_A \cdot H_{\text{spalt}} = 2{,}4 \cdot 150 = 360 \text{ G}$$

Der dieser Induktion entsprechende Bandfluß schließt sich wieder über den Kopfkern und induziert in dessen Wicklung eine Spannung, die der Induktionsänderung zwischen Schichtsprosse und Lücke, also

$$B_{\text{Band}} + H_{\text{spalt}} = (\mu_A - 1) \cdot H_{\text{spalt}} = \varkappa_A \, H_{\text{spalt}} = I_{\text{Band}},$$

der reversiblen Bandmagnetisierung entspricht.

Auf der Magnetschicht bleibt nach Verlassen des Spaltfeldes keine Magnetisierung zurück, weil der Vorgang im reversiblen Bereich erfolgt, wo nur elastische Drehprozesse stattfinden. Nach der Entmagnetisierung des Hörkopfes zeigt das Symmetrierband auch tatsächlich keine Magnetisierung an, es ist tonlos. Die vom Symmetrierband abgegebene Spannung bzw. das Rauschen eines normalen Bandes ist also proportional der Suszeptibilität $\varkappa$ des Bandes und der Spaltfeldstärke H_{spalt}, d. h. der remanenten Kerninduktion im verjüngten Spaltquerschnitt. Dies gilt ganz allgemein für jeden Punkt der Neukurve, nicht nur für den reversiblen Bereich. Nur ist dann der größere Wert $\varkappa$ und nicht der Anfangswert $\varkappa_A$ der Suszeptibilität wirksam. Der Unterschied liegt darin, daß in diesem Fall das Band remanenzfrei bleibt, in allen übrigen aber eine remanente Induktion aufweist, die kleiner ist als die im magnetisierten Hörkopf wirksam werdende Induktion, d. h. daß die Symmetrierbandspannung einer andauernd umlaufenden Bandschleife beim remanenzbehafteten Hörkopf größer ist als die nach der Kopfentmagnetisierung von der Bandremanenz herrührende. Im reversiblen Bereich als Grenzfall wird sie Null. Dies erklärt die großen Unterschiede im Rauschen nach Tabelle 1 zwischen $B4$ und $C1$, bzw. für den scheinbaren Bandgleichfluß von $E1$ im Vergleich zu $F1$, dem wirklich auf dem Band verbleibenden.

Der ganze Vorgang kann vielleicht anschaulicher durch die Wirkung der Magnetschicht als magnetischer Nebenfluß (Shunt) erklärt werden. Durch das abwechselnde

Schließen bzw. Öffnen des Kopfgleichflusses infolge der vorbeilaufenden Magnetschichtsprossen bzw. Lücken entstehen durch deren unterschiedliche magnetische Leitfähigkeit (Permeabilität von Luft $\mu = 1$, eines Bandes z. B. $\mu_A = 2{,}4$) im Kern Flußschwankungen, welche die rechteckige Spannung induzieren. Es erklärt sich daraus, daß ein niederkoerzitives Band wegen seiner im Vergleich zum hochkoerzitiven Band größeren Anfangssuszeptibilität im Falle des remanenten Hörkopfes eine größere Symmetrierbandspannung abgibt, und beim normalen Band ein größeres Rauschen auftritt. (Die größte Spannung verursacht ein Sprossenband mit aufgeklebten Mumetallsprossen). Mit Hilfe dieser Methode kann z. B. die Messung der Permeabilität eines Symmetrierbandes erfolgen.

Durch die Kompensation z. B. mit dem Symmetrierpotentiometer hat man auf dem Symmetrierband eine Gleichremanenz mit gleicher Richtung niedergelegt wie die des Gleichflusses im Hörkopfspalt und seine Größe so verändert, daß die erzeugte Flußänderung infolge der Permeabilitätsänderung zwischen Luft- und Magnetschicht gerade kompensiert wird. Wir haben damit unbeabsichtigt das Symmetrierband permanent magnetisiert, ohne daß es diese Magnetisierung anzeigt. Ein normales Band hingegen würde auf diesem Gerät rauschen. Legt man aber die Symmetrierbandschleife, um 180° in seiner Längsrichtung gedreht, neu auf, so wird ein sehr lauter Ton hörbar, weil sich der Bandgleichfluß nunmehr zu dem des Kopfes addiert. Das Symmetrierband kann zur Überprüfung der Remanenzfreiheit des Hörkopfes auch eine Gleichremanenz aufweisen. Als Kriterium für die Remanenzfreiheit des Kopfes gilt dann, daß vom Röhrenvoltmeter in beiden Laufrichtungen des Bandes die gleiche Spannung angezeigt wird. Dies ist unter anderem auch ein Grund, weswegen das Agfa-Symmetrierband in Schleifenform verwendet werden soll. Die unbeschränkt lange laufende Schleife erleichtert das Einstellen der Geräte und man hat keine Mühe, den aufgesprochenen Teil innerhalb eines Bandes wiederzufinden.

6.1.d. Kann der Sättigungsbandfluß im Hörkopf eine Remanenz erzeugen?

Moderne Bandtypen, wie z. B. FR 22, mit sehr großem Sättigungsbandfluß von beispielsweise bis zu 1500 mM, sind nicht in der Lage, den Hörkopf zu magnetisieren, der von den drei Köpfen infolge seiner geringsten Scherung am empfindlichsten auf eine Magnetisierung reagiert. Der experimentelle Nachweis gelingt leicht mit einer remanenzfreien Symmetrierbandschleife. In Wiedergabestellung des Gerätes ist das Band tonlos. Durch Berühren mit einem starken Permanentmagneten wird ein Teil der Schleife gesättigt. Würde beim ersten Vorbeilauf vor den Köpfen der Sättigungsbandfluß einen Kopfkern magnetisieren, dann müßte der nicht magnetisierte Teil der Schleife nunmehr ebenfalls einen Ton ergeben. Dies ist nicht der Fall. Durch Drücken der Aufnahmetaste wird noch kontrolliert, ob eine Restremanenz des Lösch- bzw. Sprechkopfes vorhanden ist, die zwar bei der Wiedergabe zu einer Bandmagnetisierung nicht ausreicht, infolge der idealisierenden Wirkung der Wechselfeldüberlagerung aber verstärkt in Erscheinung treten kann. War die Symmetrierung der HF-Wechselströme vollkommen, das Symmetrierband also tonlos, so ist es nunmehr ebenfalls tonlos, ein Zeichen dafür, daß durch das gesättigte Band keine Magnetisierung des Lösch- bzw. Sprechkopfkernes erfolgte.

Eine überschlägige Berechnung zeigt, daß dies auch so ein muß: Der Sättigungsbandfluß von $\Phi_{RS} = 1{,}5$ Maxwell tritt infolge des magnetischen Kurzschlusses des

Kopfkernes vollständig in diesen ein und erzeugt eine Kerninduktion im verjüngten und daher kritischen Kernquerschnitt des Spaltes $q_{\text{spalt}} = 0{,}07\ \text{cm}^2$ von

$$B_{\text{spalt}} = \Phi_{RS}/q_{\text{spalt}} = 1{,}5/0{,}07 = 21{,}4\ \text{G}$$

Der reversible Bereich der Neukurve erstreckt sich mit Sicherheit bis $H_C/2 = 15$ mOe (vgl. Abb. 10). Die entsprechende Induktion ergibt sich mit der Anfangspermeabilität $\mu_A = 25\,000$ des Kernes zu

$$B_{\text{rev}} = \mu_A \cdot \frac{H_C}{2} = 25 \cdot 10^3 \cdot 15 \cdot 10^{-3} = 375\ \text{G}$$

Eine Magnetisierung des Kernes würde erst ein Bandfluß von

$$\Phi_{RS} = B_{SP} \cdot q_{SP} = 375 \cdot 0{,}07 = 26{,}25\ M$$

bewirken, ein Wert, der um den Faktor 18 über dem maximalen Sättigungsbandfluß moderner Bänder liegt.

Infolge der starken Scherung beim Lösch- bzw. Sprechkopf sinkt der Wirkungsgrad dieser Köpfe für Wiedergabezwecke sehr stark, d. h. der durch den Kern gehende Nutzfluß ist nur ein geringer Anteil des Bandflusses. Ein erheblicher Anteil schließt sich über dem breiten Spalt und ist für den Kernfluß verloren, so daß eine Magnetisierung dieser Kerne im selben Ausmaß verringert wird.

6.1.e. Wirkung einer Restremanenz des Lösch- bzw. Sprechkopfes bei einer Wechselfeldüberlagerung während der Aufnahme

Wir wollen zunächst die idealisierende, d. h. empfindlichkeitssteigernde Wirkung einer Wechselfeldüberlagerung beschreiben und dann die Eigenschaften der Magnetschicht untersuchen, die diese Empfindlichkeitssteigerung unterstützen. Die Wechselfeldüberlagerung bewirkt, daß der Magnetisierungsvorgang nicht durch die im Ursprung flach verlaufende Remanenzkennlinie von Abb. 10 dargestellt wird, sondern durch Remanenzkennlinien, die je nach der Größe der Wechselfeldamplitude geradlinig und mit großer Steilheit aus dem Ursprung ansteigen können.

1. Der magnetische Einzelbezirk. Mit dem elektrischen Strom ist immer ein magnetisches Feld verkettet. Dies gilt auch für die elektrische Ladung des um den Atomkern kreisenden Elektrons. Der Hauptanteil des dabei entstehenden Magnetfeldes rührt aber nicht vom Bahnmoment, sondern vom Eigendrall der Elektronen, dem Elektronenspin her. Es zeigt sich, daß der magnetisierbare Werkstoff aus Einzelbezirken besteht, in denen die Elektronenspins alle parallel gerichtet sind. Diese sogenannten WEISSschen Bezirke können nur zwei der Sättigungsmagnetisierung entsprechende polare Zustände annehmen; sie sind spontan magnetisiert. Vom Nachbarbezirk sind sie durch eine Wand getrennt, in der der Magnetisierungsvektor kontinuierlich von der Richtung des einen Bezirkes in die Richtung des Nachbarbezirkes eingedreht wird.

Wir betrachten in Abb. 12 die Hystereseschleife eines solchen Bezirkes. Legt man eine Feldstärke $+ H$ an, so springt der Bezirk bei der Sprungfeldstärke $+ h$ auf $+ B$ und bei $- h$ auf $- B$. Die Hystereseschleife ist rechteckig, die Sättigungsremanenz I_R ist gleich der Sättigungsmagnetisierung I_S. Im allgemeinen sind in einem magnetisierbaren Stoff die WEISSschen Bezirke vektoriell statistisch verteilt. Ihre Magnetfelder kompensieren sich daher und der Körper erscheint nach außen hin unmagnetisch. Bei Anlegen eines Feldes werden sie zunächst elastisch in die Feldrichtung eingedreht (reversibler Bereich) und klappen schließlich in eine Richtung um, die mit der Feldrichtung besser übereinstimmt als vorher (Steiler Teil der Magnetisierungs-Kennlinie). Sind schließlich alle Bereiche umgeklappt, so werden sie mit steigender Feldstärke elastisch in die Feldrichtung eingedreht, bis sie mit ihr parallel sind. Die Sättigung ist erreicht. Nach Verschwinden der Feldstärke wird diese elastische Drehung aufgehoben, zurück bleibt die Remanenz infolge der irreversiblen Sprungprozesse. Hat der Stoff eine magnetische Vorzugsrichtung, d. h. liegen die WEISSschen Bezirke weitgehend parallel zueinander und stimmt die Richtung des angelegten Feldes mit dieser überein, dann erfolgt die Magnetisierung auf einen Schlag bei Überschreiten der Koerzitivkraft bis zur Sättigung, der Stoff hat eine rechteckige Hystereseschleife, ähnlich wie der einzelne WEISSsche Bezirk. Bei der Herstellung von Magnetbändern macht man von dieser Möglichkeit zur Qualitätssteigerung Gebrauch, indem man durch Einwirkung eines Magnetfeldes während des Begusses die beispielsweise nadelförmigen Eisenoxyde in Längsrichtung des Bandes orientiert und in dieser Lage eintrocknen läßt. Der Gewinn besteht in einer Remanenzsteigerung von etwa 60 auf 85% der Sättigungsmagnetisierung, d. h. man erhält bei gleichem Oxydvolumen in der Magnetschicht einen größeren Fluß. Die Abweichung vom rechteckigen Verlauf der Hystereseschleife bei Eisenoxydmagnetschichten kann als eine Scherung infolge des Abstandes der einzelnen voneinander durch das Lackbindemittel getrennten Eisenoxydkristalle aufgefaßt werden und durch einen inneren Entmagnetisierungsfaktor N_i charakterisiert werden. Mit Hilfe der Wechselfeldüberlagerung kann dieser innere Entmagnetisierungsfaktor meßtechnisch bestimmt werden.

2. Die „Ideale Magnetisierung“. Man wendet hierzu die „ideale Magnetisierung“ an, indem man dem einwirkenden Gleichfeld g ein Wechselfeld überlagert, dessen Amplitude w größer ist als die Koerzitivkraft, und dieses Wechselfeld kontinuierlich auf 0 verringert, während das Gleichfeld konstant bleibt.

Dieser Vorgang ist in Abb. 12 a für einen WEISSschen Bezirk bzw. für einen Werkstoff mit rechteckiger Hystereseschleife dargestellt. Das darunter gezeichnete Dreieck stellt die zeitliche Abnahme der Wechselfeldamplituden dar. Zunächst wird der Einzelbezirk abwechselnd bis in die Sättigung $+ I_S$ bzw. $- I_S$ magnetisiert, wenn die Feldstärke $+ h$ bzw. $- h$ überschreitet. Infolge des Gleichfeldes g schrumpft das Dreieck unsymmetrisch bzgl. der I-Achse durch den Ursprung. Wird die Wechselfeldamplitude $w_0 = - h$, dann wird der Bezirk das letzte Mal auf $- I_S$ geschaltet; die darauffolgende Amplitude w_1 schaltet ihn wieder auf $+ I_S$, und an diesem Zustand ändert sich nichts mehr bis zum Abklingen des Wechselfeldes auf Null und anschließenden Abschalten des Gleichfeldes.

Die bemerkenswerte Tatsache ist, daß das Gleichfeld $+ g$, das im gezeichneten Fall kleiner als die Sprungfeldstärke h ist und im Grenzfall verschwindend klein sein kann, durch die überlagerte Wechselfeldamplitude in der Lage ist, den Bezirk definiert auf $+ I_S$ zu magnetisieren. Die Remanenzkurve, dargestellt in Abb. 12 c, ist die aus dem Ursprung senkrecht bis zur Sättigung $+ B_R = I_S$ ansteigende Gerade. Der innere Entmagnetisierungsfaktor verschwindet: $N_i = 0$. Verringert man die Wechselfeldamplitude, so erhält man andere Remanenzkurven und schließlich ohne Wechselfeld die rechteckige Remanenzkurve $w/h = 0$. Darunter sind die Empfindlichkeitskurven gezeichnet. Aus ihnen kann man für ein gegebenes Gleichfeld die Remanenz als Funktion des Wechselfeldes ablesen. Sobald die Wechselfeldstärke gleich der Sprungfeldstärke wird ($w/h = 1$), erhält man, unabhängig von der Größe des Gleichfeldes, die Sättigungsremanenz.

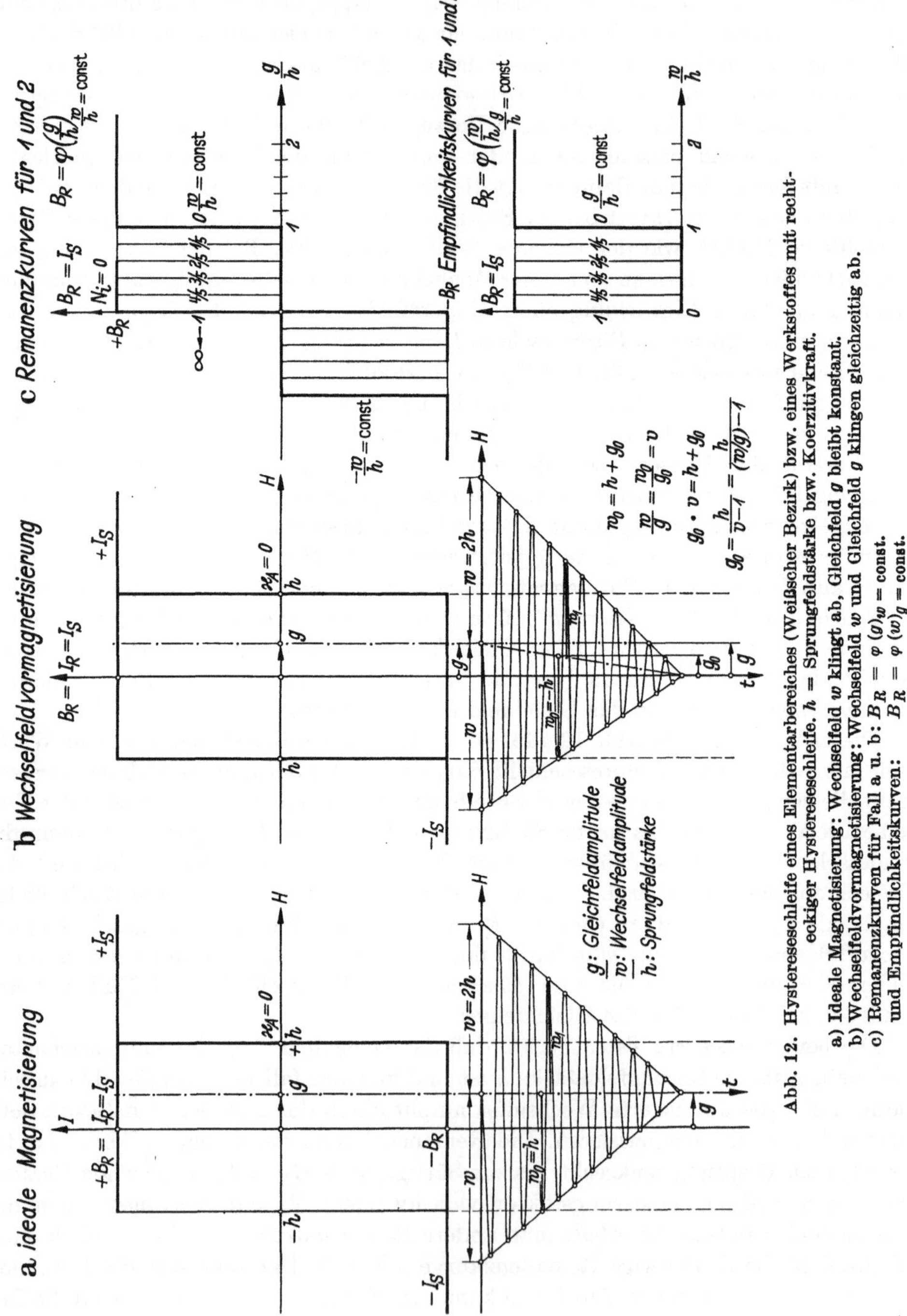

Abb. 12. Hystereseschleife eines Elementarbereiches (Weißscher Bezirk) bzw. eines Werkstoffes mit rechteckiger Hystereseschleife. h = Sprungfeldstärke bzw. Koerzitivkraft.

a) Ideale Magnetisierung: Wechselfeld w klingt ab, Gleichfeld g bleibt konstant.

b) Wechselfeldvormagnetisierung: Wechselfeld w und Gleichfeld g klingen gleichzeitig ab.

c) Remanenzkurven für Fall a u. b: $B_R = \varphi(g)_w = \text{const.}$
und Empfindlichkeitskurven: $B_R = \varphi(w)_g = \text{const.}$

3. Die Wechselfeld-Vormagnetisierung. In Abb. 12 b ist für den gleichen Bezirk die Wirkung der Wechselfeldvormagnetisierung dargestellt. Dieser Fall tritt ein beim Lösch- bzw. Sprechkopf, wenn gleichzeitig mit dem Wechselfeld ein Gleichfeld g, das beispielsweise von der Remanenz des Kopfkernes herrühren kann, einwirkt. Im Streufeld des Spaltes, das die Magnetschicht durchläuft, klingen beide Felder gleichzeitig auf 0 ab. Dies ist der Unterschied zur idealen Magnetisierung, wo nur das Wechselfeld, nicht aber das Gleichfeld abklingt. Für den betrachteten rechteckigen Einzelbezirk ergibt sich bezüglich der Remanenz- und Empfindlichkeitskurven kein Unterschied zwischen den beiden Magnetisierungsarten (Abb. 12 c). Für die anschließende Betrachtung der Hystereseschleife eines Materials mit innerer Entmagnetisierung jedoch ist die Feststellung wichtig, daß hier im Augenblick der Signalfestlegung, wo also $w_0 = -h$ wird, nicht das Gleichfeld g, sondern das viel kleinere g_0, wirksam wird, das vom Verhältnis Wechselfeld zu Gleichfeld w/g und der Sprungfeldstärke (Koerzitivkraft) h abhängt

$$g_0 = \frac{n}{w/g - 1}$$

und für beliebig große Wechselfeldamplituden beliebig klein wird. Es gilt auch hier wieder, daß durch ein verschwindend kleines Gleichfeld der Bezirk bis zur Sättigung

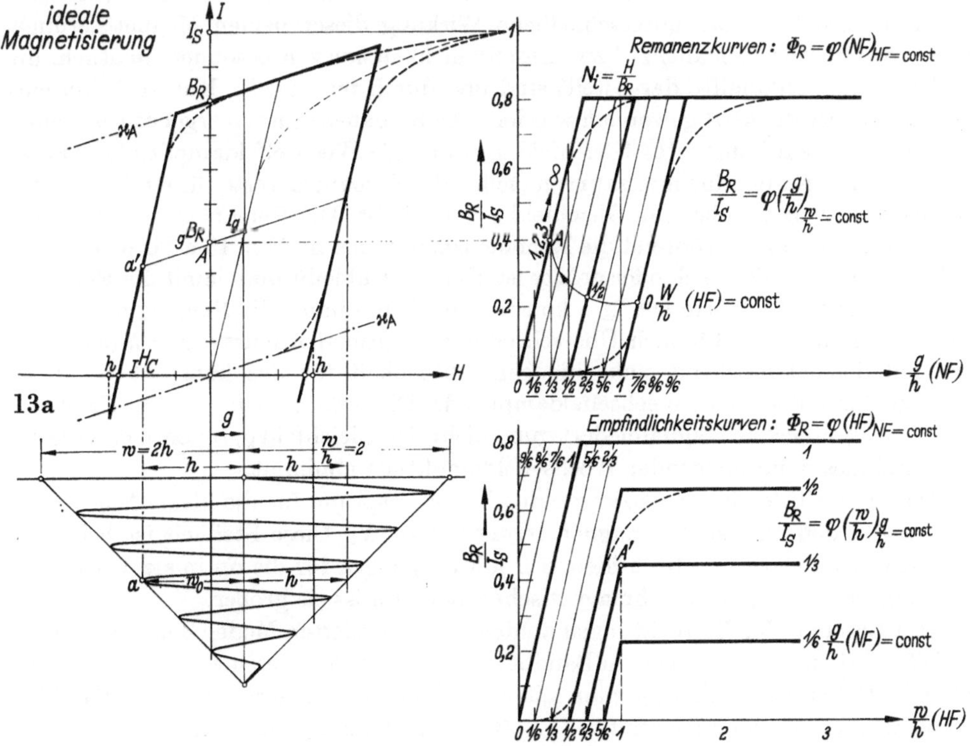

Abb. 13a. Wirkliche Hystereseschleife einer Eisenoxydmagnetschicht angenähert durch ein Parallelogramm, Konstruktion der Remanenzkurven $B_R = \varphi(g)_{w=const.}$ und Empfindlichkeitskurven $B_R = \varphi(w)_{g=const.}$ Ideale Magnetisierung: Empfindlichkeit für $w \geq h$ bleibt konstant.

magnetisiert wird, wenn nur das Wechselfeld gleich oder beliebig größer ist, als die Sprungfeldstärke h.

4. Werkstoff mit innerer Entmagnetieirung $N_i > 0$. In Abb. 13 a ist die wirkliche Hystereseschleife (gestrichelt) eines Eisenoxydes mit einer relativen Remanenz $B_R/I_S = 0{,}8$ und einer Koerzitivkraft von etwa 300 Oe schematisiert durch ein Näherungsparallelogramm (voll ausgezogen) dargestellt. Die Anfangssuszeptibilität $\varkappa_A = 0{,}33$ ($\mu_A = 1{,}33$) ergibt die Neigung der reversiblen Geraden durch den Ursprung und der Tangente im Remanenzpunkt B_R. Überschreitet die Feldstärke den Wert h, so setzen die irreversiblen Sprungprozesse ein. Wird diese kritische Sprungfeldstärke in einem beliebigen Punkt der Hystereseschleife unterschritten, dann verlaufen die weiteren Magnetisierungsänderungen längs einer reversiblen Geraden mit gleicher Neigung wie die Suszeptibilität im Ursprung. Für ein Gleichfeld $g = h/3$ und ein überlagertes Wechselfeld $w = 2\,h$ ist in Abb. 13 a für die ideale Magnetisierung und in Abb. 13 b für die Wechselfeldvormagnetisierung die Ermittlung eines Remanenzpunktes $B_R = A$ dargestellt. Er wird als Schnittpunkt der reversiblen Geraden durch a' mit der I-Achse erhalten. Im Schrumpfungsdreieck unterschreitet im Punkt a die Wechselfeldamplitude $w_0 = h$ die kritische Sprungfeldstärke h. Alle weiteren Ummagnetisierungen verlaufen innerhalb der Hystereseschleife auf der reversiblen Geraden durch a'. Man erkennt aus der Abb. 13 a und 13 b, daß dieselbe gewählte Gleichfeldstärke bei gleicher Wechselfeldamplitude Remanenzwerte ergibt, die sich wie 2 : 1 verhalten. Die unterschiedliche Wirkung dieser beiden Magnetisierungsarten wird an den Remanenz- bzw. Empfindlichkeitskurven besonders deutlich, die in der rechten Bildhälfte dargestellt sind und durch punktweise Konstruktion entsprechend dem Punkt A gewonnen wurden. Die Remanenzkurven ergeben die Remanenzwerte für ein konstantes Gleichfeld g, wobei die Wechselfeldamplitude w Parameter ist. Die Empfindlichkeitskurven stellen die Remanenzwerte für ein konstantes Wechselfeld w dar, wobei das Gleichfeld g variiert ist. Die Remanenz ist auf I_S bezogen, g und w auf h. Während die Remanenzkennlinien in Abb. 13 a für eine Wechselfeldamplitude, die gleich oder größer ist als h, gleichbleibt und damit die Empfindlichkeitskurven für Werte $w/h \geqq 1$ konstant bleiben, nimmt die Neigung der Remanenzkurven in Abb. 13 b nach Überschreiten der optimalen Kurve $w = h$ ($w/h = 1$) ab, und dementsprechend sinkt die Empfindlichkeit für das konstant gehaltene Gleichfeld mit steigender Wechselfeldamplitude. Dies erklärt sich aus dem Umstand, daß im Augenblick der Signalniederlegung nicht das Gleichfeld g, sondern g_0 wirksam wird und dieses mit steigender Wechselfeldamplitude abnimmt.

Die Steilheit der Remanenzkurve durch den Ursprung für die ideale Magnetisierung ergibt den inneren Entmagnetisierungsfaktor N_i. Diese Steilheit ist bei hochkoerzitiven Bändern praktisch identisch mit derjenigen für die optimale Vormagnetisierung ($w/h = 1$); bei weichmagnetischen Bändern ist sie größer.

Das Ergebnis der Betrachtungen an dem schematisierten Modell einer Hystereseschleife wird durch Messungen an Bandbündeln in einer Magnetisierungsspule weitgehend bestätigt. [*4*, *5*] Nimmt man mit einem Magnetbandgerät die dem Bandfluß proportionale Ausgangsspannung U_A, (Φ_R) als Funktion des Signalstromes i_{NF}, ($H_=$) auf, wobei der hochfrequente Vormagnetisierungsstrom i_{HF} (Wechselfeld w) konstant gehalten wird, so erhält man Kurven, die den Remanenzkurven entsprechen. (vgl. Abb. 14 a). Den Verlauf der Empfindlichkeitskurven erhält man, wenn die

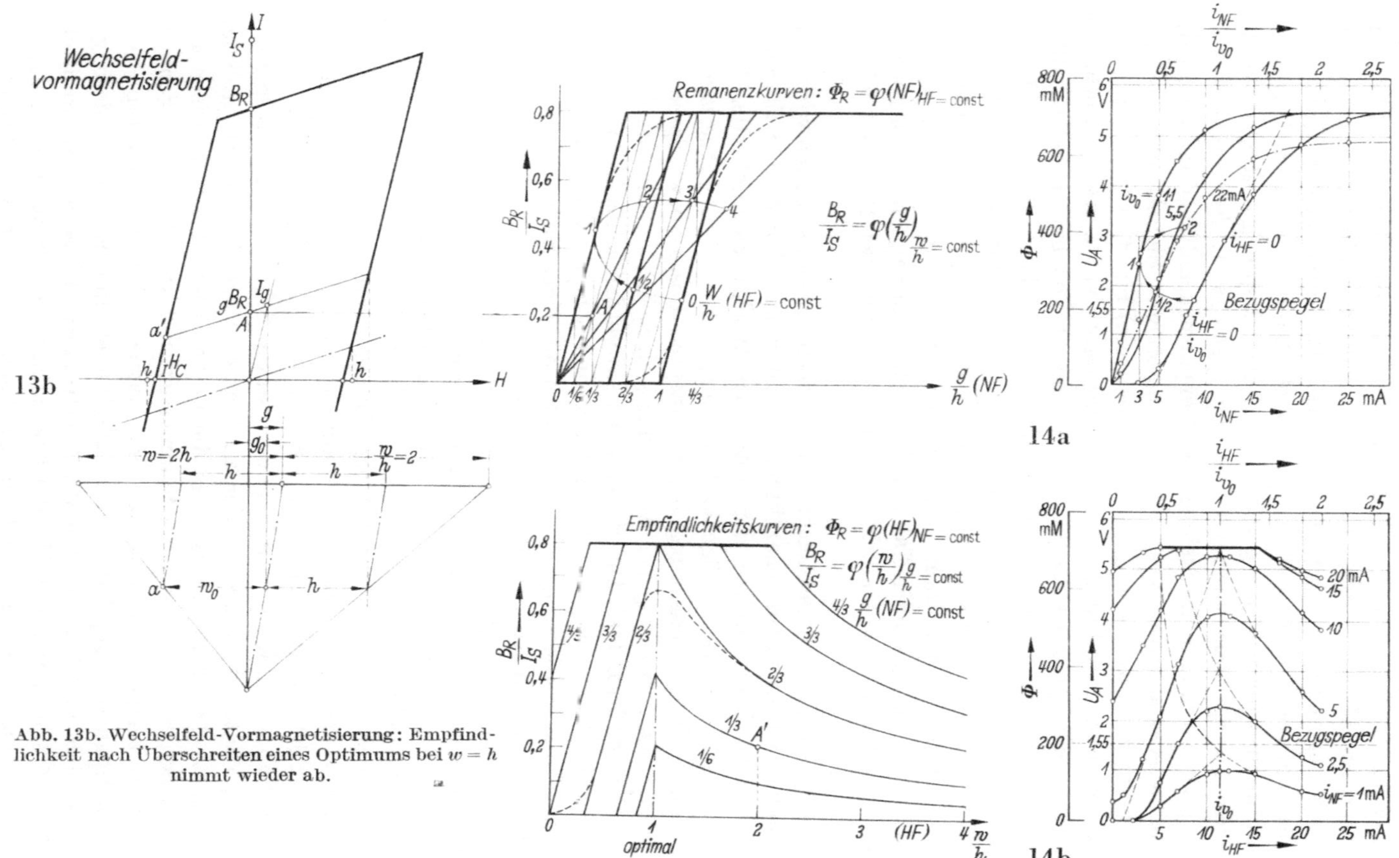

Abb. 13b. Wechselfeld-Vormagnetisierung: Empfindlichkeit nach Überschreiten eines Optimums bei $w = h$ nimmt wieder ab.

Abb. 14. Hochfrequenz-Vormagnetisierung: a) Wiedergabespannung U_A (Bandfluß Φ) als Funktion des niederfrequenten Signalstromes i_{NF} für konstanten Vormagnetisierungsstrom i_{HF}, aufgenommen mit einem Magnetbandgerät. Kurvenverlauf analog den Remanenzkurven von Abb. 13 b. b) Empfindlichkeitskurven: Wiedergabespannung U_A (Bandfluß Φ) als Funktion des hochfrequenten Vormagnetisierungsstromes i_{FH} für konstanten Signalstrom i_{NF}. Verlauf analog den Empfindlichkeitskurven von Abb. 13b. Gerät: T 9 U/38 cm/s, Band: FR-6004, Frequenz: $f = 1$ KHz.

Ausgangsspannung U_A, (Φ_R) als Funktion des hochfrequenten Vormagnetisierungsstromes i_{HF} bei konstantem Signalstrom i_{NF} aufgenommen wird. (Abb. 14 b). Dem niederfrequenten Signalstrom entspricht im Grenzfall $f = 0$ ein Gleichstrom. Abgesehen von den abgerundeten Übergängen anstelle der Ecken ist der Verlauf der gemessenen Kurven von Abb. 14 weitgehend ähnlich dem der Abb. 13 b. Das Empfindlichkeitsoptimum entspricht der geradlinig aus dem Ursprung ansteigenden Remanenzkennlinie für optimale Vormagnetisierung $i_{HF}/i_{V0} = 1$. Für größere Vormagnetisierungsströme nimmt die Steilheit der Remanenzkennlinien und damit die Empfindlichkeit wieder ab. Ohne Vormagnetisierung ergeben Signalströme (es kann auch der uns besonders interessierende Gleichstrom sein) bis etwa 3 mA praktisch keine Signalaufzeichnung, während z. B. der Signalstrom von 3 mA bei optimaler Vormagnetisierung eine Ausgangsspannung von rund 2,5 Volt bzw. einen Bandfluß von rund 300 mM erzeugt. Wirkt also ein geringes Gleichfeld im Spalt des Lösch- bzw. Sprechkopfes bei überlagertem Wechselfeld ein, so wird dieses Gleichfeld um mehrere Größenordnungen verstärkt aufgezeichnet. Rührt dieses Gleichfeld von der Kernremanenz der Köpfe her, dann klingt es zusammen mit dem überlagerten Wechselfeld auf 0 ab, wir haben den Fall der Wechselfeldvormagnetisierung vor uns, charakterisiert durch eine Empfindlichkeitsabnahme, wenn das Empfindlichkeitsoptimum überschritten wird.

Wirkt hingegen ein konstantes Gleichfeld von außen her ein, so haben wir es mit der idealen Magnetisierung zu tun, charakterisiert durch einen konstanten Empfindlichkeitsverlauf nach Überschreiten der optimalen Wechselfeldamplitude. Beide Fälle können bei der magnetischen Signalaufzeichnung mit Wechselfeldüberlagerung auftreten: Nämlich Vormagnetisierung bei remanenten Lösch- bzw. Sprechkopfkernen und ideale Magnetisierung bei Anwesenheit eines kleinen Gleichfeldes, wie z. B. des magnetischen Erdfeldes. Die Wirkung ist sowohl beim Löschkopfspalt, als auch beim Sprechkopfspalt mit dem Symmetrierband sehr deutlich nachweisbar, aber auch beim Abmagnetisieren ganzer Bandspulen mit einer Entmagnetisierungsdrossel oder Löschspule mit Kondensatorentladung.

Der im Band erzeugte Gleichfluß infolge eines sehr kleinen Gleichfeldes ist umso größer, je kleiner der innere Entmagnetisierungsfaktor der Magnetschicht ist. Bei vollkommen rechteckiger Hystereseschleife würde ein verschwindend kleines Gleichfeld den Sättigungsbandfluß erzeugen. Wir wiesen bereits oben darauf hin, daß bei modernen Bändern ein möglichst rechteckiger Hystereseverlauf zur Erhöhung der relativen Remanenz angestrebt wird, weil dadurch eine höhere Bandaussteuerung bzw. ein geringerer Klirrfaktor erzielt wird. Es ist daher von Interesse, zu untersuchen, welchen Bandgleichfluß eine infolge der starken Scherung dieser Köpfe bedingte, sehr geringe Sättigungsremanenz der Kopfkerne verursacht, und wie groß der Einfluß des magnetischen Erdfeldes ist. Um die Verhältnisse auch rechnerisch abschätzen und mit den Meßergebnissen des Symmetrierbandes vergleichen zu können, muß der innere Entmagnetisierungsfaktor der Magnetschicht bekannt sein. Mit Hilfe der idealen Magnetisierung kann er an Bandbündeln in einer Magnetisierungsspule, die vom Gleich- und überlagerten Wechselstrom durchflossen wird, ermittelt werden. In Abb. 15 sind die idealen Remanenzkennlinien dreier Bandsorten dargestellt. Ihre Neigung stellt den inneren Entmagnetisierungsfaktor $N_i = \Phi_R/H$ dar. Er ist vom Volumenfüllfaktor der Schicht, der Koerzitivkraft, der Vorzugsrichtung

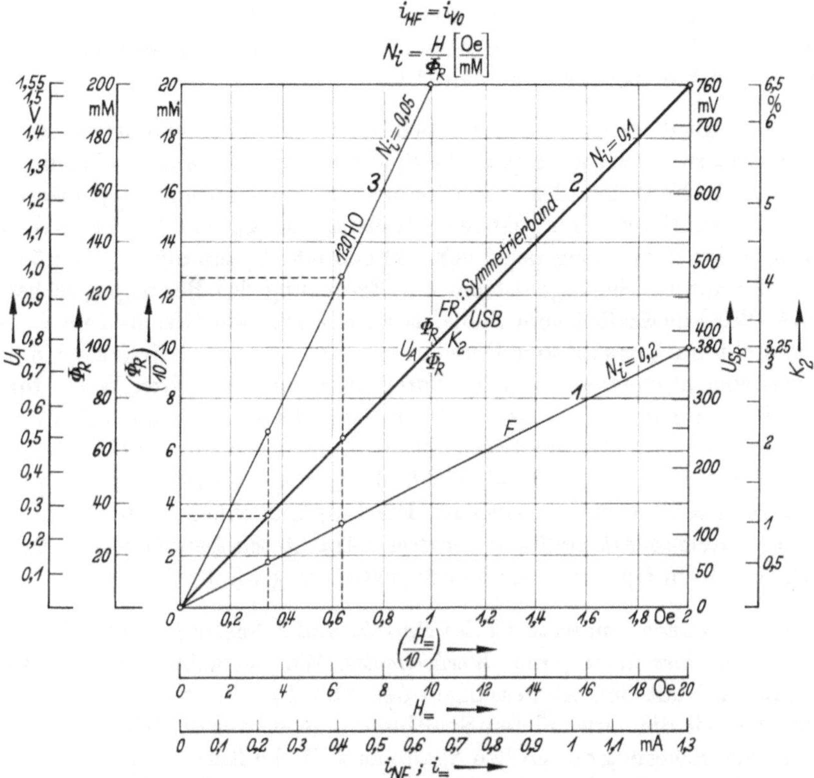

Abb. 15. Steilheit der Remanenzkennlinien: $S_1 = \Phi_R/H_=$ [mM/Oe] bzw. innerer Entmagnetisierungsfaktor: $Ni = 1/S_1 = H_=/\Phi_R$ [Oe/mM] dreier Bandtypen mit verschiedener Koerzitivkraft bei idealer Magnetisierung, aufgenommen mit einer Magnetisierungsspule. Sie ist praktisch gleich der Steilheit der Empfindlichkeitskurven im Ursprung für optimalen Vormagnetisierungsstrom $i_{HF} = i_{vo}$:

$$S_2 = \Phi_R/i_{NF} \text{ [mM/mA] bzw. } S_3 = U_A/i_{NF} \text{ [V/mA]}$$

aufgenommen mit einem Magnetbandgerät (T 9U — 38 cm/s)
Die Gerade (2) gilt auch für das Agfa-Symmetrierband zur Ermittlung des Gleichflusses Φ_R aus der Gleichfeldstärke $H_=$ bzw. dem Gleichstrom durch den Sprechkopf ($i_{NF} = i_=$) für eine optimale Vormagnetisierung von $i_{vo} = 12,6$ mA. Der lineare Bereich reicht bis etwa 400 mM.
Die Gerade (2) stellt auch den quadratischen Klirrfaktor K_2 für das FR-Band dar, der durch eine unsymmetrische Vormagnetisierung oder eine Sprechkopfremanenz verursacht wird. Die Wirkung entspricht einem Gleichstrom $i_=$, der zusätzlich zum Signalstrom i_{NF} und Vormagnetisierungsstrom $i_{HF} = i_{vo}$ den Sprechkopf durchfließt.

Bandtyp:	$_IH_C$ Oe	i_{vo} mA	Ni $H_=/\Phi_R$ Oe/mM	$S_1 = 1/Ni$ $\Phi_R/H_=$ mM/Oe	S_2 Φ_R/i_{NF} mM/mA	S_3 U_A/i_{NF} V/mA
(1) Agfa F - 2851	120	5	0,2	5	77	0,598
(2) Agfa FR - 6004	300	10	0,1	10	154	1,195
(3) Scotch - 120 HO	240	8	0,05	20	308	2,390

Agfa-Symmetrierband	$_IH_C$ Oe	i_{vo} mA	Ni $H_=/\Phi_R$ Oe/mH	$S_1 = 1/Ni$ $\Phi_R/H_=$ mM/Oe	S_2 $\Phi_R/i_=$ mM/mA	S_3 $U_{SB}/i_=$ mV/mA	S_4 $U_{SB}/H_=$ mV/Oe
	300	12,6	0,1	10	154	585	38

und von der Anfangspermeabilität des Eisenoxydes abhängig. Der Unterschied zwischen einem niederkoerzitiven und einem hochkoerzitiven Band mit etwa gleichem Volumenfüllfaktor beträgt rund den Faktor 2 — 4.

Die gleiche Steilheit weisen praktisch auch die Empfindlichkeitskurven für optimale Vormagnetisierung auf, wenn man die Spannung am Ausgang des Wiedergabeverstärkers U_A als Funktion des niederfrequenten Signalstromes i_{NF} mit einem Magnetbandgerät aufnimmt. Der geänderte Maßstab für i_{NF} und U_A ist in Abb. 15 angeschrieben, wobei dem Bezugspegel von 200 mM eine Spannung $U_A = 1{,}55$ Volt entspricht. Der erforderliche Signalstrom zur Erzeugung des Bezugspegels beträgt $i_{NF} = 1{,}3$ mA. Wird zusätzlich zum Signalstrom i_{NF} noch ein Gleichstrom $i_=$ überlagert, so entsteht im betrachteten Bereich ein quadratischer Klirrfaktor K_2, der diesem Gleichstrom proportional ist. Die durch Messung ermittelten Werte für das Band FR-6004 liegen auf der Geraden 2. Die gleiche Gerade stellt auch den Zusammenhang zwischen der vom Symmetrierband abgegebenen Spannung U_{SB} dar, wenn infolge des Gleichstromes $i_=$ ein Bandgleichfluß Φ_R erzeugt wird, der für optimale Vormagnetisierung sein Maximum erreicht. Die Empfindlichkeit, d. h. die Steilheit der dargestellten Remanenzkennlinien der drei betrachteten Bandtypen F, FR und 120 HO verhält sich im Optimum der Vormagnetisierung wie 1 : 2 : 4. [*6*]

5. Einfluß der Sättigungskernremanenz des Sprech- und Löschkopfes unter der idealisierenden Wirkung eines überlagerten Wechselfeldes. Wir betrachten wieder Studioköpfe aus Mumetall mit den Abmessungen der Abb. 10. Die magnetischen Werte dieses Materials sowie die verwendeten Spaltbreiten gehen aus der Tabelle 2 hervor. Infolge der starken Scherung der großen Spalte ist z. B. die Kernsättigungsremanenz beim Sprechkopf um mehr als zwei Zehnerpotenzen kleiner als beim Hörkopf, der hier vergleichsweise mit betrachtet wurde, um zu zeigen, wie kritisch kombinierte Hör- und Sprechköpfe sind, bei denen der rückwärtige Scherungsspalt fehlt. Aus den Windungszahlen und der Sättigungsfeldstärke errechnet sich der Magnetisierungsstrom zur Sättigung der Köpfe. Er beträgt einige Ampère und kann leicht aus einem 6 Volt-Akkumulator geliefert werden. Das Berühren der Kopfkerne mit einem Permanentmagneten hat die gleiche Wirkung. Man neigt zur Annahme, daß der Löschkopfkern durch den hochfrequenten Löschstrom von selbst entmagnetisiert wird, da sein Kernfluß im Spalt eine Feldstärke von etwa 1000 — 1500 Oe erzeugen muß, um ein hart-magnetisches Band zu löschen. Ein üblicher Löschstrom von $i_L = 150$ mA ergibt für den betrachteten Kopf eine Spaltfeldstärke

$$H_{SP} = B_{SP} = 3{,}5\ B'_{\text{Kern}} = 3{,}5\ \mu' \cdot H = 3{,}5\ \mu' \cdot \frac{0{,}4\,\pi W}{l_E} \cdot i_L = 3{,}5 \cdot 169 \cdot \frac{0{,}4\,\pi \cdot 150}{6{,}75} \cdot 0{,}150$$
$$= 2500 \text{ Oe}$$

wenn man μ' aus Tabelle 2 einsetzt. Diese Feldstärke reicht aus, um ein hochkoerzitives Band einwandfrei zu löschen. Um aber den remanenten Kern zu entmagnetisieren, muß er mit einem Wechselfeld abmagnetisiert werden, das bis in die Sättigung reicht. Hierzu ist aber ein zehnmal größerer Strom von 1,5 A erforderlich.

Tabelle 2. *Berechnung des Bandgleichflusses, hervorgerufen durch die Sättigungsremanenz des Sprech- bzw. Löschkopfes, für ein FR-Band bei optimaler Vormagnetisierung und Vergleich mit den gemessenen Werten. Abweichung beträgt 3 dB.*

Material:	Mumetall		Studio-Ringkern-Köpfe		
			Hör-kopf	Sprech-kopf	Lösch-kopf
Sättigungsinduktion	$B_S = 7000$	G			
Sättigungsremanenz	$B_R = 5600$	G			
relative Remanenz	$B_R/B_S = 0{,}80$	—			
Anfangspermeabilität	$\mu_A = 25\,000$	—			
Koerzitivkraft	$H_C = 30 \cdot 10^{-3}$	Oe			
Kernquerschnitt	$q_K = 7 \cdot 0{,}35 = 0{,}245$	cm^2			
Spaltquerschnitt	$q_{SP} = q_K/3{,}5 = 0{,}07$	cm^2			
mittlere Kernlänge	$l_E = 6{,}75$	cm			
Vorderer Spalt	S_v	cm	$10 \cdot 10^{-4}$	$20 \cdot 10^{-4}$	$4 \cdot 10^{-2}$
hinterer Spalt	S_h	cm	0	0,3	0
Summenspalt	$S = S_v + S_h$	cm	$10 \cdot 10^{-4}$	0,302	$4 \cdot 10^{-2}$
scheinbare Permeabilität	$\mu' = \frac{1}{1/\mu + S/l_E} = \frac{l_E}{S} = \frac{1}{N}$	—	6750	22,4	169
Entmagnetisierungs-faktor	$N = \frac{S}{l_E} = 1/\mu'$	—	$15 \cdot 10^{-5}$	$4{,}5 \cdot 10^{-2}$	$5{,}9 \cdot 10^{-3}$
Scheinbare Sättigungs-kernremanenz	$B'_R = H_C/N = \mu' \cdot H_C$	G	200	0,670	5,07
Luftspaltinduktion = Spaltfeldstärke	$B'_{RSP} \doteq H_{SP} = 3{,}5\, B'_R$	G, Oe	*700*	*2,35*	*17,8*
Spulen-Windungszahl	W	—	600	440	150
Sättigungs-Gleichstrom	$i_S = \frac{H_S \cdot l_E}{0{,}4\pi \cdot W}$	A	0,01	3,85	1,5
Sättigungs-Feldstärke	$H_S = B_S/\mu' = \frac{7000}{\mu'}$	Oe	1,05	314	41,5
Optimale Vormagnetisierung					
innerer Entmagnetisierungsfaktor für FR - 6004	$N_i = 0{,}1 = \frac{H}{\Phi_R} = \frac{H_{SP}}{\Phi_R}$	Oe/mM			
Bandgleichfluß für opt. Vormagnetisier.	$_{=}\Phi_{R\,\text{ger.}} = \frac{H_{SP}}{N_i} = 10\, H_{SP}$	mM		*23,5*	*178*
Spannung des Symmetrierbandes (aus Abb. 15)	$U_{SB\,\text{gerechnet}} = S_4 \cdot H_{SP} = 38\, H_{SP}$	mV		90	676
gemessene Sym.-Bd.-Spannung	U_{SB} gemessen	mV		130	480
gemessener Bandgleichfluß	$_{=}\Phi_{R\,\text{gem.}} = U_{SB}/U_B \cdot \Phi_B = U_{SB} \cdot \frac{200}{760}$	mM		*34*	*126*
Abweichung zw. Rechnung u. Messung	$\frac{U_{SB}\text{ gerechnet}}{U_{SB}\text{ gemessen}} = \frac{\Phi_R\text{ger.}}{\Phi_R\text{gem.}}$	dB		3	3
Abstand: Gleichfluß zu Bez. P.	$\frac{\Phi_R\text{ gem.}}{\Phi_B} = \frac{\Phi_R}{200}$	dB		— 15,4	— 4

Infolge der idealisierenden Wirkung des überlagerten Wechselfeldes erzeugt das verhältnismäßig geringe Spaltfeld des gesättigten Sprechkopfkernes von 2,35 Oe einen Bandgleichfluß, dessen errechneter Wert nur um 3 dB von dem gemessenen abweicht, wie man ihn mittels Symmetrierband erhält. Dieser Meßwert liegt nur 15 dB unter Bezugspegel. Der Löschkopf ist noch ungünstiger. Hier unterscheidet sich der erzeugte Bandgleichfluß infolge der Sättigungsremanenz nur um 4 dB vom Bandfluß für Bezugspegel. Beim errechneten Wert ist zu berücksichtigen, daß die Aufzeichnung nicht im Optimum des Wechselflusses erfolgt, sondern weit über dem Optimum, wo die Empfindlichkeit bereits merklich abgenommen hat. Der gerechnete Wert liegt demnach zu hoch. Unter Berücksichtigung der Empfindlichkeitsabnahme würde die Übereinstimmung noch besser sein, obwohl das erzielte Ergebnis für beide Köpfe für die Praxis als befriedigend zu bezeichnen ist. Aus Abb. 15 ist zu ersehen, daß das Band 120 HO unter gleichen Bedingungen um den Faktor 2 (6 dB) empfindlicher reagiert als das FR-Band. Der Klirrfaktor K_2 steigt beim Sprechkopf über 1 bzw. 2%, beim Löschkopf beträgt er 2% beim FR-Band, bzw. 4% beim 120 HO-Band. Das Bandrauschen entspricht nahezu dem Rauschen einer Gleichmagnetisierung (etwa — 40 dB).

Eine sorgfältige Entmagnetisierung der Kopfkerne mit einer Löschdrossel beseitigt die Sättigungsremanenz. An einigen Gerätetypen wurde aber beobachtet, daß nach Drücken der Aufnahmetaste der Sprechkopf wieder eine Remanenz aufweist, obwohl vorher die Einstellung mittels Symmetrierband auf Tonlosigkeit erfolgte. Das Einschalten des HF-Oszillators kann Einschaltstromstöße ergeben, die eine remanente Magnetisierung des Sprechkopfkernes bewirken, die bis in die Sättigung reicht. Die Reproduzierbarkeit der Remanenzfreiheit der Köpfe ist daher vor der Aufnahme mittels Symmetrierband zu kontrollieren.

6.2. Die Wirkung unsymmetrischer HF-Magnetisierungsströme

Unter unsymmetrischen Wechselströmen verstehen wir solche, die sich aus der Grundschwingung $y_1 = A_1 \cdot \sin x$ und aus ungeradzahligen und phasenverschobenen Oberschwingungen $y_{2n} = A_{2n} \cdot \sin(2\,nx + \varphi)$ zusammensetzen. n bedeutet dabei ganze Zahlen 1, 2, 3... (Abb. 16). Bei solchen zusammengesetzten Schwingungen ist zwar der Flächenwert der Halbwellen zu beiden Seiten der x-Achse gleich, d. h. sie werden durch Kondensatoren bzw. Übertrager ohne Änderung der Kurvenform übertragen, die Amplitudenspitzenwerte der beiden Halbwellen sind aber verschieden. Ungeradzahlige Oberwellen ergeben unabhängig von der Phasenverschiebung immer zur X-Achse spiegelbildliche, d. h. symmetrische Halbwellen. Ist bei geradzahligen Oberwellen keine Phasenverschiebung vorhanden, dann tritt ebenfalls keine Unsymmetrie auf. In Abb. 16 a ist dies für die zweite Oberwelle dargestellt. Die Amplitude der Grundwelle A_1 ist dreimal so groß wie die zweite Harmonische angenommen. Ist die Phasenverschiebung Null oder $\pi/2$, so tritt keine Unsymmetrie auf, die Spitzen werte sind gleich: $W_1 = W_2$. In Abb. 16 b hingegen beträgt die Phasenverschiebung unter sonst gleichen Verhältnissen wie bei Abb. 16 a $\pi/4$. Die Spitzenwerte W_1 und W_2 sind nun verschieden.

Die Wirkung eines derartigen Wechselstromes (es kann der Löschstrom oder Vormagnetisierungsstrom, aber auch der Netzwechselstrom sein) bzw. Wechselfeldes im Kopfspalt ist in Abb. 16 c für einen magnetischen Einzelbereich analog zur Abb. 12 b dargestellt. Wir haben es wieder mit der Wechselfeldvormagnetisierung zu tun. Das

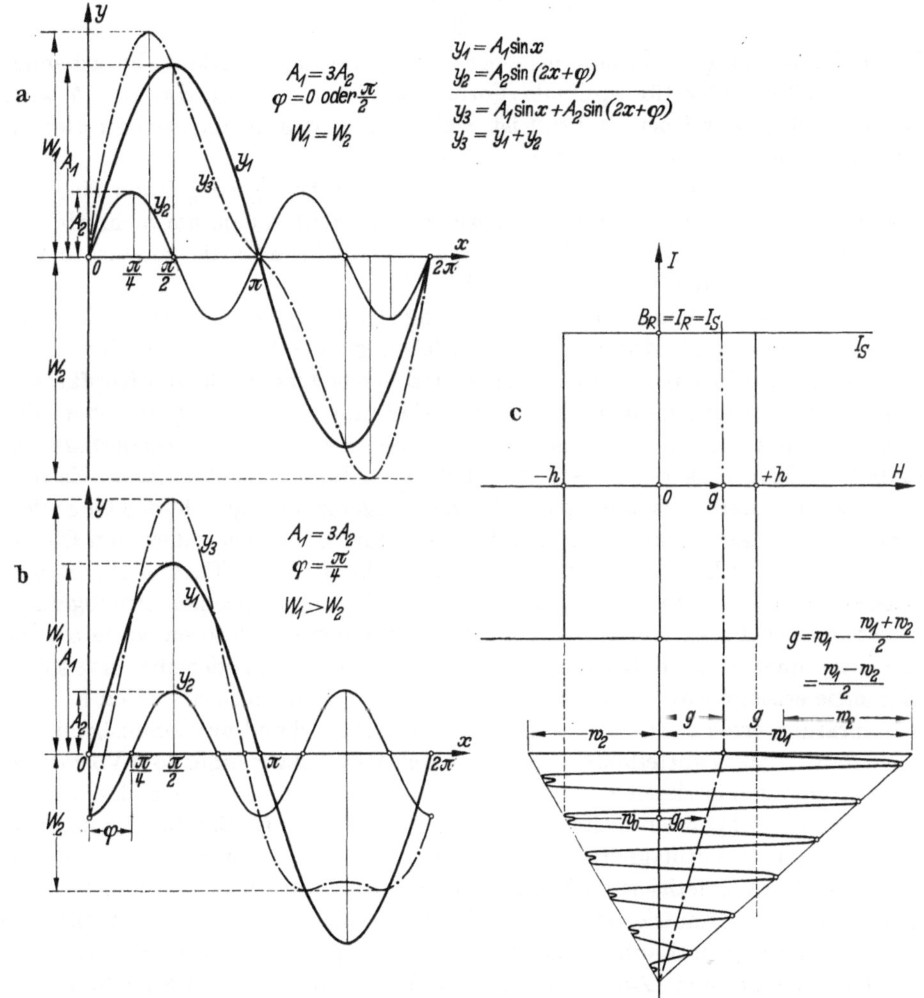

Abb. 16. Phasenverschobene geradzahlige Oberschwingungen des Wechselstromes ergeben beim Löschen bzw. bei der Vormagnetisierung infolge der Unsymmetrie einen remanenten Gleichfluß im Band, der der Unsymmetrie $g = \frac{W_1 - W_2}{2}$ proportional ist. Infolge der idealisierenden Wirkung des Wechselfeldes W wird eine geringe Unsymmetrie verstärkt wirksam.

Abklingen der Feldstärke beim Durchlaufen des Spaltfeldes ist wieder durch das Schrumpfungsdreieck dargestellt. Infolge der unterschiedlichen Spitzenamplituden W_1 bzw. W_2 schrumpft das Dreieck unsymmetrisch bezüglich der I-Achse. Die Wirkung ist die gleiche, als ob einem symmetrischen Wechselfeld ein Gleichfeld g überlagert wäre. Der Einzelbereich wird definiert auf $+ B_R = + I_S$ geschaltet, entsprechend der größeren Spitzenamplitude W_1. Für ein Material mit innerem Entmagnetisierungsfaktor N_i gelten die oben angestellten Überlegungen. Das scheinbar auftretende Gleichfeld g errechnet sich aus der Unsymmetrie der beiden Spitzenamplituden zu

$$g = \frac{W_1 - W_2}{2} \tag{9}$$

Die größte Wirkung erhält man bei einer vom rechteckigen Verlauf abweichenden Hystereseschleife wieder für optimale Vormagnetisierung, wenn also $w = h$ wird, wobei h etwa 80% der Koerzitivkraft ist, weil dann g_0, das für die Signalfestlegung wirksam ist, seinen maximalen Wert g erreicht.

Durch die idealisierende Wirkung der Wechselfeldüberlagerung kann eine verschwindend kleine Unsymmetrie von nur wenigen Prozenten eine um mehr als zwei Zehnerpotenzen größere Wirkung hervorrufen. (vgl. Tabelle 2: die verstärkte Wirkung einer geringeren Restremanenz beim Sprechkopf).

Die wirksamste Methode zur Unterdrückung der Unsymmetrie ist die Verwendung von Gegentaktoszillatoren, weil bei solchen geradzahlige Oberwellen unterdrückt werden. Die Praxis hat aber gezeigt, daß verschwindend kleine Kopfkernremanenzen und die Einwirkung äußerer Gleichfelder nur unwirksam gemacht werden können, wenn man mit den oben beschriebenen Einrichtungen eine veränderbare Unsymmetrie zur Kompensation dieser schädlichen Einflüsse einstellen kann. Es liegt nahe, dieses scheinbare Gleichfeld g durch ein entgegengesetzt gerichtetes Gleichfeld zu kompensieren, indem man einen nach Richtung und Größe veränderbaren Gleichstrom zusätzlich durch den Löschkopf bzw. Sprechkopf führt. Hiervon macht man bei verschiedenen Geräten des Auslandes Gebrauch. Bei deutschen Studiogeräten wird mittels eines Potentiometers der Arbeitspunkt der Oszillatoren so verändert, daß die Unsymmetrie des HF-Stromes entweder behoben wird, oder aber eine solche Unsymmetrie erzeugt wird, daß sekundäre Wirkungen kompensiert werden können. Die Überprüfung erfolgt sehr genau mit dem Symmetrierband auf Tonlosigkeit. Es zeigt sich dabei, daß es vorteilhaft wäre, den Löschstrom unabhängig vom Vormagnetisierungsstrom symmetrieren zu können, um die unterschiedlichen Einflüsse auf die Köpfe einzeln zu kompensieren. Im allgemeinen erreicht man für den Löschkopf allein (bei abgeschaltetem Vormagnetisierungsstrom) zwar eine einwandfreie Symmetrie, wird aber der Vormagnetisierungsstrom zugeschaltet, dann ist eine andere Stellung des gemeinsamen Symmetrierpotentiometers erforderlich, und man erhält mit dem Symmetrierband nur ein Lautstärkeminimum. Die veränderte Symmetrieeinstellung verursacht nunmehr beim Löschkopf einen Bandgleichfluß, der vom Sprechkopf nur teilweise gelöscht wird. Dieses Lautstärkeminimum soll 40 dB unter dem Spannungswert für Bezugspegel liegen, damit der Klirrfaktor K_2 vernachlässigbar und Klebestellen unhörbar bleiben. Durch wiederholtes Drücken der Aufnahmetaste überzeugt man sich, daß die Symmetriermaßnahmen reproduzierbar sind und der Kopf nicht etwa durch Einschaltstromstöße neuerlich remanent magnetisiert wird.

6.3. Einwirkung äußerer Magnetfelder auf die Magnetköpfe mit Wechselfeldüberlagerung und auf Wechselfeldlöscheinrichtungen

6.3.1. Wechselfelder als äußere Störquelle. In Betracht kommen Wechselfelder durch den 50 Hz-Streufluß, herrührend von den Transformatoren und Antriebsmotoren und Gleichfelder von permanent magnetisierten Eisenteilen. Es ist allgemein gebräuchlich, den Hörkopf völlig abzuschirmen, um Brummeinstreuungen, die unmittelbar hörbar werden, genügend klein zu halten. Seltener wird das Spaltfeld des Sprechkopfes abgeschirmt, beim Löschkopf fehlt ganz allgemein die magnetische Abschirmung. Nach den obigen Darlegungen erzeugt die idealisierende Wirkung sowohl beim Löschkopf als auch beim Sprechkopf eine verstärkte Aufzeichnung auch sehr geringer Brummstreufelder. Ob sie tolerierbar ist, kann man leicht beurteilen, wenn man ein betriebsmäßig gelöschtes und ohne Signal aufgesprochenes Band im schnellen Vor- oder Rücklauf abhört. Durch die größere Geschwindigkeit wird die 50 Hz-Aufzeichnung in das Gebiet der größeren Ohrempfindlichkeit transformiert und deutlich hörbar.

6.3.2. Äußere Gleichfelder: z. B. Erdfeld. Uns interessiert hier der Einfluß von Gleichfeldern, insbesondere die Einwirkung des magnetischen Erdfeldes von rund 0,2 Oe Horizontalintensität, aber auch die Wirkung permanent magnesierter Metallteile in der Nähe der Magnetköpfe. Führt man ein Symmetrierband in Nord-Süd-Richtung durch eine Luftspule, die im Innern ein starkes HF-Wechselfeld erzeugt, so liegt der Fall der idealen Magnetisierung vor, d. h. das Wechselfeld klingt auf Null ab, während das Erdgleichfeld konstant bleibt. Das HF-Wechselfeld kann bis in die Sättigung reichen, der erzeugte Bandgleichfluß bleibt konstant. Aus Abb. 15 liest man für ein Gleichfeld von 0,2 Oe einen Gleichfluß des Symmetrierbandes von 2 mM (40 dB unter Bezugspegel) ab. Durch Abspielen des Symmetrierbandes, das vorher auf einem einwandfreien Gerät tonlos war, und anschließend parallel zum Erdfeld durch die Luftspule geführt wird, wurde eine Spannung von $U_{SB} = 7$ mV gemessen. Wird das Symmetrierband auf eine Kunststoffspule aufgewickelt und sorgfältig mit einer Löschdrossel im Erdfeld abmagnetisiert, dann zeigt es bei der Wiedergabe rhythmische Lautstärkeschwankungen im Takte der Spulenumdrehungen. Jene Bandstellen, die parallel zum Erdfeld lagen, zeigen ein Lautstärkemaximum, die senkrecht zum Erdfeld liegenden ein Minimum. (vgl. Abb. 17). Ein einwandfreies Löschen der Bandspule gelingt nur in einem Eisenblechkäfig, der als magnetischer Schirm wirkt und genügend groß sein muß, damit die Wände durch den Streufluß der Löschdrossel nicht gesättigt werden. (Bei Sättigung geht die Permeabilität μ gegen 1 und die Abschirmwirkung geht verloren).

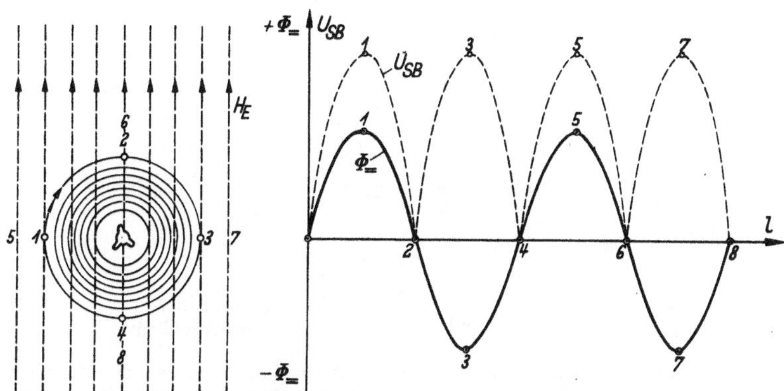

Abb. 17. Beim Löschen ganzer Bandwickel mit einem Wechselfeld (Löschdrossel oder Luftspule mit Kondensatorentladung) im Erdfeld entstehen Gleichflußschwankungen über die Bandlänge.

Löscheinrichtungen mit einer Luftspule und Kondensatorentladung ergeben die gleiche Erscheinung, nur ist die Wirkung wesentlich verstärkt. Die Lautstärkemaxima erreichen den Bezugspegel. Offenbar tritt hier noch ein anderer Effekt hinzu. Vermutlich klingt das Wechselfeld zu rasch ab, so daß nach erfolgter Sättigung in der nächsten Periode die Amplitude schon zu klein ist, um die Remanenz vollständig umzupolen. Zur richtigen Dimensionierung der Zeitkonstante des abkingenden Wechselfeldes und zur Kontrolle von Löscheinrichtungen im allgemeinen leistet auch hier das Symmetrierband gute Dienste.

6.3.3. Wirkung des Erdfeldes auf den Lösch- und Sprechkopf. Stellt man ein Magnetbandgerät in Nord-Süd-Richtung und symmetriert die HF-Ströme vollständig, so daß das Symmetrierband tonlos ist, und dreht dann das Gerät um 180° in die Süd-Nord-Richtung, dann gibt es eine Spannung von $U_{SB} = 20$ mV ab, dies entspricht einem Bandfluß von 5,3 mM der 31,6 dB unter Bezugspegel liegt. Bei einem Symmetrierband, hergestellt aus dem 120 HO-Material ist die Wirkung um den Faktor 2 größer: $U_{SB} = 40$ mV, $\Phi_{=} = 10{,}6$ mM, $\Phi_{=}/\Phi_B = -25{,}6$ dB. Die Wirkung ist wider Erwarten rund dreimal stärker als beim Versuch mit der Luftspule, und außerdem läßt sich durch Veränderung des Vormagnetisierungsstromes eindeutig ein Optimum nachweisen. Es liegt also nicht der Fall der idealen Magnetisierung vor, bei der die Empfindlichkeit konstant bleibt, sondern der Fall der Hochfrequenzvormagnetisierung, charakterisiert durch eine Empfindlichkeitsabnahme nach Überschreiten der optimalen Vormagnetisierung. Beim Löschkopf ist der Effekt um 6 dB geringer, ebenfalls verursacht durch eine Empfindlichkeitsabnahme infolge des Löschwechselfeldes, das größer ist als das optimale.

Dieser Aufzeichnungsvorgang ist etwas verwickelter und soll an Hand der Abb. 18 im Prinzip beschrieben werden. Eine rechnerische Abschätzung ist wegen des undefinierten Kraftlinienverlaufes schwierig. Hält man einen magnetisierten Schraubenzieher in etwa 10 bis 20 cm Entfernung vom Lösch- oder Sprechkopfspalt, während die Symmetrierbandschleife in Aufnahmestellung des Gerätes läuft, so erhält man einen sehr lauten Ton, während in Wiedergabestellung keinerlei Wirkung auf das

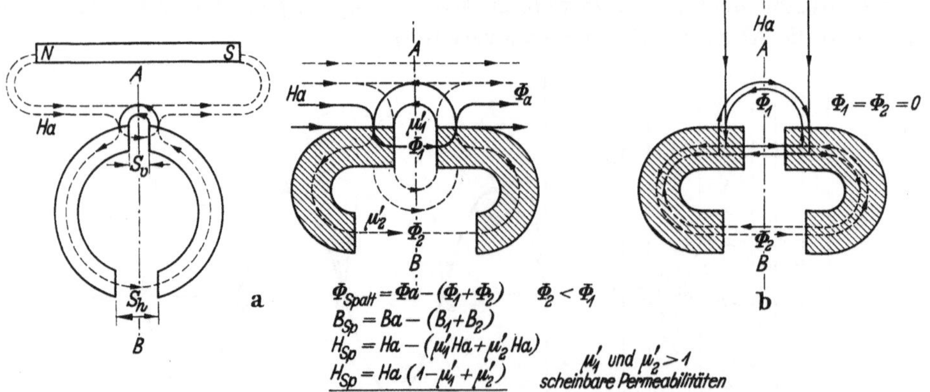

Abb. 18. Einwirkung eines äußeren Gleichfeldes H_a verursacht beim Lösch- bzw. Sprechkopf ein verstärktes Spaltfeld, das eine Funktion des Einfallswinkels der Feldlinien zur Symmetrieebene AB des Kopfes ist.
a) Die größte Wirkung, wenn H_a parallel zum Kopfspiegel verläuft (senkrecht zur Symmetrieebene AB)
b) Keine Wirkung, wenn H_a senkrecht zum Kopfspiegel auftrifft (parallel zur Symmetrieebene AB)

Symmetrierband festzustellen ist. Um die gleichzeitige Einwirkung auf die nahe beisammen liegenden Magnetköpfe zu trennen, schaltet man am besten den Sprechkopf bzw. den Vormagnetisierungsstrom ab. In Abb. 18 a sind die Feldlinien für das äußere Feld H_a skizziert. Infolge der großen Permeabilität des Kopfkernes treten sie in der linken Kernhälfte in der Nähe des Spaltes senkrecht ein, ein Teil des Flusses Φ_1 schließt sich über den vorderen Spalt, der andere Φ_2 durchläuft den Ringkern. Beide vereinigen sich in der rechten Kernhälfte und treten in der Nähe des Spaltes wieder aus, um sich in entgegengesetzter Richtung wie das erzeugende Feld H_a über dem Spalt wieder zu schließen. Die Aufteilung dieser Teilflüsse hängt vom magnetischen Widerstand, d. h. von der Kraftlinienlänge im Eisen bzw. im Luftspalt ab. Dieser Widerstand kann durch die scheinbare Permeabilität μ_1' bzw. μ_2' längs dieser Wege ausgedrückt werden. Setzt man für $\mu_1' + \mu_2' = \mu'$, so erhält man für die Feldstärke im Spalt:

$$H_{SP} = H_a (1 - \mu') = - H_a (\mu' - 1) = - \varkappa' H_a.$$

Das Spaltfeld ist also dem äußeren Feld entgegengesetzt gerichtet und um den Faktor $\varkappa'$, den man als scheinbare Suszeptibilität auffassen kann, größer. Eine Berechnung ist in Unkenntnis des genauen Kraftlinienverlaufes nicht möglich. Aus der Messung im Erdfeld ergibt sich für eine optimale Vormagnetisierung im Sprechkopf $\varkappa' = 3$, d. h. daß das Erdfeld ein dreimal so großes Spaltfeld erzeugt.

Trifft das äußere Feld senkrecht auf den Kopfspiegel auf, d. h. verläuft es parallel zur Symmetrieebene durch die beiden Kopfspalte (vgl. Abb. 18 b), dann kompensieren sich die gegenläufigen Kraftlinien durch die beiden Kernhälften und das Symmetrierband zeigt keine Wirkung des äußeren Feldes an. Dieses Experiment kann man im Erdfeld ausführen oder aber mit einem magnetisierten Schraubenzieher, der genau in der Symmetrieebene dem Sprechkopf genähert wird.

Kompensiert man z. B. ein in der Nord-Süd-Richtung laufendes Symmetrierband auf Tonlosigkeit und dreht anschließend das Gerät um 180°, dann wird das Erdfeld voll wirksam. Das Symmetrierband zeigt die oben angeführten Gleichflußwerte an. Überraschend ist die Tatsache, daß insbesondere bei hochempfindlichen Bändern das Erdfeld einen keinesweges zu vernachlässigenden Einfluß ausübt. Der Abstand des erzeugten Gleichflusses beträgt nur 25 dB vom Bezugspegel und ist für ein Studiogerät nicht tolerierbar. Bei stationären Geräten kann der Einfluß mittels Symmetrierband einmalig kompensiert werden, falls das Gerät im übrigen reproduzierbare Symmetriereigenschaften aufweist. Bei transportablen Geräten aber muß für jede Aufstellung das Gerät neu symmetriert werden.

In Ermangelung eines Tongenerators kann mit Hilfe des Symmetrierbandes auf Grund dieser Erkenntnisse leicht der optimale Vormagnetisierungsstrom eingestellt werden. In Gegenwart des magnetisierten Schraubenziehers wird der Vormagnetisierungsstrom auf maximale Lautstärke der Symmetrierbandspannung eingestellt bzw. auf einen gewünschten Arbeitspunkt, definiert durch die Empfindlichkeitsabnahme über dem Optimum. Eine rasche Überprüfung der Abschirmwirkung beim Sprech- und Löschkopf kann auf die gleiche Art erfolgen.

7. Wirkung eines Bandgleichflusses auf den Kopiereffekt

In [*1*] wurde die Vermutung ausgesprochen, daß der remanente Bandgleichfluß den Kopiereffekt verstärken könnte, in der Annahme, daß es für die kopierende Signalfeldstärke H_K am Orte der Nachbarwindungen gleichgültig sein müßte, ob das Gleichfeld ${}_1H_=$ von außen herrührt, oder durch den vorhandenen Gleichfluß im Innern der Schicht gebildet wird. (vgl. Abb. 19) Dieses innere Gleichfeld ${}_1H_=$ sollte bewirken, daß die kopierende Feldstärke in den steilen Teil der Neukurve verschoben wird, dort eine verstärkte Magnetisierung $\Delta\,{}_1I$ und schließlich eine verstärkte remanente Aufzeichnung $\Delta\,{}_1B_R$ verursacht, während die gleiche kopierende Feldstärke H_K auf einem neutralen Band im Ursprung einwirkt und in dessen reversiblen Bereich keine Aufzeichnung bewirkt $\Delta\,{}_0B_R = 0$. Die gleichen Überlegungen gelten für die Remanenzkurve: durch die Feldstärke ${}_1H_=$ wird die kopierende Signalfeldstärke H_K in den steilen Teil der Remanenzkurve verschoben und sollte hier eine verstärkte Aufzeichnung $\Delta\,{}_1B_R$ bewirken, die der Steilheit in diesem Punkt proportional ist. Im Ursprung hingegen ist die Steilheit der Remanenzkurve Null und der Kopiereffekt auf einem neutralen Band bleibt verschwindend klein.

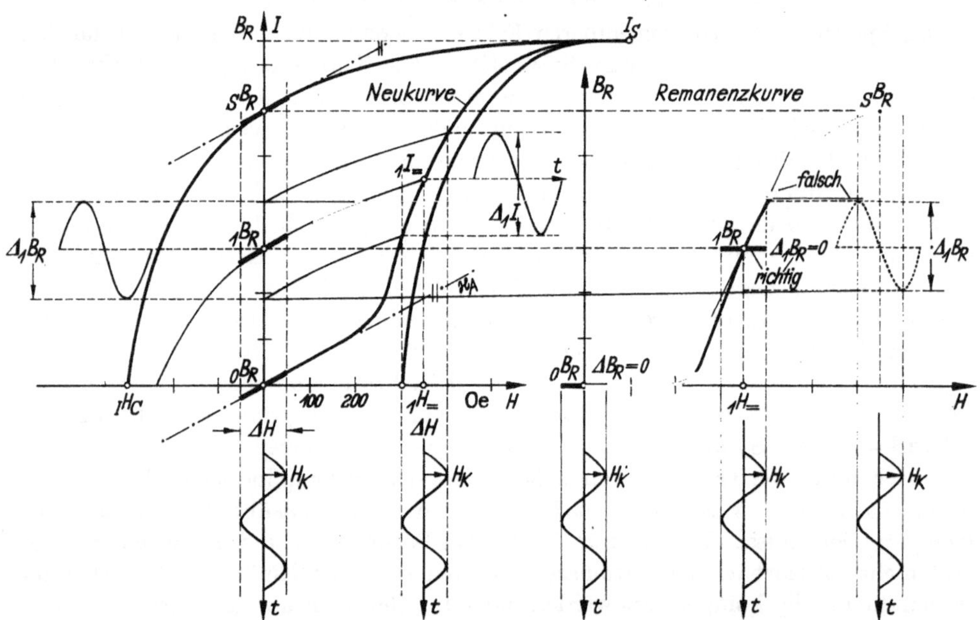

Abb. 19. Der Kopiereffekt wird durch einen remanenten Bandgleichfluß nicht verstärkt, da geringe magnetische Zustandsänderungen reversibel ($\Delta B_R = 0$) verlaufen.
H_K: Kopierende Signalfeldstärke am Ort der Nachbarwindung, verursacht durch den Signalbandfluß

Messungen konnten diese Annahme nicht bestätigen. Spricht man nämlich ein sehr schwaches Signalfeld (z. B. 50 dB unter Bezugspegel) ohne Vormagnetisierung auf ein neutrales Band, und anschließend auf ein Band mit einem Gleichfluß von der Größe des Bezugspegels auf, dann ist bei der Wiedergabe die geringe Signalamplitude in beiden Fällen gleich groß. Folglich kann auch der nur zeit-, wellenlängen- und temperaturabhängige Kopiereffekt durch einen remanenten Bandgleichfluß nicht verstärkt werden. Kopierdämpfungsmessungen an Bändern, bei denen jene Bandstellen, die nicht den Signalimpuls tragen, bis zur Sättigung mit einem Gleichfeld magnetisiert wurden, zeigten im Vergleich zu neutralen Bändern keine Zunahme des Kopiereffektes.

Als Erklärung muß man zwei Ursachen berücksichtigen; erstens sind kleine magnetische Zustandsänderungen in einem beliebigen Punkt der B_R-Achse reversibel (${}_0B_R$, ${}_1B_R$ oder ${}_SB_R$), die Zustandsgeraden in den entsprechenden Punkten der Remanenzkurve sind daher horizontal, und zweitens ist die durch den inneren Bandgleichfluß erzeugte innere Feldstärke H_i in der Magnetschicht immer kleiner als jene äußere Feldstärke, die den Gleichfluß erzeugte. Für einen Bandgleichfluß von beispielsweise 200 mM ergibt sich für die Magnetschicht aus Abb. 10 eine innere Feldstärke von

$$H_i = B_i/\mu = \Phi_i/q \cdot \mu = \frac{0{,}2}{10^{-3} \cdot 2{,}4} = 84 \text{ Oe},$$

die nicht ausreicht, um den reversiblen Bereich (bis etwa 200 Oe) zu überschreiten.

Die betrachteten Remanenzkurven stellen aber den Zusammenhang zwischen einer äußeren Feldstärke und der hervorgerufenen Remanenz dar, nicht aber den Zusammenhang zwischen der inneren Feldstärke und der Remanenz. Wie das Experiment ausweist, wird durch die Einwirkung eines äußeren Gleichfeldes ${}_1H_=$, das den reversiblen Anfangsbereich überschreitet, der Kopiereffekt beträchtlich verstärkt. Man erhält nun als Aufzeichnung $\Delta\, {}_1B_R$, praktisch ziemlich unabhängig davon, ob das Band neutral ist oder die Remanenz ${}_1B_R$ aufweist.

8. Praktische Anwendung des Symmetrierbandes bei Studiogeräten

Als Abschluß wollen wir die Gesichtspunkte zusammenfassen, die bei der praktischen Handhabung des Symmetrierbandes zu beachten sind.

8.1. Bestimmung des Bandflusses von 200 mM für Bezugspegel bei 38 cm Bandgeschwindigkeit

a) Abspielen des Bezugspegels des Bezugsbandes 38 und Einpegelung der Wiedergabespannung U_A auf z. B. 1,55 Volt. (Kontrolle mit Frequenzgangteil, ob im Bereich von 80 Hz bzw. zwischen 60 und 125 Hz der Wiedergabeverstärker keinen Abfall gegenüber der Bezugsfrequenz von 1 kHz aufweist. Hierzu ist auch die Einspeiseschleife K 10 sehr geeignet).

b) Auflegen eines Symmetrierbandes ohne Rasterung (oder eines FR-Bandes) und Einstellung des optimalen Vormagnetisierungsstromes i_{V0}. (Für T 9 U z. B. 12,5 mA für das Agfa-Symmetrierband). Bestimmung des NF-Sprechstromes $i_{NF} = i_B$ für Bezugspegel von 200 mM bzw. 1,55 Volt. (Für T 9 U und Symmetrierband z. B. 1,3 mA).

c) Auflegen einer Symmetrierbandschleife und Speisung des Sprechkopfes mit einem Gleichstrom von $i_= = i_{B(\mathrm{eff})}$ (z. B. 1,3 mA). Der zerhackte Gleichfluß von 200 mM erzeugt die Symmetrierbandspannung U_{SB} von z. B. 760 mV mit einer Grundfrequenz von etwa 80 Hz mit großem Oberwellenanteil.

d) Erste Kontrolle in Wiedergabestellung, ob der Hörkopf remanenzfrei war: Umlegen der Bandschleife um 180°, so daß sie in umgekehrter Richtung läuft. Die abgegebene Spannung muß gleich sein wie bei c), z. B. 760 mV. Ist sie verschieden, dann weist der Hörkopf eine Remanenz auf. Er ist mit einer Löschdrossel sorgfältig zu entmagnetisieren und der Vorgang c) zu wiederholen, bis in beiden Laufrichtungen die gleiche Spannung angezeigt wird.

Diese aufgesprochene Bandschleife mit dem Bandfluß für Bezugspegel wird für die weiteren Messungen aufbewahrt.

8.2. Messung mit einem gesättigten Symmetrierband

Für eine Abschätzung des Gerätezustandes kann man auch vom Sättigungsfluß des Symmetrierbandes ausgehen, der rund 11 dB über dem Bandfluß für Bezugspegel liegt, indem man eine neue Schleife während des Laufes durch Berühren mit einem starken Permanentmagneten sättigt. Die Sättigungsspannung $U_{SB\max}$ ist dann z. B. 5,5 Volt. (Auf Übersteuerungsgefahr des Wiedergabeverstärkers achten!)

8.3. Überprüfung des Löschkopfes und Sprechkopfes auf Remanenzfreiheit, bzw. Einstellung der HF-Symmetrie

Auflegen einer neuen Symmetrierbandschleife. Es wird in Aufnahmestellung des Gerätes gelöscht und ohne Signal aufgesprochen. Läßt sich durch Betätigung des Symmetrierpotentiometers keine Tonlosigkeit des Bandes einstellen, dann Lösch- und Sprechkopf sorgfältig entmagnetisieren und Vorgang wiederholen. Ist das Band tonlos, dann ist durch mehrmaliges Drücken der Aufnahmetaste zu kontrollieren, ob durch Einschaltstromstöße der Verstärker keine Remanenz im Sprechkopf erzeugt wird. Das Band muß nach dieser Wiederholung tonlos bleiben, sonst ist eine reproduzierbare Symmetrieeinstellung des Gerätes nicht möglich.

Bei abgeschaltetem Vormagnetisierungsstrom (Vormagnetisierungspotentiometer auf Null drehen) gelingt es immer, die HF-Symmetrie des Löschstromes allein vollkommen einzustellen. Durch Anschließen des Sprechkopfes bzw. Einstellung des richtigen Arbeitspunktes der HF-Vormagnetisierung wird die Symmetrie gestört, es gelingt oft nur ein Minimum von U_{SB} einzustellen. Bei guten Geräten liegt die erzielte minimale Symmetrierbandspannung 55 — 60 dB unter dem Bezugspegel von z. B. 760 mV.

Eine ideale Symmetrierung gelingt immer, wenn getrennte Oszillatoren für den Löschstrom und den Vormagnetisierungsstrom vorhanden sind, die unabhängig voneinander symmetriert werden können.

Nochmalige Kontrolle des Hörkopfes auf Remanenzfreiheit durch Umlegen der Schleife. In Wiedergabestellung muß die Minimalspannung gleich sein wie vorher.

Die verbleibende Störspannung $U_{SB\text{Stör.}}$ soll kleiner sein als 40 dB unter Bezugspegel, damit Klebestellen unhörbar bleiben und der Klirrfaktor K_2 vernachlässigbar wird. Die Gleichfeldrauschspannung liegt dann etwa 80 dB unter Bezugspegel. (Gleichfeldrauschspannung beträgt etwa 1% oder — 40 dB der Gleichfeldbandmagnetisierung.)

8.4. Kontrolle der Erdfeldeinwirkung

Gerät so aufstellen, daß das Band in Nord-Süd-Richtung über den Sprechkopf und Löschkopf läuft. Aufnahmetaste drücken und mit Symmetrierpotentiometer auf Tonlosigkeit einstellen. Dann das Gerät um 180° in die Süd-Nord-Richtung drehen und Spannung $U_{SB\text{Stör.}}$ ablesen. Sie beträgt beim Agfa-Symmetrierband auf der T 9 U Maschine rund 20 mV (— 31,6 dB) und entspricht einem Bandgleichfluß von 5,3 mM. Die Intensität des Erdfeldes wird durch eine Eisenkonstruktion des Raumes (Eisenbetonbau) stark beeinträchtigt.

Wird ein normales Band mit größerer Aufsprechempfindlichkeit als das Symmetrierband bzw. FR-Band verwendet, dann steigt auch die Wirkung des Erdfeldes im Ausmaße des Empfindlichkeitsunterschiedes der beiden Bänder etwa bis zum Faktor 2 (6 dB).

8.5. Kontrolle der Wirkung eines Störfeldes auf Lösch- und Sprechkopf

Das Symmetrierband ist zunächst in Aufnahmestellung tonlos. Nähert man auf 15 bis 20 cm Entfernung z. B. einen magnetisierten Schraubenzieher, so steigt die Lautstärke sehr stark an infolge der idealisierenden Wirkung des HF-Wechselfeldes im Lösch- bzw. Sprechspalt, während in Wiedergabestellung der Schraubenzieher in der gleichen Entfernung auf die drei Köpfe wirkungslos bleibt.

Abschirmungsmaßnahmen am Lösch- bzw. Sprechkopfspalt können auf diese Weise untersucht werden. Die gleiche Wirkung hat selbstverständlich beim normalen Band ein störendes Wechselfeld wie z. B. das 50-Hz-Feld von den Antriebsmotoren des Laufwerkes. Beim schnellen Rückspulen wird diese 50-Hz-Aufzeichnung bei vielen Geräten durch die Geschwindigkeitstransformation als höherer Ton deutlich hörbar.

9. Kontrolle von Löscheinrichtungen zum Löschen ganzer Bandspulen, wie z. B. Löschdrosseln bzw. Löscheinrichtungen mit Luftspule und Kondensatorentladung

Das Symmetrierband wird auf einen Kunststoffkern aufgewickelt und dem abmagnetisierenden Wechselfeld ausgesetzt. Anschließend wird es wiedergegeben. Infolge des Erdfeldes wird ein in der Lautstärke im Rhythmus der Spulenumdrehung an- und abschwellender Ton hörbar. Die Maxima rühren von jenen Stellen des Bandwickels her, die parallel zum Erdfeld lagen, die Minima-Stellen entsprechen den Bandlagen, die senkrecht zum Erdfeld verlaufen. Löscheinrichtungen mit Kondensatorentladungen über Luftspulen ergeben oftmals sehr starke Bandmagnetisierungen, die den Bezugspegel überschreiten können. Die Bänder sind zwar von der alten Aufzeichnung gelöscht, zeigen aber einen sehr starken Gleichfluß, der sich bei der Verwendung auf Geräten ohne Löschkopf, bei denen mit vorgelöschten Bändern gearbeitet wird, sehr störend als rhythmisches Rauschen bzw. durch stark störende Klebestellen bemerkbar macht. Der Vormagnetisierungsstrom reicht im allgemeinen nicht aus, um die störende Aufzeichnung zu löschen.

10. Anwendung bei Amateurgeräten

Bei Amateurgeräten ist im allgemeinen keine Symmetriereinrichtung vorgesehen. Man kann daher mit dem Band nur den bestehenden Einfluß der HF-Unsymmetrie bzw. die Restremanenz des kombinierten Hör- und Sprechkopfes, hervorgerufen durch Umschaltvorgänge, ermitteln, ohne im allgemeinen für Abhilfe sorgen zu können. Steht ein vorbereitetes Symmetrierband mit einer Gleichfeldmagnetisierung von der Größe des Bezugspegels zur Verfügung, dann wird mit dieser Schleife wiedergegeben, der Lautstärkeregler auf eine mittlere Lautstärke eingestellt und der Spannungswert abgelesen. Anschließend wird eine neue Symmetrierbandschleife ohne Signal aufgesprochen und die Störspannung $U_{S\,B\text{Stör.}}$ bei ungeänderter Wiedergabelautstärkereglerstellung abgelesen. Im allgemeinen beträgt der Abstand nur 20 dB, in einigen Fällen sogar nur 10 dB unter Bezugspegel. Der Rauschspannungsabstand beträgt dann 60 bzw. nur 50 dB unter Bezugspegel. Klebestellen werden aber im Ausmaß von 20 bzw. 10 dB unter Bezugspegel hörbar. Der Klirrfaktor K_2 kann je nach der verwendeten Bandsorte bis zu 3% betragen.

Der Geräteentwickler sollte die bestehende Prüfmöglichkeit mittels Symmetrierband zur Qualitätssteigerung beachten.

In Ermangelung eines Symmetrierbandes mit aufgesprochenem Bezugspegel kann man auch hier wieder vom Sättigungsbandfluß ausgehen, den man mit einem anliegenden Permanentmagneten erzeugt. Man hat nur zu berücksichtigen, daß der Bezugspegel von 200 mM ca. 11 dB unter dem Sättigungsbandfluß liegt, bzw. bei kleinen Bandgeschwindigkeiten der Bezugspegel 160 mM beträgt und damit 13 dB unter dem Sättigungsbandfluß liegt.

Literatur

[1] KRONES, F.: „Beseitigung der Hörbarkeit von Magnettonfilm-Klebestellen." Kinotechnik 4 (1959) 3—7.

[2] KRONES, F.: Vortrag gehalten anläßlich der Jahrestagung der Deutschen Kinotechnischen Gesellschaft E. V. am 4. 3. 1960 in Berlin, Techn. Universität „Eine neue Methode zur Justierung von Magnettongeräten".

[3] VACUUMSCHMELZE AG., Hanau, Firmenschrift: Weichmagnetische Werkstoffe 1957, 159.

[4] KRONES, F.: „Die Theorie des Magnetspeichers", 427 im Buche „Technik der Magnetspeicher" von FRITZ WINCKEL, Berlin/Göttingen/Heidelberg: Springer 1960.

[5] MÜLLER, R. Ch.: „Magnetisches Meßverfahren an ferromagnetischen pulverförmigen Substanzen für die Herstellung von Magnettonbändern", Agfa-Mitteilungen I. Berlin/Göttingen/Heidelberg: Springer 1956, 320.
KRONES, F.: wie [4] 448 und 450.

[6] KRONES, F.: „Elektroakustische Eigenschaften von Magnetbandspeichern", 524 und 526 im Buche „Technik der Magnetspeicher", von FRITZ WINCKEL: Berlin/Göttingen/Heidelberg: Springer 1960 und 536 Bandtyp Nr. 5 Zeile 32, bzw. 539 Bandtyp Nr. 27 Zeile 32.

Magnetspeicher für Impulsaufzeichnung

Von W. Abeck

Ebenso wie der photographische Film sich über den Rahmen reiner Bilddokumentation hinaus ein breites Anwendungsgebiet in Industrie, Technik und Medizin erschlossen hat, gewinnt auch das Magnetband neben seiner ursprünglichen Funktion als Tonträger in zunehmendem Maße als Impulsspeicher an Bedeutung. Neben seiner großen Speicherkapazität bietet der Magnetspeicher den Vorteil der raschen Zugriffsmöglichkeit. Die praktisch unbegrenzte Haltbarkeit des Speicherinhalts, seine leichte Löschbarkeit und damit die Möglichkeit einer häufigen Wiederverwendung zeichnen den Magnetspeicher in ganz besonderer Weise aus.

Man bedient sich daher mit Vorteil überall dort des Magnetspeichers, wo seine charakteristischen Eigenschaften mit Erfolg ausgenutzt werden können. Für die Datenverarbeitung, zur Steuerung maschineller Vorgänge und als Kontrollorgan in Industrie und Technik hat der Magnetspeicher eine Bedeutung erlangt, die wahrscheinlich sehr bald weit über den Rahmen seiner ursprünglichen Bestimmung als Aufzeichnungsträger für Musik und Sprache hinausgehen wird. Mit den Begriffen Rationalisierung und Automatisierung ist der Magnetspeicher bereits heute in engster Weise verknüpft.

Während bei der Aufzeichnung von Sprache und Musik Oberflächenstörungen (drop outs) bis zu einem gewissen Grade ohne Qualitätseinbuße toleriert werden, führen bei der Impulsaufzeichnung solche Störstellen unter Umständen bereits zu einer Fehlleistung. Als Beispiel seien hier Magnetspeicher genannt, die in elektronischen Rechenanlagen in Form von Bändern, Trommeln oder Platten Verwendung finden.

Ein Magnetband, das der Aufzeichnung von Sprache und Musik dient, wird, wenn es hoch kommt, einige hundert Mal abgespielt. In Störschreibern, Steuereinrichtungen und Daueransagegeräten wird vom Magnetband nicht selten verlangt, daß es einige 100 000 und mehr Umläufe ohne irgendwelche mechanische Beschädigung, ja ohne jegliche Qualitätseinbuße aushält. Das Problem bei Magnetspeichern für die Impulsaufzeichnung besteht demnach einerseits darin, magnetisch störstellenfreie Speicher herzustellen und zum anderen, den schichtförmigen Speicher, d. h. sowohl seine Unterlage als auch die magnetisierbare Schicht, so zu gestalten, daß ein Maximum an mechanischer und thermischer Stabilität erreicht wird.

Für den Fall, daß nicht ein fabrikatorisch hergestellter Magnetspeicher eingesetzt werden kann, sondern die magnetisierbare Schicht u. U. vom Nichtfachmann aufgebracht werden muß (z. B. auf Buchungskarten, Schecks, Textilien usw.), war eine Möglichkeit zu schaffen, die diesen Vorgang einfach und ohne Qualitätseinbuße auszuführen gestattet.

Das Problem des störstellenfreien Magnetbandes ist eine Frage des Fabrikationsprozesses, die die Auswahl des geeigneten Ferromagnetikums und Lackbindemittels, die Dispergierung, das Antragsverfahren und schließlich die richtige Oberflächenveredlung des Magnetspeichers beinhaltet. Auf diese Frage soll hier nicht näher eingegangen werden.

Die mechanische und thermische Stabilität des Magnetspeichers sind aber von nicht geringerer Bedeutung. Auch die hochwertigsten Eigenschaften der magnetisierbaren Schicht können für die Impulsaufzeichnung wertlos sein, wenn Unterlage oder Schicht mechanisch und thermisch den oft extremen Anforderungen nicht genügen. Die Agfa hat sich seit jeher dieses Problems in besonderer Weise angenommen. Über die von uns eingeschlagenen Entwicklungswege und ihre Ergebnisse soll im nachfolgenden berichtet werden.

Durch das seit Beginn der Magnetbandherstellung von der Agfa verwendete Lackbindemittel — Polyurethanlack aus hydroxydgruppenhaltigem Polyester und Isocyanat — zeichneten sich die Agfa-Magneton-Bänder seit jeher durch eine außergewöhnlich hohe mechanische und thermische Stabilität der magnetisierbaren Schicht aus. Nachdem seit einigen Jahren die als äußerst mechanisch und thermisch stabil bekannte Polyester-Folie (aus Terephthalsäure und Aethylenglykol) als Unterlage für einen Teil der Magnetonband-Fabrikation Verwendung findet, liegt in den normalen Bandtypen der Agfa (PE 41, PE 31, PE 22 und andere) ein Material vor, das den Anforderungen, wie sie an Magnetspeicher für Impulsaufzeichnung gestellt werden, in magnetischer, mechanischer und thermischer Hinsicht in geradezu idealer Weise genügt. Die Eigenschaften der Agfa-PE-Bänder wirken sich auf all den Einsatzgebieten ganz besonders vorteilhaft aus, wo das Band — oft in Form einer Endlosschleife — großen Dauerbeanspruchungen ausgesetzt ist. Ohne Einbuße der elektroakustischen Qualität überstehen diese Bänder eine Million Umläufe und mehr in Störschreibern, Daueransagegeräten und auf anderen Einsatzgebieten.

Ein auf den ersten Blick nebensächlich scheinendes aber keineswegs geringeres Problem ist die Herstellung von endlosen Tonbandschleifen. Naßkleben und Verschweißen der Bandenden ist bei PE-Bändern praktisch nicht möglich. Die übliche Hinterklebetechnik mit sogenannten „Trockenklebebändern“ versagt bei der außergewöhnlichen Dauerbeanspruchung. Die Agfa entwickelte daher für die Herstellung von endlosen Tonbändern ein Spezialverfahren, das gestattet, Bandverbindungen herzustellen, die nicht nur als absolut betriebssicher gelten, sondern darüber hinaus auch die elektroakustische Qualität des Tonbandes an der Klebestelle nicht beeinträchtigen. Das Verfahren beruht darauf, daß eine siegelfähige, härtende Lacksubstanz an eine sehr dünne Polyester-Folie angetragen und das so hergestellte „Klebeband“ bei ca. 120° C auf die Rückseite des Magnetonbandes aufgeschweißt wird. So hergestellte Endlosbänder auf PE-Basis können selbst bei Temperaturen oberhalb 100 °C extremsten Beanspruchungen unterworfen werden.

Eine andere Entwicklungsrichtung wurde für Magnetspeicher beschritten, die u. a. der Steuerung von Werkzeugmaschinen dienen. Die Beanspruchung dieser Bänder ist außerordentlich groß und die Gefahr einer mechanischen Verletzung der magnetisierbaren Schicht ist wegen der zum Teil äußerst robusten Aufsprech- und Abtastvorrichtungen stets gegeben. Darüber hinaus besteht in einem sonst unbekannten Ausmaß Gefahr für Verschmutzung der Bandoberfläche. Eine befriedigende Lösung dieses Problems wurde durch Abdeckung der Magnetschicht entweder mit einer mechanisch und thermisch stabilen Lackschicht, oder besser noch mit einer dünnen

Polyester-Folie erreicht. Auf den letzteren Fall konnte das zur Herstellung von endlosen Magnetbändern entwickelte Klebeverfahren mit bestem Erfolg angewendet werden. Da Magnetbänder für die Maschinensteuerung nur mit Gleichfeldimpulsen besprochen werden, spielt der durch die Abdeckung der Schicht bedingte Abstand des Bandes vom Magnetkopf hier keine entscheidende Rolle, vorausgesetzt, daß der Verstärkerteil der Anlage auf das Band richtig abgestimmt ist.

Auch für Endlosschleifen aus solchen mit PE-Folien abgedeckten Magnetbändern boten sich hinsichtlich der Verbindungsstelle neue Möglichkeiten. Klebestellen, die beim normalen Magnetband durch Aufsiegeln einer Polyseter-Folie hergestellt werden, lassen sich nunmehr in der Weise ausführen, daß Tonband und Abdeckfolie Stoß an Stoß und gegenseitig versetzt geklebt werden. Selbst extremste Belastungen können eine solche Endlosschleife nicht mehr gefährden, da die Zugbeanspruchung nie auf eine Schnittstelle des Bandes allein, sondern stets auf das ganze Band wirkt.

Für magnetische Buchungsvorgänge, für Sortier- und Steuereinrichtungen, zur Briefkodierung und andere müssen nichtmagnetische Unterlagen, wie z. B. Papier, Kunststoffe, Textilien, mit magnetisierbaren Schichten versehen werden. Da die unterschiedlichen Eigenschaften der Unterlagen sowie ihre mannigfaltigen Formate eine Beschichtung nach den üblichen Methoden der Bandherstellung ausschließen und die Beschichtung oft vom Verbraucher selbst vorgenommen werden muß, sah die Agfa ihre Aufgabe darin, eine Möglichkeit zu schaffen, die es gestattet, magnetisierbare Schichten hoher Qualität in einfacher Weise auf die verschiedensten Unterlagen aufzubringen. Die Agfa hat für diesen speziellen Anwendungsbereich selbstklebende Magnetonbänder und ein Magneton-Kaschierband entwickelt. Die selbstklebenden Agfa-Magnetonbänder tragen auf der Rückseite einen Spezialklebstoff, der mit einer Trennfolie abgedeckt ist. Nach Abziehen der Trennfolie können die Bänder ähnlich Büroklebebändern verwendet werden.

Das Agfa-Magnetonkaschierband gestattet, die magnetisierbare Schicht allein (ohne Trägerfolie) auf praktisch alle gebräuchlichen Unterlagen aufzubringen. Es besteht aus einer PE-Trägerfolie, auf die eine magnetisierbare Schicht aufgegossen ist. Auf der magnetisierbaren Schicht befindet sich eine dünne Heißsiegelklebstoffschicht, die bei Raumtemperatur keine Klebrigkeit aufweist. Das Kaschierband kann daher wie ein normales Magnetband gehandhabt werden. Es wird mit der Schichtseite auf die zu beschichtende Unterlage aufgelegt und auf der Rückseite unter leichtem Druck auf ca. 110 °C erwärmt. Dabei verbindet sich die magnetisierbare Schicht fest mit fast jeder Unterlage. Die PE-Trägerfolie kann ohne besondere Maßnahmen von der Schicht abgezogen werden. Dieses Verfahren gestattet, magnetisierbare Schichten von außergewöhnlich hoher Oberflächenqualität auf praktisch jede Unterlage aufzubringen.

Eine sowohl im Material als auch in der Form abweichende Art von Magnetspeichern stellen die sogenannten Magnetspeichertrommeln dar, die bevorzugt in elektronischen Rechenanlagen als Speicherwerke Verwendung finden. Diese zylindrischen Körper bestehen in der Regel aus einem Leichtmetall wie Aluminium, Elektron, Silumin und ähnlichem. Von solchen Speichertrommeln wird neben einer hohen Rundlaufgenauigkeit, die ein maschinenbautechnisches Problem darstellt, eine hohe Gleichmäßigkeit der magnetisierbaren Schicht über Länge und Umfang und gute Haftung gefordert, die den bandförmigen Magnetspeichern nicht nachsteht. Wir haben für die Beschichtung solcher Rotationskörper ein Verfahren entwickelt, das Schichten anzutragen gestattet, die über die gesamte Trommelfläche von der mittleren Dicke um nicht mehr als $\pm$ 1 μ abweichen. Haftung und Oberflächenglätte entsprechen in ihrer Qualität einem bandförmigen Magnetspeicher.

Unter Verwendung von Polyadditionslacken geschieht die Beschichtung in der Weise, daß der Trommelkörper ein oder mehrmals getaucht wird, wobei es besonders darauf ankommt, daß die Rücklaufgeschwindigkeit der Gießlösung größer ist als die Austauschgeschwindigkeit des Zylinders. Wenn auch die mechanische Festigkeit der Schicht bei diesen Spezialspeichern nicht die Rolle spielt wie bei einem bandförmigen Magnetspeicher, da die Magnetköpfe sich meist in einem geringen Abstand (10 — 30 μ) von der magnetisierbaren Schicht befinden, so ist doch die thermische Stabilität der Schicht von nicht geringer Bedeutung. Darüber hinaus ist es wichtig, daß die magnetisierbare Schicht unempfindlich ist gegen Lösemittel, Öle, wie überhaupt alle Stoffe, die im Betrieb leicht auf einen solchen Trommelkörper gelangen können. Eine gegenüber Lösemitteln resistente Magnetschicht, wie sie auf der Basis der von uns verwendeten Polyadditionslacke erzielt wird, bietet weiterhin den Vorteil, daß ein verschmutzter Magnetspeicher ohne Gefahr für die Qualität der magnetisierbaren Schicht mit praktisch jedem Lösungsmittel gereinigt werden kann.

Die hier an einigen Spezial-Magnetspeichern beschriebenen Erfahrungen gelten mehr oder weniger auch für alle Anwendungsgebiete, bei denen Magnetspeicher in ähnlicher Weise beansprucht werden, wie dies z. B. bei Bändern in elektronischen Rechenmaschinen oder Bändern für die magnetische Bildaufzeichnung der Fall ist. Neben der mechanischen und thermischen Stabilität spielt für diese äußerst wichtigen Einsatzgebiete die eingangs erwähnte störstellenfreie magnetisierbare Schicht in ganz besonderer Weise eine entscheidende Rolle.

Elektrische Leitfähigkeitsmessungen an reinen und an kobalthaltigen Fe_3O_4- und γ-Fe_2O_3-Preßkörpern

Von R. MATEJEC

Zusammenfassung

Es wird über Leitfähigkeitsmessungen an reinem und kobalthaltigem Fe_3O_4 und γ-Fe_2O_3 in einem größeren Temperaturbereich (von — 180 °C bis + 250 °C) berichtet. Aus den Kurven wird das Halbleiter-Modell für diese Stoffe hergeleitet. Es ergeben sich aus dem Anstieg der Kurven die Aktivierungsenergien für die thermische Elektronenanregung im Kristall. Die Umwandlung des γ-Fe_2O_3 in α-Fe_2O_3 kann durch die Leitfähigkeitsmessungen erfaßt werden; Vorstellungen über den Mechanismus der Oxydation des Fe_3O_4 zum γ-Fe_2O_3 werden entwickelt. Geringe Fe^{+2}-Spuren lassen sich durch die Leitfähigkeitsmessungen im γ-Fe_2O_3 noch sehr gut nachweisen.

I. Einleitung

Die Eisenoxyde sind elektronische Halbleiter; die Beweglichkeit der Gitterfehlstellen (Ionenleitung) wird hier durch die große Elektronenleitung überdeckt und ist deshalb durch Leitfähigkeitsmessungen schwer erfaßbar (s. z. B. [*1*]). Dagegen liefert die Temperaturabhängigkeit der elektrischen Leitfähigkeit den thermischen Energieabstand von Valenz- und Leitungsband sowie die Lage der Störniveaus im Elektronen-Energiediagramm.

II. Experimentelles

Die Eisenoxydpulver wurden ohne Bindemittel mit einem Druck von ca. 20 000 atm. zu Tabletten gepreßt (ca. 1 mm dick, 20 mm ⌀). Die Tabletten wurden an ihren flachen Seiten mit Bleifolien oder (zur Messung bei höheren Temperaturen) mit Silberfolien als Elektroden in Kontakt gebracht und so in eine bereits früher beschriebene Meßzelle [*2*] eingebaut.

In dieser Meßzelle wurde die elektrische Leitfähigkeit der Preßlinge im allgemeinen zwischen — 180 °C und + 250 °C gemessen. Gegebenenfalls wurden die Preßlinge vor den Messungen noch magnetisiert.

III. Meßergebnisse

1. Messungen am γ-Fe_2O_3

Die Abbildungen 1 bis 3 geben den jeweils unter verschiedenen Bedingungen (Abkühlung, Erwärmung; N_2, O_2, Vakuum) gemessenen Temperaturverlauf der elektrischen Leitfähigkeit von kobaltfreiem und kobalthaltigem γ-Fe_2O_3 wieder[1].

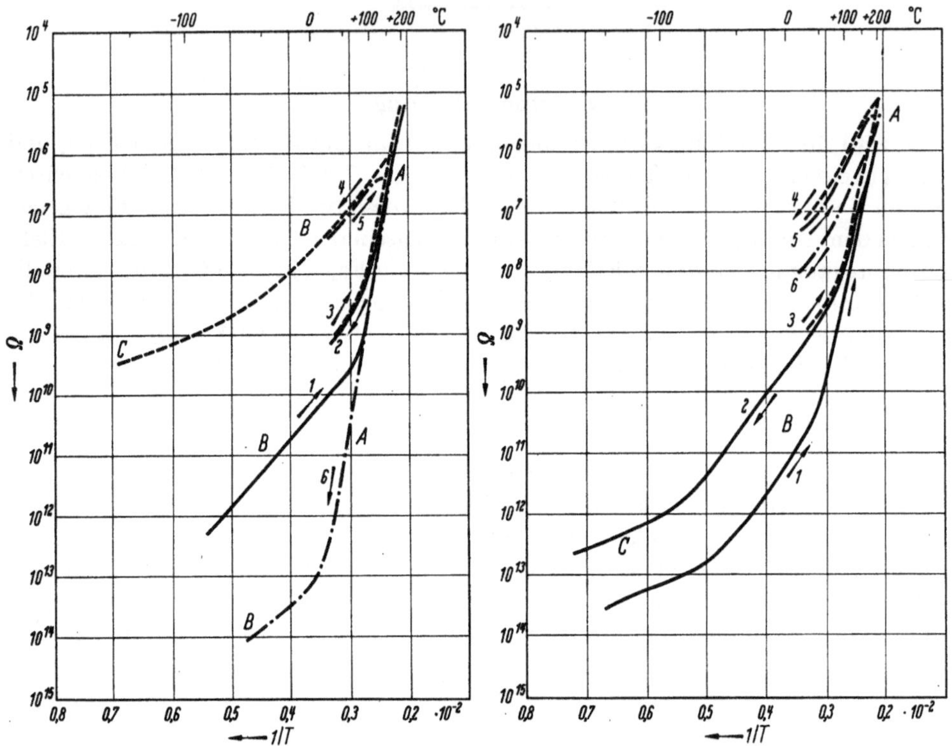

Abb. 1. Elektrische Leitfähigkeit von reinem γ-Fe_2O_3.

Kurve *1*: Erwärmt in N,
Kurve *2*: Abgekühlt in N,
Kurve *3*: Erwärmt im Vakuum,
Kurve *4*: Abgekühlt im Vakuum,
Kurve *5*: Erwärmt in O_2,
Kurve *6*: Abgekühlt O_2.

Abb. 2. Elektrische Leitfähigkeit von reinem γ-Fe_2O_3 nach Magnetisierung.

Kurve *1*: Erwärmt in N_2,
Kurve *2*: Abgekühlt in N_2,
Kurve *3*: Erwärmt im Vakuum,
Kurve *4*: Abgekühlt im Vakuum,
Kurve *5*: Erwärmt in O_2,
Kurve *6*: Abgekühlt in O_2.

Da die Widerstandskonstante der Preßkörper nicht genau genug angegeben werden kann, ist in den Abbildungen als Ordinate (von oben nach unten zunehmend) der

[1] In allen Abbildungen sind die Kurven übereinstimmend folgendermaßen gekennzeichnet:

——————— gemessen in Stickstoff (760 mm Hg),
— — — — — — — gemessen im Vakuum (0,01 mm Hg),
— · — · — · — · gemessen in Sauerstoff (760 mm Hg).

Alle Kurven wurden in der Reihenfolge gemessen, in der sie in den Abbildungen fortlaufend numeriert sind. Es treten in den ($\log \varkappa / 1/T$)-Diagrammen drei fast geradlinige Teilkurven auf (A, B, C), die sich in ihrer Neigung unterscheiden.

Logarithmus des elektrischen Widerstandes (Ω) eingetragen. Der Logarithmus der elektrischen Leitfähigkeit ($\varkappa$) nimmt dann entsprechend von unten nach oben zu.

Die Preßlinge wurden stets zuerst in N_2 (p = const. = 760 mm Hg) erwärmt (Kurve *1*) und abgekühlt (Kurve *2*), dann im Vakuum ($p = 10^{-2}$ mm Hg) erwärmt (Kurve *3*) und abgekühlt (Kurve *4*) und darauf noch in O_2 (p = const. = 760 mm Hg) erwärmt (Kurve *5*) und abgekühlt (Kurve *6*). Die Abb. 4 zeigt, wie sich die Temperaturfunktion der elektrischen Leitfähigkeit beim Hochheizen auf + 500 °C durch die Umwandlung des γ-Fe_2O_3 in α-Fe_2O_3 irreversibel verändert.

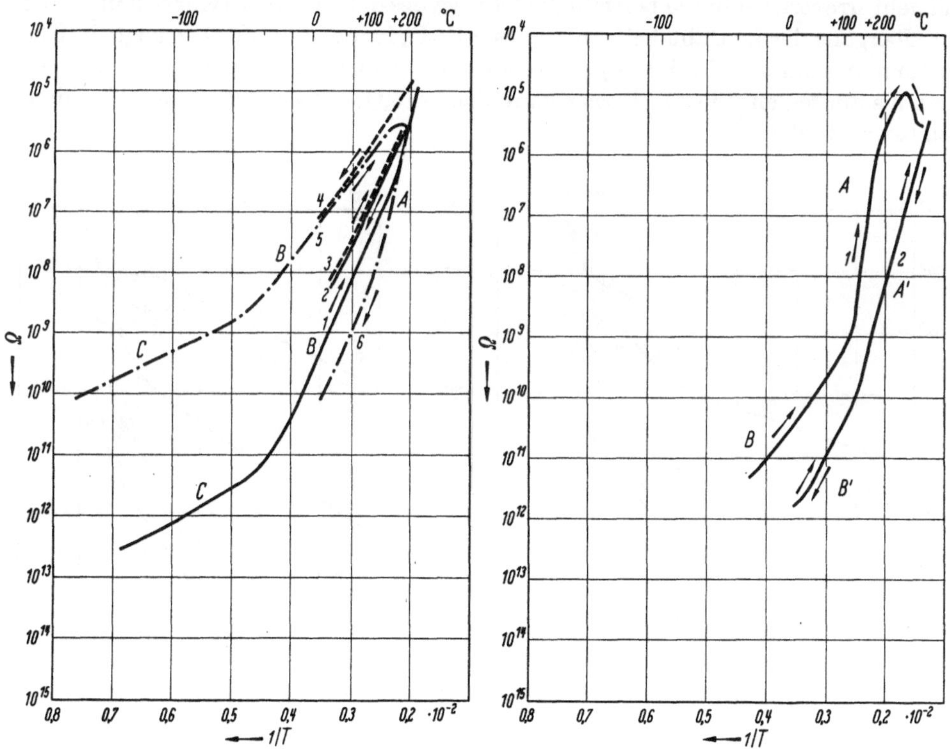

Abb. 3. Elektrische Leitfähigkeit von γ-Fe_2O_3 mit 10 Atom % Kobaltzusatz ohne Vormagnetisierung.
Kurve *1*: Erwärmt in N_2,
Kurve *2*: Abgekühlt in N_2,
Kurve *3*: Erwärmt im Vakuum,
Kurve *4*: Abgekühlt im Vakuum,
Kurve *5*: Erwärmt in O_2,
Kurve *6*: Abgekühlt in O_2.

Abb. 4. Umwandlung des γ-Fe_2O_3 in α-Fe_2O_3 be hohen Temperaturen in O_2.
Kurve *1*: Reines γ-Fe_2O_3, erwärmt in O_2,
Kurve *2*: Nach dem Hochheizen auf hohe Temperaturen (500 °C) wird die für das α-Fe_2O_3 charakteristische Leitfähigkeitskurve beim Abkühlen und auch beim Erwärmen erhalten.

Man kann den Messungen folgendes entnehmen (s. a. Abb. 1 — 4):

a) Die Kurven bestehen im ($\log \Omega/1/T$)-Diagramm aus drei praktisch geradlinigen Teilkurven: Aus einer steilen Teilkurve (A), die von den Versuchsbedingungen ziemlich unabhängig ist (Eigenleitung) und zwei flacheren Teilkurven (B und C), deren absolute Lage stark von den Versuchsbedingungen abhängt.

b) Durch Erwärmen des γ-Fe_2O_3 in N_2-Atmosphäre (760 mm Hg) werden die Teilkurven B und C etwas, durch Erwärmen im Vakuum werden sie stark nach oben verschoben.

c) Durch Erwärmen der Preßlinge in O_2-Atmosphäre werden die Teilkurven *B* und *C* schnell und ziemlich stark, durch Lagern der Proben in Luft bei Zimmertemperatur werden sie sehr langsam abgebaut.

d) Zwischen den Leitfähigkeitskurven der kobaltfreien und denen der kobalthaltigen Proben (s. Abb. 1 bis 3) sowie zwischen dem magnetisierten und dem nichtmagnetisierten Zustand ist kein qualitativer Unterschied.

e) Beim Erhitzen der Preßlinge auf sehr hohe Temperaturen (400 — 500 °C) durchläuft die Leitfähigkeitskurve des γ-Fe_2O_3 (s. Kurve 1 in Abb. 4) ein Maximum und geht irreversibel in die Leitfähigkeitskurve des α-Fe_2O_3 über (Kurve 2 in Abb. 4). Der Übergang der Leitfähigkeitskurve des γ-Fe_2O_3 in die des α-Fe_2O_3 erfolgt (in Übereinstimmung mit der Erfahrung) an kobalthaltigen Pigmenten bei höheren Temperaturen als am reinen γ-Fe_2O_3. Ferner kann das γ-Fe_2O_3-Gitter auch durch Alkaliionen stabilisiert werden.

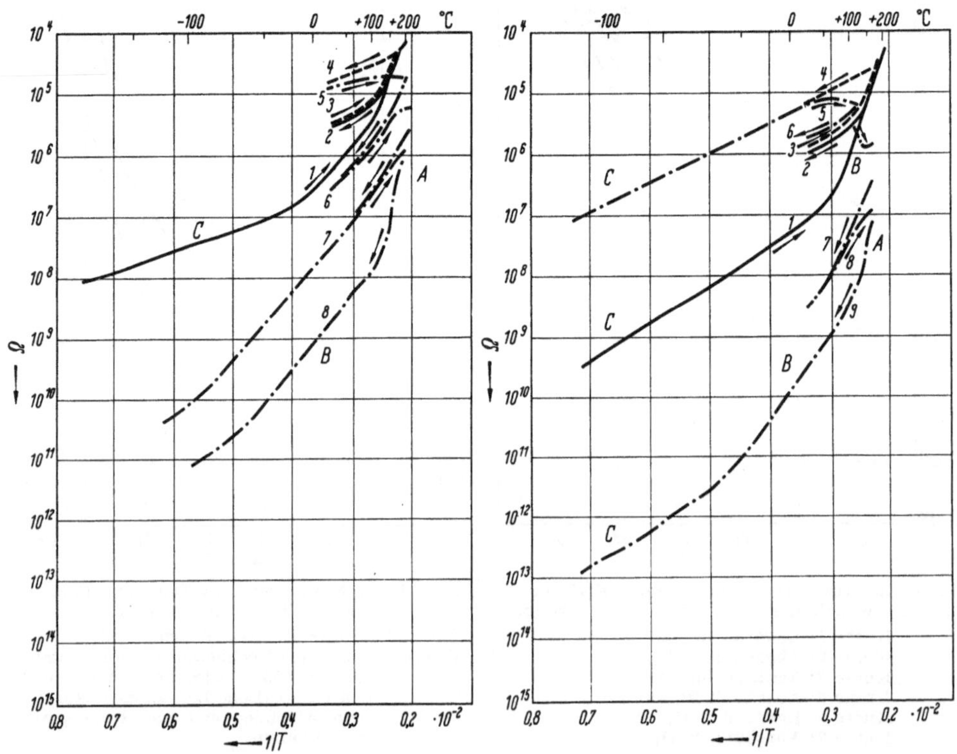

Abb. 5. Elektrische Leitfähigkeit von reinem Fe_3O_4. Es treten drei fast geradlinige Teilkurven (*A*, *B*, *C*) auf.

Kurve *1*: Erwärmt in N_2,
Kurve *2*: Abgekühlt in N_2,
Kurve *3*: Erwärmt im Vakuum,
Kurve *4*: Abgekühlt im Vakuum,
Kurve *5*: Erwärmt in O_2,
Kurve *6*: Abgekühlt und wieder erwärmt in O_2,
Kurve *7*: Abgekühlt und wieder erwärmt in O_2,
Kurve *8*: Abgekühlt in O_2.

Abb. 6. Elektrische Leitfähigkeit von Fe_3O_4 mit 10 Atom % Kobalt. Es treten fast geradlinige Teilkurven (*A*, *B*, *C*) auf.

Kurve *1*: Erwärmt in N_2,
Kurve *2*: Abgekühlt in N_2,
Kurve *3*: Erwärmt im Vakuum,
Kurve *4*: Abgekühlt im Vakuum,
Kurve *5*: Erwärmt in O_2,
Kurve *6*: Abgekühlt und wieder erwärmt in O_2,
Kurve *7*: Abgekühlt in O_2,
Kurve *8*: Erwärmt in O_2,
Kurve *9*: Abgekühlt in O_2.

f) Bei sehr langem Oxydieren bei hoher Temperatur (200 °C) in Sauerstoff-Atmosphäre wird die Teilkurve *A* (Eigenleitung) merklich steiler.

2. Messungen am Fe_3O_4

Die Abbildungen 5 und 6 geben den Temperaturverlauf der am Fe_3O_4 (rein und kobalthaltig) gemessenen elektrischen Leitfähigkeit wieder.

An reinem oder nur zum geringen Teil oxydiertem Fe_3O_4 sind in dem hier untersuchten Temperaturbereich zunächst nur die Teilkurven *B* und *C* vorhanden (s. Kurve *1*), durch Erwärmung im Vakuum wird die Teilkurve *C* weiter aufgebaut (s. Kurven *3* und *4*), durch Erwärmung in O_2 wird zuerst vor allem die Teilkurve *C* abgebaut, bald setzt aber auch der Abbau der Teilkurve *B* ein (s. Kurven *5* — *9*).

Der oxydative Abbau der Teilkurven *B* und *C* ist aber nicht vollkommen irreversibel: Wird die Probe nach der Oxydation einige Stunden im Vakuum auf etwa 220 °C erwärmt, so verschiebt sich die Teilkurve (*B*) im Leitfähigkeitsdiagramm wieder etwas nach oben (genau so, wie es in den Abbildungen 1 — 3 am γ-Fe_2O_3 gezeigt wurde). Dieser Effekt kann durch abwechselnde Vakuum- und O_2-Behandlung beliebig oft wiederholt werden.

IV. Modellvorstellungen zu den gemessenen Leitfähigkeitskurven

1. Das Elektronen-Energiediagramm des Fe_3O_4 und des γ-Fe_2O_3

Die im vorstehenden Abschnitt beschriebenen Leitfähigkeitskurven lassen sich leicht folgendermaßen deuten:

Die elektrische Eigenleitung (Teilkurve *A*) ist zurückzuführen auf einen Übergang von Elektronen aus dem Valenzband (*V*) ins Leitungsband (*L*) (s. Abb. 7 a). Dieser Elektronenübergang entspricht vermutlich der Reaktion:

$$O^{-2} \rightleftharpoons O^- + \ominus. \tag{1}$$

Die Terme *B* und *C* (Teilkurven *B* und *C*) sind beim Fe_3O_4 um Größenordnungen stärker mit Elektronen besetzt als im γ-Fe_2O_3. Dies deutet darauf hin, daß diese Terme den Eisenionen zuzuordnen sind. Mit Elektronen besetzte Terme *B* und *C* entsprechen Fe^{+2}-Ionen, unbesetzte Terme den Fe^{+3}-Ionen:

$$Fe^{+2} \rightleftharpoons Fe^{+3} + \ominus. \tag{2}$$

Die Eisenionen besetzen im Fe_3O_4 und im γ-Fe_2O_3 verschiedenartige Gitterplätze [*3*]: 66 2/3% der Eisenionen besetzten Oktaederplätze, 33 1/3% besetzten Tetraederplätze. Während im γ-Fe_2O_3 im Idealfall alle Eisenionen dreiwertig sind, sind im Fe_3O_4 50% der oktaedrischen Eisenionen zweiwertig, die übrigen 50% der oktaedrischen sowie alle tetraedischen Eisenionen sind dreiwertig. Der zweiwertige Zustand der Eisenionen ist also nicht statistisch, sondern bevorzugt auf die Oktaederplätze verteilt. Dieser Sachverhalt läßt vermuten, daß die Terme *B* den oktaedrischen und die Terme *C* den tetraedrischen Eisenionen zuzuordnen sind; wegen der größeren Aktivierungsenergie (Energieabstand zum Leitungsband) werden die Terme *B* vor den Termen *C* bevorzugt mit Elektronen besetzt: Wahrscheinlich befinden sich deshalb im Fe_3O_4 die oktaedrischen Eisenionen vor den tetraedrischen bevorzugt im zweiwertigen Zustand. Es ist bemerkenswert, daß durch Ersatz von bis zu 10% der Eisenionen durch Kobaltionen keine neuen Terme auftreten und an den Termen *B* und *C* praktisch auch nichts geändert wird.

Ein interessanter Befund ist ferner die Reversibilität des Abbaus der Teilkurve (*B*) durch Oxydation. Es ist bekannt, daß sich besonders an den Oberflächen von oxydischen Halbleitern Verarmungsrandschichten ausbilden, wenn sie mit Sauerstoff in Kontakt gebracht werden (s. Abb. 7 b): Sauerstoff entnimmt der Kristalloberfläche Elektronen und geht über in O_2^-, O^-, O^{-2} oder dergl.; dabei nimmt in einer Oberflächenschicht, welche bis zu 0,5 μ in den Kristall hineinreichen kann, die Konzen-

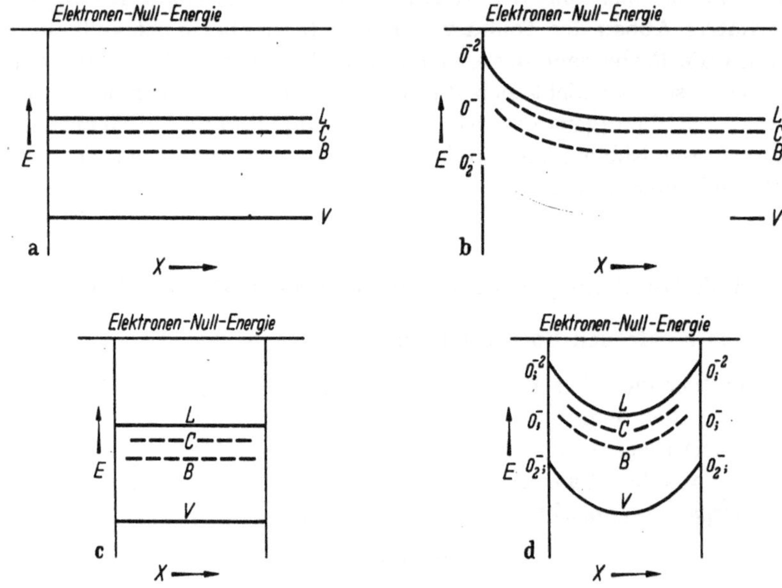

Abb. 7. Energieschema der äußeren Elektronen in Fe_3O_4 und γ-Fe_2O_3 (schematisch).
L: Leitfähigkeitsband, *V*: Valenzband, *C*: C-Terme (sehr wenig mit Elektronen besetzt),
B: B-Terme (im Fe_3O_4 50 % mit Elektronen besetzt, im γ-Fe_2O_3 vollkommen leer; Idealfall vorausgesetzt).
Elektronenübergang aus *V* in *L*: ($O^{-2} \rightarrow O^- + \ominus$); ergibt Leitfähigkeits-Teilkurve *A*.
Elektronenübergang aus *B* in *L*: ($Fe^{+2}_{\text{Okt.}} \rightarrow Fe^{+3} + \ominus$); ergibt Leitfähigkeits-Teilkurve *B*.
Elektronenübergang aus *C* in *L*: ($Fe^{+2}_{\text{Tetr.}} \rightarrow Fe^{+3} + \ominus$?); ergibt Leitfähigkeits-Teilkurve *C*.
a) homogener Kristallbereich, b) Oberflächenrandschicht durch O_2 hervorgerufen, c) kleines Korn.
d) kleines Korn mit O_2-Oberflächenrandschicht, welche sich hier durch das gesamte Korn erstreckt.

tration der beweglichen Elektronen ab, die Donatoren-Terme (hier: *B* und *C*) werden geleert (s. auch [4]). Wird der Sauerstoff durch Erwärmung der Probe in N_2 oder besser im Vakuum desorbiert, so bleiben die Elektronen an der Kristalloberfläche zurück ($O_2^- \rightarrow O_2 + \ominus$) und besetzen diese Terme wieder. Liegt der Halbleiter (wie hier) in sehr kleinen Teilchen vor ($\phi < 1\,\mu$), so erstreckt sich die Verarmungsrandschicht durch das gesamte Kornvolumen [5]. Die durch Sauerstoffbeladung hervorgerufene Verarmungsrandschicht regelt dann im gesamten Stoff die Konzentration der Elektronen im Leitungsband und in den Donatoren-Termen (beim Fe_3O_4 und beim γ-Fe_2O_3: Terme B und C) und damit auch die Größe der elektrischen Leitfähigkeit (s. Abb. 7 c u. Abb. 7 d).

Durch längeres Oxydieren bei + 220 °C wird, wie bereits oben erwähnt, die Eigenleitung (Teilkurve A) merklich steiler, ohne daß eine Umwandlung in α-Fe_2O_3 festzustellen ist. Der Effekt ist reversibel: Beim Tempern im Vakuum wird die Teilkurve A wieder flacher. Dies deutet darauf hin, daß im feinpulvrigen γ-Fe_2O_3 der Energieabstand vom Valenzband zum Leitfähigkeitsband bei starker O_2-Belegung der Kornoberfläche durch die dabei entstehende Randschicht vergrößert wird.

2. Bemerkungen zum Mechanismus der Oxydation des Fe_3O_4 zum γ-Fe_2O_3

Nach VERWEY, HÄGG und anderen [6] wird bei der Oxydation des Fe_3O_4 zum γ-Fe_2O_3 der zusätzliche Sauerstoff nicht in das Gitter eingelagert, sondern an der Kristalloberfläche adsorbiert. Dort soll der Sauerstoff Fe^{+2}-Ionen, welche aus dem Kristallgitter herausdiffundieren, zu Fe^{+3} oxydieren, und es sollen sich dort dann neue γ-Fe_2O_3-Elementarzellen aufbauen. Die dabei im γ-Fe_2O_3-Gitter gebildeten Eisenionenlücken wurden durch SINHA [7] röntgenometrisch nachgewiesen.

Thermische Aktivierungsenergien der Elektronen im Fe_3O_4 *und im* γ-Fe_2O_3
(angegeben in eV mit ± 20% *Fehler)*

Eisenoxyd	Teilkurve A (Eigenleitung) $O^{-2} \rightarrow O^{-} + \ominus$	Teilkurve B ($Fe^{+2} \rightarrow Fe^{+3}$ + Oktaederplatz)	Teilkurve C ($Fe^{+2} \rightarrow Fe^{+3}$ + Tetraederplatz
γ-Fe_2O_3			
nicht magnetisiert	0,98	0,38	0,09
magnetisiert	1,10	0,38	0,10
γ-Fe_2O_3 + 3 Atom%			
nicht magnetisiert	0,92	0,32	0,07
magnetisiert	0,88	0,35	0,07
γ-Fe_2O_3 + 10 Atom% Co			
nicht magnetisiert	0,90	0,36	0,08
	0,85	0,37	0,10
Fe_3O_4 rein			
nicht magnetisiert		0,37	0,08
Fe_3O_4 + 3 Atom% CO			
nicht magnetisiert		0,33	0,06

Die Ergebnisse der vorliegenden Arbeit liefern für den Mechanismus der Oxydation ein noch genaueres Bild: Nach der Adsorption des Sauerstoffs an der Fe_3O_4-Kristalloberfläche reagiert er dort zunächst mit Elektronen aus dem Leitfähigkeitsband zu O_2^-, O^- oder O^{-2}. Aus den besetzten B- u. C- Termen werden dann Elektronen ins Leitfähigkeitsband nachgeliefert, und zwar um so schneller, je höher die

Temperatur ist. Auf diese Weise werden die B-Terme nach und nach entleert, Fe^{+2} geht über in Fe^{+3}.

Während des Überganges der Elektronen aus den Termen B u. C über das Leitfähigkeitsband zum adsorbierten Sauerstoff bildet sich eine Randschicht aus (negative Aufladung der Kornoberfläche). Die negative Überschußladung dieser Randschicht wird dann durch das Auswandern von Fe^{+3}-Ionen aus dem Korn heraus zur Oberfläche hin abgebaut: An der Kornoberfläche bilden sich dann neue γ-Fe_2O_3-Elementarzellen. Der experimentelle Befund, daß die B- u. C-Terme zum Teil wieder mit Elektronen besetzt werden, wenn der Sauerstoff von der γ-Fe_2O_3-Oberfläche im Vakuum desorbiert wird, deutet darauf hin, daß entweder der Abbau der Randschicht durch die Fe^{+3}-Ionenwanderung nicht vollständig erfolgt, oder aber daß Elektronen *und* Fe^{+3}-Ionen nach der Desorption des Sauerstoffs wieder von der Oberfläche ins Kristallinnere zurück wandern.

Da bei der Oxydation des Fe_3O_4 zum γ-Fe_2O_3 ein Elektron nach dem anderen aus den Termen B und C und ein Fe^{+3}-Ion nach dem anderen vom Korninneren an die Oberfläche (unter Bildung von Eisenionenlücken) ausgewandert, besteht zwischen den beiden Grenzformen Fe_3O_4 und γ-Fe_2O_3 ein lückenloser Übergang.

Herrn Dr. W. ABECK, Herrn Dr. E. KLEIN und Herrn Dr. F. KRONES danke ich herzlich für fördernde Diskussionen.

Literatur

[1] WAGENKNECHT, F.: Kolloid-Zeitschr. **112**, 35 (1949).
MORIN, F.: Phys. Rev. **93**, 1195 (1954).
JONKER, G. H.: J. phys. chem. Solids **9/2**, 165 (1959).
SAMOCHWALOW, A. A. u. I. G. FAKIDOW: Fis. metall (russ.) **4**, 249 (1957).
WAGNER, C.: Z. phys. Chem. (B) **21**, 25 (1933); Z. phys. Chem. (B) **32**, 447 (1936).

[2] MATEJEC, R.: Z. Physik **148**, 454 (1957).

[3] VERWEY, E. J. W. u. E. L. HEILMANN: J. Chem. Phys. **15**, 174 (1947).
VERWEY, E. J. W., P. W. HAAYMAN u. F. C. ROMEIJN: J. Chem. Phys. **15**, 181 (1947).
VERWEY, E. J. W.: Angew. Chem. **66**, 190 (1954).
v. HARLEM, J.: Elektron. Rdsch. **3**, 98 (1955).

[4] BARDEEN: J. Phys. Rev. **71**, 717 (1947).
BRATTAIN, W. H. u. J. BARDEEN: Bell. System. Techn. J. **32**, 1 (1953).
GARRETT, C. G. B. u. W. H. BRATTAIN: Phys. Rev. **99**, 376 (1955).
GUBANOW, A. I.: Abhandl. Sowj. Physik Folge IV, S. 98.

[5] GERRITSEN, H. J., W. RUPPEL u. A. ROSE: Helv. phys. Acta **30**, 495 u. 504 (1957).

[6] VERWEY, E. J. W.: Z. Kirstallogr. Mineralog. Petr. A **91**, 65 (1935) u. J. chem. Phys. **3**, 592 (1935).
HÄGG, G.: Z. phys. Chem. B **29**, 95 (1935); Z. Kristallogr. (A) **91** 114 (1935).
FEITKNECHT, W., H. W. LEHMANN u. K. EGGER: Vortr. Intern. Kongreß f. reine u. angew. Chemie, München 1959.

[7] SINHA, K. P. u. A. P. B. SINHA: Z. f. anorg. Chem. **293**, 228 (1957).

Die Tonqualität beim 8 mm-Schmalfilm mit Magnetspur

Von F. BIEDERMANN und W. STRAUB

1. Allgemeines

Der Schmalfilm des Amateurs unterscheidet sich nicht nur durch das Format von den Spielfilmen, die in den Kinotheatern laufen und die den 35 mm breiten Normalfilm benutzen. Er ist im Gegensatz zu diesen Filmen, die in einer großen Anzahl von Kopien hergestellt werden, ein Einzelstück: Das vom Amateur aufgenommene Original wird nach dem Umkehrverfahren unmittelbar zum Positiv entwickelt, das im Projektor vorgeführt wird.

Den verschiedenen Herstellungsarten des Bildpositivs entspricht auch eine unterschiedliche Tontechnik: Beim Normalfilm wird diese durch die Notwendigkeit der Vervielfältigung bestimmt; wegen seiner leichten Kopierbarkeit wurde deshalb der Lichtton zumindest für den letzten Arbeitsgang — die Herstellung der Filmpositive aus dem Negativ — beibehalten. Für seinen Schmalfilm dagegen braucht der Amateur ein Vertonungsverfahren, das er leicht handhaben kann und das ihm gestattet, die Vertonung nötigenfalls so lange zu wiederholen, bis sie seinen Wünschen entspricht. Diese Forderungen erfüllt das Magnettonverfahren.

Dabei erschien es naheliegend, für die Vertonung des Schmalfilms das vorhandene Magnetbandgerät zu verwenden, wobei das Tonband in einem festen Geschwindigkeitsverhältnis zum Film ablaufen muß, damit die Synchronität von Bild und Ton erreicht wird. Hierfür sind die verschiedensten Synchronisierverfahren vorgeschlagen und ausgeführt worden. Die meisten beruhen auf dem Prinzip, die Geschwindigkeit des Projektors nach der des Magnetbandgerätes zu regeln. Diese Verfahren sollen jedoch in diesem Bericht nicht besprochen werden. Es sei aber erwähnt, daß der als Typ eines Einbandgerätes behandelte Agfa Sonector 8 ebenfalls mit Magnetbandgeräten synchronisiert werden kann. Ein Vorteil der Zweibandverfahren ist, daß sich mit ihnen eine sehr gute, nämlich die dem betreffenden Bandgerät eigene Tonqualität erreichen läßt. Andererseits aber verlangt — um einen Nachteil zu nennen — die Bedienung der getrennt laufenden Geräte vom Amateur ein bestimmtes Maß an Geschicklichkeit in der Handhabung.

Die Unterbringung von Bild und Ton auf demselben Träger, wie beim Normalfilm, scheint aus verschiedenen Gründen das Gegebene und das Ziel der Entwicklung des Amateur-Tonfilms zu sein, wenn es gelingt, dabei ebenfalls eine gute Tonqualität zu erreichen.

Im folgenden wird darüber berichtet, inwieweit diese bei den vorhandenen technischen Voraussetzungen zu erreichen ist und bisher erreicht wurde. Der Bericht stützt sich auf Untersuchungen, die bei der Entwicklung des Agfa Sonector 8 und des Agfa Sonector-Phon durchgeführt wurden. Das Problem liegt, um dies vorwegzunehmen, darin, daß auf dem 8 mm-Film für die Magnetspur nur ein schmaler Streifen zwischen Perforation und Filmkante zur Verfügung steht. Außerdem hat der Film andere mechanische Eigenschaften als das Magnetband, und schließlich gehen in die Tonqualität die Laufeigenschaften des Projektors mit ein, die sich von den der nur der Tonwiedergabe dienenden Magnetbandgeräten ebenfalls unterscheiden.

2. Das Auftragen der Magnetspur

Die Lage der Randspur und der Abstand des Bildes zum dazugehörigen Ton sind — wie in Abb. 1 wiedergegeben — im DIN-Entwurf 15881 festgelegt.

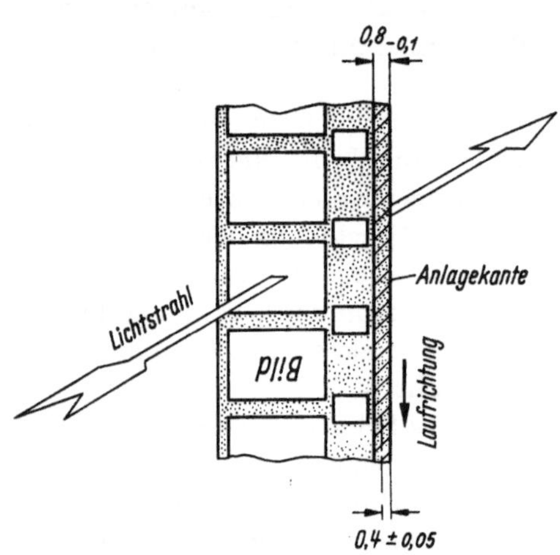

Abstand des Tones vom dazugehörigen Bild 56 ± 1 Bilder. Der Ton liegt in Laufrichtung vor dem Bild.

Abb. 1. Lage der Magnettonrandspur auf 8 mm-Film.

Bereits in einem früheren Aufsatz [*3*] waren die verschiedenen Verfahren genannt worden, nach denen Magnetspuren auf Filmen aufgebracht werden können. Unter diesen war insbesondere das Gießverfahren besprochen worden, nach welchem die Agfa-Magneton-Auftragsmaschine arbeitet. Dieses Verfahren hat sich vor allem für breitere Spuren gut bewährt und wird deshalb besonders für die Bespurung von 16 mm- und 35 mm-Filmen angewendet.

Für den 8 mm-Film hat in letzter Zeit ein Verfahren an Bedeutung gewonnen, bei dem ein aus einem normalen Magnetband geschnittener Streifen von 0,8 mm Breite als Randspur aufgeklebt wird. In einer besonderen Schneidemaschine wird zunächst das Tonband in diese schmalen Streifen zerschnitten, wobei der Schnitt sehr genau ausgeführt werden muß, damit Spuren von konstanter Breite und mit geradlinigen, sauberen Kanten entstehen. Die Streifen werden dann in der Bespurungsmaschine[1] auf den Film aufgeklebt. Hierzu wird ein Lösungsmittel verwendet, das die Acetylcellulose von Film- und Tonträger anlöst und beide miteinander verbindet. Diese Art der Verklebung läßt sich daher nur bei den genannten Trägermaterialien und beim Aufkleben des Bandes auf die Trägerseite des Films — wie es bei Umkehrfilmen der Fall ist — anwenden. Kommt, wie bei Kontaktkopien, die Randspur auf die Emulsionsseite zu liegen, so muß entweder die Schicht an der Stelle der Randspur entfernt werden oder es muß, was für den 8 mm-Film in diesem Fall vorteilhafter ist, auf das Gießverfahren zurückgegriffen werden. Das Gießen der Spuren ist auf Träger- und Schichtseite von belichteten und unbelichteten Filmen möglich.

Ein Vorteil des Aufklebeverfahrens liegt darin, daß für die Bespurung eine Auswahl an handelsüblichen Magnetbändern zur Verfügung steht, aus der jeweils das

[1] In Deutschland sind die Maschinen der Fa. Cinemaphon Dipl.-Ing. Seiler, München, die nach dem Weberling-System gebaute Paillard-Bolex-Bespurungsmaschine und die Bespurungsanlage des Juwel-Film-Vertriebs bekannt geworden.

mit den geeignetsten elektroakustischen und mechanischen Eigenschaften ausgesucht werden kann. Das Ausschneiden der Streifen aus den Bändern liefert ferner Spuren von exaktem, rechteckigem Profil, während das Profil der gegossenen Spuren infolge der Oberflächenspannung der Gießlösung abgerundete Kanten aufweist. Die Bespurungsmaschinen für das Aufkleben sind gegenüber den universelleren Begießmaschinen einfacher, handlicher und billiger, so daß sie auch deswegen für das Amateurfilmgeschäft in erster Linie in Betracht kommen.

Eine gute Tonwiedergabequalität setzt eine exakte und mit Sorgfalt durchgeführte Bespurung voraus: Der aufzuklebende Streifen muß konstante Breite und scharf geschnittene, geradlinige Kanten haben. Nach dem Aufkleben darf er weder in die Perforationslöcher noch über die Filmkante hinausragen; er darf auch nicht in Form einer Schlangenlinie verlaufen. Ebenso muß der Film selbst eine saubere und glatte Oberfläche haben. Seine Perforationslöcher dürfen nicht beschädigt sein oder einen Grat aufweisen.

3. Die Tonqualitat

Die Qualität einer Tonwiedergabe ist allgemein gekennzeichnet durch die Begriffe Frequenzgang, Verzerrungsgrad, Dynamik, Tonhöhenschwankung (Gleichlauf) und Tonamplitudenschwankung. Dazu kommen noch besondere Eigenschaften des Magnettonverfahrens, wie z. B. das Modulationsrauschen und die sogenannten magnetischen Störstellen. Die Begriffe zeigen, daß die Tonqualität nicht nur durch die elektroakustischen Eigenschaften des magnetischen Eisenoxyds, sondern ebenso durch die mechanischen Eigenschaften des bespurten Films und die Laufeigenschaften von Tonprojektor und Tonabtastgerät bestimmt ist. Das Zusammenwirken aller Faktoren ergibt die Tonqualität des 8 mm-Schmalfilms.

In den folgenden Abschnitten werden die verschiedenen Eigenschaften untersucht, und der derzeitige Stand der erreichbaren Tonqualität wird daraus abgeleitet. Die Messungen beziehen sich auf Filme mit aufgeklebten Randspuren, die aus Agfa-Magnetonbändern geschnitten wurden. Als Vertonungsgerät diente das Agfa Sonector-Phon in Verbindung mit dem Projektor Agfa Sonector 8. Die Filmgeschwindigkeit betrug 6,85 cm/s, entsprechend einer Bildzahl von 18 Bildern/Sekunde.

3.1. Die elektroakustischen Eigenschaften der Randspuren

Erst die in den letzten Jahren erfolgte Entwicklung von Magnetbändern mit Eisenoxyden hoher Remanenz und hoher Koerzitivkraft gab die Möglichkeit, zu immer kleineren Bandgeschwindigkeiten überzugehen und damit auch zur Vertonung von Schmalfilmen nach dem Einbandverfahren. Dabei kommen die hohe Remanenz dem Wiedergabepegel der schmalen Randspur und die hohe Koerzitivkraft der Wiedergabe der hohen Frequenzen bei der geringen Filmgeschwindigkeit zugute.

Das Ziel ist, im Hörkopf eine möglichst hohe Wiedergabespannung zu erzeugen, damit alle störenden Einflüsse vergleichsweise hierzu gering bleiben. Die bei der Wiedergabe im Hörkopf induzierte Spannung ist um so höher, je mehr — einfach ausgesprochen — magnetisierte Substanz in der Zeiteinheit am Spalt vorbeigeführt wird und je stärker die Teilchen magnetisiert sind. In dieser Hinsicht liegt der 8 mm-Tonfilm mit seiner schmalen Spur und geringen Geschwindigkeit ungünstig. Es ist jedoch den Magnetbandherstellern gelungen, diese Nachteile außer durch die bereits erwähnte

Erhöhung der Remanenzwerte auch durch eine Vergrößerung des Volumenfüllfaktors (Eisenoxydgehalt im Bindemittel) weitgehend auszugleichen [7].

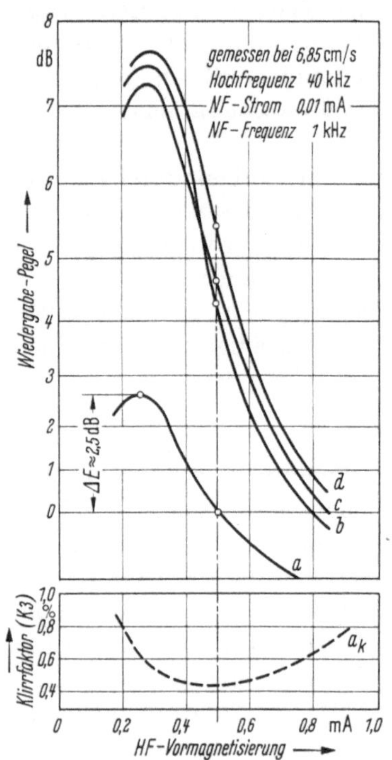

Abb. 2. Wiedergabe-Pegel und Klirrfaktor als Funktion des Vormagnetisierungsstroms.

In Abb. 2 gehört die mit *a* bezeichnete Kennlinie zu einem Agfa-Magnetonband vom Typ FR 6, das schon seit längerer Zeit für Randspuren verwendet wird und eine recht brauchbare Tonqualität gibt. Die mit *b* bis *d* bezeichneten Kennlinien beziehen sich auf neuere Agfa-Bandtypen, die speziell für die Verwendung als Randspuren entwickelt wurden. Diese Kennlinien zeigen einen Pegelgewinn von etwa 5 dB gegenüber der bisherigen Type *a*. Der Pegelgewinn wurde durch Herabsetzung der selbstentmagnetisierenden Einflüsse (Bandflußdämpfung, s. u.) erzielt.

Dem Bereich der Tonfrequenzen, die aufgenommen und wiedergegeben werden können, sind praktisch Grenzen gesetzt. Die Grenze für die hohen Frequenzen wird überwiegend durch drei Faktoren bestimmt:

a) Durch die Bandfluß- oder Selbstentmagnetisierungs-Dämpfung des Magnetmaterials,

b) durch die magnetisch wirksame Spaltbreite des Tonkopfes im Zusammenwirken mit der vorgegebenen Filmgeschwindigkeit (Spaltdämpfung),

c) durch die Dämpfung, die durch den Abstand zwischen Kopfspalt und Magnetitschicht bedingt ist.

Nach den tiefen Frequenzen hin ist die Grenze vor allem durch die Eigenschaften des Wiedergabeverstärkers, besonders durch dessen Brummspannungsabstand, gegeben, worauf später noch eingegangen wird.

Abb. 3 zeigt in einer Gegenüberstellung die Größe des Pegelverlustes für jeweils 2 Werte der Bandfluß-, Spalt- und Abstandsdämpfung als Funktion der Frequenz. Der Verlauf der Selbstentmagnetisierung (Bandfluß-Dämpfung) erfolgt nach der Funktion $D_B = e^{-\lambda_1/\lambda}$, wobei λ_1 diejenige aufgezeichnete Wellenlänge ist, bei welcher der äußere Bandfluß auf den Wert $1/e$ (8,68 dB) abgefallen ist. Diese Dämpfung ist in Abb. 3 für die praktisch erreichten λ_1-Werte von 55 μm und 35 μm dargestellt. Die Spaltdämpfung verläuft nach der Funktion $D_S = \sin\alpha/\alpha$, wobei $\alpha = \pi s/\lambda$ und s die magnetisch wirksame Spaltbreite ist. Diese Dämpfung ist für magnetische Spaltbreiten von 5 μm und 7 μm wiedergegeben, die noch gut herzustellen sind. Erreicht die aufgezeichnete Wellenlänge die Größe der effektiven Spaltbreite, so wird die Dämpfung unendlich groß; die Auslöschfrequenz liegt für 7 μm Spaltbreite und 6,85 cm/s Filmgeschwindigkeit bei etwa 10 kHz. Durch Verringerung der Spaltbreite auf z. B. 3,5 μm ließe sich zwar diese Grenze auf die doppelte Frequenz hinausschieben. Die serienmäßige Herstellung so schmaler Kopfspalte bereitet jedoch mechanische Schwierigkeiten. Außerdem fällt mit kleiner werdendem Spalt der Wiedergabepegel stark ab, was sich wiederum auf andere Eigenschaften (z. B. Dynamik) ungünstig auswirkt. Für Schmalfilm-Randspuren hat sich deshalb bisher eine effektive Spaltbreite von 5 — 7 μm als günstiger Kompromiß erwiesen. Die Abstands-Dämpfung steigt, wie Abb. 3 zeigt, in den hohen Frequenzen ebenfalls stark an. Auf eine einwandfreie Auflage des Kopfes auf der Randspur ist deshalb ebenso wie auf eine glatte Spuroberfläche zu achten.

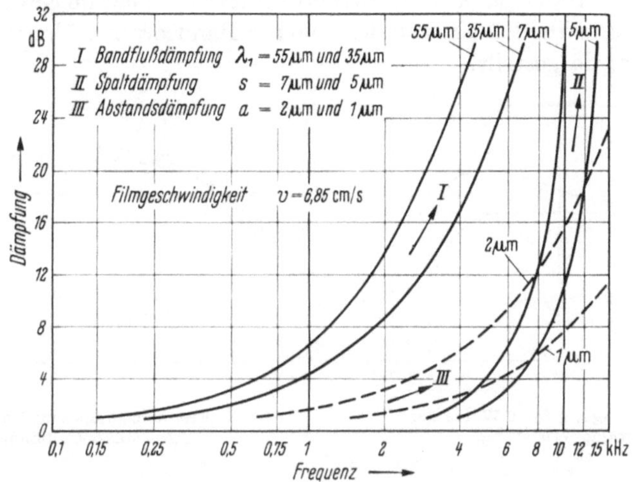

Abb. 3. Bandfluß-, Spalt- und Abstands-Dämpfung.

Zum Aufzeichnen wird auch bei der Randspur eine hochfrequente Vormagnetisierung angewendet, die bekanntlich folgende wesentliche Vorteile mit sich bringt: Der Aussteuerungsbereich wird etwa verdoppelt, die Dynamik wegen der Verminderung des Rauschens erheblich verbessert, und vor allem wird erreicht, daß die remanente Magnetisierung proportional dem tonfrequenten Strom im Sprechkopf ist. Damit erst wird eine weitgehend verzerrungsfreie Tonaufzeichnung möglich.

Die Stärke des hochfrequenten Stroms beeinflußt jedoch den Frequenzgang und den Verzerrungsgrad der Aufzeichnung. Abb. 2 zeigt Kennlinien, die zur Bestimmung des optimalen Arbeitspunktes dienen, für verschiedene Randspuren aus Agfa-Magnetonbändern. Die Kennlinien haben ein Maximum der Empfindlichkeit bei einem bestimmten HF-Strom. Sie beziehen sich auf eine Tonfrequenz von 1 kHz.

Es ist üblich, für kleine Bandgeschwindigkeiten die HF-Amplitude so niedrig zu wählen, daß bei mittleren Frequenzen etwa der maximale Wiedergabepegel erreicht wird. Beim 8 mm-Schmalfilm mit seiner geringen Spurbreite und der größeren Steifigkeit des Trägermaterials erwies es sich, wie Messungen ergaben, als günstiger, eine stärkere hochfrequente Durchmagnetisierung anzuwenden. Dadurch wirken sich Unterschiede im mechanischen Kontakt zwischen Kopf und Randspur, die bei dem steifen Film leichter auftreten können als bei dem schmiegsameren Band, bei weitem nicht so störend als Amplitudenschwankungen aus. Für den HF-Strom wurde deshalb ein Arbeitspunkt (s. Abb. 2, strichpunktierte Linie) gewählt, der gegenüber dem Empfindlichkeitsmaximum so weit verschoben ist, daß sich eine Pegeldifferenz $\Delta E \approx 2{,}5$ dB ergibt. Mit diesem Arbeitspunkt wird eine reinere, gleichmäßigere Tonwiedergabe auf Kosten einer geringen Einbuße an den hohen Frequenzen erzielt.

Den Frequenzgang bei 2 Werten der HF-Vormagnetisierung gibt Abb. 4 wieder; er bezieht sich auf die mit *a* (in Abb. 2) bezeichnete Randspur. Die Kurve *I* zeigt den Verlauf für 0,25 mA HF-Strom (etwa dem Pegelmaximum bei 1 kHz entsprechend), Kurve *II* den für 0,5 mA (dem gewählten Arbeitspunkt entsprechend).

In welcher Weise der Verzerrungsgrad vom HF-Strom abhängt, zeigt in Abb. 2 die Kurve a_k für die Randspur *a*. Die Klirrfaktorkurve (*k* 3) hat im gewählten Arbeitspunkt ein Minimum. Die *k* 3-Kurven der anderen Bandsorten verlaufen ähnlich und sind deshalb nicht dargestellt.

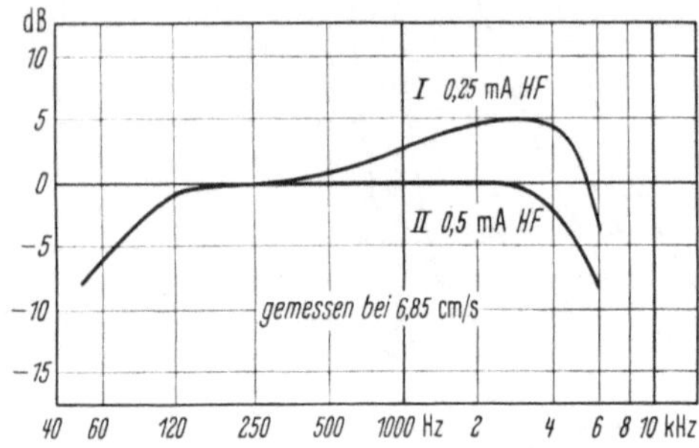

Abb. 4. Frequenzgang für 2 Werte der HF-Vormagnetisierung.

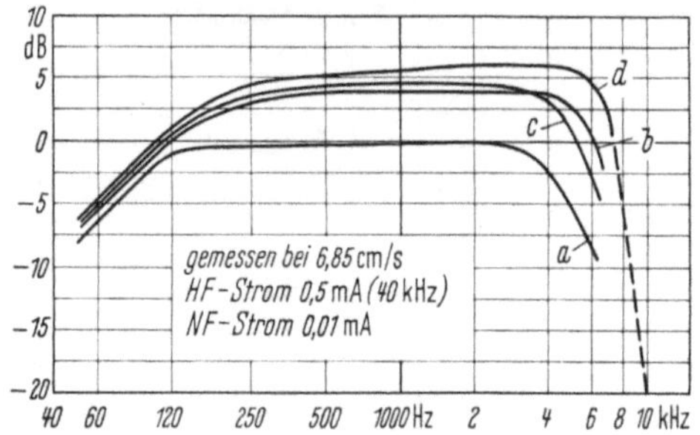

Abb. 5. Frequenzgänge von Randspuren aus Agfa-Magnetonbändern.

Unter den beschriebenen Voraussetzungen ergeben die in Abb. 2 zusammengestellten neueren Randspuren Frequenzcharakteristiken, wie sie Abb. 5 zeigt. Auch diese Darstellung läßt deutlich den Fortschritt erkennen, der durch die Herabsetzung der Selbstentmagnetisierung erreicht wurde: Die Randspuren *b* bis *d* geben höhere Wiedergabepegel, besonders in den hohen Frequenzen, als das Bandmaterial *a*. Die Charakteristik der Tonspur *d* ist zur Veranschaulichung bis auf die durch den 7 μm breiten Tonkopfspalt bedingte Auslöschfrequenz weitergeführt und zeigt damit die erzielbare obere Frequenzgrenze bei 18 Bildern/Sekunde Filmgeschwindigkeit.

Eine weitere wichtige Kenngröße der Tonqualität ist die Dynamik. Hierunter versteht man bekanntlich das Verhältnis des Grundgeräuschpegels zum Nutzpegel bei festgelegtem Verzerrungsgrad.

Eine hohe Dynamik setzt also ein möglichst geringes Grundgeräusch voraus. Der Dynamikumfang der Magnettonwiedergabe wird durch den der Magnetspur selbst und den des Verstärkers bestimmt. Wie noch gezeigt wird, ist in unserem Fall die Dynamik des Verstärkers wegen der notwendigen hohen Verstärkung bereits kleiner als die der Magnetspur.

Das Rauschen einer Magnettonaufzeichnung rührt daher, daß die Schicht nicht völlig homogen ist, sondern aus einzelnen magnetisierten Teilchen besteht, die in einem Bindemittel eingebettet sind. Diese Kornstruktur gibt — zusammen mit noch gröberen Kornzusammenballungen und Inhomogenitäten der Schicht und der Rauhigkeit ihrer Oberfläche — Flußschwankungen, die sich bei der Wiedergabe als Rauschen äußern. Man unterscheidet zwei Arten des Rauschens. Die eine Art ist der Amplitude des aufgesprochenen Nutztons etwa proportional, sie verschwindet in den Aufzeichnungspausen. Da der Nutzton von diesem Rauschen moduliert wird, bezeichnet man es als „Modulationsrauschen“. Daneben spielt das „Ruherauschen“, das durch eine konstante remanente Induktion — unabhängig von der Aufzeichnung — hervorgerufen wird, eine geringere Rolle.

Während die Amplitude des Nutztons der Breite der Magnetspur proportional ist, sind beide Rauschanteile etwa der Wurzel aus der Spurbreite proportional. Das hat zur Folge, daß das Rauschen mit schmaler werdender Spur relativ ansteigt. Damit wird die Dynamik geringer, und zwar ist sie nach dem oben genannten Zusammenhang zwischen Spurbreite und Rauschamplitude ebenfalls etwa der Wurzel aus der Spurbreite proportional.

Es ist

$$Dy = \frac{U_N}{U_R} \approx \frac{b}{\sqrt{b}} = \sqrt{b};$$

dabei ist Dy = Dynamik,
U_N = Spannung des Nutztons,
U_R = Spannung des Rauschens,
b = Breite der Spur.

Gegenüber der 2,5 mm breiten Spur der Magnetbänder hat hiernach die 0,8 mm breite Randspur schon aus diesem Grunde einen Dynamikverlust von etwa 5 dB; in Wirklichkeit ist er sogar noch etwas größer, da der abtastende Kopfspalt nur etwa 0,6 mm lang ist. Trotzdem liegt der Dynamikumfang bei guten Randspuren noch bei etwa 40 dB. Rauschabstände dieser Größe werden noch nicht als störend empfunden.

Dagegen kann sich eine andere Erscheinung sehr störend auswirken, die ebenfalls mit dem Schmalerwerden der Spur verstärkt auftritt. Störstellen in der Magnetitschicht (sogenannte magnetische Löcher) haben kurzzeitige Amplitudenschwankungen zur Folge, die bis zum völligen Aussetzen des Tons führen können. Bei Magnetbandgeräten mit den größeren Aufzeichnungsbreiten treten diese Fehler kaum auf — außer bei Vierspurgeräten, wo ähnliche Verhältnisse wie bei den Randspuren vorliegen. Derartige Amplitudenschwankungen, die mit einem Pegelschreiber aufgenommen wurden, zeigt Abb. 6. Bei der Aufnahme waren Frequenz (3 kHz) und Amplitude konstant gehalten worden. Die Geschwindigkeit des Registrierpapiers betrug dabei 3 mm/s, so daß die Unstetigkeiten des Pegels auf dem Streifen gegenüber ihrer Lage auf der Spur etwa im Verhältnis 20 : 1 räumlich zusammengedrängt erscheinen. Die maximale Geschwindigkeit der Schreibfeder war 200 mm/s.

Beim Abhören der in Abb. 6 registrierten Aufnahmen werden die Pegelschwankungen auf dem Streifen a als unzulässig hoch empfunden. Dagegen gibt die Randspur des Streifens b eine ausreichend gute Konstanz des Pegels; sie entspricht etwa dem derzeitigen Stand der Technik. Spuren dieser Art sind für die Vertonung von Schmalfilmen geeignet. Im Vergleich dazu wurden entsprechende Aufnahmen mit einem Vierspur-Magnetbandgerät auf Doppelspielbändern bei 4,75 cm/s Geschwindigkeit und 1 mm Spurbreite vorgenommen. Aufzeichnung c zeigt die Pegelschwankungen einer äußeren Spur, d die einer inneren Spur. Die Schwankungen bei der Schmalfilm-Randspur sind danach noch etwas größer als die von Vierspuraufzeichnungen auf Magnetbändern; sie betragen im Mittel 1 dB, maximal 2 dB.

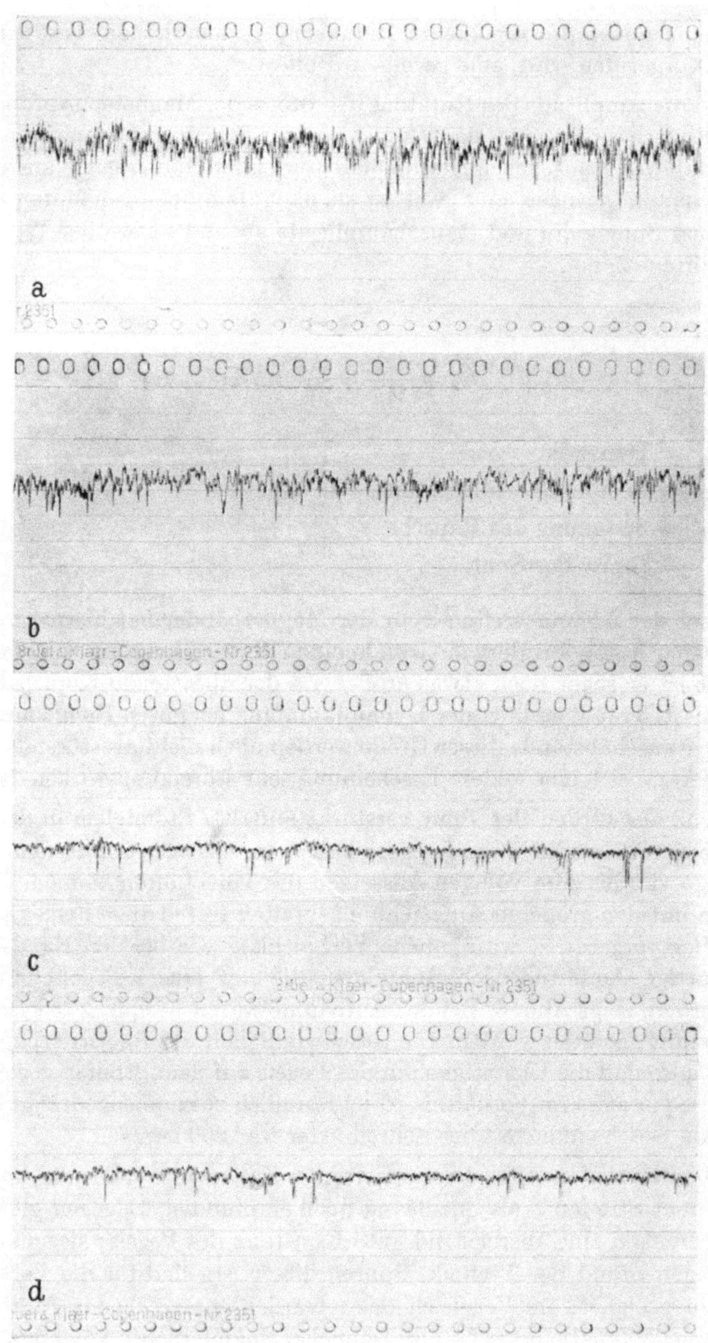

Abb. 6. Aufzeichnung von Amplitudenschwankungen.

a) schlechte Magnetton-Randspur
b) gute Magnetton-Randspur
c) Magnetband auf Vierspurgerät (Außenspur)
d) Magnetband auf Vierspurgerät (Innenspur)

Bei allen 4 Darstellungen entspricht die aufgezeichnete Länge einer Laufzeit von 45 Sek. und der Abstand von Zeile zu Zeile 1 dB.

Zur Zeit lassen sich diese kurzzeitigen Amplituden-Unterschiede und Unterbrechungen bei schmalen Spuren noch nicht restlos ausschalten, und sie können, wenn sie häufig auftreten, die Tonwiedergabe recht störend beeinträchtigen. Bei der geringen Geschwindigkeit des Films ruft z. B. eine Störstelle von nur 0,5 mm ∅ bereits eine Pegelauslöschung von fast 10 Millisekunden Dauer hervor.

Die Ursache für diese Störstellen liegt nur zu einem geringen Teil in Inhomogenitäten der magnetischen Schicht — also in wirklichen magnetischen Löchern —, zu einem größeren Teil vielmehr in Staubteilchen, die sich bei den verschiedenen Arbeitsgängen, angefangen vom Begießen der breiten Bänder bis zum Vertonen und zur Wiedergabe durch den Amateur, im Magnetit einlagern und auf der Spur absetzen können. Es läßt sich im praktischen Versuch zeigen, daß eine weitgehend störstellenfreie Spur, entsprechend etwa der Aufzeichnung d in Abb. 6, durch einmaliges Aufliegen auf einer nicht staubfreien Unterlage mehr Störstellen als die mit a gekennzeichnete Spur bekommen kann.

Von den Bandherstellern wird alles getan, um bei der Fabrikation das Absetzen von Staub weitgehend auszuschließen. Der oben beschriebene Versuch zeigt aber, daß ebenso bei der Weiterverarbeitung der Bänder (Schneiden, Bespuren) und bei der Behandlung der bespurten Filme (Kleben, Projizieren, Vertonen, Aufbewahren) sorgfältig auf Sauberkeit und Staubfreiheit zu achten ist. Daß der Fehler teilweise durch Fremdkörper auf der Oberfläche der Schicht hervorgerufen wird, durch die der Abtastkopf kurzzeitig abgehoben wird, wird auch dadurch bestätigt, daß man durch mechanisches Glätten der Oberfläche (z. B. durch Ziehen über eine scharfe Kante) eine störungsfreiere Wiedergabe erreicht.

3.2. Die mechanischen Eigenschaften des Schmalfilms mit Randspur

Die zuletzt besprochenen Erscheinungen zeigen bereits, wie sehr außer den physikalischen Grundlagen auch andere Faktoren für die Tonwiedergabequalität maßgebend sind. Hierzu gehören auch die mechanischen Eigenschaften von Randspur und Film. Da die Abmessungen der Spur unmittelbar in die Tonwiedergabe eingehen, müssen sie, wie schon erwähnt, mit engen Toleranzen eingehalten werden. Bei dem Film ist es vor allem die Steifigkeit infolge der Dicke von etwa 140 μm, zu der noch die Dicke des Magnetbandes mit etwa 25 μm und der Magnetschicht mit 10 bis 15 μm hinzukommen, welche die Tonabtastung schwieriger als bei einem Bandgerät macht. Durch eine entsprechende Filmführung und einen ausreichenden Andruck des Kopfes muß für ein einwandfreies Anliegen des Films gesorgt werden; es wird deshalb in dieser Technik ein höherer Anlagedruck angewendet, als er in der Magnetbandtechnik üblich ist. In Abb. 3 war gezeigt worden, in welchem Maße sich Luftabstände besonders für die hohen Frequenzen als Dämpfung auswirken. Die durch den höheren Anlagedruck bedingte größere mechanische Beanspruchung der Spur verlangt wiederum eine große Haft- und Abriebfestigkeit der Magnetschicht. Sie wird bei allen Agfa-Magnetonbändern durch die Verwendung eines speziellen Kunststofflackes als Bindemittel erreicht. Randspuren aus diesen Bändern sind deshalb großen Dauerbeanspruchungen gewachsen.

3.3. Der Tonprojektor

Der Tonprojektor mit seinen Antriebsorganen für die Schaltung und den Transport des Films ist vor allem für den Gleichlauf des Films verantwortlich. Gleichlaufschwankungen verursachen Tonhöhenschwankungen (Frequenzmodulation), auf die das Ohr sehr empfindlich anspricht. Im Frequenzbereich von etwa 1 bis 6 Hz werden sie noch als Schwankungen empfunden und wirken besonders störend („jaulender" Ton), darüber äußern sie sich in einer unreinen und verzerrten Wiedergabe („rauher" oder „heiserer" Ton). Die Konstruktion aller auf den Filmlauf einwirkenden Bauteile muß so ausgelegt und die Fertigung dieser Teile muß so präzis sein, daß eine Gleichmäßigkeit der Filmgeschwindigkeit ohne wahrnehmbare Schwankungen oder Heiserkeit erreicht wird. Abweichungen vom Gleichlauf werden bei der Prüfung der Geräte objektiv gemessen.

Von der Magnetbandtechnik her sind die hohen Anforderungen an den Gleichlauf bekannt. Bei Filmprojektoren sind sie deshalb noch schwerer zu erfüllen, weil der Transport des Films über Zahnräder und Zahntrommeln erfolgt. Dabei besteht die Gefahr einer Modulation der Tonaufzeichnung mit der Zahnfrequenz. Das gilt insbesondere von der Zahntrommel, die den Film durch die Tonabtaststelle zieht; der Einfluß ihrer Zahnteilung muß durch Zwischenschalten einer ausreichend groß bemessenen Schwungscheibe herausgefiltert werden. Außerdem muß dafür gesorgt werden, daß alle Zahnräder, Zahntrommeln, Führungsrollen und vor allem die Tonwelle mit ihrer Schwungscheibe praktisch schlagfrei laufen. Rückwirkungen des ruckweise arbeitenden Greifergetriebes auf den Filmlauf dürfen nicht vorhanden sein. Schließlich darf die Filmperforation selbst, die in gefährlicher Nähe zur Randspur liegt, den Ton beim Durchlauf durch den Tonkanal nicht modulieren.

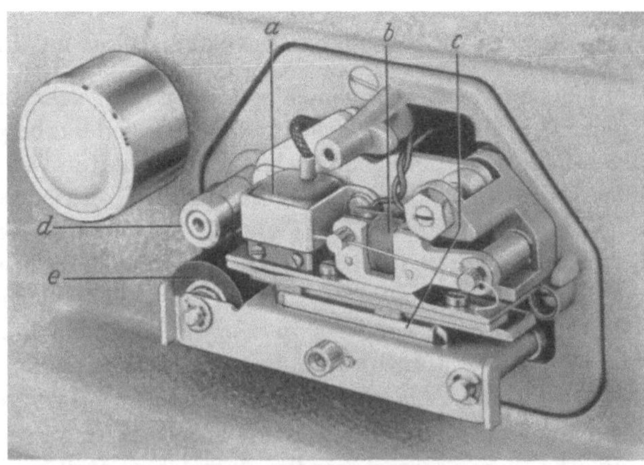

Abb. 7. Tonteil im Agfa Sonector-Phon.
a Tonkopf, *b* Löschkopf, *c* Filmandruckbahn, *d* Tonwelle, *e* Gummiandruckrolle

Beim Agfa Sonector 8 und dem Agfa Sonector-Phon konnte die Größe der Tonschwankungen so weit herabgedrückt werden, daß sie der von Heim-Tonbandgeräten entspricht. Hierzu trägt im Sonector 8 ein spezieller Asynchronmotor bei, der die Filmgeschwindigkeit sehr konstant hält und langsame Schwankungen ausschließt.

Im Sonector-Phon sorgt eine große Schwungmasse dafür, daß sich höhere Störfrequenzen nicht der Filmgeschwindigkeit an der Tonabtaststelle überlagern können.

Das geöffnete Tonteil des Agfa Sonector-Phons ist in Abb. 7 wiedergegeben. Der Film wird oberhalb der Filmandruckbahn in die Tonbahn eingelegt und die Filmbahn geschlossen. Damit drückt die Gummiandruckrolle auf Film und Tonwelle, die die Schwungmasse trägt. Der zur Aufnahme und Wiedergabe dienende Tonkopf und der Löschkopf werden federnd an die Magnetspur angedrückt.

Eingehende Untersuchungen hatten ergeben, daß ein Tonteil mit gerader Filmführung wesentliche Vorteile sowohl in der erreichbaren Tonqualität als auch in der Handhabung bei der Vertonung bietet. Aus diesem Grund wurde die in Abb. 7 wiedergegebene Konstruktion gewählt. Sie hat noch den weiteren Vorteil, daß die Köpfe in der geraden Filmführung einen geringen Verschleiß haben. Der Tonkopfspalt wird in seiner Lage zur Filmbahn optisch genau justiert, so daß z. B. auf verschiedenen Geräten vertonte Filme ohne Qualitätsbeeinträchtigung ausgetauscht werden können. Ferner wird mit diesem Tonteil eine kurze Hochlaufzeit der Schwungmasse beim Einschalten des Projektors erreicht, die in der Größe von etwa 1 Sekunde liegt und damit einem fast sofortigen Vertonungsbeginn zugute kommt. Die angewendete Halterung für Ton- und Löschkopf gewährleistet eine Lebensdauer beider Köpfe von vielen hundert Betriebsstunden.

3.4. Der Verstärker

Die Verstärkeranlage besteht aus dem kombinierten Kopf, dem Verstärker für Aufnahme und Wiedergabe und dem Hochfrequenzgenerator. Bei der Aufnahme erzeugt der Tonkopf das tonfrequente magnetische Wechselfeld, das die Randspur magnetisiert. Der dem Tonkopf dafür zugeführte Signalstrom muß durch den Aufsprechverstärker auf einen Frequenzgang gebracht werden, wie ihn Abb. 8 Kurve *a* zeigt. Er ist im unteren und mittleren Frequenzbereich konstant, muß aber bei höheren Frequenzen zum Ausgleich der Selbstentmagnetisierungsverluste entsprechend angehoben werden. Diese Aufsprech-Entzerrung ist so eingestellt, daß sie einen Bandfluß erzeugt, der etwa dem in DIN 45513, Blatt 4, festgelegten entspricht. Mit der Einhaltung dieser Frequenzkurve wird eine Austauschbarkeit vertonter Filme erreicht.

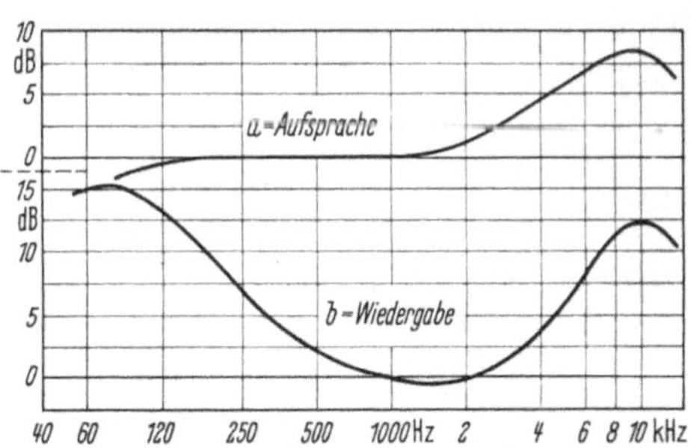

Abb. 8. Entzerrung des Verstärkerfrequenzganges.

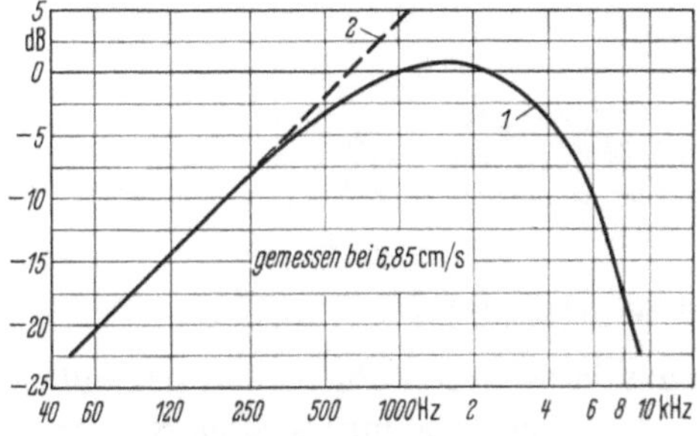

Abb. 9. Hörkopf-Leerlaufspannung des Agfa Sonector-Phons.

Bei der Abtastung der remanenten Induktion der Magnetspur gibt derselbe nun als Hörkopf verwendete Tonkopf einen Leerlauffrequenzgang ab, der in Abb. 9 als Kurve 1 eingezeichnet ist. Die gestrichelte Verlängerung — mit 2 bezeichnet — ist der ideale Verlauf der Leerlaufspannung, der ohne Spalt- und Selbstentmagnetisierungsverluste vorhanden wäre. Für den Wiedergabe-Verstärker wird eine Entzerrung gemäß Kurve *b* in Abb. 8 erforderlich, wenn sich eine gehörmäßig befriedigende Gesamtfrequenzkurve ergeben soll. Gesamtfrequenzkurven, wie sie von Randspuren erhalten wurden, waren in Abb. 5 wiedergegeben. Um diesen gewünschten, weitgehend geradlinigen Frequenzgang am Ausgang des Verstärkers zu erhalten, müssen beide Grenzfrequenzen — hier etwa 100 Hz und 7 kHz — um ca. 17 dB im Verstärker angehoben werden. Die Anhebung in diesen Gebieten kann wegen der Brumm- und Rauschspannung nicht beliebig gesteigert werden; Brummspannungs- und Rauschspannungsabstand der Verstärkeranlage bestimmen letzten Endes die Grenzen des Übertragungsbereiches.

4. Der Agfa Sonector 8 und das Agfa Sonector-Phon

Den 8 mm-Projektor Agfa Sonector 8 mit dem darunter befindlichen Sonector-Phon zeigt Abb. 10.

Der Sonector 8 projiziert den Film, wie erwähnt, mit 18 Bildern/Sekunde. Dabei läuft der Film von der Abwickelspule über die obere Zahntrommel zunächst

Abb. 10. Agfa Sonector 8 und Agfa Sonector-Phon.

durch das Bildfenster, dann durch den Tonkanal des Sonector-Phons und schließlich zur unteren Zugtrommel und Aufwickelspule des Sonectors zurück. Das Sonector-Phon besitzt selbst keinen Filmantrieb. In der Mitte des Sonectors liegt der Betriebsartenschalter. Er ermöglicht die Vor- und Rückwärtsprojektion mit kurzer Umschaltzeit und damit die szenenweise Vertonung des Films nach dem projizierten Bild.

Es wurde bereits erwähnt, daß der Sonector 8 in Verbindung mit einem besonderen Synchronisiergerät — dem Agfa Synchrovox — auch zur Vertonung nach dem Zweibandverfahren eingerichtet ist; doch soll darauf hier nicht weiter eingegangen werden.

Das Sonector-Phon enthält außer dem Tonteil (Abb. 7), das bereits beschrieben wurde, vor allem den dreistufigen Verstärker für Aufnahme und Wiedergabe, wobei bei der Wiedergabe an den Verstärkerausgang des Sonector-Phons ein Rundfunkgerät als Endverstärker angeschlossen wird. Für besondere Fälle kann auch eine spezielle Endstufe mit Lautsprecher angeschaltet werden. Der Aufbau und die Wirkungsweise des im Sonector-Phon eingebauten Verstärkers seien anhand des Prinzipschaltplans (Abb. 11) kurz erläutert: Die aufzuzeichnenden Tonvorgänge können über zwei hochohmige Eingänge dem Aufnahmeverstärker zugeführt werden, wobei die Buchse *3* in Abb. 11 den Anschluß für das Mikrophon, die Buchse *4* den für Tonabnehmer oder Tonbandgerät — also für Musikdarbietungen — darstellen. Mit getrennten Reglern *7* und *8* können die Tonvorgänge beider Eingänge gemischt werden. Die Entzerrung des Aufsprechfrequenzganges geschieht zwischen der zweiten und dritten Verstärkerstufe durch eine RC-Gegenkopplung *11* und *12*. Die Tonfrequenz gelangt dann über den Widerstand *13* zum Sprechkopf *1*, ferner über den Einstell-

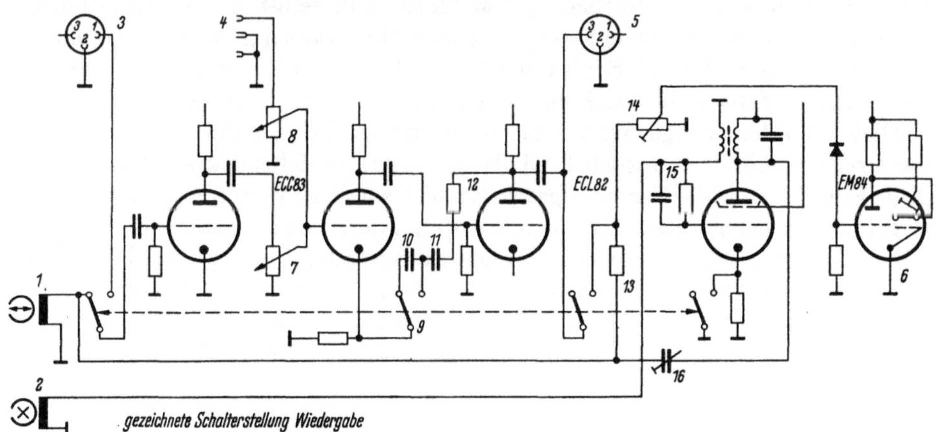

Abb. 11. Prinzipschaltplan des Verstärkers im Agfa Sonector-Phon.

regler *14* zur Aussteuerungsanzeigeröhre *6* und an die Buchse *5* für die Abhörkontrolle. Gleichzeitig mit dem Signalstrom wird dem Tonkopf *1* die mit dem Kondensator *16* in ihrer Amplitude einzustellende HF-Vormagnetisierung zugeführt.

Die Erzeugung der Hochfrequenz für Löschkopf und Vormagnetisierung erfolgt in einer Generatorschaltung mit transformatorischer Rückkopplung. Der Hochfrequenzstrom muß aus Gründen der Rauschfreiheit symmetrisch und verzerrungsfrei sein, wobei vor allem für den Vormagnetisierungsstrom geradzahlige Harmonische zu vermeiden sind. Hierzu dient u. a. die RC-Kombination *15*. Die Oszillatorfrequenz ist fest auf etwa 40 kHz abgestimmt. Von der Rückkopplungsspule des Oszillators wird gleichzeitig die Hochfrequenz für den Löschkopf *2* abgenommen.

Der Drucktastenschalter *9* dient der Umschaltung „Aufnahme-Wiedergabe“. Die bei der Wiedergabe vom Hörkopf abgegebene Leerlaufspannung ist, wie erwähnt, bei der schmalen Tonspur außerordentlich gering. Man erhält für eine Signalfrequenz von 100 Hz bei dem im Sonector-Phon verwendeten Tonkopf eine Leerlaufspannung von nur etwa 0,1 mV [*5*]. Die am Verstärkerausgang zur Verfügung stehende Spannung liegt bei etwa 5 V. Daraus ergibt sich für 100 Hz ein maximaler Gesamtverstärkungsfaktor von 50 000. Diese Spannungsverstärkung ist von dem dreistufigen Verstärker zu leisten, wobei zugleich die gewünschte Entzerrung des Frequenzganges erreicht werden muß.

Die Wiedergabelautstärke wird mit dem Regler *7* eingestellt, der Regler *8* ist dabei außer Betrieb (in Abb. 11 nicht eingezeichnet). Die Wiedergabeentzerrung erfolgt ebenfalls zwischen der zweiten und dritten Verstärkerstufe mittels der RC-Glieder *10*, *11* und *12*. Die Ausgangsspannung steht, etwa geradlinig entzerrt, an der Buchse *5* zur Verfügung und wird von hier über ein Spezialkabel (Tonleitung) dem Rundfunkempfänger zugeführt.

Mit der beschriebenen Schaltung wird außer der nötigen Verstärkung ein Brummspannungsabstand von etwa 40 dB und ein Rauschspannungsabstand von etwa 46 dB erreicht, wobei dies die Eigenwerte des gesamten Verstärkers mit angeschlossenem Hörkopf sind. Durch äußere Einflüsse können diese Werte verschlechtert werden. Insbesondere ist der Hörkopf außerordentlich empfindlich gegen magnetische Streufelder, die durch den Transformator, den Motor und selbst durch stromführende Leitungen des Projektors erzeugt werden. Durch Herabsetzung dieser Streufelder an der Störungsquelle und durch Schirmung des Tonkopfes und Tonteils mit magnetisch gut leitfähigem Material ließ sich ein Störspannungsabstand erreichen, der nur unwesentlich unter den obengenannten Eigenwerten liegt. Für Amateurgeräte dieser Art ist der erreichte Störspannungsabstand als durchaus ausreichend anzusehen.

Eine Erleichterung der Vertonungsarbeit und zusätzliche Vertonungsmöglichkeiten werden mit der sogenannten Trickblende erzielt. Hierzu wird die obere Schirmkappe über dem Tonteil (s. Abb. 10) gegen eine andere ausgetauscht, welche eine Einrichtung zum Abheben und Absenken des Ton und des Löschkopfes besitzt. Die Tonaufnahme geschieht in 2 Durchläufen des Films: Im ersten Durchlauf wird beispielsweise die musikalische Untermalung, im zweiten der dazugehörige Text aufgezeichnet.

5. Zusammenfassung

Die Fortschritte in der Entwicklung der Magnetbänder und in der Technik der Herstellung der Randspuren sowie in der Entwicklung der Tongeräte haben es möglich gemacht, den 8 mm-Schmalfilm in guter Qualität zu vertonen. Die neuen Magnetschichten zeigen eine erhebliche Verbesserung der Aussteuerbarkeit und der Übertragbarkeit hoher Frequenzen. Diese wurde vor allem durch die Herabsetzung der Bandflußdämpfung erreicht. Die Fortschritte der mechanischen Konstruktion liegen insbesondere in der Entwicklung des Tonteiles.

Wenn man versucht, alle Kennzeichen einer Tonwiedergabe in einem Gütewert zusammenzufassen, so kann man sagen, daß mit dem 8 mm-Film — trotz der sehr schmalen Tonspur und der geringen Filmgeschwindigkeit — eine Tonqualität erreicht wird, die der eines Rundfunkgerätes im Mittelwellenbereich überlegen ist.

Literatur

[1] KRONES, F.: „Die magnetische Schallaufzeichnung in Theorie und Praxis". Techn. Zeitschriftenverlag, Wien: B. Erb 1952.

[2] KRONES, F.: „Herstellung und elektroakustische Eigenschaften der Agfa-Magneton-Bänder, -Filme und Bezugsbänder". Mitteilungen aus den Forschungslaboratorien der Agfa Leverkusen-München, Bd. I, Berlin/Göttingen/Heidelberg: Springer 1955.

[3] BIEDERMANN, F.: „Schmalfilm mit Magnetspur und die Agfa-Magneton-Auftragsmaschine". Mitteilungen aus den Forschungslaboratorien der Agfa Leverkusen-München, Bd. I, Berlin/Göttingen/Heidelberg: Springer 1955.

[4] FRIEDRICH, H.: „Die Tonqualität beim 8 mm-Schmalfilm mit Magnetspur". Kino-Technik Nr. 4/1955.

[5] KUBSA, H.: „Tonqualität von 8 mm-Filmen mit Magnetton-Randspur". Kino-Technik Nr. 12/1956.

[6] GONDESEN, K. E.: „Die Sendung von 16 mm-Filmen mit Magnettonstreifen". Kino-Technik Nr. 8/1958.

[7] „Technik der Magnetspeicher" herausgegeb. von F. WINCKEL, Berlin/Göttingen/Heidelberg: Springer 1960.

[8] Entwurf DIN 15881 und DIN 45513, Bl. 4.

Berücksichtigung des Reziprozitätsfehlers bei Kopiergeräten mit Belichtungsregelung

Von R. Wick und O. Schneider

Moderne Kopiergeräte, gleichgültig, ob es sich um Kontaktkopiergeräte oder Vergrößerungsgeräte und -maschinen handelt, arbeiten heute fast durchweg mit Belichtungsregelung, d. h. durch eine photoelektrische Schaltung wird dafür gesorgt, daß unabhängig von Negativtransparenz, Vergrößerungsmaßstab und ähnlichen Faktoren stets die für eine richtig gedeckte Kopie erforderliche Lichtmenge auf das Papier gelangt. Diese Lichtmenge, das Produkt aus Lichtstrom und Belichtungszeit, muß also durch die Belichtungsautomatik konstant gehalten werden. Zu diesem Zweck wird der auf das Papier fallende Lichtstrom gemessen und entweder bei konstanter Belichtungszeit die Intensität oder bei konstanter Intensität die Belichtungszeit so gesteuert, daß die obige Konstanzbedingung erfüllt ist.

I. Intensitäts- oder Zeitsteuerung

Das Arbeiten mit konstanter Belichtungszeit bietet den Vorteil, daß sich der Schwarzschild-Effekt des Papiers nicht auswirkt. Es müssen dafür jedoch verschiedene Nachteile in Kauf genommen werden. So scheidet z. B. die naheliegende und einfache Intensitätssteuerung über die Kopierlampenspannung — zumindest bei der Colorkopie — wegen der damit verbundenen Farbtemperaturänderung der Lampe aus. Eine Intensitätssteuerung über Blenden oder ähnliche mechanisch-optische Mittel ist jedoch verhältnismäßig kompliziert und besitzt im allgemeinen zu lange Einstellzeiten. Ein weiterer Nachteil besteht darin, daß eine sehr hohe maximale Intensität für den Fall extrem dichter Negative und großer Vergrößerungsmaßstäbe zur Verfügung stehen muß, die im allgemeinen völlig ungenutzt bleibt, jedoch notwendig ist, wenn mit einigermaßen vernünftigen Belichtungszeiten gearbeitetwerden soll.

Aus diesen Gründen wohl arbeiten die bekannt gewordenen Belichtungsautomaten durchwegs mit konstanter Intensität und variabler Zeit. Eine Ausnahme bildet eine Color-Kopiermaschine der Technicolor Corp. Hollywood, über die erst kürzlich ausführlich berichtet wurde [*1*]. Bei Belichtungsautomaten mit variabler Belichtungszeit ist es unter Umständen erforderlich, den Schwarzschild-Effekt des Papiers zu berücksichtigen. Dies gilt besonders für Colorkopiergeräte, da die drei Schichten eines Colorpapiers häufig verschiedene Schwarzschild-Exponenten besitzen. Es treten dann bei stark unterschiedlichen Belichtungszeiten nicht nur Dichte-, sondern auch Farbverschiebungen in den Kopien auf. Bevor wir jedoch auf diese Fragen näher eingehen, soll zunächst zum besseren Verständnis des folgenden eine einfache Belichtungsregel-Einrichtung beschrieben werden.

II. Wirkungsweise einer B-Regeleinrichtung mit Zeitsteuerung

Eine frühere Arbeit [2] beschäftigt sich ausführlich mit dem Problem der Belichtungsregelung. Dort findet sich auch eine Reihe einschlägiger Literaturstellen. Abb. 1 zeigt das Blockschaltbild einer Belichtungsautomatik. Über ein im Auslöseteil befindliches Relais wird die Kopierlampe eingeschaltet. Gleichzeitig wird der bis dahin kurzgeschlossene Kondensator C freigegeben. Ein Teil des Kopierlichts fällt auf die Photozelle F, der nun fließende Photostrom i ist proportional der Kopierlicht-Intensität I.

$$i = \text{const} \cdot I \tag{1}$$

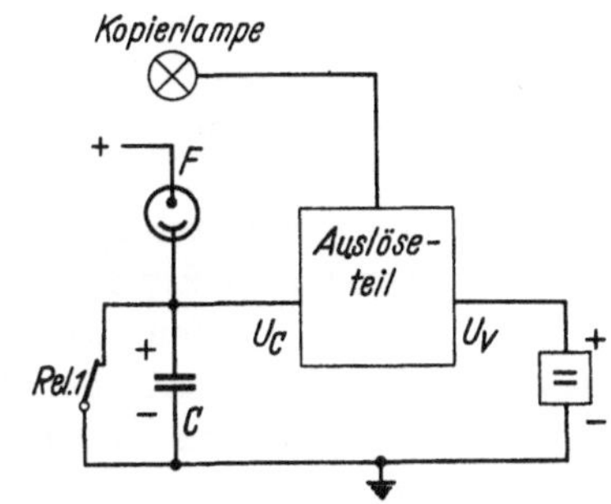

Abb. 1. Blockschaltbild einer Belichtungsregel-Einrichtung.

Während der Belichtung wird der Kondensator C durch den Photostrom i aufgeladen. Dadurch steigt die Spannung U_C am Kondensator linear mit der Zeit t an.

$$U_C = \frac{i \cdot t}{C} \tag{2}$$

Die Neigung der Geraden $U_C = f(t)$ wird bei konstant angenommener Ladekapazität durch die Größe des Photostroms bestimmt (siehe Abb. 4 a). Der lineare Zusammenhang gilt nur solange die Spannung an der Photozelle nicht unter die Sättigungsspannung sinkt.

Die Spannung am Ladekondensator wird im Auslöseteil mit einer konstanten Spannung U_V verglichen. Der Auslöseteil besteht im einfachsten Falle aus einer Schaltröhre mit nachgeschaltetem elektromechanischen Relais, wobei die Vergleichsspannung U_V an der Kathode, die Spannung U_C am Gitter der Röhre liegt; er kann jedoch ebenso gut eine einfache Verstärkerschaltung enthalten. Stets wird, sobald

$$U_C = U_V \tag{3}$$

die Kopierlampe ausgeschaltet und der Kondensator für das nächste Arbeitsspiel entladen. Für die Belichtungszeit folgt aus den Gleichungen (1) bis (3)

$$t = \frac{U_V \cdot C}{i} = \frac{\text{const}}{i} = \frac{\text{const}}{I} \tag{4}$$

Belichtungsautomaten arbeiten also im allgemeinen streng nach dem Reziprozitätsgesetz, d. h. die Belichtungszeit wird umgekehrt proportional der Kopierlicht-Intensität gesteuert.

III. Schwarzschild-Effekt

Es ist jedoch bekannt, daß eine bestimmte Lichtmenge verschiedene Schwärzungen erzeugen kann, je nachdem, ob sie mit großer Intensität in kurzer Zeit oder mit kleiner Intensität in langer Zeit aufgebracht wird. Man nennt diese Abweichung vom Reziprozitätsgesetz Schwarzschild-Effekt. Verschiedene Darstellungsformen und Literaturhinweise zum Schwarzschild-Effekt siehe [3]. Annähernd konstante Schwärzung erzielt man nach SCHWARZSCHILD, wenn folgender Zusammenhang zwischen Intensität und Zeit gewählt wird.

$$t' = \frac{\text{const}}{I^{1/p}} \tag{5}$$

Die Größe p, der sogenannte Schwarzschild-Exponent, ist streng genommen keine Konstante, kann jedoch für den verhältnismäßig kleinen Bereich der beim Kopieren in Betracht kommenden Belichtungszeiten in erster Näherung als konstant betrachtet werden.

Wir werden uns weiter unten mit der Frage beschäftigen, wie eine Belichtungsautomatik ausgebildet sein muß, damit die Gleichung (5) erfüllt ist. Zunächst soll jedoch untersucht werden, wie groß bei üblichen Schwarzschild-Exponenten die Schaltzeitfehler einer nach dem Reziprozitätsgesetz arbeitenden Anordnung sind.

Es wird angenommen, daß sich in einem bestimmten Fall für eine Intensität I_0 und eine Schaltzeit t_0 eine richtig gedeckte Kopie ergibt (Eichpunkt). Für abweichende Werte gilt dann nach Gleichung (5)

$$\frac{t'}{t_0} = \left(\frac{I}{I_0}\right)^{-1/p} \tag{6}$$

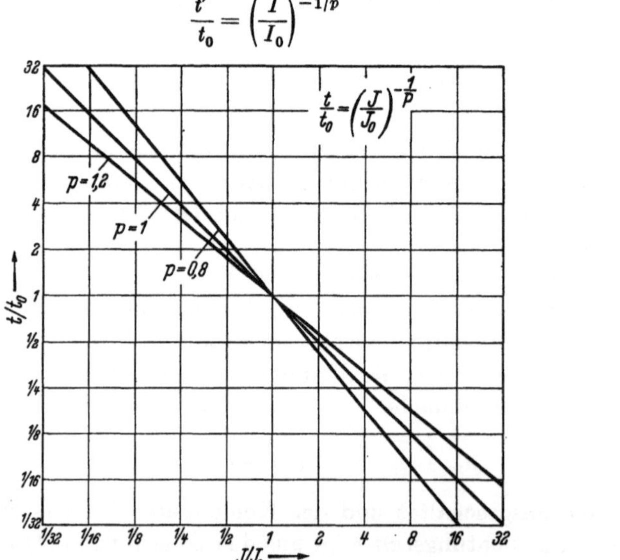

Abb. 2. Belichtungszeit in Abhängigkeit von der Kopierlicht-Intensität für verschiedene Schwarzschildexponenten.

In einem doppellogarithmischen Koordinatensystem aufgetragen stellt diese Gleichung ein Geradenbüschel dar, das den Neigungsfaktor $1/p$ besitzt und durch den Eichpunkt (t_0, I_0) geht, siehe Abb. 2. Die dem Reziprozitätsgesetz entsprechende Gerade folgt dagegen der Gleichung

$$\frac{t}{t_0} = \left(\frac{I}{I_0}\right)^{-1} \tag{7}$$

IV. Schaltzeitfehler durch Schwarzschild-Effekt

Die Größe der bei Arbeiten nach dem Reziprozitätsgesetz entstehenden Schaltzeitfehler ergibt sich also aus den Gleichungen (6) und (7) zu:

$$\Delta t = \frac{t' - t}{t} \cdot 100 = \left[\left(\frac{I}{I_0}\right)^{1-1/p} - 1\right] \cdot 100 \tag{8}$$

Auch diese Gleichung stellt entsprechend umgeformt in einem doppel-logarithmischen System ein Geradenbüschel dar. Siehe Abb. 3. Der Neigungsfaktor beträgt $1 - 1/p$. Aus der Abbildung läßt sich z. B. ablesen, daß für $I/I_0 = 1/8$ und $p = 0{,}9$, also für praktisch durchaus vorkommende Werte, der Schaltzeitfehler eines nach dem Reziprozitätsgesetz arbeitenden Belichtungsautomaten etwa 25% beträgt. Da

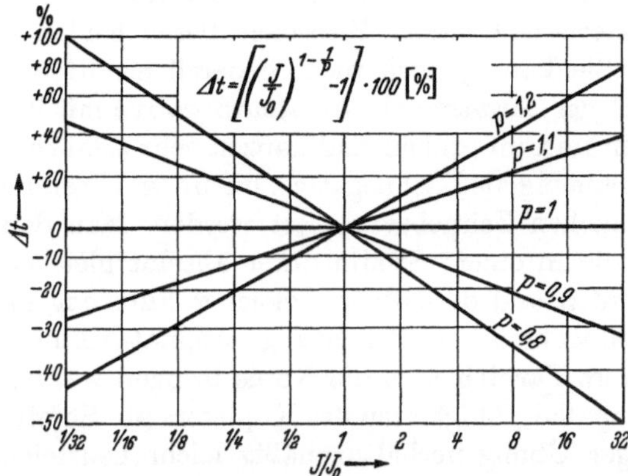

Abb. 3. Durch den Schwarzschild-Effekt verursachte Belichtungszeitfehler.

die Schwarzschild-Exponenten der Papiere meist kleiner als 1 sind, sollte die *I t*-Charakteristik eines Belichtungsautomaten demnach steiler als 45° verlaufen. In den meisten Fällen liegt sie jedoch ungewollt aus elektrischen oder optischen Gründen flacher als 45°. Bei sehr kurzen Belichtungszeiten wirkt sich das Nachglühen der Kopierlampe wie eine Verflachung dieser Charakteristik aus, bei langen Zeiten sind es Kriechstrecken parallel zur Photozelle. Auch durch eine Fehlanpassung der spektralen Empfindlichkeit des Meßorgans an die spektrale Empfindlichkeit des Papiers kann eine Verdrehung der *I t*-Charakteristik eintreten.

V. Beabsichtigte Fehlanpassung

Die Diskrepanz zwischen Soll- und Ist-Neigung der *I t*-Geraden, die wir im folgenden kurz als Fehlanpassung bezeichnen, ist häufig also sogar noch größer als sie durch den Schwarzschild-Effekt verursacht wird. Trotzdem können auch solche Geräte recht zufriedenstellend arbeiten, ja, es wird sogar unter Umständen bewußt eine solche Fehlanpassung herbeigeführt, da statistisch ermittelt wurde [*4*, *5*], daß ein gewisser Grad von Fehlanpassung den höchsten Prozentsatz brauchbarer Erstkopien liefert. Dies gilt für die bei Belichtungsautomaten übliche integrale Lichtmessung, bei der bekanntlich Sujetfehler zu erheblichen Fehlbelichtungen führen können.

Sujetfehler liegen vor, wenn die Dichte oder die Farbe eines verhältnismäßig kleinen, jedoch bildwichtigen Teils des Aufnahmesujets stark von den entsprechenden Mittelwerten abweichen. Integral messende Geräte können nun verständlicherweise nicht unterscheiden, ob eine vom Normalwert abweichende mittlere Transparenz des Negativs auf eine Fehlbelichtung oder auf einen Sujetfehler zurückzuführen ist. In beiden Fällen steuert die Belichtungsautomatik die Kopierlichtmenge so, daß die Kopie eine mittlere durch die Eichung festgelegte Deckung erhält. Im Fall des fehlbelichteten Negativs zu Recht, im Fall eines Sujetfehlers jedoch fälschlicherweise.

Je besser nun ein Belichtungsautomat angepaßt ist, je besser das Gerät also Unterschiede der mittleren Transparenz aussteuert, um so empfindlicher reagiert es natürlich auch auf Sujetfehler. Das andere Extrem zu einem Ideal angepaßten Belichtungsautomaten ist ein einfacher Zeitgeber, der unabhängig von der mittleren Transparenz des Negativs stets dieselbe Belichtungszeit liefert und damit natürlich auch in keiner Weise auf Sujetfehler anspricht. In Abb. 2 würde ein solcher Zeitgeber eine horizontale $I\,t$-Charakteristik besitzen. Zwischen diesen beiden Extremen liegt die optimale Anpassung. Sie kann jedoch nicht generell ermittelt werden, sie hängt wesentlich von der Art der Negative ab. Amateurnegative mit ihren häufigen Über- und Unterbelichtungen und im großen und ganzen sehr ähnlichen Sujets erfordern sicher eine bessere Anpassung als Fachnegative, die unter Umständen tatsächlich am besten mit einem einfachen Zeitgeber kopiert werden. Man denke nur an Color-Portrait-Aufnahmen, die in einem Studio unter absolut gleichen Aufnahmebedingungen hergestellt werden und deshalb mit gleicher Filterung und Belichtungszeit kopiert werden können, während ein Belichtungsautomat bei unterschiedlichen Hintergrund-Farben schwere Farbfehler in die Kopie bringen würde. Die optimale Anpassung hängt auch von den Fähigkeiten des Kopierers ab. Sujetfehler in der Dichte lassen sich nach einiger Übung verhältnismäßig leicht beurteilen und durch entsprechende Dichtekorrekturen berücksichtigen. Je besser ein Kopierer diese Beurteilung beherrscht, umso besser kann das Gerät angepaßt sein und umso höher wird der Prozentsatz brauchbarer Erstkopien liegen. Schwieriger ist die Beurteilung von Colornegativen, wo unabhängig von Dichte-Sujetfehlern noch Farb-Sujetfehler vorliegen können.

Die optimale Anpassung hängt also vom Schwarzschild-Exponenten des Papiers, von der Art der Negative und vom Können des Kopierers ab. Es ist deshalb zweifellos wichtig, daß sich die $I\,t$-Charakteristik eines Gerätes nach Bedarf einstellen läßt.

Schon sehr früh wurden aus diesem Grunde Belichtungsautomaten entwickelt, bei denen sich die $I\,t$-Charakteristik, wenn auch meist nur in engen Grenzen, beeinflussen ließ. Ohne Anspruch auf Vollständigkeit zu erheben, seien im folgenden einige aus der Literatur bekannte Methoden beschrieben:

VI. Ältere Versuche zur Beeinflussung der It-Charakteristik

Schon im Jahre 1933 schlug Twyman [*6*] eine Korrektur des Schwarzschild-Effektes auf optischem Wege vor. Vor der Photozelle eines üblichen Belichtungsautomaten mit Zeitsteuerung dreht sich während des Ablaufes der Belichtungszeit ein ringförmiger Graukeil, beginnend mit der geringsten Dichte. Die Länge des Graukeils und die Geschwindigekit der Drehbewegung sind so abgestimmt, daß der Keil im Laufe der längsten vorgesehenen Belichtungszeit eine volle Umdrehung macht. Die langen Schaltzeiten werden auf diese Weise verlängert, wie es für Schwarzschild-Exponenten < 1 gefordert wird.

In derselben Patentschrift schlägt Twyman eine weitere Korrekturschaltung auf elektronischer Basis vor. Parallel zum schaltzeitbestimmenden Ladekondensator wird eine Photozelle angeordnet, über die ein Teil des Ladestroms abfließt, wodurch sich die langen Schaltzeiten ebenfalls verlängern. Diese Photozelle wird von einer eigenen Lichtquelle beleuchtet. Durch Änderung der Beleuchtungsstärke, etwa über eine Irisblende, läßt sich das Korrekturmaß variieren. Eine exakte Berücksichtigung des Schwarzschild-Effektes ist auf diese Weise nicht möglich. Die $I\,t$-Geraden werden zu nach oben gekrümmten Kurven mit vertikalen Asymptoten aufgebogen. Es gibt also Grenzbeleuchtungsstärken, bei deren Unterschreiten das Gerät nicht mehr abschaltet.

Nach einem Vorschlag von BURNHAM [*7*] kann auch eine stetige Erhöhung der Farbtemperatur des Kopierlichts während der Belichtung zu einer Schwarzschild-Korrektur ausgenutzt werden, wenn die Photozelle und das Papier verschiedene spektrale Empfindlichkeit besitzen. Die Farbtemperaturänderung wird erfindungsgemäß durch einen in Reihe mit der Kopierlampe liegenden Widerstand mit negativem Temperaturkoeffizienten erreicht, der während der Belichtung von außen aufgeheizt und während der Belichtungspausen durch ein Gebläse abgekühlt wird. Nimmt man an, daß die Photozelle rotempfindlicher als das Papier ist — das Verfahren kommt natürlich nur für die Schwarzweißkopie in Frage — so spricht zu Beginn der Belichtung die Photozelle bereits an, während das Papier noch kaum aktinisch belichtet wird. Kurze Schaltzeiten führen also gegenüber dem Reziprozitätsgesetz zu unterbelichteten Kopien, lange dagegen zu Überbelichtungen.

Eine einfache und in der Zwischenzeit häufig angewandte Methode, bei kurzen Schaltzeiten gegenüber dem Reziprozitätsgestze eine Unterbelichtung herbeizuführen, besteht darin, daß man in Reihe mit der Ladekapazität einen ohm'schen Widerstand anordnet. Der Spannungsabfall an diesem Widerstand ist dem Photostrom proportional. Er addiert sich zu der Spannung an der Ladekapazität und wirkt damit schaltzeitverkürzend. Ein nennenswerter Spannungsabfall entsteht jedoch nur bei großen Photoströmen, also bei kurzen Schaltzeiten. Auf diese Weise wird häufig das Nachglühen der Kopierlampe kompensiert, das nur bei sehr kurzen Schaltzeiten störend in Erscheinung tritt.

Auf ähnliche Weise läßt sich auch eine Verlängerung der langen Schaltzeiten erzielen, schaltet man nämlich parallel zur Ladekapazität eine Reihenschaltung von ohm'schem Widerstand und Kapazität, so wirkt diese Kapazität schaltzeitverlängernd, wegen des vorgeschalteten Widerstands jedoch erst bei langen Zeiten. Beide Schaltungsvarianten sind in einem weiteren Patent [*8*] von BURNHAM bereits enthalten.

VII. Exakte Lösung

Das eigentliche Ziel, die Neigung der $I\,t$-Geraden nach Wunsch zu verändern, was erst wirklich gestatten würde, jeden Schwarzschild-Effekt genau auszukorrigieren, wie auch jede gewünschte Fehlanpassung einzustellen, ist nach den oben beschriebenen Methoden nicht zu erreichen.

Betrachtet man das $U\,t$-Diagramm der Abb. 4, so erscheint es vorteilhaft, eine Schaltzeitkorrektur durch eine zeitliche Variation der Vergleichsspannung U_V herbeizuführen. Abb. 4 a zeigt das lineare Ansteigen der Spannung U_C am Ladekondensator bei einem gewöhnlichen Belichtungsautomaten. Die Neigung der Geraden ist proportional dem Photostrom und damit proportional der Helligkeit I. Die Zeit t bis zum Erreichen der konstanten Vergleichsspannung U_V ist umgekehrt proportional der Helligkeit I.

Hält man die Spannung U_V nun jedoch während des Schaltzeitablaufs nicht konstant, sondern verändert sie nach einer noch näher zu bestimmenden Funktion der

Zeit, wie dies in Abb. 4 b dargestellt ist, so läßt sich damit eine beliebige Schaltzeitkorrektur erzielen. Damit der Eichpunkt jedoch erhalten bleibt, muß die Kurve $U_V = U_V(t)$ durch diesen Punkt hindurchgehen. Steigt die Vergleichsspannung im Lauf der Belichtung an, so wird damit eine Verkürzung der kurzen Schaltzeiten und eine Verlängerung der langen Zeiten erreicht. Sinkt sie ab, so ergibt sich der umgekehrte Effekt.

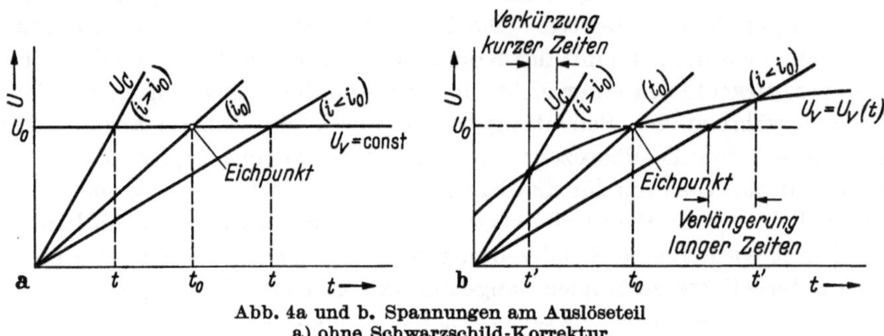

Abb. 4a und b. Spannungen am Auslöseteil
a) ohne Schwarzschild-Korrektur
b) mit Schwarzschild-Korrektur

Es bleibt nun noch der zeitliche Verlauf der Vergleichsspannung U_V zu bestimmen, der zu einer Drehung der $I\,t$-Geraden führt und damit eine exakte Schaltzeitkorrektur für Exponenten $p \gtreqless 1$ gestattet.

Für den Schnittpunkt der Ladegeraden U_C mit der gesuchten Vergleichsspannungskurve U_V gilt

$$U_C = U_V = \frac{i \cdot t'}{C} \tag{9}$$

Im Eichpunkt:

$$U_C = U_V = U_0 = \frac{i_0\, t_0}{C} \tag{10}$$

Division dieser beiden Gleichungen liefert

$$\frac{U_V}{U_0} = \frac{i \cdot t'}{i_0\, t_0} \tag{11}$$

Wegen der Proportionalität von Photostrom i und Helligkeit I ergibt sich aus Gleichung (6)

$$\frac{i}{i_0} = \left(\frac{t'}{t_0}\right)^{-p} \tag{12}$$

Einsetzen von (12) in (11) liefert den gesuchten Verlauf der Vergleichsspannung

$$U_V(p, t') = U_0 \left(\frac{t'}{t_0}\right)^{1-p} \tag{13}$$

Ein zeitlicher Verlauf der Vergleichsspannung U_V nach Gl. (13) läßt sich mit der in Abb. 5 dargestellten Anordnung exakt verwirklichen. Die Spannung U_V wird an einem Potentiometer R abgegriffen, das in Reihe mit zwei weiteren Potentiometern R_1 und R_2 liegt. Der Schleifer des Potentiometers R greift zu Beginn der Schaltzeit die Spannung U_1 ab und wird dann durch einen Elektromotor in einer Zeit über die ganze

Wicklung geführt, die der längsten zu berücksichtigenden Schaltzeit entspricht. Der gewünschte Spannungsverlauf kann durch entsprechenden Widerstandsverlauf des Potentiometers erreicht werden. Mit den beiden auf einer Achse liegenden Potentiometern R_1 und R_2 läßt sich die Stärke der Korrektur einstellen. Macht man die beiden Widerstände R_1 und R_2 verhältnismäßig klein, so fällt am Potentiometer R eine große Spannung ab und die Korrekturwirkung ist entsprechend groß. Soll die Anordnung auch für Schwarzschild-Exponenten > 1 verwendbar sein, so muß ein zweites, wahlweise einschaltbares Potentiometer R vorgesehen werden, dessen Schleifer sich in umgekehrter Richtung bewegt.

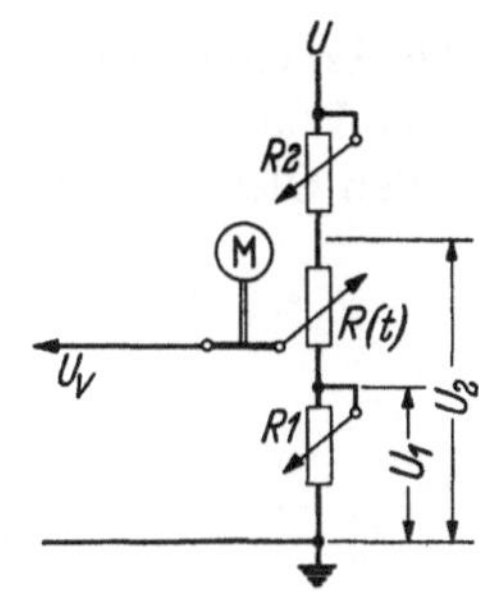

Abb. 5. Anordnung zur exakten Korrektur des Schwarzschild-Effekts.

Legt man den Schaltzeitbereich der Anordnung mit $t_1 < t' < t_2$ fest, so erhält man durch Einsetzen der Werte t_1 und t_2 in die Gl. (13) die für den jeweiligen Schwarzschild Exponenten p erforderlichen Grenzspannungen U_1 und U_2.

$$U_1 = U_0 \left(\frac{t_1}{t_0}\right)^{1-p}$$
$$U_2 = U_0 \left(\frac{t_2}{t_0}\right)^{1-p} \tag{14}$$

Für die Widerstände des Spannungsteilers R_1, R_2 ergeben sich die anhand der Abb. 5 direkt ablesbaren Gleichungen

$$R_1(p) = R\,\frac{U_1}{U_2 - U_1}$$
$$R_2(p) = R\,\frac{U - U_2}{U_2 - U_1}$$
$$R(p, t') = \frac{R}{U_2 - U_1}\left[U_0\left(\frac{t'}{t^0}\right)^{1-p} - U_1\right] \tag{15}$$

Von einer praktischen Ausführung der exakten Lösung wurde bisher abgesehen, da es schwierig ist, die geforderten Korrekturen bei den außerordentlich kurzen Schaltzeiten moderner Belichtungsautomaten auf mechanischem Wege reproduzierbar einzustellen.

VIII. Näherungslösung 1

Einen qualitativ ähnlichen Spannungsverlauf erzielt man auf rein elektrischem Wege in einer Schaltung nach Abb. 6. Der Kontakt rel 2 des im Auslöseteil sitzenden Relais (siehe Abb. 1) ist zunächst geschlossen. Die Vergleichsspannung ist gleich der am Potentiometer R_1 eingestellten Spannung U_1. Der Kondensator C_k lädt sich über den Widerstand R_k auf die am Potentiometer R_2 eingestellte Spannung U_2 auf. Die Widerstände sind so dimensioniert, daß die Spannungskurven

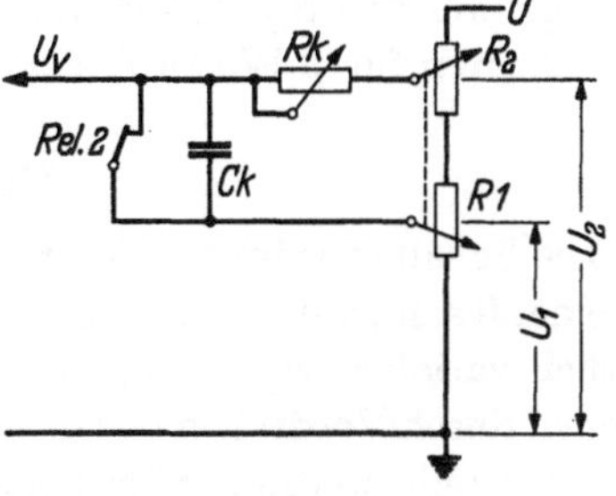

Abb. 6. Prinzipschaltbild zur Näherungslösung *1*.

für sämtliche p-Werte durch den Eichpunkt (t_0, U_0) gehen. Die Gleichung für den zeitlichen Verlauf der Vergleichsspannung U_V lautet, wie sich leicht zeigen läßt

$$U_V(p, t') = U_2 - (U_2 - U_1)\left(\frac{U_2 - U_0}{U_2 - U_1}\right)^{t'/t_0} \tag{16}$$

Für die Grenzwerte U_1 und U_2 der Vergleichsspannung U_V gelten wieder die Gl. (14). Die Widerstände der Schaltung ermittelt man für verschiedene p-Werte aus den folgenden Gleichungen, wobei die Widerstandssumme $R_1 + R_2$ frei wählbar ist.

$$\begin{aligned} R_1(p) &= (R_1 + R_2) \cdot \frac{U_1}{U} \\ R_2(p) &= (R_1 + R_2) \cdot \frac{U_2}{U_1} - R_1 \\ R_k(p) &= \frac{t_0}{C_k \cdot \ln \dfrac{U_2 - U_1}{U_2 - U_0}} \end{aligned} \tag{17}$$

Trägt man die Belichtungszeit-Korrekturen, die mit dieser Anordnung erreicht werden, in Abb. 3 ein, so erhält man das in Abb. 7 dargestellte Diagramm. Man sieht, daß die Korrekturen in der Nähe des Eichpunktes sehr stark sind, bei kleineren und größeren Werten I/I_0 jedoch kaum mehr wirken.

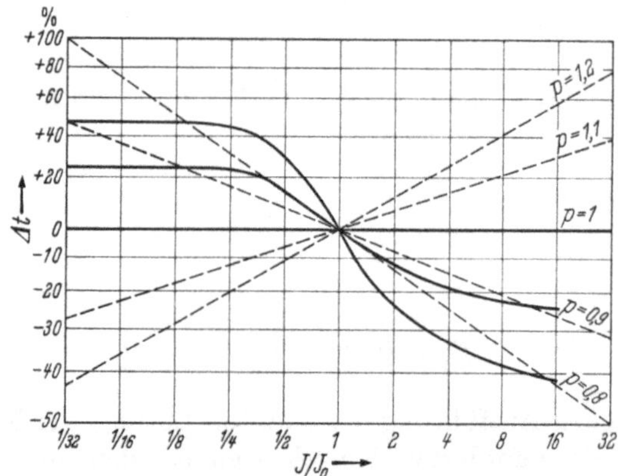

Abb. 7. Mit Näherungslösung *1* erreichte Belichtungszeitkorrekturen.

Außerdem liefert die beschriebene Anordnung nur Korrekturen für p-Werte < 1. Es wurde deshalb eine zweite, bessere Näherungslösung entwickelt, die dem theoretisch geforderten Spannungsverlauf in einem weiten Bereich von I/I_0 entspricht und Korrekturen für p-Werte $\gtreqless 1$ gestattet.

IX. Näherungslösung 2

Die Schaltanordnung dieser zweiten, besseren Näherung ist in Abb. 8 dargestellt. Zu einer festen, am Potentiometer R_3 abgegriffenen Spannung addieren sich die beiden zeitlich variablen Spannungen an den Kondensatoren C_{k1} und C_{k2}. Beliebige p-Werte können durch Verdrehen der drei auf einer Achse sitzenden Potentiometer R_1, R_2 und R_3 eingestellt werden. Sämtliche auf diese Weise entstehenden U -Kurven gehen durch den Eichpunkt. Die Lage des Eichpunktes kann durch Variation der Zeitkonstanten der beiden RC-Glieder gewählt werden. Zu diesem Zweck werden die beiden auf einer Achse sitzenden Potentiometer R_{k1} und R_{k2} gemeinsam verdreht. Durch entsprechende Dimensionierung der Schaltung läßt sich der geforderte Spannungsverlauf mit guter Näherung erreichen. Abb. 9 zeigt die mit Näherungslösung 2 erzielbaren

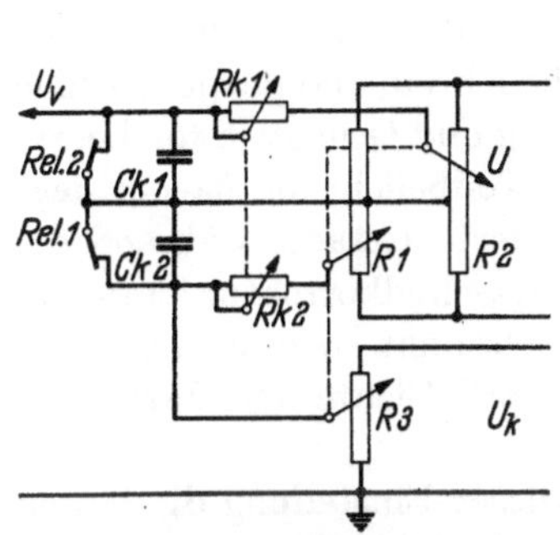

Abb. 8. Prinzipschaltbild zur Näherungslösung *2*.

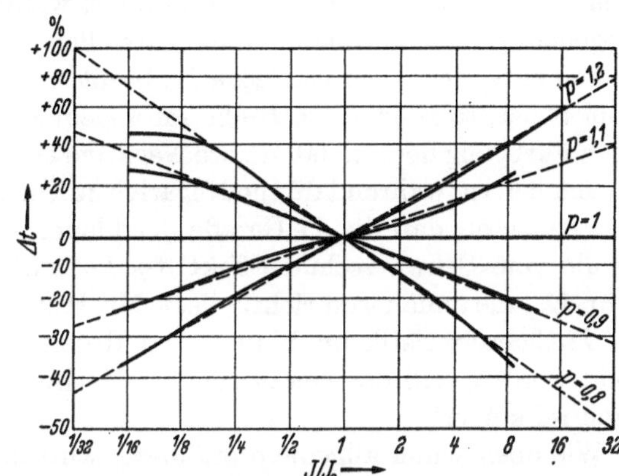

Abb. 9. Mit Näherungslösung *2* erreichte Belichtungszeitkorrekturen.

Belichtungszeit-Korrekturen. Wie aus dem Diagramm zu ersehen ist, fallen die Kurven der Näherungslösung 2 in einem Bereich von ± 3 Belichtungsstufen um den Eichpunkt mit den theoretisch zu fordernden Korrektur-Geraden gut zusammen.

X. Anwendung bei Colorkopiergeräten

In der Praxis treten Schwarzschild-Effekt und Anpassungsfehler besonders bei der Verarbeitung von Colormaterialien in Erscheinung. Auch die Frage einer bewußten Fehlanpassung ist hier besonders interessant, da sich Farbkorrekturen, wie sie durch Sujetfehler notwendig werden, nur schwer beurteilen lassen. Da bei Colormaterial jede der drei farbempfindlichen Schichten einen anderen Schwarzschild-Exponenten besitzen kann, sind beim Kopieren über- und unterbelichteter Negative nicht nur Fehler in der Deckung der Kopie, sondern auch in der Farbabstimmung zu erwarten.

Colorkopiergeräte für die Negativ-Positivkopie arbeiten im allgemeinen mit Farb- und Belichtungsregelung, d. h. es werden die Farbdichten des Negativs gemessen und die Belichtungszeiten der drei Teilbelichtungen entsprechend gesteuert. Bei Geräten, die nur mit Belichtungsregelung arbeiten, bei denen also nur eine Belichtung mit angefiltertem Licht (subtraktive Filterung) erfolgt, deren Dauer von der Gesamtdichte des Negativs bestimmt wird, ist eine solche individuelle Korrektur des Schwarzschild-Effekts natürlich nicht möglich.

Der Colormator N, die neue AGFA Colorkopiermaschine, belichtet nach dem Farb- und Belichtungsregelverfahren mit drei gleichzeitig ablaufenden additiven Teilbelichtungen. Das Gerät besitzt drei getrennte Meßkanäle, deren Empfindlichkeit zunächst bei der Eichung an die Empfindlichkeit der drei Schichten des Colorpapiers angeglichen wird. Für diese Eichung wird ein Color-Negativ verwendet, dessen Farb- und Dichteverteilung einem durchschnittlichen Amateurnegativ entspricht.

Das richtig geeichte Gerät liefert von diesem Negativ eine farb- und deckungsmäßig gute Kopie. Die Schwarzschildkorrektur ist bei dieser Eichung natürlich auf Null gestellt.

Für die anschließeden Einstellung der Schwarzschildkorrektur sind weitere Testnegative erforderlich. Beim Colormator N werden zu diesem Zweck sieben Negative mitgeliefert, die eine Blendenreihe darstellen. Das mittlere Negativ ist richtig belichtet und entspricht dem Eichnegativ. Stellt man von diesen Negativen der Reihe nach Kopien her, so zeigt diese Reihe im allgemeinen einen Dichtegang und meist auch einen Farbgang derart, daß dichte Negative etwas unterbelichtete und purpurstichige Kopien liefern, während dünne Negative zu Überbelichtung und Grünstich tendieren. Dies bedeutet, daß die It-Gerade der blauen und roten Teilbelichtung flacher liegt als die vom Schwarzschild-Effekt des Papiers her geforderte Gerade, während die Grün-Gerade annähernd richtig liegt. Mit Hilfe der Schwarzschildkorrektur kann nun die It-Charakteristik im Blauen und Roten um den Eichpunkt so weit steiler gedreht werden, daß das Gerät die Negativ-Blendenreihe nach Dichte und Farbe einwandfrei kopiert.

Wie oben schon allgemein erläutert, wird man mit dieser Einstellung die besten Kopierergebnisse erhalten, wenn falsch belichtete und farbstichige Negative zu kopieren sind. Negative mit starken Sujetfehlern werden jedoch bei dieser optimalen Anpassung zu Fehlkopien führen. Man wird deshalb unter Umständen bewußt die It-Gerade aller drei Belichtungen flacher als 45° legen. Da die günstigste Einstellung von vielen Faktoren abhängt — neben den Schwarzschild-Exponenten des Papiers spielen nicht ohne weiteres erfaßbare Faktoren wie Art der Negative und Erfahrungen des Kopierers eine wesentliche Rolle — lassen sich keine allgemein gültigen Vorschriften geben. Um die optimalen Einstellungen zu finden, wird man über längere Zeit hinweg die Ausschußkopien einer kritischen Prüfung unterziehen müssen. Tragen im wesentlichen fehlbelichtete und farbstichige Negative zum Ausschuß bei, so müssen die It-Geraden steiler gestellt werden. Entsteht der Ausschuß jedoch vorwiegend durch Sujetfehler, so sind sie flacher zu legen. Beim Colormator N können die It-Geraden der einzelnen Teilbelichtungen nach beiden Richtungen verdreht werden. Das Gerät wird damit allen Anforderungen der Kopierpraxis gerecht.

XI. Zusammenfassung

Die vorstehende Arbeit befaßt sich zunächst mit verschiedenen Methoden der Belichtungsregelung in Kopiergeräten. Bei der üblichen Methode der Schaltzeitsteuerung treten Fehler durch den Schwarzschild-Effekt des Papiers sowie durch Fehlanpassung der Meßeinrichtung auf. Es werden verschiedene aus der Literatur bekannte Versuche zur Behebung dieser Fehler beschrieben und schließlich eine exakte Lösung des Problems angegeben. Im folgenden werden zwei praktisch leicht realisierbare Näherungslösungen diskutiert. Die Anwendung der zweiten Näherungslösung im Colormator N wird abschließend besprochen.

Literatur

[1] GUNDELFINGER, A. M., E. A. TAYLOR u. R. W. YANCEY: „A High Speed Color Printer", Phot. Sci. a. Eng. May/June 1960, S. 141 — 150.

[2] BIEDERMANN, F. u. R. WICK: „Messung und Regelung der Belichtungszeit bei Dunkelkammergeräten — Der AGFA Variomat", Mitt. Agfa Leverkusen-München, Bd. I, Berlin/Göttingen/Heidelberg: Springer 1955.

[3] EGGERT, J.: „Bemerkungen zum Schwarzschild-Effekt", Z. f. angew. Phys., IV, 445 — 447 (1952).

[4] PIERONEK, V. R., W. L. SYVERND u. W. F. VOGELSONG: „Printing the Color Negative", Phot. Sci. a. Techn. (II), 145 — 156 (1956).

[5] BARTLESON, C. J. u. R. W. HUBOI: „Exposure Determination Methods for Color Printing: The Concept of Optimum Correction Level", Journ. SMPTE, **65**, 205 — 215 (1956).

[6] TWYMAN, F: US-Pat. 1939243, January 23, 1931.

[7] BURNHAM, B.: US-Pat. 2298344, March 22, 1941.

[8] BURNHAM, B.: US-Pat. 2353218, March 14, 1941.

Versuche über das Farberinnerungsvermögen (II)
(Wiedererkennen des Sättigungsgrades von farbtongleichen Farben)

Von E. Hellmig

1. Allgemeine Ausführungen

1.1 Aufgabestellung, Zweck und Ziel der Arbeit

In Teil I der vorliegenden Arbeit[1] wurde über das Verhalten des Farberinnerungsvermögens hinsichtlich des Wiedererkennens des *Farbtones* von Aufsichtsfarben konstanter (und hoher) Sättigung berichtet. In einer weiteren ausgedehnten Versuchsreihe, die den Inhalt der vorliegenden Arbeit bildet, wurden die entsprechenden Untersuchungen auf das Wiedererkennen des *Sättigungsgrades* von Farben ausgedehnt, wobei diesmal jeweils der Farbton konstant gehalten wurde (Sättigungsreihe).

Bekanntlich spielt der Sättigungsgrad von Farben bei der Farbwiedergabe durch farbenfotografische Verfahren nächst dem Farbton eine ausschlaggebende Rolle, zumal es in der Eigenart der neuzeitlichen, auf subtraktiven Farbsynthesemethoden beruhenden farbenfotografischen Verfahren liegt, die Farben mit einer gegenüber dem Original verminderten Sättigung wiederzugeben. Die Versuche sollen hier ein Bild vermitteln, was in dieser Hinsicht dem Betrachter farbenfotografischer Bilder, insbesondere in Aufsicht, zumutbar ist, und in welcher Richtung und in welchem Maße Verbesserungen der Farbwiedergabeverfahren anzustreben sind.

Was die psychologische und begriffliche Seite des Themas anbetrifft, so wird in der vorliegenden Arbeit auf allgemeine und grundsätzliche Darlegungen über das Farbengedächtnis, sein Wesen, sein Verhalten und seine Bedeutung für die Farbenfotografie sowie über Begriffsfestlegungen auf diesem Gebiete (z. B. Erinnerungsfarbe; Original- oder Testfarbe; Schärfe, Sicherheit des Farbengedächtnisses usw.) verzichtet. Wir verweisen in dieser Hinsicht auf Teil I, Abschn. 1.1 und 1.3.

Es geht in der vorliegenden Arbeit nicht nur um die Feststellung von Tatsachen, sondern auch um die Aufhellung des Farberinnerungsvorganges selbst. Es zeigte sich, daß in diesem Zusammenhang die Wiederholbarkeit der Versuchsergebnisse nach einer gewissen Zeitspanne (1 Monat) eine große Rolle spielt, der wir in unseren Versuchen deshalb besondere Beachtung schenkten (Abschn. 3.112). Dieser Punkt blieb in den Veröffentlichungen anderer Autoren bisher unberücksichtigt[2]. Unsere diesbezüg-

---

[1] Veröffentlicht in Band II der vorliegenden „Mitteilungen aus den Forschungslaboratorien der Agfa Leverkusen-München" (1958) und in Farbe **7**, 65 — 91 (1958), (im Text zitiert als „Teil I").

[2] Lediglich über die Wiederholbarkeit von Versuchsergebnissen nach vorausgegangener systematischer Einübung (Training) bestimmter Farben sind einige (sich wiedersprechende) Literaturangaben (von Rood, v. Kries und Schottelius, Collins, Loeb; s. Teil I) vorhanden; nur in einer Arbeit [*10*] wurde die Frage der Wiederholbarkeit der Versuchsergebnisse — ohne Training — kurz gestreift. Alle genannten Versuche beziehen sich aber nur auf Farben, die entweder nur im Farbton (Spektralfarben) oder aber in allen 3 Maßzahlen frei sind; nicht aber auf die Sättigung allein, wie in unseren Versuchen.

lichen Versuchsergebnisse liefern den Schlüssel für eine Analyse der in den Versuchen ermittelten statistischen Verteilungen für die Erinnerungsfarben (Abschn. 3.12) und zeigen damit ein eigentümliches Verhalten des Farbengedächtnisses selbst an. Die Deutung dieses Befundes müssen wir allerdings den Psychologen überlassen.

1.2 Rückblick auf die Literatur

Während über das Verhalten des Farbengedächtnisses gegenüber dem Farbton noch einige Literatur vorhanden ist, so sind Veröffentlichungen über das Thema der vorliegenden Arbeit: Wiedererkennen des Sättigungsgrades von Farben sowohl nach Zahl als auch nach Inhalt nur sehr spärlich vertreten. Sie erschöpfen sich, soweit sie von Psychologen stammen, in allgemeineren, mehr summarischen Aussagen und Voraussetzungen über das Verhalten des Farbengedächtnisses, die aus bestimmten psychologischen Prinzipien abgeleitet sind und nicht exakte Versuche mit bestimmten Farben zur Grundlage zu haben. So kommen verschiedene Psychologen, je nach der Ausgangsbasis, zu verschiedenen und sogar sich widersprechenden Aussagen. Beispielsweise folgerte KOFFKA[1] [*1*] aus den Prinzipien der Gestaltpsychologie, daß durch das Farbengedächtnis die Farben nach höherer Sättigung verschoben werden; zum gleichen Ergebnis kommen POSTMAN und andere [*2*], [*3*]. Dagegen sagt KÖHLER [*4*] aufgrund eines anderen psychologischen Grundsatzes (zeitliches Schwinden psychologischer Eindrücke) verminderte Sättigung der Gedächtnisfarben voraus.

EHRLER [*5*], der dagegen den vorliegenden Fragenkomplex mit exakten naturwissenschaftlichen Untersuchungsmethoden angeht und sich hierbei ausgedehnter praktischer Reihenversuche unter Verwendung eines Farbkreisels bedient (s. Teil I), kommt zu dem Ergebnis: „Die ... Sättigungen tendieren bei bedeutender Sicherheit des Wiedererkennens durchaus nach den reinen Qualitäten hin“ (S. 295). Da unter den „reinen Qualitäten“ die satten Farben zu verstehen sind, so heißt das, daß nach EHRLER die Erinnerungsfarbe gegenüber der Originalfarbe nach höherer Sättigung verschoben wird.

Obwohl die Versuche von EHRLER an Sättigungsreihen durchgeführt wurden — es ist übrigens die einzige Arbeit dieser Art — und darin unseren Versuchen gleichen, können seine Ergebnisse wegen der von der unsrigen abweichenden Versuchsmethodik und der Versuchsbedingungen (keine bezogenen Farben, da Beobachtung im Dunkelfeld) mit unseren Ergebnissen nicht streng verglichen werden.

Eine weitere Arbeit, die der Methode und den Versuchsbedingungen nach (Auswahl der Erinnerungsfarbe aus einer geordneten Sammlung von Farbtäfelchen, Verwendung bezogener Farben, größerer Zahl von Versuchspersonen) der unsrigen weitgehend ähnelt, wurde von HAMWI und LANDIS [*6*] im Jahre 1955 veröffentlicht.

Ein strenger Vergleich der Ergebnisse der Arbeit dieser beiden Verfasser mit unseren Ergebnissen ist aber auch nicht möglich, da ihre Versuche sich nicht nur auf das Wiedererkennen des Sättigungsgrades der Farben allein beschränken, sondern sich in allen drei Dimensionen (Farbton, Sättigung, Helligkeit) bewegen.

Unter dieser Bedingung wurden bei den 10 verwendeten Farben (verschiedener Farbton, verschiedene Sättigung) gleich häufige Verschiebungen der Erinnerungsfarbe nach höherer wie nach geringerer Sättigung festgestellt, ohne allerdings anzugeben, wie stark diese Verschiebungen im einzelnen sind (Tab. 3). Die stärkst gesät-

---

[1] s. [*7*], S. 43 und 44.

tigte Farbe 17 pa (Blaugrün) wurde von allen Versuchspersonen mit geringer Sättigung als das Original reproduziert (bei gleichzeitiger Verschiebung des Farbtones nach Violett und der Helligkeit nach dunkleren Werten hin).

Dagegen finden Newhall, Burnham und Clark [7] für jede einzelne von drei Versuchspersonen und für alle Farben — 25 an der Zahl — unabhängig von Farbton, Sättigung und Helligkeit, *höhere* Sättigung bei den Erinnerungsfarben als bei den Originalfarben. Diese Sättigungserhöhung ist umso größer, je stärker der Sättigungsgrad der Originalfarbe ist. Die Farbtonänderungen der Erinnerungsfarben sind dabei im Verhältnis zur Sättigungserhöhung gering.

Obwohl die Verfasser, wie wir, bezogene Farben in ihren Versuchen verwenden (37° großes weißes Umfeld um das Farbfeld im Farbmischapparat), sind die Versuchsergebnisse dieser Arbeit nicht streng mit den unsrigen vergleichbar, da sich die Untersuchungen nicht auf den Sättigungsgrad der Farben allein beziehen, sondern auf Erinnerungsfarben, die — wie bei Hamwi und Landis — *in allen drei* Dimensionen frei sind, und da weiterhin die Versuchsbedingungen von den unsrigen weitgehend verschieden sind (Verwendung einer Farbmischapparatur zur Herstellung der Erinnerungsfarben, geringe Größe des zu beurteilenden Farbfeldes (2°), nur 5 sec Abstand zwischen Apperzeption und Reproduktion der Originalfarbe, nur 3 Versuchspersonen).

Wenn die drei Verfasser ihren Versuchsergebnissen auch allgemeinere Gültigkeit zuschreiben, so betonen sie doch mit Nachdruck — was übrigens bereits Collins tat [8], S. 349 — daß alle experimentellen Ergebnisse auf diesem Gebiete streng an die Versuchsbedingungen gebunden sind [7], S. 50, worauf auch wir nochmals ausdrücklich hinweisen möchten.

Das in vorliegender Arbeit behandelte Gebiet ist also Neuland. So ist sie als ein erster Versuch anzusehen, die auf diesem reichlich komplexen Gebiete obwaltenden Gesetzmäßigkeiten aufzuspüren.

2. Die Arbeitsmethode

2.1 Die praktische Durchführung der Versuche

Die praktischen Versuche wurden nach der gleichen Methode wie in Teil I, Abschn. 2.7 durchgeführt: Apperzeption einer vorgelegten Farbe („Originalfarbe“, Farbblatt DIN A 4) durch die Versuchsperson, Reproduktion und Auswahl der *Erinnerungsfarbe* nach 24 Stunden aus einer nach steigender Sättigung geordneten Sättigungsreihe.

Auch die Versuchsbedingungen (Verwendung von Aufsichtsfarben s. u., neutrale Umgebung; helles diffuses Mittags-Tageslicht, also „bezogene“ Farben) und die Zahl und Auswahl der Versuchspersonen waren die gleichen wie früher: insgesamt 26 Versuchspersonen, davon je 13 männliche und weibliche; unter ihnen wieder eine Gruppe von 3 männlichen und 5 weiblichen = 8 Versuchspersonen, die aufgrund ihrer besonderen Labortätigkeit mehr mit Farbe zu tun hatten und deshalb als farbgeübter angesehen wurden als die übrigen Versuchspersonen. Die letzteren Versuchspersonen stellten ein aus 18 Beobachtern bestehendes Teilkollektiv dar, welches das „Durchschnittspublikum“ repräsentierte.

Die Farbblätter waren matte Pigmentaufstriche (Leimfarben); ihre Auswahl und Abstufung war nach den von Richter geschaffenen Grundlagen des empfindungsgemäß gestuften Farbsystems getroffen [9], das später zur DIN-Farbkarte (DIN 6164) führte.

Die Farbtöne der Sättigungsreihen waren (in der Numerierung des 24teiligen Farbenkreises):

1 G (Gelb), 7 R (Rot), 11 P (Purpur), 16 B (Blau), 22 Gr (Grün).

Die Sättigung S_0 jeder der Reihen erstreckte sich von 0 bis 8 (22 Gr von 0 bis 7), also über 8 (7) Sättigungs*stufen*. Jede Sättigungsstufe war in 5 Sättigungs*einheiten* von je 0,2 Sättigungsstufen unterteilt, so daß eine Sättigungsreihe (einschließlich Weiß) 41 (36) Farben umfaßte. Alle Farben gehörten der sogenannten „Dunkelstufe" 2 ($Y = 46{,}2$) an. Die Sättigungsstufe 8 (7) entspricht der höchsten mit Pigmentaufstrichen herstellbaren Farbensättigung dieser Dunkelstufe. Format der Einzelblätter jeder Sättigungsreihe: DIN A 6 (Postkartenformat).

Die Blätter jeder Sättigungsreihe waren in Hochformat auf 7 (6) Pappen à 6 Farben ohne Zwischenraum aufgezogen. Jede der Farben einer Sättigungsreihe konnte durch eine graue Schablone durch einen dem Blattformat angepaßten Ausschnitt von den übrigen Farben abgelöst betrachtet werden (Ausschaltung von Kontrasterscheinungen).

Im einzelnen wurde bei der Auswahl der Erinnerungsfarben folgendermaßen verfahren:

Zunächst wurde der Versuchsperson — wie in den früheren Versuchen (Teil I) — die gesamte aus 7 (6) Einzeltafeln bestehende Sättigungsreihe vorgelegt. Dann wurde sie aufgefordert, die Erinnerungsfarbe anzugeben, möglichst unter Benutzung der genannten Abdeckschablone; ein Zwang zur Benutzung wurde aber nicht ausgeübt. Konnte sich die Versuchsperson nur schwer entscheiden, so wurden vom Versuchsleiter *die* Einzeltafeln aus der Gesamtleiter entfernt, auf der die Erinnerungsfarbe nach dem Urteil der Versuchsperson mit Sicherheit nicht vorhanden war; hierbei wurde von dem äußersten Bereich der betreffenden Sättigungsreihe (stark verweißlichte bzw. stark gesättigte Farben) begonnen und dann von beiden Enden her so lange fortgeschritten, bis der in Frage kommende Sättigungsbereich so weit eingeengt war, daß die Auswahl der Erinnerungsfarbe ohne größere Mühe erfolgen konnte. Konnte sich die Versuchsperson zwischen zwei Nachbarfarben nicht entscheiden, wurde sie bei der späteren Auswertung je zur Hälfte auf die beiden Farben statistisch aufgeteilt.

Die Auswahl der Erinnerungsfarbe wurde der Versuchsperson so weitgehend wie möglich selbst überlassen; ein Eingreifen des Versuchsleiters erfolgte nur, wenn es unbedingt erforderlich war, und dann nur in dem unbedingt nötigen Maße.

Wie bei früheren Versuchen begab sich die Versuchsperson nach Abschluß des Auswahlvorganges an einen zweiten Tisch, um dort die Farbe für den nächsten Tag zu betrachten; hierfür wurde ihr keine Zeitbegrenzung auferlegt, so daß sie sich in die Farbe „vertiefen" konnte. Dieser Akt dauerte bei keiner der Versuchspersonen länger als zwei Minuten.

In vielen Fällen war die Vorweisung des neuen Farbmusters mit einer spontanen Äußerung der Versuchsperson verbunden, in der die Farbe mit einem entsprechend gefärbten Gegenstand in Beziehung gebracht wurde, z. B. „dreckiger Briefkasten" (schmutziges Gelb geringer Sättigung), oder „billiger Himbeerpudding" (verweißlichtes Rot)[1].

[1] s. hierzu die Ausführungen in Teil I.

2.2 Die Auswertemethode

Die im Versuchsprotokoll festgehaltenen Versuchsergebnisse (Häufigkeiten) wurden nun, abweichend von der Auswertmethode in Teil I, in zwei Richtungen ausgewertet:

2.21 Im ersten Falle erfolgte die Auswertung für das Kollektiv der Versuchspersonen *als Ganzes*[1], aber getrennt nach den einzelnen Testfarben. Zu diesem Zwecke wurde für jede der in den Versuchen verwandten Testfarben die Häufigkeitsverteilung der Erinnerungsfarben, aufgetragen über der Sättigungseinheit als „Klasse", aufgezeichnet (Abb. 1), wobei durch die Angabe einer Zahl für die Kennzeichnung der Versuchsperson gleichzeitig die personenmäßige Zusammensetzung der einzelnen Klassenhäufigkeiten festgehalten wurde. Außerdem wurden die Personen, die von Berufs wegen mit Farbe zu tun hatten und deshalb als farbgeübter vorausgesetzt wurden, durch stärkere Umrahmung in den entsprechenden Darstellungen herausgehoben.

Eine Glättung der Häufigkeitsverteilung zu einer Häufigkeits*kurve*, wie in den Versuchen von Teil I, wurde diesmal nicht vorgenommen, weil sich in den ungeglätteten Verteilungen, wie sich zeigte, die gesuchten charakteristischen Gesetzmäßigkeiten markanter ausdrücken.

2.22 Zum anderen wurde die Auswertung der statistischen Versuchszahlen einzeln *nach den Personen* vorgenommen, wobei jetzt die Farben, unabhängig von Farbton und Sättigungsgrad, als Kollektiv betrachtet werden.

Diese Darstellung verspricht Aufschlüsse über das Verhalten des Farbengedächtnisses bei Einzelpersonen, und zwar in unseren Versuchen eines repräsentativen Querschnittes verhältnismäßig zahlreicher Einzelpersonen, worüber, wie erwähnt, aus der Literatur noch nichts bekannt wurde.

2.3 Die statistischen Kennzahlen

Der Übersicht halber seien im folgenden kurz die Formeln für die in dieser Arbeit verwendeten statistischen Kennzahlen (Mittelwert m, mittleres Streuung σ und mittlere Schwankung μ des arithmetischen Mittels) angegeben:

a) Der Mittelwert m ist bekanntlich der Schwerpunkt der Verteilungskurve, in Formel

$$m = [p \cdot S]/[p]$$

worin p die Verteilungszahl in der jeweiligen „Klasse" S (Sättigungseinheit), $[p \cdot S]$ die Summe über die in der Klammer stehenden Produkte, summiert über alle Klassen hinweg, und $[p]$ den Umfang des Kollektives (z. B. Zahl der Versuchspersonen) bedeuten. Die Kennzahl m ist bekanntlich ein Maß für die (mittlere) Lage der statistischen Verteilung.

Eine statistische Verteilung von Erinnerungsfarben, deren Mittelwert mit der Lage (Sättigung) der Original(Test-)farbe zusammenfällt, nennen wir im folgenden test- oder originalrichtig liegend. Die Reproduktion dieser Farbe ist dann (im Mittel) sättigungstreu. Von zwei in verschiedenem Maße testverschobenen Verteilungen unterscheiden wir die testfernere von der testnahen Verteilung.

---

[1] Auch in den vorliegenden Untersuchungen ist es für die Deutung der statistischen Verteilungen mitunter nützlich, sich das Kollektiv aller Versuchspersonen als *eine* (überindividuelle) Person vorzustellen, die die Eigenschaften aller Beobachter hinsichtlich des Farberinnerungsvermögens in sich vereinigt.

b) Die mittlere Streuung $\sigma = [p \cdot v^2]/[p]$, wobei $v = m - S$ der Abstand der Klasse S vom Mittelwert m ist. Diese Kennzahl ist ein Maß für die „Schärfe" der Verteilung und damit für die *Sicherheit* der Reproduktion einer Gedächtnisfarbe.

c) Die mittlere Schwankung μ des arithmetischen Mittels, in Formel

$$\mu = \sigma/[p];$$

sie ist ein Maß für die Zuverlässigkeit des Mittelwertes.

Hohe Leistung des Farbengedächtnisses kommt in hoher Sicherheit (Schärfe) bei gleichzeitiger testrichtiger Lage der Erinnerungsfarben zum Ausdruck.

Bei der vergleichsweisen Beurteilung sowohl der statistischen Verteilungen als auch der hieraus abgeleiteten Zahlenwerte ist zu berücksichtigen, daß das Kollektiv der Versuchspersonen noch nicht als zahlenmäßig „sehr groß" angesprochen werden kann.

3. Die Versuchsergebnisse

3.1 Verhalten des Kollektives der Versuchspersonen

3.11 Form und statistische Kennzahlen der Verteilungskurven für die Erinnerungsfarben: 3.111 *Erste Versuchsreihe (E-Versuche):* In Abb. 1 sind die statistischen Verteilungen der Erinnerungsfarben für die fünf untersuchten Testfarben: 1 Gelb, 7 Rot, 11 Purpur, 16 Blau und 22 Grün, jede in den drei Sättigungen $S = 2{,}0$, $4{,}0$ und $6{,}0$ dargestellt. Die Lage der Originalfarbe ist durch eine senkrechte strich-punktierte Linie vermerkt.

Ein Überblick über alle Verteilungskurven zeigt, daß die statistischen Verteilungen durch große Variabilität in der Form und auch in der Lage relativ zur Originalfarbe gekennzeichnet sind, ein Bild, wie wir es auch bei den entsprechenden Farbton-Versuchen (Teil I) fanden. So stehen verhältnismäßig eng zusammengedrängten Kollektiven mit geringer Streuung, wie z. B. bei 7 Rot, $S_0 = 6{,}0$, dessen Werte innerhalb nur zweier Sättigungsstufen (von 5,0 — 7,0) liegen, stark zerstreute Kollektive gegenüber, die — wie bei 22 Grün, $S_0 = 2{,}0$ — über den doppelten bis dreifachen Bereich ausgedehnt sind. Hinsichtlich der Lage des Mittelwertes gibt es Kollektive, und zwar sowohl solche mit geringer als auch größerer Streuung, die gegenüber der Originalfarbe geringfügig verschoben sind (z. B. 7 R, $S_0 = 6{,}0$ bzw. 1 G, $S_0 = 6{,}0$) als auch solche mit ausgesprochen starker Verschiebung. Ein besonders krasser Fall dieser Art ist 11 Purpur, $S_0 = 2{,}0$, wo die Verschiebung so stark ist, daß das gesamte Kollektiv mit allen seinen Einzelwerten höher als der Sättigungswert des Originales liegt. Das gleiche Verhalten zeigt 7 Rot, $S_0 = 2{,}0$; ähnliches, wenn auch nicht so ausgesprochenes Verhalten, findet sich bei 11 Purpur, $S_0 = 4{,}0$; 7 Rot, $S_0 = 4{,}0$ und 16 Blau, $S_0 = 4{,}0$.

In der Abb. 2 sind die statistischen Kennzahlen der in Abb. 1 dargestellten Verteilungen in Abhängigkeit von der (Farbtonkennzahl der) Originalfarbe für die drei untersuchten Sättigungsstufen $S_0 = 2{,}0$, $4{,}0$ und $6{,}0$ graphisch dargestellt, wobei in Abb. 2 a anstelle des Mittelwertes m des jeweiligen Kollektives seine Abweichung $m - S_0$ von der testgemäßen Lage S_0 der Originalfarbe (Verschiebung der Testfarbe durch die Farberinnerung) als Ordinate gewählt wurde. Die mittlere Schwankung des Mittelwertes (der Mittelwertverschiebung) ist als kleine senkrechte Strecke zu jedem Ordinatenpunkte mit eingetragen.

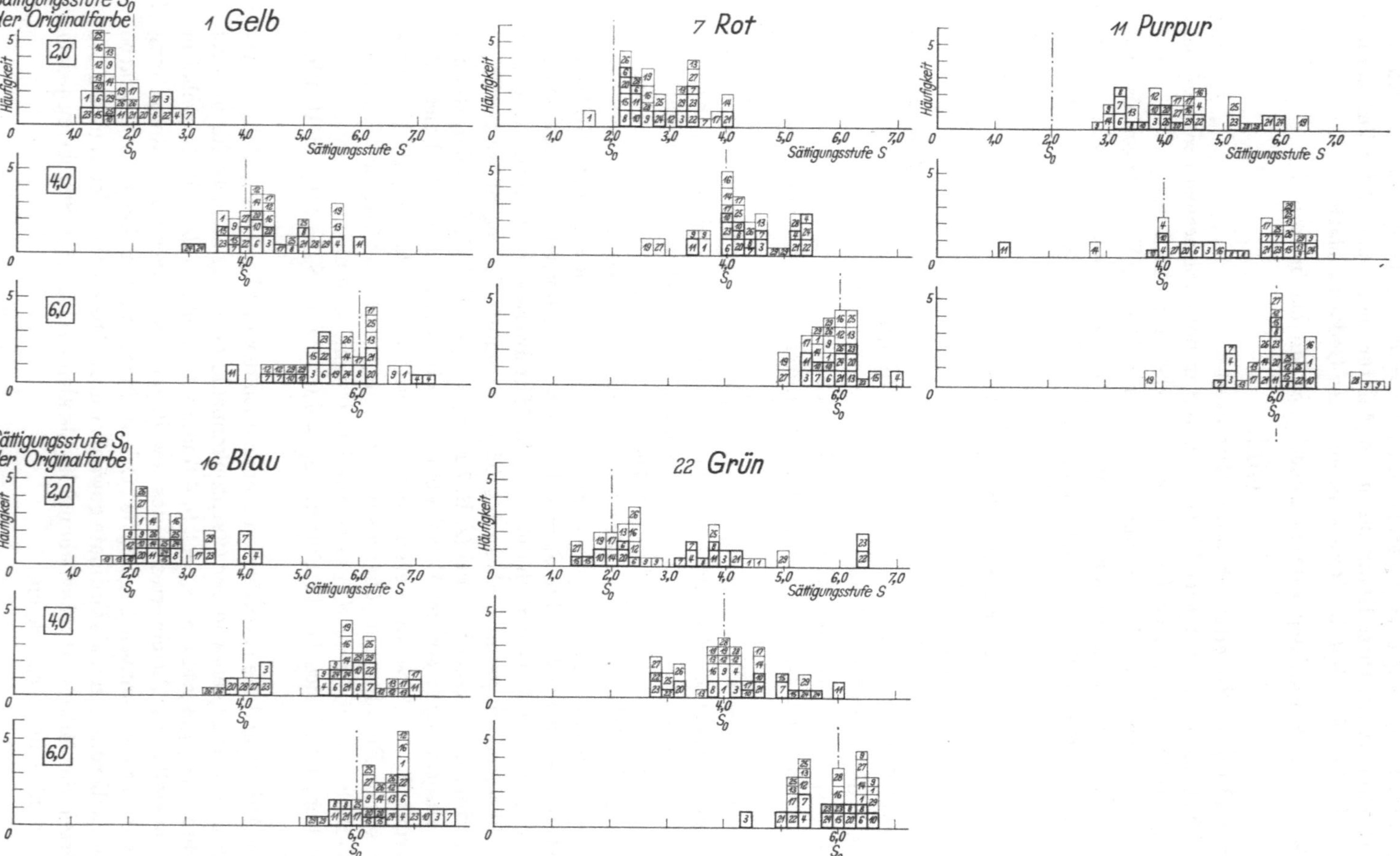

Abb. 1. Häufigkeitsverteilung der Erinnerungsfarben für die Wiedererkennung der Sättigungsstufe S_0 einer Originalfarbe. Die Lage $S_0 = 2,0$; 4,0 und 6,0 der Originalfarbe ist durch eine senkrechte strichpunktierte Linie gekennzeichent.
Die Ziffern in den elementaren Vierecken stellen die Nummer der Versuchsperson dar, männliche Versuchspersonen sind stark umrahmt.

Wie die Abb. 2 a zeigt, sind die Verschiebungen $m - S_0$ in der überwiegenden Zahl der Fälle positiv, d. h. die Mittelwerte der Verteilungen der Erinnerungsfarben sind also mit verschwindenden Ausnahmen nach *höherer* Sättigung hin verschoben. Bei der knappen Hälfte der Farben erreichen die Verschiebungen den Wert von etwa einer Sättigungsstufe (bei 7 R, $S_0 = 2,0$; 16 B, $S_0 = 2,0$; 22 Gr, $S_0 = 2,0$) oder auch mehr

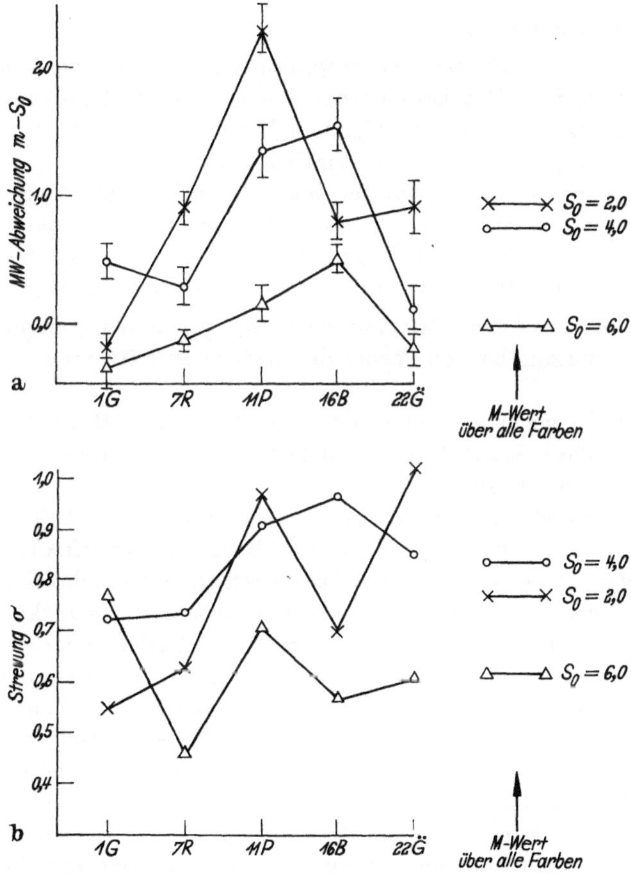

Abb. 2. a) Abweichung des Mittelwertes m der statistischen Verteilung der Erinnerungsfarben vom Sättigungswert S_0 der jeweiligen Originalfarbe für das Gesamtkollektiv der Versuchspersonen. b) Streuung σ der statistischen Verteilung der Erinnerungsfarben für das Gesamtkollektiv der Versuchspersonen.

× $S_0 = 2,0$ $\ddot{G}$ = Grün
○ $S_0 = 4,0$
△ $S_0 = 6,0$

(11 P, $S_0 = 4,0$ und 16 B, $S_0 = 4,0$), in einem Falle, nämlich bei 11 P, $S_0 = 2,0$, sogar 2,31). Verschiebungen nach geringerer Sättigung (negative Werte $m - S_0$) kommen von insgesamt 15 untersuchten Fällen nur 4 Mal vor; ihrer absoluten Größe nach bleiben sie klein (unter 0,4 Sättigungsstufen). Die größte Sättigungsverschiebung nach der negativen Seite hin (— 0,37) zeigt 1 G, $S_0 = 6,0$.

Aus der Abb. 2 a ist auch eine gewisse Abhängigkeit der Größe der Verschiebung $m - S_0$ von dem Sättigungsgrade S_0 der Farbe zu entnehmen: Die Farben mit der höchsten Sättigung ($S_0 = 6{,}0$) zeigen die geringsten Verschiebungen, sie liegen nach der negativen und positiven Seite von der Null-Lage aus nicht weiter als 0,5 Sättigungsstufen entfernt. Die Verschiebungen für die Farben mit mittlerer Sättigung $S_0 = 4{,}0$ liegen durchweg höher und sind sämtlich positiv. Die Farben mit der geringsten Sättigungsstufe $S_0 = 2{,}0$ zeigen noch stärkere Verschiebungswerte, wobei aber die Regel bei 1 G und 16 B durchbrochen ist.

Alles in allem finden wir also[1]:

a) Die mittlere Sättigung der Erinnerungsfarben liegt fast durchweg höher als der entsprechenden Originalfarben. Das Erinnerungsvermögen bewirkt also i. a. eine Übertreibung des Sättigungsgrades einer Originalfarbe; m. a. W.: Eine einmal gesehene Farbe wird bunter vorgestellt, als sie in Wirklichkeit ist.

Mit diesem Ergebnis bestätigen wir den Befund von Ehrler [*5*], S. 295, der, wie eingangs (1.2) erwähnt, Sättigungstendenz der Erinnerungsfarben nach höherer Sättigung hin feststellt[2]. In qualitativer Hinsicht werden hierdurch auch die Versuchsergebnisse von Newhall, Burnham und Clark [*7*] bestätigt (s. u.).

b) Die Farben der höchsten Sättigung zeigen die geringsten Verschiebungen. Die größten Abweichungen sind bei den Farben der niedrigsten Sättigungsstufe ($S_0 = 2{,}0$) zu finden.

Dieses Ergebnis ist gegensätzlich zu dem von Newhall, Burnham und Clark [*7*], die eine umso größere Sättigungserhöhung der Erinnerungsfarbe beobachteten, je höher die Sättigung der Originalfarbe ist.

Der psychologische Grund für das oben ausgesprochene Verhalten des Farbengedächtnisses kann in dem schon von Newhall, Burnham und Clark [*7*] formulierten und durch Versuche bestätigten Grundsatz gesehen werden, daß im Verlaufe des Farberinnerungsvorganges immer *das* Attribut einer Farbe verstärkt wird, das im Farberlebnis am auffälligsten in Erscheinung tritt[3]. Bei Farben einer Sättigungsreihe ist das zweifellos der Buntgehalt, zumindest oberhalb eines gewissen vom Farbton abhängigen Sättigungsgrades. Lediglich bei gering gesättigten Farben, die durch den Graugehalt stark getrübt erscheinen, wie in unserem Falle das Gelb mit der niedrigsten Sättigung ($S_0 = 2{,}0$), wird der Graugehalt als die auffälligere Komponente empfunden, wie auch aus der von einer Versuchsperson spontan geäußerten abfälligen Bezeichnungsweise „*dreckiger* Briefkasten" hervorgeht, woraus sich die Verschiebung des Mittelwertes der entsprechenden Erinnerungsfarbe nach geringerer Sättigung hin erklärt. Auch in diesem Punkte, wo also der *Un*buntgehalt der Farbe ihre auffälligste Eigenschaft ist und deshalb in der Erinnerung eine Verschiebung nach der Richtung geringerer Sättigung erfolgt, finden wir uns in bester Übereinstimmung mit Newhall, Burnham und Clark [*7*], die feststellen (S. 55): "... Thus, the most impressive aspect of concrete could be its essential neutrality or grayness, *and therefore the memory color would be even more neutral than the object.*"

---

[1] Die Aussagen a) und b) beziehen sich auf den Mittelwert der Verteilung der Erinnerungsfarben eines Personenkollektives; a) gilt aber, wie in **3.2** gezeigt wird, auch für Einzelpersonen.

[2] Nur daß Blau eine Ausnahme macht, wie Ehrler auf S. 293 feststellt (also unverschoben bleibt oder gar nach geringerer Sättigung hin verschoben wird), konnten wir nicht finden.

[3] "Insofar as chroma or saturation is concerned, then the more impressive aspects were more exaggerated in memory than the less impressive aspects" ([7], S. 54).

Was nun die Streuwerte σ anbetrifft, so liegen diese, wie Abb. 2 b erkennen läßt, für die Farben der höchsten Sättigungsstufe $S_0 = 6,0$ ebenfalls am niedrigsten, mit Ausnahme von Gelb. Das heißt:

Die Schärfe (Sicherheit) des Wiedererkennens der Sättigungsstufe ist bei den am höchsten gesättigten Farben (der Sättigungsstufe $S_0 = 6,0$) *am größten*, lediglich bei Gelb wird sie von der mittleren Sättigungsstufe 4,0 übertroffen.

Demgegenüber kann, wie an Abb. 2 b ebenfalls abzulesen ist, ein eindeutiger Zusammenhang der Streuung mit der Sättigungsstufe bei den Farben mit $S_0 = 4,0$ und 2,0 nicht festgestellt werden. Wie oben im Falle der Werte $m - S_0$ (Abb. 2 a), zeigen wieder die Farben mit der niedrigsten Sättigung $S_0 = 2,0$ das unregelmäßigste Verhalten (größte Unterschiede zwischen den einzelnen Farben).

Um eine mögliche Abhängigkeit von $m - S_0$ mit σ zu erkennen, wurde in Abb. 3 die Streuung σ als Funktion der Verschiebung $m - S_0$ des Mittelwertes aufgetragen, wobei durch das eingezeichnete Netz gleichzeitig eine Klassifizierung der Werte $m - S_0$ und σ nach ihrer Größe in „gering", „mittel" und „groß" vorgenommen wurde.

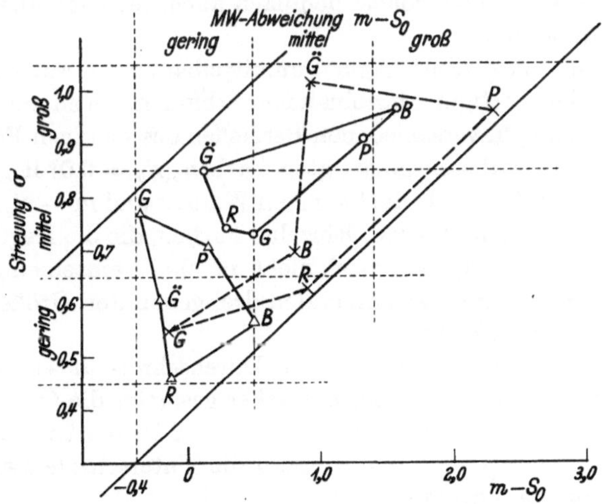

Abb. 3. Die Abhängigkeit der Streuung σ der statistischen Gesamtverteilung der Erinnerungsfarben von der Abweichung $m - S_0$ der Lage des Mittelwertes m von der Sättigung S_0 der Originalfarben. Die Farben gleicher Sättigung sind verbunden.
× $S_0 = 2,0$ ○ $S_0 = 4,0$ △ $S_0 = 6,0$
Ġ = Grün

Wie die Darstellung zeigt, liegen alle Werte σ oberhalb der von links unten nach rechts oben verlaufenden Geraden. Das besagt:

Unter den Verteilungen mit großer Verschiebung gibt es keine solchen mit großer Schärfe; und unter den scharfen Verteilungen gibt es keine stark verschobenen.

Oder kürzer ausgedrückt:

Große Schärfe der Verteilung der Erinnerungsfarben und große Verschiebung der Lage ihres Mittelwertes schließen sich aus.

Starke Verschiebung des Mittelwertes einer Erinnerungsfarbe ist also immer ein Zeichen großer Unsicherheit im Wiedererkennen dieser Farbe; und große Sicherheit im Wiedererkennen einer Farbe (große Schärfe des Farbengedächtnisses) drückt sich auch immer in geringer Verschiebung des Mittelwertes aus.

Wie Abb. 3 weiterhin zeigt, liegen alle Werte σ *unterhalb* der anderen schrägen, zu der oben genannten Linie parallelen Geraden. Das heißt:

Verteilungen von Erinnerungsfarben mit geringer Mittelwertsabweichung $m - S_0$ sind im allgemeinen auch schärfer als solche mit großen Abweichungen. Oder genauer:

Unter den Verteilungen mit großer Abweichung des Mittelwertes gibt es keine scharfen, und:

Unter den unscharfen Verteilungen gibt es keine solchen mit geringer Mittelwerts-Verschiebung.

Es schließen sich also auch große Unschärfe der Verteilung der Erinnerungsfarben und geringe Verschiebung des Mittelwertes weitgehend aus.

Die oben gestellte Frage nach dem Zusammenhang zwischen der Streuung und der Mittelwertsabweichung ist damit in bejahendem Sinne beantwortet.

Da uns nach den obigen Ausführungen eine gewisse Abhängigkeit zwischen der Mittelwertsabweichung $m - S_0$ der Erinnerungsfarben und der Sättigung S_0 der Originalfarbe besteht, so ist eine solche demnach auch zwischen allen drei Größen: $m - S_0$, σ und S_0 vorhanden.

In der Abb. 3 kommt diese Abhängigkeit unmittelbar zum Ausdruck. Die Polygonzüge, die Farben gleicher Sättigung miteinander verbinden, liegen mit ihrem Flächeninhalt schwerpunktsmäßig in verschiedenen Bereichen des schrägen Flächenstreifens; das Polygon für die am stärksten gesättigten Farben ($S_0 = 6{,}0$) liegt eindeutig am tiefsten, hat also (im Durchschnitt) die kleinsten Werte σ und $m - S_0$; dann folgt das Polygon für $S_0 = 4{,}0$ und dann für 2,0. Einzelne Farben, die die Regel durchbrechen (z. B. Gelb, $S_0 = 2{,}0$) zeigen an, daß es sich nicht um ein im einzelnen gültiges Gesetz, sondern nur um eine Korrelation zwischen den drei genannten Größen handelt.

Ins Praktische übersetzt, heißt das:

Das Farberinnerungsvermögen arbeitet im Durchschnitt umso genauer (Schärfe und testrichtige Lage des Mittelwertes), je stärker gesättigt die Originalfarben sind. Bei den Farben mit der geringsten Sättigung $S_0 = 0{,}2$ ist die Farberinnerung nicht nur im Durchschnitt am ungenauesten, sondern die Unterschiede zwischen den einzelnen Farben sind auch am größten.

Ein weiterer Punkt, der insbesondere im Hinblick auf die Ausführungen im Abschnitt 3 (Analyse der Verteilungen) von größter Bedeutung ist, betrifft die Form der Verteilungen in Abb. 1. Es hat durchaus nicht den Anschein, daß die Verteilungen „einfach" sind, etwa dem Charakter einer Gauss'schen Normalverteilung entsprechend, wie das zunächst zu erwarten ist. Solche einfachen Verteilungen kommen anscheinend auch vor, z. B. bei 1 Gelb, $S_0 = 6$, oder 7 Rot, $S_0 = 6$, oder auch 16 Blau, $S_0 = 6$, annähernd auch bei 11 Purpur, $S_0 = 6$ (also immer bei der höchsten Sättigungsstufe 6,0), aber die übrigen zahlenmäßig überwiegenden Verteilungen mit den oft relativ weit voneinander entfernt liegenden Massierungen der Häufigkeitswerte haben eine unregelmäßige, im Aufbau kompliziertere Gestalt.

Oft sind sie durch eine unbesetzte Lücke unterbrochen, so daß sich die gesamte Verteilung in zwei völlig getrennte Einzelverteilungen (Unterverteilungen) aufspaltet, wie z. B. bei 16 Blau, $S_0 = 4{,}0$, wo die Gesamtverteilung aus einer relativ kleinen, mit ihrem Mittelwert etwa bei der testrichtigen Lage $S_0 = 4{,}0$ liegenden Einzelverteilung und einer umfangmäßig dreimal so großen, um den „falschen“ Wert $S_0 = 6,0$ verteilt liegenden Einzelverteilung, besteht; dazwischen ist eine von $S_0 = 2,6$ bis 3,2 reichende unbesetzte Lücke.

Den grundsätzlich gleichen Aufbau der Verteilung aus einer etwa testrichtig und einer „falsch“ (bei $S_0 = 6,0$) liegenden Unterverteilung zeigt auch 11 Purpur, $S_0 = 4,0$. Weitere derartige Beispiele sind 11 Purpur, $S_0 = 2,0$ und 22 Grün, $S_0 = 6,0$[1].

Es gibt auch Fälle, wo man sogar drei durch Lücken getrennte Einzelverteilungen erkennen kann, wie z. B. bei 22 Grün, $S_0 = 4,0$.

Zweiteilige Verteilungen mit *besetzten* Lücken finden sich bei 1 Gelb, $S_0 = 2,0$ und 4,0, bei 22 Grün, $S_0 = 2,0$ oder auch bei 7 Rot, $S_0 = 2,0$ und 4,0.

3.112 *Wiederholungsversuche (W-Versuche)*: Zur Überprüfung der Reproduzierbarkeit der Versuchsergebnisse wurden die Versuche in genau gleicher Form und mit den gleichen Versuchspersonen wiederholt, und zwar vier Wochen nach Abschluß der Erst-Versuche, einer Zeitspanne, die als ausreichend angesehen wurde, daß die Versuchspersonen die Versuche „vergessen“ hatten, d. h. daß sich ihr Farberkennungsvermögen vor Beginn der Wiederholungsversuche wieder im gleichen Zustand befand wie vor den Erstversuchen[2]. Den Versuchspersonen wurde nicht mitgeteilt, daß es Wiederholungsversuche waren; sie erkannten auch nicht, daß ihnen die gleichen Farben schon einmal zur Prüfung vorgelegt worden waren. Für sie waren also die Farben „neu“.

Wegen der Aufwendigkeit der Versuche mußten die Wiederholungen auf eine Auswahl von sieben Testfarben, worunter aber alle fünf Farbtöne vertreten sind, beschränkt bleiben; es waren die Farben:

1 Gelb	$S_0 =$	6,0
7 Rot	$S_0 =$	2,0 und 4,0
11 Purpur	$S_0 =$	2,0 und 4,0
16 Blau	$S_0 =$	4,0
22 Grün	$S_0 =$	4,0

Mit dieser Auswahl sind in Bezug auf Schärfe und Lage des Mittelwertes alle Gruppen von Erinnerungsfarben vertreten.

Ergebnisse: Die statistischen Verteilungen der Wiederholungs-Versuche sind in Abb. 4 wiedergegeben (untere Reihe); sie sind zum Zwecke des Vergleiches den jeweiligen Erst-Versuchen (obere Reihe) gegenübergestellt.

Was die Form der Verteilungen anbetrifft, so sind, genau wie in den E-Versuchen, solche von einfachem Charakter als auch solche komplizierteren Aufbaus, bestehend aus zwei Unterverteilungen, vorhanden. Beispiele der ersteren Art sind die W-Verteilungen der Farben 1 G, $S_0 = 6,0$, oder — abgesehen von einigen verstreut liegenden Einzelwerten — 7 Rot, $S_0 = 4,0$ und 11 Purpur, $S_0 = 2,0$; Beispiele mit zwei deutlich unterscheidbaren Unterverteilungen sind die Farben: 7 Rot, $S_0 = 2,0$, 11 Purpur, $S_0 = 4,0$, 16 Blau, $S_0 = 4,0$ und — weniger deutlich — 22 Grün, $S_0 = 4,0$. Wie man sieht, sind die einheitlichen Verteilungen bei den W-Versuchen zahlenmäßig stärker vertreten im Verhältnis zu den uneinheitlichen Verteilungen; auch ist an ihnen bemerkenswert, daß sie sämtlich um die testrichtige Lage herum angeordnet sind.

[1] Bei den entsprechenden Farbton-Versuchen (Teil I) fanden wir ebenfalls aus mehreren (meist zwei) Unterverteilungen bestehende Verteilungen.

[2] Es wird sich unten erweisen (3.112), daß diese Annahme falsch war.

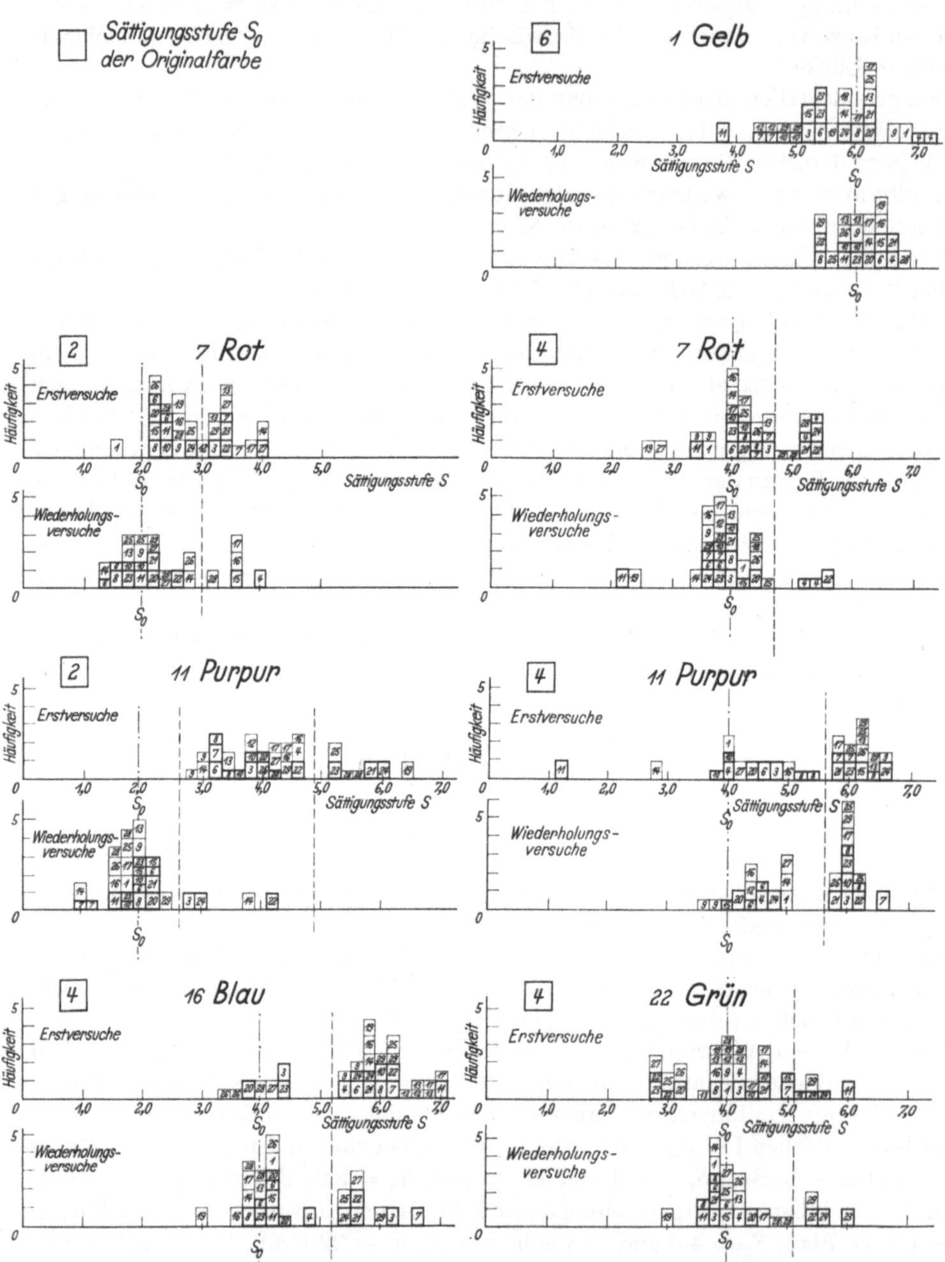

Abb. 4. Häufigkeitsverteilung der Erinnerungsfarben bei Wiederholung.

Obere Reihe: Erstversuche (s. Abb. 1), untere Reihe: Wiederholungsversuche. Männliche Versuchspersonen stark umrahmt. Die Lage S_0 der Originalfarbe ist durch eine senkrechte strichpunktierte Linie gekennzeichnet. Durch die senkrechten gestrichelten Linien sind gemeinsame Lücken in den Verteilungen der Erst- und Wiederholungsversuche vermerkt.

Schon ein flüchtiger Vergleich der W-Verteilungen mit den E-Verteilungen läßt erkennen, daß von einer befriedigenden Reproduzierbarkeit der Versuchsergebnisse nicht entfernt die Rede sein kann. Im Einzelfall zeigt sich dies z. B. an der Farbe 11 Purpur, $S_0 = 2{,}0$, wo sich die Verteilung der Wiederholungs-Versuche mit der Verteilung der Erst-Versuche kaum (nur mit ein paar „Ausreißern“) überlappt, und ihre Schwerpunkte um mehr als zwei ganze Sättigungsstufen entfernt liegen. Außerdem weist die W-Verteilung bedeutend höhere Schärfe auf als die E-Verteilung.

Um eine Übersicht über das Verhalten aller Farben bei den Wiederholungs-Versuchen zu erhalten, wurden in Abb. 5 die Lage der Farben im σ/m — S_0-Netz (vergl. Abb. 3) sowohl für den E-Versuch als auch für den W-Versuch eingetragen und die Verschiebung durch einen Pfeil gekennzeichnet. Für das genannte Beispiel der Farbe 11 Purpur, $S_0 = 2{,}0$ erkennt man deutlich (an dem langen, auf die Ordinate weisenden Pfeil), in welch starker und welch günstiger Weise sich die Verteilung im W-Versuch gegenüber dem E-Versuch geändert hat. Der Mittelwert, der vorher um 2,31 Sättigungsstufen zu hoch war, liegt in der Wiederholung mit dem Wert 0,17 nur unbedeutend vom testrichtigen Wert Null entfernt. Ebenso ist in der Streuung eine Verminderung (von 0,97 auf 0,76), also eine Schärfe-Erhöhung der Farberinnerung, eingetreten.

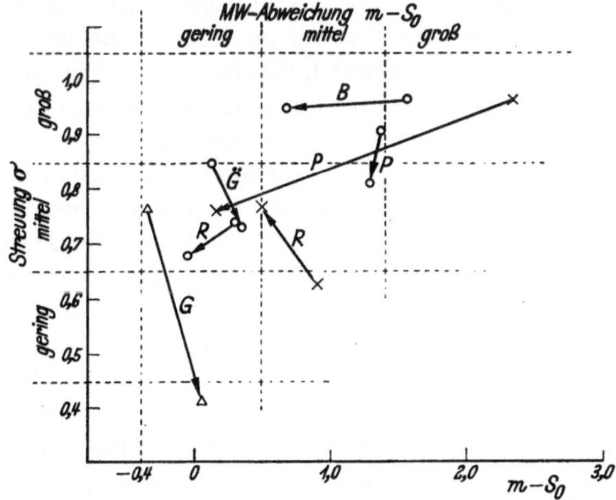

Abb. 5. Die Lage der Erst- und der Wiederholungsversuche im σ, m — S-Netz (vgl. Abb. 3). Die Pfeile zeigen Richtung und Maß der Verschiebung der betreffenden Farbe im Wiederholungsversuch an; die Pfeilspitze zeigt auf den Wiederholungsversuch.

× $S_0 = 2{,}0$ ○ $S_0 = 4{,}0$ △ $S_0 = 6{,}0$

Nächst Purpur $S_0 = 2{,}0$ ist es die Farbe 1 Gelb, $S_0 = 6{,}0$, die einen gegenüber dem E-Versuch stark verändert gelegenen Ort des W-Versuches im Netz der Abb. 5 aufweist. Die diesmal mehr senkrecht liegende Verschiebungsrichtung zeigt an, daß sich die im E-Versuch schon weitgehend testrichtige Lage des Mittelwertes im W-Versuche noch weiter gebessert, und zwar bis nahe an die testrichtige Lage Null verlagert hat; außerdem hat sich die Streuung ganz bedeutend (von 0,77 auf 0,41) vermindert. Die Verteilung der Erinnerungsfarben ist also für die W-Versuche auch noch wesentlich schärfer als für die E-Versuche. Man kann dies anschaulich an den Verteilungen selbst (Abb. 4) erkennen.

Dieses Verhalten: erhöhte Schärfe und testnähere Mittelwertslage der W-Verteilung weisen, wie Abb. 5 zeigt, grundsätzlich alle Farben auf, wenn auch in verschiedenem Maße, mit Ausnahme von Rot, $S_0 = 2{,}0$, wo die Schärfe im W-Versuch ungünstiger liegt als im E-Versuch[1,2].

Wir haben also gefunden:

Die W-Versuche lassen eine gegenüber den E-Versuchen erhöhte Schärfe des Farbengedächtnisses bei gleichzeitig originalgemäßerer Reproduktion der Erinnerungsfarben erkennen.

Hieran anschließend drängt sich die Frage nach der Ursache für dieses Verhalten des Farbengedächtnisses auf. Sie kann m. E. nur darin gesehen werden, daß durch den Ablauf der Erst-Versuche eine „Schulung" des Farbengedächtnisses stattgefunden hat, die zu einer noch (erst ?) nach längerer Zeit, mindestens einen Monat, wirksamen Leistungserhöhung bezüglich der Sicherheit und Genauigkeit des Wiedererkennens von Farben führte. Hierbei ist zu beobachten, daß es sich in der genannten „Schulung" nicht um ein „Training", d. h. um eine an bestimmten Farben laufend wiederholte systematische Einübung handelt, wie sie von verschiedenen Autoren (ROOD, v. KRIES und SCHOTTELIUS, COLLINS, LOEB, s. Teil I) bei analogen Farbton-Untersuchungen angewandt wurde, sondern — wie aus der Beschreibung der Versuchsmethodik hervorgeht — um die Beschäftigung des Farbengedächtnisses mit immer neuen Farben. Wir müssen also aus unseren Versuchen schließen, daß schon die allgemeine Beschäftigung des Farbengedächtnisses mit irgendwelchen einzelnen, immer wieder wechselnden Farben zu einer Leistungserhöhung hinsichtlich des Wiedererkennens auch der anderen Farben, d. h. zu einer Leistungssteigerung des Farbengedächtnisses führt. Zumindest trifft dies für die Sättigung von Farben zu[3].

Mit diesen vom psychologischen Standpunkte durchaus verständlichen Erkenntnissen ist das Ergebnis von v. KRIES und SCHOTTELIUS (s. Teil I) sowie von BURNHAM und CLARK (s. Teil I) nicht zu vereinbaren, daß (sogar) systematische Einübung keinen Einfluß auf dessen Schärfe habe. Die gegenteilige Feststellung von ROOD, COLLINS, LOEB und WOODS (s. Teil I) widerspricht dagegen unserem Befunde nicht. Auf der anderen Seite machen unsere Ergebnisse verständlich, warum sowohl BURNHAM und CLARK als auch WOODS nur geringe Übereinstimmung zwischen Wiederholungs- und Erst-Versuch (mit einigen Wochen Abstand durchgeführt) finden.

[1] Wie aus den Ausführungen von 3.12 hervorgehen wird, ist die größere Schärfe der E-Verteilung nur ein (durch die Unvollständigkeit der testrichtigen Unterverteilung) vorgetäuschter Vorteil gegenüber der W-Verteilung. „In Wirklichkeit" liegt auch bei dieser Farbe die W-Verteilung günstiger als die E-Verteilung.

[2] Die Farbe Grün, $S_0 = 4{,}0$, deren Mittelwert nach der Abb. 5 beim W-Versuch stärker als beim E-Versuch von der testrichtigen Lage abweicht, ist *keine* Ausnahme, da die Unterschiede innerhalb der mittleren Schwankungen der beiden Mittelwerte liegen (E-Versuch: $0{,}12 \pm 0{,}17$; W-Versuch $0{,}35 \pm 0{,}15$).

[3] Bei dieser Leistungssteigerung des Farbengedächtnisses bleibt allerdings höchst rätselhaft, *wie* sie zustande gekommen ist. Nach der Anlage der Versuche haben nämlich die Versuchspersonen in den vorausgehenden E-Versuchen keine „Erfahrungen' machen können, da ihnen niemals gesagt wurde, welche Farbe „richtig" ist, bzw. nach welcher Richtung die Gedächtnisfarbe der betreffenden Versuchsperson von der Originalfarbe abwich. Ein „Einüben" im Sinne eines fortdauernden Korrigierens der Fehlleistung des Farbengedächtnisses hat im Ablauf der Versuche niemals stattgefunden. Die Versuchsergebnisse besagen also, daß schon eine bewußte Inanspruchnahme des Farbengedächtnisses ohne laufend zwischendurch erfolgende Kontrolle des Gedächtnisinhaltes zu höherer Gedächtnis-Sicherheit führt.

3.12 Die Beziehungen zwischen den Verteilungen der E- und W-Versuche. Analyse der Verteilungskurven. Die Frage, die uns im folgenden interessiert, ist, ob zwischen den Verteilungen der E- und W-Versuche gesetzmäßige Beziehungen bestehen; oder anders ausgedrückt, ob sich der „Übergang" von den E- zu den W- Verteilungen nach erfaßbaren Gesetzen vollzieht, und welches diese Gesetze sind.

Bei der Suche nach einem solchen Gesetz richten wir unser Augenmerk auf die Unterverteilungen sowohl der E- als auch der W-Versuche, insbesondere ob in beiden Versuchsreihen gemeinsame, d. h. gleichliegende Unterverteilungen vorhanden sind. Wie deutlich am Beispiel der Farbe 11 P, $S_0 = 4{,}0$ (Abb. 4) zu erkennen ist, besteht die Verteilungskurve sowohl des E- als auch des W-Versuches aus zwei Unterverteilungen, die durch eine bei $S_0 = 5{,}6$ liegenden Lücke deutlich voneinander getrennt sind.

Bemerkenswert ist nun, daß sich — wie in Abb. 4 durch die senkrechten gestrichelten Linien angedeutet wird — auf gleiche Weise und mit Zwangsläufigkeit sämtliche nicht einfachen Verteilungen zusammengehöriger E- und W-Versuche in Unterverilutengen gleicher Lage (aber meist verschiedenen Umfanges) aufspalten lassen.

In der Abb. 6 sind die in Unterverteilungen aufgespaltenen Gesamtverteilungen für die fünf untersuchten Farben in schematisierter Form dargestellt — oben die E-Versuche, darunter die W-Versuche —, wobei sie als Rechtecke über der Sättigungsskala S aufgetragen sind; dabei ist die Basisbreite jedes Rechteckes gleich der Streuung σ der betreffenden Unterverteilung. Der Flächeninhalt jedes Rechteckes stellt ein Maß für den Umfang der betreffenden Unterverteilung dar, angegeben in Prozent der Gesamtverteilung. Wie man aus Abb. 6 ersieht, sind fünf von den insgesamt sieben Verteilungen in zwei Unterverteilungen und eine (22 Gr, $S_0 = 4{,}0$) in 3 Unterverteilungen aufspaltbar. Die Verteilung von 1 G, $S_0 = 6{,}0$ ist als einzige einheitlich.

Nunmehr erkennt man, daß der Unterschied in der Form der in Abb. 4 dargestellten E- und W-Verteilung jeder Farbe nur durch verschiedenen Umfang der Unter-

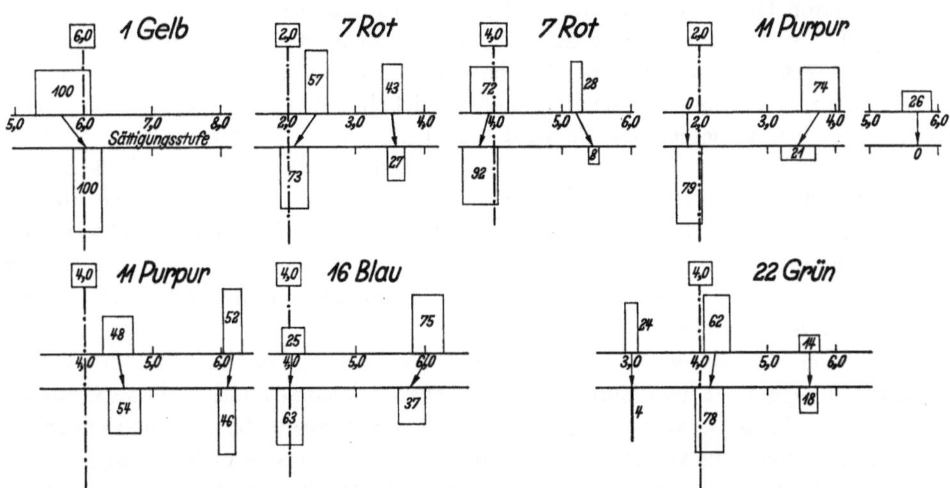

Abb. 6. Die in Unterverteilungen aufgespaltenen Gesamtverteilungen der Abb. 4, schematisch dargestellt. Oben die Erstversuche, unten die Wiederholungsversuche.
Die Basis jeder Säule entspricht dem Streuwert σ der betreffenden Unterverteilung, der Flächeninhalt ist ein Maß für ihren Umfang (in % der Gesamtverteilung, eingeschriebene Ziffern).

verteilungen bedingt ist. Die W-Verteilung ist also aus der zugehörigen E-Verteilung lediglich durch zahlenmäßige „Umbesetzung" der Unterverteilungen entstanden zu denken.

An dem Beispiel der Farbe 16 Blau, $S_0 = 4{,}0$ möge das Gesagte verdeutlicht werden. Die zahlenmäßig größere, bei $S_0 = 6{,}0$ „falsch" liegende Unterverteilung des E-Versuches vom Umfange 18 (18 Einzelwerte) = 75% weist in der W-Verteilung nur den Umfang 9 = 37% auf, sie ist also durch den Vorgang der Farberinnerung vom Umfange 75% auf den halben Umfang 37% „abgebaut" worden. Umgekehrt wurde die aus nur 6 Individuen (25%) bestehende, im Mittelwert etwa testrichtig (bei $S_0 = 4{,}0$) liegende Unterverteilung des E-Versuches aus den durch den geschilderten Abbau der erstgenannten Unterverteilung frei gewordenen 9 Individuen im W-Versuche zu der Unterverteilung mit dem Umfange 18 (63%) *auf*gebaut. Es haben sich also bei der Wiederholung des Versuches 9 Individuen mehr als vorher zu der testrichtig liegenden Unterverteilung bekannt.

Die gleiche Betrachtung läßt sich nun an Hand der Abb. 6 ohne Schwierigkeiten auf alle Farben nicht-einheitlicher Verteilung anwenden. Der Aus- oder Aufbau der testrichtig gelegenen Unterverteilungen und der gleichzeitige Abbau der „falschen" Unterverteilungen beim Übergang von den E- nach den W-Versuchen kommt bei allen Farben in der Darstellung der Abb. 6 sinnfällig zum Ausdruck.

Aus der Abb. 6 sind noch folgende Besonderheiten abzulesen:

a) An die Stelle des *Aus*baues einer im E-Versuch bereits vorhandenen Unterverteilung kann im W-Versuch der neue *Auf*bau einer solchen Verteilung treten, wenn sie im E-Versuche noch nicht besteht.

Ein Beispiel dieser Art stellt 11 Purpur $S_0 = 2{,}0$ dar, wo eine testrichtig liegende Unterverteilung im E-Versuche fehlt, im W-Versuche aber mit einem Umfang von 79% vorhanden ist.

b) Umgekehrt kann eine im E-Versuch vorhandene Unterverteilung bis zum Verschwinden (zum Umfange Null) im W-Versuch abgebaut werden.

Beispiel: ebenfalls 11 Purpur $S_0 = 2{,}0$ wo die äußerste (oberhalb $S_0 = 5{,}0$) liegende Unterverteilung des E-Versuches bei der Wiederholung verschwunden ist.

c) Die Unterverteilungen verhalten sich hinsichtlich des Maßes des Abbaues bzw. Aufbaues stark unterschiedlich. So wird bei 11 Purpur, $S_0 = 2{,}0$ die im E-Versuch oberhalb $S_0 = 5{,}0$ gelegene Unterverteilung vom Umfange 26%, wie bereits bemerkt, im W-Versuche völlig, d. h. zum Umfange Null abgebaut, während bei 11 Purpur, $S_0 = 4{,}0$ die E-Unterverteilung von 52% nur auf 46% im W-Versuche abgebaut wird, also nahezu unverändert bleibt. Grundsätzlich das gleiche Verhalten gilt für die testrichtig liegenden Unterverteilungen der beiden genannten Farben hinsichtlich des *Auf*baues im W-Versuche.

Wir dürfen also von einer verschiedenen „Resistenz" des Umfanges der Unterverteilungen gegenüber dem Einfluß des Farbengedächtnisses und — da diese zumindest bei zweiteiligen Gesamtverteilungen in ihrem Verhalten streng voneinander abhängig sind — von einer verschiedenen Resistenz auch der (Gesamtverteilung der verschiedenen) Farben an sich sprechen. Der Begriff der „hohen Resistenz" ist dabei identisch mit dem bekannten Begriff der „Gedächtnisfestigkeit". Das Beispiel einer gedächtnisfesten Farbe (hinsichtlich der Sättigung) ist 11 Purpur, $S_0 = 4{,}0$; das typische Beispiel einer nicht resistenten (Verteilung einer) Farbe ist 11 Purpur, $S_0=2{,}0$.

Dieses unterschiedliche Verhalten der Farben hinsichtlich ihrer Resistenz kann der Grund sein, weshalb verschiedene Autoren zu widersprechenden Aussagen über die Wirkung der Einübung des Farbengedächtnisses kommen.

d) Selbst dann, wenn die Gesamtverteilung der Erinnerungsfarben aus einer einheitlichen Verteilung besteht, wie z. B. im Falle 1 Gelb $S_0 = 6{,}0$, macht sich die Einübung des Farbengedächtnisses bemerkbar: nämlich in einer größeren Schärfe (geringeren Streuung) und gleichzeitig einer testnäheren Lage des Mittelwertes der Verteilung des W-Versuches, verglichen mit dem E-Versuch. So verringert sich bei 1 Gelb $S_0 = 6{,}0$ die Streuung, die beim E-Versuch 0,77 beträgt, auf 0,41 im W-Versuche, die Abweichung des Mittelwertes von der testrichtigen Lage vermindert sich gleichzeitig von 0,37 auf 0,05, was nach Ausweis der mittleren Schwankung μ (0,09) die test*richtige* Lage der W-Verteilung darstellt. Diese Verteilung ist also nicht-resistent in Bezug auf die Lage des Mittelwertes (und der Streuung).

e) Wie bei 1 Gelb, $S_0 = 6{,}0$, die (einheitliche) *Gesamt*verteilung, so liegt bei allen übrigen Farben die entsprechend gelegene (testnahe) *Unter*verteilung im W-Versuche der testrichtigen Stelle näher als im E-Versuche (oder fällt sogar mit ihr zusammen), mit Ausnahme von 11 Purpur, $S_0 = 4{,}0$ (s. u.)[1].

f) Die testnahe, im E-Versuch um etwa 0,5 Sättigungsstufen im Mittelwert zu hoch liegende Unterverteilung von 11 Purpur, $S_0 = 4{,}0$, ist im W-Versuche *nicht* nach der testrichtigen Stelle hin verschoben, sondern zeigt (innerhalb der Schwankung μ des Mittelwertes) die gleiche Lage wie im E-Versuche. Das heißt, diese Unterverteilung ist resistent in Bezug auf die Lage des Mittelwertes.

Da die Lage-Resistenz auch für die zweite Unterverteilung dieser Farbe gilt und, wie früher festgestellt, die beiden Unterverteilungen auch in Bezug auf den Umfang (nahezu) resistent sind, so ergibt sich, daß die Farbe 11 Purpur, $S_0 = 4{,}0$ *als Ganzes* eine hohe Gedächtnisfestigkeit zeigt.

Sowohl die Aufspaltbarkeit der Gesamtverteilung der Erinnerungsfarben in Unterverteilungen als auch ihr Resistenzverhalten bei der Versuchswiederholung sind Verhaltensweisen des Farbengedächtnisses mit einem tieferen psychologischen Hintergrund, dessen Erforschung weitergehende Erkenntnisse über das Wesen der Farberinnerung aufzufinden verspricht. Das ist allerdings nicht unsere Aufgabe, sondern die von Psychologen.

3.2 Verhalten der einzelnen Versuchspersonen

Nachdem nun ausreichende Klarheit über das Verhalten des Farbengedächtnisses eines *Kollektives* von Versuchspersonen besteht, richtet sich das Interesse auf das Verhalten des Farbengedächtnisses von Einzelpersonen, insbesondere auf die Frage, wie sich das Farbengedächtnis der Einzelpersonen voneinander und von dem des Personenkollektives unterscheidet.

Dieser Fragenkomplex ist in der Literatur noch nicht behandelt worden, und die wenigen Andeutungen, die sich darüber in den Veröffentlichungen finden, beziehen sich nur auf das Verhalten des Farbengedächtnisses in Bezug auf den Farbton oder auf alle drei Eigenschaften einer Farbe, niemals aber auf die Sättigung allein. So ver-

[1] Der Fall 11 Purpur, $S_0 = 2{,}0$, wo die testnächste Unterverteilung im E-Versuche zufällig den Umfang Null hat, spricht nicht gegen diese Aussage.

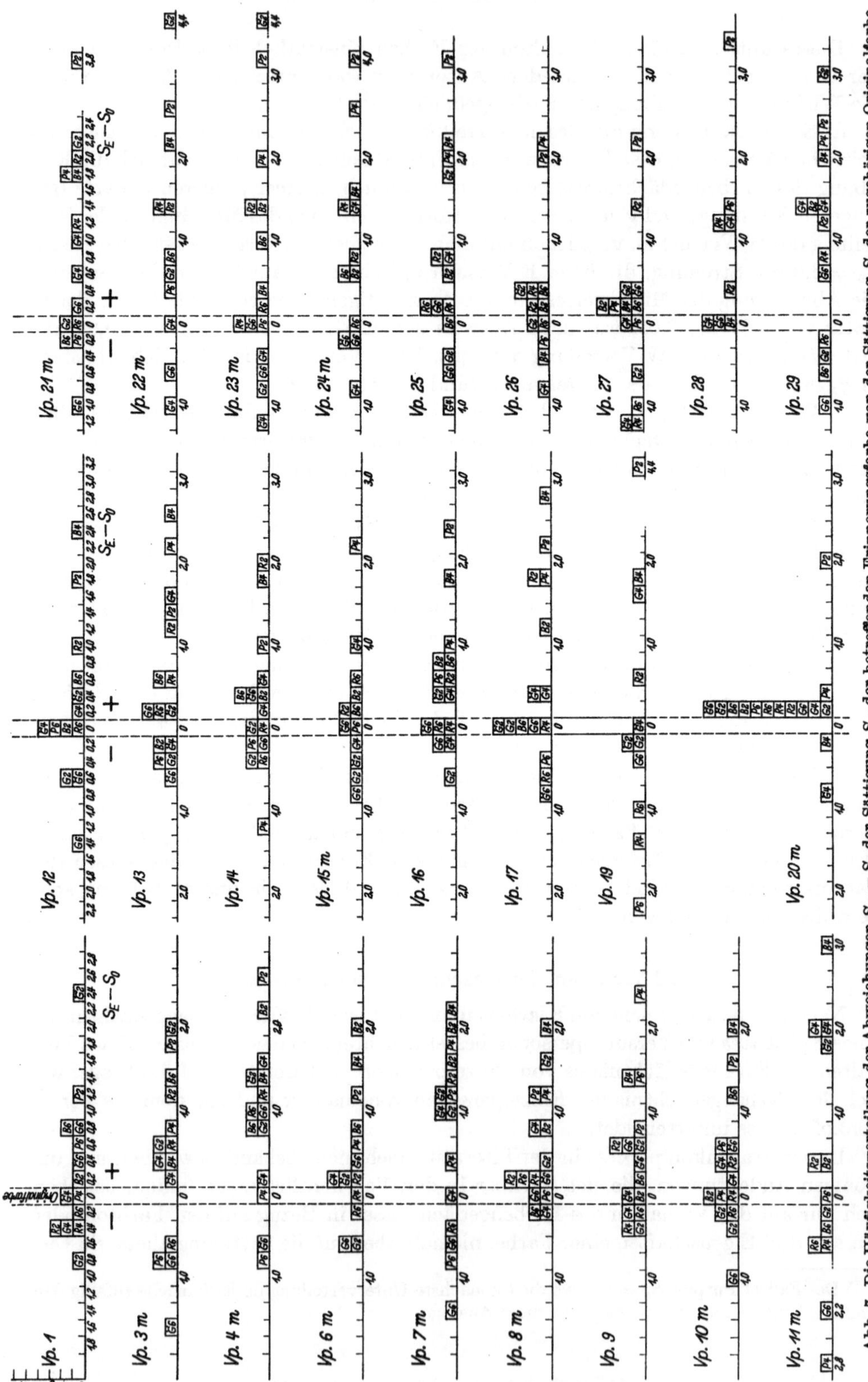

Abb. 7. Die Häufigkeitsverteilung der Abweichungen $S_E - S_0$ der Sättigung S_E der betreffenden Erinnerungsfarbe von der Sättigung S_0 der zugehörigen Originalfarbe, aufgetragen für jede Einzelperson; m = männlich, die übrigen weiblich.

merken z. B. NEWHALL, BURNHAM und CLARK [7], daß sowohl für die Gruppe der drei Versuchspersonen als auch für die einzelnen Beobachter die Gedächtnisfarben höhere Sättigung als die Originalfarben aufweisen. Auch die von HAMWI und LANDIS [6] gegebene Statistik (12 Personen) führt nicht weiter, da diese, wie bereits gesagt, nur die Zahl der Fehlurteile, nicht aber die Größe der Abweichungen umfaßt. Wir verzichten deshalb auf weitere Literaturzitate und wenden uns gleich unseren Versuchen zu.

3.21 Form und statistische Kennzahlen der Verteilungen: 3.211 *Die Erst-Versuche:* Zur Ermittlung des Beitrages jeder einzelnen Versuchsperson zu den Gesamtverteilungen aller Erinnerungsfarben wurden aus den Gesamtverteilungen der Abb. 1 die Verteilungen für jede Einzelperson herausgezogen und für sich dargestellt (Abb. 7). Als Abszisse wurde hierbei — abweichend von Abb. 1 — die Sättigungs*differenz* $S_E - S_0$ zwischen Erinnerungs- und Originalfarbe gewählt; die Originalfarbe liegt also, unabhängig von deren Sättigungsgrad, in der Klasse Null, ihre Lage ist durch zwei senkrechte gestrichelte Begrenzungslinien gekennzeichnet. Die Versuchspersonen sind nach Geschlecht unterschieden (m = männlich); die in 2.2 erwähnte, als farbgeübter betrachtete Gruppe von Versuchspersonen trägt die Nummern 22 m bis 29.

Wie ein Überblick über alle Verteilungen zeigt, liegen die Einzelwerte über einem großen Bereich der Sättigung verstreut, — er reicht, abgesehen von einigen Einzelfällen, größenordnungsmäßig von — 1 bis + 3, also insgesamt über 4 Sättigungsstufen — wobei bei den einzelnen Verteilungen mehr oder weniger starke Werteanhäufungen vorkommen, die vorzugsweise — aber nicht immer — um die Nullklasse angeordnet liegen. So findet man ein ganzes Spektrum verschiedenster Verteilungen, das von der vollständig gestreuten Verteilung (ohne Werteanhäufung) bis zur völlig scharfen Verteilung reicht.

Die schärfste Verteilung findet sich bei der Versuchsperson 20 m, bei der von 15 Werten allein 11 in einer einzigen, und zwar der Nullklasse unmittelbar benachbarten, Klasse liegen. Wahrlich eine erstaunliche Leistung, wenn man bedenkt, daß die Originalfarben nach Farbton und Sättigungsgrad größte Verschiedenheit zeigen. Dabei weiß diese Versuchsperson erinnerungsmäßig scharf zwischen der Klasse Null und der kaum merklich davon verschiedenen Nachbarklasse zu unterscheiden. Weitere Versuchspersonen mit gleich hoher Sicherheit der Farbenerinnerung, wie Versuchsperson 20 m, sind nicht vorhanden. Verhältnismäßig hohe Sicherheit des Farbengedächtnisses weisen mit Abstand die Versuchspersonen 26, 15 m, 9, 14 und 1 auf, bei denen die gesamte Verteilung bis auf höchstens drei abseits liegende Werte mit mehr oder weniger Ausdehnung zusammenhängend um die Nullklasse herum angeordnet ist. Der zunächst niedere Grad hinsichtlich der Schärfe des Farbengedächtnisses, der durch eine um die Nullklasse noch geschlossene Verteilung mit mehr als drei abseits liegenden Einzelwerten gekennzeichnet ist, ist durch die Versuchspersonen 10 m, 8 m, 6 m, 12, 17, 25, 27 vertreten. Nach dieser Kategorie folgen die Verteilungen mit nur noch schwacher oder überhaupt nicht mehr vorhandener Anhäufung um die Klasse Null; neben denen, deren Werte über den ganzen Streubereich verteilt sind (Versuchsperson 19, 21 m, 22 m, 7 m), gibt es solche, die an anderen, außerhalb der Nullklasse liegenden („falschen") Stellen neue Anhäufungen bilden, wie z. B. bei der Versuchsperson 3 m, 4 m, 29. Einen besonderen Fall stellt die Vp. 28 dar, deren Verteilung deutlich zwei solcher Anhäufungen zeigt: die eine in der Nullklasse, bestehend

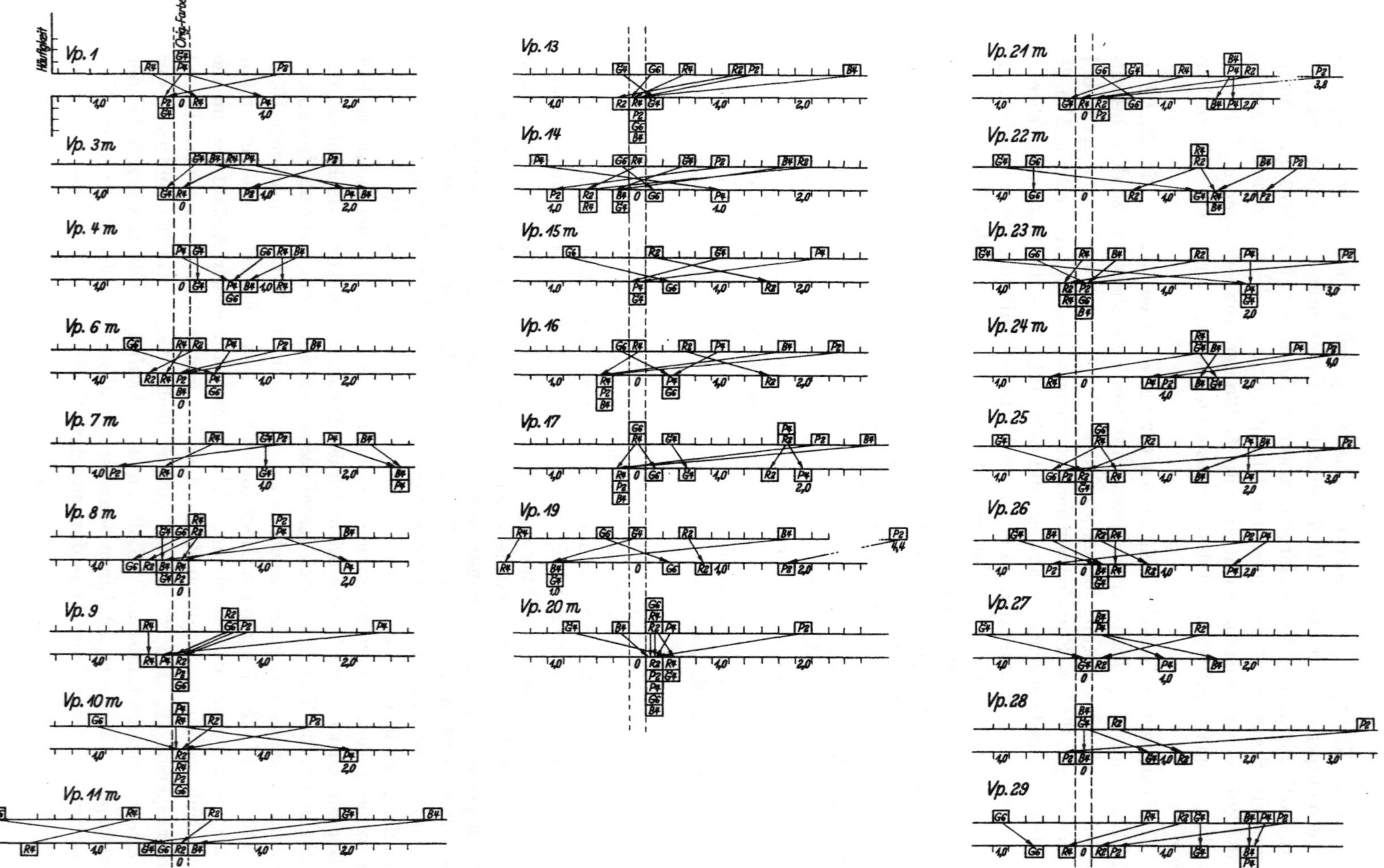

Abb. 8. Darstellung wie Abb. 7 für die Wiederholungsversuche.
Oben: Erstversuche; unten: Wiederholungsversuche. Gleiche Farben in den beiden Versuchen sind durch einen Pfeil verbunden.

aus den Farben 22 Grün, $S_0 = 2{,}0$ und 4,0 und 16 Blau, $S_0 = 4{,}0$ (kalte Farben) und die andere 6 Klassen höher, bestehend aus den (warmen) Farben 1 Gelb, $S_0 = 4{,}0$; Rot, $S_0 = 4{,}0$ und 11 Purpur, $S_0 = 6{,}0$. Bei dieser Versuchsperson zeigt also das Farbengedächtnis je nach dem „Erregungscharakter" der betreffenden Originalfarbe ein zwitteriges Verhalten.

In einer Hinsicht allerdings stimmen die Verteilungsfunktionen überein: daß die Abweichungen nach der positiven Seite (nach höherer Sättigung hin) in praktisch allen Fällen größer und zahlreicher sind als nach der negativen Seite. Die mittlere Sättigung der Erinnerungsfarben liegt also nicht nur für das Kollektiv der Versuchspersonen, sondern auch für jede der 26 Einzelpersonen höher als die Sättigung der Originalfarben[1]. Die Sättigungsabweichung nach der positiven Seite können dabei für einzelne Farben sehr hoch sein, so z. B. bei 11 Purpur $S_0 = 2{,}0$, das bei *allen* Versuchspersonen starke Sättigungsabweichung zeigt (vgl. Abb. 1), die nicht selten drei Sättigungsstufen erreicht und in Einzelfällen vier oder mehr Einheiten beträgt (Versuchspersonen 24 m, 19); ebenso weitreichende Sättigungsabweichungen sind auch bei 22 Grün, $S_0 = 2{,}0$ zu finden (Versuchspersonen 22 m, 23 m). Auch 11 Purpur, $S_0 = 4{,}0$ und Blau, $S_0 = 4{,}0$ sind oft mit starken positiven Sättigungsverschiebungen behaftet.

Die statistischen Kennzahlen (Mittelwertsabweichung $m - S_0$ und Streuung σ) der in Abb. 7 wiedergegebenen Verteilungen sind in den Abb. 9 a und 10 a in Abhängigkeit von den einzelnen Versuchspersonen graphisch dargestellt. Sie spiegeln das unterschiedliche Verhalten des Farbengedächtnisses der Einzelpersonen deutlich wider; dabei liegen die größeren individuellen Unterschiede in der Lage der Mittelwerte. Wir kommen auf diese Darstellungen im Zusammenhang mit den W-Versuchen (Abschn. 3.212) zurück.

3.212 *Die Wiederholungsversuche:* In entsprechender Weise wie oben bei den Erstversuchen wurden die in Abb. 4 wiedergegebenen Verteilungen der 7 in den Wiederholungsversuchen verwendeten Farben nach Einzelpersonen aufgegliedert und in Abb. 8 über der gleichen Abszisse wie in Abb. 7 (Differenz der Sättigung zwischen Erinnerungs- und Originalfarbe) dargestellt. Der Vergleichbarkeit halber sind auf der oberen Skala die Verteilungen der E-Versuche, auf der unteren Skala (in entgegengesetzter Richtung) die Verteilungen der W-Versuche aufgetragen. Gleiche Farben in der E- und W-Verteilung sind durch einen Pfeil verbunden.

An dem Verlauf der Pfeile, die — mit Ausnahme der Versuchspersonen 3 m (s. u.) und 7 m — bei allen Verteilungen mit größerer Häufigkeit in die Richtung der Nullklasse zielen als umgekehrt, ist erkennbar, daß die W-Verteilung mindestens in einer der beiden genannten Kenngrößen, sehr oft in beiden gleichzeitig, günstiger liegt als die E-Verteilung. Diese „Zentrierung" der W-Verteilung ist besonders augenfällig bei den Versuchspersonen 9, 10 m, *13*, 20 m, *23 m*, wo sich die im E-Versuch stark streuenden Werte im W-Versuche zu einer geschlossenen, im wesentlichen in der Nullklasse liegenden Verteilung formieren.

Die schärfste W-Verteilung weist wieder die Vp. 20 m auf, bei der alle Farben im W-Versuche in einer nur auf zwei benachbarte Klassen beschränkten Verteilung vereinigt sind. Die überwiegende Mehrzahl der Farben liegt beim Wiederholungsversuche,

[1] Das entsprechende für *drei* Versuchspersonen gefundene Ergebnis von NEWHALL, BURNHAM und CLARK (s. o.) wird damit im Prinzip bestätigt.

wieder wie im Erstversuche (s. 3.211), in der der Nullklasse *benachbarten* Klasse, keine davon in der Nullklasse, wohin sie „eigentlich" gehört. Hiermit wird bestätigt (s. Abschn. 3.211), daß das Farbengedächtnis dieser Versuchsperson, unabhängig vom Farbton der Farbe und der absoluten Höhe ihrer Sättigung, mit Sicherheit zwischen der Klasse Null und 1, d. h. zwischen der kaum merklichen Sättigungsdifferenz von 0,2 unterscheiden kann. Eine an diese Leistung nahezu heranreichende Sicherheit des Farbengedächtnisses weisen auch die genannten Vpp. 9, 10 und 13 auf. Die statistischen Kennzahlen der in Abb. 8 wiedergegebenen Verteilungen sind in Abhängigkeit von der Versuchsperson in Abb. 9 a und 10 a graphisch dargestellt (gestrichelt).

Abb. 9 a zeigt sinnfällig, daß die Mittelwertsabweichung m — S_0 in den W-Versuchen (unter Berücksichtigung der mittleren Schwankung μ) niemals größer ist als in den Versuchen, meist dagegen kleiner, z. T. sogar wesentlich. Die Streuwerte σ (Abb. 10 a) liegen bei den W-Versuchen (mit den zwei Ausnahmen der Vpp. 3 m und 7 m) in den W-Versuchen immer niedriger als in den E-Versuchen; die Schärfe des Farbengedächtnisses ist also nicht nur im Kollektiv, sondern auch bei den Einzelpersonen in den W-Versuchen durchweg höher als in den E-Versuchen. Keine Verbesserung, weder in der Mittelwertslage noch in der Streuung, zeigen lediglich die Versuchspersonen 1,4 m, 10 m; bei allen übrigen Versuchspersonen — und das ist der überwiegende Teil, ist mindestens die Schärfe *oder* die Lage des Mittelwertes in den W-Versuchen verbessert, meist sind es beide Eigenschaften, worin sich in doppelter Hinsicht die höhere Leistung des Farbengedächtnisses in den W-Versuchen ausdrückt.

3.3 Verhalten von Personen-Gruppen

Die letzte in diesem Zusammenhang uns interessierende Frage ist, ob sich denn ein typisches Verhalten des Farbengedächtnisses von Personengruppen feststellen läßt, von denen in unserem Kollektiv die Gruppen „männlich/weiblich" und „farbgeübt/farbungeübt" vorhanden sind.

In Abb. 9 b und 10 b sind die Gruppenmittelwerte von m — S_0 bzw. von σ graphisch dargestellt, wobei der Übersicht halber in Abb. 9 a und 10 a die Personen-Nummern (auf der Abszisse) so angeordnet wurden, daß alle männlichen Versuchspersonen auf der linken, alle weiblichen Versuchspersonen auf der rechten Hälfte der Abszisse untergebracht sind; die Gruppe der farbgeübten Beobachter (22 m — 25) liegt in der Mitte.

Aus den Abb. 9 b und 10 b ist zu entnehmen:

a) Bei den E-Versuchen besteht weder in der Lage der Mittelwerte m — S_0 noch in der Streuung σ ein wesentlicher Unterschied zwischen männlichen und weiblichen Versuchspersonen.

Anders bei den W-Versuchen! Dort weisen die Verteilungen der Erinnerungsfarben für die weiblichen Versuchspersonen eine viel testnähere Lage auf (MW-Abweichung m — S_0 = 0,24) als die männlichen Versuchspersonen (m — S_0 = 0,53). Die weiblichen Versuchspersonen haben sich also in den W-Versuchen stärker „gebessert" (von 0,81 auf 0,24; d. h. um 0,57) als die männlichen Versuchspersonen (von 0,86 auf 0,53; d. h. um nur 0,33).

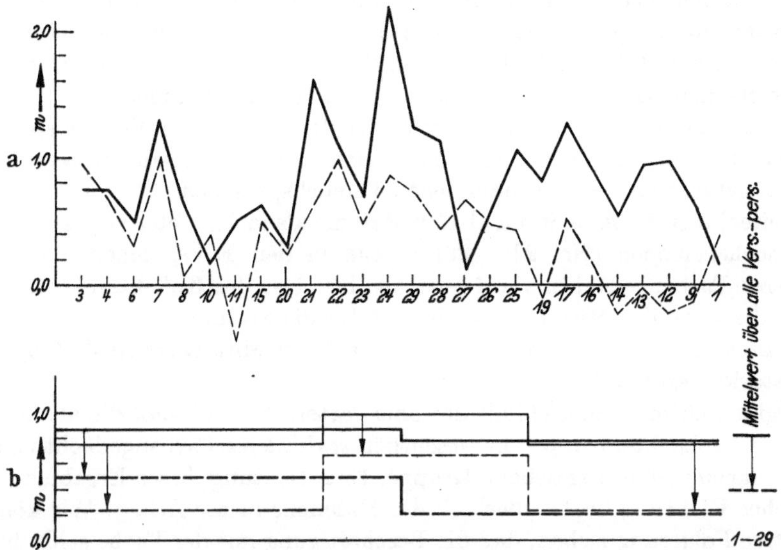

Abb. 9. Mittelwerte der Abweichung $S_E - S_0$ der Sättigung S_E der Erinnerungsfarben von der Sättigung S_0 der zugehörigen Originalfarbe.

a) für die einzelnen Versuchspersonen,
b) für die Personengruppen männlich/weiblich und farbgeübt/farbungeübt.

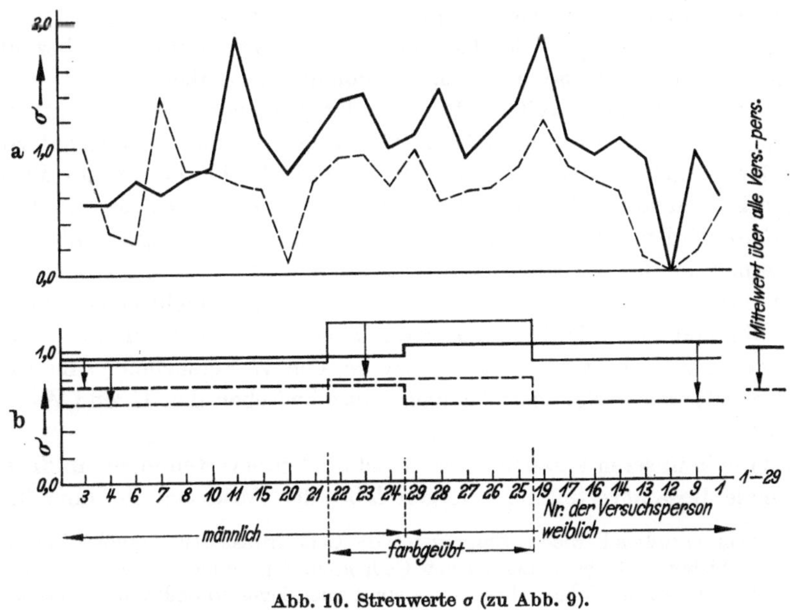

Abb. 10. Streuwerte σ (zu Abb. 9).

——— Erstversuche – – – – – – Wiederholungsversuche.

Grundsätzlich das gleiche Verhalten findet sich bei dem Streuwerte σ. Dieser nimmt beim Übergang von den E- nach den W-Versuchen für die weiblichen Versuchspersonen von 1,02 auf 0,61, also um 0,41 ab, während er bei den männlichen Versuchspersonen von 0,97 auf 0,72, also nur um 0,25, zurückgeht.

Eindeutig haben also die E-Versuche bei den weiblichen Versuchspersonen zu einer höheren Sicherheit (MW-Lage *und* Schärfe) des Farbengedächtnisses in den W-Versuchen geführt als bei den männlichen Versuchspersonen.

b) Weiter zeigt die Abb. 9 b und 10 b, daß die als farbgeübter angesehene Gruppe von Versuchspersonen (Nr. 22 — 29) bereits in den E-Versuchen ein wesentlich schlechteres Farbengedächtnis aufweist als der Rest des Kollektives; das trifft sowohl für die Lage des Mittelwertes als auch für die Streuung zu. Dieses Bild bleibt grundsätzlich in den W-Versuchen bestehen; beim Mittelwert (Abb. 9 b) ist es besonders stark ausgeprägt.

Es ergibt sich mit Deutlichkeit der unerwartete Befund, daß die als farbgeübter angesehene Beobachtergruppe ein wesentlich *schlechteres* Farbengedächtnis aufweist als die als farb*un*geübt angesehene Gruppe. Eine Deutung dieses Ergebnisses in psychologischer Richtung liegt außerhalb des Rahmens dieser Arbeit. Wir können nur die negative Folgerung ziehen, daß die Beschäftigung mit der Farbe schlechthin und die zielbewußte Übung des Farbengedächtnisses („Einprägen" von Farben) psychologisch gesehen zwei ganz verschiedene Vorgänge hinsichtlich ihres Einflusses auf das Farbengedächtnis sind[1]. Bemerkt sei noch, daß auch innerhalb dieser Gruppe die weiblichen Versuchspersonen bei den W-Versuchen höhere Sicherheit des Farbengedächtnisses zeigen als die männlichen Versuchspersonen.

4. Einige aus den Versuchen aufsteigende Fragen an die Psychologen

Um zu einem tieferen Verständnisse des Vorganges der Farberinnerung zu kommen, sind die von uns ermittelten Ergebnisse nicht ausreichend, sondern sie bedürfen der Deutung. Das ist Aufgabe der Psychologen. Wir möchten die diesbezüglich aufgetretenen Fragen im folgenden im Zusammenhange formulieren:

a) Wie ist zu erklären, daß die Wiederholungsversuche eine wesentlich höhere Leistung (Sicherheit) des Farbengedächtnisses zeigen als die einen Monat vorher beendeten Erstversuche, zumal niemals eine bewußte Einübung der zur Prüfung gekommenen Farben stattgefunden hat und die Versuchspersonen nie erfahren hatten, ob ihre Gedächtnisfarben „richtig" lagen, so daß „Erfahrungen" als Grund der Leistungserhöhung des Farbengedächtnisses ausscheiden ?

b) Entwickelte sich die Leistunsgerhöhung des Farbengedächtnisses kontinuierlich, vielleicht während des Ablaufes der Erstversuche ? Oder war sie da noch nicht wirksam, sondern nur latent vorhanden, bis sie bei den W-Versuchen „zum Ausbruch" kam ? Oder reifte sie in der vierwöchigen Pause zwischen den E- und W-Versuchen erst heran ?

c) Sind die in unseren Versuchen festgestellten Unterverteilungen, in die sich jede nicht-normale Gesamtverteilung zerlegen läßt, der Ausdruck für eine bestimmte

[1] Daß nur ein bewußtes Lernen („Einprägen") die Gedächtnisleistung erhöht, finden wir auch auf anderen Gebieten, z. B. beim Lernen von Gedichten. Ein „reines" Lesen von Gedichten — das nur im Aufnehmen des Inhalts besteht — stellt noch keine intendierte Beanspruchung des Gedächtnisses dar; es führt deshalb erfahrungsgemäß nicht zu erhöhter Gedächtnisleistung.

„Struktur" des Farbengedächtnisses? Kann man aus der „Umbesetzung" der Unterverteilungen beim Übergang von den E- nach den W-Versuchen (Abschn. 3.12) auf einen bestimmten psychologischen „Mechanismus" des Farbengedächtnisses schließen? Wie ist die Tatsache der (verschiedenen) Resistenz den Farbengedächtnisses hieraus abzuleiten?

d) Wie ist die höhere Leistung des Farbengedächtnisses weiblicher Versuchspersonen gegenüber männlichen Personen in den W-Versuchen erklärbar?

e) Gibt es eine Erklärung dafür, daß farbgeübte Versuchspersonen eine schlechtere Leistung des Farbengedächtnisses aufweisen als farbungeübte Personen?

5. Zusammenfassung

In der vorliegenden Arbeit wurde untersucht, mit welcher Genauigkeit das Farbengedächtnis den Sättigungsgrad von Farben (Aufsicht) verschiedenen Farbtones (1 Gelb, 7 Rot, 11 Purpur, 16 Blau, 22 Grün des 24teiligen Farbtonkreises), jede in der Sättigungsstufe $S_0 = 2{,}0$, 4,0 und 6,0, aber sämtlich gleichen Hellbezugswertes ($A = 46{,}2$ gleich Dunkelstufe 2 der deutschen DIN-Farbenkarte) nach Ablauf eines Tages wiederzuerkennen vermag, und zwar sowohl an einem Kollektiv (26 Versuchspersonen) als auch an Einzelpersonen als auch an Personengruppen (Geschlecht, berufliche Beschäftigung mit Farbe).

Zwecks Prüfung der Reproduzierbarkeit wurde diese erste Versuchsreihe (E-Versuche) nach Ablauf eines Monats an einer Auswahl der genannten Farben genau wiederholt (W-Versuche).

Die Versuche führten zu folgenden Ergebnissen:

a) Die Sicherheit des Wiedererkennens des Sättigungsgrades von Farben ist je nach Farbton und nach Sättigungsgrad der Originalfarbe stark unterschiedlich, und zwar sowohl bei dem Kollektiv der Versuchspersonen als auch — besonders stark — bei den Einzelpersonen.

b) Die statistische Verteilung der Erinnerungsfarben eines Kollektives gehorcht weder in den E- noch in den W-Versuchen den Gesetzen der GAUSS'schen Normalverteilung. Sie besteht aus mindestens zwei, durch je eine Lücke getrennten Unterverteilungen (Ausnahme: 1 Gelb mit sehr hoher Sättigung $S_0 = 6{,}0$).

c) Die Verteilungen der E- und W-Versuche konnten in gleichliegende Unterverteilungen (gleiche Lücken) aufgeteilt werden.

d) Die Sättigung der Erinnrungsfarben eines Kollektives liegt (mit Ausnahme des „schmutzigen" Gelb der Sättigung $S_0 = 2{,}0$) immer höher als die Sättigung der Originalfarbe. Der Sättigungsunterschied zwischen Erinnerungs- und Originalfarbe ist in erster Linie vom Sättigungsgrade der Originalfarbe (und erst in zweiter Linie vom Farbton) abhängig. Dieser Unterschied ist umso geringer, je höher der Sättigungsgrad der Originalfarbe ist.

Den stärksten Unterschied zwischen Sättigung(smittelwert) der Erinnerungsfarben und der zugehörigen Originalfarbe wurde bei 11 Purpur der (niedrigeren) Sättigung $S_0 = 2{,}0$ gefunden; er beträgt 2,31 Sättigungsstufen. Den kleinsten Unterschied (— 0,37) zeigte 1 Gelb der (höchsten) Sättigung $S_0 = 6{,}0$.

e) Je schärfer die Verteilung der Erinnerungsfarben, umso geringer die Abweichung des Mittelwertes von der originalrichtigen Lage, und umgekehrt. Die Sicherheit des Farbengedächtnisses drückt sich also sowohl in höherer Schärfe als auch gleichzeitig testgemäßerer Lage der (Verteilung der) Erinnerungsfarben aus.

f) Die Wiederholungsversuche zeigten in allen Fällen günstigere Ergebnisse (höhere Schärfe, geringere Mittelwertsabweichung von der testrichtigen Lage), also höhere Leistung des Farbengedächtnisses als die Erstversuche. Die Unterschiede zwischen E- und W-Versuchen sind bei den verschiedenen Farben verschieden groß (verschieden hohe „Resistenz“ der Gedächtnisfarbe). Geringe Unterschiede wurden bei 11 P, $S_0 = 4{,}0$ (gedächtnisfeste Farbe); große Unterschiede bei 11 P, $S_0 = 2{,}0$ festgestellt.

g) Männliche und weibliche Versuchspersonen zeigen in den E-Versuchen keine bemerkenswerten Unterschiede des Farbengedächtnisses. Dagegen weisen in den W-Versuchen weibliche Versuchspersonen eine wesentlich höhere Leistung des Farbengedächtnisses (Schärfe *und* testrichtige Lage) auf als männliche Versuchspersonen.

h) Unter den Einzelpersonen wurden solche mit außerordentlich hoher Sicherheit der Farbgedächtnisses gefunden, insbesondere eine, die 11 von allen 15 Farben (verschiedenen Farbtones und Sättigungsgrades) mit völliger Sicherheit (in einer „Klasse“ = 0,2 Sättigungsstufen liegend und nur 2 Farben hiervon weiter als zwei Klassen entfernt liegend) wiedererkannte.

i) Der Umgang mit Farben allein, d. h. ohne den Akt der bewußten gedächtnismäßigen Einprägung, bietet keine Gewähr für eine Erhöhung der Sicherheit des Farbengedächtnisses. (In den Versuchen wies die entsprechende Personengruppe sogar eine schlechtere Gedächtnisleistung auf als der Rest des Kollektives).

Literatur

[*1*] Koffka, K.: Principles of Gestalt Psychology, New York: Harcourt Brace and Company, Inc., 1935.

[*2*] Bruner, Postman und Rodrigues: Amer. Jl. Psychol. **64**, 216 — 227 (1951).

[*3*] Baker, K. E. u. I. Mackintosh: J. Exptl. Psychol. **49**, 281 — 286 (1955).

[*4*] Köhler, W.: Psychol. Forsch. **4**, 115 — 175 (1923).

[*5*] Ehrler, F.: Über das Farbengedächtnis und seine Beziehungen zur Atelier- und Freilichtmalerei. Neue psychol. Stud., hrsgeg. v. F. Krueger, Bd. 2: Licht und Farbe, hrsgeg. v. F. Krueger u. A. Kirschmann, S. 209 — 308, München 1926 (mit 24 Literaturangaben).

[*6*] Hamwi, V. u. C. Landis: Memory for Color, J. Psychol. **39**, 183 — 194 (1955).

[*7*] Newhall, S. M., R. W. Burnham u. J. R. Clark: Comparison of successive with simultaneous color matching, J. opt. Soc. Am. **47**, 43 — 56 (1957).

[*8*] Collins, M.: Some observations on immediate colour memory, Brit. J. Psychol., **22**, 344 — 352 (1931/1932).

[*9*] Richter, M.: Untersuchungen zur Aufstellung eines empfindungsgemäß gleichabständigen Farbsystems, ZS. wiss. Phot. **45**, 139 — 162 (1950).

[*10*] Burnham, R. W. u. J. R. Clark: A test of hue memory, J. appl. Psychology **39**, 164 — 172 (1955).

Die Farbe kolloidaler Silbersole in Gelatine

Von E. Klein und H. J. Metz

Zusammenfassung

Durch physikalische Entwicklung von AgHal-Emulsionen, denen verschiedene Mengen einer Silberkeimemulsion zugesetzt wurden, konnten nahezu kugelförmige Ag-Teilchen von einheitlicher Größe hergestellt werden. Der mittlere Durchmesser der Ag-Teilchen ist dabei nur bestimmt durch das Mischungsverhältnis von AgHal-Emulsion zu Keimemulsion; er ist unabhängig von der Teilchengröße und Art des Silberhalogenids.

Die Absorptionskurven der Ag-Teilchen in fester Gelatine ($n' = 1{,}5$) und Wasser ($n = 1{,}33$) wurden aufgenommen für Teilchendurchmesser im Bereich von 20 bis 180 mμ. Mit den in neuester Zeit von Schulz [*12*] bestimmten optischen Konstanten des reinen Silbers wurden nach Mie [*4*] die theoretischen Werte für Absorption und Streuung an kugelförmigen Ag-Teilchen in einem umgebenden Medium mit dem Brechungsindex $n' = 1{,}5$ (feste Gelatine) berechnet. Der Vergleich der experimentell gefundenen Absorptionskurven mit den theoretisch berechneten zeigt qualitativ eine befriedigende Übereinstimmung.

Einige Versuche deuten darauf hin, daß das durch physikalische Entwicklung entstehende Silber je nach Entwicklungsbedingungen etwas verschiedene optische Konstanten besitzt.

Experimentell findet man, daß man durch Zusatz von Bromidionen während der physikalischen Entwicklung den Farbton der Schicht verändern kann. Da die Behandlung entwickelter Schichten mit Bromidlösungen jedoch keine Farbenverschiebung bewirkt, muß man annehmen, daß Fremdionen während der Entwicklung in das entstehende Silber eingebaut werden und dadurch die optischen Eigenschaften verändern.

Es ist anzunehmen, daß auch bei einer chemischen Entwicklung, wie sie in der Praxis meistens vorliegt, ein solcher Einbau von Fremdionen in das Silber stattfindet und den Farbton der entwickelten Schichten verändern kann. Es soll daher in weiteren Versuchen geklärt werden, in welchem Maße verschiedene bei der Entwicklung zugesetzte Substanzen die optischen Eigenschaften des entwickelten Silbers verändern, so daß man einen Hinweis zur Lösung des Farbtonproblemes bei der praktischen Entwicklung erwarten kann. Es wird ferner in der vorliegenden Arbeit gezeigt, daß man die Unterschiede des Farbtons und der Gesamttransparenz physikalisch entwickelter Schichten in trockenem und nassem Zustand auf die Veränderung des Brechungsindex der Schicht durch die Quellung zurückführen kann. Man muß daher annehmen, daß auch der aus der Praxis bekannte Effekt der Transparenzerhöhung beim Quellen chemisch entwickelter Schichten auf die Brechungsindexveränderung zurückgeführt werden muß.

I. Einleitung

Bei früheren Untersuchungen über die Form des entwickelten Silbers wurde gefunden [*1, 2*], daß belichtete AgBr-Teilchen einer normalen photographischen Emulsion unter geeigneten Entwicklungsbedingungen vollständig über die Lösungsphase entwickelt werden. Bei dieser „physikalischen Entwicklung" wird das zunächst komplex gelöste Silberhalogenid an den vorhandenen Keimen reduziert. Es entstehen kompakte Silberkristalle ohne Vorzugsrichtung. JAMES [*3*] nennt den gleichen Entwicklungsmechanismus „solution-physical-development". Er untersuchte damit die Lösungsgeschwindigkeit von Silberhalogenidkörnern in photographischen Schichten durch verschiedene Lösungsmittel. JAMES gab die zur physikalischen Entwicklung benötigten Keime in Form kleiner Mengen Carey-Lea-Silbersol zur Emulsion und erreichte so die gleichmäßige Verteilung einer vorgegebenen Keimanzahl in der Schicht, was durch Belichtung nur in Ausnahmefällen (etwa durch Röntgenlicht) gelingt.

Durch Reduktion von Silberchloridemulsion mit Hydrazin erhält man sehr kleine Ag-Teilchen ($\varnothing \approx 15$ mμ) in Gelatine, die gleichfalls als Keime für die physikalische Entwicklung geeignet sind. Silberhalogenid-Emulsionen, denen verschiedene Mengen dieser Keimemulsion zugesetzt wurden, lieferten bei vollständiger physikalischer Entwicklung runde (oktaederförmige) kompakte Silberteilchen von nahezu einheitlicher Größe. Der mittlere Durchmesser der entwickelten Teilchen wird nur durch das Mischungsverhältnis von AgHal-Emulsion zu Keimemulsion bestimmt. Er kann in einem Bereich von 20 bis 250 mμ variiert werden.

Die entwickelten Schichten zeigten je nach Größe der in ihnen enthaltenen Ag-Teilchen mannigfach verschiedene Auf- und Durchsichtsfarben. Ziel der vorliegenden Arbeit war es, festzustellen, wie weit die von MIE [*4*] aufgestellte Theorie über die Farben von Metallsolen die bei unseren entwickelten Schichten auftretenden Farberscheinungen erklären kann.

II. Theoretischer Teil

1. Diskussion der Ergebnisse früherer Arbeiten

Vor etwa 50 Jahren veröffentlichte MIE seine grundlegende theoretische Arbeit [*4*], in der er Absorption und Streuung an *kugelförmigen* Metallteilchen in Abhängigkeit von Teilchendurchmesser, Wellenlänge des eingestrahlten Lichtes, Brechungsindex des umgebenden Mediums und den optischen Konstanten des kompakten Metalls berechnete. MIE selbst ermittelte nach seiner Theorie die Werte für Absorption und Streuung kolloidaler Goldlösungen, und experimentelle Ergebnisse von STEUBING an Goldsolen bestätigten die Theorie.

MÜLLER [*5*] berechnete nach den von MIE angegebenen Formeln und mit den von HAGEN und RUBENS [*6*] an kompaktem Ag gemessenen optischen Konstanten die theoretischen Werte für die RAYLEIGH-Strahlung (1. elektrische Partialwelle) von Ag-Teilchen in wäßriger Lösung. GANS [*7*] führte die Theorie weiter, indem er die von MIE zunächst nur für kugelförmige Teilchen durchgeführten Berechnungen auf ellipsoidförmige Teilchen ausdehnte. Er fand theoretisch bei Ag- und Au-Solen starke Abhängigkeit der Absorptionskurven von der Kornform. Schließlich wurde 1925 von FEICK [*8*] zum ersten Male für Silber die von MÜLLER angefangene Rechnung für kugelförmige Teilchen (mit den Konstanten von HAGEN und RUBENS) vollständig durchgeführt, jedoch keine gute Übereinstimmung mit experimentellen Ergebnissen gefunden.

SCHAUM und LANG [*9*] untersuchten nach LÜPPO-CRAMER hergestellte hochdisperse Ag-Sole, die durch physikalische Entwicklung in Gelatinelösung systematisch vergrößert wurden. Die Durchsichtsfarben der Sole änderten sich dabei von gelb über gelborange, orange, orangerot, rotviolett, blauviolett nach blaugrün. Etwa die gleiche Farbverschiebung mit zunehmendem Durchmesser der Ag-Teilchen tritt auch bei unseren physikalisch entwickelten Schichten auf. Da damals zur Teilchenbeobachtung jedoch noch nicht das Elektronenmikroskop zur Verfügung stand, konnten die Autoren keine genauen Aussagen über Teilchengröße und Teilchenform ihrer Sole machen. Ein Vergleich mit der MIE'schen Theorie mußte sich auf die Feststellung einer grobqualitativen Übereinstimmung beschränken.

Während die zuvor genannten Arbeiten alle schon einige Jahrzehnte zurückliegen, existiert noch eine Untersuchung neueren Datums von WIEGEL [*10*] (1954). Hier wurde zum ersten Male versucht, die MIE'sche Theorie auf Ag-Sole quantitativ anzuwenden. WIEGEL legte seiner Arbeit die von MÜLLER und FEICK berechneten Werte zugrunde. Die Abweichungen zwischen theoretischen und experimentellen Ergebnissen sind beträchtlich. Doch elektronenmikroskopische Aufnahmen der Ag-Teilchen zeigten, daß diese teilweise plättchenförmig waren, außerdem von nicht einheitlicher Größe.

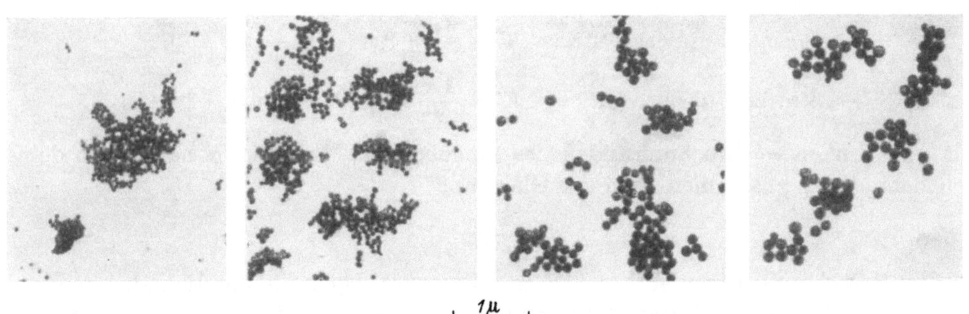

Abb. 1. Elektronenmikroskopische Aufnahmen physikalisch entwickelter Ag-Teilchen

Eine ausführliche Literaturzusammenstellung bis zum gegenwärtigen Stand gibt FISHMAN [*11*] in seiner Bibliographie über Light-Scattering in Colloidal Systems. Die dort noch genannten Arbeiten indischer Autoren über Lichtstreuung an Ag-Solen beschäftigen sich hauptsächlich mit der Untersuchung des Polarisationszustandes des gestreuten Lichtes; es ergeben sich z. T. Anhaltspunkte für das Vorhandensein nicht kugelförmiger Ag-Teilchen in den Solen. Es liegen unseres Wissens bisher noch keine Untersuchungen vor, bei denen man von Ag-Solen mit exakt kugelförmigen, gleichgroßen Teilchen von genau bekanntem Durchmesser ausgegangen wäre. Ein solches Sol müßte sich in ausgezeichneter Weise zur experimentellen Nachprüfung der MIE'schen Theorie eignen. Elektronenmikroskopische Aufnahmen unserer entwickelten Ag-Teilchen (Abb. 1) zeigen, daß diese die eben genannten Bedingungen in guter Näherung erfüllen. So durften wir hoffen, durch einen Vergleich unserer gemessenen Absorptionskurven mit den nach MIE berechneten sicher über die quantitative Gültigkeit der MIE'schen Theorie für Ag-Sole entscheiden zu können.

2. Berechnung der Absorption und Streuung von Licht an Ag-Teilchen in Gelatine

Nach MIE setzt sich die Strahlung einer kleinen Metallkugel im Feld einer elektromagnetischen Welle aus einer endlichen Anzahl elektrischer und magnetischer Partialschwingungen zusammen, wobei die erste elektrische Partialschwingung, die mit der Rayleigh-Strahlung identisch ist, für genügend kleine Teilchen praktisch allein vorliegt. In dem für die Ag-Sole interessanten Teilchengrößenbereich (20 — 180 mμ) müssen für die Strahlung der größeren Teilchen noch die Werte der zweiten elektrischen und ersten magnetischen Partialschwingung berücksichtigt werden. Die Beiträge der elektrischen und magnetischen Partialschwingungen zu Absorption und Streuung sind durch komplexe, wellenlängenabhängige Größen $\mathfrak{a}_1, \mathfrak{a}_2 \ldots., \mathfrak{p}_1, \mathfrak{p}_2 \ldots.$ bestimmt.

Aus ihnen ermittelt man dann in einfacher Weise die Werte für Absorptions- und Streukoeffizient für die einzelnen Teilchendurchmesser in Abhängigkeit von der Wellenlänge. (Es sei darauf hingewiesen, daß unter „Absorption" hier — im Anschluß an die von MIE eingeführte Bezeichnungsweise — der Gesamtlichtverlust des Parallelstrahles beim Durchgang durch die Schicht verstanden wird).

Die Schwächung des geradlinig die Schicht durchdringenden Lichtes setzt sich also zusammen aus Streuung und reiner Absorption.

Es gilt nach MIE:

$$\text{Gesamtabsorptionskoeffizient} \quad K = \frac{6\pi}{\lambda'} \cdot \mathfrak{Im}\,(-\mathfrak{a}_1, -\mathfrak{a}_2 + \mathfrak{p}_1),$$

$$\text{Streukoeffizient} \quad K' = \frac{4\pi}{\lambda'}\,\alpha^3 \left(|\mathfrak{a}_1|^2 + \frac{3}{5}\,|\mathfrak{a}_2|^2 + |\mathfrak{p}_1|^2\right)$$

mit $\lambda' = \lambda/n'$. n' = Brechungsindex des umgebenden Mediums. α hängt mit dem Teilchenradius ϱ zusammen nach der Gleichung

$$\alpha = \frac{2\pi\varrho}{\lambda'}.$$

Den Berechnungen von MÜLLER [*5*] und FEICK [*8*] lagen die um die Jahrhundertwende von HAGEN und RUBENS [*6*] gemessenen optischen Konstanten des Silbers

Tabelle 1. *Optische Konstanten von Silber nach L. G. Schulz* [*12*]

λ [mμ]	n	k
400	0,075 (0,205)	1,93 (2,00)
450	0,065 (0,221)	2,42 (2,65)
500	0,050 (0,254)	2,87 (3,23)
550	0,055 (0,299)	3,32 (3,78)
600	0,060 (0,343)	3,75 (4,32)
650	0,070 (0,393)	4,20 (4,88)
700	0,075 (0,416)	4,62 (5,37)
750	0,080 (0,440)	5,05 (5,88)
	H u. R	H u. R

zugrunde. Beim Vergleich dieser Werte mit den nach neueren Methoden von SCHULZ [*12*] bestimmten (siehe Tab. 1) ergeben sich beträchtliche Abweichungen. Außerdem sind die Berechnungen der obengenannten Autoren auf Wasser mit dem Brechungsindex n = 1,33 bezogen, wohingegen unsere Ag-Teilchen in fester Gelatine n' = 1,5 vorliegen. Es erschien uns deshalb ratsam, auf die ursprünglich von Mie [*4*] angegebenen Formeln zurückzugehen und Streuung und Absorption der Ag-Teilchen mit den neuen optischen Konstanten des Silbers und dem Brechungsindex n' = 1,5 der Gelatine zu berechnen. Wie man aus den von Feick [*8*] gewonnenen Kurven für die Absorption in Abhängigkeit von der Wellenlänge entnimmt, ist der Kurvenverlauf durch Angabe von Werten für vier Wellenlängen im sichtbaren Spektrum nicht genügend bestimmt. Wir haben deshalb für 8 verschiedene Wellenlängen gerechnet.

In den folgenden Tabellen 2 und 3 sind die Werte K und K' in Abhängigkeit von der Wellenlänge für verschiedene Teilchendurchmesser angegeben. (Die Werte für $\mathfrak{a}_1$, $\mathfrak{a}_2$, $\mathfrak{p}_1$ sind in der Veröffentlichung im SPSE-Journal [*13*] angegeben).

Angegeben ist jeweils Realteil n und Imaginärteil k des komplexen Brechungsindex $m = n - i k$. Die Werte in Klammern sind die den früheren Rechnungen zugrunde liegenden Werte von Hagen und Rubens. Es fallen besonders die beträchtlichen Abweichungen bei den Werten für n auf, die bei Hagen und Rubens rund 3 bis 4 mal höher liegen als bei Schulz.

Tabelle 2. *Werte für den Absorptionskoeffizienten (nach Mie berechnet mit den Werten* $\mathfrak{a}_1$, $\mathfrak{a}_2$, $\mathfrak{p}_1$)
$K \cdot 10^{-6}$ [cm^{-1}]

λ [mμ]	d = 40 mμ	60 mμ	80 mμ	100 mμ	120 mμ	140 mμ	160 mμ
400	1,30	0,96	0,75	0,552	0,436	0,345	0,284
450	6,354	2,291	0,988	0,835	0,994	0,665	0,428
500	0,459	2,067	1,942	0,962	0,627	0,414	0,640
550	0,105	0,472	1,289	1,106	0,701	0,485	0,387
600	0,052	0,188	0,541	0,876	0,749	0,521	0,380
650	0,026	0,095	0,267	0,518	0,648	0,543	0,392
700	0,016	0,056	0,153	0,322	0,495	0,514	0,460
750	0,011	0,034	0,096	0,199	0,352	0,445	0,418

Tabelle 3. *Werte des Streukoeffizienten K' (berechnet nach Mie mit den Koeffizienten* $\mathfrak{a}_1$, $\mathfrak{a}_2$, $\mathfrak{p}_1$)
$K' \cdot 10^{-6}$ [cm^{-1}]

λ [mμ]	d = 40 mμ	60 mμ	80 mμ	100 mμ	120 mμ	140 mμ
400	0,460	0,556	0,847	0,467	0,452	0,376
450	4,020	1,780	0,865	0,724	0,850	0,616
500	0,305	1,545	1,863	0,942	0,589	0,305
550	0,066	0,397	1,185	1,082	0,673	0,452
600	0,036	0,162	0,495	0,805	0,722	0,502
650	0,019	0,083	0,243	0,499	0,617	0,535
700	0,011	0,046	0,136	0,319	0,496	0,504
750	0,008	0,029	0,084	0,186	0,336	0,436

In Abb. 2 sind die Werte für K aus Tab. 2 graphisch dargestellt. Im Vergleich dazu zeigt Abb. 3 die von Feick [*8*] mit den von Hagen und Rubens angegebenen Konstanten für n = 1,33 berechneten K-Werte.

Die beiden Darstellungen sind, weil für verschiedene Brechungsindizes des umgebenden Mediums berechnet, nicht direkt vergleichbar. In erster Näherung läßt sich eine Änderung des Brechungsindex des umgebenden Mediums von n nach n' durch

Multiplikation der Abszissenwerte mit dem Faktor n'/n kompensieren. Rechnet man danach die eine der Darstellung in die andere um, so ergibt sich im groben Übereinstimmung. Mehr läßt sich infolge der Verschiedenheit der benutzten Ag-Konstanten nicht erwarten, wenn man berücksichtigt, daß auch die „Umrechnung“ nur Näherungscharakter hat und auf einfache Weise nicht exakt möglich ist (siehe [*4*]).

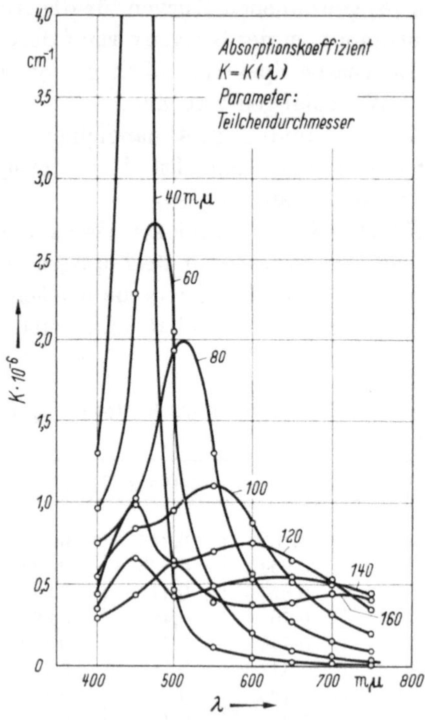

Abb. 2. Werte des Absorptionskoeffizienten für reines Silber, berechnet mit optischen Konstanten von SCHULZ für ein umgebendes Medium mit dem Brechungsindex n' = 1,5.

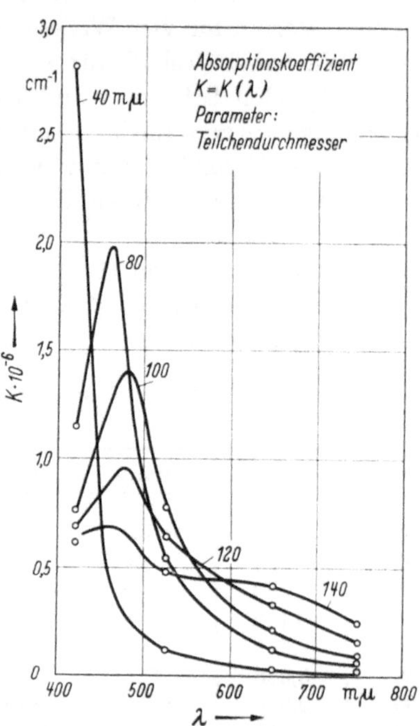

Abb. 3. Werte des Absorptionskoeffizienten für reines Silber, berechnet mit optischen Konstanten von HAGEN und RUBENS für ein umgebendes Medium mit dem Brechungsindex $n = 1{,}33$ (nach FEICK [*8*]).

III. Experimenteller Teil

1. Durchführung der Versuche

Wir gingen bei den physikalischen Entwicklungen von reinen AgBr- und AgCl-Emulsionen aus, die ohne besondere Zusätze hergestellt wurden. Die benötigten Entwicklungskeime erhielten wir aus AgCl-Emulsion durch Reduktion mit Hydrazin. Der Silbergehalt von AgHal-Emulsion und Keimemulsion wurde exakt bestimmt und die Größe der Silberkeime (Keimemulsion) aus einer elektronenmikroskopischen Aufnahme von Teilchen einer Probeentwicklung ermittelt. Je nach dem Mischungsverhältnis von Keimemulsion zu AgHal-Emulsion konnten wir bei der anschließenden physikalischen Entwicklung nahezu gleichgroße Ag-Teilchen in jeder gewünschten Größe zwischen 20 und 250 mμ herstellen. Wir versuchten zwei verschiedene Methoden der Entwicklung:

a) Keimemulsion und AgHal-Emulsion wurden im gewünschten Verhältnis gemischt und nach Verdünnung mit Gelatine bis zu einem Ag-Gehalt von rund $8 \cdot 10^{-4}$g Ag/cm^3 Emulsion auf Glasplatten vergossen. Diese Platten wurden später in der Entwicklerlösung (Metol-Rhodanid-Sulfit) physikalisch entwickelt [*1*, *2*].

b) Nach dem Mischen von Keimemulsion und AgHal-Emulsion, evtl. nach geringer Verdünnung, wurde die Mischung auf 40 °C erwärmt und Entwicklerlösung mit 8%iger Gelatine unter Rühren langsam zugegeben. Nach Beendigung des Entwicklereinlaufs wurde noch 15 Min. gerührt und die entwickelte Emulsion dann zur Erstarrung gebracht. Durch weiteres Verdünnen mit Gelatine wurde die Endkonzentration zum Vergießen auf Glasplatten eingestellt. Die fertig vergossenen Platten konnten durch Wässern von den Entwicklersalzen befreit werden; doch hatten diese auf die optischen Eigenschaften der Schichten keinen Einfluß, und die letzte Wässerung unterblieb meist.

Bei der Entwicklung auf der Platte können ungleichmäßige Entwicklungsbedingungen für die Keime in verschiedenen Schichttiefen entstehen. Ferner ergaben die Versuche, daß bei dieser Art der Entwicklung, vor allem bei Schichten mit geringem Silberauftrag oder niedriger Keimkonzentration, doch ein Teil des komplex gelösten Silberhalogenids aus der Schicht in die Entwicklerlösung entweicht und für die Entwicklung in der Schicht verlorengeht. Das so aus der Schicht herausdiffundierende Silberhalogenid wird in der Entwicklerlösung spontan reduziert und liegt dann als feiner, abwischbarer Silberschlamm auf den Schichten.

Bei der zweiten Art der Entwicklung treten die eben angeführten Nachteile nicht auf. Die Entwicklungsbedingungen sind hierbei für alle Teilchen gleich, und man ist sicher, daß alles Halogensilber an den vorhandenen Keimen reduziert wird. Für die endgültigen Versuche wurde ausschließlich die Methode der flüssigen Entwicklung verwendet, die sich auch in der praktischen Durchführung als vorteilhafter erwies.

Erwähnt sei noch, daß einige Schwierigkeiten zu überwinden waren beim Abmischen der Emulsionen. Die normale Methode des Abmessens flüssiger Emulsions- bzw. Gelatinemengen in Pipetten ist ziemlich ungenau, weil beim Ausfließen je nach Temperatur und Gelatinekonzentration verschiedene Mengen in der Pipette zurückbleiben (bei geringen Mengen bis zu 10%). Da im Verlauf eines Versuches mehrere Abmischungen notwendig sind, um schließlich auf die geringe Endkonzentration an Silber in der Schicht zu kommen, sind bei dieser Methode der berechnete Endauftrag und die Teilchengröße des Silbers mit einem relativ großen Fehler behaftet. Wir haben deshalb alle Gelatine-, Emulsions- und Keimemulsionsmengen in erstarrtem Zustand durch Wägen abgemessen. Lediglich beim endgültigen Vergießen auf die Glasplatte wurde eine bestimmte Menge der aufgeschmolzenen Emulsion mit der Pipette entnommen.

2. Ergebnisse

An den vergossenen Schichten wurde die Transparenz im gerichteten Licht τ'' in Abhängigkeit von der Wellenlänge gemessen. Abb. 4 zeigt den typischen Verlauf einer Schar von Meßkurven.

Aufgetragen ist die Absorption $\alpha = 1 - \tau''$.

Für kleine Teilchen, etwa bis zum Durchmesser d = 80 mμ, besitzen die Kurven ein einziges Maximum, das sich mit steigendem Teilchendurchmesser abflacht und nach größeren Wellenlängen hin verschiebt. Dementsprechend ändert sich die Durchsichtsfarbe der Schichten mit steigendem Teilchendurchmesser von gelb über orange, orangerot nach rotviolett. Für noch größere Teilchen ist das Maximum immer weniger ausgeprägt. Es bildet sich von d = 100 mμ an ein Nebenmaximum bei kurzen Wellenlängen aus, das sich gleichfalls mit weiter steigendem d nach größeren Wellenlängen verschiebt. Gleichzeitig werden die Schichten insgesamt immer durchlässiger; die Absorption wird im sichtbaren Wellenlängenbereich immer weniger selektiv, und die Durchsichtsfarbe der Schichten geht über blaugrüne, grünliche und bräunliche Töne allmählich in grau über.

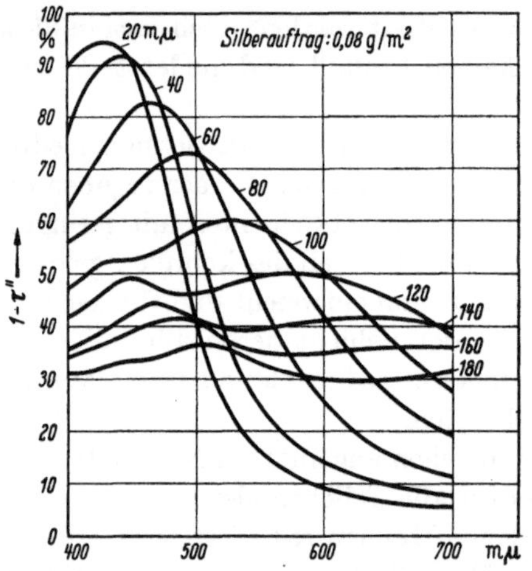

Abb. 4. Absorptionskurven von physikalisch entwickelten Schichten verschiedener Teilchengröße. Brechungsindex des umgebenden Mediums n'=1,5 (Silber aus AgCl).

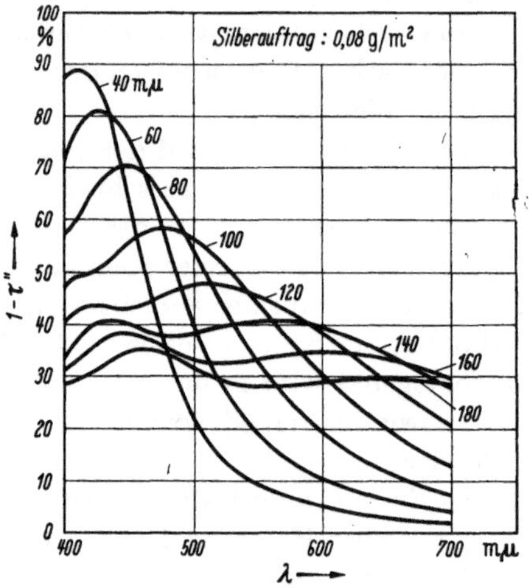

Abb. 5. Absorptionskurven von wäßrigen Ag-Solen verschiedener Teilchengröße (n = 1,33, Silber aus AgCl).

Ein Vergleich von Abb. 4 mit der folgenden Abb. 5 läßt den Einfluß des Brechungsindex des umgebenden Mediums auf die Lage der Kurvenschar gut erkennen.

Die Kurven der Abb. 5 wurden gewonnen aus Messungen an wäßrigen Silbersolen (n = 1,33), die aus demselben Entwicklungsansatz hergestellt wurden, der auch für die Gelatineschichten verwendet worden war: Eine berechnete Menge der entwickelten Emulsion wurde aufgeschmolzen und so mit Wasser verdünnt, daß in einer Meßküvette gerade die gleiche effektive Schichtdicke erreicht wurde wie bei den Gelatineplatten (Silberauftrag 0,08 g Ag/m^2). Der Gelatinegehalt der wäßrigen Sole betrug noch etwa 2$^0/_{00}$.

Im wesentlichen ist der Verlauf der Kurven in Abb. 5 der gleiche wie in Abb. 4, doch scheinen alle Kurven der wäßrigen Sole zu kürzeren Wellenlängen hin verschoben zu sein. Tatsächlich lassen sich die Kurven der Abb. 5 durch Multiplikation der Abszissenwerte mit dem Faktor n'/n = 1,5/1,33 = 1,13 näherungsweise mit den entsprechenden Kurven der Abb. 4 in Übereinstimmung bringen. Da die oben angegebene Transformation jedoch nur eine aus den Mie'schen Formeln ableitbare grobe Näherung darstellt, die für größere Unterschiede in den Brechungsindizes sicher falsch wird, läßt sich durch sie eine *vollständige* Übereinstimmung der beiden Kurvenscharen theoretisch nicht erwarten und wird auch praktisch nicht gefunden. Bei unseren Versuchen ergaben sich geringe, aber reproduzierbare Unterschiede in den Meßkurven, je nachdem ob bei der physikalischen Entwicklung unter sonst vollständige gleichen Bedingungen von AgCl- oder AgBr-Emulsionen ausgegangen wurde.

Da durch Behandlung der entwickelten Schichten in Halogenidlösungen unter verschiedenen Bedingungen keine Veränderung der optischen Eigenschaften der Schichten mehr erreicht werden konnte, scheint es sich nicht um Adsorptionseffekte an der Oberfläche des Ag-Korns zu handeln. Wir neigen zu der Annahme, daß geringe Spuren von Bromid- bzw. Chloridionen bei der Entwicklung in den Ag-Kristall eingebaut werden und so die optischen Eigenschaften des reinen Ag verändern. Abb. 6 zeigt in zwei Meßkurven den Effekt.

Bei beiden Proben wurde von AgCl-Emulsion ausgegangen. Sie wurden vollständig gleich behandelt, nur wurde bei der einen dem Entwickler ein größere Menge KBr zugesetzt.

Da der Entwickler ohnehin eine vergleichbare Menge an Kaliumionen enthielt, können diese für den Farbumschlag wohl nicht verantwortlich gemacht werden.

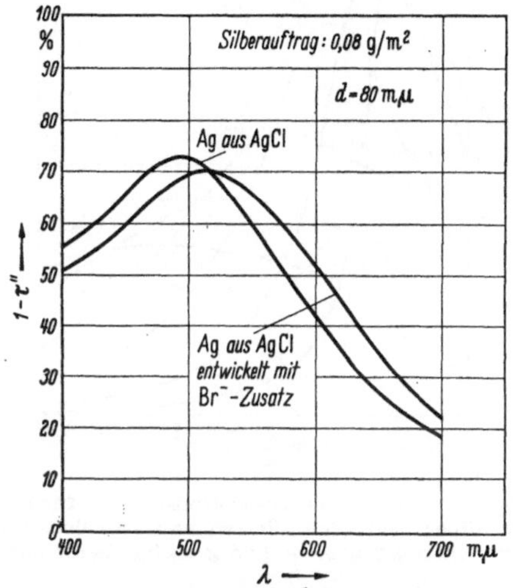

Abb. 6. Änderung der Absorptionskurven für $d = 80$ mμ aus Abb. 4 bei Zusatz von KBr zum Entwickler.

3. Vergleich der Experimente mit der MIE-schen Theorie

MIE hat seine Rechnungen für unendlich verdünnte Lösungen durchgeführt, bei denen sich die Beiträge der einzelnen Teilchen zur Absorption und Streuung einfach addieren. Auch in unseren Schichten liegen die einzelnen Ag-Teilchen so weit voneinander entfernt, daß die optischen Eigenschaften der Schicht nicht mehr vom mittleren Teilchenabstand abhängen; doch entstehen in der dicken Schicht durch die Absorption für die Teilchen in verschiedenen Schichttiefen verschiedene Bedingungen.

Einfach zu übersehen ist nur der Zusammenhang zwischen der Transparenz im gerichteten Licht τ'' und der MIE'schen Absorptionskonstanten $k = CK$. (C = Konzentration der Lösung). Es gilt die Gleichung

$$\tau'' = e^{-CKd} = e^{-KA/\varrho}$$

A = Silberauftrag [g Ag · cm^{-2}]
ϱ = Silberdichte
d = Schichtdicke.

Wir haben nach dieser Beziehung aus den MIE'schen k-Werten die Transparenz τ'' für den Auftrag unserer Meßplatten [$A = 0{,}08$ g Ag/m^2] errechnet. Das Ergebnis ist in Abb. 7 dargestellt.

Ein Vergleich mit Abb. 4 zeigt, daß die Kurvenscharen in ihren charakteristischen Eigenschaften übereinstimmen. An den theoretischen Kurven für die großen Teilchendurchmesser ist die systematische Verschiebung der Nebenmaxima nach größeren

Wellenlängen hin nicht so gut zu erkennen, doch liegt das wohl daran, daß durch die berechneten Punkte der Kurvenverlauf bei kurzen Wellenlängen noch nicht genügend bestimmt ist.

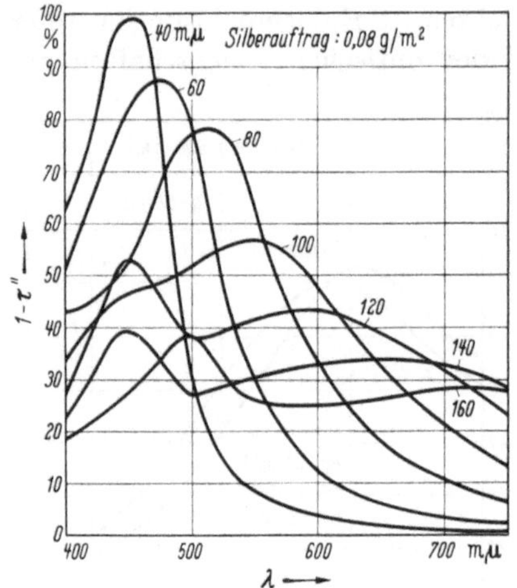

Abb. 7. Theoretische Absorptionskurven für reines Silber, nach den Werten von Tabelle 2 für den Silberauftrag A = 0,08 g Ag/m² berechnet.

Allgemein erscheinen die Maxima der einzelnen Meßkurven mehr abgeflacht und verbreitert als die der entsprechenden theoretischen Kurven. Das mag zum Teil daran liegen, daß die Ag-Teilchen in Wirklichkeit keine exakte Kugelgestalt haben und außerdem auch im Durchmesser mit einer gewissen Streuung behaftet sind (s. Abb. 1). Beides bewirkt eine Verbreiterung und Abflachung der theoretischen Kurven für exakt kugelförmige, gleichgroße Teilchen. Doch läßt sich der Unterschied zwischen den theoretischen und gemessenen Kurven wohl nicht allein auf die oben genannten Effekte zurückführen. Wie die im letzten Abschnitt angeführten Versuche zeigen, fallen die Meßkurven für Teilchen gleicher Durchmesser je nach den Herstellungsbedingungen verschieden aus. Das läßt den Schluß zu, daß das durch physikalische Entwicklung hergestellte Silber wahrscheinlich nicht sehr rein ist und dementsprechend gegenüber chemisch reinem Ag etwas verschieden optische Konstanten besitzt.

Literatur

[1] KLEIN, E.: Z. Elektrochem. **62**, 505 (1958).
[2] KLEIN, E.: Z. Elektrochem. **62** 870 (1958).
[3] JAMES, T. H. u. V. VANSELOW: Phot. Eng. **7**, 90 (1956).
[4] MIE, G.: Ann. Physik **26**, 377 (1908).
[5] MÜLLER, E.: Ann. Physik **35**, 500 (1911).
[6] HAGEN, E. u. H. RUBENS: Ann. Physik **8**, 1 und 432 (1902).
[7] GANS, R.: Ann. Physik **47**, 270 (1915) u. Ann. Physik **37**, 881 (1912).
[8] FEICK, R.: Ann. Physik **77**, 673 (1925).
[9] SCHAUM, K. u. H. LANG: Kolloidzeitschr. **28**, 243 (1921).
[12] WIEGEL, E.: Z. Physik **36**, 642 (1954).
[11] FISHMAN, M.: Techn. Service Laboratories River Edge New Jersey 1957.
[12] SCHULZ, L. G.: Advances in Physics 102 (1957).
[13] KLEIN, E. u. H. J. METZ: SPSE-Journal im Druck.